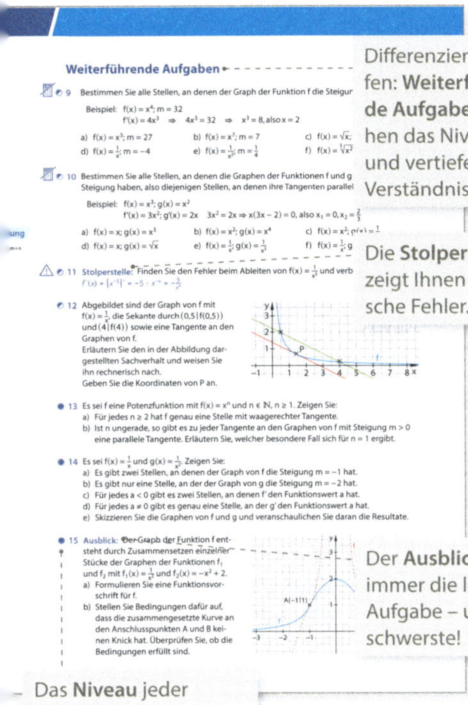

Differenziert vertiefen: **Weiterführende Aufgaben** erhöhen das Niveau und vertiefen Ihr Verständnis.

Die **Stolperstelle** zeigt Ihnen typische Fehler.

Der **Ausblick** ist immer die letzte Aufgabe – und die schwerste!

Das **Niveau** jeder Aufgabe gibt Ihnen ein Symbol an.
◐ = mittel,
● = schwer

Weitere Symbole:

- Aufgabe ohne Hilfsmittel
- TK Tabellenkalkulation
- Medieneinsatz
- Partnerarbeit
- Gruppenarbeit

Sichern

Sind Sie sicher? **Prüfen Sie Ihr neues Fundament** mit den **Testaufgaben**. Vergleichen Sie Ihre Ergebnisse mit den Lösungen im Anhang und schätzen Sie sich selbstständig ein.

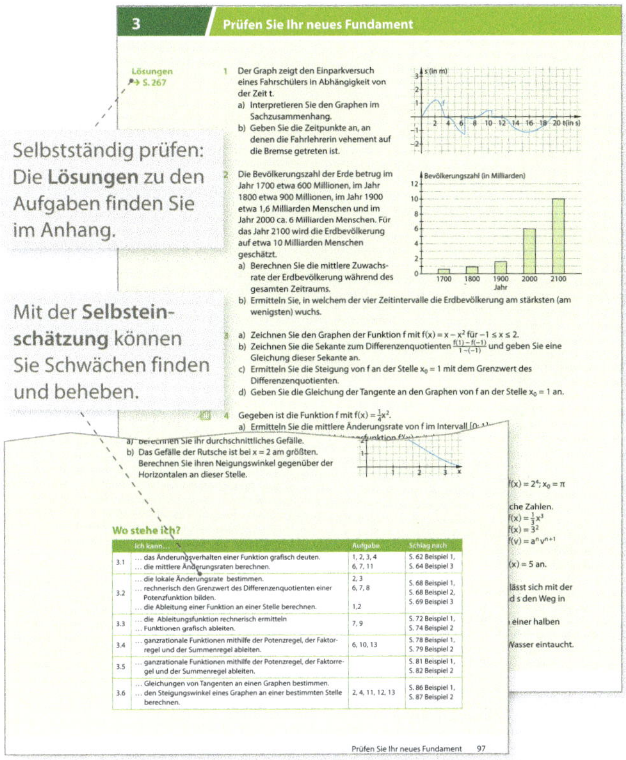

Selbstständig prüfen: Die **Lösungen** zu den Aufgaben finden Sie im Anhang.

Mit der **Selbsteinschätzung** können Sie Schwächen finden und beheben.

Wissen kompakt

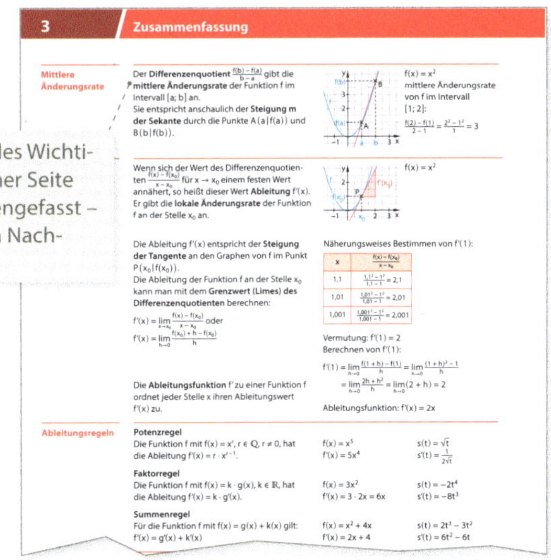

Hier ist alles Wichtige auf einer Seite zusammengefasst – ideal zum Nachschlagen.

Fundamente der Mathematik

1 Grundfach

Rheinland-Pfalz
Gymnasium Grundfach

Analysis

Cornelsen

Inhaltsverzeichnis

1 Folgen und Grenzwerte 5

Ihr Fundament ... 6
1.1 Folgen ... 8
1.2 Grenzwerte von Folgen ... 14
1.3 Klausur- und Abiturtraining ... 19
Prüfen Sie Ihr neues Fundament ... 20
Zusammenfassung ... 22

2 Ganzrationale Funktionen 23

Ihr Fundament ... 24
2.1 Wiederholung: Funktionen ... 26
2.2 Ganzrationale Funktionen ... 32
2.3 Globalverhalten, Monotonie und Extrema ... 36
2.4 Symmetrie ... 42
2.5 Nullstellen ... 45
Streifzug: Polynomdivision ... 52
2.6 Klausur- und Abiturtraining ... 54
Prüfen Sie Ihr neues Fundament ... 56
Zusammenfassung ... 58

3 Steigung und Ableitung 59

Ihr Fundament ... 60
3.1 Mittlere Änderungsrate ... 62
3.2 Lokale Änderungsrate und Ableitung ... 67
3.3 Ableitungsfunktion ... 72
3.4 Ableitung von Potenzfunktionen ... 78
3.5 Faktor- und Summenregel ... 81
Streifzug: Ableitung der Sinus- und Kosinusfunktion ... 85
3.6 Tangenten und Steigungswinkel ... 86
Streifzug: Ableitungen mit einer Mathematik-Software durchführen 92
3.7 Klausur- und Abiturtraining ... 94
Prüfen Sie Ihr neues Fundament ... 96
Zusammenfassung ... 98

4	Untersuchung ganzrationaler Funktionen	99
	Ihr Fundament	100
4.1	Monotoniekriterium	102
4.2	Lokale Extrempunkte und Sattelpunkte	105
4.3	Globale Extrema	111
4.4	Krümmung	114
4.5	Wendepunkte	119
	Streifzug: Untersuchung von Funktionen mit DGS oder Funktionenplottern	125
	Streifzug: Newton-Verfahren	128
4.6	Klausur- und Abiturtraining	132
	Prüfen Sie Ihr neues Fundament	134
	Zusammenfassung	136

5	Anwendungen der Differenzialrechnung	137
	Ihr Fundament	138
5.1	Extremalprobleme	140
5.2	Rekonstruktion von Funktionstermen	146
5.3	Rekonstruktion in Anwendungen	151
	Streifzug: Trassierung	156
5.4	Klausur- und Abiturtraining	158
	Prüfen Sie Ihr neues Fundament	160
	Zusammenfassung	162

6	Integralrechnung	163
	Ihr Fundament	164
6.1	Rekonstruktion aus Änderungsraten	166
6.2	Bestimmtes Integral	170
6.3	Stammfunktionen	176
6.4	Hauptsatz der Differenzial- und Integralrechnung	181
6.5	Bestandsänderungen und Bestandsfunktionen	185
6.6	Flächenberechnungen	188
	Streifzug: Rotationskörper	194
6.7	Klausur- und Abiturtraining	196
	Prüfen Sie Ihr neues Fundament	198
	Zusammenfassung	200

7	Exponentialfunktionen und Wachstum	201
	Ihr Fundament	202
7.1	Natürliche Exponentialfunktion	204
	Streifzug: Kettenregel	209
7.2	Natürlicher Logarithmus	213
7.3	Exponentielles Wachstum	218
	Streifzug: Begrenztes Wachstum	224
7.4	Produktregel	228
7.5	Untersuchung zusammengesetzter Funktionen	232
7.6	Bestände und Änderungsraten bei zusammengesetzten Funktionen	237
7.7	Klausur- und Abiturtraining	244
	Prüfen Sie Ihr neues Fundament	246
	Zusammenfassung	249

8	Vorbereitung auf die mündliche Prüfung	251
8.1	Hinweise zur mündlichen Prüfung	252
8.2	Prüfungsähnliche Aufgaben	253
8.3	Grundlegende Aufgaben	256

9	Anhang	259
	Lösungen	260
	Stichwortverzeichnis	279
	Bildnachweis	282
	Impressum	283

1

Folgen und Grenzwerte

Nach diesem Kapitel können Sie
→ rekursive und explizite Darstellungen von Folgen verstehen,
→ Eigenschaften von Zahlenfolgen erkennen,
→ Grenzwerte von Folgen verstehen und berechnen.
→ Grenzwertsätze für Summen, Produkte und Quotienten von Folgen anwenden.

Lösungen
→ S. 260

Terme

1 Vereinfachen Sie.

a) $3^5 \cdot 9$ b) $121 \cdot 2^2$ c) $(5^{-4})^3$ d) $27^3 : 3^2$

e) $\frac{2 \cdot 3^4}{6^3}$ f) $\left(\frac{1}{5}\right)^4 \cdot 5^2$ g) $\frac{x^3 \cdot x^6}{x^9}$ h) $\frac{(2a)^{-5} \cdot (2a)^7}{4a^2}$

2 Schreiben Sie als eine Potenz.

a) $4^{3s} \cdot 5^{3s}$ b) $x^{2t} \cdot y^{2t}$ c) $(a+b)^x(a-b)^x$ d) $z^{4t} \cdot u^{4t}$ e) $x^3 \cdot x^b$

f) $z^{n+1} \cdot z^n$ g) $b^x \cdot b^{x-1}$ h) $(x^4)^k$ i) $(a^k)^{k+1}$ j) $(b^s)^s$

3 Vereinfachen Sie mithilfe von Potenzgesetzen.

a) $b^{-3} \cdot b^5$ b) $x^7 : x^3$ c) $\sqrt{3^0} : y$ d) $(b^{-2})^{-1}$

e) $a^{0,25} \cdot a^{\frac{3}{4}}$ f) $(a^1)^{-2}$ g) $(u^{-3} \cdot v^6)^{\frac{2}{3}}$ h) $2 \cdot (y^0)^3$

4 Berechnen und Runden Sie, falls nötig.

a) $4^{\frac{3}{2}}$ b) $9^{2,5}$ c) $7 \cdot 2^{\frac{1}{7}}$ d) $3 \cdot 0,5^{\frac{9}{24}}$ e) $0,2 \cdot 3^{1,5}$

5 Vereinfachen Sie mithilfe der Potenzgesetze.

a) $17^7 \cdot 17^{-3} : 17^2$ b) $(3^4)^2 \cdot 3^{-5}$ c) $2^7 \cdot 3^7 \cdot 6^{-5}$ d) $\frac{5^6 \cdot 2^8}{10^4}$ e) $2^9 \cdot 6^{-4} \cdot 3^5 \cdot 4^{-2}$

Wachstumsvorgänge

6 Beschreiben Sie das exponentielle Wachstum durch eine Gleichung. Berechnen Sie den Bestand nach 4 Stunden.

a) Eine Bakterienkultur aus 200 Bakterien wächst stündlich mit dem Faktor 1,3.
b) Einem Patienten werden 100 mg eines Medikaments verabreicht. Pro Stunde baut der Körper das Medikament mit dem Faktor 0,85 ab.

7 Die Wertetabellen stellen exponentielle Vorgänge dar. Ergänzen Sie die fehlenden Einträge.

a)

n	0	1	2	3	6
B(n)	30	54			

b)

n	0	1	2	3	6
B(n)	140	70			

8 Prüfen Sie, ob es sich um einen linearen oder einen exponentiellen Vorgang handelt. Geben Sie eine rekursive und eine explizite Gleichung dazu an.

a)

n	1	2	3	4	5
B(n)	180	189	198,5	208,4	218,8

b)

n	0	1	2	3	4
B(n)	25	20	15	10	5

9 Entscheiden Sie, ob in den folgenden Situationen exponentielle Vorgänge vorliegen. Begründen Sie.
Wenn ja: Stellen Sie eine explizite Wachstumsformel auf.

a) Die Mieten in einer Wohnung steigen pro Jahr um durchschnittlich 3,5 %.
b) Das Guthaben auf einem Sparkonto nimmt pro Jahr um 250 € ab.
c) Der Holzbestand eines Waldes nimmt jedes Jahr um den Faktor 1,04 zu.
d) Die Parkgebühren steigen mit jeder angefangenen Stunde um 1,50 €.
e) Das Guthaben auf einem Sparkonto wird pro Jahr mit 0,8 % verzinst. Die Zinsen werden dem Konto immer am Jahresende gutgeschrieben. Es wird nichts abgehoben.
f) An einer Infektion sind zum Zeitpunkt der Entdeckung 1200 Menschen erkrankt. Die Anzahl der Erkrankten nimmt jede Woche um ca. 250 Menschen zu.

Lösungen → S. 260

Zinseszinsberechnungen

10 Ein Grundkapital von 300 € wird bei der Bank zu einem Zinssatz von 1,35 % angelegt. Berechnen Sie das Kapital mit Zinseszinsen nach der angegebenen Zeitspanne.
a) 1 Jahr b) 3 Jahre c) 7 Jahre d) 19 Jahre e) 35 Jahre

11 Bestimmen Sie den Zinssatz.
a) Vince hatte ein Kapital von 200 € für 10 Jahre angelegt. Es ist auf 269 € angewachsen.
b) Steve hatte ein Kapital von 1000 € für 7 Jahre angelegt. Es ist auf 1361 € angewachsen.
c) Frau Nolte hatte vor 15 Jahren 12 589 € angelegt. Jetzt sind es 15 739 €.

12 a) Frau Nowak legt 2000 € zu einem Zinssatz von 1,5 % p. a. an. Ermitteln Sie ihr Guthaben nach drei Jahren, wenn sie zwischendurch kein Geld abhebt.
b) Beim Rechnen mit Zinseszinsen gilt die Formel $K_{neu} = K_{alt} \cdot \left(1 + \frac{p}{100}\right)^n$. Erklären Sie die Formel im Sachzusammenhang und überprüfen Sie damit Ihr Ergebnis aus a).
c) Herr Krämer legt 1600 € zu einem Zinssatz von 1,8 % p. a. über zehn Jahre an. Ermitteln Sie sein Guthaben am Ende der zehn Jahre.

Vermischtes

13 Falten Sie ein quadratisches Blatt Papier.
Schritt 1: Falten Sie es so, dass die Faltlinie das Quadrat in zwei gleich große Rechtecke teilt.
Schritt 2: Falten Sie es so, dass die Faltlinien das Quadrat in vier gleich große Quadrate teilen.
Schritt 3: Falten Sie es so, dass die Faltlinien das Quadrat in acht gleich große Rechtecke teilen.
Schritt 4: …

a) Angenommen, Sie setzen diesen Faltprozess immer weiter fort. In wie viele gleich große Teilflächen (Quadrate oder Rechtecke) teilen die Faltlinien das große Quadrat nach dem 5. Schritt (nach dem 7. Schritt)?
b) Stellen Sie eine explizite Formel auf, die die Anzahl der gleich großen Teilflächen in Abhängigkeit von der Anzahl der Schritte beschreibt. Berechnen Sie damit die theoretisch mögliche Anzahl der Teilflächen nach dem 100. Schritt.

14 Bestimmen Sie den Wert des Terms für n = 1, n = 10 und n = 100. Begründen Sie, ob der Term für eine geschickte Wahl von $n \in \mathbb{R}$ beliebig groß oder klein werden kann.
a) n^2 b) $\sin(n)$ c) $\frac{3}{n-2}$
d) $n^3 - n$ e) $\left(\frac{1}{4}\right)^n$

15 Geben Sie an, mit welcher Art von Funktion man die Situation modellieren kann.
a) Preis für den Stromverbrauch
b) Höhe einer Riesenradgondel während der Fahrt

1.1 Folgen

In einer Gartenanlage sollen quadratische Gehwegplatten verlegt werden. Die entstandene Fläche soll aber selbst auch wieder quadratisch sein.
Am Anfang legt man in die linke obere Ecke die erste Platte. Um eine quadratische Fläche zu erhalten, kann man weitere Platten nach dem abgebildeten Schema anlegen. Es kommt also in jedem Schritt eine horizontale und eine vertikale Reihe an Platten hinzu.

a) Beschreiben Sie, wie viele Platten bei je dem Schritt neu hinzukommen.
b) Geben Sie an, wie viele Platten im n-ten Schritt zusätzlich verlegt werden.
c) Beschreiben Sie, was nach dem n-ten Schritt gemacht werden muss, um auf den n + 1-ten Schritt zu kommen.

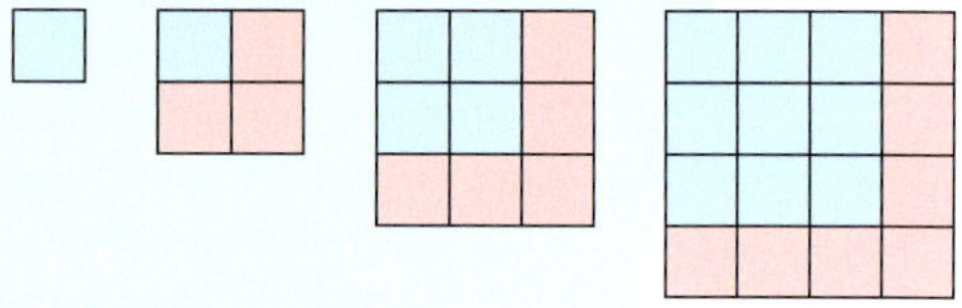

Explizite und rekursive Darstellung

Familie Müller legt für ihr Kind ein Sparkonto mit einem Startkapital von 1000 Euro an. Das Konto wird mit 2 % p. a. verzinst. Nach einem Jahr Verzinsung beträgt das Kapital auf dem Konto $K(1) = 1000 \cdot (1{,}02) = 1020$. Das Kapital nach n Jahren lässt sich mit der Zinsformel berechnen: $K(n) = K(0) \cdot \left(1 + \frac{p}{100}\right)^n = 1000 \cdot (1{,}02)^n$.
Hierbei ist p der Zinssatz.
Setzt man in diese Formel n = 0, 1, 2, ... ein, so lässt sich die Entwicklung des Kapitals als Folge von Werten beschreiben:

Hinweis

Folgenglieder werden traditionell mit Kleinbuchstaben geschrieben, die einen Indexbuchstaben tragen, z. B. a_n oder b_n.

$a_0 = K(0) = 1000 \cdot (1{,}02)^0 = 1000$
$a_1 = K(1) = 1000 \cdot (1{,}02)^1 = 1040{,}40$
$a_2 = K(2) = 1000 \cdot (1{,}02)^2 = 1061{,}21$
...

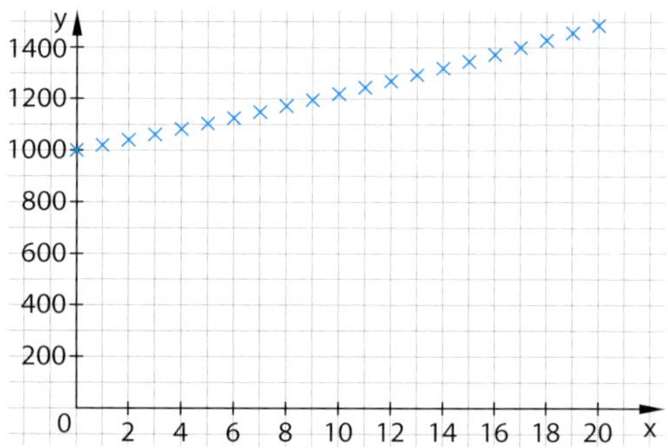

Mithilfe der Darstellung $a_n = K(n) = 1000 \cdot (1{,}02)^n$ lässt sich jeder beliebige Wert der Folge berechnen. Daher spricht man von einer **expliziten Darstellung**, aus der die Rechenvorschriften der Formel direkt ablesbar sind.

Erinnerung

Natürliche Zahlen: 0, 1, 2, 3, ... (kurz $\mathbb{N}$)

Die zugrundeliegende Definitionsmenge sind die natürlichen Zahlen. Bei der grafischen Darstellung erhält man einzelne Punkte, welche nicht verbunden werden dürfen. Daher erhält man keinen durchgezogenen Funktionsgraphen.

Jedes Jahr wird auf das bereits vom Vorjahr vorhandene Kapital der Zins von 2 % draufgerechnet. Kennt man bereits den Wert des Kapitals nach n Jahren, also a_n, so ergibt sich der Wert für den Nachfolger durch $a_{n+1} = a_n \cdot (1{,}02)$. Diese Darstellung bezeichnet man als **rekursiv**, da sie bei bekanntem Vorgänger den Nachfolger liefert.

Hinweis

Lateinisch: recurrere – etwas zurückgeben

n	Formel	a_n
1	$a_0 \cdot (1{,}02)$	1020
2	$a_1 \cdot (1{,}02)$	1040,40
3	$a_2 \cdot (1{,}02)$	1061,21
4	$a_3 \cdot (1{,}02)$	1082,43
5	$a_4 \cdot (1{,}02)$	1104,08

Hinweis

(a_n) bezeichnet die gesamte Folge, a_n das n-te Folgenglied.

Definition **Folgen, explizite und rekursive Darstellung**

Eine **Folge** (a_n) ist eine Funktion, die jeder natürlichen Zahl n (meist $n \geq 1$) eine reelle Zahl a_n zuordnet.

Beispiel: Folge der Zweier-Potenzen: $a_1 = 2$; $a_2 = 4$; $a_3 = 8$; $a_4 = 16$; $a_5 = 32$; ...

Explizite Darstellung: $a_n = 2^n$
Das n-te Folgenglied ist durch einen Term, der n enthält, gegeben und lässt sich direkt berechnen.

Rekursive Darstellung: $a_1 = 2$ und $a_{n+1} = 2 \cdot a_n$
Das erste Folgenglied ist gegeben und eine Gleichung, mit der zu jedem Folgenglied das nächste Folgenglied berechnet werden kann.

Beispiel 1 Banken erheben im Allgemeinen Kontoführungsgebühren. Frau Schmidtberger erbt von ihrem Vater ein Konto, auf das es zwar keine Zinsen gab, von dem die Bank jedes Jahr jedoch 24 Euro an Gebühren abgezogen hat. Im Jahr 2000 betrug der Kontostand 3013 Euro.

a) Berechnen Sie die Werte für die ersten drei Jahre.
b) Geben Sie eine rekursive Darstellung an.
c) Ermitteln Sie daraus eine explizite Darstellung.
d) Stellen Sie die Ergebnisse aus c) in einem geeigneten Koordinatensystem grafisch dar.

Lösung:

a) Berechnen Sie die Werte der ersten drei Jahre, indem im ersten Jahr keine Gebühren abgezogen werden. In den darauffolgenden Jahren werden jeweils 24 Euro vom Restbetrag abgezogen.

$a_0 = 3013$
$a_1 = 3013 - 24 = 2989$
$a_2 = 2989 - 24 = 2965$
$a_3 = 2965 - 24 = 2941$

b) Im n + 1-ten Jahr werden 24 Euro vom vorigen Betrag abgezogen. $a_{n+1} = a_n - 24$

c) Vom Ausgangsbetrag wird für n Jahre das n-fache von 24 Euro abgezogen. $a_n = 3013 - 24 \cdot n$

d) Man bezeichnet die x-Achse als n-Achse. Auf der y-Achse werden die Werte der Folgenglieder a_n aufgetragen.

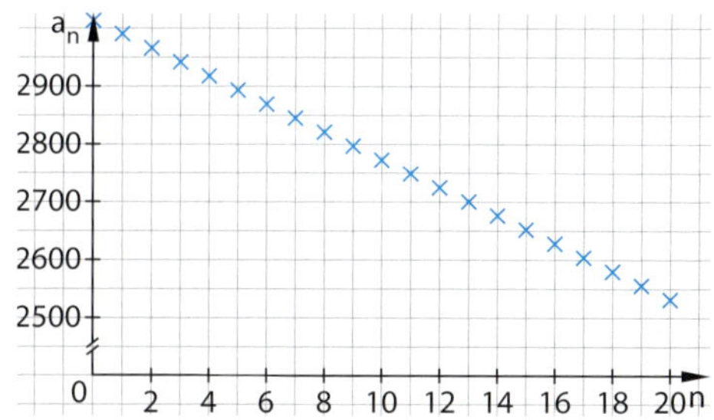

Beispiel 2 Es soll die explizite und rekursive Darstellung einer Folge ermittelt werden.

a) Schreiben Sie die Potenzen von 2, d. h. $a_1 = 2^1 = 2$, $a_2 = 2^2 = 4$, $a_3 = 2^3 = 8$, $a_4 = 2^4 = 16$ … als explizite Folge.
b) Ermitteln Sie daraus eine rekursive Darstellung.

Lösung:

a) Betrachten Sie die Potenzen der Folgenglieder. Daraus kann man die explizite Darstellung ablesen. $a_n = 2^n$

b) In jedem Schritt wird hier mit 2 multipliziert. $a_{n+1} = a_n \cdot 2$

Basisaufgaben

1 Die geraden natürlichen Zahlen sollen nacheinander addiert werden. $a_1 = 2$ und $a_{n+1} = a_n + 2 \cdot (n+1)$. Als explizite Form lässt sich $a_n = n \cdot (n+1)$ angeben. Berechnen Sie die ersten fünf Folgenglieder
   a) in der expliziten Form,
   b) in der rekursiven Form.

2 Schreiben Sie für die nachfolgenden Beschreibungen zunächst die ersten fünf Folgenglieder auf und versuchen Sie danach eine explizite und rekursive Darstellung zu finden:
   a) Man starte mit dem Wert 1. Danach wird der Vorgänger in jedem Schritt verfünffacht.
   b) Der Startwert ist 0. Danach wird vom Vorgänger in jedem Schritt die Zahl 1 subtrahiert.

3 Betrachten Sie die Folge der geraden Zahlen beginnend bei 2, also $a_n = 2 \cdot n$.
   a) Geben Sie die ersten fünf Folgenglieder an.
   b) Formulieren Sie eine rekursive Folgenbeschreibung.

4 Eine Lebensversicherung werde mit 2 % p.a. verzinst. Eingezahlt wurde zu Beginn ein Betrag von 10 000 Euro. Die Folge lässt sich rekursiv angeben über $a_{n+1} = a_n \cdot (1 + 0{,}02)$ mit $a_0 = 10\,000$
   a) Geben Sie den Kontostand für die ersten fünf Jahre an.
   b) Finden Sie eine explizite Folgendarstellung, um den Kontostand in 30 Jahren anzugeben.

5 Sind von einer Folge nur die beiden ersten Folgenglieder bekannt, so kann es mehrere Möglichkeiten geben, die Folge mathematisch zu fassen, z. B. $a_1 = 1$ und $a_2 = 4$.
   a) Beschreiben Sie verbal mindestens zwei Möglichkeiten, wie die Folge fortgesetzt werden könnte.
   b) Geben Sie die ersten fünf Folgenglieder der von Ihnen zuvor beschriebenen Folgen an.
   c) Formulieren Sie – soweit möglich – die explizite und rekursive Folgendarstellung.

6 Im Jahr 1800 gab es rund 1 Milliarde Menschen auf der Erde, im Jahr 2000 rund 6 Milliarden. Setzen Sie $a_{18} = 1$ und $a_{20} = 6$.
   a) Geben Sie mindestens zwei mögliche rekursive Folgenbeschreibungen an.
   b) Berechnen Sie mit diesen auch die Werte a_{17} (1700) und a_{21} (2100).
   c) Geben Sie eine explizite Darstellung Ihrer Folgen an.
   d) Berechnen Sie damit a_0.
   e) Interpretieren Sie Ihre Ergebnisse aus d) und vergleichen Sie es mit von Ihnen dafür gefundenen Werten.
   f) Erklären Sie anschaulich, was a_{100} bedeuten würde.

Monotonie und Beschränktheit von Folgen

In einem Schweinemastbetrieb sind 1024 Tiere. Jede Woche infizieren sich die Hälfte der noch nicht infizierten Tiere mit einer schnupfenartigen Erkrankung.
Die Anzahl der bereits infizierten Tiere steigt also von Woche zu Woche ständig an. Statt „ständig" sagt man in der Mathematik „monoton", in dem Beispiel also: Die Anzahl der infizierten Tiere ist monoton steigend.

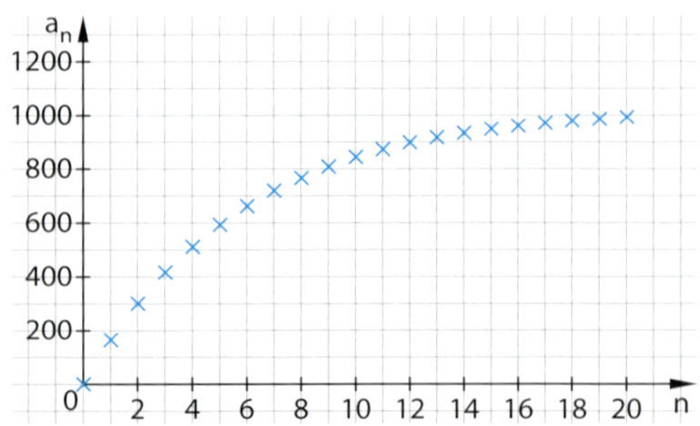

Die Anzahl der infizierten Tiere kann jedoch die maximale Anzahl von 1024 nicht übersteigen. Man sagt dann, die Folge ist nach oben beschränkt. Da nicht weniger als Null Tiere infiziert sein können, ist die Folge auch nach unten beschränkt.

Definition **Monotonie von Folgen**

Eine Folge (a_n) heißt **monoton steigend**, wenn für alle $n \in \mathbb{N}$ gilt: $a_{n+1} \geq a_n$.
Eine Folge (a_n) heißt **monoton fallend**, wenn für alle $n \in \mathbb{N}$ gilt: $a_{n+1} \leq a_n$.

Definition **Beschränktheit von Folgen**

Eine Folge (a_n) heißt **nach oben beschränkt**, wenn es eine **obere Schranke** $S_o \in \mathbb{R}$ gibt, sodass für alle $n \in \mathbb{N}$ gilt: $a_n \leq S_o$.
Eine Folge (a_n) heißt **nach unten beschränkt**, wenn es eine **untere Schranke** $S_u \in \mathbb{R}$ gibt, sodass für alle $n \in \mathbb{N}$ gilt: $a_n \geq S_u$.
(a_n) heißt nach oben (nach unten) **unbeschränkt**, wenn es keine obere (untere) Schranke gibt.

Beispiel 3 Berechnen Sie die ersten vier Folgenglieder und untersuchen Sie die Folge auf Monotonie und Beschränktheit.

a) $a_n = \frac{1}{n}$ b) $a_n = 3 - n^2$ c) $a_n = (-1)^n \cdot n$ d) $a_n = \frac{n^2+n}{n^3}$

Lösung:

a) Finden Sie das n, für welches die Folge den größten Wert annimmt. Das ist für n = 1 der Fall. Das ist somit eine obere Schranke. Die Folgenglieder werden für wachsende n immer kleiner. Die Folge ist somit monoton fallend. Sie werden nie negativ. Deshalb ist 0 auch eine untere Schranke S_u.

$a_1 = \frac{1}{1}; a_2 = \frac{1}{2}; a_3 = \frac{1}{3}; a_4 = \frac{1}{4}$

b) Berechnen Sie die Ergebnisse für die ersten Folgenglieder. Durch die Subtraktion des Terms n^2 werden die Folgenglieder immer kleiner. Die Folge ist daher monoton fallend. Das größte Folgenglied ist das erste, so dass man dieses als obere Schranke ansehen kann mit $S_o = 2$. Da die Folgenglieder immer stärker negativ werden, gibt es keine untere Schranke.

$a_1 = 3 - 1^2 = 2; a_2 = 3 - 2^2 = -1;$
$a_3 = 3 - 3^2 = -6; a_4 = 3 - 4^2 = -13$

c) Berechnen Sie die ersten Folgenglieder. Durch den Vorzeichenwechsel ist die Folge nicht monoton. Die Folgenglieder wachsen sowohl in positive, wie auch negative Richtung. Daher gibt es keine Schranken.

$a_1 = (-1)^1 \cdot 1 = -1; a_2 = (-1)^2 \cdot 2 = 2;$
$a_3 = (-1)^3 \cdot 3 = -3; a_4 = (-1)^4 \cdot 4 = 4$

d) Zerlegen Sie die Folge in zwei Terme. Aus a) folgt, dass der vordere Term monoton fällt. Ebenso verhält sich der hintere Term. Daher ist eine untere Schranke $S_u = 0$. Die obere Schranke ist $S_o = 2$.

$a_n = \frac{n^2+n}{n^3} = \frac{n^2}{n^3} + \frac{n}{n^3} = \frac{1}{n} + \frac{1}{n^2}$

Basisaufgaben

7 Die Abbildung zeigt graphische Darstellungen der ersten zwanzig Folgenglieder von vier verschiedenen Folgen.
Ordnen Sie die Folgen den Graphen korrekt zu und treffen Sie aufgrund dieser Ausschnitte Aussagen zur Beschränktheit und Monotonie.

a) $a_n = 20 - \frac{20}{n}$ b) $a_n = \frac{n^2 + 20}{n^2}$
c) $a_n = n$ d) $a_n = 20 - n$

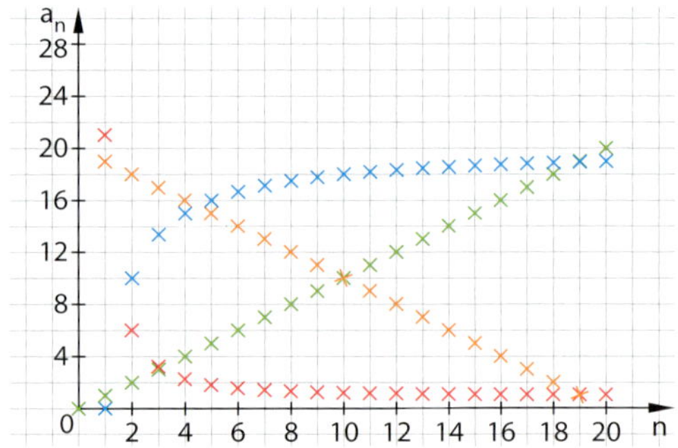

8 Trennen Sie die nachfolgenden Folgen in zwei getrennte Brüche auf und untersuchen Sie die Folgen im Anschluss auf Monotonie und Beschränktheit.

a) $a_n = \frac{n+1}{n}$ b) $a_n = \frac{4n-3}{2n}$ c) $a_n = \frac{n^2+2}{n^2}$ d) $a_n = \frac{2^n - 1}{2^n}$

Weiterführende Aufgaben

9 Geben Sie eine Folge (a_n) mit den geforderten Eigenschaften an. Falls möglich, geben Sie eine explizite und eine rekursive Darstellung der Folge an.

a) Die Folge ist nach oben beschränkt und monoton steigend.
b) Die Folge ist nach unten beschränkt und monoton steigend.
c) Die Folge ist nach oben und unten beschränkt und monoton fallend.
d) Die Folge ist unbeschränkt und nicht monoton.

Hinweis zu 10

Zwei Folgen (a_n) und (b_n) werden addiert, indem man ihre Glieder addiert.

10 **Stolperstelle:** Beurteilen Sie folgende Aussage: Wenn man eine monoton fallende Folge (a_n) und eine monoton steigende Folge (b_n) addiert, erhält man eine Folge, die nicht mehr monoton ist.

11 Beurteilen Sie die nachfolgenden Aussagen und begründen Sie Ihre Entscheidung.
Falls Sie eine Aussage grundsätzlich für falsch halten, genügt die Angabe eines Gegenbeispiels:

a) Die explizite Darstellung einer Folge hat gegenüber der rekursiven Darstellung den Vorteil, dass man den Wert jedes Folgenglieds direkt berechnen kann.
b) Monoton fallende Folgen sind immer nach oben und nach unten unbeschränkt.
c) Es gibt keine Folgen, die nach oben und unten unbeschränkt sind.

12 **Arithmetische Folgen:** Eine Folge (a_n) heißt arithmetische Folge, wenn die Differenz $a_{n+1} - a_n$ zweier aufeinanderfolgender Folgenglieder immer gleich ist. Ein Beispiel ist die Folge (a_n) mit $a_n = 2n + 1$. Hier ist die Differenz 2.

a) Stellen Sie die angegebenen Folgen grafisch dar und beschreiben Sie die Lage der Folgenglieder:
① (a_n) mit $a_0 = 2$; $a_{n+1} = a_n + 2$
② (b_n) mit $b_n = 300 - 3n$; $n \geq 0$
③ (c_n) mit $c_0 = 100$; $c_{n+1} = c_n - 5$
b) Geben Sie zu den Folgen aus a) an, ob sie monoton oder beschränkt sind.
c) Wandeln Sie die rekursive bzw. explizite Darstellung der Folgen aus a) in die andere Darstellungsform um.
d) Beurteilen Sie die Aussage: Alle arithmetischen Folgen sind entweder nach oben oder nach unten unbeschränkt.

13 Geometrische Folgen: Eine Folge (a_n) mit $a_n \neq 0$ heißt geometrische Folge, wenn der Quotient $\frac{a_{n+1}}{a_n}$ zweier aufeinanderfolgender Folgenglieder immer gleich ist.
Man betrachte hierzu als Beispiel die Folge (a_n) mit $a_n = 3 \cdot 2^n$, $n \geq 0$. Die ersten Werte sind: 3; 6; 12; 24; 48 und der Quotient ist 2. Die rekursive Darstellung lautet: $a_0 = 3$; $a_{n+1} = 2 \cdot a_n$.

a) Stellen Sie die Folgen grafisch dar und geben Sie an, bei welchen Folgen die Folgenglieder exponentiell zunehmen oder abnehmen:
① $a_0 = 2$; $a_{n+1} = 3 \cdot a_n$ ② $b_n = 3^n$; $n \geq 0$ ③ $c_0 = 1024$; $c_{n+1} = \frac{1}{2} \cdot c_n$

b) Geben Sie zu jeder Folge aus a) an, ob sie monoton oder beschränkt ist.

c) Wandeln Sie die rekursive bzw. explizite Darstellung der Folgen aus a) in die andere Darstellungsform um.

d) Beurteilen Sie die Aussage: Nicht jede geometrische Folge ist monoton steigend oder fallend.

14 Dreieckszahlen: Zahlen, die wie in den Bildern in einem Dreieck angeordnet werden können, heißen Dreieckszahlen.

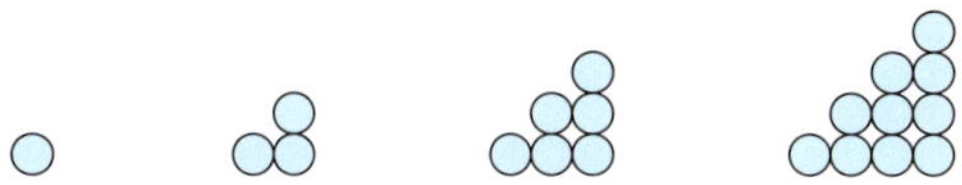

a) Ergänzen Sie die nächsten drei Bilder der Bilderfolge. Beschreiben Sie, was sich in jedem Bild ändert.

b) Stellen Sie tabellarisch die Anzahl der Punkte dar und geben Sie eine Folgendarstellung an.

c) Bestimmen Sie einen Rechenausdruck für Dreieckszahlen und berechnen Sie die nächsten drei Dreieckszahlen.

d) Theo behauptet: „Bei Dreieckszahlen wechseln sich immer zwei gerade und zwei ungerade Zahlen ab." Hat Theo recht? Begründen Sie.

e) Zeigen Sie mit den Bildern, dass sich die ersten beiden Dreieckszahlen zu einem Quadrat zusammenlegen lassen. Gilt das immer für zwei aufeinander folgende Dreieckszahlen?

f) Finden Sie heraus, welche Dreieckszahlen zusammengelegt werden müssen, damit das Quadrat die Seitenlänge 5 (7; 10; 15) hat.

15 Fibonacci-Zahlen: Leonardo Fibonacci beschrieb mithilfe einer speziellen Folge im Jahre 1202 das Wachstum von Kaninchenpopulationen. Für diese Folge müssen zwei Startwerte $a_0 = 0$ und $a_1 = 1$ vorgegeben werden.
Die rekursive Rechenvorschritt lautet $a_{n+1} = a_n + a_{n-1}$.

a) Geben Sie die ersten sechs Folgenglieder an beginnend mit a_2.

b) Untersuchen Sie die Folge auf Beschränktheit und Monotonie.

c) Die Folge lässt sich überraschenderweise auch explizit angeben:
$a_n = \frac{1}{\sqrt{5}} \cdot \left(\left(\frac{1+\sqrt{5}}{2} \right)^n - \left(\frac{1-\sqrt{5}}{2} \right)^n \right)$. Geben Sie den Ausdruck als Funktionsvorschrift in eine Mathematiksoftware ein (statt n dann x) und lassen Sie sich für $x = 0$ bis $x = 10$ mit Schrittweite 1 die Werte anzeigen.

d) Weisen Sie nach, dass die in c) angegebene Vorschrift zur Berechnung der Folgenglieder der Fibonacci-Folge geeignet ist.

16 Ausblick: Zwei aufeinanderfolgende Fibonacci-Zahlen können durcheinander dividiert werden.

a) Berechnen Sie in der Tabellenkalkulation in der ersten Spalte die Fibonacci-Zahlen.

b) Bilden Sie in der zweiten Spalte den Quotienten der Zahlen und deren Vorgänger.

c) Stellen Sie die Werte aus b) graphisch dar.

d) Beschreiben Sie Ihre Beobachtung.

1.2 Grenzwerte von Folgen

Wird an einer Gitarre eine Saite gezupft, so schwingt diese mit einer gewissen Lautstärke um ihre Ruhelage hin und her. Mit der Zeit wird der Ton leiser und damit nimmt auch der Abstand der schwingenden Saite zu ihrer Ruhelage ab.

Die Maximalausschläge können annähernd durch die Folge (a_n) mit $a_n = (-1)^n \cdot \frac{1}{n}$ beschrieben werden (a_n in mm). Die Zahl n gibt die n-te Schwingung an.

Man erkennt, dass alle Folgenwerte mit geradem Index positiv sind, alle mit ungeradem Index jedoch negativ.

a) Erklären Sie die Bedeutung der negativen Abstände bei ungeraden Folgengliedern.
b) Erstellen Sie eine Wertetabelle.
c) Skizzieren Sie die Folgenglieder bis n = 10 in einem Koordinatensystem.
d) Beschreiben Sie das Verhalten der Folgenglieder mit steigendem n.

Die obere Grafik zeigt die Folge (a_n) mit $a_n = 2 + \frac{1}{n}$. Mit wachsendem n verringert sich der Abstand der Folgenglieder zum Wert 2. Man sagt, die Folge nähert sich dem Wert 2 an. Ab $n_0 = 4$ liegen alle Folgenglieder in dem grünen Streifen. Alle diese Folgenglieder haben einen Abstand zum Wert 2, der kleiner als 0,3 ist. Der Streifen kann beliebig flach gewählt werden und man wird immer ein entsprechendes n_0 finden. Man sagt, die Folge **konvergiert gegen den Grenzwert** 2.

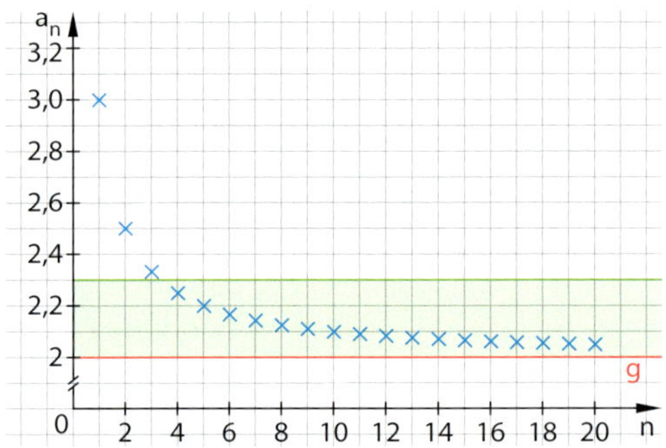

Die alternierende Folge (a_n) mit $a_n = 1 + \frac{(-1)^n}{n}$ konvergiert gegen den Grenzwert 1. In der unteren Grafik ist zu erkennen, dass sich die Folgenglieder von oben und unten diesem Wert annähern. Ab $n_0 = 5$ liegen alle Folgenglieder im grünen Streifen. Ihr Abstand zum Grenzwert ist kleiner als 0,2. Auch hier kann der Streifen beliebig flach gewählt werden, man wird immer ein entsprechendes n_0 finden.

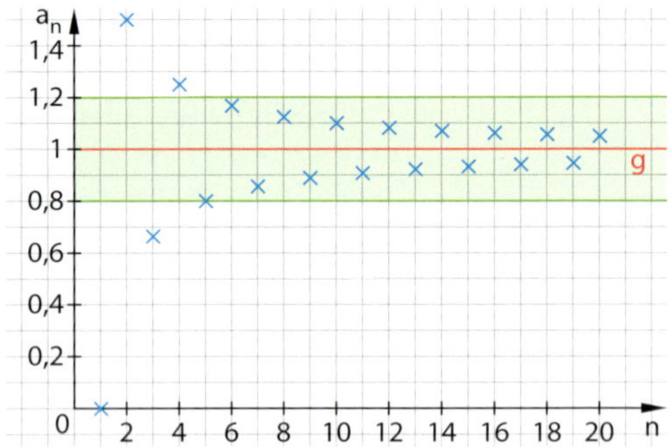

Hinweis

Wenn eine Zahlenfolge (a_n) konvegent ist, dann hat sie genau einen Grenzwert.

Definition **Grenzwert einer Folge**

Eine Zahl $g \in \mathbb{R}$ heißt **Grenzwert** g einer Folge (a_n), wenn in jedem beliebig schmalen Streifen um g alle Folgenglieder a_n ab einem Index n_0 liegen. Dann heißt die Folge **konvergent** und es gilt $\lim\limits_{n \to \infty} a_n = g$.
Hat eine Folge **keinen Grenzwert**, so heißt sie **divergent**.

Beispiel 1 Gegeben sei die Folge $(a_n) = \left(\frac{1}{n^2}\right)$.

a) Legen Sie mittels des Taschenrechners eine Tabelle für die ersten 10 Schritte an.

b) Stellen Sie die Werte in einem Schaubild graphisch dar und stellen Sie eine Vermutung für den Grenzwert an.

Lösung:

a) Berechnen Sie nacheinander die Folgenwerte für die Zahlen 1 bis 10 und tragen Sie diese in eine Tabelle, wie nebenstehend gezeigt, ein.

n	a_n	n	a_n
1	1	6	0,0277
2	0,25	7	0,0204
3	0,11	8	0,0156
4	0,0625	9	0,0123
5	0,04	10	0,01

b) Die ermittelten Werte werden in ein dafür passendes Koordinatensystem eingetragen.
Die Folge ist monoton fallend und nach oben beschränkt. Die Folgenglieder sind stets positiv. Für n = 1 nimmt sie den größten Wert 1 an. Für n = 10 ist der Wert auf 0,01 gefallen. Da die Werte der Folgenglieder niemals negativ werden, dürfte der Grenzwert 0 sein.

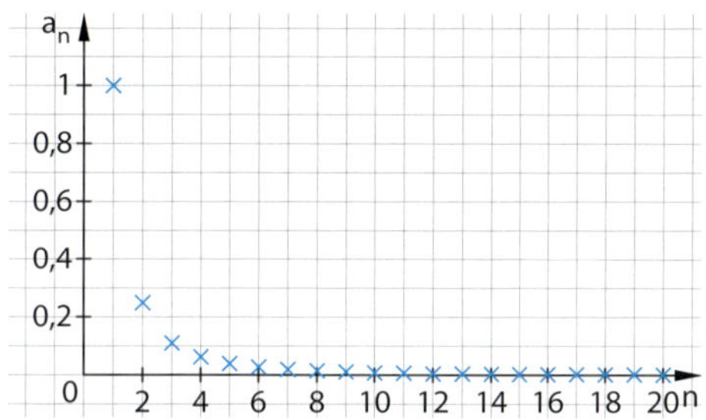

Um Folgen auf Konvergenz und Divergenz zu untersuchen, ist die Folge im Sinne der Definition zu überprüfen. In der Praxis argumentiert man aber auch häufig mathematisch.

Beispiel 2 Begründen Sie, ob die Folge konvergent oder divergent ist. Geben Sie im Falle der Konvergenz den Grenzwert an.

a) $a_n = 3 - \frac{1}{n^2}$ b) $a_n = \frac{n^3 - 1}{2n}$ c) $a_n = (-1)^n \cdot \left(1 + \frac{1}{n}\right)$

Lösung:

a) Die Folge besteht aus einer Differenz. Der erste Teil ist konstant 3. Aus Beispiel 1 ist bekannt, dass der zweite Ausdruck gegen 0 konvergiert. Damit konvergiert die Folge gegen 3.

$\lim\limits_{n \to \infty} 3 = 3$

$\lim\limits_{n \to \infty} \left(\frac{1}{n^2}\right) = 0$ (Beispiel 1)

$\lim\limits_{n \to \infty} \left(3 - \frac{1}{n^2}\right) = 3$

b) Zerlegen Sie den Bruch in eine Differenz und kürzen Sie mit n. Der erste Term wird für steigende n immer größer. Der zweite Term geht gegen Null. Damit ist die Folge unbeschränkt und divergiert.

$\frac{n^3-1}{2n} = \frac{n^3}{2n} + \frac{-1}{2n} = \frac{n^2}{2} + \frac{-1}{2n} = \frac{n^2}{2} - \frac{1}{2n}$

$\frac{n^2}{2}$ wächst unbeschränkt und $\lim\limits_{n \to \infty} \frac{-1}{2n} = 0$

Also ist die Folge (a_n) divergent.

c) Durch den Faktor $(-1)^n$ wechseln die Folgenglieder immer zwischen einem positiven und einem negativen Wert. Die hintere Klammer konvergiert gegen die Konstante 1 (vgl. a)). Daher ist der Grenzwert nicht eindeutig und die Folge divergent.

Für gerade n gilt:
$a_n = \left(1 + \frac{1}{n}\right)$ (konvergiert gegen 1)

Für ungerade n gilt:
$a_n = -\left(1 + \frac{1}{n}\right)$ (konvergiert gegen −1)

Also ist die Folge (a_n) divergent.

Basisaufgaben

1 a) Berechnen Sie die ersten acht Folgenglieder der Zahlenfolge (a_n) mit $a_n = \frac{n}{n+1}$.
b) Stellen Sie die Zahlenfolge in einem Koordinatensystem grafisch dar.
c) Lesen Sie aus dem Graphen eine Vermutung für den Grenzwert der Zahlenfolge für $n \to \infty$ ab.

2 Geben Sie die ersten fünf Folgenglieder an. Bestimmen Sie, wenn vorhanden, den Grenzwert der Folge (a_n) für $n \to \infty$.
a) $a_n = 3 + \frac{1}{n}$ b) $a_n = 0{,}5 - \left(\frac{1}{n}\right)^2$ c) $a_n = 10 + \left(\frac{4}{n}\right)^2$ d) $a_n = \frac{1}{n+1}$ e) $a_n = \frac{(-1)^n}{n}$

3 Gegeben sei die Folge (a_n) mit $a_n = \frac{(-1)^n}{1+n^3}$.
a) Erläutern Sie mithilfe der Definition, dass die Folge den Grenzwert 0 hat.
b) Bestimmen Sie, ab welchem Index die Folgenglieder weniger als 0,01 vom Grenzwert abweichen.

4 Begründen Sie, ob die Folge konvergent oder divergent ist und bestimmen Sie im Falle der Konvergenz den Grenzwert.
a) $a_n = \frac{1}{n^3} + 1$ b) $a_n = \frac{2 \cdot n^2 - 2}{n}$ c) $a_n = (-1)^{2 \cdot n} \cdot \frac{2}{n}$

Grenzwertsätze

Häufig sind Folgen eine Verkettung von einzelnen mathematischen Ausdrücken.
Man sieht schnell ein, dass die Folge $a_n = 1 - \frac{1}{n}$ den Grenzwert $g = 1$ hat, da für immer größere Werte n der Nenner immer größer wird und damit der Wert des Bruchs abnimmt.
Wie aber sieht es aus, wenn man diese Folge mit 5 multipliziert, also $b_n = 5 \cdot a_n = 5 - \frac{5}{n}$? Dann nimmt entsprechend auch der Grenzwert den fünffachen Wert an.
Man betrachte die beiden konvergenten Folgen $a_n = 3 - \frac{1}{n^2}$ und $b_n = 4 + \frac{1}{n}$. Die Summe dieser beiden Folgen ist $c_n = a_n + b_n$. Wegen der Konvergenz beider Folgen darf man die Grenzwerte der einzelnen Folgen auswerten und deren Summe ist dann auch der Grenzwert der Folge c_n.

Analog werden Differenzen, Produkte und Quotienten von Folgen behandelt.

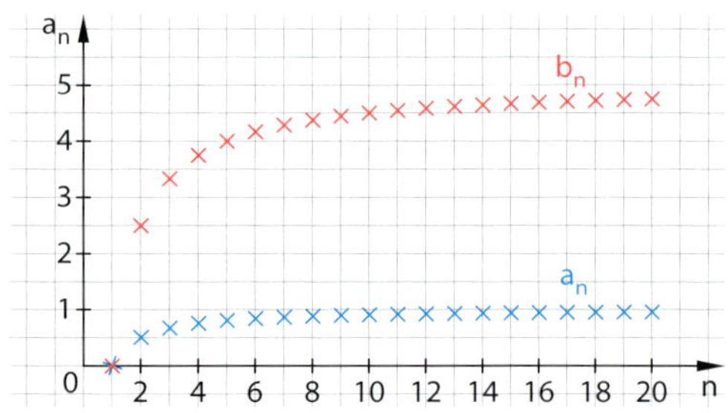

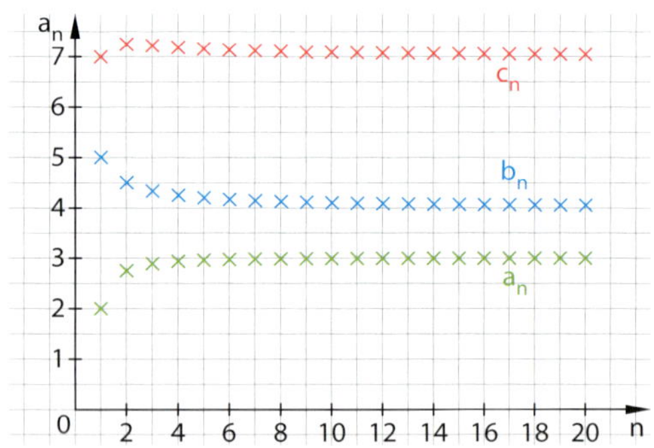

Hinweis

Ist eine der Folgen aus der Summe divergent, dürfen die Grenzwerte nicht addiert werden. Die Grenzwertsätze dürfen nur auf konvergente Folgen angewendet werden.

Wissen **Grenzwertsätze für Folgen**

Gegeben seien die konvergenten Folgen (a_n) und (b_n), die jeweils die Grenzwerte g_a und g_b haben. Dann gilt:

(1) $\lim\limits_{n\to\infty}(a_n + b_n) = \lim\limits_{n\to\infty} a_n + \lim\limits_{n\to\infty} b_n = g_a + g_b$

(2) $\lim\limits_{n\to\infty}(a_n - b_n) = \lim\limits_{n\to\infty} a_n - \lim\limits_{n\to\infty} b_n = g_a - g_b$

(3) $\lim\limits_{n\to\infty}(a_n \cdot b_n) = \lim\limits_{n\to\infty} a_n \cdot \lim\limits_{n\to\infty} b_n = g_a \cdot g_b$

(4) $\lim\limits_{n\to\infty}\left(\frac{a_n}{b_n}\right) = \frac{\lim\limits_{n\to\infty} a_n}{\lim\limits_{n\to\infty} b_n} = \frac{g_a}{g_b}$, wobei $g_b \neq 0$

Hinweis

Beim Anwenden der Grenzwertsätze muss man prüfen, dass die einzelnen Folgen, aus denen sich die Gesamtfolge zusammensetzt, konvergieren.

Beispiel 3 Bestimmen Sie die Grenzwerte der angegebenen Folgen unter Zuhilfenahme der Grenzwertsätze.

a) $a_n = \frac{1}{n^2} + \frac{1}{n^3} + \frac{1}{2^n}$ b) $a_n = \frac{-1+2^n}{2^{n+1}}$ c) $a_n = \frac{1-n^2}{3n^2-4n}$

Lösung:

a) Nutzen Sie den ersten Grenzwertsatz, um die Lösung zu erhalten. Dann kann jeder einzelne Summand ausgewertet werden.

$$\lim_{n\to\infty}\left(\frac{1}{n^2}+\frac{1}{n^3}+\frac{1}{2^n}\right) = \lim_{n\to\infty}\frac{1}{n^2} + \lim_{n\to\infty}\frac{1}{n^3} + \lim_{n\to\infty}\frac{1}{2^n} = 0$$

b) Zerlegen Sie den Term in zwei Brüche. Wenden Sie anschließend den ersten Grenzwertsatz an.

$$\lim_{n\to\infty}\frac{-1+2^n}{2^{n+1}} = \lim n \to \infty\left(-\frac{1}{2^{n+1}} + \frac{2^n}{2^{n+1}}\right)$$
$$= \lim_{n\to\infty} -\frac{1}{2^{n+1}} + \lim_{n\to\infty}\frac{2^n}{2^{n+1}} = 0 + \lim_{n\to\infty}\frac{1}{2^1} = \frac{1}{2}$$

c) Zerlegen Sie den Term zunächst ohne Limes in zwei Brüche und vereinfachen Sie beide Terme. Klammern Sie im ersten Term n im Nenner aus. Kürzen Sie im zweiten Bruch mit n^2.
Wenden Sie anschließend den zweiten und danach den dritten Grenzwertsatz an.
Beim letzten Grenzwert sind der vierte und zweite Grenzwertsatz nötig.

$$\frac{1-n^2}{3n^2-4n} = \frac{1}{3n^2-4n} - \frac{n^2}{3n^2-4n}$$
$$= \frac{1}{n\cdot(3n-4)} - \frac{n^2}{n^2\cdot\left(3-\frac{4}{n}\right)}$$
$$= \frac{1}{n}\cdot\frac{1}{3n-4} - \frac{1}{3-\frac{4}{n}}$$
$$\lim_{n\to\infty}\left(\frac{1}{n}\cdot\frac{1}{3n-4} - \frac{1}{3-\frac{4}{n}}\right)$$
$$= \lim_{n\to\infty}\frac{1}{n}\cdot\frac{1}{3n-4} - \lim_{n\to\infty}\frac{1}{3-\frac{4}{n}}$$
$$= \lim_{n\to\infty}\frac{1}{n}\cdot\lim_{n\to\infty}\frac{1}{3n-4} - \lim_{n\to\infty}\frac{1}{3-\frac{4}{n}} = 0\cdot 0 + \frac{1}{3-0}$$
$$= \frac{1}{3}$$

Basisaufgaben

5 Bestimmen Sie den Grenzwert der Folge (a_n). Geben Sie an, welche Grenzwertsätze Sie dazu verwendet haben.

a) $a_n = 6 - \frac{2}{n}$ b) $a_n = \left(1 + \frac{1}{n^2}\right) - \left(1 - \frac{2}{n}\right)$ c) $a_n = \frac{2^{-n}}{n^3}$

d) $a_n = 2^{-n}\cdot 3^{-n}$ e) $a_n = 3^{-n}\cdot n^{-4}$ f) $a_n = 2^{\frac{n}{2}}\cdot 2^{-n}\cdot\frac{1}{n}$

6 Nutzen Sie die Grenzwertsätze, um den Grenzwert der Folge (a_n) zu bestimmen. Geben Sie an, welche Grenzwertsätze Sie dazu verwendet haben.

a) $a_n = 2 + \frac{3}{n} - \frac{4}{n^2} + \frac{5}{n^3} - \frac{6}{n^4}$ b) $a_n = -\frac{10\cdot 10^{2n}}{100\cdot 10^{(2n-1)}}$ c) $a_n = \frac{8n^3+2n}{3n^2-4n^3}$

d) $a_n = \frac{n+n^2+n^3}{3n-5n^3}$ e) $a_n = \frac{1+10^n}{100+10^n}$ f) $a_n = \frac{2^n+4^n}{4^n+12^n}$

Weiterführende Aufgaben

7 Beurteilen Sie die nachfolgenden Aussagen und begründen Sie Ihre Entscheidung. Falls Sie eine Aussage für falsch halten, genügt die Angabe eines Gegenbeispiels.

a) Alle konvergenten Folgen sind monoton steigend oder fallend.
b) Alle nach oben oder unten unbeschränkten Folgen sind divergent.
c) Die Summe zweier divergenter Folgen ist immer divergent.
d) Das Produkt einer konvergenten und einer divergenten Folge ist immer divergent.
e) Der Quotient zwei divergenter Folgen ist immer konvergent.
f) Die Differenz einer nach oben beschränkten Folge und einer konvergenten Folge ist immer konvergent.

⚠ ◐ **8** **Stolperstelle:** Beurteilen Sie die Aussage. Untersuchen Sie die Folge auf Konvergenz und bestimmen Sie, sofern möglich, den Grenzwert.

a) Marco untersucht den Grenzwert der Zahlenfolge (a_n) mit $a_n = \frac{n}{n + n^2}$ für $n \to \infty$.

Er sagt: *„Der Zähler ist n und wird für $n \to \infty$ unendlich groß. Der Nenner ist $n + n^2$ und wird für $n \to \infty$ auch unendlich groß. Die Zahlenfolge kann keinen Grenzwert haben, weil man nicht unendlich durch unendlich dividieren kann."*

b) Tina sagt: *„Die Folge (a_n) mit $a_n = (-1)^n \cdot \frac{100}{n}$ ist für $n \to \infty$ divergent, weil die Folgenglieder abwechselnd positiv und negativ sind."*

9 Geben Sie eine Beispielfolge mit der geforderten Eigenschaften an.

a) Die Folge (a_n) ist monoton steigend und hat den Grenzwert $\lim\limits_{n\to\infty} a_n = 3$.

b) Die Folge (b_n) ist monoton fallend und hat den Grenzwert $\lim\limits_{n\to\infty} b_n = g$.

c) Die Folge (c_n) ist divergent und nach unten unbeschränkt.

d)) Die Folge (d_n) ist konvergent mit unendlich vielen positiven und unendlich vielen negativen Folgengliedern.

◐ **10** a) Bestimmen Sie die ersten fünf Folgenglieder der Folge (a_n) mit $a_n = 1 - 0{,}1^n$ und geben Sie den Grenzwert der Folge für $n \to \infty$ an.

b) Erklären Sie den Zusammenhang zwischen der Folge (a_n) und $0{,}\overline{9} \approx 1$.

TK ● **11** Einige exponentielle Prozesse können mithilfe von Zahlenfolgen modelliert werden. Gegeben sind die Zahlenfolgen (a_n) mit $a_n = 100 - 10 \cdot 0{,}75^n$; (b_n) mit $b_n = 25 + 13 \cdot 0{,}4^n$ und (c_n) mit $c_n = 45 - 100 \cdot 0{,}15^n$.

a) Erstellen Sie mithilfe einer Tabellenkalkulation geeignete Wertetabellen zu den Folgen. Stellen Sie damit Vermutungen über die Grenzwerte der Folgen auf.

b) Untersuchen Sie jeweils mit einer Tabellenkalkulation, ab welchem Wert für n der Abstand zum Grenzwert kleiner als 0,1 (kleiner als 0,01; kleiner als 0,001) ist.

c) Veranschaulichen Sie die Ergebnisse aus Aufgabe b) grafisch.

● **12** **Grenzwert einer geometrischen Folge:** Man betrachte die Folge (a_n) mit $a_n = q^n$. Zeigen Sie:

a) Für $|q| < 1$ ist die Folge nach oben und unten beschränkt und für $0 < q < 1$ monoton fallend.

b) Für $|q| < 1$ konvergiert diese Folge gegen 0.

c) Für $|q| > 1$ ist die Folge nach oben unbeschränkt und für $q > 1$ monoton steigend.

d) Für $|q| > 1$ divergiert die Folge. Betrachten Sie dazu die zwei getrennten Fälle $q > 0$ und $q < 0$. Es ist hilfreich, mithilfe einer Mathematiksoftware einige Graphen plotten zu lassen, um das Verhalten dieser Folgen zu verstehen.

● **13** **Ausblick:** Die Eltern von Anna wollen sich bei einer Bank für ein Sparkonto ihrer Tochter beraten lassen. Der Berater schlägt ihnen ein Zinsmodell vor, bei dem für das Kapital im n-ten Jahr gilt:
$K(n) = K(0) \cdot \left(1 + \frac{1}{n}\right)^n$

a) Erstellen Sie eine Wertetabelle für das Kapital in den ersten zehn Jahren.

b) Zeigen Sie, dass die Folge (a_n) mit $a_n = \left(1 + \frac{1}{n}\right)^n$ monoton ist.
Zeigen Sie dazu $\frac{a_n}{a_{n-1}} = \frac{n}{n-1} \cdot \left(1 - \frac{1}{n^2}\right)^n$. Verwenden Sie die bernoullische Ungleichung. Man kann zeigen, dass die Folge gegen eine irrationale Zahl $e \approx 2{,}718$ konvergiert.

c) Ermitteln Sie, welchem gleichbleibenden jährlichen Zinssatz das vorgeschlagene Zinsmodell entspricht bei einer Laufzeit von 2 Jahren (10 Jahren; 50 Jahren).

d) Erstellen Sie mithilfe einer Mathematiksoftware eine grafische Darstellung der Folge.

Hinweis zu 13b

Bernoullische Ungleichung
Für $n \in \mathbb{N}$ und $x \in \mathbb{R}$ mit $x \geq -1$ gilt:
$(1 + x)^n \geq 1 + nx$

1.3 Klausur- und Abiturtraining

Aufgaben ohne Hilfsmittel

1 Geben Sie für die Folge mit den geforderten Eigenschaften an eine explizite und eine rekursive Darstellung an.

a) Die Folge (a_n) startet mit dem Wert 50. In jedem Schritt halbiert sich der Wert des Folgenglieds.

b) Die Folge (b_n) beschreibt für natürliche n die Summe der ersten n natürlichen Zahlen.

c) Die Folge (c_n) beginnt mit dem Wert 10. In jedem Schritt reduziert sich der Betrag des Folgenglieds um 10 % im Vergleich zum Vorgänger. Zudem ändert sich das Vorzeichen.

2 Gegeben sind die konvergenten Folgen (a_n), (b_n) und (c_n) mit

$a_n = 2 + \frac{n}{n + n^2}$, $\quad b_n = \frac{9n^3+2n}{3n^3 - n^2}$, $\quad c_n = (-1)^n \cdot \frac{3}{n} - 1$.

a) Bestimmen Sie die Grenzwerte der Folgen (a_n), (b_n) und (c_n).

b) Erzeugen Sie mithilfe der Folgen (a_n), (b_n) und (c_n) jeweils eine konvergente Folge mit dem geforderten Grenzwert.

① (x_n) mit $\lim\limits_{n\to\infty} x_n = 1$ ② (y_n) mit $\lim\limits_{n\to\infty} y_n = -\frac{1}{2}$ ③ (z_n) mit $\lim\limits_{n\to\infty} z_n = -6$

Aufgaben mit Hilfsmitteln

3 Bei einer Medikamentenstudie erhalten die Probanden zu Beginn 100 mg eines Wirkstoffs. Im Laufe der Zeit baut der Körper diesen Wirkstoff ab, wodurch sich die Konzentration im Blut verringert. Daher erhalten die Probanden wöchentlich eine neue Dosis des Wirkstoffs. Die verabreichte Menge verringert sich dabei wöchentlich um 20 %.

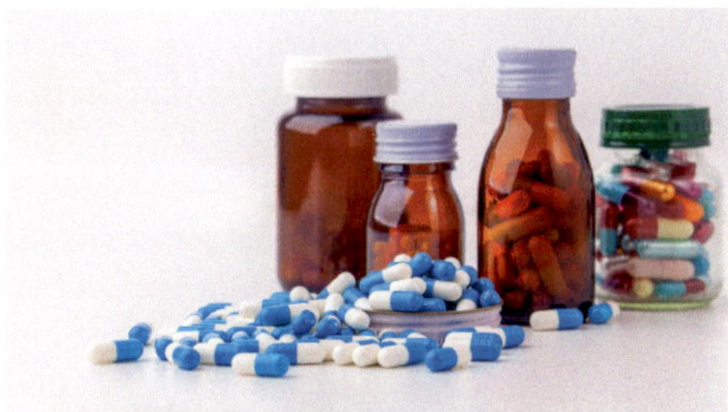

a) Geben Sie eine Folge (a_n) an, mit der die Menge des Wirkstoffs, die ein Probanden nach n Wochen erhält, berechnet werden kann.

b) Berechnen Sie die Folgenglieder a_3 und a_5. Beschreiben Sie die Bedeutung dieser Werte im Sachzusammenhang.

c) Untersuchen Sie die Folge (a n) auf Monotonie und Beschränktheit.

d) Bestimmen Sie, nach wie vielen Wochen die verabreichte Wirkstoffmenge zum ersten Mal kleiner als 20 mg ist. Zeigen Sie, dass nach 20 Wochen weniger als 2 % der Anfangsdosis von 100 mg verabreicht werden.

e) Begründen Sie, dass die Folge konvergent ist, und geben Sie ihren Grenzwert an.

f) Innerhalb einer Woche werden 50 % des vorhandenen Wirkstoffs im Körper abgebaut. Geben Sie eine Folge (b_n) an, mit der die Menge des Wirkstoffs im Körper eines Probanden nach n Wochen berechnet werden kann, wenn kein weiterer Wirkstoff verabreicht wird. Untersuchen Sie die Folge (b n) auf Monotonie, Beschränktheit und Konvergenz. Geben Sie, falls vorhanden den Grenzwert der Folge an.

g) Geben Sie eine Folge (c_n) an, die den wöchentlichen Verlauf der Wirkstoffmenge im Körper eines Probanden während der Studie beschreibt. Dabei gibt c_n für $n \geq 0$ die Menge des Wirkstoffs an, die sich zu Beginn der n-ten Woche nach der Verabreichung der wöchentlichen Dosis im Körper eines Probanden befindet. Untersuchen Sie die Folge (c n) auf Monotonie, Beschränktheit und Konvergenz.

Lösungen → S. 261

1 Die ungeraden natürlichen Zahlen sollen nacheinander addiert werden.
$a_1 = 1$ und $a_{n+1} = a_n + 2 \cdot n + 1$.
a) Berechnen Sie die ersten fünf Folgenglieder.
b) Geben Sie eine explizite Darstellung an.

2 Betrachten Sie die Folge (a_n) mit $n \geq 1$der ungeraden natürlichen Zahlen mit $a_n = 2 \cdot n + 1$.
a) Geben Sie die ersten fünf Folgenglieder an.
b) Formulieren Sie eine rekursive Folgenbeschreibung.

3 Trennen Sie die Folge (a_n) in zwei Brüche auf. Untersuchen Sie die Folge im Anschluss auf Monotonie und Beschränktheit.
a) $a_n = \frac{n-1}{n}$ b) $a_n = \frac{-8n-3}{4n}$ c) $a_n = \frac{n^3+3}{n^3}$ d) $a_n = \frac{4^n-1}{8^n}$

4 Gegeben ist die Folge (a_n) mit $a_n = \frac{2n}{n-0{,}5}$.
a) Berechnen Sie die ersten acht Folgenglieder.
b) Stellen Sie die Zahlenfolge in einem geeigneten Koordinatensystem graphisch dar.
c) Stellen Sie aufgrund des Graphen eine Vermutung an, gegen welchen Grenzwert die Folge konvergiert.

5 Gegeben sei die Folge (a_n) mit $a_n = \frac{(-1)^n - 1}{n^2}$.
a) Erläutern Sie mithilfe der Definition, dass die Folge den Grenzwert 0 hat.
b) Bestimmen Sie, ab welchem Index die Folgenglieder weniger als 0,01 vom Grenzwert abweichen.

6 Begründen Sie, ob die Folge konvergent oder divergent ist und bestimmen Sie im Falle der Konvergenz den Grenzwert.
a) $a_n = \frac{2}{n^2} + 2$ b) $a_n = \frac{3n^2-3}{n}$ c) $a_n = \frac{1}{n} \cdot n^n$

7 Finden Sie selbst eine Beispielfolge, die die geforderten Eigenschaften hat.
a) Die Folge (a_n) ist monoton fallend und hat den Grenzwert 1.
b) Die Folge (b_n) ist monoton steigend und hat den Grenzwert -20.
c) Die Folge (c_n) ist divergent und nach oben unbeschränkt.
d) Die Folge (d_n) ist konvergent gegen einen beliebigen Grenzwert g_d und hat sowohl positive als auch negative Folgenglieder.

8 Bestimmen Sie den Grenzwert der angegebenen Folge unter Zuhilfenahme der Grenzwertsätze.
a) $a_n = -\frac{3}{n} + 1$ b) $a_n = \frac{2n^4}{2n^2 - 4n^4}$ c) $a_n = \frac{10^{2n}}{1000 \cdot 10^{2n-1} + 2022}$

9 Beurteilen Sie die Aussage und begründen Sie Ihre Entscheidung.
Falls Sie eine Aussage grundsätzlich für falsch halten, genügt die Angabe eines Gegenbeispiels.
a) Die explizite Darstellung einer Folge hat gegenüber der rekursiven Darstellung den Vorteil, dass man den Wert jedes Folgenglieds direkt berechnen kann.
b) Monoton steigende Folgen sind immer nach unten beschränkt und nach oben unbeschränkt.
c) Es gibt keine Folgen, die nach oben und unten beschränkt sind.
d) Alle geometrischen Folgen sind entweder nach oben oder nach unten unbeschränkt.
e) Nicht jede arithmetische Folge ist beschränkt.

Lösungen
→ S. 261/S. 262

10 In einem See wird eine Seerose ausgesetzt. Seerosen verdoppeln ihre Anzahl wöchentlich. Nach 20 Wochen ist der See zur Hälfte mit Seerosen bedeckt.

a) Geben Sie eine rekursive und eine explizite Darstellung dieses Wachstums an.
b) Berechnen Sie mit beiden Ausdrücken die ersten 4 Folgenglieder sowie das zwanzigste.
c) Berechnen Sie nun die Folgenglieder für die 21. und 22. Woche.
d) Interpretieren Sie die Ergebnisse und lesen Sie dazu nochmals die Aufgabenstellung vor den ersten Teilaufgaben.

11 a) Ordnen Sie den Zahlenfolgen die passenden Darstellungen zu. Geben Sie anhand der Graphen jeweils eine Vermutung für den Grenzwert an.
① $a_n = -1 - \frac{1}{n}$
② $a_n = 5 - \frac{1}{n}$
③ $a_n = \frac{n+1}{n}$
b) Überprüfen Sie Ihre Vermutungen aus a) anhand der Bildungsvorschrift.

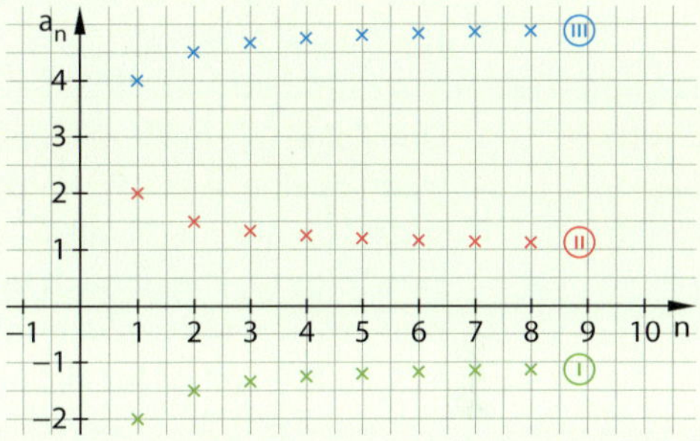

12 Beurteilen Sie die nachfolgenden Aussagen und begründen Sie Ihre Entscheidung. Falls Sie eine Aussage grundsätzlich für falsch halten, genügt die Angabe eines Gegenbeispiels.
a) Alle divergenten Folgen sind monoton steigend oder fallend.
b) Alle nach oben und unten beschränkten Folgen sind konvergent.
c) Das Produkt zweier divergenter Folgen ist immer divergent.
d) Die Summe einer konvergenten und einer divergenten Folge ist immer divergent.
e) Der Quotient zweier konvergenter Folgen ist immer konvergent.
f) Der Quotient zweier divergenter Folgen ist immer divergent.

Wo stehe ich?

	Ich kann…	Aufgabe	Nachschlagen
1.1	… Folgen definieren und rekursive und explizite Darstellungen angeben. … Monotonie und Beschränktheit von Folgen feststellen.	1, 2, 3, 9, 10	S. 9 Beispiel 1, S. 9 Beispiel 2, S. 11 Beispiel 3
1.2	… Folgen auf Konvergenz untersuchen. … Grenzwerte von Folgen berechnen. … mithilfe der Grenzwertsätze die Grenzwerte komplizierterer Folgen berechnen.	4, 5, 6, 7, 8, 11, 12	S. 15 Beispiel 1, S. 15 Beispiel 2, S. 17 Beispiel 3

1 Zusammenfassung

Folgen

Eine **Folge** $(\mathbf{a_n})$ ist eine Funktion, die jeder natürlichen Zahl n (meist $n \geq 1$) eine reelle Zahl a_n zuordnet.

Das Kapital nach n Jahren lässt sich mit der Zinsformel berechnen:

$K(n) = K(0) \cdot \left(1 + \frac{p}{100}\right)^n = 1000 \cdot (1{,}02)^n$

Hierbei ist p der Zinssatz.

Explizite und rekursive Darstellung

Explizite Darstellung: $a_n = 2^n$
Das n-te Folgenglied ist durch einen Term, der n enthält, gegeben und lässt sich direkt berechnen.

Rekursive Darstellung: $a_1 = 2$ und $a_{n+1} = 2 \cdot a_n$
Das erste Folgenglied ist gegeben und eine Gleichung, mit der zu jedem Folgenglied das nächste Folgenglied berechnet werden kann.

Monotonie einer Folge

Eine Folge (a_n) heißt monoton steigend, wenn für alle $n \in \mathbb{N}$ gilt: $a_{n+1} \geq a_n$.
Eine Folge (a_n) heißt monoton fallend, wenn für alle $n \in \mathbb{N}$ gilt: $a_{n+1} \leq a_n$.

$a_n = 3 + n^2$ ist monoton steigend.

$a_n = \frac{n^2 + n}{n^3}$ ist monoton fallend.

Beschränktheit einer Folge

Eine Folge (a_n) heißt nach oben beschränkt, wenn es eine obere Schranke $S_o \in \mathbb{R}$ gibt, sodass für alle $n \in \mathbb{N}$ gilt: $a_n \leq S_o$.
Eine Folge (a_n) heißt nach unten beschränkt, wenn es eine untere Schranke $S_u \in \mathbb{R}$ gibt, sodass für alle $n \in \mathbb{N}$ gilt: $a_n \geq S_u$.

Beispiele: $a_n = \frac{n^2 + 2}{n^2}$ $\quad$ $a_n = \frac{2^n - 1}{2^n}$

$S_o = 3;\ S_u = 1$ $\quad$ $S_o = 1;\ S_u = 0{,}5$

Beispiele: $a_n = \frac{1}{n}$ $\quad$ $a_n = 3 - n^2$

$S_o = 1;\ S_u = 0$ $\quad$ $S_u = 2$

Grenzwerte von Folgen

Eine Zahl $g \in \mathbb{R}$ heißt Grenzwert g einer Folge (a_n), wenn in jedem beliebig schmalen Streifen um g alle Folgenglieder a_n ab einem Index n_0 liegen. Man schreibt dann:

$\lim\limits_{n \to \infty} = g$

Beispiel: $a_n = 3 - \frac{1}{n^2}$

$\lim\limits_{n \to \infty} 3 = 3$

$\lim\limits_{n \to \infty} \left(\frac{1}{n^2}\right) = 0$

$\lim\limits_{n \to \infty} \left(3 - \frac{1}{n^2}\right) = 3$

Grenzwertsätze für Folgen

Gegeben seien die konvergenten Folgen (a_n) und (b_n), die jeweils die Grenzwerte g_a und g_b haben. Dann gelten die **Grenzwertsätze für Folgen:**

(1) $\lim\limits_{n \to \infty} (a_n + b_n) = \lim\limits_{n \to \infty} a_n + \lim\limits_{n \to \infty} b_n = g_a + g_b$

(2) $\lim\limits_{n \to \infty} (a_n - b_n) = \lim\limits_{n \to \infty} a_n - \lim\limits_{n \to \infty} b_n = g_a - g_b$

(3) $\lim\limits_{n \to \infty} (a_n \cdot b_n) = \lim\limits_{n \to \infty} a_n \cdot \lim\limits_{n \to \infty} b_n = g_a \cdot g_b$

(4) $\lim\limits_{n \to \infty} \left(\frac{a_n}{b_n}\right) = \frac{\lim\limits_{n \to \infty} a_n}{\lim\limits_{n \to \infty} b_n} = \frac{g_a}{g_b}$ wobei $g_b \neq 0$

Beispiel: $a_n = \frac{1}{n^2} + \frac{1}{n^3} + \frac{1}{2^n}$

$\lim\limits_{n \to \infty} \left(\frac{1}{n^2} + \frac{1}{n^3} + \frac{1}{2^n}\right)$

$= \lim\limits_{n \to \infty} \frac{1}{n^2} + \lim\limits_{n \to \infty} \frac{1}{n^3} + \lim\limits_{n \to \infty} \frac{1}{2^n} = 0$

Beispiel: $a_n = \frac{-1 + 2^n}{2^{n+1}}$

$\lim\limits_{n \to \infty} \frac{-1 + 2^n}{2^{n+1}} = \lim\limits_{n \to \infty} \left(-\frac{1}{2^{n+1}} + \frac{2^n}{2^{n+1}}\right)$

$= \lim\limits_{n \to \infty} -\frac{1}{2^{n+1}} + \lim\limits_{n \to \infty} \frac{2^n}{2^{n+1}} = 0 + \lim\limits_{n \to \infty} \frac{1}{2^1} = \frac{1}{2}$

Beispiel: $a_n = \frac{1 - n^2}{3n^2 - 4n}$

$\lim\limits_{n \to \infty} \left(\frac{1}{n} \cdot \frac{1}{3n - 4} - \frac{1}{3 - \frac{4}{n}}\right)$

$= \lim\limits_{n \to \infty} \frac{1}{n} \cdot \frac{1}{3n - 4} - \lim\limits_{n \to \infty} \frac{1}{3 - \frac{4}{n}}$

$= \lim\limits_{n \to \infty} \frac{1}{n} \cdot \lim\limits_{n \to \infty} \frac{1}{3n - 4} - \lim\limits_{n \to \infty} \frac{1}{3 - \frac{4}{n}} = 0 \cdot 0 - \frac{1}{3} = -\frac{1}{3}$

2

Ganzrationale Funktionen

Nach dem Kapitel können Sie …

→ Graphen ganzrationaler Funktionen als Überlagerungen von Graphen von Potenzfunktionen deuten,
→ Globalverhalten und Symmetrie anhand von Termdarstellungen erkennen und beschreiben,
→ Monotonie und Extrema von Funktionen anhand ihres Graphen erkennen,
→ Nullstellen ganzrationaler Funktionen berechnen.

Lösungen
→ S. 262/263

Lineare und quadratische Funktionen, Potenzfunktionen

1 Skizzieren Sie den Graphen der Funktion f in ein Koordinatensystem. Kontrollieren Sie dann mit einer Mathematik-Software.

a) $f(x) = x + 1$ b) $f(x) = x^2 - 1$ c) $f(x) = -x^3 - 1$ d) $f(x) = x^{-1}$
e) $f(x) = (x + 2)^2 - 2$ f) $f(x) = -\frac{1}{x^2}$ g) $f(x) = x^2 - 2x - 1$ h) $f(x) = x^4$

2 Geben Sie an, welcher Graph zu welcher Funktionsgleichung gehört.

$f(x) = \frac{1}{x^3} - 4$ $g(x) = x^2 - 6x + 5$ $h(x) = -x^3 + 1$ $i(x) = -0{,}5x - 1$

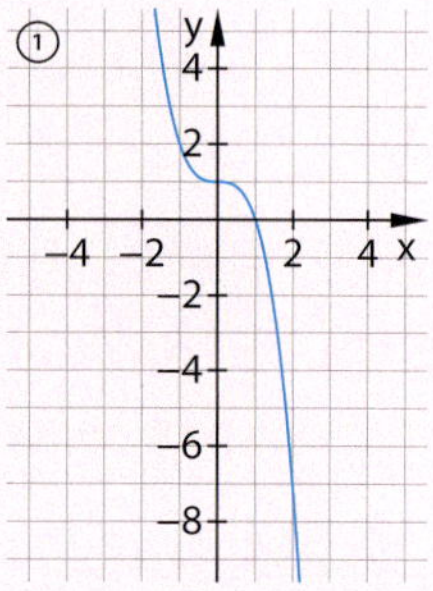

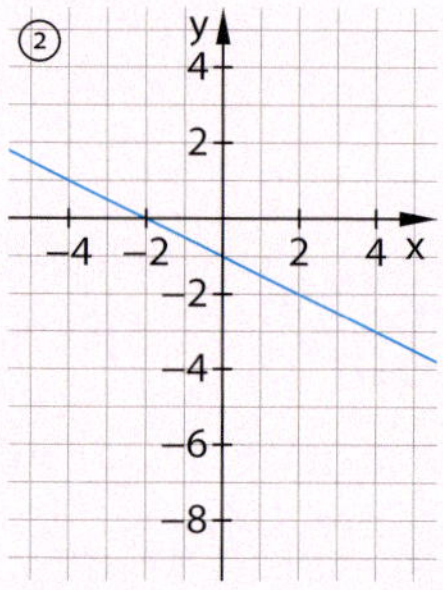

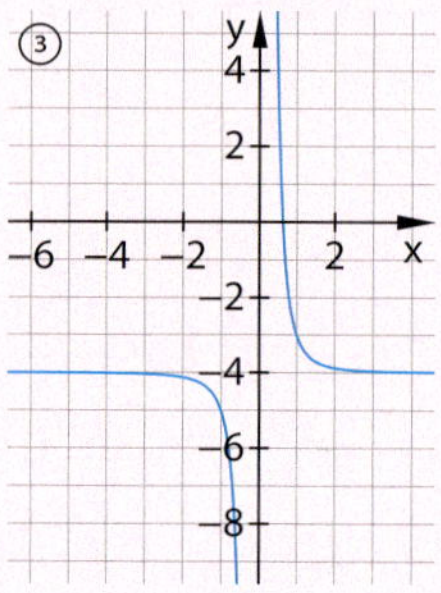

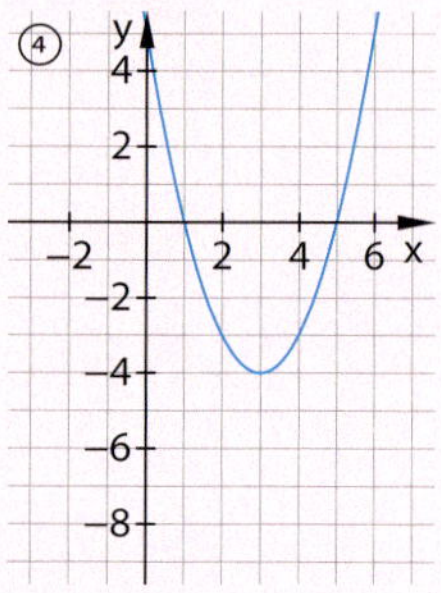

3 Geben Sie zur Funktion f bzw. zu deren Graphen folgende Eigenschaften an: größtmöglicher Definitionsbereich, Wertebereich, Verhalten für $x \to \pm\infty$, Steigen und Fallen, Symmetrieverhalten (achsensymmetrisch zur y-Achse; punktsymmetrisch zum Ursprung).

a) $f(x) = -3x - 4$ b) $f(x) = -2x^2$ c) $f(x) = x^5$ d) $f(x) = -(x + 1)^3$
e) $f(x) = (x - 4)^2 + 2$ f) $f(x) = x^6 + \pi$ g) $f(x) = \frac{1}{x^2}$ h) $f(x) = \sqrt{x + 1}$

4 Geben Sie je zwei Funktionsgleichungen zur Funktion f mit den gegebenen Eigenschaften an.

a) Der Graph einer Potenzfunktion verläuft durch die Punkte $P(-1\,|\,-1)$ und $Q(1\,|\,1)$.
b) Der Graph einer quadratischen Funktion hat den kleinsten Funktionswert 2.

Funktionsgraphen verschieben, spiegeln und strecken

5 Geben Sie zum beschriebenen Graphen eine passende Funktionsgleichung an.

a) Der Graph der Funktion f mit $f(x) = 2x$ wird an der x-Achse gespiegelt und dann um 3 Einheiten nach unten verschoben.
b) Der Graph der Funktion f mit $f(x) = x^2$ wird um 3 Einheiten nach links verschoben.
c) Der Graph der Funktion f mit $f(x) = \frac{1}{x^2}$ wird an der x-Achse gespiegelt und dann um 7 Einheiten nach links verschoben.
d) Der Graph der Funktion f mit $f(x) = \sqrt{x}$ wird um 2 Einheiten nach unten verschoben und dann an der y-Achse gespiegelt.

6 Gegeben ist die Funktion f mit $f(x) = x^3$. Skizzieren Sie die Funktionen f und g und beschreiben Sie die Veränderungen des Graphen von g im Vergleich zum Graphen von f.

a) $g(x) = f(x + c)$, wenn $c = 2; -2$
b) $g(x) = d \cdot f(x + d) + d$, wenn $d = 2; -2$

Lösungen → S. 263

Gleichungen lösen und Nullstellen ermitteln

7 Lösen Sie die Gleichung.

a) $3x - 4 = 2x + 1$ b) $x^2 + 4{,}2x = 0$ c) $2x^2 = 0{,}18$
d) $x(x^2 - 1) = 0$ e) $(a - 3)(a + 3) \cdot a = 0$ f) $z^2 + 2 = 1$
g) $(k + 4)^2 = 0$ h) $2t + 4 = 2(t + 2)$ i) $2x^2 - 6 = 4x$

8 Ermitteln Sie die Nullstellen der Funktion f.

a) $f(x) = 3(x - 1) + 2$ b) $f(x) = x^4$ c) $f(x) = x^2 + 2$
d) $f(x) = (x + 2)^2 - 4$ e) $f(x) = (x - 2)(x + 5)$ f) $f(x) = -0{,}5x^2 - 2x - 6$
g) $f(x) = x^3 - 8$ h) $f(x) = x^{-2} - 4$ i) $f(x) = x^2 + x + \frac{1}{4}$

9 Geben Sie eine quadratische Gleichung an, die die angegebenen Lösungen hat.

a) $-5; 5$ b) $0; 5$ c) $-6; 2$
d) 8 e) keine Lösung f) $\sqrt{2}$

10 Ermitteln Sie die Nullstellen der Funktion f zunächst rechnerisch ohne und dann grafisch mit einer geeigneten Mathematiksoftware.

a) $f(x) = x^2 - x - 2$ b) $f(x) = (x + 1)^3$ c) $f(x) = \frac{1}{x^3} - 1$

11 Gegeben ist die Funktion f mit $f(x) = -x^4 + b$. Geben Sie an, für welche b die Funktion f

a) genau zwei Nullstellen, b) genau eine Nullstelle, c) keine Nullstelle hat.

Vermischtes

12 Geben Sie an, welche Terme für $\square$ eingesetzt werden müssen, damit die Gleichung stimmt.

a) $(\square + y)^2 = x^2 + 2xy + y^2$ b) $4x^2 + 12xy + 9y^2 = (\square + \square)^2$
c) $d^2 + 8d + \square = (\square + \square)^2$ d) $(\square + 2a)(\square - \square) = 9b^2 - 4a^2$
e) $64a^2 - 48ab + \square = (\square - \square)^2$ f) $81x^2 - 49y^2 = \square \cdot \square$

13 Schreiben Sie die Summe als Produkt.

a) $x^2 - 2x$ b) $y^2 - 4xy + 4x^2$ c) $4z^2 - \frac{1}{4}x^2$ d) $2n^3 + 4n^2$

14 Berechnen Sie den Wert des Terms für $x = 2$ und für $x = -2$.

a) $(-x)^2$ b) $-x^2$ c) $-x^3$ d) $(-x)^3$

15 Gegeben ist die Funktion f mit $f(x) = -x^2 - 4x - 2$. Lösen Sie die Gleichungen $f(x) = 0$, $f(0) = y$ sowie $f(x) = -2$ und interpretieren Sie jeweils das Ergebnis.

16 Eine Parabel enthält die Punkte $P(1|-3)$, $Q(0|0)$ und $R(-1|5)$. Bestimmen Sie die zugehörige Funktionsgleichung $f(x) = ax^2 + bx + c$ mithilfe eines linearen Gleichungssystems.

17 Die Funktionsgleichung einer quadratischen Funktion f mit den Nullstellen x_1 und x_2 kann in der Form $f(x) = a \cdot (x - x_1)(x - x_2)$ dargestellt werden.
Bestimmen Sie eine Gleichung der quadratischen Funktion f, die die angegebenen Bedingungen erfüllt. Geben Sie sie auch in der allgemeinen Form $f(x) = ax^2 + bx + c$ an.

a) f hat die Nullstellen $x_1 = 2$ und $x_2 = -1$, der Graph von f enthält den Punkt $A(0|6)$.
b) f hat die Nullstellen $x_1 = 0$ und $x_2 = 4$, der Graph von f enthält den Punkt $A(5|10)$.
c) f hat die Nullstellen $x_1 = -3$ und $x_2 = -5$, der Graph von f enthält den Punkt $A(-1|-4)$.

2.1 Wiederholung: Funktionen

Die Straße Ffordd Pen Llech in Wales gilt seit 2019 als steilste Straße der Welt. Das Straßenschild weist eine Steigung von rund 40 % aus. Da bergauf fahrende Autos hier Probleme bekommen können, ist sie nur als Einbahnstraße in Abwärtsrichtung befahrbar.
Zeichnen Sie eine Gerade mit gleicher Steigung in ein Koordinatensystem ein und bestimmen Sie eine passende Funktionsgleichung.

Lineare Funktionen

Hinweis

In $f(x) = mx + n$ wird n auch **y-Achsenabschnitt** genannt.

Wissen **Lineare Funktion**

Eine Funktion f mit einer Funktionsgleichung $\mathbf{f(x) = mx + n}$ heißt **lineare Funktion** $(m, n \in \mathbb{R})$. Ihr Graph ist eine **Gerade**, die die y-Achse im Punkt $(\mathbf{0} \mid \mathbf{n})$ schneidet.
Die **Steigung m** gibt die Änderung des Funktionswertes an, wenn der x-Wert um 1 vergrößert wird.

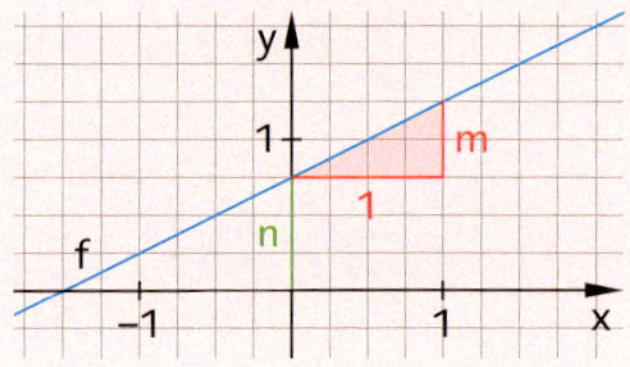

Erinnerung

Mithilfe eines Steigungsdreiecks kann man die Steigung m einer Geraden bestimmen:
$m = \frac{\Delta y}{\Delta x}$.

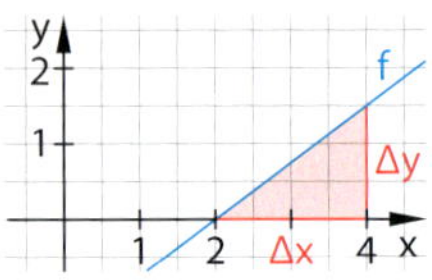

Beispiel 1

a) Bestimmen Sie eine Funktionsgleichung zum abgebildeten Graphen.
b) Prüfen Sie rechnerisch, ob der Punkt $A(8 \mid 5)$ auf dem Graphen liegt.

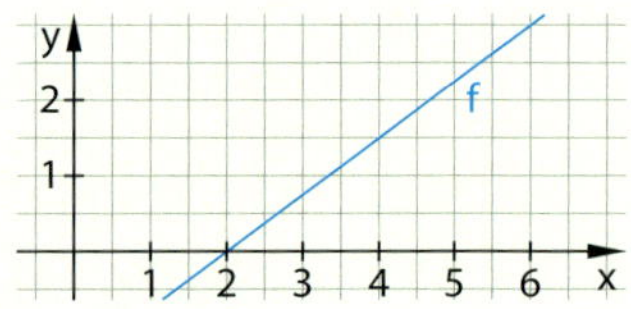

Lösung:

a) Der Graph ist eine Gerade, die Funktionsgleichung lautet also $f(x) = mx + n$.
Lesen Sie zwei Punkte der Geraden ab.
Berechnen Sie m, indem Sie die Differenz ihrer y-Koordinaten durch die Differenz ihrer x-Koordinaten teilen.
Berechnen Sie n, indem Sie die Koordinaten eines Punktes (hier P) in die Funktionsgleichung einsetzen.

Ansatz: $f(x) = mx + n$
Punkte auf der Geraden:
$P(2 \mid 0)$ und $Q(4 \mid 1{,}5)$.
$m = \frac{\Delta y}{\Delta x} = \frac{1{,}5 - 0}{4 - 2} = 0{,}75$

$f(x) = m \cdot x + n$
$0 = 0{,}75 \cdot 2 + n$ also $n = -1{,}5$
$f(x) = 0{,}75x - 1{,}5$

b) Setzen Sie die x-Koordinate von $A(8 \mid 5)$ in die Funktionsgleichung von f ein. Nur wenn das Ergebnis mit der y-Koordinate übereinstimmt, gehört der Punkt zum Graphen.

Punktprobe mit $A(8 \mid 5)$:
$f(8) = 0{,}75 \cdot 8 - 1{,}5 = 4{,}5 \neq 5$
A liegt nicht auf dem Graphen.

Basisaufgaben

1 Prüfen Sie, ob der Punkt auf dem Graphen der Funktion f liegt.
a) $f(x) = -8x + 7$; $P(1 \mid 1)$ b) $f(x) = \frac{1}{3}x - \frac{2}{9}$; $Q\left(4 \mid \frac{10}{9}\right)$ c) $f(a) = 0{,}3a$; $R(0{,}3 \mid 0{,}09)$

2 Ermitteln Sie die Gleichung der Geraden mit der Steigung m, die durch P verläuft.
a) $m = 2$; $P(0 \mid 5)$ b) $m = -3$; $P(2 \mid 3)$ c) $m = 0{,}5$; $P(-4 \mid 1)$

3 Rechts abgebildet sind die Graphen der linearen Funktionen f, g, h und i. Bestimmen Sie eine Funktionsgleichung für jeden Graphen.

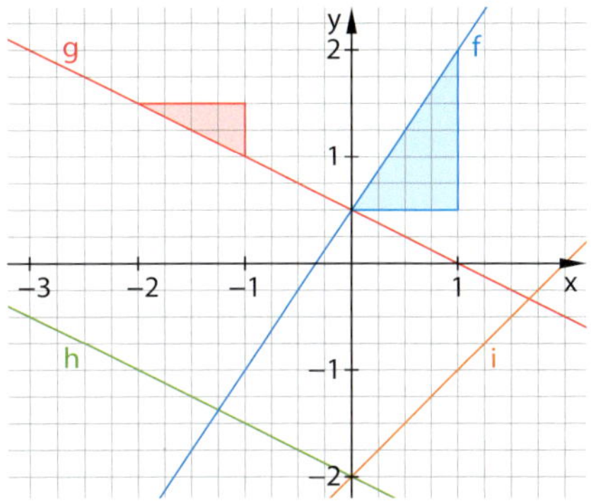

4 Zeichnen Sie die Graphen von f und g mit $f(x) = -3x + 2$ und $g(x) = \frac{4}{5}x - 3$

a) mithilfe des y-Achsenabschnitts und eines Steigungsdreiecks.

b) mithilfe zweier Punkte, die Sie rechnerisch bestimmen.

5 Geben Sie jeweils Funktionsgleichungen zu zwei Geraden an, die

a) durch den Koordinatenursprung gehen,
b) parallel zur x-Achse verlaufen,
c) den gleichen y-Achsenabschnitt haben,
d) parallel zueinander verlaufen.

6 Ermitteln Sie eine Gleichung der Geraden durch die Punkte A und B.

a) $A(0|3)$; $B(1|5)$
b) $A(-2|1)$; $B(1|-3)$
c) $A(-7|2)$; $B(5|2)$

Quadratische Funktionen

Hinweis

Aus $f(x) = ax^2 + bx + c$ lässt sich der Schnittpunkt mit der y-Achse $P(0|c)$ direkt ablesen.

Wissen **Quadratische Funktion**

Eine Funktion f mit $\mathbf{f(x) = ax^2 + bx + c}$ und **Streckfaktor** $\mathbf{a \neq 0}$ heißt **quadratische Funktion** $(a, b, c \in \mathbb{R})$.
Ihr Graph ist eine **Parabel.** Die Funktionsgleichung lässt sich auch in die **Scheitelpunktform** $f(x) = a(x - d)^2 + e$ umschreiben. Aus ihr kann man direkt den **Scheitelpunkt** $\mathbf{S(d|e)}$ ablesen.

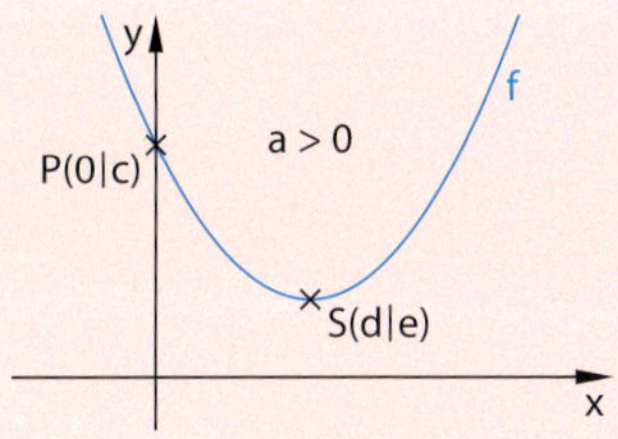

Die Scheitelpunktform eignet sich dazu, die Lage und Form der Parabel zu beschreiben: Gegenüber der **Normalparabel** mit $y = x^2$ ist die Parabel zu $f(x) = a(x - d)^2 + e$ **gestreckt** (falls $|a| > 1$) oder **gestaucht** (falls $|a| < 1$), an der x-Achse **gespiegelt** (falls $a < 0$) und entlang der Koordinatenachsen **verschoben** (um d Einheiten in x-Richtung und e Einheiten in y-Richtung).

Beispiel 2 **Normalparabel stauchen, spiegeln und verschieben**

Die Normalparabel wird mit dem Faktor 0,5 gestaucht, an der x-Achse gespiegelt, um 3 Einheiten nach links und 1 Einheit nach oben verschoben. Geben Sie eine Funktionsgleichung an und skizzieren Sie den Graphen, der entsteht.

Lösung:

Der Ansatz in Scheitelpunktform lautet $f(x) = a(x - d)^2 + e$.
Für den Streckfaktor gilt $a = -0{,}5$, da die Parabel um 0,5 gestaucht und an der x-Achse gespiegelt wird.
Die Verschiebungen um 3 Einheiten nach links und 1 Einheit nach oben führen auf $d = -3$ und $e = 1$. Der Scheitelpunkt der Parabel liegt bei $S(-3|1)$.
Skizzieren Sie von dort aus die nach unten geöffnete, gestauchte Parabel.

$f(x) = -0{,}5(x + 3)^2 + 1$

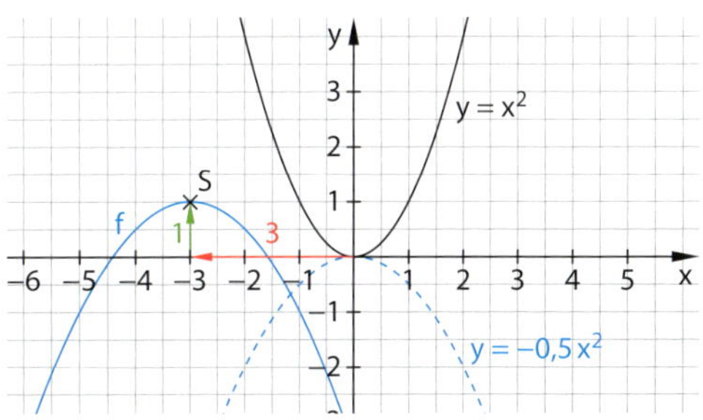

Beispiel 3 Nullstellen quadratischer Funktionen bestimmen

Bestimmen Sie rechnerisch die Nullstellen der Funktion f.

a) $f(x) = -2(x-5)^2 + 32$ b) $f(x) = 5x^2 - 10x$ c) $f(x) = 2x^2 - 4x - 6$

Lösung:

a) Stellen Sie nach dem quadratischen Term um und ziehen Sie die Wurzel. Vergessen Sie die negative Lösung nicht.

$-2(x-5)^2 + 32 = 0 \quad |-32 \quad |:(-2)$

$(x-5)^2 = 16 \quad |\sqrt{\ }$

$x - 5 = 4$ oder $x - 5 = -4$

Nullstellen: $x_1 = 9$ und $x_2 = 1$

b) Klammern Sie x aus und berechnen Sie, wann die einzelnen Faktoren null werden.

$5x^2 - 10x = 0$ | x ausklammern

$x(5x - 10) = 0$

$x = 0$ oder $5x - 10 = 0$

Nullstellen: $x_1 = 0$ und $x_2 = 2$

c) Teilen Sie die Gleichung durch den Faktor vor x^2. Wenden Sie die p-q-Formel an und berechnen Sie die Nullstellen.

$2x^2 - 4x - 6 = 0 \quad |:2$

$x^2 - 2x - 3 = 0$

$x_{1,2} = 1 \pm \sqrt{1+3} = 1 \pm 2$

Nullstellen: $x_1 = 3$ und $x_2 = -1$

Hinweis

Die Nullstellen einer Funktion f berechnet man durch Lösen der Gleichung $f(x) = 0$.

Erinnerung

p-q-Formel: Lösungen der Gleichung $x^2 + px + q = 0$ haben die Form $x_{1,2} = -\frac{p}{2} \pm \sqrt{\left(\frac{p}{2}\right)^2 - q}$.

Basisaufgaben

7 Geben Sie eine Funktionsgleichung an und skizzieren Sie den Graphen, der entsteht.

a) Die Normalparabel wird mit dem Faktor 2 gestreckt und um 2 Einheiten nach unten verschoben.

b) Die Normalparabel wird mit dem Faktor $\frac{1}{2}$ gestaucht, um 3 Einheiten nach links und um 2 Einheiten nach oben verschoben.

c) Die Normalparabel wird mit dem Faktor 0,25 gestaucht, an der x-Achse gespiegelt, um 1,5 Einheiten nach rechts und 2,5 Einheiten nach oben verschoben.

Hinweis zu 8

Betrachten Sie zur Ermittlung des Streckfaktors, wie sich der Funktionswert ändert, wenn Sie vom Scheitelpunkt aus eine Einheit nach rechts oder links gehen.

8 a) Ermitteln Sie zu jeder der abgebildeten Parabeln den Scheitelpunkt und den Streckfaktor. Beachten Sie, ob die Parabel nach oben oder unten geöffnet ist. Geben Sie dann die Scheitelpunktform der Parabel an.

b) Erläutern Sie, woran man bei der Funktionsgleichung einer quadratischen Funktion erkennen kann, ob die Parabel nach oben oder nach unten geöffnet ist.

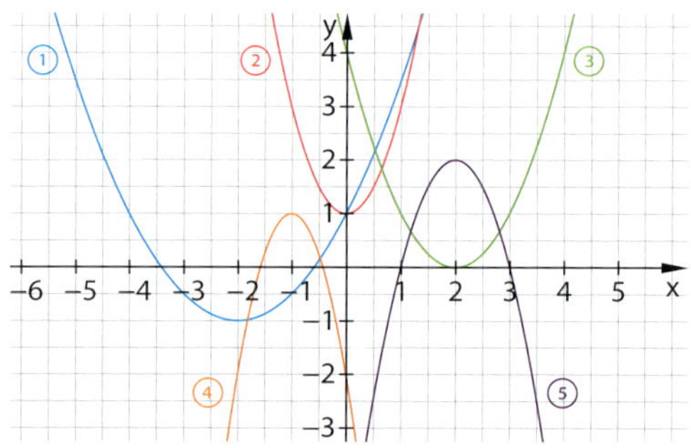

9 Untersuchen Sie die Funktion rechnerisch auf Nullstellen. Kontrollieren Sie Ihr Ergebnis mit einer geeigneten Mathematiksoftware.

a) $f(x) = -x^2 + 16$ b) $f(x) = -x^2 - 16$ c) $f(x) = 7(x+1)^2 - 7$

d) $f(x) = x^2 + 2x$ e) $f(t) = 7t^2 - 8t$ f) $f(x) = x^2 - 8x + 16$

g) $f(x) = 3x^2 - 18x + 24$ h) $f(x) = -2x^2 + 2x - 2$ i) $f(x) = 0{,}5x^2 - 7x - 1$

Lösungen zu 10

−3 3,5 0 −5 4,5 4 5 2 1,5

10 Der Punkt P soll auf dem Graphen der Funktion f liegen. Bestimmen Sie alle möglichen Werte für die fehlende x-Koordinate. Stellen Sie dazu eine Gleichung auf und lösen Sie sie. Kontrollieren Sie Ihr Ergebnis mit einer geeigneten Mathematiksoftware.

a) $f(x) = -2x^2$; P(▢ | −50) b) $f(x) = 5x^2 - 20x - 6$; P(▢ | −6)

c) $f(x) = 3x^2 + 3x - 8$; P(▢ | 10) d) $f(x) = 2(x-3)^2 - 1$; P(▢ | 3,5)

Potenzfunktionen

Definition **Potenzfunktion**
Eine Funktion f mit $f(x) = x^n$ und $n \in \mathbb{Z}$, $n \neq 0$ heißt **Potenzfunktion.**

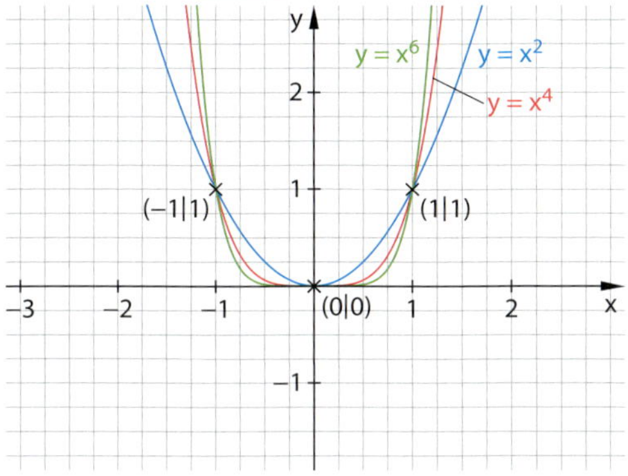

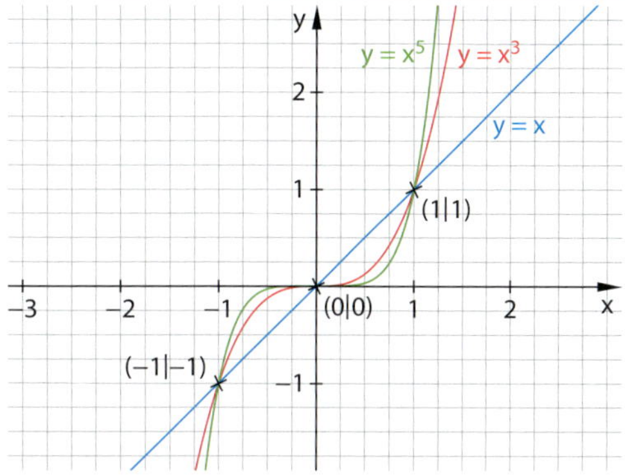

gerade	positive Exponenten	ungerade
$D = \mathbb{R}$	**Definitionsbereich (x-Werte)**	$D = \mathbb{R}$
$W = \mathbb{R}^{\geq 0}$	**Wertebereich (y-Werte)**	$W = \mathbb{R}$
(−1 | 1), (0 | 0), (1 | 1)	**Gemeinsame Punkte**	(−1 | −1), (0 | 0), (1 | 1)
achsensymmetrisch zur y-Achse	**Symmetrie der Graphen**	punktsymmetrisch zum Ursprung
	Monotonie	
streng monoton fallend	für $x < 0$	streng monoton steigend
streng monoton steigend	für $x > 0$	streng monoton steigend

Erinnerung

Potenzen mit negativen Exponenten lassen sich auch mit positiven Exponenten darstellen, indem man den Kehrwert bildet: $x^{-n} = \frac{1}{x^n}$.

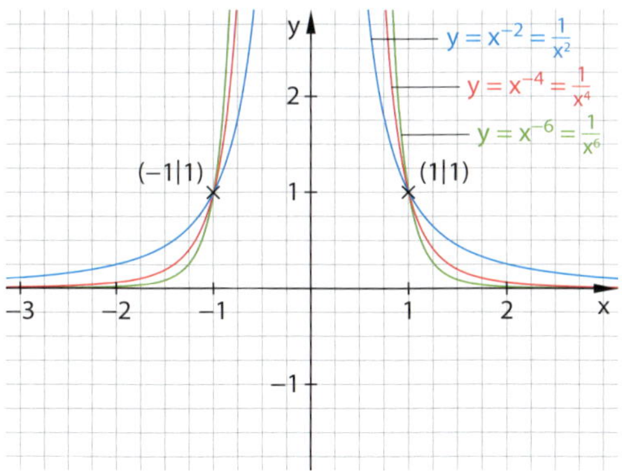

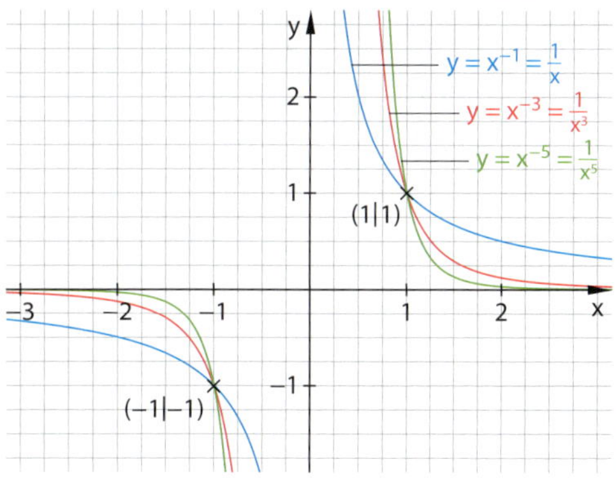

gerade	negative Exponenten	ungerade
$D = \mathbb{R} \setminus \{0\}$	**Definitionsbereich (x-Werte)**	$D = \mathbb{R} \setminus \{0\}$
$W = \mathbb{R}^{>0}$	**Wertebereich (y-Werte)**	$W = \mathbb{R} \setminus \{0\}$
(−1 | 1), (1 | 1)	**Gemeinsame Punkte**	(−1 | −1), (1 | 1)
achsensymmetrisch zur y-Achse	**Symmetrie der Graphen**	punktsymmetrisch zum Ursprung
	Monotonie	
streng monoton steigend	für $x < 0$	streng monoton fallend
streng monoton fallend	für $x > 0$	streng monoton fallend

Beispiel 4

Rechts abgebildet sind die Graphen dreier Potenzfunktionen. Zu jedem Graphen sind zwei Funktionsgleichungen angegeben, von denen nur eine richtig ist.

① Blauer Graph: $f(x) = x^5$ oder $g(x) = x^6$

② Roter Graph: $h(x) = x^{-3}$ oder $i(x) = x^3$

③ Grüner Graph: $r(x) = x^{-3}$ oder $s(x) = x^{-1}$

Ordnen Sie passend zu und begründen Sie Ihre Wahl.

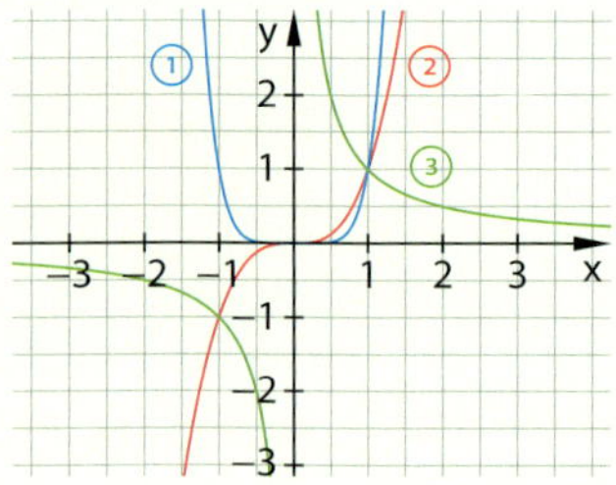

Lösung:

① Für gerade Exponenten sind die Graphen achsensymmetrisch zur y-Achse, für ungerade Exponenten punktsymmetrisch zum Ursprung.

Der blaue Graph ist achsensymmetrisch zur y-Achse, der Exponent muss daher gerade sein. Also ist $g(x) = x^6$ richtig.

② Für negative Exponenten unterteilen sich die Graphen in zwei Äste (Definitionslücke bei x = 0). Für positive Exponenten verlaufen die Graphen durch den Ursprung.

Der rote Graph verläuft durch den Ursprung, der Exponent muss daher positiv sein. Also ist $i(x) = x^3$ richtig.

③ Beide Exponenten sind negativ und ungerade, die Form des Graphen passt daher zu beiden Funktionen. Führen Sie eine Punktprobe, z. B. mit P(2 | 0,5) durch.

$r(2) = (2)^{-3} = \frac{1}{2^3} = \frac{1}{8} \neq 0{,}5$

$s(2) = (2)^{-1} = 0{,}5$

Also ist $s(x) = x^{-1}$ richtig.

Basisaufgaben

11 Von den rechts abgebildeten vier Graphen sind drei Funktionsgleichungen bekannt:

$f(x) = \frac{1}{x}$ $\qquad g(x) = x^3$ $\qquad h(x) = x^5$

a) Ordnen Sie die Gleichungen einem passenden Graphen zu. Begründen Sie Ihre Wahl.

b) Geben Sie eine passende Funktionsgleichung für den verbleibenden Graphen an.

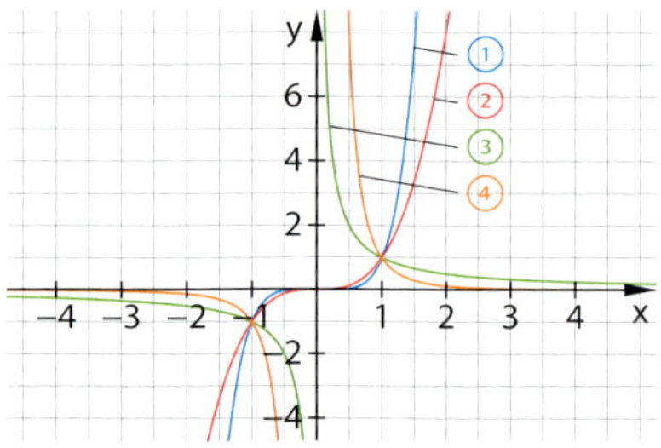

12 Prüfen Sie, ob die Aussage über Potenzfunktionen richtig oder falsch ist. Begründen Sie Ihre Antwort und korrigieren Sie falsche Aussagen.

a) Eine Potenzfunktion mit geradem Exponenten hat keine negativen Funktionswerte.

b) Der Graph einer Potenzfunktion ist achsensymmetrisch zur y-Achse.

c) Bei allen Potenzfunktionen mit ungeraden Exponenten gilt: Jeder y-Wert kann nur durch genau einen x-Wert erreicht werden.

d) Bei allen Potenzfunktionen mit geraden Exponenten gilt: Jeder y-Wert kann durch zwei verschiedene x-Werte erreicht werden.

e) Der Graph einer Potenzfunktion mit negativem Exponenten verhält sich asymptotisch.

Erinnerung

Eine **Asymptote** ist eine Gerade, an die sich ein Funktionsgraph im Unendlichen immer weiter annähert.

13 a) Zeigen Sie, dass die Punkte A(1 | 1) und B(−1 | 1) auf den Graphen von Potenzfunktionen f und g mit $f(x) = x^4$ und $g(x) = x^{-8}$ liegen.

b) Begründen Sie, dass die Punkte A(1 | 1) und B(−1 | 1) auf den Graphen von Potenzfunktionen der Form $f(x) = x^n$ mit geraden Exponenten n liegen.

c) Formulieren und begründen Sie eine entsprechende Aussage für Potenzfunktionen der Form $f(x) = x^n$ mit ungeraden Exponenten.

Weiterführende Aufgaben

Hinweis zu 14

Setzt man eine Schnittstelle x in f(x) oder g(x) ein, so erhält man die y-Koordinate des zugehörigen Schnittpunktes von f und g.

14 Schnittpunkte: Lösen Sie die Gleichung $f(x) = g(x)$ und bestimmen Sie, falls vorhanden, die Schnittpunkte der Graphen von f und g.

a) $f(x) = x^2 + 2x$, $g(x) = -2x - 4$ b) $f(x) = 6x^2 - 1$, $g(x) = 3$ c) $f(x) = 0{,}25x^2 + x - 5$, $g(x) = -x - 8$

d) $f(x) = 3x^2 + 1$, $g(x) = 2x^2 + 2x$ e) $f(x) = x^2 - 9$, $g(x) = -x^2 + 5$ f) $f(x) = -0{,}25x^2 - 1$, $g(x) = x^2 + 3$

15 Faktorisierte Form: Hat eine quadratische Funktion f die Nullstellen m und n, so kann man die Funktionsgleichung auch in der faktorisierten Form $f(x) = a(x - m)(x - n)$ schreiben.

a) Geben Sie die Nullstellen der Funktion an.
① $f(x) = (x - 5)(x + 3)$ ② $f(x) = 7(x - 4)(x - 2{,}5)$ ③ $f(x) = -3x(x + 7)$

b) Ermitteln Sie die Nullstellen und damit eine Funktionsgleichung in faktorisierter Form.
① $f(x) = 6x^2 - 5x$ ② $f(x) = x^2 - 10x + 25$ ③ $f(x) = -3x^2 + 12$

16 Stolperstelle: Ben betrachtet die Funktion f mit $f(x) = x^{-1}$. Beschreiben Sie, welche Fehler Ben

a) beim Zeichnen des Graphen,

b) bei seiner rechnerischen Untersuchung zur Symmetrie des Graphen gemacht hat:
$f(1) = (1)^{-1} = 1$ $f(-1) = (-1)^{-1} = -1$
$f(-1) = -f(1)$ → Punktsymmetrisch zum Ursprung

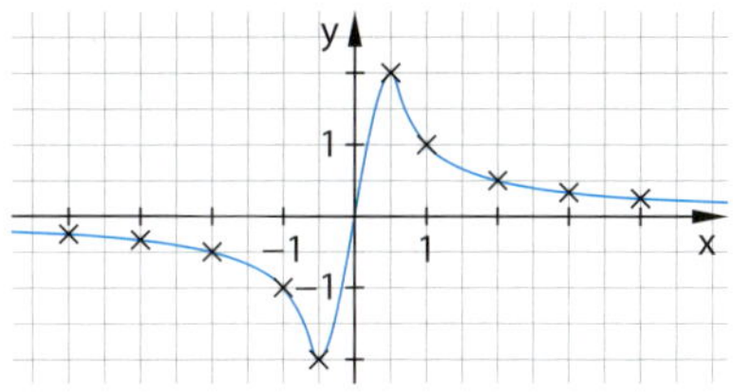

Hinweis zu 17

Verwenden Sie den Tangens des Winkels.

17 Berechnen Sie die Nullstelle der Gerade g mit $g(x) = 3x + 2$. Bestimmen Sie mithilfe eines Steigungsdreiecks den Winkel, unter dem die Gerade g die x-Achse schneidet.

18 a) Zeichnen Sie die Gerade g mit $g(x) = \frac{2}{3}x + 1$ in ein Koordinatensystem ein. Ergänzen Sie eine weitere Gerade s, die g senkrecht in $P(0\,|\,1)$ schneidet.

b) Vergleichen Sie die Steigungen von g und s. Erklären Sie, was Ihnen auffällt.

c) Berechnen Sie mithilfe Ihrer Beobachtung die Steigung einer Geraden, die die Gerade h mit $h(x) = 2x$ senkrecht schneidet. Überprüfen Sie Ihr Ergebnis zeichnerisch.

19 Bestimmen Sie für die angegebene Funktion f, für welche Werte von x
① $f(x) > 100$, ② $f(x) < -100$, ③ $-0{,}01 < f(x) < 0{,}01$ gilt.

a) $f(x) = x$ b) $f(x) = x^2$ c) $f(x) = x^3$ d) $f(x) = x^4$

e) $f(x) = \frac{1}{x}$ f) $f(x) = \frac{1}{x^2}$ g) $f(x) = \frac{1}{x^3}$ h) $f(x) = \frac{1}{x^4}$

20 Ausblick: Die Brücke über eine Schlucht soll durch einen Bogen gestützt werden, der durch die Punkte A und B verläuft und dessen Form durch den Graphen von f mit $f(x) = -x^2 + bx + c$ modelliert werden kann.

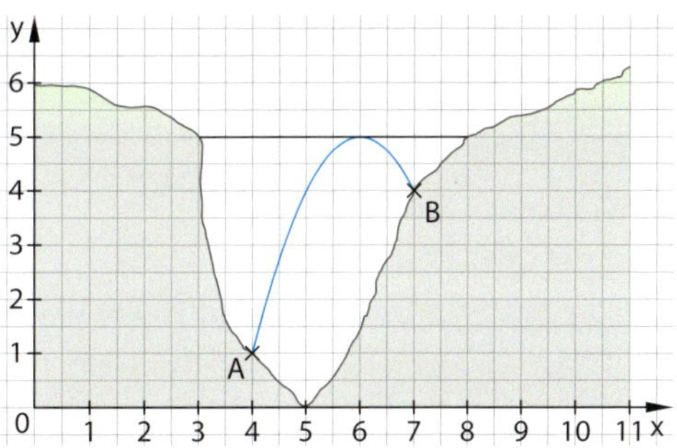

a) Das Einsetzen der Koordinaten von $A(4\,|\,1)$ in f(x) ergibt $1 = -16 + 4b + c$. Setzen Sie ebenso die Koordinaten von B ein und lösen Sie das lineare Gleichungssystem mit den Unbekannten b und c.

b) Berechnen Sie die Koordinaten des Scheitelpunktes der in a) erhaltenen Parabel exakt und überprüfen Sie diese mithilfe der Abbildung.

2.2 Ganzrationale Funktionen

Das Bild zeigt die Graphen der Funktionen g und h mit $g(x) = x^3$ und $h(x) = x^2$ und einer Funktion f.
Erläutern Sie, wie der Graph von f aus den Graphen von g und h entsteht, und geben Sie die Funktionsgleichung von f an.

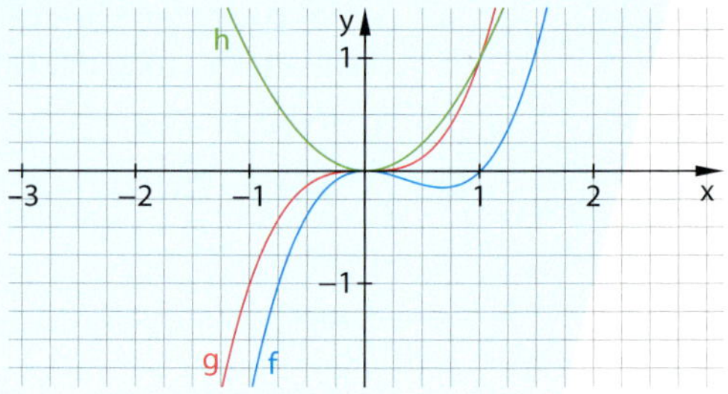

Potenzfunktionen lassen sich addieren oder subtrahieren.
Aus den Funktionen g und h mit $g(x) = x^3$ und $h(x) = x$ lässt sich beispielsweise die Funktion f mit $f(x) = x^3 + x$ bilden, indem für jedes x die zugehörigen y-Werte von g und h addiert werden. Es gilt also: $f(x) = g(x) + h(x)$.

Durch Addition oder Subtraktion von Potenzfunktionen entsteht eine neue Funktionsklasse, die **ganzrationalen Funktionen.**

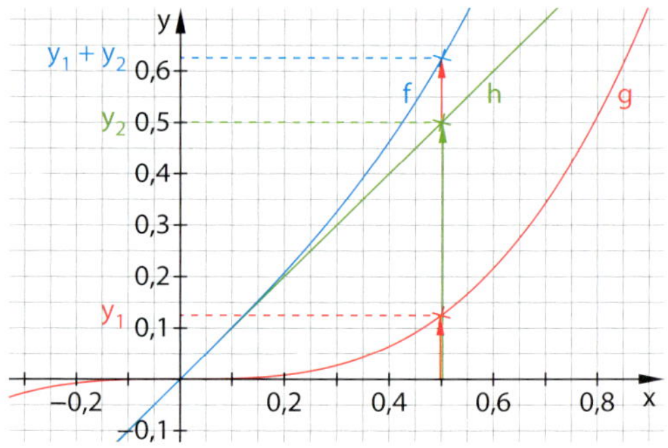

Hinweis

Den Funktionsterm von f nennt man auch **Polynom.** Sind alle Koeffizienten gleich null, so spricht man vom Nullpolynom.

Definition **Ganzrationale Funktion, Koeffizient, Grad**

Eine Funktion f mit der Gleichung $f(x) = a_n x^n + a_{n-1} x^{n-1} + \ldots + a_2 x^2 + a_1 x + a_0$ (mit $n \in \mathbb{N}$, $a_0, \ldots, a_n \in \mathbb{R}$) heißt **ganzrationale Funktion.**
Der höchste Exponent n mit $a_n \neq 0$ heißt **Grad** von f; a_0 bis a_n sind die **Koeffizienten.**

Hinweis

Die ganzrationalen Funktionen mit Grad 0 sind konstante Funktionen, die mit Grad 1 nicht konstante lineare Funktionen und die mit Grad 2 quadratische Funktionen.

Jede Potenzfunktion mit natürlichen Exponenten ist ebenfalls eine ganzrationale Funktion.

Beispiel 1 Geben Sie den Grad und die Koeffizienten der Funktion f mit $f(x) = x^3 - x^2 - 4x + 5$ an. Zeichnen Sie auch den Graphen von f.

Lösung:

Der Grad ist der Exponent der höchsten Potenz von x.

$f(x) = x^3 - x^2 - 4x + 5$
Grad: 3

Die Koeffizienten sind die Vorfaktoren der Potenzen. Achten Sie auf das Vorzeichen. Eine Potenz ohne sichtbaren Vorfaktor hat den Koeffizienten 1 oder −1.

Koeffizienten:
$a_3 = 1, a_2 = -1,$
$a_1 = -4, a_0 = 5$

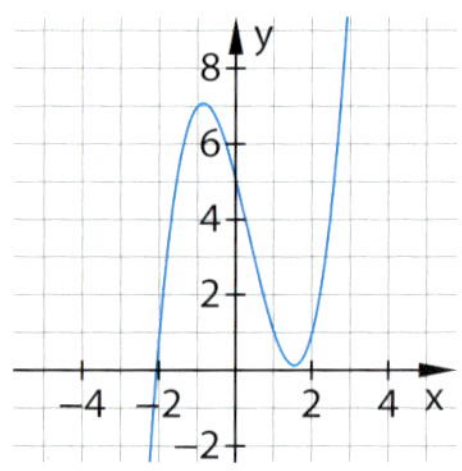

Basisaufgaben

1 Geben Sie den Grad und die Koeffizienten der ganzrationalen Funktion an. Lösen Sie, wenn vorhanden, erst die Klammern auf.

a) $f(x) = -4x^4 + 7x^2$
b) $f(x) = 4x - 2{,}5x^3$
c) $f(x) = 1 + x + x^2$
d) $f(x) = 1 - x$
e) $f(x) = 2x(x^2 - 3)$
f) $f(x) = (2x - 1)(x^3 + 2)$

2 Entscheiden und begründen Sie, ob die Funktion ganzrational ist.

a) $f(x) = 3x^4 - 5x$
b) $f(x) = x^2$
c) $f(x) = \sqrt{x}$
d) $f(x) = 2x^5(1 + x^3)$

3 Prüfen Sie, ob der Punkt P auf dem Graphen von f mit $f(x) = 2x^3 + 3x^2$ liegt. Falls nicht, geben Sie an, ob P oberhalb oder unterhalb des Graphen von f liegt.

a) $P(1\,|\,5)$ b) $P(-2\,|\,3)$ c) $P(4\,|\,2)$ d) $P(10\,|\,2300)$

Hinweis zu 4c und d

Sie können z. B. die Schnittpunkte des Graphen von f mit einer geeigneten Parallele zur x-Achse ermitteln.

4 Ermitteln Sie mit einer geeigneten Mathematiksoftware die fehlenden Koordinaten so, dass die Punkte auf dem Graphen der Funktion f mit $f(x) = -x^4 + x^3$ liegen.

a) $P(2\,|\,\square)$ b) $Q(-2\,|\,\square)$ c) $R(\square\,|\,-1)$ d) $S(\square\,|\,-9000)$

5 Gegeben sind die Funktionen f, g und h mit $f(x) = 2x^3$, $g(x) = 4x$ und $h(x) = -2x^2$. Geben Sie die Funktionsgleichung der ganzrationalen Funktion, die aus f, g und h entsteht, an. Zeichnen Sie dann ihren Graphen mit einer geeigneten Mathematiksoftware.

a) $i(x) = f(x) + g(x)$ b) $j(x) = f(x) - g(x)$
c) $k(x) = f(x) + h(x)$ d) $l(x) = f(x) - h(x)$
e) $m(x) = f(x) + g(x) - h(x)$ f) $n(x) = 4 \cdot f(x) - 2 \cdot (g(x) - h(x))$

6 Der abgebildete Graph ist aus dem Graphen der Funktion f mit $f(x) = x^3$ durch Verschiebung um eine Einheit nach rechts und vier Einheiten nach unten entstanden. Geben Sie die zugehörige Funktionsgleichung in ausmultiplizierter Form an.

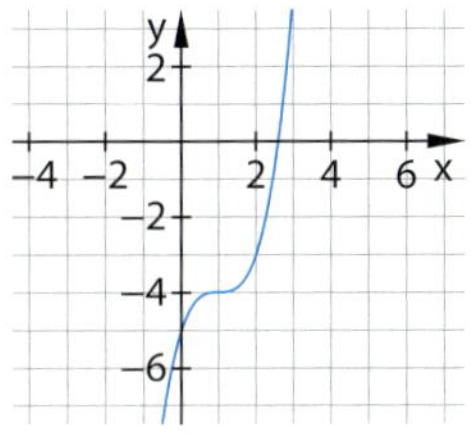

7 a) Der Graph von g geht aus dem Graphen von f mit $f(x) = x^2$ durch Verschiebung um zwei Einheiten nach rechts und eine Einheit nach unten hervor. Geben Sie die Funktionsgleichung von g an und stellen Sie sie ohne Klammern dar. Skizzieren Sie den Graphen von g.

b) Begründen Sie anhand dieses Beispiels, warum Funktionen, deren Graphen durch Verschiebung von Potenzfunktionen entstanden sind, keine Potenzfunktionen mehr sind, sondern ganzrationale Funktionen.

8 Überprüfen Sie, ob die Aussage wahr oder falsch ist. Begründen Sie Ihre Antwort oder geben Sie ein Gegenbeispiel an.

a) Jede Potenzfunktion ist eine ganzrationale Funktion.
b) Alle linearen und quadratischen Funktionen sind ganzrationale Funktionen.
c) Sämtliche Additionen, Subtraktionen, Multiplikationen und Divisionen von Potenzfunktionen mit natürlichen Exponenten führen zu ganzrationalen Funktionen.
d) Additionen und Subtraktionen von ganzrationalen Funktionen ergeben ebenfalls ganzrationale Funktionen.
e) Jede Potenzfunktion, die entlang der x-Achse verschoben wird, ist keine Potenzfunktion mehr, aber eine ganzrationale Funktion.

9 Der Graph von g geht aus Verschiebung des abgebildeten Graphen von f hervor. Es gilt $g(x) = f(x - d) + e$. Geben Sie Werte für die Parameter d und e an, sodass der Graph von g

a) genau einen Schnitt- und einen Berührpunkt mit der x-Achse hat,
b) durch den Koordinatenursprung verläuft,
c) die y-Achse in $y = 3$ schneidet,
d) die x-Achse an der Stelle $x = 2$ schneidet,
e) durch den Punkt $P(-2\,|\,1)$ verläuft.

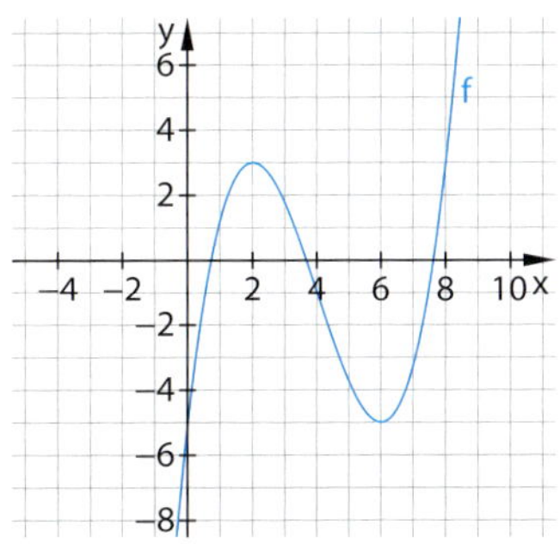

Hinweis zu 9a

Bei einem Berührpunkt berührt der Graph die x-Achse, ohne sie zu schneiden.

Weiterführende Aufgaben

10 Gegeben sind die Potenzfunktionen f, g und h mit $f(x) = x$, $g(x) = x^2$ und $h(x) = x^3$. Erläutern Sie, wie die Funktion k in ②, ③ und ④ durch Addition oder Subtraktion aus f, g und h entstanden ist.
Beispiel: ① k ist die Summe aus f und g, was man durch Betrachtung der y-Werte erkennen kann. $k(x) = f(x) + g(x) = x + x^2$.

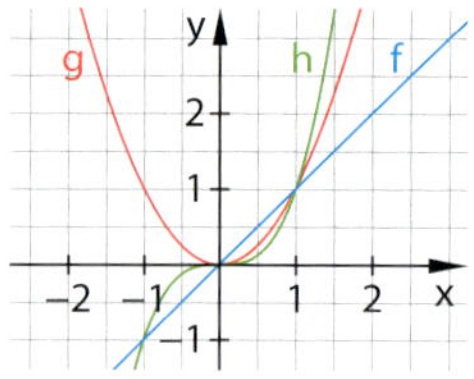

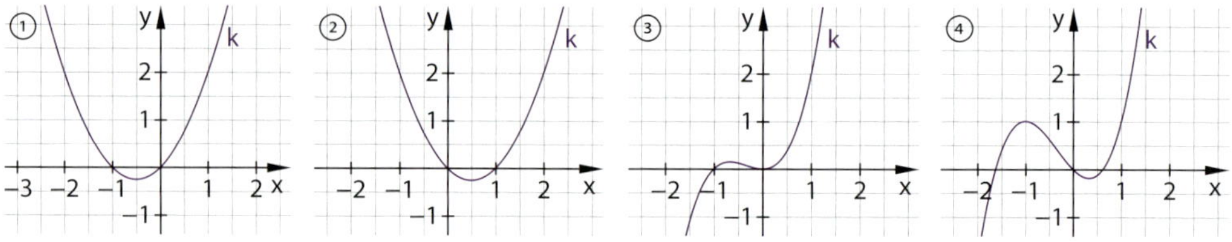

11 **Stolperstelle:** Timo sagt: „Der Grad von $f(x) = 2x^3 - 8x^5 + 5x$ ist 3, weil der erste Exponent 3 ist." Nehmen Sie Stellung.

12 Abgebildet sind die Graphen der Umsatzfunktion U und der Kostenfunktion K eines Herstellers von Spielekonsolen.

a) Ermitteln Sie, zu welchem Preis der Hersteller die Konsole verkauft.
b) Zeichnen Sie im Heft den Graphen der Gewinnfunktion G mit $G(x) = U(x) - K(x)$ als Überlagerung der Funktionen U und K und bestimmen Sie, ab welcher Stückzahl das Unternehmen einen Gewinn macht.
c) Bestimmen Sie näherungsweise, wie viele Konsolen der Hersteller verkaufen muss, um sein Gewinnziel von 150 000 € zu erreichen.

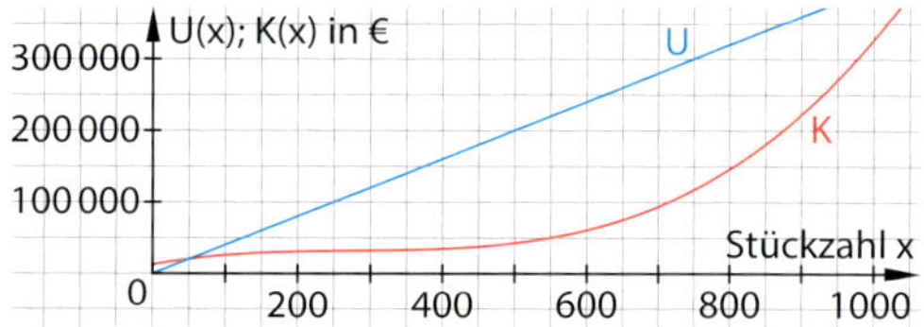

Hinweis zu 12

Der **Umsatz** bezeichnet die Einnahmen und die **Kosten** die Ausgaben eines Unternehmens.

13 Der Streichholzkarton soll zusammengefaltet werden. Dazu werden an den Ecken Quadrate der Länge x herausgeschnitten.

a) Geben Sie einen Funktionsterm an, der das Volumen der Streichholzschachtel beschreibt. Begründen Sie, dass es sich um eine ganzrationale Funktion handelt.
b) Ermitteln Sie das Volumen der Schachtel für eine Schachtelhöhe von 3 cm.
c) Untersuchen Sie, ob die Schachtel ein Volumen von $250\,cm^3$ fassen kann.

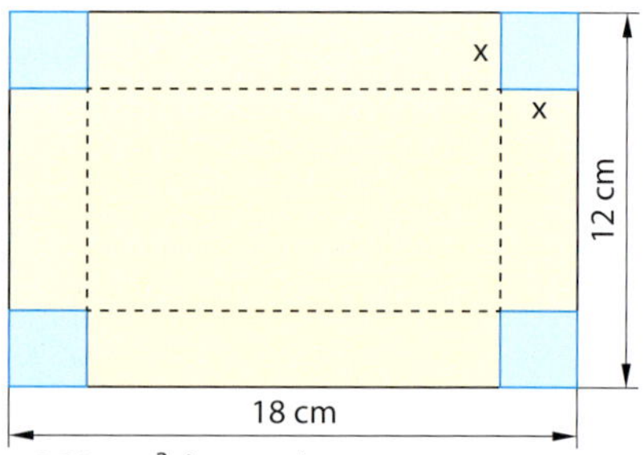

14 Durch einen Quader mit der Breite 2x, der Höhe x und der Tiefe x wurde ein Loch der Breite x und der Höhe 1 LE gebohrt.

a) Stellen Sie einen Term zur Berechnung des Volumens des Körpers auf.
b) Berechnen Sie das Volumen des Körpers für $x = 2$, $x = 6$ und $x = 9$.
c) Untersuchen Sie, für welche x-Werte der Term aus a) ein positives Ergebnis liefert.
Zeichnen Sie dazu mit einer geeigneten Mathematiksoftware die Graphen zu $g(x) = 2x^3$ und $h(x) = x^2$. Überlegen Sie, für welche dieser x-Werte der Term dennoch kein Volumen beschreibt.

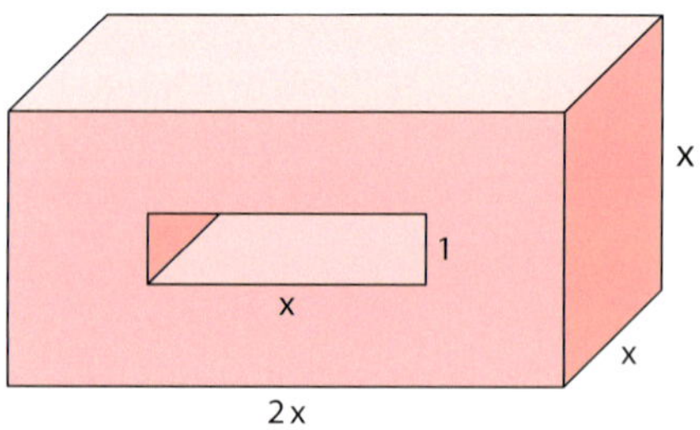

15 Ganzrationale Funktion mit linearem Gleichungssystem bestimmen:
Bestimmen Sie mit einer geeigneten Mathematiksoftware die ganzrationale Funktion dritten Grades, auf deren Graphen die Punkte P, Q, R und S liegen.

Beispiel: $P(4|3)$ $Q(-1|-2)$, $R(1|0)$, $S(0|3)$
Ansatz $f(x) = ax^3 + bx^2 + cx + d$
Das Einsetzen der Koordinaten der Punkte in die Funktionsgleichung von f liefert ein lineares Gleichungssystem mit vier Gleichungen und vier Unbekannten. Die Computer-Lösung ergibt: $f(x) = x^3 - 4x^2 + 3$.

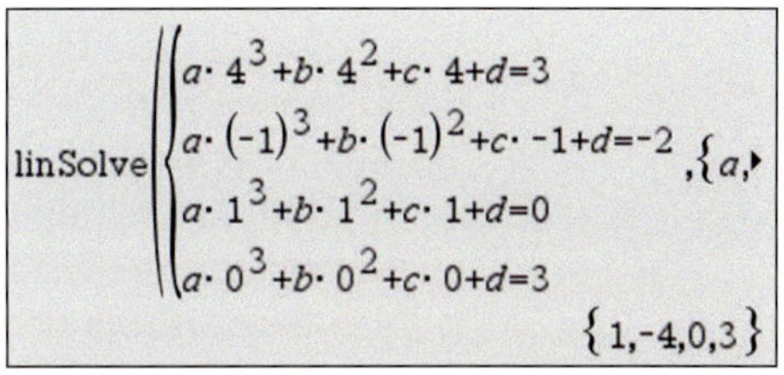

a) $P(-1|2)$, $Q(0|5)$, $R(2|-1)$, $S(4|57)$
b) $P(0|0)$, $Q(-4|-16)$, $R(1|1{,}5)$, $S(4|48)$
c) $P(3|0)$, $Q(-3|0)$, $R(5|160)$, $S(-5|-160)$
d) $P(2|1)$, $Q(4|15)$, $R(-2|-3)$, $S(1|-0{,}75)$

16 Die Preisentwicklung eines Ventilators kann über 12 Monate mithilfe der Durchschnittspreise in den einzelnen Elektrofachgeschäften beobachtet werden. Der Ventilator kostete im Dezember 13,56 € und im folgenden Jahr im März 14,37 €, im August 16,12 € und im Dezember wieder 13,56 €.

a) Bestimmen Sie die Funktionsgleichung einer ganzrationalen Funktion dritten Grades, die die Preisentwicklung modelliert. Stellen Sie dazu ein lineares Gleichungssystem auf und lösen Sie es mit einer geeigneten Mathematiksoftware.
b) Ermitteln Sie, wie hoch nach diesem Modell der Durchschnittspreis im Oktober gewesen sein müsste.

17 Die Flugbahn einer Kugel beim Kugelstoßen verläuft parabelförmig und kann durch eine ganzrationale Funktion zweiten Grades beschrieben werden.

a) Ermitteln Sie die Funktionsgleichung der Flugbahn, wenn die Abwurfhöhe des Athleten 1,60 m, die Wurfweite 8 m beträgt und die Kugel nach einer horizontalen Entfernung von 2 m eine Höhe von 2,40 m erreicht.
b) Bestimmen Sie die maximale Höhe der Kugel.

18 Ausblick: Die Funktion f mit $f(t) = -0{,}08t^3 + 2t^2 - 9t + 90$ beschreibt die Höhe eines Paragliders in Abhängigkeit von der vergangenen Zeit. Dabei beschreibt t die Zeit in Minuten und f(t) die Höhe des Paragliders in Metern.

a) Zeichnen Sie den Graphen von f mit einer geeigneten Mathematiksoftware. Beschreiben Sie, in welchem Intervall die Funktion den Höhenverlauf des Paragliders realistisch beschreiben kann, wenn der Paraglider zum Zeitpunkt $t = 0$ startet.
b) Ermitteln Sie die größte Höhe, die der Paraglider erreicht.
c) Geben Sie an, in welchen Zeitintervallen der Paraglider sinkt und in welchen er steigt.
d) Schätzen Sie ab, nach wie vielen Minuten der Paraglider die höchste Höhenzunahme annimmt.

2.3 Globalverhalten, Monotonie und Extrema

Der Graph der Funktion f mit $f(x) = -\frac{1}{2}x^4 - \frac{2}{3}x^3 + 2x^2$ beschreibt näherungsweise das Höhenprofil einer Vulkaninsel. Die x-Achse beschreibt dabei den Meeresspiegel (1 LE im Koordinatensystem entspricht 100 m).

a) Geben Sie an, an welcher Stelle x der höchste Berg der Insel steht. Ermitteln Sie seine Höhe.

b) Geben Sie den tiefsten Punkt der Insel an.

c) Erläutern Sie, wie sich der Graph für sehr große oder sehr kleine x verhält und wieso die Modellierung der Landschaft durch f nur auf einem Intervall sinnvoll ist.

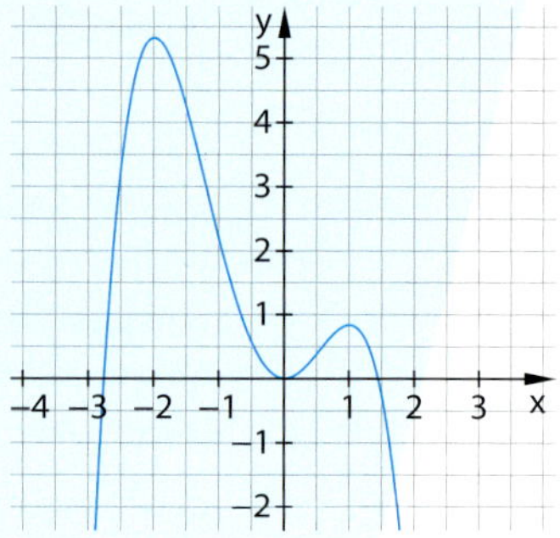

Globalverhalten

Hinweis

Für $x \to \pm\infty$ bedeutet für $x \to \infty$ und für $x \to -\infty$.

Es ist bereits bekannt, dass das Verhalten im Unendlichen (**Globalverhalten**) bei Potenzfunktionen vom Exponenten abhängt:
n gerade: Für $x \to \pm\infty$ gilt $f(x) = x^n \to \infty$.
n ungerade: Für $x \to \infty$ gilt $f(x) = x^n \to \infty$, für $x \to -\infty$ gilt $f(x) = x^n \to -\infty$.

Bei ganzrationalen Funktionen hängt das Verhalten im Unendlichen nur von der höchsten Potenz ab. Die Grafik zeigt die Graphen von f und g mit $f(x) = -\frac{1}{2}x^4 - \frac{1}{3}x^3 + 2x^2 + x - 1$ und $g(x) = -x^4$. Beide Graphen streben für sehr große und sehr kleine x gegen $-\infty$. Die zusätzlichen Summanden und der Faktor $\frac{1}{2}$ bei f wirken sich also nicht auf das Globalverhalten aus.

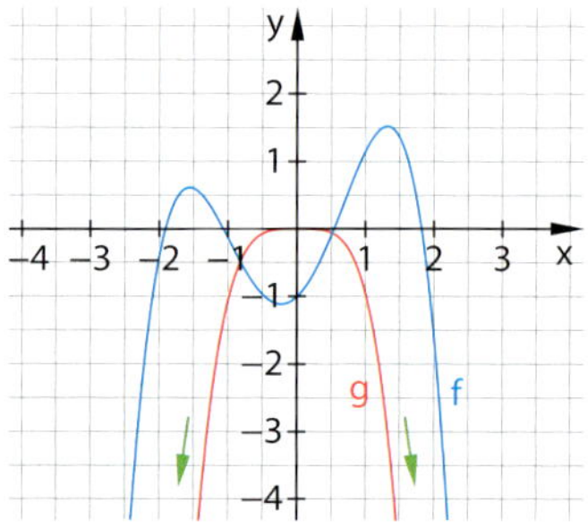

Erinnerung

Je größer der Betrag des Nenners bei konstantem Zähler ist, desto näher ist der Wert eines Bruches bei 0.

Allgemein gilt:
$$f(x) = a_n x^n + a_{n-1}x^{n-1} + \ldots + a_1x + a_0 = a_n x^n\left(1 + \frac{a_{n-1}}{a_n x} + \ldots + \frac{a_1}{a_n x^{n-1}} + \frac{a_0}{a_n x^n}\right).$$
Die Terme $\frac{a_{n-1}}{a_n x}, \ldots, \frac{a_1}{a_n x^{n-1}}$ und $\frac{a_0}{a_n x^n}$ haben im Nenner jeweils eine Potenz von x. Wenn x betragsmäßig sehr groß wird, nähern sich diese Terme dem Wert 0 an.
Deshalb gilt für $x \to \pm\infty$: $f(x) \approx a_n x^n \cdot 1 = a_n x^n$

Satz **Globalverhalten ganzrationaler Funktionen**
Der Graph einer ganzrationalen Funktion f mit $f(x) = a_n x^n + a_{n-1}x^{n-1} + \ldots + a_1x + a_0$ mit $a_n \neq 0$ verhält sich für $x \to \pm\infty$ wie der Graph von g mit $g(x) = a_n x^n$.

Beispiel 1
Gegeben ist die Funktion f mit $f(x) = -2x^5 + 3x^2 - 2$.
Untersuchen Sie rechnerisch das Globalverhalten der Funktion.

Lösung:
Betrachten Sie im Funktionsterm $-2x^5 + 3x^2 - 2$ den Summanden mit der höchsten Potenz.
Summand mit der höchsten Potenz: $-2x^5$
Globalverhalten wie g mit $g(x) = -2x^5$:
Für $x \to \infty$ gilt $x^5 \to \infty$ und für $x \to -\infty$ gilt $x^5 \to -\infty$.
Der negative Vorfaktor –2 ändert das Vorzeichen der Funktionswerte.
Für $x \to \infty$ gilt $f(x) \to -\infty$,
für $x \to -\infty$ gilt $f(x) \to \infty$.

Basisaufgaben

1 Geben Sie die Funktion g mit $g(x) = a_n x^n$ an, die das gleiche Globalverhalten hat wie f. Kontrollieren Sie anschließend mit einer geeigneten Mathematiksoftware.

a) $f(x) = -3x^2 + 7x$ b) $f(x) = 1 - x + x^3$
c) $f(x) = x^2(3x^4 + x)$ d) $f(x) = 1 + x^3$

2 Geben Sie das Verhalten der Funktion für $x \to \pm\infty$ an.

a) $f(x) = 2x^2 + 5x$ b) $f(x) = 2x^3 - 9x + 1$
c) $f(x) = -x^4 + \frac{4}{3}x$ d) $f(x) = -6x^2 + 5x$
e) $g(x) = -3 + 5x^4$ f) $f(x) = 2x(-x + x^2)$

3 Geben Sie, ohne zu rechnen, das Vorzeichen von f(10 000) und f(−10 000) an.

a) $f(x) = -0{,}125x^3 + 1{,}025x + 1$ b) $f(x) = \frac{125}{7}x^5 - \frac{8}{913}x^2 - \frac{12}{25}$
c) $f(x) = -12{,}875x^6$ d) $f(t) = 832t^2 + 999t - 834$

4 Geben Sie bei der Funktion f mit $f(x) = a \cdot x^n$ Werte für a und n so an, dass die Bedingungen erfüllt werden.

a) Für $x \to \infty$ gilt $f(x) \to \infty$, für $x \to -\infty$ gilt $f(x) \to \infty$.
b) Für $x \to \infty$ gilt $f(x) \to -\infty$, für $x \to -\infty$ gilt $f(x) \to \infty$.
c) Für $x \to \infty$ gilt $f(x) \to \infty$, für $x \to -\infty$ gilt $f(x) \to -\infty$.
d) Für $x \to \infty$ gilt $f(x) \to -\infty$, für $x \to -\infty$ gilt $f(x) \to -\infty$.

5 In der Tabelle ist der grafische Verlauf einer ganzrationalen Funktion f mit $f(x) = a_n x^n + a_{n-1}x^{n-1} + \ldots + a_1 x + a_0$ und $a_n \neq 0$, $n \geq 2$ für $x \to \infty$ und $x \to -\infty$ angedeutet. Übertragen Sie die Tabelle in Ihr Heft und ergänzen Sie in der oberen Zeile die fehlenden Eigenschaften für n und a_n.

n gerade, $a_n > 0$			
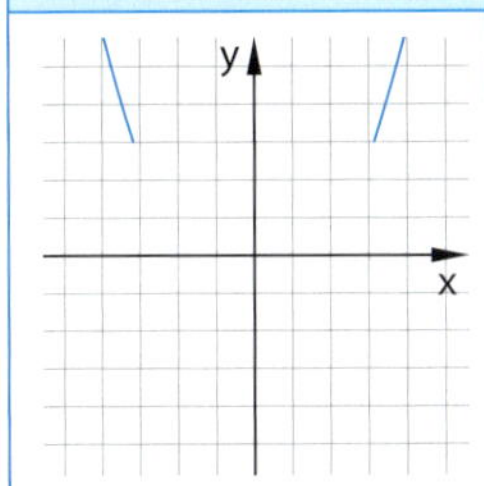	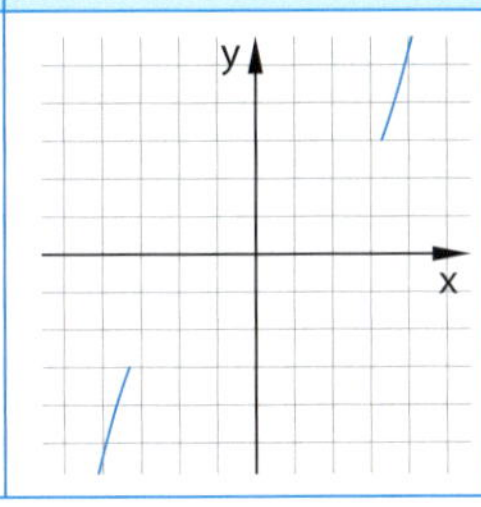	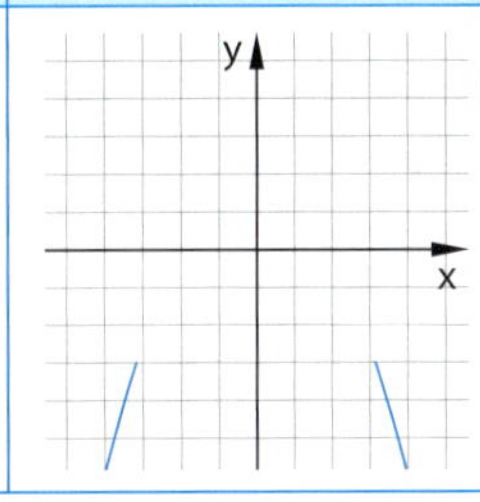	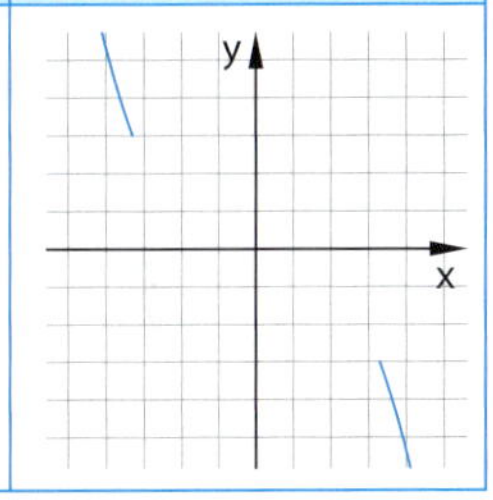

6 Überlegen Sie, welcher Graph zu welcher Funktion gehört. Argumentieren Sie dabei mit dem Verhalten im Unendlichen.

$f(x) = -0{,}5x^3 + 2x^2 - x$ $g(x) = x^4 - 9x^2$
$h(x) = -x^3(x - 3)$ $i(x) = 3x^5 - 10x^3 - 1$

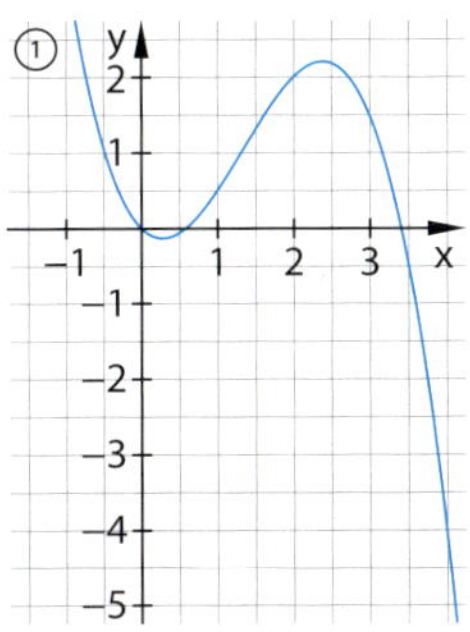

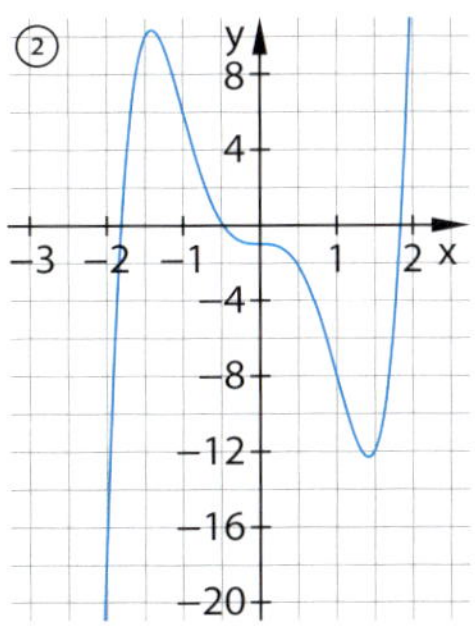

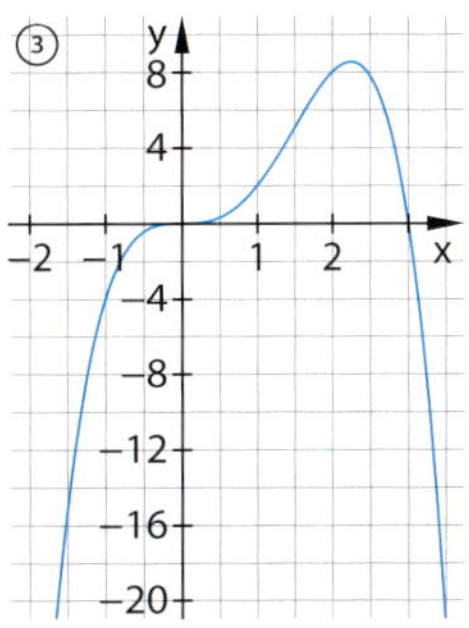

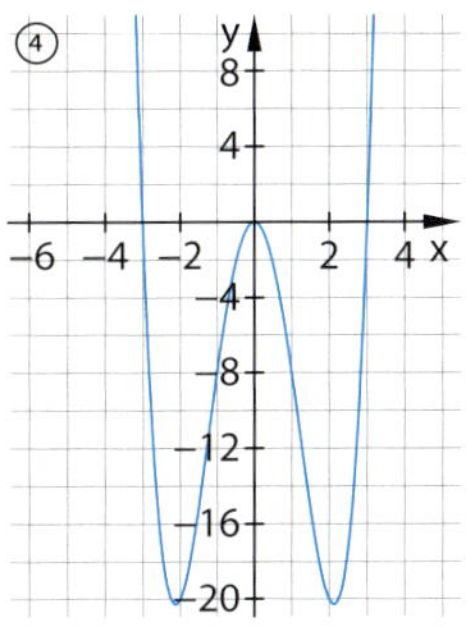

Monotonie und lokale/globale Extrema

Steigt der Graph einer Funktion von links nach rechts, so wachsen die Funktionswerte in diesem Bereich. Fällt der Graph, so werden die Funktionswerte für zunehmende x-Werte kleiner.

Definition **Monotonie**

Eine Funktion f ist auf einem Intervall I

streng monoton steigend, wenn für alle x_1 und x_2 aus I mit $x_1 < x_2$ gilt: $f(x_1) < f(x_2)$,

streng monoton fallend, wenn für alle x_1 und x_2 aus I mit $x_1 < x_2$ gilt: $f(x_1) > f(x_2)$.

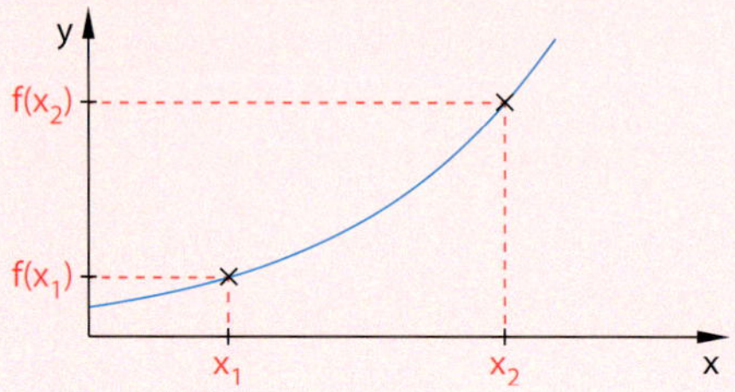

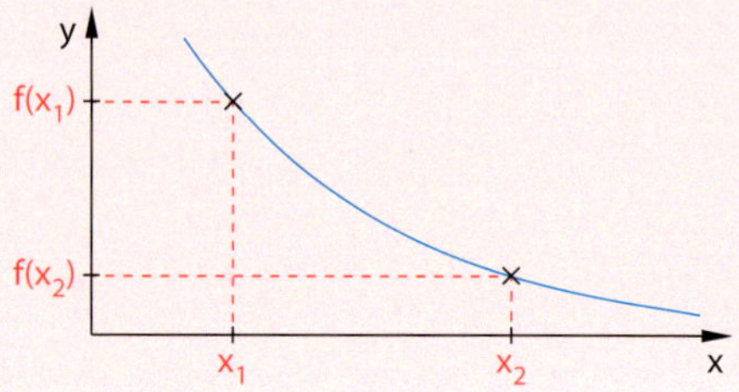

Hinweis

Ändert eine Funktion ihr Verhalten von streng monoton steigend auf streng monoton fallend, liegt an dieser Stelle ein Hochpunkt. Im umgekehrten Fall liegt dort ein Tiefpunkt.

Der unten abgebildete Graph von f ist streng monoton fallend auf den Intervallen $x < -1$ und $1 < x < 2$ und streng monoton steigend auf den Intervallen $-1 < x < 1$ und $x > 2$.

An den Übergangsstellen $x = -1$, $x = 1$ und $x = 2$ liegen die **Hoch- und Tiefpunkte** des Graphen.

Bei $T_1(-1\,|\,-1)$ und $T_2(2\,|\,0{,}69)$ hat der Graph zwei Tiefpunkte, bei $H(1\,|\,1)$ hat er einen Hochpunkt.

Die **lokalen Minima** sind die y-Koordinaten der Tiefpunkte (hier –1 und 0,69), das **lokale Maximum** ist die y-Koordinate des Hochpunktes (hier 1).

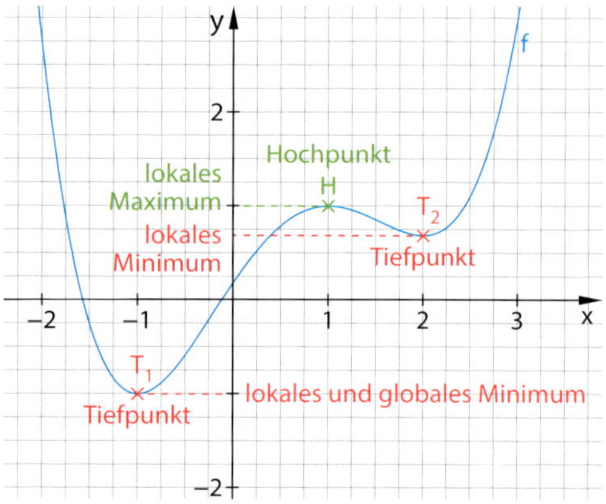

Der größte bzw. kleinste Funktionswert von f im gesamten Definitionsbereich wird als **globales Maximum** bzw. **globales Minimum** von f bezeichnet.
Bei dem abgebildeten Graphen ist das globale Minimum zugleich das kleinste lokale Minimum (hier –1), da es keinen kleineren Funktionswert gibt. Das globale Maximum von f existiert nicht, da die Funktion aufgrund ihres Globalverhaltens $f(x) \to \infty$ für $x \to \pm\infty$ keinen größten Funktionswert hat.

Definition **Hoch- und Tiefpunkt; lokales/globales Maximum und Minimum**

Der Graph einer Funktion f hat an der Stelle x_E einen **Hochpunkt** bzw. **Tiefpunkt,** wenn $f(x_E)$ in einer Umgebung von x_E der größte bzw. kleinste Funktionswert von f ist.
Den Funktionswert $f(x_E)$ nennt man **lokales Maximum** bzw. **lokales Minimum.**

Ist f(x) der größte bzw. kleinste Funktionswert im Definitionsbereich von f, so ist f(x) das **globale Maximum** bzw. **globale Minimum** von **f.**

Hoch- und Tiefpunkte bezeichnet man als **lokale Extrempunkte,** ihre x-Werte als **lokale Extremstellen** und ihre y-Werte als **lokale Extrema.**

Beispiel 2

a) Geben Sie die Intervalle an, auf denen die abgebildete Funktion f streng monoton steigend bzw. fallend ist.

b) Lesen Sie die Hoch- und Tiefpunkte sowie die lokalen Maxima und Minima ab. Erläutern Sie, ob ein globales Maximum oder Minimum existiert. Falls ja, geben Sie es an.

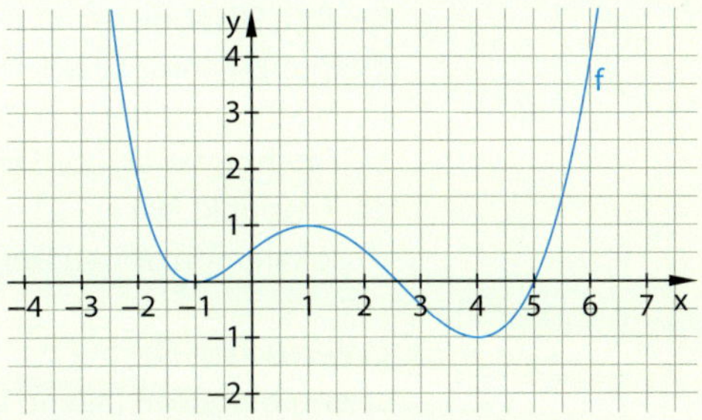

Lösung:

a) Betrachten Sie den Verlauf des Graphen von links nach rechts.

f ist streng monoton fallend für $x < -1$ und für $1 < x < 4$.
f ist streng monoton steigend für $-1 < x < 1$ und für $x > 4$.

b) Bei Hoch- bzw. Tiefpunkten hat f den größten bzw. kleinsten Funktionswert in einer Umgebung (lokal). Da $f(x) \to \infty$ für $x \to \pm\infty$ gilt, gibt es keinen größten Funktionswert auf $\mathbb{R}$. Der kleinste Funktionswert von f ist das kleinere lokale Minimum.

Hochpunkt: $H(1\,|\,1)$
Tiefpunkte: $T_1(-1\,|\,0)$ und $T_2(4\,|\,-1)$
lokales Maximum: $f(1) = 1$
lokale Minima: $f(-1) = 0$ und $f(4) = -1$
Ein globales Maximum existiert nicht.
globales Minimum: -1

Basisaufgaben

Lösungen zu 7

Intervalle

$x < 1$ $x \geq -2$ $x > 1$ $x > 0$ $-2 < x < 1$ $x > 1$ $x < -2$ $x < 0$

7 Geben Sie die Intervalle an, auf denen die Funktion streng monoton steigend bzw. fallend ist. Lesen Sie alle Hoch- und Tiefpunkte sowie die lokalen Maxima und Minima ab. Geben Sie das globale Maximum oder Minimum an, falls es existiert.

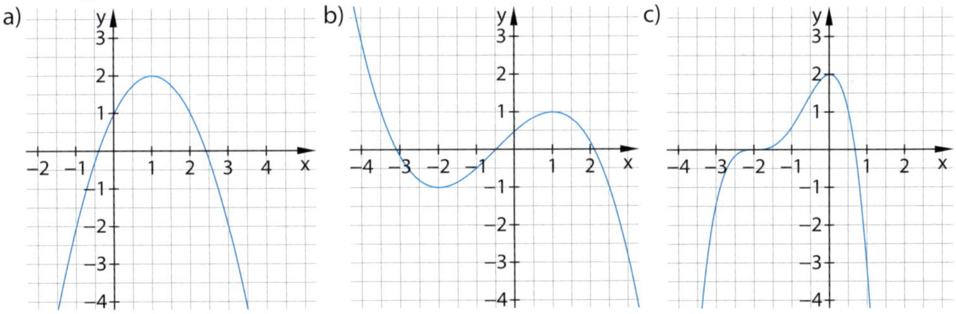

8 Zeichnen Sie den Graphen der Funktion mit einer geeigneten Mathematiksoftware und bestimmen Sie die Hoch- und Tiefpunkte. Geben Sie an, ob ein globales Maximum oder Minimum existiert.

a) $f(x) = \frac{1}{2}x^4 + \frac{3}{2}x^3 - 2x$ b) $f(x) = -x^4 + \frac{21}{2}x^2 + \frac{1}{2}x$ c) $f(x) = x^7 - x^6 - 5x^3 + 2x$

9 Skizzieren Sie den Graphen einer Funktion, die

a) für $x < -2$ streng monoton steigend und für $x > -2$ streng monoton fallend ist,

b) für $x < -2$ und $x > 3$ streng monoton fallend und für $-2 < x < 3$ streng monoton steigend ist.

10 Skizzieren Sie den Graphen einer Funktion, die

a) zwei Hoch- und zwei Tiefpunkte, aber keine globalen Extrema hat,

b) fünf verschiedene Nullstellen hat. Geben Sie die Anzahl der lokalen Extrema an.

11 Skizzieren Sie einen Funktionsgraphen mit den angegebenen Eigenschaften. Vergleichen Sie Ihre Ergebnisse mit Ihrem Nachbarn und geben Sie die Koordinaten aller Hoch- und Tiefpunkte Ihres Graphen an.

a) Hochpunkt bei $H(0|5)$ und Tiefpunkt bei $T(4|-1)$
b) Hochpunkt an der Stelle $x = 1$, lokales Maximum 4 bei $x = 3$
c) Tiefpunkt bei $T(-2|-3)$ und kein globales Minimum
d) lokales Maximum bei $x = 0$ und globales Maximum 0 bei $x = -4$

12 Untersuchen Sie, auf welchen Intervallen die Funktion streng monoton steigend bzw. streng monoton fallend ist. Geben Sie auch alle Hoch- und Tiefpunkte an.

a) $f(x) = 3x - 5$ b) $f(x) = -(x-2)^2 - 6$ c) $f(x) = (x+2)^4 + 1$

13 Geben Sie die Funktionsgleichung einer passenden Funktion f an.

a) f ist streng monoton fallend auf ganz $\mathbb{R}$.
b) f ist für $x < 1$ streng monoton fallend und für $x > 1$ streng monoton steigend.
c) Der Graph von f hat den Hochpunkt $H(-3|-4)$.
d) f hat ein lokales Minimum bei $x = 5$, das globale Minimum ist -1.

Weiterführende Aufgaben

14 Begründen Sie anschaulich, dass eine ganzrationale Funktion keine zwei Hochpunkte haben kann, ohne einen Tiefpunkt dazwischen zu haben, und umgekehrt.

15 **Stolperstelle:** Linda hat einige Eigenschaften aus dem Funktionsgraphen abgelesen.
Erklären Sie, welche Fehler Linda begangen hat.

Hochpunkte: −5,4; 1,8
Tiefpunkt: −3
globales Maximum: (1|1,8)
globales Minimum: −6,8

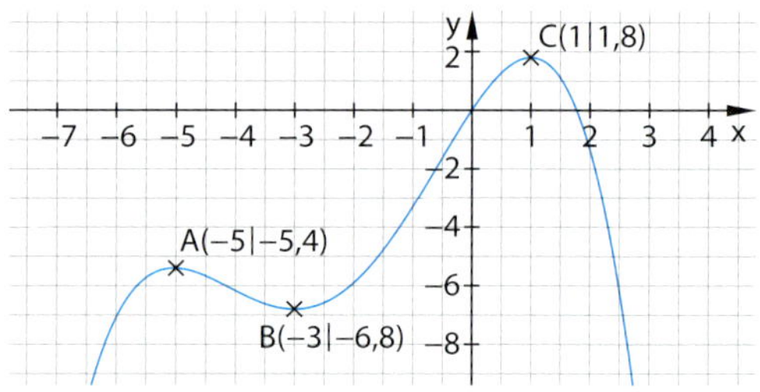

16 Das Bild zeigt den Graphen von f mit $f(x) = -0{,}5x^5 + 2x^4 + 0{,}5x^3 - 8x^2 + 6x - 2$.
Nina sagt: „Die Punkte A, B und C sind die Hoch und Tiefpunkte des Graphen.“
Marielle antwortet: „Da fehlt noch mindestens ein lokaler Extrempunkt.“
Begründen Sie, weshalb Marielle recht hat und erklären Sie, ob ein Hoch- oder Tiefpunkt fehlt.

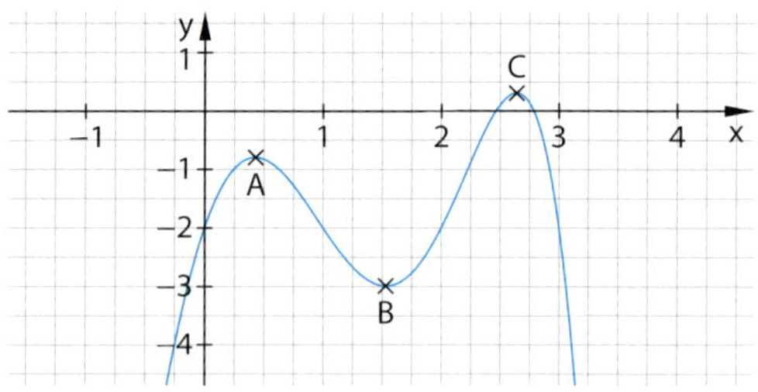

17 Entscheiden und begründen Sie, ob die Aussage über ganzrationale Funktionen stimmt.

a) Um das Globalverhalten anzugeben, betrachtet man immer den ersten Summanden im Funktionsterm.
b) Funktionen mit ungeradem Grad haben für $x \to \infty$ und für $x \to -\infty$ das gleiche Globalverhalten.
c) Wenn eine Funktion dritten Grades für $x \to \infty$ gegen $-\infty$ strebt, dann strebt sie für $x \to -\infty$ gegen ∞.

18 Für eine Funktion f gelte: Für $x \to \infty$ gilt $f(x) \to -\infty$ und für $x \to -\infty$ gilt $f(x) \to \infty$. Geben Sie begründet das Globalverhalten der Funktion g an.

a) $g(x) = 3 \cdot f(x)$ b) $g(x) = -\frac{1}{2} \cdot f(x)$ c) $g(x) = f(x) - 2000$ d) $g(x) = (f(x))^2$

19 Die Anzahl der Besucher in einem Museum wird durch die Funktion f mit
$f(x) = -\frac{55}{72}x^4 + \frac{515}{12}x^3 - \frac{21365}{24}x^2 + \frac{145265}{18}x - \frac{79300}{3}$
in dem Bereich, in dem f(x) nicht negativ ist, modelliert (x: Uhrzeit, f(x): Anzahl der Besucher).

a) Zeichnen Sie den Graphen von f mit einer geeigneten Mathematiksoftware und stellen Sie eine Vermutung über die Öffnungszeiten des Museums auf.
b) Ermitteln Sie den Zeitpunkt, an dem die meisten Besucher im Museum sind, und geben Sie die maximale Anzahl an Besuchern an.
c) Nennen Sie die Uhrzeit, in der die zweite Welle an Besuchern ihren Höhepunkt erreicht.
d) Aus Sicherheitsgründen wird weiteres Sicherheitspersonal geordert, wenn sich mindestens 500 Besucher im Museum befinden. Ermitteln Sie die Zeiträume, in denen zusätzliches Sicherheitspersonal benötigt wird.

20 Lena nimmt um 8 Uhr morgens ein Vitamin-D-Präparat ein. Die Vitamin-D-Konzentration im Blut nach Einnahme dieses Präparats wird durch die Funktion f mit
$f(t) = \frac{97}{499}t^3 - \frac{7}{2}t^2 + \frac{63}{4}t + c$ beschrieben (t in Stunden, f(t) in µg/l).

a) Lenas Vitamin-D-Spiegel zu Einnahmebeginn beträgt 18 µg/l. Bestimmen Sie den Parameter c in der Funktionsgleichung von f so, dass diese den Verlauf von Lenas Vitamin-D-Spiegel beschreibt. Zeichnen Sie den Graphen von f mit einer geeigneten Mathematiksoftware.
b) Bestimmen Sie, wie lange es dauert, bis das Präparat seine maximale Wirkung erreicht. Geben Sie die Höhe der maximalen Vitamin-D-Konzentration an.
c) Geben Sie an, nach wie vielen Stunden der Vitamin-D-Spiegel in Lenas Blut wieder annähernd auf seinen anfänglichen Wert gesunken ist. Leiten Sie daraus eine sinnvolle Angabe für den Definitionsbereich von f ab.
d) Anna nimmt dasselbe Präparat um 10 Uhr morgens ein. Ihr Vitamin-D-Spiegel ist zu Einnahmebeginn um 25 % höher als Lenas. Bestimmen Sie eine geeignete Funktion g, die die Vitamin-D-Konzentration in Annas Blut beschreibt.
Zeichnen Sie den Graphen von g mit einer geeigneten Mathematiksoftware, geben Sie einen sinnvollen Definitionsbereich für g an. Beschreiben Sie die Unterschiede im Verlauf der Graphen von f und g.
e) Bestimmen Sie für beide Mädchen jeweils den Tageszeitraum, in dem sich ihr Vitamin-D-Spiegel im optimalen Bereich von 30-50 µg/l befindet.

21 **Ausblick:** Skizzieren Sie einen passenden Graphen einer ganzrationalen Funktion. Überlegen Sie, welchen Einfluss der Grad auf das Verhalten des Graphen für $x \to \pm\infty$ hat.

a) Grad 2, Tiefpunkt bei T(−2 | −1)
b) Grad 2, globales Maximum 5 bei x = −1
c) Grad 3, Tiefpunkt bei T(0 | 0), Hochpunkt bei H(4 | 1)
d) Grad 3, lokales Minimum −3 bei x = 2
e) Grad 4, Tiefpunkt bei T(3 | 0), lokales Maximum 3 und globales Maximum 5
f) Grad 4, Hochpunkt bei H(2 | 6), lokales Minimum bei x = 4

2.4 Symmetrie

Zeichnen Sie die Graphen der Funktionen mit einer geeigneten Mathematiksoftware. Untersuchen Sie die Funktionsgraphen auf Symmetrie. Beschreiben Sie einen Zusammenhang zwischen den Funktionsgleichungen und der Symmetrie der Graphen.

① $f(x) = -x^4 + 2x^2 + 1$ ② $f(x) = 2x^5 - 5x^3 + x$ ③ $f(x) = 8x^6 - 6x^5 - 3x^2$

Erinnerung

$(-x)^2 = (-x) \cdot (-x) = x^2$

$(-x)^3 = (-x) \cdot (-x) \cdot (-x) = x^2 \cdot (-x) = -x^3$

Es ist bereits bekannt, dass der Graph einer Funktion **achsensymmetrisch zur y-Achse** ist, wenn $f(-x) = f(x)$ für alle x gilt.

Die Funktion f mit $f(x) = \frac{1}{2}x^2 - 1$ ist achsensymmetrisch zur y-Achse:
$f(-x) = \frac{1}{2}(-x)^2 - 1 = \frac{1}{2}x^2 - 1 = f(x)$

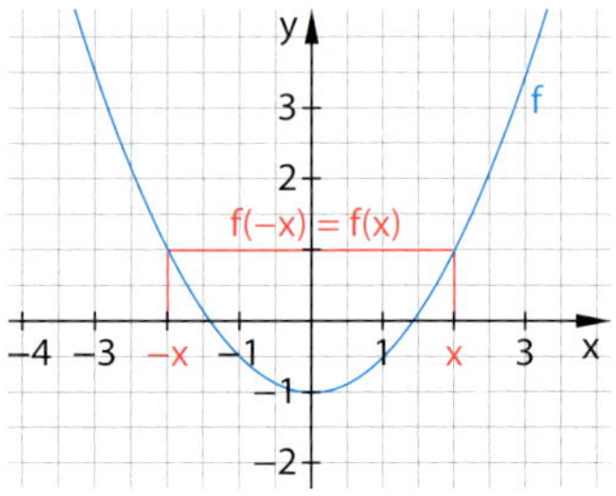

Analog ist der Graph einer Funktion **punktsymmetrisch zum Ursprung,** wenn $f(-x) = -f(x)$ für alle x gilt.

Die Funktion f mit $f(x) = \frac{1}{4}x^3 - \frac{3}{2}x$ ist punktsymmetrisch zum Ursprung:
$f(-x) = \frac{1}{4}(-x)^3 - \frac{3}{2}(-x) = -\frac{1}{4}x^3 + \frac{3}{2}x = -\left(\frac{1}{4}x^3 - \frac{3}{2}x\right) = -f(x)$

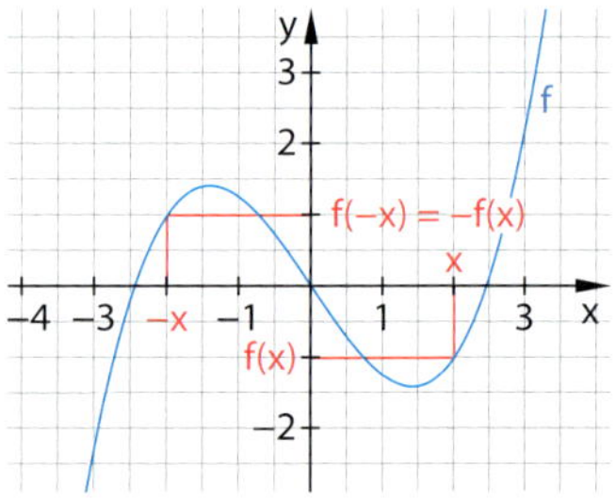

Da $(-x)^n = x^n$ nur für gerade Exponenten gilt, kann für eine ganzrationale Funktion f nur dann $f(-x) = f(x)$ gelten, wenn der Funktionsterm von f nur Potenzen von x mit geraden Exponenten hat. Solche Funktionen heißen **gerade Funktionen.**

Analog gilt $(-x)^n = -x^n$ nur für ungerade Exponenten. Daher kann $f(-x) = -f(x)$ nur dann gelten, wenn der Funktionsterm von f nur Potenzen von x mit ungeraden Exponenten hat. Solche Funktionen heißen **ungerade Funktionen.**

Hinweis

Die Aussage des Satzes bezieht sich auf Funktionsterme in ausmultiplizierter Form.

Satz **Achsensymmetrie zur y-Achse und Punktsymmetrie zum Ursprung**

- Der Graph einer ganzrationalen Funktion f ist genau dann **achsensymmetrisch zur y-Achse**, wenn der Funktionsterm von f nur **gerade Exponenten** hat.
- Der Graph einer ganzrationalen Funktion f ist genau dann **punktsymmetrisch zum Ursprung**, wenn der Funktionsterm von f nur **ungerade Exponenten** hat.

Hinweis

$f(x) = 5x + 3$ hat z. B. einen ungeraden Exponenten wegen $5x = 5x^1$ und einen geraden Exponenten wegen $3 = 3x^0$.

Beispiel 1 **Achsensymmetrie zur y-Achse**

Untersuchen Sie, ob der Graph der Funktion achsensymmetrisch zur y-Achse ist.

a) $f(x) = 8x^4 - x^2$ b) $g(x) = -2x^2 + \frac{1}{2}x^3 + 2$ c) $h(x) = 4x(-2x^3 + 3x) - 1$

Lösung:

a) $f(x) = 8x^4 - x^2$ hat nur gerade Exponenten. Der Graph ist achsensymmetrisch zur y-Achse.

b) $g(x) = -2x^2 + \frac{1}{2}x^3 + 2$ hat gerade und ungerade Exponenten. Der Graph ist nicht achsensymmetrisch zur y-Achse.

c) $h(x) = 4x(-2x^3 + 3x) - 1 = -8x^4 + 12x^2 - 1$ hat wegen $-1 = -1x^0$ nur gerade Exponenten. Der Graph ist achsensymmetrisch zur y-Achse.

Beispiel 2 **Punktsymmetrie zum Ursprung**

Untersuchen Sie, ob der Graph der Funktion punktsymmetrisch zum Ursprung ist.

a) $f(x) = x^5 - 6x$ b) $g(x) = x^3 + 2x + 7$ c) $h(x) = -x\left(x^2 + \frac{3}{2}x^4\right)$

Lösung:

a) $f(x) = x^5 - 6x$ hat wegen $6x = 6x^1$ nur ungerade Exponenten. Der Graph ist punktsymmetrisch zum Ursprung.

b) $g(x) = x^3 + 2x + 7$ hat wegen $7 = 7x^0$ auch einen geraden Exponenten. Der Graph ist nicht punktsymmetrisch zum Ursprung.

c) $h(x) = -x\left(x^2 + \frac{3}{2}x^4\right) = -x^3 - \frac{3}{2}x^5$ hat nur ungerade Exponenten. Der Graph ist punktsymmetrisch zum Ursprung.

Basisaufgaben

1 Untersuchen Sie, ob der Graph der Funktion achsensymmetrisch zur y-Achse ist oder nicht. Kontrollieren Sie Ihr Ergebnis, indem Sie den Graphen mit einer geeigneten Mathematiksoftware zeichnen.

a) $f(x) = 1 + 2x + 3x^2$ b) $f(x) = -\frac{1}{3}x^6 + \frac{2}{7}x^2 - 1$ c) $f(x) = 10x^2$

d) $f(x) = -3x^4 + 8$ e) $f(x) = 2x - x^2 + x^4$ f) $f(x) = 1$

2 Untersuchen Sie, ob der Graph der Funktion punktsymmetrisch zum Ursprung ist oder nicht. Kontrollieren Sie Ihr Ergebnis, indem Sie den Graphen mit einer geeigneten Mathematiksoftware zeichnen.

a) $f(x) = -x^7 - x^3$ b) $f(x) = -x^4$ c) $f(x) = x$

d) $f(x) = 2x + 3$ e) $f(x) = 3$ f) $f(x) = x^3 + 2x^5 + 8x^4$

3 Erläutern Sie, ob der zugehörige Funktionsterm gerade oder ungerade Exponenten hat.

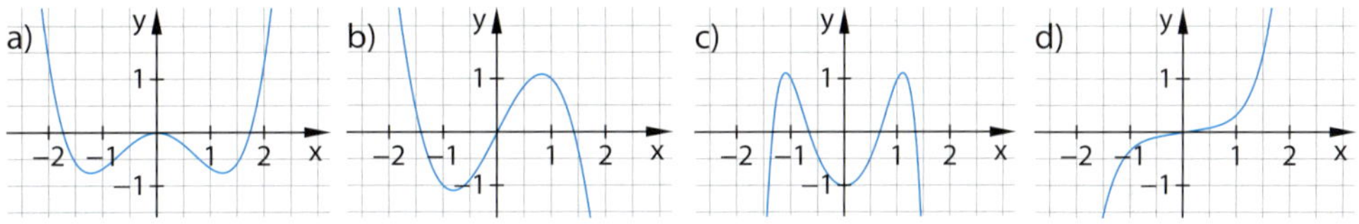

4 Entscheiden Sie, ob der Graph von f achsensymmetrisch zur y-Achse, punktsymmetrisch zum Ursprung oder nichts von beidem ist. Formen Sie zunächst den Funktionsterm um.

a) $f(x) = 2x(3 + x^2)$ b) $f(x) = -2(x^2 + x)$

c) $f(x) = \left(x^3 + \frac{1}{2}x^{-1}\right) \cdot x$ d) $f(x) = (x^2)^3$

e) $f(t) = 4t + 11t^9$ f) $f(x) = r^3x^2 - r(x^4 + x^6)$ mit $r \neq 0$

5 Prüfen Sie rechnerisch, ob der Graph von f achsensymmetrisch zur y-Achse oder punktsymmetrisch zum Ursprung ist, indem Sie $f(-x)$ mit $f(x)$ bzw. $-f(x)$ vergleichen.

a) $f(x) = x(-3x) + 7$ b) $f(x) = (2x^4 - 7)x^2 + 11x^2$

c) $f(x) = 2x + 10x^3$ d) $f(x) = x^3\left(-\frac{2}{7} - 8x^2\right)$

e) $f(x) = x^3(x^3 - 7x)$ f) $f(x) = ax^4 + bx^2 + c$ mit $a \neq 0$

6 Überprüfen Sie, welche Behauptungen über ganzrationale Funktionen vom Grad $n \geq 1$ wahr sind und welche falsch. Korrigieren Sie die falschen Aussagen.

a) Die Koeffizienten haben einen Einfluss auf das Symmetrieverhalten des Graphen.

b) Achsensymmetrische Funktionen haben für $x \to \pm\infty$ das gleiche Globalverhalten.

c) Der Graph jeder achsensymmetrischen Funktion hat mindestens einen Hochpunkt.

d) Der Graph jeder punktsymmetrischen Funktion hat Hoch- und Tiefpunkte.

e) Ist der Graph punktsymmetrisch zum Ursprung, so verläuft er durch den Ursprung.

Weiterführende Aufgaben

7 Tim sagt, dass der Graph zu $f(x) = 3x^3 - 10x^2 + 15x + 10$ punktsymmetrisch zum Ursprung sein muss, da er die Punkte $P(1 \mid 18)$ und $Q(-1 \mid -18)$ enthält. Nehmen Sie dazu Stellung.

8 **Stolperstelle:** Leonie sagt: *„Der Graph zu $f(x) = 5x^5 - 7x^3 + 2x - 1$ ist punktsymmetrisch zum Ursprung, da alle Exponenten ungerade sind.“* Nehmen Sie Stellung.

9 Ordnen Sie die Graphen den Funktionsgleichungen zu, indem Sie das Symmetrieverhalten und das Globalverhalten analysieren.

$f(x) = 4x^3 - 11x$ $g(x) = -x^4 + 7x^2 - 6x$ $h(x) = -x^4 + 3x^2$ $i(x) = 2x^6 - 4x^4 + x^2$

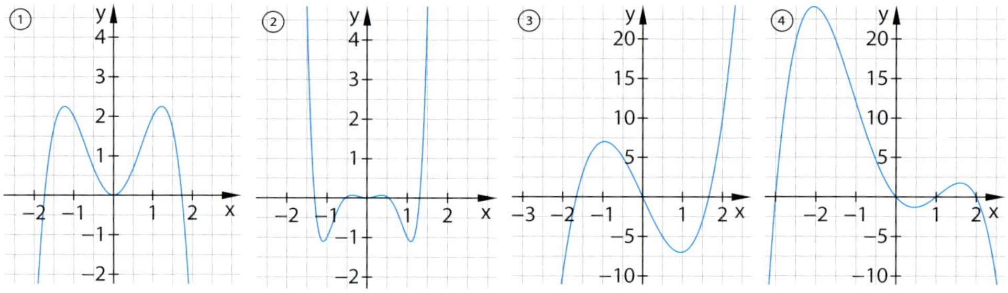

10 Klara sieht den nebenstehenden Graphen, der zum Funktionsterm $f(x) = x^6 - 5x^4 + 5x^2 - 1$ gehört, und stellt fest, dass der Fensterausschnitt nicht optimal gewählt wurde. Bewerten Sie Klaras Aussage unter Betrachtung der Symmetrie und des Globalverhaltens. Stellen Sie den Graphen von f mit einer geeigneten Mathematiksoftware in einem sinnvollen Bereich dar.

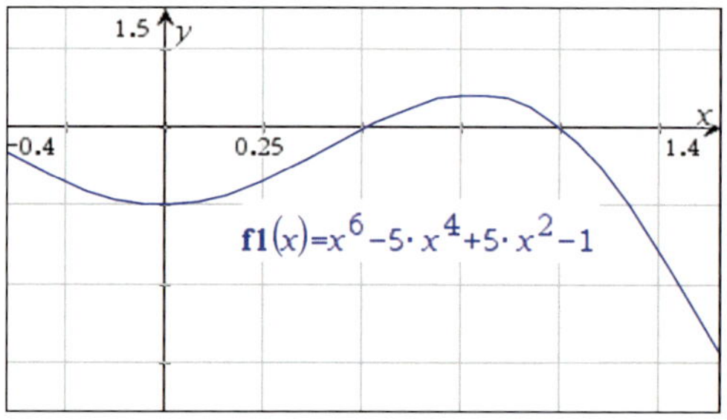

11 Die Flugkurve eines Hochspringers kann vereinfacht mithilfe der Funktion f mit $f(x) = -0{,}6x^2 + 1{,}4x + 1$ dargestellt werden, wobei x die horizontale und f(x) die vertikale Entfernung des Körperschwerpunktes vom Absprungpunkt beschreibt.

a) Bestimmen Sie mithilfe von Symmetrieüberlegungen, in welchem Abstand zum Absprungort sich die Latte befinden sollte.

b) Ermitteln Sie näherungsweise, welche maximale Höhe überquert werden kann.

12 Der Graph der Funktion f mit $f(x) = x^2 + 22x + 129$ geht durch Verschiebung in x-Richtung aus dem Graphen einer Funktion g hervor, die achsensymmetrisch zur y-Achse ist.

a) Bestimmen Sie die Funktionsgleichung von g.

b) Bestimmen Sie, zu welcher Achse der Graph von f symmetrisch ist.

13 **Ausblick:** Sind g und h ganzrationale Funktionen, dann ist die Funktion f mit $f(x) = \frac{g(x)}{h(x)}$ eine **gebrochen-rationale Funktion.**

a) Untersuchen Sie, ob die gebrochen-rationale Funktion f mit $f(x) = \frac{x}{x^2 - 1}$ punktsymmetrisch zum Ursprung oder achsensymmetrisch zur y-Achse ist.
Vergleichen Sie mit den Symmetrieregeln für ganzrationale Funktionen.

b) Finden Sie eine Regel für punktsymmetrische gebrochen-rationale Funktionen.

2.5 Nullstellen

Ein junger Delfin springt 1 m weit aus dem Wasser. Nach dem Eintauchen schwimmt er 2 m und springt erneut 1 m weit. Erläutern Sie, warum man den Schwimmverlauf durch f mit $f(x) = -0{,}25x(x-1)(x-3)(x-4)$ modellieren könnte. Erläutern Sie die Bedeutung der x-Achse im Sachzusammenhang und schränken Sie f auf einen geeigneten Definitionsbereich ein.

Nullstellen bestimmen

Die Nullstellen einer Funktion f sind die Schnittstellen ihres Graphen mit der x-Achse. Sie können am Graphen abgelesen oder rechnerisch durch Lösen der Gleichung $f(x) = 0$ bestimmt werden.
Methoden zum Lösen von $f(x) = 0$ sind bereits für lineare und quadratische Funktionen f bekannt. Für ganzrationale Funktionen höheren Grades werden hier nun einige häufig auftretende Fälle untersucht.

Erinnerung

Regel vom Nullprodukt: Ein Produkt ist genau dann 0, wenn einer seiner Faktoren 0 ist.

Ist der Funktionsterm wie in $f(x) = (x-3)(x-1)(x+1)$ ein Produkt, so entsprechen die Nullstellen von f nach der Regel vom Nullprodukt den Nullstellen der einzelnen Faktoren.
Handelt es sich bei den Faktoren um **Linearfaktoren,** also um Terme der Form **$(x - a)$**, so können deren Nullstellen direkt am Funktionsterm abgelesen werden. Bei f erhält man so die Nullstellen 3, 1 und −1.

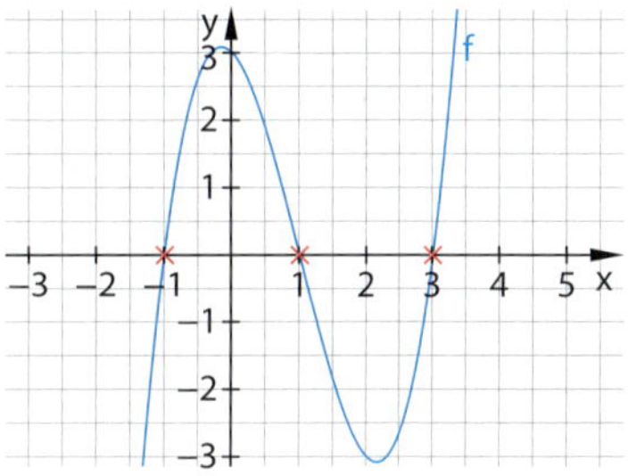

Beispiel 1 **Ablesen an der faktorisierten Form**

Bestimmen Sie die Nullstellen von f mit $f(x) = \frac{1}{2}(x-2)(x+3)(x^2+10)$.

Lösung:

Wenden Sie die Regel vom Nullprodukt an. Lesen Sie die Nullstellen direkt an den Linearfaktoren ab. Setzen Sie die übrigen Faktoren gleich null und lösen Sie die Gleichung.

$\frac{1}{2}(x-2)(x+3)(x^2+10) = 0$
$(x-2)$ ergibt die Nullstelle $x = 2$.
$(x+3)$ ergibt die Nullstelle $x = -3$.
$x^2 + 10 = 0$ hat keine Lösung.
Nullstellen: $x_1 = 2$; $x_2 = -3$

Kommt in jedem Summanden eines Funktionsterms die Variable x vor, so kann x ausgeklammert und die Regel von Nullprodukt angewendet werden. Auf dieselbe Weise kann mit höheren Potenzen von x verfahren werden.

Erinnerung

p-q-Formel:
$x^2 + px + q = 0$
$x_{1/2} = -\frac{p}{2} \pm \sqrt{\left(\frac{p}{2}\right)^2 - q}$

Beispiel 2 **Ausklammern von Potenzen von x**

Bestimmen Sie die Nullstellen von f mit $f(x) = 2x^4 + 4x^3 - 6x^2$.

Lösung:

Klammern Sie x^2 aus.
Nach der Regel vom Nullprodukt muss dann x^2 oder der Term in der Klammer null sein. x^2 ist null für $x = 0$.
Teilen Sie die quadratische Gleichung durch 2 und wenden Sie die p-q-Formel an.

$2x^4 + 4x^3 - 6x^2 = 0$
$x^2(2x^2 + 4x - 6) = 0$
$x^2 = 0$ oder $2x^2 + 4x - 6 = 0 \,|:2$
$x = 0$ oder $x^2 + 2x - 3 = 0$
Nullstellen: $x_1 = 0$; $x_2 = 1$; $x_3 = -3$

Hinweis

Eine Gleichung der Form $ax^4 + bx^2 + c = 0$ heißt **biquadratische Gleichung.**

Die Nullstellen einer ganzrationalen Funktion der Form $f(x) = ax^4 + bx^2 + c$ können bestimmt werden, indem man x^2 durch die Variable u (**Substitution** $u = x^2$) ersetzt.
Dadurch entsteht die quadratische Gleichung $au^2 + bu + c = 0$, die z. B. mithilfe der p-q-Formel gelöst werden kann. Ersetzt man in den Lösungen nun wieder u durch x^2 (**Resubstitution)** und zieht die Wurzel, so erhält man die Nullstellen von f.

Beispiel 3 **Ersetzen von Variablen (Substitution)**

Ermitteln Sie die Nullstellen von f mit $f(x) = -x^4 - 2x^2 + 8$ durch Substitution.

Lösung:

Ersetzen Sie x^2 durch u und x^4 durch u^2.	Substitution: $u = x^2$ also $-u^2 - 2u + 8 = 0$
Es entsteht eine quadratische Gleichung.	$-u^2 - 2u + 8 = 0 \quad \vert : (-1)$
Teilen Sie die Gleichung durch −1.	$u^2 + 2u - 8 = 0$
Wenden Sie die p-q-Formel an.	$u_{1/2} = -1 \pm \sqrt{(-1)^2 - (-8)}$ $u_1 = 2$; $u_2 = -4$
Ersetzen Sie in den Lösungen u wieder durch x^2 (Resubstitution) und ziehen Sie die positive und negative Wurzel, falls dies möglich ist.	$u_1 = x^2 = 2$ ergibt $x = \sqrt{2}$ oder $x = -\sqrt{2}$. $u_2 = x^2 = -4$ hat keine Lösung. Nullstellen: $x_1 = \sqrt{2}$; $x_2 = -\sqrt{2}$

Basisaufgaben

1 Bestimmen Sie die Nullstellen der Funktion f mithilfe der Regel vom Nullprodukt.
a) $f(x) = (x - 4)(x + 5)$ b) $f(x) = (x - 1)x$ c) $f(x) = (x - 1)(x + 5)(x - 6)$
d) $f(x) = -4x(x - 1)$ e) $f(x) = (2x - 1)(3x + 1)$ f) $f(x) = (2x^2 + 9)(3x^2 - 75x)$

Erinnerung

Zur Kontrolle Ihrer Lösungen können Sie eine Probe machen, indem Sie diese wieder in die Gleichung einsetzen.

2 Bestimmen Sie die Nullstellen der Funktion durch Ausklammern.
a) $f(x) = 2x^2 - 8x$ b) $f(x) = x^4 + x^3 - 6x^2$ c) $f(x) = 3x^4 + 4x^3$
d) $f(x) = 4x^3 + 6x^2 + 2x$ e) $f(x) = 3x^4 - 27x^2$ f) $f(x) = x^3 + 12x^2 + 11x$

3 Bestimmen Sie die Nullstellen der Funktion mittels Substitution.
a) $f(x) = x^4 - 5x^2 + 4$ b) $f(x) = -3x^4 + 30x^2 - 27$ c) $f(x) = 2x^4 - 4x^2 - 30$
d) $f(x) = -4x^4 + 18x^2 - 8$ e) $f(x) = x^4 - 6x^2 - 27$ f) $f(x) = -5x^4 - 30x^2 - 25$

4 Berechnen Sie die Nullstellen der Funktion.
a) $f(x) = 2x^3(5x - 1)^2$ b) $f(x) = x^7 - x^4$ c) $f(x) = -2x^4 - 9x^3 + 5x^2$
d) $f(t) = (-t^4 + 16)(3t^2 + 14)$ e) $f(x) = 3x^4 + \frac{4}{15}x^2 - \frac{1}{15}$ f) $f(t) = t^6 - 13t^4 + 36t^2$
g) $f(x) = -2x^5 + 10x^3 - 12x$ h) $f(t) = t^5 - \frac{1}{2}t^4 - \frac{3}{16}t^3$ i) $f(x) = (x + 1)^3x(2x^3 - 16)$

5 Lösen Sie die Gleichung.
a) $0{,}5x^4 - 12{,}5x^2 + 72 = 0$ b) $2x^3 = x^4 - 15x^2$ c) $10x^4 = -50x^2 - 60$
d) $96x = -4x^5 + 40x^3$ e) $3y^3 - 2y = 5y^2$ f) $-4x^3 - x^2 = 3x(3x - 2)$

Lösungen zu 5:

Lösungsmengen a)–c)

{3; 4}
{−3; 0; 5}
{−4; −3; 3; 4}
{}

6 Ermitteln Sie rechnerisch alle Punkte mit den angegebenen Koordinaten, die auf dem Graphen der Funktion f mit $f(x) = x^4 - 29x^2 + 10$ liegen.
a) P(1 | ▢) b) Q(−2 | ▢) c) S(▢ | −170) d) T(▢ | 262)

7 Bestimmen Sie die Nullstellen der Funktion.
a) $f(x) = (x^8 - x^7)(x^5 + x^2)$ b) $f(x) = (4x^2 - 1)^3(2x^4 - x^6)$
c) $g(x) = (5x^2 + 2)(-2x^4 - 6x^2 - 6)$ d) $h(a) = -3(a^4 - 16)(a^5 - 2a^3 + 4a)$

Linearfaktoren und Anzahl von Nullstellen

Kann ein Funktionsterm als Produkt von Linearfaktoren dargestellt werden, so hat dies den Vorteil, dass daran die Nullstellen der Funktion direkt abgelesen werden können. Es stellt sich die Frage, wie man zu so einer Darstellung kommt.

Kennt man eine Nullstelle x_N der Funktion f, so kann der **zugehörige Linearfaktor** $(\mathbf{x - x_N})$ aus dem Funktionsterm von f abgespalten werden.

$f(x) = 2x^3 - 4x^2 - 2x + 4$

Nullstelle $x_1 = 1$
Abspalten von $(x - 1)$:
$f(x) = (x - 1)(2x^2 - 2x - 4)$

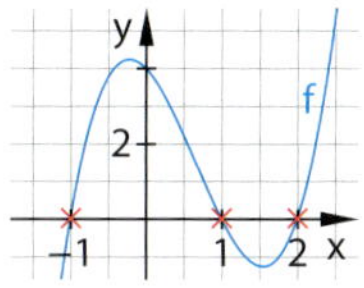

Hinweis

Eine Methode zum Bestimmen des Restterms ist die Polynomdivision (siehe Seite 52).

Hierbei entsteht ein ganzrationaler Restterm, dessen Grad um eins niedriger ist als der Grad von f. Kennt man eine Nullstelle dieses Restterms, kann das Verfahren so lange wiederholt werden, bis der Restterm keine Nullstellen mehr hat.

Restterm: $2x^2 - 2x - 4$ Nullstelle $x_2 = -1$
Abspalten von $(x + 1)$:
$f(x) = (x - 1)(x + 1)(2x - 4)$
Restterm: $2x - 4$ Nullstelle $x_3 = 2$
Abspalten von $(x - 2)$:
$f(x) = 2(x - 1)(x + 1)(x - 2)$

Das Ergebnis ist eine **faktorisierte Form** der Funktionsgleichung von f. Besteht sie wie oben ausschließlich aus Linearfaktoren und einem konstanten Faktor, so heißt sie **Linearfaktordarstellung** von f. Die Funktion f heißt in diesem Fall **vollständig zerlegbar.**

Wissen **Zerlegung in Linearfaktoren**

Ist x_N eine Nullstelle einer ganzrationalen Funktion f, so lässt sich der **zugehörige Linearfaktor** $(x - x_N)$ aus dem Funktionsterm von f abspalten: $f(x) = (x - x_N) \cdot r(x)$
Dabei ist r eine ganzrationale Funktion, deren Grad um eins niedriger ist als der Grad von f.

Da sich beim Abspalten von Linearfaktoren der Grad stets um eins verringert, kann eine ganzrationale Funktion vom Grad n höchstens n Linearfaktoren und n Nullstellen haben.

Satz **Anzahl von Nullstellen**

Eine ganzrationale Funktion f vom Grad n hat **höchstens n Nullstellen.**

Beispielsweise hat die Funktion f mit $f(x) = 3x^3 + 3x$ den Grad 3, aber nur eine Nullstelle, da der Funktionsterm nicht vollständig in Linearfaktoren zerlegbar ist. Die **faktorisierte Form** ist $f(x) = 3x(x^2 + 1)$. Der Term $(x^2 + 1) > 0$ lässt sich nicht weiter in Linearfaktoren zerlegen.

Mithilfe der Linearfaktordarstellung kann die Funktionsgleichung einer ganzrationalen Funktion anhand ihrer Nullstellen rekonstruiert werden.

Beispiel 4 Bestimmen Sie eine ganzrationale Funktion f mit möglichst niedrigem Grad, die die Nullstellen $x_1 = 4$, $x_2 = -3$ und $x_3 = 0$ hat und deren Graph den Punkt $P(1\,|\,24)$ enthält.

Lösung:

Die Nullstellen ergeben die Linearfaktoren $(x - 4)$, $(x + 3)$ und $(x - 0)$.

$f(x) = a(x - 4)(x + 3)(x - 0)$
$\quad = ax(x - 4)(x + 3)$

Zusätzlich kann der Funktionsterm einen Faktor a enthalten, da er die Nullstellen nicht verändert.

Ermitteln Sie den Wert von a durch Einsetzen der Koordinaten von P.

$f(1) = a \cdot 1 \cdot (1 - 4) \cdot (1 + 3) = 24$
Es folgt: $a = -2$
$f(x) = -2x(x - 4)(x + 3)$

Basisaufgaben

8 Ordnen Sie die Graphen ① bis ④ den Funktionsgleichungen zu.

$f(x) = x(x-2)(x+1)$ $\qquad$ $g(x) = -3x(x-1)(x-3)$

$h(x) = 2(x-1)(x+1)\left(x-\frac{1}{4}\right)\left(x-\frac{3}{2}\right)$ $\qquad$ $i(x) = -2x(x-2)(x+1)$

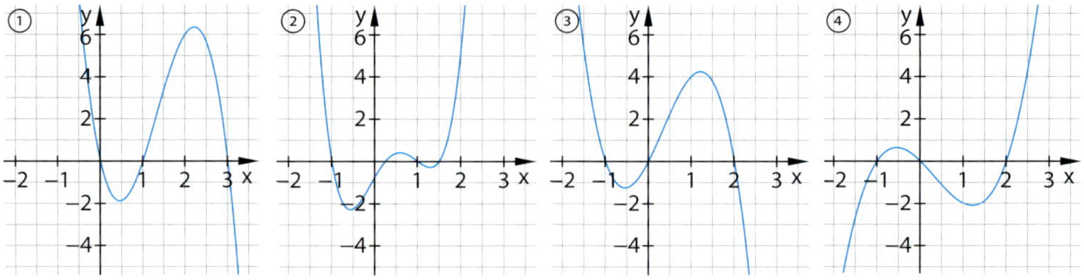

9 Ordnen Sie den Funktionsgleichungen ① bis ③ ihre Linearfaktordarstellung zu. Erläutern Sie Ihr Vorgehen.

① $f(x) = x^3 + 3x^2 - 13x - 15$ $\qquad$ ② $f(x) = x^3 + 3x^2 - 4x - 12$ $\qquad$ ③ $f(x) = x^3 + 5x^2 + 2x - 8$

Ⓐ $f(x) = (x-1)(x+2)(x+4)$ $\qquad$ Ⓑ $f(x) = (x-3)(x+1)(x+5)$ $\qquad$ Ⓒ $f(x) = (x+2)(x-2)(x+3)$

10 a) Ordnen Sie die Graphen ① bis ③ den Funktionsgleichungen von f, g und h zu.

$f(x) = x(x+0{,}5)(x+2)$

$g(x) = 2x(x+0{,}5)(x+2)$

$h(x) = 0{,}5x(x+0{,}5)(x+2)$

b) Erläutern Sie, warum eine ganzrationale Funktion durch ihre Nullstellen nicht eindeutig bestimmt ist.

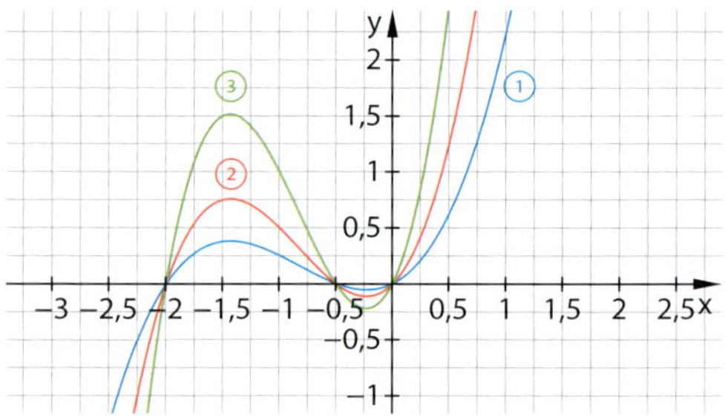

11 Geben Sie eine ganzrationale Funktion mit einem möglichst niedrigen positiven Grad an, sodass die Funktion alle angegebenen Nullstellen hat.

a) −2; 5 $\qquad$ b) 6 $\qquad$ c) −2; 2 $\qquad$ d) 2; 3; 4 $\qquad$ e) 0; $\sqrt{10}$ $\qquad$ f) keine

12 Begründen Sie die Aussage oder geben Sie ein geeignetes Gegenbeispiel an.

a) Ist die Funktion f beliebig und $g(x) = 3 \cdot f(x)$, so haben f und g die gleichen Nullstellen.

b) Ganzrationale Funktionen vierten Grades haben immer mehr Nullstellen als ganzrationale Funktionen dritten Grades.

c) Hat eine ganzrationale Funktion n-ten Grades n verschiedene Nullstellen, so ist ihr Funktionsterm vollständig zerlegbar.

Lösungen zu 14

Nullstellen a)–c)

3 $\quad$ −7 $\quad$ 0 $\quad$ 2 $\quad$ 1 $\quad$ −4

13 Ermitteln Sie die Gleichung einer ganzrationalen Funktion mit möglichst niedrigem Grad, die die angegebenen Eigenschaften hat.

a) Nullstellen bei $x_1 = 1$, $x_2 = \frac{4}{5}$ und $x_3 = 2{,}5$; Koeffizient 0,7 bei der höchsten Potenz

b) Nullstellen bei $x_1 = -3$ und $x_2 = 1$; Schnittpunkt mit der y-Achse bei $y = 3$

c) Nullstellen bei $x_1 = 6$, $x_2 = -4$ und $x_3 = 3$; Graph verläuft durch den Punkt $P(2\,|\,3)$

14 Bestimmen Sie alle Nullstellen der Funktion und faktorisieren Sie den Funktionsterm so weit wie möglich.

a) $f(x) = x^2 + 3x - 4$ $\qquad$ b) $f(x) = -2x^3 - 8x^2 + 42x$ $\qquad$ c) $f(x) = 6x^2 + 24$

d) $f(x) = 4x^4 - 40x^2 + 36$ $\qquad$ e) $f(x) = 5x^3 + 5x$ $\qquad$ f) $f(x) = (x-1)(2x^2 + 12x - 14)$

Mehrfache Nullstellen

Nullstellen von ganzrationalen Funktionen können einfach oder mehrfach auftreten.
Ist der Funktionsterm so weit wie möglich faktorisiert, lässt sich die **Vielfachheit** einer Nullstelle am Exponenten des zugehörigen Linearfaktors ablesen.

$f(x) = x^3(x-2)(x+4)^2$

$x_1 = 0$ hat die Vielfachheit 3.
$x_2 = 2$ hat die Vielfachheit 1.
$x_3 = -4$ hat die Vielfachheit 2.

Die Vielfachheit einer Nullstelle bestimmt das Verhalten des Graphen an dieser Stelle:

Einfache Nullstelle

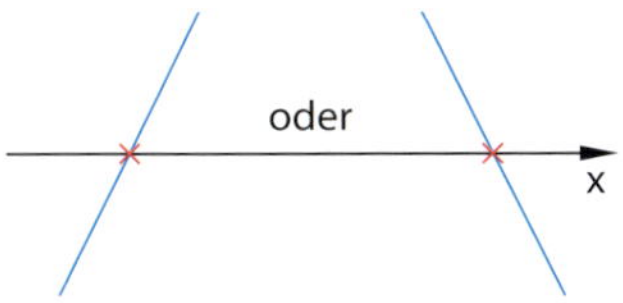

Graph schneidet die x-Achse

Doppelte Nullstelle (vierfache, sechsfache …)

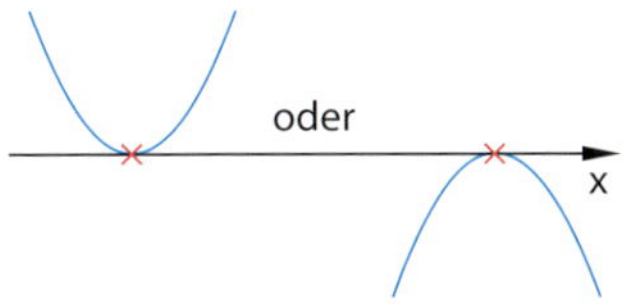

Graph berührt die x-Achse, ohne sie zu schneiden

Dreifache Nullstelle (fünffache, siebenfache …)

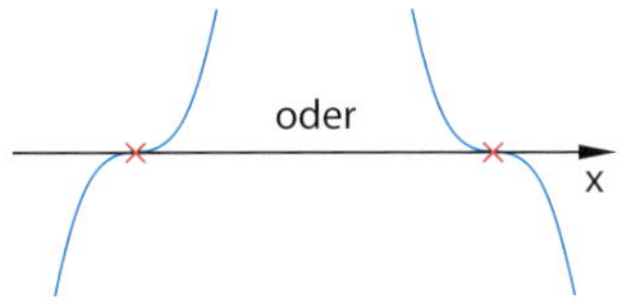

Graph schneidet die x-Achse und schmiegt sich an

Beispiel 5 Gegeben ist der Graph einer ganzrationalen Funktion f sechsten Grades mit einfachen, doppelten und dreifachen Nullstellen.

a) Bestimmen Sie die Nullstellen von f und geben Sie die zugehörigen Vielfachheiten an.
b) Bestimmen Sie mithilfe eines Punktes des Graphen die Funktionsgleichung von f.

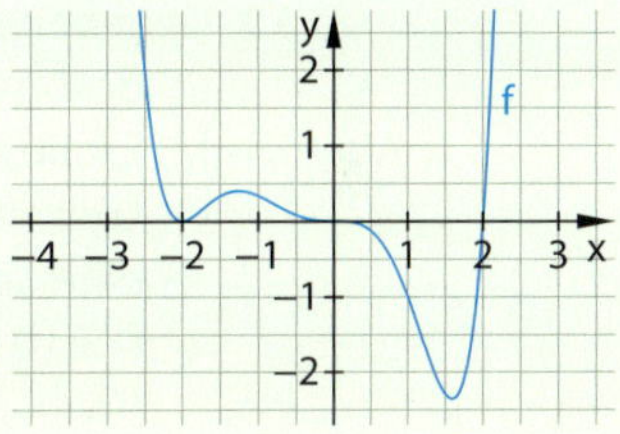

Lösung:

a) Lesen Sie die Nullstellen von f am Graphen ab. Bestimmen Sie anhand des Verhaltens des Graphen an diesen Stellen ihre Vielfachheiten.

Nullstellen: $x_1 = -2$, $x_2 = 0$, $x_3 = 2$
-2 hat die Vielfachheit 2.
0 hat die Vielfachheit 3.
2 hat die Vielfachheit 1.

b) Die Nullstellen und ihre Vielfachheiten ergeben eine Linearfaktordarstellung von f. Wählen Sie einen Punkt, der nicht auf der x-Achse liegt. Ermitteln Sie den Faktor a durch Koordinateneinsetzung.

$f(x) = a \cdot (x+2)^2 x^3 (x-2)$
Punkt des Graphen: $P(1\,|\,-1)$

$f(1) = a \cdot 9 \cdot 1 \cdot (-1) = -1$ Es folgt: $a = \frac{1}{9}$
$f(x) = \frac{1}{9}(x+2)^2 x^3 (x-2)$

Basisaufgaben

15 Bestimmen Sie die Nullstellen von f und geben Sie die Vielfachheiten der Nullstellen an.

a) $f(x) = -\frac{1}{3}(x+2)^2$
b) $f(x) = (x-1)(x-5)^2(x-7)^3$
c) $f(x) = \frac{4}{3}(x-5^2)(x-3)^2$
d) $f(x) = x^2 + 4x + 4$
e) $f(x) = x^2 + 8x - 9$
f) $f(x) = x^3$

16 Eine ganzrationale Funktion vierten Grades soll einfache Nullstellen bei – 2 und 3 sowie eine doppelte Nullstelle bei 1 haben. Geben Sie begründet an, welcher der beiden Graphen diese Bedingungen erfüllt.

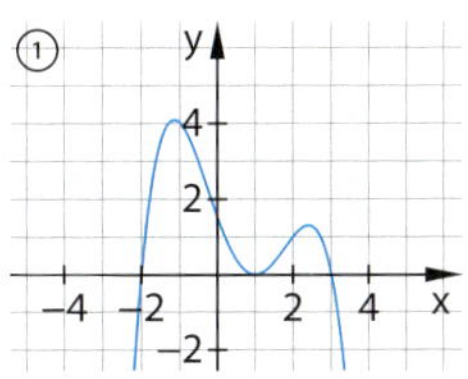

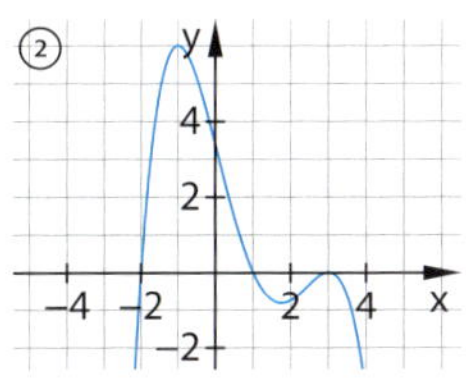

17 Ermitteln Sie die Gleichung einer ganzrationalen Funktion mit möglichst niedrigem Grad, die die angegebenen Nullstellen hat und deren Graph den Punkt P enthält.
a) einfache Nullstelle bei $x = 2$ und doppelte Nullstelle bei $x = 4$; $P(3|5)$
b) doppelte Nullstelle bei $x = -1$ und dreifache Nullstelle bei $x = 0$; $P(1|-2)$
c) einfache Nullstelle bei $x = 1$ und vierfache Nullstelle bei $x = -3$; $P(-2|9)$

18 Geben Sie die Nullstellen der Funktion vom angegebenen Grad und deren Vielfachheiten an. Es kommen nur einfache, doppelte und dreifache Nullstellen vor. Bestimmen Sie mithilfe eines Punktes des Graphen die Funktionsgleichung.

a) Grad 3:
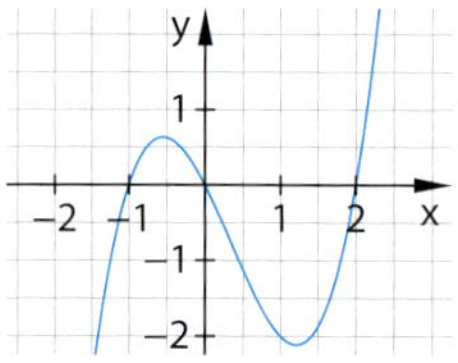

b) Grad 3:
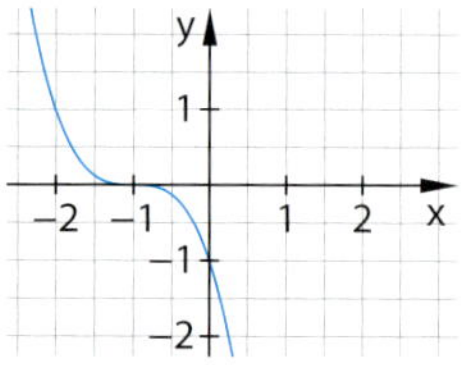

c) Grad 5:
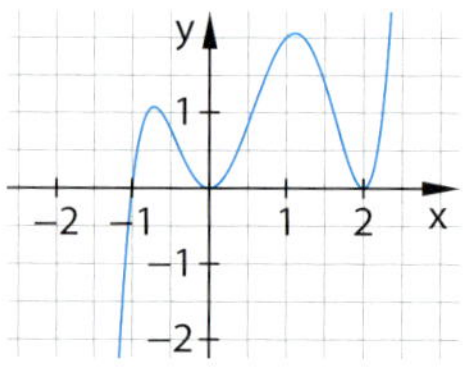

d) Grad 6:
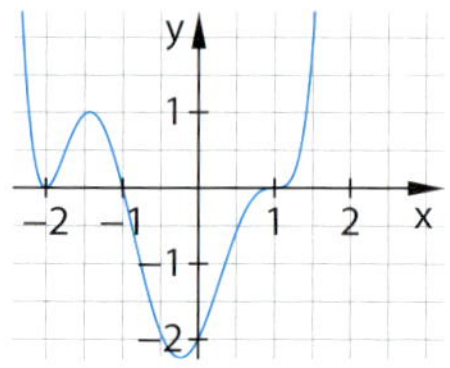

Weiterführende Aufgaben

19 Gegeben sind die Funktionen f und g mit $f(x) = x^3 + 4x^2 - 5$ und $g(x) = 2x^3 + 4x - 5$.
a) Bestimmen Sie alle Stellen, an denen f den Funktionswert -5 hat.
b) Ermitteln Sie die Schnittpunkte der Graphen von f und g.
c) Lösen Sie die Teilaufgaben a) und b), wenn $f(x) = x^3 + 4x^2$ gilt. Erläutern Sie, warum nun eine geeignete Mathematiksoftware nötig ist und dies bei der ursprünglichen Funktion f nicht der Fall war.

20 Ermitteln Sie die Koordinaten aller Schnittpunkte der Funktionen f und g.
a) $f(x) = 4x^4 + x^3 + 2x^2$
$g(x) = x^3 - x^2 + 1$
b) $f(x) = x^2(4x - 10)$
$g(x) = 2x^4 + 20x^2$
c) $f(x) = x^4 + x^3 - 4x^2 + 4$
$g(x) = (x^2 - 3)^2 - 5$

21 **Stolperstelle:** Joshua löst die Gleichung $(x - 3)(x + 1)(x - 1) = 3$, indem er jede Klammer einzeln gleich 3 setzt, und erhält die Lösungen 6, 2 und 4. Erklären Sie seinen Denkfehler und korrigieren Sie die Lösungen.

22 Die Anzahl der Besucher eines Kaufhauses wird in einem bestimmten Intervall durch die Funktion f mit $f(x) = -0{,}5x^3 + 14x^2 - 80x$ näherungsweise beschrieben (x: Uhrzeit in Stunden).
Erläutern Sie, in welchem Zeitraum die Funktion den Sachverhalt beschreiben kann, und ermitteln Sie die Öffnungszeiten des Kaufhauses.

23 Untersuchen Sie die Funktion f auf Nullstellen, auf Symmetrie zur y-Achse und zum Ursprung sowie auf das Verhalten im Unendlichen. Erläutern Sie dabei, weshalb bei Funktionen mit Linearfaktordarstellung das Ausmultiplizieren des Funktionsterms bei der Symmetrieuntersuchung notwendig ist, bei der Untersuchung des Verhaltens im Unendlichen aber nicht unbedingt.
a) $f(x) = 2x^2 - 8x - 10$
b) $f(x) = -4x^3 + 24x^2 - 20x$
c) $f(x) = 2(x - 7)(x + 8)$
d) $f(x) = -x(x - 5)(x - 6)$

24 Ermitteln Sie die Nullstellen von f mit $f(x) = 2x^6 - 18x^3 + 16$ mithilfe einer geeigneten Substitution.

25 Die Flugbahn des Fußballs bei einem Freistoß kann beschrieben werden durch die Funktion f mit $f(x) = -\frac{1}{268}x^3 + \frac{1}{16}x^2$ (x: Entfernung vom Freistoßpunkt in Meter, f(x): Höhe in Meter).

a) Ermitteln Sie, ob der Ball die 2 m hohe Abwehrmauer in einer Entfernung von 9,15 m vom Freistoßschützen überfliegen kann.
b) Bestimmen Sie, ob der Ball das vom Schützen 12 m entfernte und 2,44 m hohe Tor trifft.
c) Berechnen Sie, in welcher Entfernung der Ball wieder auf dem Boden aufkommt.

26 Eine ganzrationale Funktion f hat die Nullstellen −4, −1, 2 und 5.
a) Der Graph von g geht aus Verschiebung des Graphen von f um zwei Einheiten nach links hervor. Der Graph von h geht aus Spiegelung des Graphen von f an der y-Achse hervor. Geben Sie die Nullstellen von g und h an.
b) Entscheiden Sie begründet, ob es bei einer Verschiebung des Graphen von f in y-Richtung möglich ist, die Nullstellen des verschobenen Graphen anzugeben.
c) Diskutieren Sie, wie sich eine Streckung oder Stauchung in x-Richtung auf die Nullstellen von f auswirkt. Formulieren Sie hierzu eine allgemeine Aussage.

27 Beurteilen Sie begründet, ob die Aussage über ganzrationale Funktionen wahr ist.
a) Es gibt quadratische Funktionen mit dreifachen Nullstellen.
b) Eine Funktion dritten Grades kann höchstens eine doppelte Nullstelle haben.
c) Hat eine Funktion vierten Grades genau drei Nullstellen, so ist eine davon doppelt.
d) Ist der Grad der Funktion ungerade, so hat sie mindestens eine Nullstelle.

28 Der Querschnitt eines Bergs kann vereinfacht in einem Intervall durch eine ganzrationale Funktion vierten Grades beschrieben werden. Der Ursprung wird auf das linke Tal gesetzt. Die beiden Täler haben einen Abstand von 4 km zueinander. Bestimmen Sie eine passende Funktion, wenn sich der Gipfel mittig 1600 m über den Tälern befindet.

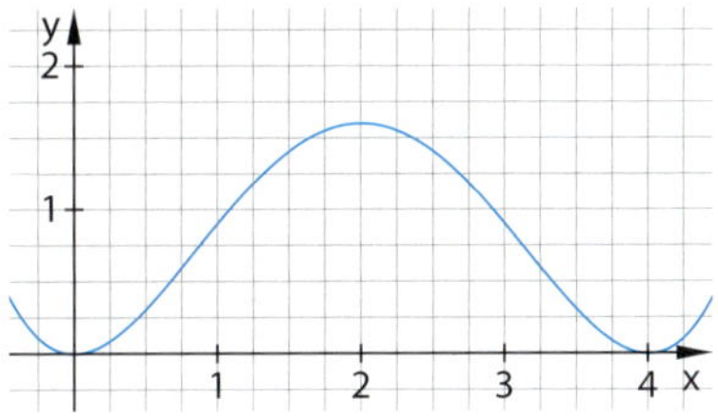

29 Ermitteln Sie die Gleichung der gesuchten ganzrationalen Funktion.
a) Eine Funktion dritten Grades ist punktsymmetrisch zum Ursprung, hat eine Nullstelle $x = 2$ und als Koeffizienten der höchsten Potenz −1 .
b) Eine verschobene und gespiegelte Normalparabel hat Nullstellen bei $x = \pm 8$ und für $x \to \pm\infty$ gilt $f(x) \to -\infty$.
c) Eine Funktion vierten Grades hat Nullstellen bei −3, 2, 6 und 7 und schneidet die y-Achse bei 10.

30 **Ausblick:**
a) Zeigen Sie am Beispiel der Funktion f mit $f(x) = (x - a)(x - b)(x - c)$: Hat eine ganzrationale Funktion nur ganzzahlige Nullstellen, so sind diese Teiler des Absolutglieds der ausmultiplizierten Form.
b) Nutzen Sie die Aussage aus a), um durch Probieren Nullstellen der Funktion f mit $f(x) = x^3 - 4x^2 - 11x + 30$ zu finden.
c) Untersuchen Sie, inwieweit man die Aussage aus a) auch auf Funktionen der Form $f(x) = s \cdot (x - a)(x - b)(x - c)$ mit $s \neq 0$ verallgemeinern kann.

Hinweis
Das **Absolutglied** ist der Summand ohne x.

Polynomdivision

Die Abbildung zeigt die Graphen von f und g mit $f(x) = x^3 - 2{,}5x^2 + 0{,}96x + 0{,}54$ und $g(x) = x^2 - 1{,}5x - 0{,}54$.
Beschreiben Sie die Gemeinsamkeiten der Graphen. Multiplizieren Sie den Funktionsterm von g mit $(x - 1)$ und erläutern Sie, was Ihnen auffällt.

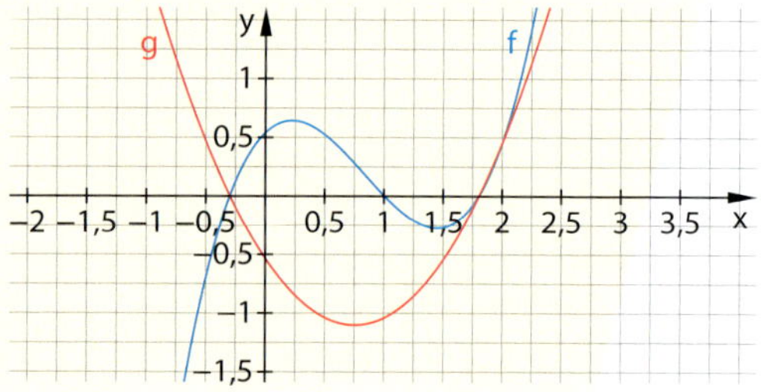

Hinweis

Es gibt allgemeine Lösungsformeln für Gleichungen 3. und 4. Grades, diese sind aber sehr kompliziert. Der Norweger Niels Henrik Abel (1802–1829) hat bewiesen, dass es für Gleichungen vom Grad 5 und höher keine allgemeine Lösungsformel geben kann.

Es ist bereits bekannt, dass sich Nullstellen quadratischer Funktionen mithilfe der p-q-Formel berechnen lassen. Wie aber kann man die Nullstellen von Polynomen dritten oder höheren Grades rechnerisch bestimmen?

In der **Linearfaktordarstellung** (1) kann man die Nullstellen von f direkt ablesen.
Ist die Gleichung in ausmultiplizierter Form (3) gegeben und kennt man eine Nullstelle x_1, so wird durch die Division $f(x) : (x - x_1)$ ein Restterm erzeugt, mit dem man die fehlenden Nullstellen berechnen kann.

(1) $f(x) = (x - 1)(x + 2)(x - 3)$
(2) $f(x) = (x^2 + x + 2)(x - 3)$
(3) $f(x) = x^3 - 2x^2 - 5x + 6$

Wegen
$(x^2 + x + 2) \cdot (x - 3) = x^3 - 2x^2 - 5x + 6$
gilt:
$(x^3 - 2x^2 - 5x + 6) : (x - 3) = x^2 + x + 2$

Wissen **Polynomdivision**

Bei der **Polynomdivision** werden zwei Polynome f und g dividiert. Ist dabei $g(x) = (x - x_N)$ ein Linearfaktor von f, so ergibt die Division $f(x) : (x - x_N)$ ein Polynom r, dessen Grad um 1 niedriger ist als der von f. Es gilt: $f(x) = (x - x_N) \cdot r(x)$.

Beispiel 1 Ermitteln Sie die Nullstellen von f mit $f(x) = 3x^3 - 12x^2 - 33x + 90$ mithilfe der Polynomdivision.

Lösung:

Ermitteln Sie eine Nullstelle von f durch systematisches Probieren: 0; 1; − 1; 2; − 2 …

$f(0) = 90 \neq 0$; $f(1) = 48 \neq 0$;
$f(-1) = 108 \neq 0$; $f(2) = 0$
Nullstelle: $x_1 = 2$ Linearfaktor: $(x - 2)$

Bilden Sie den zu dieser Nullstelle gehörenden Linearfaktor.
Dividieren Sie f(x) durch den Linearfaktor: Teilen Sie den Term $3x^3$ durch x. Es ergibt sich $3x^2$. Multiplizieren Sie dies zurück mit dem Linearfaktor $(x - 2)$. Es ergibt sich $3x^3 - 6x^2$. Subtrahieren Sie diesen Term von $3x^3 - 12x^2$ und ergänzen Sie im Ergebnis den nächsten Summanden von f(x). Setzen Sie das Verfahren mit dem Term $-6x^2 - 33x$ fort.

$$
\begin{aligned}
&(3x^3 - 12x^2 - 33x + 90) : (x - 2) = 3x^2 - 6x - 45\\
&\underline{-(3x^3 - 6x^2)}\\
&\qquad -6x^2 - 33x\\
&\qquad \underline{-(-6x^2 + 12x)}\\
&\qquad\qquad -45x + 90\\
&\qquad\qquad \underline{-(-45x + 90)}\\
&\qquad\qquad\qquad 0
\end{aligned}
$$

Setzen Sie den Restterm gleich null und lösen Sie die quadratische Gleichung.
Die Nullstellen von f lauten $x_1 = 2$, $x_2 = -3$ und $x_3 = 5$.

$3x^2 - 6x - 45 = 0$ | : 3
$x^2 - 2x - 15 = 0$ | p-q-Formel
$x_2 = -3$, $x_3 = 5$

Aufgaben

1 Führen Sie eine Polynomdivision durch.
Tipp: Falls beim linken Term der Summand mit x^2 oder x fehlt, kann man zur besseren Übersicht $0x^2$ bzw. $0x$ ergänzen.

a) $(x^3 + 6x^2 + 3x - 10) : (x + 5)$
b) $(2x^3 - 20x^2 - 18x + 180) : (x - 3)$
c) $(x^3 - 12x + 16) : (x + 4)$
d) $(-3x^3 - 9x^2 - 9x + 496{,}125) : (x - 4{,}5)$
e) $(x^4 - 1) : (x - 1)$
f) $(2x^3 - 5x^2 - 11x - 4) : \left(x + \frac{1}{2}\right)$

2 Es ist eine Nullstelle des Polynoms gegeben. Ermitteln Sie durch Polynomdivision alle Nullstellen von f. Geben Sie, falls möglich, die Funktionsgleichung von f als Produkt von Linearfaktoren an.

a) $f(x) = x^3 + 6x^2 - 7x - 60;\quad x_1 = -5$
b) $f(x) = 2x^3 - 38x^2 + 208x - 280;\quad x_1 = 10$
c) $f(x) = -x^3 + 5x^2 + 13x + 7;\quad x_1 = -1$
d) $f(x) = -2x^3 + 8x^2 - 18x + 72;\quad x_1 = 4$

Hinweis

Liegt eine Funktion vierten Grades vor, müssen in der Regel zwei Polynomdivisionen durchgeführt werden.

3 Ermitteln Sie durch Probieren eine Nullstelle von f und berechnen Sie anschließend mit Polynomdivision die restlichen Nullstellen.

a) $f(x) = 2x^3 - 14x^2 + 30x - 18$
b) $f(x) = x^3 - 13x + 12$
c) $f(x) = 0{,}5x^3 - 3{,}5x^2 - 76{,}5x + 247{,}5$
d) $f(x) = x^3 - 7x^2 + 36$
e) $f(x) = x^4 - 6x^3 + 13x^2 - 12x + 4$
f) $f(x) = x^4 - 5x^3 - x^2 + 5x$

4 a) Beschreiben Sie, wie Sie die Nullstellen des abgebildeten Graphen von f mit der Gleichung $f(x) = -x^3 + 3{,}1x^2 + 0{,}2x - 4{,}08$ ermitteln würden.

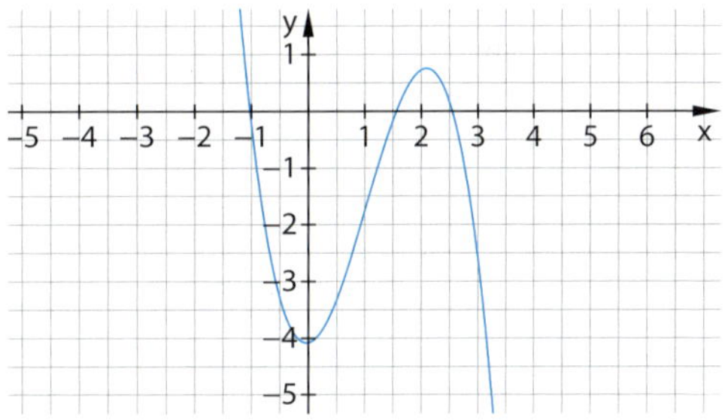

b) Führen Sie die Polynomdivision durch. Beschreiben Sie, was Ihnen auffällt, und versuchen Sie, eine Erklärung zu finden.

c) Ermitteln Sie die Nullstellen von f mit einer geeigneten Mathematiksoftware und erläutern Sie Ihr Ergebnis aus b).

5 Der abgebildete Graph zu $f(x) = -\frac{1}{4}x^4 + \frac{27}{4}x^3 - 55x^2 + 128x$ gibt im Intervall [0; 12] näherungsweise die Beschleunigung in km/h^2 eines Motorradfahrers in Abhängigkeit der gefahrenen Kilometer an. 4 km nach Beobachtungsbeginn beträgt die Beschleunigung 0.

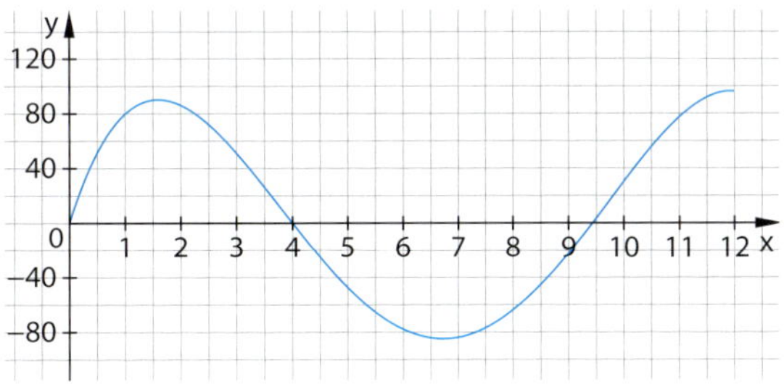

a) Beschreiben Sie die Bedeutung von negativen Funktionswerten im Sachkontext.
b) Erläutern Sie, wie das Fahrverhalten des Motorradfahrers bei den Nullstellen der Funktion ist, und ermitteln Sie die Nullstellen.
c) Stellen Sie eine Vermutung auf, nach wie vielen Kilometern der Motorradfahrer die größte Geschwindigkeit erreicht. Begründen Sie Ihre Vermutung.

6 Beschreiben Sie, bei welcher Art von Gleichungen und auf welche Weise Polynomdivision beim Lösen von Gleichungen hilfreich ist. Zeigen Sie dies an Beispielen.

2.6 Klausur- und Abiturtraining

Aufgaben ohne Hilfsmittel

1 Gegeben sind die Funktionen f und g mit $f(x) = -50x + 2x^3$ und $g(x) = -x(x+3)(x-1)$.
a) Bestimmen Sie die Nullstellen von f und g.
b) Untersuchen Sie das Symmetrieverhalten der Funktionen.
c) Weisen Sie nach, dass sich die Graphen von f und g im Ursprung schneiden.
d) Skizzieren Sie die Graphen von f und g in einem Koordinatensystem.

2 Gegeben ist die Funktion f mit $f(x) = x^6 - 7x^3 - 8$.
a) Bestimmen Sie die Nullstellen von f mithilfe einer geeigneten Substitution.
b) Untersuchen Sie, ob der Graph von f achsensymmetrisch zur y-Achse oder punktsymmetrisch zum Ursprung ist.

3 Entscheiden Sie, ob die folgende Aussage wahr oder falsch ist. Begründen Sie Ihre Entscheidung.
a) Jede ganzrationale Funktion dritten Grades hat genau drei Nullstellen.
b) Jede ganzrationale Funktion vierten Grades hat genau drei lokale Extrema.
c) Wenn der Graph einer Funktion nur einen gemeinsamen Punkt mit der x-Achse hat, dann ist die Funktion linear.
d) Aus den Nullstellen einer ganzrationalen Funktion kann die Funktionsgleichung eindeutig bestimmt werden.
e) Aus drei Punkten kann man die Funktionsgleichung einer ganzrationalen Funktion zweiten Grades eindeutig bestimmen.

4 Gegeben ist die Funktion f mit $f(x) = (x^2 - 4)(x^2 - 9)$.
a) Geben Sie ohne weitere Rechnung die Nullstellen von f an und beschreiben Sie das Symmetrie- und Globalverhalten des Graphen von f.
b) Nun wird für jedes $t \in \mathbb{R}$ die Funktion g mit $g(x) = (x^2 - 4)(x^2 - t)$ betrachtet. Ermitteln Sie alle Werte von t, für die die Funktion g zwei, drei oder vier Nullstellen hat.

5 a) Begründen Sie anschaulich, warum eine ganzrationale Funktion mit einem geraden Grad n mindestens einen lokalen Extrempunkt haben muss.
b) Entscheiden und begründen Sie, ob die Aussage in a) auch für ganzrationale Funktionen mit einem ungeraden Grad n gilt.
c) Untersuchen und begründen Sie, bei welchen Werten für den Grad n eine ganzrationale Funktion mindestens eine Nullstelle haben muss.

6 Das Volumen eines Zylinders mit Radius r und der Höhe 10 cm wird durch die Funktion V beschrieben.
a) Stellen Sie einen Term für V(r) auf und skizzieren Sie den Graphen.
b) Erläutern Sie, welche Bedeutung der Tiefpunkt des Graphen in diesem Sachzusammenhang hat. Begründen Sie, weshalb der Funktionsgraph keinen Hochpunkt haben kann.

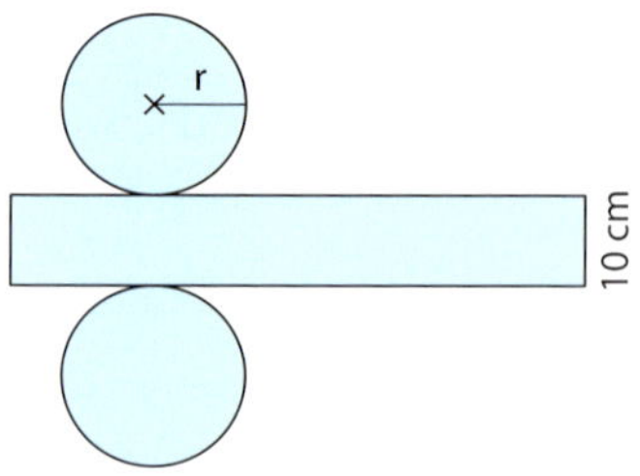

Aufgaben mit Hilfsmitteln

7 Die Abbildung zeigt den Graphen einer ganzrationalen Funktion f.

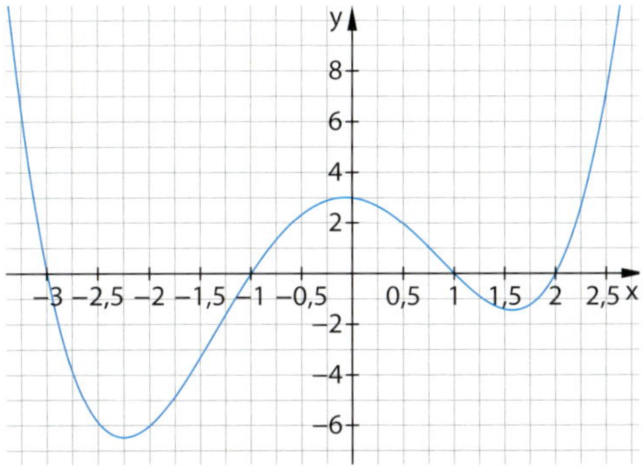

a) Lesen Sie die Nullstellen von f ab. Begründen Sie, dass der Grad von f mindestens 4 ist.

b) f ist eine Funktion vierten Grades und der y-Achsenabschnitt ist ganzzahlig. Ermitteln Sie die Funktionsgleichung in ausmultiplizierter Form.
[Kontrollergebnis: $f(x) = \frac{1}{2}x^4 + \frac{1}{2}x^3 - \frac{7}{2}x^2 - \frac{1}{2}x + 3$]

c) Begründen Sie, dass der Schnittpunkt S des Graphen von f mit der y-Achse kein Hochpunkt ist. Ermitteln Sie mit einer geeigneten Mathematiksoftware die Koordinaten des Hochpunktes.

d) Beschreiben Sie das Monotonieverhalten und geben Sie die entsprechenden Intervalle an, auf denen die Funktion monoton fallend oder steigend ist.

e) Beschreiben Sie das Globalverhalten der Funktion.

8 Der Höhenverlauf eines Heißluftballons wird mit der Funktion f mit $f(t) = -0{,}04t^3 + 0{,}96t^2 - 4{,}68t + 46{,}48$ beschrieben (t: Zeit in Minuten nach Beginn der Beobachtung, f(t): Höhe des Ballons in m).

a) Geben Sie die Höhe des Ballons nach 15 min an.

b) Ermitteln Sie mit einer geeigneten Mathematiksoftware den Zeitpunkt, an dem der Heißluftballon auf dem Boden landet.

c) Bestimmen Sie, wann der Ballon 30 m hoch ist.

d) Zeitgleich mit dem Beobachtungsbeginn wird eine Kameradrohne in die Luft geschickt, die den Ballonfahrer fotografieren soll, wenn sich beide auf gleicher Höhe befinden. Die Höhe der Drohne wird beschrieben durch die Funktion g mit $g(t) = -0{,}5t^2 + 12t$. Ermitteln Sie die Zeitpunkte, an denen die Drohne den Ballonfahrer fotografieren kann.

9 Ein kleiner Industriebetrieb produziert Stifte. Die Gesamtkosten in € für x Stifte können im Intervall [0; 150] durch die Funktion k mit $k(x) = \frac{1}{8000}\left(x^3 - 180x^2 + 10\,800x + 584\,000\right)$ beschrieben werden.

a) Zeichnen Sie die Kostenfunktion mit einer geeigneten Mathematiksoftware und beschreiben Sie ihren Verlauf.

b) Das Unternehmen verkauft die Stifte zu einem Stückpreis von 1,40 €. Erstellen Sie eine Funktion g, die den Gewinn des Unternehmens in Abhängigkeit von der verkauften Anzahl an Stiften darstellt. Begründen Sie, ob g eine ganzrationale Funktion ist.

c) Bestimmen Sie, bei welcher Anzahl an verkauften Stiften das Unternehmen den größten Gewinn erwirtschaftet. Interpretieren Sie das Ergebnis.

2 Prüfen Sie Ihr neues Fundament

Lösungen → S. 264

1 Untersuchen Sie das Globalverhalten der Funktion f.

a) $f(x) = 2x^3 - 3x^2 + 2{,}5$
b) $f(x) = -x^4 + x^3 - 6x$
c) $f(x) = 5 - x + x^2 - x^5$
d) $f(a) = a^2 + 2a - x$
e) $f(x) = x(x-1)(x+1)$
f) $f(x) = ax^3 - 2x^2 + b - 1\ (a < 0)$

2 Untersuchen Sie anhand der Funktionsgleichung, ob der Graph der Funktion f achsensymmetrisch zur y-Achse bzw. punktsymmetrisch zum Ursprung ist.

a) $f(x) = \frac{1}{2}x^3 - 2x$
b) $f(x) = x^2 - x^4$
c) $f(x) = -x^6 + 2x^4 - \sqrt{5}$
d) $f(x) = x$
e) $f(x) = x(x+1)(x-1)$
f) $f(x) = (x^3 + x)(x^3 - x)$

3 Zu jedem der Graphen ① bis ④ gehört genau eine der Funktionsgleichungen. Ordnen Sie die Graphen den Funktionsgleichungen zu. Begründen Sie die Zuordnung allein

a) mithilfe des Verhaltens der Funktion im Unendlichen,
b) mithilfe des Symmetrieverhaltens und weiterer Eigenschaften.

$f(x) = x^6 + 3x^4 - 5x^2$ $g(x) = -x^5 + x^3 + x$ $h(x) = -x^6 - x^2 + x$ $i(x) = x^3 - 4x^2 + 3x$

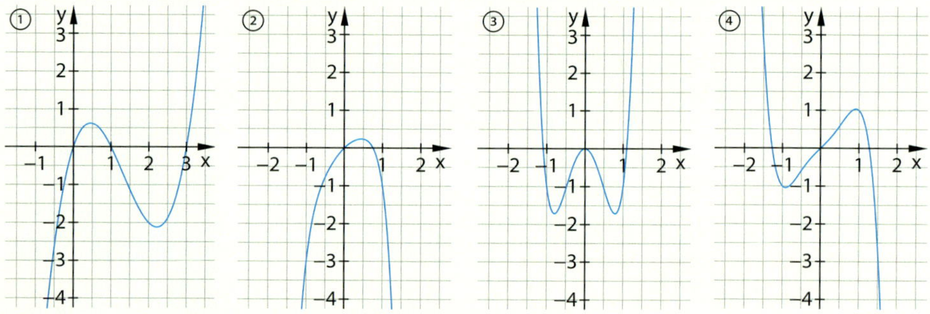

4 Berechnen Sie die Nullstellen der Funktion f.

a) $f(x) = (x^2 - 5) \cdot x$
b) $f(x) = 2x^4 - 3x^3 + 2x^2$
c) $f(x) = x(x+1) + x(x+1)$
d) $f(x) = x^3 - 3x^2 + 2x$
e) $f(x) = -x^4 + 5x^2 - 4$
f) $f(x) = x^5 + 8x^3 - 9x$

5 Gegeben ist die ganzrationale Funktion f mit der Gleichung $f(x) = x^3 - 3x^2 + 3x$. Ermitteln Sie die Koordinaten der Schnittpunkte des Graphen von f mit den Koordinatenachsen und geben Sie das Globalverhalten von f an. Geben Sie an, ob der Graph von f punktsymmetrisch zum Ursprung oder achsensymmetrisch zur y-Achse ist.

6 a) Geben Sie die Intervalle an, auf denen die abgebildete ganzrationale Funktion 4. Grades streng monoton steigend bzw. fallend ist.
b) Lesen Sie näherungsweise die Hoch- und Tiefpunkte sowie die lokalen Maxima und Minima ab.
c) Erläutern Sie, ob ein globales Maximum oder Minimum existiert. Falls ja, geben Sie es an.

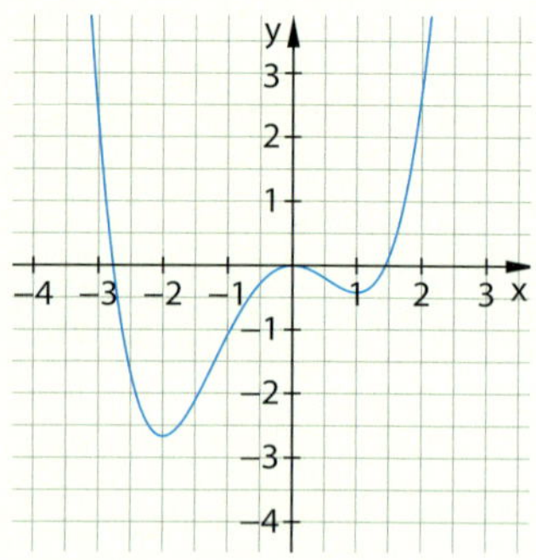

7 Beurteilen Sie die Aussage.

a) Der Graph einer ganzrationalen Funktion ist entweder achsensymmetrisch zur y-Achse oder punktsymmetrisch zum Ursprung.
b) Jede ganzrationale Funktion dritten Grades hat mindestens eine Nullstelle.
c) Es gibt ganzrationale Funktionen mit dem Grad 3, die eine dreifache Nullstelle haben.

Lösungen
→ S. 265

8 Während starker Regenfälle steigt das Wasser in einem Fluss an. Die Wasserhöhe wird durch die Funktion h mit $h(t) = -0{,}0005t^4 + 0{,}05t^2 + 2{,}5$ beschrieben (t: Zeit in Stunden nach Regenbeginn, h(t): Wasserhöhe in m).

a) Geben Sie die Höhe des normalen (anfänglichen) Wasserstands an und berechnen Sie, wie hoch er nach 6 Stunden ist.
b) Bestimmen Sie, wie lange es dauert, bis der Fluss wieder seine normale Wasserhöhe erreicht. Geben Sie einen sinnvollen Definitionsbereich für h an.
c) Zum Schutz vor Überschwemmungen wurde der Fluss durch eine Mauer begrenzt, die ihn bei normalem Wasserstand um 1,5 Meter überragt. Ermitteln Sie, ob es aufgrund der Regenfälle zu einer Überschwemmung kommt.

9 Geben Sie – wenn möglich – eine Gleichung einer ganzrationalen Funktion f an, sodass die Funktion nur die angegebenen Nullstellen und den Grad n hat.
a) einfache Nullstellen 2 und –5; n = 2
b) einfache Nullstellen 2 und –5; n = 4
c) doppelte Nullstelle 2; einfache Nullstelle –5; n = 3
d) doppelte Nullstellen 0 und –5; n = 6
e) dreifache Nullstelle –2; doppelte Nullstelle π; n = 7
f) einfache Nullstellen 2 und –5; n = 3

10 Von einer ganzrationalen Funktion vierten Grades ist bekannt, dass ihr Graph achsensymmetrisch zur y-Achse ist, sie die doppelte Nullstelle $x = -\sqrt{2}$ hat und ihr Graph die y-Achse im Punkt $S(0|8)$ schneidet. Ermitteln Sie eine Funktionsgleichung.

Wo stehe ich?

	Ich kann…	Aufgabe	Nachschlagen
2.1	… Graphen zu vorgegebenen Potenzfunktionen zeichnen. … die Nullstellen linearer, quadratischer und Potenzfunktionen berechnen.		S. 26 Beispiel 1, S. 27 Beispiel 2, S. 28 Beispiel 3, S. 30 Beispiel 4
2.2	… den Grad einer ganzrationalen Funktion sicher bestimmen. … die Koeffizienten einer ganzrationalen Funktion mithilfe eines linearen Gleichungssystems bestimmen.	7, 10	S. 32 Beispiel 1
2.3	… ganzrationale Funktionen auf ihr Globalverhalten, ihre Monotonie und ihre Extrema untersuchen.	1, 3, 5, 6	S. 36 Beispiel 1, S. 39 Beispiel 2
2.4	… ganzrationale Funktionen auf ihre Symmetrie untersuchen.	2, 3, 5, 8, 10	S. 42 Beispiel 1, S. 43 Beispiel 2
2.5	… ganzrationale Funktionen auf ihre Nullstellen untersuchen. … mehrfache Nullstellen bei ganzrationalen Funktionen errechnen.	4, 5, 8, 9, 10	S. 45 Beispiel 1, S. 45 Beispiel 2, S. 46 Beispiel 3, S. 47 Beispiel 4, S. 49 Beispiel 5

Ganzrationale Funktionen

Eine Funktion f mit der Gleichung $f(x) = a_n x^n + a_{n-1}x^{n-1} + \ldots + a_2x^2 + a_1x + a_0$ mit $n \in \mathbb{N}$, $a_0, \ldots, a_n \in \mathbb{R}$ und $a_n \neq 0$ heißt **ganzrationale Funktion**. n heißt **Grad** von f.

Die Funktion f mit $f(x) = 0{,}5x^4 - x^2 + 0{,}5$ ist eine ganzrationale Funktion; Grad $n = 4$.
Koeffizienten:
$a_4 = 0{,}5$; $a_3 = 0$; $a_2 = -1$; $a_1 = 0$; $a_0 = 0{,}5$

Globalverhalten

Der Graph einer ganzrationalen Funktion f mit $f(x) = a_n x^n + a_{n-1}x^{n-1} + \ldots + a_1x + a_0$ mit $a_n \neq 0$ verhält sich für $x \to \pm\infty$ wie der Graph von g mit $g(x) = a_n x^n$.

$f(x) = 0{,}5x^4 - x^2 + 0{,}5$; $g(x) = 0{,}5x^4$
Für $x \to \infty$ gilt $g(x) \to \infty$, also auch $f(x) \to \infty$.
Für $x \to -\infty$ gilt $g(x) \to \infty$, also auch $f(x) \to \infty$.

Monotonie, lokale und globale Extrema

Die Funktion f ist **streng monoton steigend** bzw. **streng monoton fallend** auf dem Intervall I, wenn für alle x_1 und x_2 aus I mit $x_1 < x_2$ gilt: $f(x_1) < f(x_2)$ bzw. $f(x_1) > f(x_2)$.

Der Graph einer Funktion f hat an der Stelle x_E einen **Hochpunkt** bzw. **Tiefpunkt**, wenn $f(x_E)$ in einer Umgebung von x_E der **größte** bzw. **kleinste** Funktionswert von f ist.
Den Funktionswert $f(x_E)$ nennt man **lokales Maximum** bzw. **lokales Minimum**.
Ist f(x) der **größte** bzw. **kleinste** Funktionswert im Definitionsbereich von f, so ist f(x) ein **globales Maximum** bzw. **globales Minimum** von f.

$f(x) = 0{,}5x^4 - x^2 + 0{,}5$
streng monoton steigend für $-1 < x < 0$ und für $x > 1$,
streng monoton fallend für $x < -1$ und für $0 < x < 1$

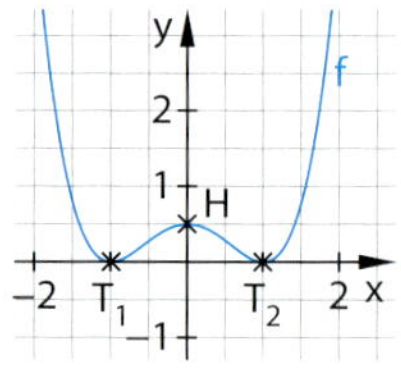

Hochpunkt: $H(0|0{,}5)$
Tiefpunkte: $T_1(-1|0)$; $T_2(1|0)$

$f(0) = 0{,}5$ ist ein lokales Maximum.
Ein globales Maximum existiert nicht.
Das lokale Minimum $f(-1) = f(1) = 0$ ist zugleich ein globales Minimum.

Symmetrieverhalten

Der Graph einer ganzrationalen Funktion f ist genau dann **achsensymmetrisch zur y-Achse** bzw. **punktsymmetrisch zum Ursprung**, wenn der Funktionsterm von f nur **gerade** bzw. nur **ungerade** Exponenten hat.

$f(x) = 0{,}5x^4 - x^2 + 0{,}5$ $\quad 0{,}5 = 0{,}5x^0$
Nur gerade Exponenten, der Graph (s. o.) ist achsensymmetrisch zur y-Achse.

$g(x) = -0{,}5x^5 + 1{,}5x^3 + 2x$ $\quad 2x = 2x^1$
Nur ungerade Exponenten, der Graph (s. u.) ist punktsymmetrisch zum Ursprung.

Nullstellen

Methoden zum Ermitteln von Nullstellen:
1. Ablesen aus der faktorisierten Form
2. Ausklammern von Potenzen von x
3. Ersetzen von Variablen (**Substitution**) z. B. bei Funktionsgleichungen der Form $f(x) = ax^4 + bx^2 + c$

Eine ganzrationale Funktion f vom Grad n hat **höchstens n Nullstellen**.

Ist $\mathbf{x_N}$ eine Nullstelle, so lässt sich der **Linearfaktor** $\mathbf{(x - x_N)}$ aus dem Funktionsterm von f abspalten: $f(x) = (x - x_N) \cdot r(x)$ mit ganzrationaler Funktion r.
Ist der Funktionsterm so weit wie möglich faktorisiert, gibt der Exponent des Linearfaktors die **Vielfachheit** einer Nullstelle an.
Die Summe der Vielfachheiten aller Nullstellen ist höchstens n.

$h(x) = x^4 - 3x^2 - 4$
Substitution $x^2 = u$ also $u^2 - 3u - 4 = 0$
mit p-q-Formel: $u_1 = 4$; $u_2 = -1$
Resubstitution: $u_1 = x^2 = 4$ $\quad x_{1/2} = \pm 2$
$u_2 = x^2 = -1$ $\quad$ keine Lösung
Nullstellen: $x_1 = 2$; $x_2 = -2$

$f(x) = 0{,}5x^4 - x^2 + 0{,}5 = 0{,}5(x-1)^2(x+1)^2$
f hat die doppelten Nullstellen 1 und −1. Die Summe der Vielfachheiten ist 4 (Graph s. o.).

$g(x) = -0{,}5x^5 + 1{,}5x^3 + 2x$
$= -0{,}5x(x-2)(x+2)(x^2+1)$
g hat nicht 5, sondern nur die 3 Nullstellen 0, 2 und $x = -2$, da sich der Term $(x^2 + 1)$ nicht in Linearfaktoren zerlegen lässt.

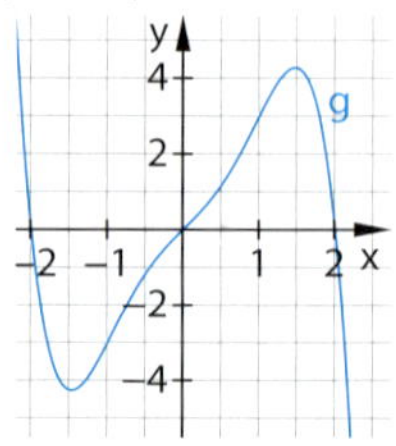

3

Steigung und Ableitung

Nach diesem Kapitel können Sie
- → lokale und mittlere Änderungsraten bestimmen und interpretieren,
- → ganzrationale Funktionen ableiten,
- → Tangentengleichungen und Steigungswinkel bestimmen.

Lösungen
→ S. 266

Terme umformen

1 Berechnen Sie den Termwert.

a) $\frac{2}{3} - \frac{1}{6}$ b) $\frac{5}{6} - 2$ c) $0{,}5 - \frac{2}{5}$ d) $\frac{2}{3} - \frac{2}{5}$ e) $\frac{1}{4} - \frac{2}{3}$

f) $\frac{2 \cdot 3^2 - 2 \cdot 2^2}{3 - 2}$ g) $\frac{\frac{1}{2} \cdot 6^2 - \frac{1}{2} \cdot 4^2}{6 - 4}$ h) $\frac{-3 \cdot 2^2 - (-3 \cdot 1^2)}{2 - 1}$ i) $\frac{-\frac{1}{2} \cdot 2^2 - \left(-\frac{1}{2} \cdot 4^2\right)}{2 - 4}$ j) $\frac{2^2 - 5^2}{2 - 5}$

2 Kürzen Sie, falls möglich.

a) $\frac{a + 2a^2}{2a^2}$ b) $\frac{xy - 1}{y - 1}$ c) $\frac{3 + 4a^2}{3a^2}$ d) $\frac{2x^3 - x}{2x - x^2}$

3 Begründen Sie, dass die Terme richtig umgeformt wurden.

a) $\frac{x^2 - y^2}{x - y} = x + y \ (x \neq y)$ b) $\frac{(u + 3)^2 - 9}{u} = u + 6 \ (u \neq 0)$ c) $\frac{2xy + y^2}{y} = 2x + y \ (y \neq 0)$

4 Überprüfen Sie, ob die Termumformung korrekt ist. Begründen Sie Ihre Entscheidung und korrigieren Sie falsche Umformungen.

a) $\frac{(2 + x)^2 - 4}{x} = x + 4$ b) $\frac{(1 + x)^2 - 1}{1 + x} = x$ c) $\frac{-4a^2 - (-4 \cdot 2^2)}{a - 2} = -4 \cdot (a + 2)$

5 Berechnen Sie.

a) $\frac{3 - x}{x + 3} + \frac{2x - 2}{x + 3}$ b) $\frac{x}{x - 2} - \frac{x - 3}{x - 2}$ c) $\frac{4}{3y} - \frac{3}{y} + \frac{5}{2y}$ d) $\frac{3}{a} - \frac{2}{a^2} + \frac{1}{3a}$

e) $\frac{4}{xy} - \frac{3}{x^2} + \frac{5}{y^2}$ f) $\frac{1}{(x - 3)} - \frac{x - 1}{x \cdot (x - 3)}$ g) $\frac{3}{x(x - 3)} - \frac{x - 1}{x}$ h) $\frac{x + y}{x - y} - \frac{x - y}{y}$

Gleichungen lösen

6 Bestimmen Sie die Lösungsmenge der Gleichung.

a) $x - 6 = 3x$ b) $x^2 + 3x = 4$ c) $(x - 2)(x + 2) = 5$ d) $(x - 1)^2 = 3 - x$

e) $x^2 + 3 = 4x - 1$ f) $x^2 - 1 = x - x^2$ g) $3x^2 + 4x = 3 - x^2$ h) $2x^4 - 8 = 24$

7 Lösen Sie die Gleichung und machen Sie die Probe.

a) $2x^3 + 3 = 5$ b) $x^4 + x^2 = 0$ c) $x^3 = 2x^2 - x$ d) $x^5 - x^3 = 0$

Lineare Funktionen

8 Die Abbildung zeigt die Graphen von drei linearen Funktionen. Ermitteln Sie die zugehörigen Funktionsgleichungen und geben Sie jeweils die Nullstelle der Funktion an.

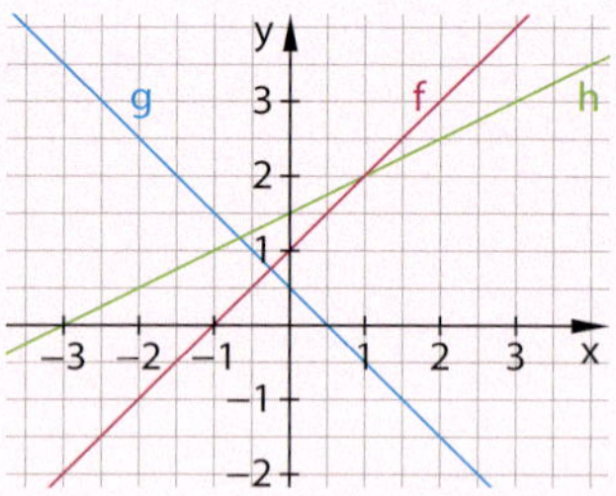

9 Vom Graphen einer linearen Funktion f sind die Punkte A und B gegeben. Bestimmen Sie die Funktionsgleichung von f.

a) $A(2\,|\,-1)$; $B(3\,|\,-0{,}5)$ b) $A(-3\,|\,1)$; $B(3\,|\,-5)$

c) $A(-2\,|\,-2{,}5)$; $B(4\,|\,-1)$ d) $A(0\,|\,0{,}5)$; $B(1\,|\,2{,}5)$

10 Von einer linearen Funktion f sind die Nullstelle x_0 und ein Punkt des Graphen bekannt. Ermitteln Sie den Funktionsterm von f.

a) $x_0 = 1$ und $(2\,|\,1)$ b) $x_0 = 0$ und $(-2\,|\,2)$ c) $x_0 = 0{,}5$ und $(3\,|\,5)$

d) $x_0 = -3$ und $(-1\,|\,2)$ e) $x_0 = 10$ und $(0\,|\,-5)$ f) $x_0 = -7$ und $(2\,|\,-3)$

Lösungen
→ S. 266/267

Quadratische Funktionen

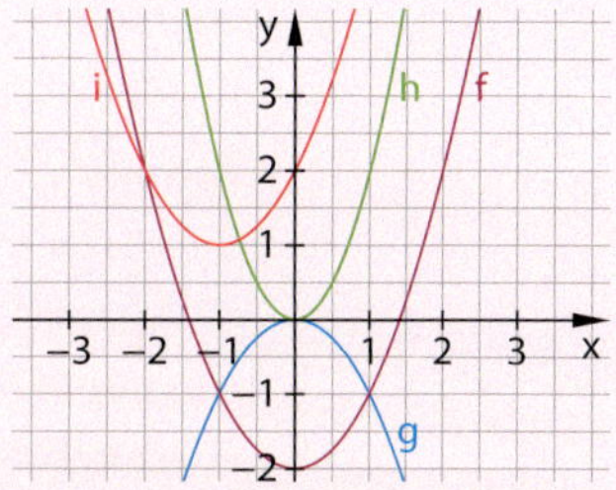

11 Geben Sie zu jeder der abgebildeten Parabeln eine Funktion sowie deren Nullstellen an.

12 Gegeben ist die Funktion f mit $f(x) = x^2 - 2x - 3$.
a) Bestimmen Sie die Schnittpunkte des Graphen von f mit den Koordinatenachsen.
b) Bestimmen Sie alle Schnittpunkte der Graphen von f und g mit $g(x) = -x^2 - 4x + 1$.

13 Beschreiben Sie die Veränderung des Graphen von g gegenüber dem Graphen von f mit $f(x) = x^2$. Geben Sie den Wertebereich, alle Nullstellen und – falls möglich – den größten (kleinsten) Funktionswert von g an.
a) $g(x) = 0{,}5x^2$
b) $g(x) = -3x^2$
c) $g(x) = -x^2 - 1$
d) $g(x) = (x - 2)^2$
e) $g(x) = (x + 2)^2 - 9$
f) $g(x) = x^2 - 4x + 3$

Vermischtes

14 Sara läuft zum 4 km entfernten Nachbarort. Der Weg führt bergauf, da der Nachbarort 80 Meter höher liegt.
a) Berechnen Sie die durchschnittliche Steigung des Wegs.
b) Geben Sie die durchschnittliche Steigung für den Rückweg vom Nachbarort zum Ausgangsort an.

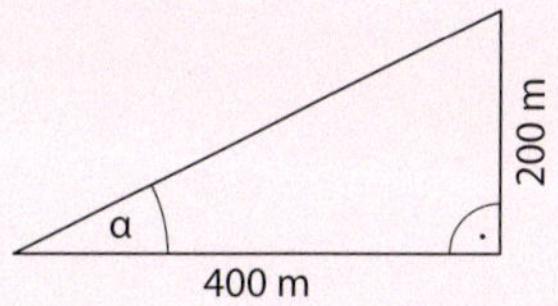

15 Berechnen Sie im abgebildeten Dreieck mithilfe des Tangens die Steigung in Prozent und den Steigungswinkel.

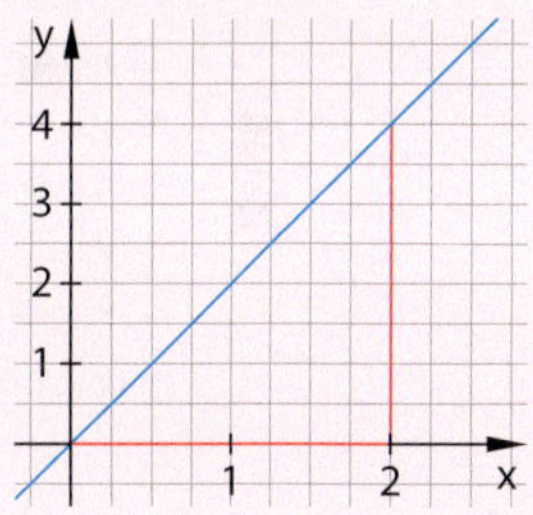

16 Die Abbildung zeigt eine Gerade.
a) Stellen Sie eine passende Geradengleichung auf.
b) Berechnen Sie den Steigungswinkel und die Steigung in Prozent.

17 Frank hat die 24 km bis zum Freibad „ADRIA" in $1\frac{1}{4}$ h mit dem Fahrrad zurückgelegt. Berechnen Sie die Durchschnittsgeschwindigkeit für die gesamte Strecke.

18 a) Zeichnen Sie in ein Koordinatensystem einen Kreis mit dem Mittelpunkt M(0 | 0) und mit dem Durchmesser 6 LE. Zeichnen Sie die Sekante durch die Punkte A(0 | 3) und B(3 | 0) und geben Sie eine Gleichung für diese Sekante an.
b) Zeichnen Sie eine Tangente an den Kreis, die parallel zu dieser Sekante verläuft, und geben Sie ihre Steigung an.

19 Zeichnen Sie die Parabel zur Funktion f mit $f(x) = x^2$ und die Gerade g mit $g(x) = 2x - 1$ in ein gemeinsames Koordinatensystem. Erläutern Sie, dass man hier analog zur Kreistangente von einer Tangente an die Parabel sprechen kann.

20 Zeichnen Sie die Graphen von f und g mit $f(x) = (x + 2)^2 + 1$ und $g(x) = -x^2 + 3$ sowie die Funktion $y = 2x + 4$ in ein gemeinsames Koordinatensystem. Erläutern Sie die besondere Lage der Gerade bezüglich der Funktionsgraphen.

3.1 Mittlere Änderungsrate

Die Tabelle zeigt die Messwerte eines Fahrers auf einer Etappe der Tour de France.

Zeit (in h)	0,5	2	2,5	2,75	3,5
Strecke (in km)	24	56	84,5	96	110

a) Berechnen Sie für die gesamte Strecke und für die einzelnen Zeitabschnitte die Durchschnittsgeschwindigkeit in km/h.

b) Erläutern Sie die berechneten Geschwindigkeiten.

Grafische Deutung von Änderungen

In vielen Situationen spielt das Änderungsverhalten der untersuchten Größe eine wichtige Rolle. Dabei ist es hilfreich, die Zusammenhänge mithilfe von Funktionen und Graphen zu beschreiben, aus denen sich die Änderungen ablesen lassen.

- Ist der Graph fallend, so entspricht diese negative Änderung einer Verringerung der untersuchten Größe.
- Ist der Graph steigend, so entspricht diese positive Änderung einer Zunahme der untersuchten Größe.

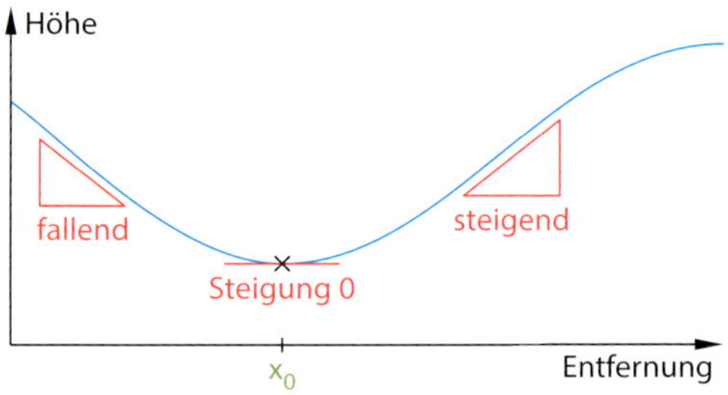

Das Änderungsverhalten kann man auch als Änderungsgraphen darstellen:

- Je steiler es bergab geht, desto kleiner werden die y-Werte des Änderungsgraphen.
- Je steiler es bergauf geht, desto größer werden die y-Werte des Änderungsgraphen.

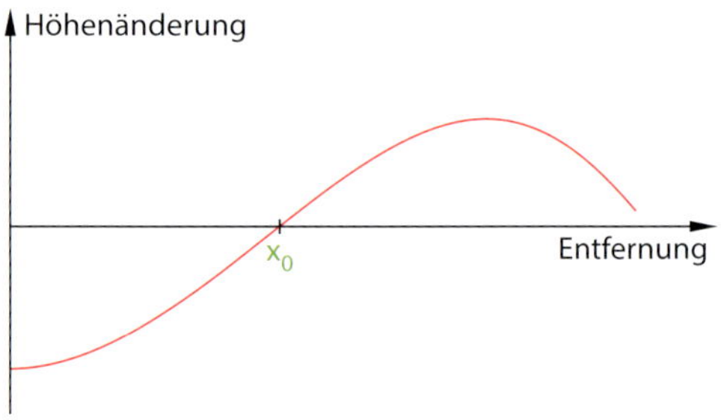

Beispiel 1

Der Graph zeigt die Entwicklung einer Bakterienkultur in Abhängigkeit von der Zeit. Beschreiben Sie die Änderung des Bakterienbestands mit eigenen Worten und skizzieren Sie den zugehörigen Änderungsgraphen.

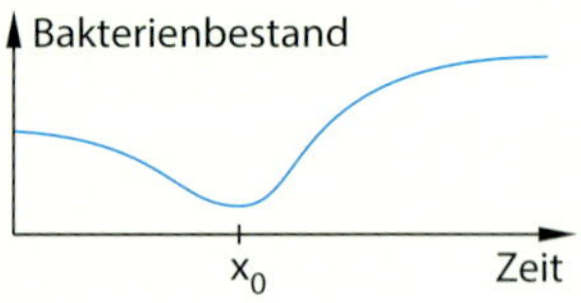

Lösung:

Zu Beginn nimmt der Bestand immer stärker ab, dann wird die Abnahme schwächer. Zum Zeitpunkt x_0 erreicht der Bestand sein Minimum.

Danach steigt er zunächst immer stärker an, dann wird der Anstieg schwächer. Am Ende ändert sich der Bestand nicht mehr.

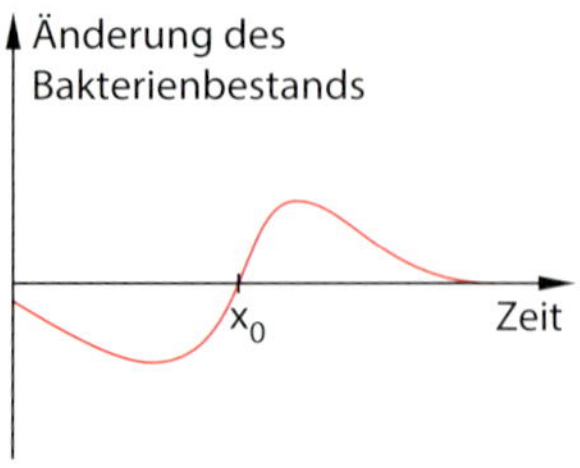

Basisaufgaben

1 Die Graphen ① – ④ zeigen jeweils die Geschwindigkeit eines anfahrenden Autos in Abhängigkeit von der Zeit. Beschreiben Sie die Beschleunigung des Autos mit eigenen Worten und ordnen Sie jedem Graphen den passenden Änderungsgraphen aus Ⓐ – Ⓓ zu.

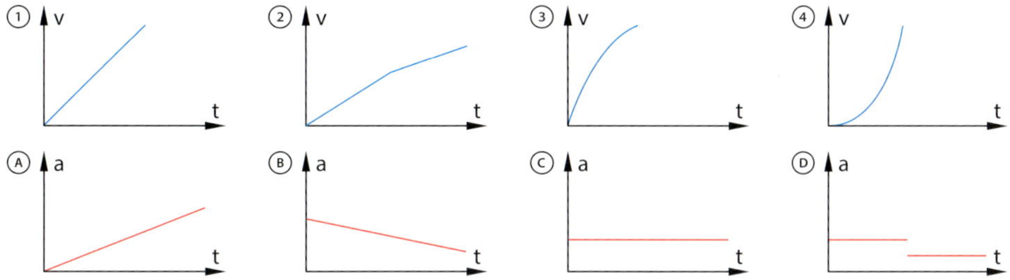

2 Die Abbildung zeigt die Entwicklung der Bevölkerungszahl eines Landes in Abhängigkeit von der Zeit. Beschreiben Sie das Bevölkerungswachstum. Skizzieren Sie einen Graphen, der die Änderung der Bevölkerungszahl abbildet.

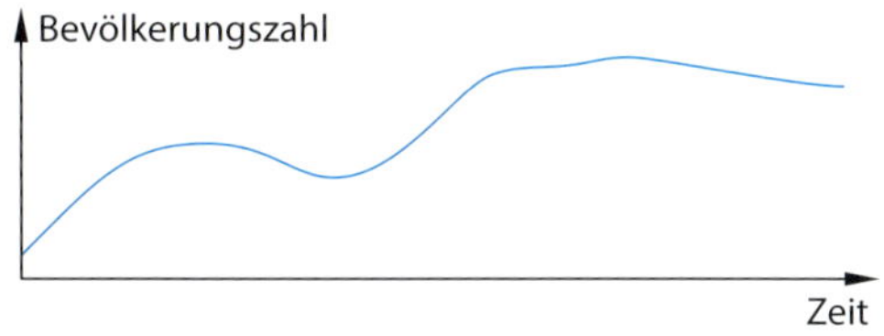

3 Vervollständigen Sie die Tabelle.

Situation	Änderung
Zurückgelegter Weg eines Motorrads	Geschwindigkeit des Motorrads
Höhenprofil einer Straße	
Flughöhe eines Heißluftballons	
	Wasserzuflussrate einer Badewanne
Per Bluetooth übertragene Datenmenge	
	Beschleunigung eines Rennwagens

4 Die Abbildungen zeigen jeweils die Bestandsänderung eines Wolfsrudels in Abhängigkeit von der Zeit. Ordnen Sie jeder Aussage den passenden Graphen zu.

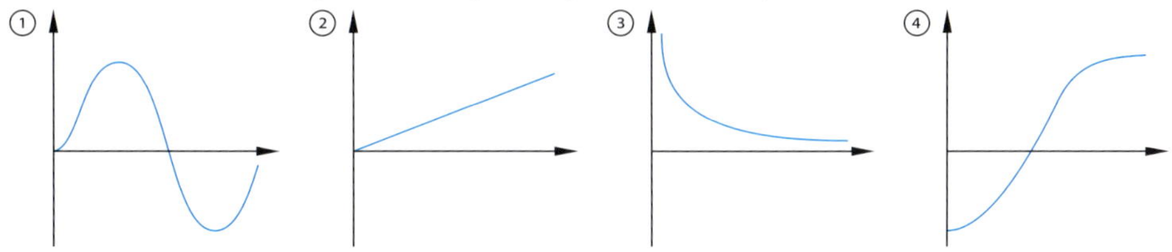

A Der Bestand wächst zunächst, dann verringert er sich.

B Die Zunahme des Bestands verlangsamt sich.

C Der Bestand verringert sich zunächst, dann wächst er.

D Die Population wächst immer schneller.

5 Der Graph zeigt die Geschwindigkeit, mit der ein Heißluftballon zu Beginn seiner Fahrt in Abhängigkeit von der Zeit senkrecht steigt bzw. sinkt.

a) Bestimmen Sie den Zeitpunkt, zu dem der Ballon seine maximale Flughöhe erreicht.

b) Skizzieren Sie den Graphen, der die Höhe des Ballons in Abhängigkeit von der Zeit darstellt.

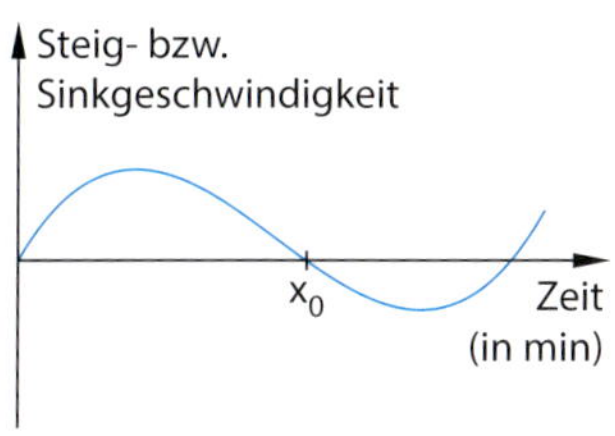

Mittlere Änderungsrate

Erinnerung

Steigung einer Geraden durch 2 Punkte:

$m = \frac{\text{y-Unterschied}}{\text{x-Unterschied}}$

Erinnerung

Sekante am Kreis

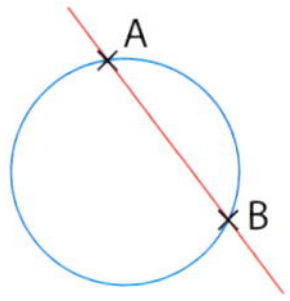

Die Tabelle zeigt die Höhen einer Wanderstrecke. Aus diesen Angaben kann man die durchschnittliche Steigung der einzelnen Etappen berechnen.
Man dividiert dazu den Höhenunterschied (Etappe 1: 400 m) durch die horizontale Entfernung (Etappe 1: 2000 m). Die durchschnittliche Steigung von Etappe 1 ist also $m = \frac{y_2 - y_1}{x_2 - x_1} = \frac{400}{2000}$.

horizontale Distanz (in km)	0	2	4	6
Höhe (in m)	860	1260	1870	870

Abschnitt	Durchschnittliche Steigung
1. Etappe	$m = \frac{1260 - 860}{2000 - 0} = \frac{400}{2000} = 0{,}2$
2. Etappe	$m = \frac{1870 - 1260}{4000 - 2000} = \frac{610}{2000} = 0{,}305$
3. Etappe	$m = \frac{870 - 1870}{6000 - 4000} = \frac{-1000}{2000} = -0{,}5$

Die horizontale Entfernung ist auf der x-Achse und die Höhe auf der y-Achse eingetragen. Die Punkte wurden geradlinig zu einem Höhenprofil verbunden.
Die durchschnittliche Steigung entspricht der Steigung der **Sekante** vom Anfangs- bis zum Endpunkt jeder Etappe.
Die Steigung an einzelnen Stellen innerhalb der Etappen kann davon mal mehr, mal weniger abweichen, wie das tatsächliche Höhenprofil zeigt.

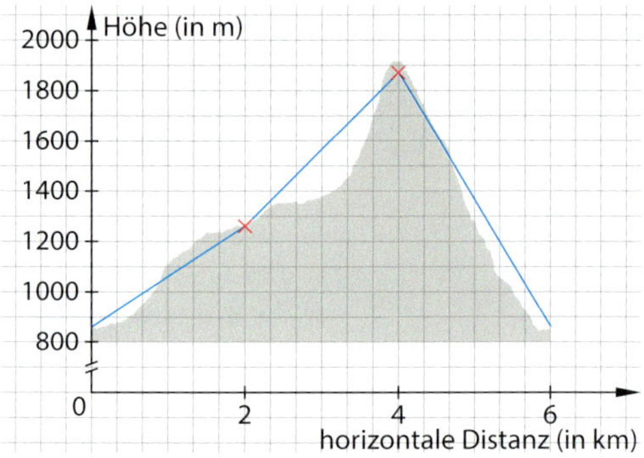

Wissen

Der **Differenzenquotient** $\frac{f(b) - f(a)}{b - a}$ gibt die **mittlere Änderungsrate** der Funktion f im Intervall [a; b] an.

Sie entspricht anschaulich der **Steigung** der **Sekante** durch die Punkte A (a | f(a)) und B (b | f(b)).

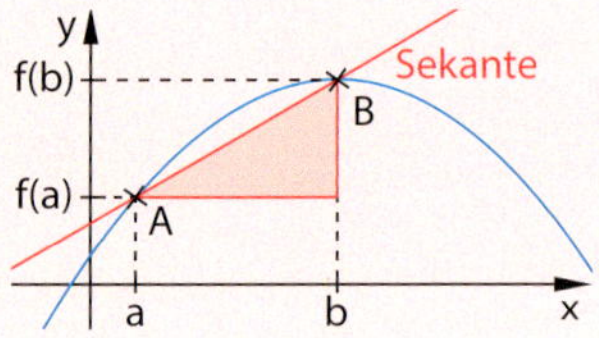

Beispiel 2

Berechnen Sie die mittlere Änderungsrate zu $f(x) = 3x^2 - x$ im Intervall [−1; 2].

Lösung:

Setzen Sie die Intervallgrenzen $a = -1$ und $b = 2$ in den Differenzenquotienten $m = \frac{f(b) - f(a)}{b - a}$ ein und berechnen Sie.

$$m = \frac{f(2) - f(-1)}{2 - (-1)} = \frac{(3 \cdot 2^2 - 2) - (3 \cdot (-1)^2 - (-1))}{3} = \frac{10 - 4}{3} = 2$$

Beispiel 3

Die Funktion f mit $f(x) = 2x^2$ beschreibt den zurückgelegten Weg (in m) eines anfahrenden Autos in Abhängigkeit von der Zeit (in s). Berechnen Sie die Durchschnittsgeschwindigkeit des Autos zwischen den Zeitpunkten x = 1 und x = 3.

Lösung:

Berechnen Sie die Durchschnittsgeschwindigkeit mit dem Differenzenquotienten.
Setzen Sie dazu die Intervallgrenzen $a = 1$ und $b = 3$ in den Differenzenquotienten $m = \frac{f(b) - f(a)}{b - a}$ ein und berechnen Sie.

$$m = \frac{f(3) - f(1)}{3 - 1} = \frac{18 - 2}{2} = 8$$

Das Auto fährt zwischen der 1. und der 3. Sekunde durchschnittlich 8 m/s.

Basisaufgaben

Lösungen zu 6

−4 5 4
1 15
−9 −8 7
−7 0 1

6 Berechnen Sie für die Funktion f die mittlere Änderungsrate in den Intervallen $I = [1; 3]$, $J = [-3; -1]$ und $K = [-1; 2]$.
a) $f(x) = x^2$ b) $f(x) = x^3 + 2x$ c) $f(x) = 2x^2 - x$

7 Die Funktion f mit $f(x) = 2{,}3x^2$ beschreibt den zurückgelegten Weg (in m) eines 100-m-Läufers in Abhängigkeit von der Zeit (in s) nach dem Start. Berechnen Sie die Durchschnittsgeschwindigkeit des Läufers in den ersten beiden Sekunden.

8 Bestimmen Sie zu den Funktionen f und g die Steigung der Sekante im Intervall $[-1; 2]$.

a)
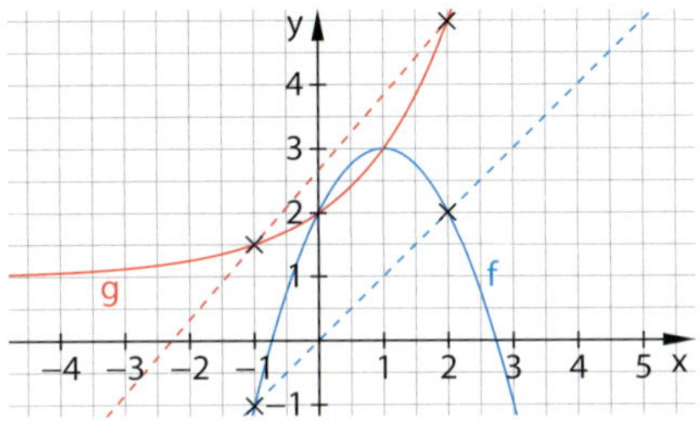

b)
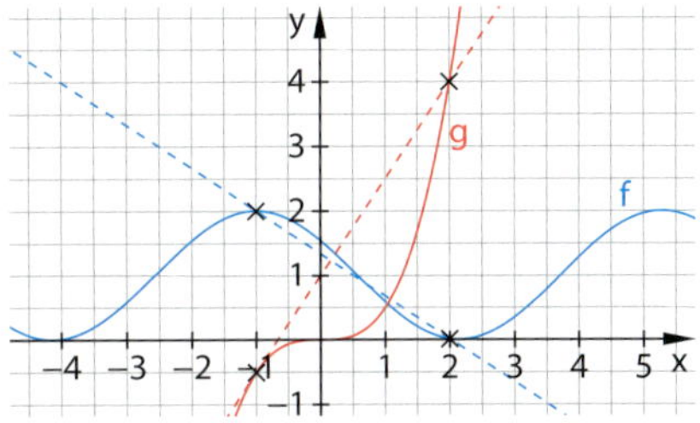

9 a) Betrachten Sie $f(x) = 2x - 3$ und $g(x) = \frac{1}{2}x + 1$. Berechnen Sie zu f und g die Sekantensteigung im Intervall $[2; 6]$. Vergleichen Sie mit den Funktionstermen von f und g.
b) Erklären Sie das Ergebnis aus a), indem Sie die Graphen von f und g skizzieren. Erläutern Sie, dass das Ergebnis aus a) auch für beliebige Intervalle zutrifft.

10 Geben Sie an, was die mittlere Änderungsrate beschreibt. Nennen Sie auch ihre Einheit.
a) vergangene Zeit in s → zurückgelegter Weg in m beim Laufen
b) horizontale Entfernung in m → Höhe in m beim Fahrradfahren
c) Zeit in Tagen → Anzahl der Infizierten bei einer Epidemie

11 Die Tabelle zeigt die Entwicklung des Verbrauchs an Plastiktüten in Deutschland.

Jahr	2000	2012	2015	2016	2017	2018	2019
Verbrauch Plastiktüten in Mrd.	7	6,1	5,6	3,7	2,4	2	1,7

a) Berechnen Sie die mittlere Änderungsrate des Plastiktütenverbrauchs für den Zeitabschnitt von 2000 bis 2012 und interpretieren Sie das Ergebnis im Sachzusammenhang.
b) Berechnen Sie die mittleren Änderungsraten für die übrigen Zeitabschnitte und geben Sie die Zeitabschnitte der stärksten Abnahme an.
c) Recherchieren Sie die Entwicklung des Plastiktütenverbrauchs in den folgenden Jahren und geben Sie Gründe für diese Entwicklung an.

12 Die Tabelle zeigt Messwerte einer Autobahnfahrt. Ermitteln Sie den Abschnitt mit der größten Durchschnittsgeschwindigkeit.

a)

h	0	1,5	3	4,5	6
km	0	120	330	480	660

b)

h	0	1,4	3,8	4,7	6,8
km	0	150	400	520	750

Hinweis
Die CO_2-Konzentration wird in ppm (parts per million) gemessen.

13 Der Graph zeigt die Messwerte einer CO_2-Ampel während einer Unterrichtsstunde.
a) Beschreiben Sie den Verlauf der CO_2-Konzentration.
b) Bestimmen Sie die mittlere Änderungsrate der CO_2-Konzentration zwischen der 25. und der 30. Minute.

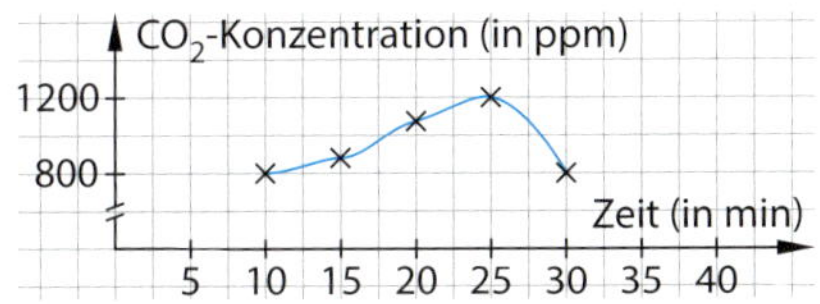

Weiterführende Aufgaben

14 Der Graph gibt im Intervall [0; 19] in etwa das Profil einer Mountainbiketour wieder.

a) Lesen Sie die Koordinaten der Punkte A–G ab und berechnen Sie die durchschnittliche Steigung zwischen je zwei benachbarten Punkten.

b) Geben Sie an, in welchem Abschnitt die Strecke am steilsten ist.

c) Geben Sie die Bedeutung des Vorzeichens der Steigung für den Fall an, dass das Profil von links nach rechts durchfahren wird.

d) Begründen Sie, in welchem Abschnitt die durchschnittliche Steigung das Profil besonders schlecht wiedergibt.

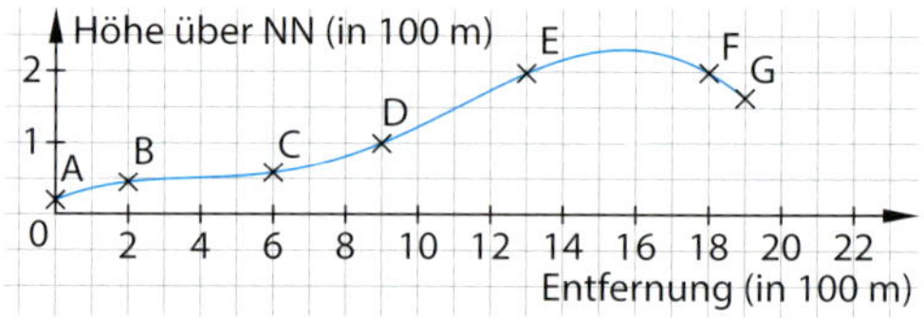

15 **Stolperstelle:** Bei der Berechnung der Sekantensteigung der Funktion f mit $f(x) = x^2$ im Intervall [2; 5] sind die Schüler unterschiedlich vorgegangen.

Pierre: $m = \frac{f(2) - f(5)}{5 - 2}$ Marlene: $m = \frac{f(2) - f(5)}{2 - 5}$ Oskar: $m = \frac{f(5) - f(2)}{2 - 5}$

a) Prüfen Sie, bei welchem der drei Ansätze sich das richtige Ergebnis ergibt.

b) Geben Sie an, wie sich die falschen Ergebnisse zum richtigen Ergebnis verhalten.

c) Erläutern Sie, worauf es beim Aufstellen des Differenzenquotienten ankommt.

16 Gegeben ist die Funktion f mit $f(x) = 2^x$.

a) Zeichnen Sie den Graphen von f für $-2 \leq x \leq 3$.

b) Zeichnen Sie die Sekanten für [−1; 1] und [−1; 2] ein und lesen Sie ihre Steigung ab.

17 Die Tabelle zeigt die aktiven Covid-19-Infektionen in Deutschland von 2020 bis 2021.

15.08.20	15.09.20	15.10.20	15.11.20	15.12.20	15.01.21	15.02.21	15.03.21	15.04.21	15.05.21
12 288	16 299	54 406	287 852	351 526	335 964	152 121	146 170	278 775	233 703

a) Berechnen Sie die mittlere Änderungsrate der Fallzahlen im Beobachtungszeitraum.

b) Bestimmen Sie den stärksten Anstieg und die stärkste Abnahme der Fallzahlen innerhalb eines Monats. Geben Sie mögliche Gründe für diese Entwicklungen an und recherchieren Sie, wie sich die Fallzahlen in den folgenden Monaten entwickelten.

18 **Ausblick:**

a) Geben Sie einen Zeitraum an, in dem die Verschuldung in der Grafik immer langsamer anstieg (immer stärker anstieg).

b) Skizzieren Sie je einen Graphen, für den gilt: Je weiter nach rechts man den Graphen verfolgt, desto kleiner (größer) werden die mittleren Änderungsraten.

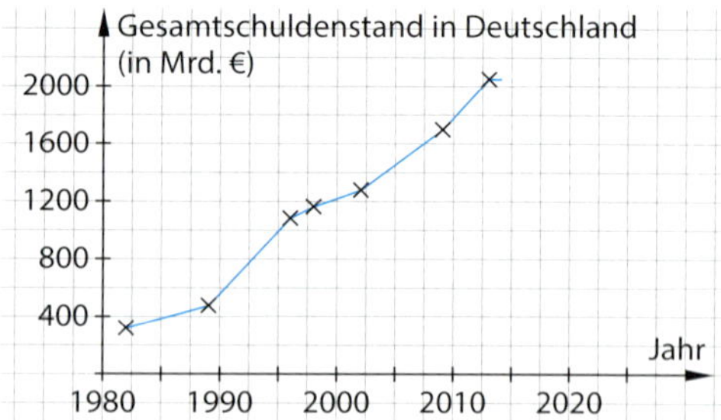

c) Der Graph der Funktion f mit $f(x) = x^3$ beschreibt, von links nach rechts betrachtet, erst eine Rechts- und dann eine Linkskurve. Geben Sie an, wie sich das in den mittleren Änderungsraten ausdrückt.

3.2 Lokale Änderungsrate und Ableitung

Vergleichen Sie die beiden Abbildungen des Graphen zu $f(x) = x^2$.
Verwenden Sie Lineal und Geodreieck und lesen Sie näherungsweise die Steigung des Graphen im Punkt $P(1\,|\,1)$ und im Punkt $Q\left(\frac{1}{2}\,\middle|\,\frac{1}{4}\right)$ ab, indem Sie die Punkte P und Q mit anderen, möglichst nahe gelegenen Punkten auf dem Graphen verbinden.

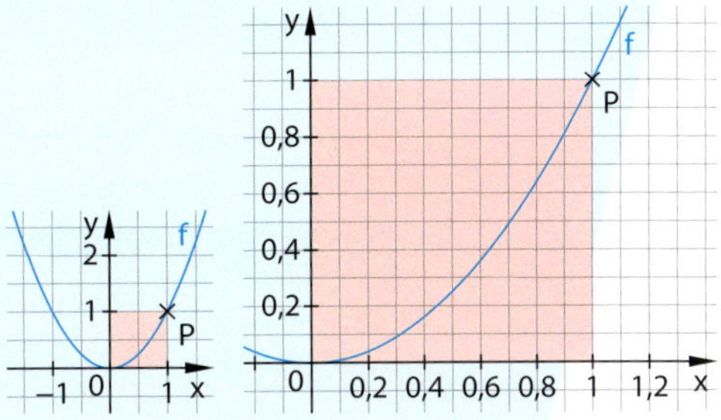

Lokale Änderungsrate

Mit der mittleren Änderungsrate kann man die Durchschnittsgeschwindigkeit in einem Zeitintervall berechnen. Nun soll die Momentangeschwindigkeit zu einem Zeitpunkt bestimmt werden.

Ein startendes Auto legt in t Sekunden die Strecke $s(t) = 2t^2$ in Metern zurück. Die mittlere Änderungsrate im Intervall [1; 2] ist die Durchschnittsgeschwindigkeit im m/s zwischen der ersten und der zweiten Sekunde und beträgt $\frac{s(2) - s(1)}{2 - 1} = \frac{8 - 2}{1} = 6$.

Die **Momentangeschwindigkeit** des Autos genau zum Zeitpunkt $t = 1$ kann man nicht mit dem Differenzenquotienten berechnen, da man nicht durch 0 dividieren darf. Mithilfe immer kleiner werdender Zeitintervalle lassen sich aber Näherungswerte bestimmen.

[1; t]	$\frac{s(t) - s(1)}{t - 1}$
[1; 2]	6
[1; 1,5]	5
[1,1; 1,5]	4,2
[1; 1,01]	4,02
[1; 1,0001]	4,0002

Die **Näherungstabelle** zeigt, dass sich die Durchschnittsgeschwindigkeit in $\frac{m}{s}$ dem Wert 4 annähert. Man kann also vermuten, dass die Momentangeschwindigkeit $4\,\frac{m}{s}$ beträgt.
Die mittlere Änderungsrate entspricht der Steigung der Sekante durch die Punkte P und Q. Wählt man das Intervall für die mittlere Änderungsrate immer kleiner, so bedeutet dies am Graphen, dass der Punkt Q immer näher an den Punkt P heranwandert.
Die Sekanten (grün) nähern sich einer **Tangente** (rot) an.
Die Steigung der Tangente entspricht der Steigung des Graphen im Berührpunkt P und der lokalen Änderungsrate der Funktion.

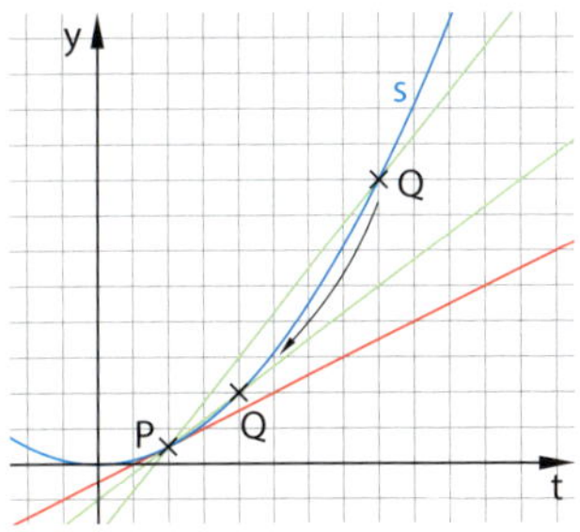

Wissen

Wenn sich der Wert des Differenzenquotienten $\frac{f(x) - f(x_0)}{x - x_0}$ für $x \to x_0$ von beiden Seiten dem gleichen festen Wert annähert, so heißt dieser Wert **Ableitung** $f'(x_0)$. Er gibt die **lokale Änderungsrate** der Funktion f an der Stelle x_0 an.

Die Ableitung $f'(x_0)$ entspricht der **Steigung der Tangente** an den Graphen von f im Punkt $P(x_0\,|\,f(x_0))$.

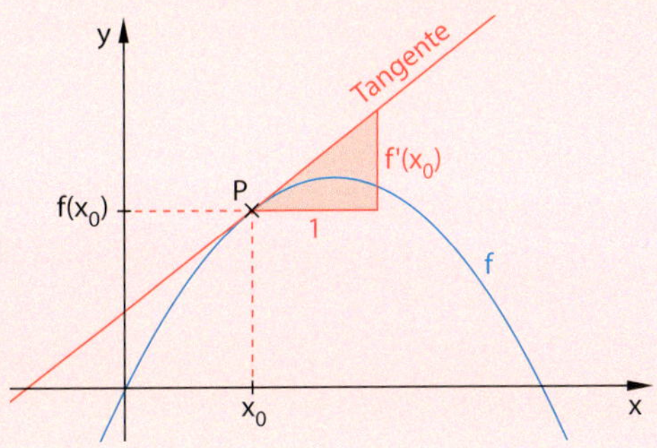

Beispiel 1

Bestimmen Sie näherungsweise die Ableitung der Funktion f mit $f(x) = x^2$ an der Stelle $x_0 = 4$.

Lösung:

Erstellen Sie eine Näherungstabelle. Setzen Sie in den Differenzenquotienten Werte für x ein, die immer näher bei 4 liegen. Die Tabelle zeigt, dass sich die Werte des Differenzenquotienten immer stärker 8 annähern.

[4; x]	$\frac{f(x) - f(x_0)}{x - x_0}$
[4; 5]	$\frac{5^2 - 4^2}{5 - 4} = 9$
[4; 4,1]	$\frac{4{,}1^2 - 4^2}{4{,}1 - 4} = 8{,}1$
[4; 4,01]	$\frac{4{,}01^2 - 4^2}{4{,}01 - 4} = 8{,}01$
[4; 4,001]	$\frac{4{,}001^2 - 4^2}{4{,}001 - 4} = 8{,}001$

Bei einer Annäherung an x_0 von unten erhalten Sie das gleiche Ergebnis.
Also gilt vermutlich $f'(4) \approx 8$.

Basisaufgaben

1 Bestimmen Sie näherungsweise die Ableitung an der Stelle $x_0 = 1$. Stellen Sie dazu eine Näherungstabelle für den Differenzenquotienten auf.

a) $f(x) = x^2$ b) $f(x) = x^3$ c) $f(x) = x^2 + 3$ d) $f(x) = 2x^3 - 1$

2 Bestimmen Sie die Ableitung der Funktion f an der Stelle x_0 mithilfe der Steigung der eingezeichneten Tangente.

a) $x_0 = 0$

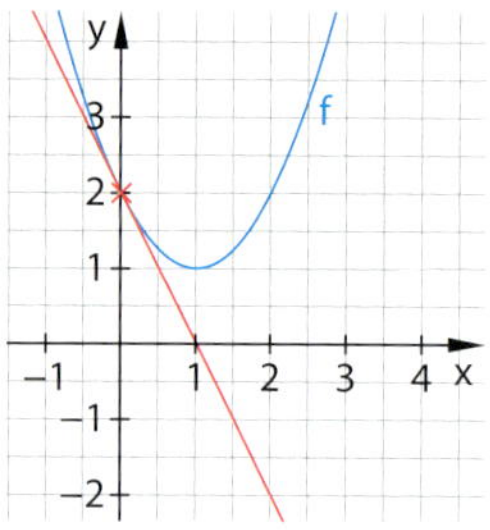

b) $x_0 = 1$

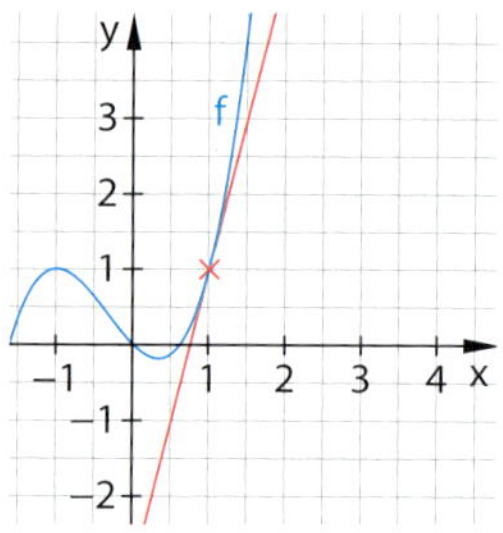

c) $x_0 = \frac{\pi}{2}$

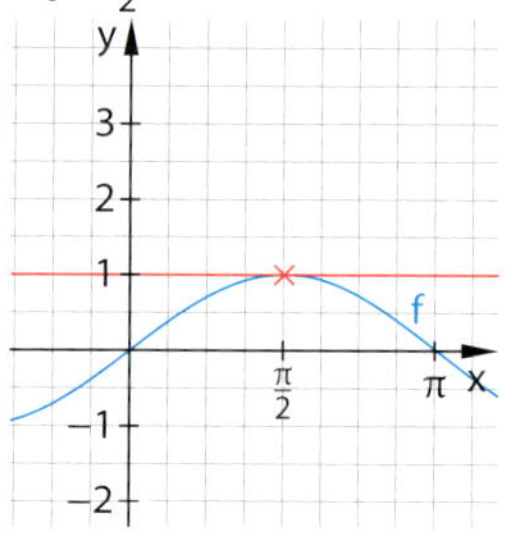

3 a) Zeichnen Sie den Graphen der Funktion f mit $f(x) = -\frac{1}{4}x^2 + 2$ für $0 \leq x \leq 4$. Zeichnen Sie möglichst exakt die Tangente an der Stelle 1 ein. Lesen Sie ihre Steigung ab.

b) Überprüfen Sie Ihr Ergebnis aus a) mit einer Mathematik-Software.

4 Die Ableitung einer Funktion an einer Stelle ist 0. Beschreiben Sie, wie die Tangente an dieser Stelle aussieht.

5 Die von einem Schlitten zurückgelegte Strecke s (in Metern) wird durch die Funktion s mit $s(t) = \frac{1}{2}t^2$ ($t \geq 0$ in Sekunden) beschrieben.

a) Berechnen Sie die Durchschnittsgeschwindigkeit des Schlittens während der ersten 5 Sekunden und für die Intervalle [4; 5], [4,9; 5] und [4,99; 5].

b) Geben Sie einen Wert für die Momentangeschwindigkeit nach 5 Sekunden an.

c) Bestimmen Sie wie in a) und b) einen Näherungswert für die Momentangeschwindigkeit nach 2 Sekunden und nach 3 Sekunden.

Ableitung an einer Stelle berechnen

Hinweis

Streben Zähler und Nenner für $x \to x_0$ gegen 0, lässt sich keine Aussage über das Verhalten des Bruchs treffen.

Bisher wurde die Ableitung als Grenzwert der Sekantensteigungen näherungsweise ermittelt. Die Ableitung lässt sich exakt berechnen, wenn der Differenzenquotient $\frac{f(x) - f(x_0)}{x - x_0}$ nach Kürzen mit $x - x_0$ kein Bruchterm mehr ist.

Das Kürzen gelingt leichter, wenn man $x - x_0 = h$ setzt (**h-Methode**), also statt $[x_0; x]$ die Intervalle $[x_0; x_0 + h]$ betrachtet. Dann gilt mit $x = x_0 + h$:

$$\frac{f(x) - f(x_0)}{x - x_0} = \frac{f(x_0 + h) - f(x_0)}{h}$$

Zur exakten Berechnung der Ableitung an der Stelle x_0 muss man dann den Grenzwert für $h \to 0$ statt für $x \to x_0$ bestimmen.

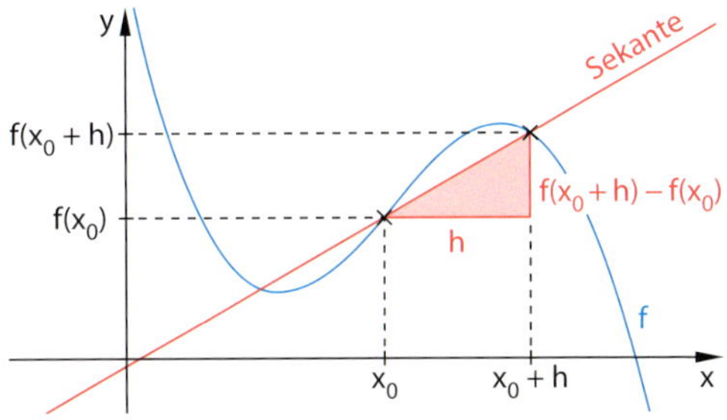

Hinweis

Der Genzwert des Differenzenquotienten wird als **Differenzialquotient** bezeichnet.

Wissen **Berechnung der Ableitung mit dem Differenzialquotienten**

Die Ableitung der Funktion f an der Stelle x_0 kann man mit dem **Grenzwert (Limes) des Differenzenquotienten** berechnen. Schreibweise: $f'(x_0) = \lim\limits_{h \to 0} \frac{f(x_0 + h) - f(x_0)}{h}$

Existiert die Ableitung $f'(x_0)$, so nennt man die Funktion f an dieser Stelle **differenzierbar**.

Beispiel 2

Berechnen Sie mithilfe des Differenzialquotienten die Ableitung der Funktion f mit $f(x) = x^2$ an der Stelle $x_0 = 4$. Überprüfen Sie Ihr Ergebnis grafisch.

Lösung:

Setzen Sie $x_0 = 4$ in den Differenzenquotienten mit h ein und formen Sie ihn für $f(x) = x^2$ so lange um, bis h aus dem Nenner gekürzt werden kann.
Damit lässt sich der Grenzwert für $h \to 0$ ablesen. Er entspricht der Ableitung $f'(4)$.

$$\frac{f(x_0 + h) - f(x_0)}{h} = \frac{f(4 + h) - f(4)}{h} = \frac{(4 + h)^2 - 4^2}{h}$$

$$= \frac{16 + 8h + h^2 - 16}{h} = \frac{8h + h^2}{h} = \frac{h(8 + h)}{h}$$

$$= 8 + h$$

$$f'(4) = \lim\limits_{h \to 0} \frac{f(4 + h) - f(4)}{h} = \lim\limits_{h \to 0}(8 + h) = 8$$

Zeichnen Sie zur Überprüfung den Graphen von f und die Tangente an den Graphen bei $x_0 = 4$ ein. Bestimmen Sie die Steigung der Tangente und vergleichen Sie sie mit Ihrer berechneten Ableitung.

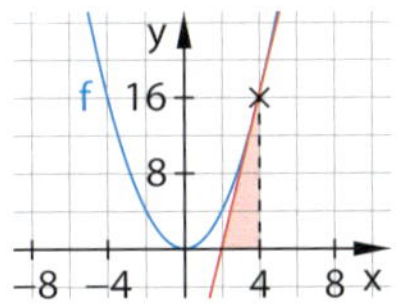

Die Steigung der Tangente entspricht der Ableitung von f.

Beispiel 3

Die beim freien Fall eines Gegenstands zurückgelegte Strecke s (in m) lässt sich näherungsweise durch die Funktion s mit $s(t) = 5t^2$ in Abhängigkeit von der Zeit t (in s) beschreiben. Bestimmen Sie die Momentangeschwindigkeit des Gegenstands zum Zeitpunkt $t_0 = 2$.

Lösung:

Setzen Sie $t_0 = 2$ in den Differenzenquotienten ein und formen Sie ihn für $s(t) = 5t^2$ so lange um, bis h aus dem Nenner gekürzt werden kann. Lesen Sie dann den Grenzwert für $h \to 0$ ab.

$$\frac{s(t_0 + h) - s(t_0)}{h}$$

$$= \frac{s(2 + h) - s(2)}{h} = \frac{5(2 + h)^2 - 5 \cdot 2^2}{h} = \frac{20h + 5h^2}{h}$$

$$= 20 + 5h$$

$$s'(2) = \lim\limits_{h \to 0}(20 + 5h) = 20$$

Die Momentangeschwindigkeit zum Zeitpunkt $t_0 = 2$ beträgt 20 m/s.

Basisaufgaben

Hinweis zu 6

$(a + b)^3 = a^3 + 3a^2b + 3ab^2 + b^3$

Lösungen zu 7

4 −8 12 −4 −0,8

6 Berechnen Sie mithilfe des Differenzialquotienten die Ableitung der Funktion f mit $f(x) = x^3$ an der Stelle $x_0 = -2$. Überprüfen Sie Ihr Ergebnis grafisch.

7 Berechnen Sie die Ableitung der Funktion an der Stelle $x_0 = 2$.
a) $f(x) = x^2$ b) $f(x) = 3x^2$ c) $f(x) = -x^2$ d) $f(x) = -\frac{1}{5}x^2 + 1$

8 Die Fallstrecke eines Fallschirmspringers in Abhängigkeit von der Zeit lässt sich während der Freifallphase durch die Funktion $f(t) = 5t^2$ beschreiben (t: Fallzeit in s; f(t): Fallstrecke in m). Berechnen Sie die Momentangeschwindigkeit des Fallschirmspringers zum Zeitpunkt $t_0 = 5$.

9 Vervollständigen Sie die Tabelle.

Bezeichnung des Terms	grafische Interpretation	Anwendung	Art der Geschwindigkeit
Differenzenquotient	Sekantensteigung		
↓	↓ $\lim\limits_{h \to 0}$	↓	↓
Ableitung		lokale Änderungsrate	

Weiterführende Aufgaben

10 Bestimmen Sie zu zweit näherungsweise die Ableitung der Funktion f mit $f(x) = \frac{2}{3}x^2$ an der Stelle $x_0 = 6$ mithilfe einer Näherungstabelle. Legen Sie vorher fest, wer für x die Werte 10, 6,5, 6,1 und 6,01 und wer die Werte 2, 5,5, 5,9 und 5,99 einsetzt. Vergleichen Sie Ihre Ergebnisse und formulieren Sie eine Beobachtung.

11 **Stolperstelle:**
Tim soll die mittlere Änderungsrate der Funktion f mit dem abgebildeten Graphen im Intervall [0; 1] bestimmen. Er hat dazu die Tangente an der Stelle x = 1 eingezeichnet und meint: *„Die Tangente hat die Steigung 2, also ist die mittlere Änderungsrate 2."*
Nehmen Sie Stellung.

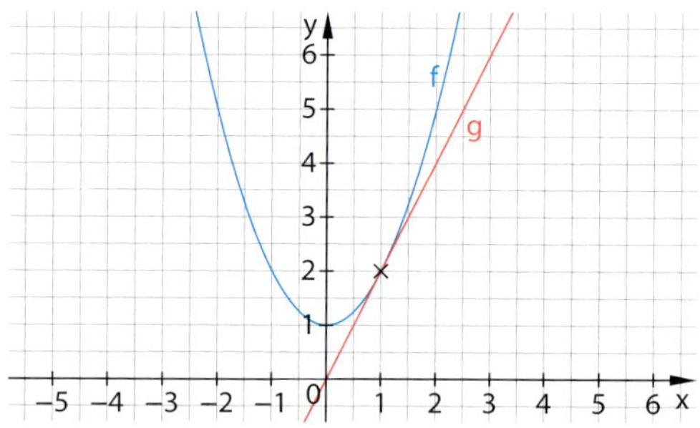

12 a) Ordnen Sie die Steigung an den Punkten A, B, C, D, E und F des abgebildeten Funktionsgraphen der Größe nach.
b) Skizzieren Sie im Intervall [0; 10] den Graphen einer Funktion f mit $f'(7) > f'(3) > f'(5) > f'(9) > f'(1)$ und $f'(5) = 0$.

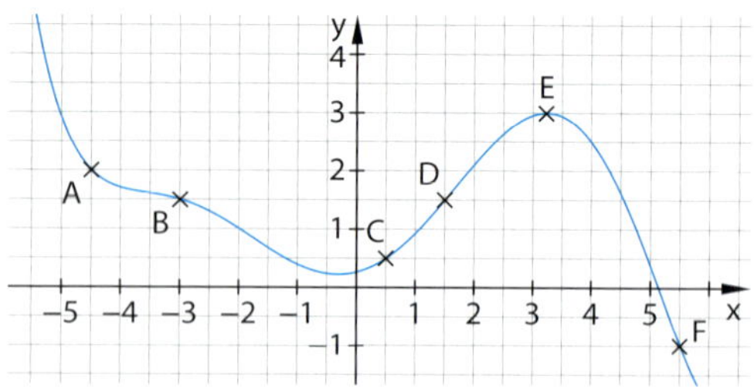

13 Felix hat die Ableitung der Funktion f mit $f(x) = -5x^2$ an der Stelle $x_0 = 1$ bestimmt. Finden Sie den Fehler und korrigieren Sie ihn.

$$f'(1) = \lim\limits_{h \to 0} \frac{f(1+h) - f(1)}{h} = \lim\limits_{h \to 0} \frac{-5 \cdot 1^2 + h - (-5 \cdot 1^2)}{h} = \lim\limits_{h \to 0} \frac{h}{h} = \lim\limits_{h \to 0} 1 = 1$$

14 a) Zeichnen Sie den Graphen zu f mit $f(x) = (x-2)^2$ in ein Koordinatensystem. Zeichnen Sie vom Punkt $A(1\,|\,1)$ des Graphen aus Sekanten zu Punkten mit den x-Koordinaten $x = 1 + h$ für $h = 2$, $h = 1{,}5$, $h = 1$ und $h = 0{,}5$ ein.

b) Zeigen Sie, dass $f(1+h) = 1 - 2h + h^2$ gilt.

c) Zeigen Sie mithilfe des Differenzenquotienten, dass für die Steigungen der Sekanten bei Punkt A gilt: $m_h = -2 + h$

d) Überprüfen Sie die mit der Formel aus c) berechneten Sekantensteigungen anhand Ihrer Zeichnung.

e) Berechnen Sie die Tangentensteigung im Punkt A und zeichnen Sie die Tangente.

15 Durch ein Ventil wird Wasser in ein quaderförmiges Gefäß gefüllt bzw. herausgelassen. Der Graph zeigt das Volumen des Wassers im Gefäß in Abhängigkeit von der Zeit. Beschreiben Sie die Zuflussgeschwindigkeit des Wassers in Worten und skizzieren Sie den Änderungsgraphen.

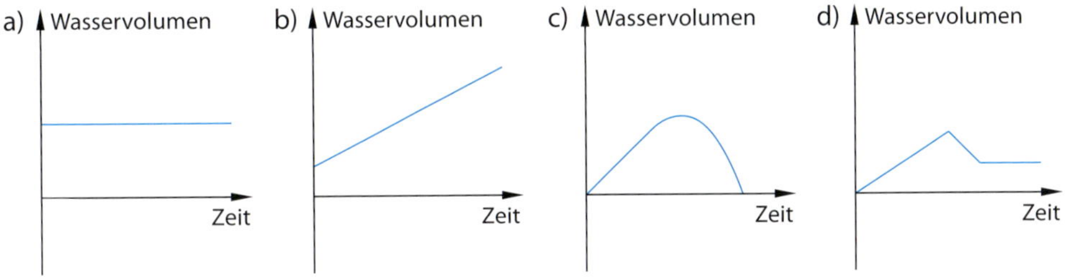

16 Die Abbildung zeigt die zurückgelegte Strecke zweier Läufer (in m) in Abhängigkeit von der Zeit (in min).

a) Beschreiben Sie die Situation.

b) Berechnen Sie die durchschnittliche Geschwindigkeit der beiden Läufer bis zum Zeitpunkt $t = 15$.

c) Nennen Sie einen möglichen Grund dafür, dass Läufer 2 kurz vor $t = 10$ deutlich schneller wird.

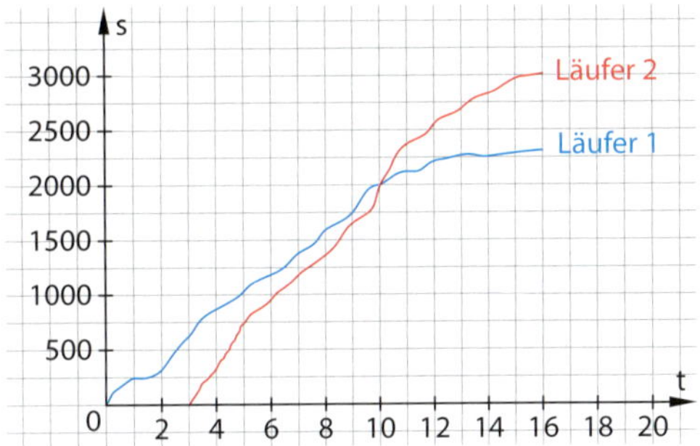

17 Gegeben sind die Funktionen f und g mit $f(x) = -x^2 + 4x$ und $g(x) = -x^3 + 4x^2$.

a) Bestimmen Sie näherungsweise die Steigung der Tangenten an die Graphen von f und g an der Stelle $x_0 = 1$ mithilfe einer Näherungstabelle.

b) Berechnen Sie $f'(1)$ und $g'(1)$ mithilfe der h-Methode und vergleichen Sie mit a).

18 **Ausblick:**

a) Bestimmen Sie für die Betragsfunktion f mit $f(x) = |x^2 - 9|$ den Grenzwert des Differenzenquotienten an der Stelle $x_0 = 3$ mithilfe einer Näherungstabelle. Setzen Sie dabei Werte für $x > 3$ und $x < 3$ ein, um sich der Stelle $x_0 = 3$ von links und von rechts zu nähern.
Beschreiben Sie Ihre Beobachtung.

b) Erläutern Sie, welche Probleme sich beim Zeichnen der Tangente an der Stelle $x_0 = 3$ ergeben.

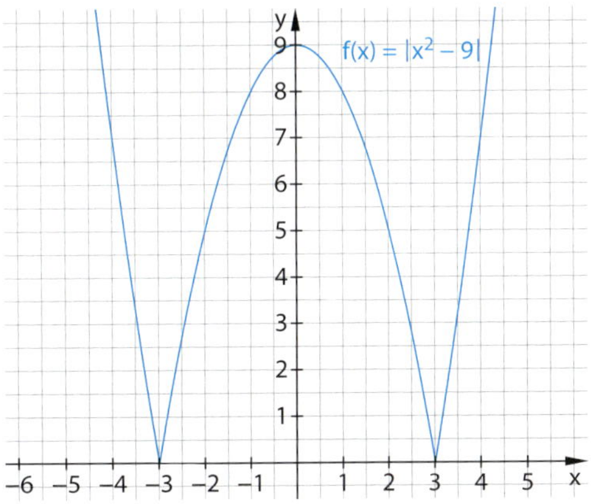

3.3 Ableitungsfunktion

Eine Sprungschanze für Snowboarder soll im gekrümmten Teil durch den Graphen der Funktion f mit $f(x) = \frac{1}{4}x^2$ beschrieben werden. (1 LE entspricht 10 m.)

a) Bestimmen Sie die Steigung der Rampe bei $x = -1$, $x = 0{,}5$, $x = 1$ und $x = 1{,}5$.

b) Geben Sie eine Vermutung für die Steigung von f an einer beliebigen Stelle x an.

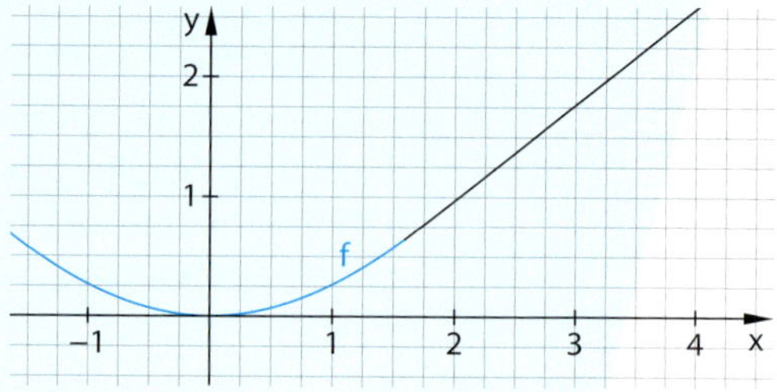

Wenn man den Wert der Ableitung einer Funktion an mehreren Stellen sucht, ist es aufwendig, für jede Stelle einzeln den Differenzenquotienten zu bilden. Berechnet man allgemein für eine beliebige Stelle x die Ableitung, muss man den Differenzenquotienten nur einmal bilden und davon den Grenzwert bestimmen. Dadurch wird jeder Stelle x ihre Ableitung $f'(x)$ zugeordnet. Diese eindeutige Zuordnung heißt **Ableitungsfunktion f′** von f oder kurz Ableitung von f.

Hinweis

Das Berechnen der Ableitungsfunktion nennt man **Ableiten**. Spricht man von **„Ableitung"** ohne Angabe einer Stelle, so ist damit die Ableitungsfunktion gemeint.

Definition

Die **Ableitungsfunktion f′** einer Funktion f ordnet jeder Stelle x die Ableitung $f'(x)$ zu.

Die Ableitungsfunktion f′ beschreibt das gesamte Steigungsverhalten des Graphen von f.

Beispiel 1

a) Bestimmen Sie zur Funktion f mit $f(x) = x^2 + 4$ den Term der Ableitungsfunktion f′.

b) Berechnen Sie $f'(3)$ sowie die Steigung der Tangente im Punkt $(-5\,|\,f(-5))$ mithilfe der Ableitungsfunktion.

c) Berechnen Sie die Stellen, an denen der Graph von f die Steigung 7 hat.

Lösung:

a) Bilden und vereinfachen Sie den Differenzenquotienten. Verwenden Sie dafür die erste binomische Formel.
Bestimmen Sie den Grenzwert des vereinfachten Differenzenquotienten.

$$\frac{f(x+h)-f(x)}{h} = \frac{(x+h)^2+4-(x^2+4)}{h}$$
$$= \frac{x^2+2xh+h^2+4-x^2-4}{h} = \frac{2xh+h^2}{h} = \frac{h(2x+h)}{h}$$
$$= 2x + h$$
$$f'(x) = \lim_{h \to 0} \frac{f(x+h)-f(x)}{h} = \lim_{h \to 0}(2x+h) = 2x$$

b) Setzen Sie $x = 3$ bzw. $x = -5$ in die Gleichung von f′ ein.

$f'(3) = 2 \cdot 3 = 6$
Tangentensteigung:
$f'(-5) = 2 \cdot (-5) = -10$

c) Setzen Sie $f'(x) = 7$ und lösen Sie nach x auf.

$f'(x) = 7$
$2x = 7$ also $x = 3{,}5$

Basisaufgaben

1 Bestimmen Sie den Funktionsterm der Ableitungsfunktion mit dem Grenzwert des Differenzenquotienten.

a) $f(x) = 0{,}5x$
b) $f(x) = 2x + 3$
c) $f(x) = x^2 + 5$
d) $f(x) = 3x^2$
e) $f(x) = -x^2 + 7x$
f) $f(x) = 3x^2 - 2x + 4$

2 Bestimmen Sie die Ableitungsfunktion als Grenzwert des Differenzenquotienten von f mit $f(x) = mx + n$. Die Ableitung beschreibt die Steigung des Graphen. Stellen Sie einen Zusammenhang mit dem Steigungsparameter m einer Geraden her.

3 a) Bestimmen Sie die Ableitung zu $f(x) = -2x^2 + 4x$.
b) Berechnen Sie $f'(0)$ und geben Sie die Steigung der Tangente im Punkt $P(2|0)$ an.
c) Ermitteln Sie die x-Werte, für die gilt: $f'(x) = -2$

4 Auch die Ableitung konstanter Funktionen lässt sich mit Differenzenquotienten ermitteln.
a) Zeichnen Sie den Graphen der konstanten Funktion f mit $f(x) = 3$.
b) Geben Sie die Funktionswerte $f(4)$, $f(-7)$ und $f(1000)$ an.
c) Stellen Sie eine Vermutung auf, was die Ableitungsfunktion von f sein könnte.
d) Überprüfen Sie Ihre Vermutung aus c), indem Sie den Grenzwert des Differenzenquotienten bilden.

Hinweis zu 5

$(a + b)^3 = a^3 + 3a^2b + 3ab^2 + b^3$

5 Bestimmen Sie die Ableitungsfunktion der Funktion f mit $f(x) = x^3$ mit dem Grenzwert des Differenzenquotienten.

6 Bestimmen Sie die Stelle x, an der die Graphen der Funktionen f mit $f(x) = 0{,}5x^2 + x - 1$ und g mit $g(x) = x^2 - 1{,}5x + 2$ die gleiche Steigung haben.

7 In 14,80 m Höhe lässt Annika eine Kugel aus dem Fenster fallen. Die Höhe der Kugel zum Zeitpunkt t ist näherungsweise gegeben durch $s(t) = 14{,}8 - 5t^2$ (s in Metern, t in Sekunden).
a) Bestimmen Sie die Funktionsgleichung für die Momentangeschwindigkeit $v(t) = s'(t)$ der Kugel. Begründen Sie, warum $s'(t)$ die Momentangeschwindigkeit beschreibt.
b) Geben Sie an, wie schnell die Kugel nach 1,4 s ist.
c) Berechnen Sie, wann und mit welcher Geschwindigkeit die Kugel am Boden aufprallt.

8 Der Start eines Airbus A320 kann bis zum Abheben von der Rollbahn (ohne Luftwiderstand) durch die Zeit-Weg-Funktion s mit $s(t) = 1{,}5t^2$ modelliert werden (s in Metern, t in Sekunden).

a) Berechnen Sie die Funktionsgleichung der Momentangeschwindigkeit $v(t) = s'(t)$.
b) Geben Sie die Momentangeschwindigkeit nach 10 und nach 20 Sekunden an.
c) Bei einer Geschwindigkeit von ca. 72 m/s hebt der A320 ab. Berechnen Sie, nach wie vielen Sekunden das Flugzeug diese Abhebgeschwindigkeit erreicht.
d) Ermitteln Sie, welche Strecke das Flugzeug bis zum Abheben zurücklegt.

9 Die Funktion f beschreibt die von einem Windrad bis zum Zeitpunkt t (in h) erzeugte Energiemenge in Kilowattstunden (kWh). Die Ableitung f' mit $f'(t) = 6t^2 - 72t + 216$ beschreibt für $0 \le t \le 12$ die Leistung (in kW), die das Windrad zum Zeitpunkt t bereitstellt.

a) Skizzieren Sie den Graphen von f'.
b) Beschreiben Sie den Verlauf des Graphen der Ableitungsfunktion.
c) Bestimmen Sie die Werte $f'(2)$, $f'(4)$ und $f'(10)$ und geben Sie ihre Bedeutung jeweils im Sachzusammenhang an. Interpretieren Sie auch den Wert $f'(6)$ im Sachzusammenhang.

Grafisches Ableiten

Der Funktionswert der Ableitungsfunktion f′ an einer Stelle x entspricht der Steigung des Graphen von f an dieser Stelle.

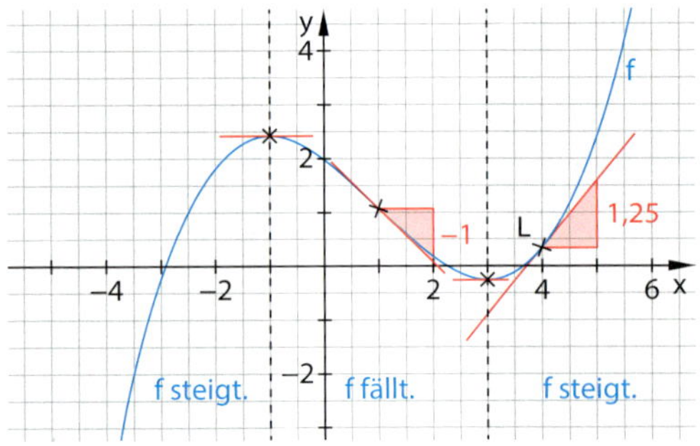

In den Intervallen, in denen der Graph von f steigt (bzw. fällt), in denen also die Steigung positiv (bzw. negativ) ist, verläuft der Graph von f′ oberhalb (bzw. unterhalb) der x-Achse.

An den Hoch- und Tiefpunkten (hier bei $x = -1$ und $x = 3$) hat der Graph von f eine waagerechte Tangente. Seine Steigung ist dort 0 und f′ hat Nullstellen.

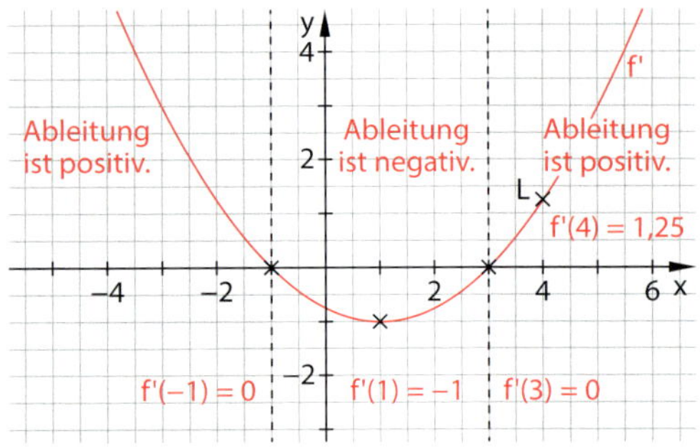

Für $x \geq 3$ wird der Graph von f immer steiler, die Funktionswerte von f′ also immer größer.
Der Graph von f fällt bei $x = 1$ am steilsten ab. An dieser Stelle hat der Graph von f′ einen Tiefpunkt.
Die Tangente bei $x = 4$ hat die Steigung 1,25. Der Graph von f′ verläuft durch den Punkt L(4 | 1,25).

Beispiel 2 Skizzieren Sie zum abgebildeten Graphen von f den Graphen der Ableitungsfunktion f′.
Markieren Sie die Nullstellen von f′ sowie die Intervalle, in denen die Ableitung positiv bzw. negativ ist.

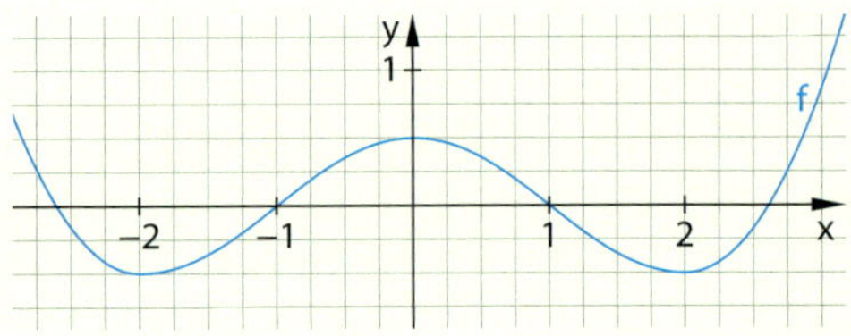

Lösung:
Der Graph von f hat Tiefpunkte bei $x = -2$ und $x = 2$ sowie einen Hochpunkt bei $x = 0$. An diesen Stellen hat f′ daher Nullstellen.

In den Bereichen $x < -2$ und $0 < x < 2$ fällt der Graph von f, hier ist $f'(x)$ negativ.

In den Bereichen $-2 < x < 0$ und $x > 2$ steigt der Graph von f, hier ist $f'(x)$ positiv.

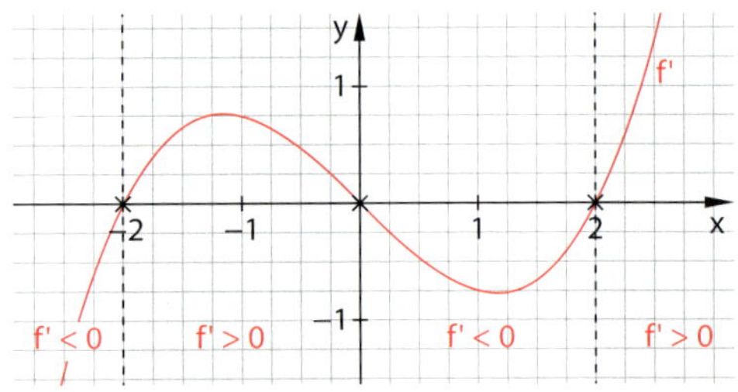

Hinweis

$f' < 0$ ist die Kurzschreibweise für $f'(x) < 0$ für alle x im betrachteten Intervall.

Basisaufgaben

10 Skizzieren Sie den Graphen von f′.

a)

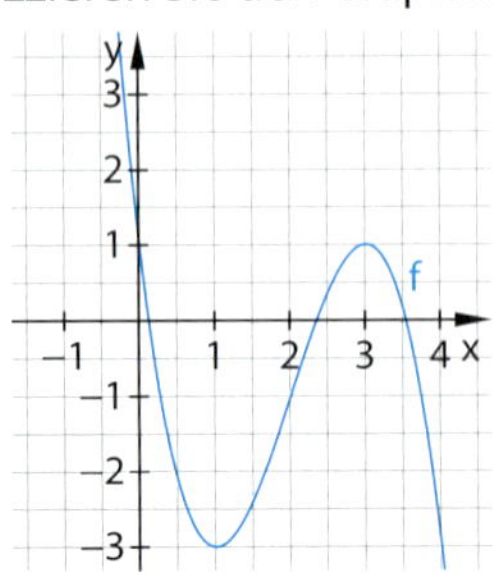

b)

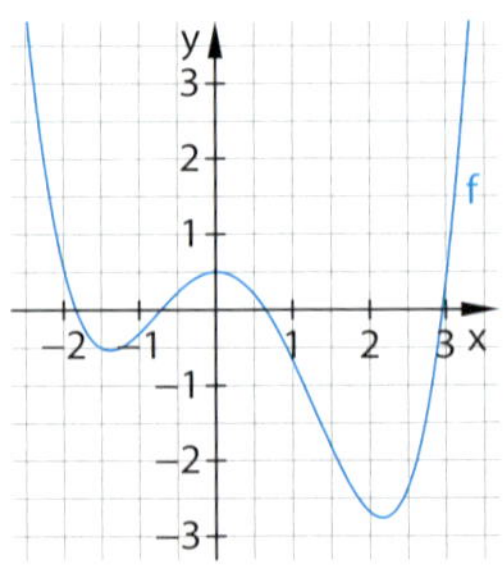

c)

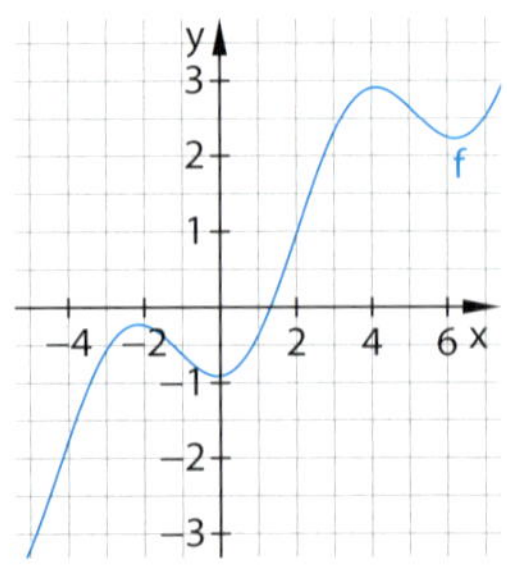

11 a) Notieren Sie möglichst viele Zusammenhänge, die zwischen dem Graphen einer Funktion f und dem ihrer Ableitungsfunktion f′ bestehen.
b) Überprüfen Sie die Graphen von f und g auf die Zusammenhänge aus a) und entscheiden Sie so, ob g die Ableitungsfunktion von f sein kann.

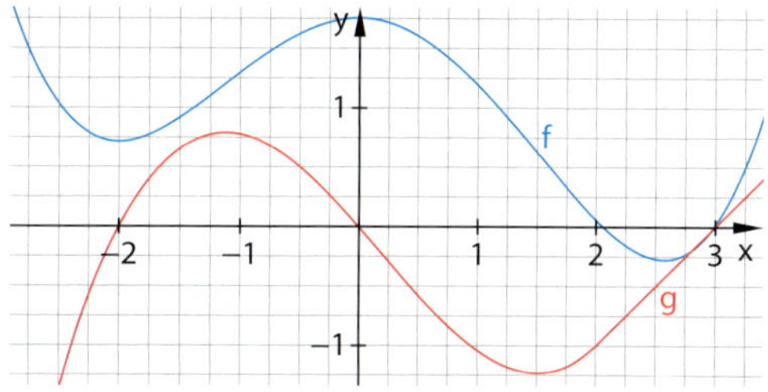

12 Skizzieren Sie die Graphen zu f und f′ und erläutern Sie die Zusammenhänge.
a) $f(x) = x^2 - 4$ b) $f(x) = x^3 - 4x$

13 Schätzen Sie die Tangentensteigungen an den Punkten A bis K. Tragen Sie die diesen Steigungen entsprechenden Punkte des Graphen der Ableitung f′ in ein Koordinatensystem ein und skizzieren Sie so den Graphen der Ableitung von f.

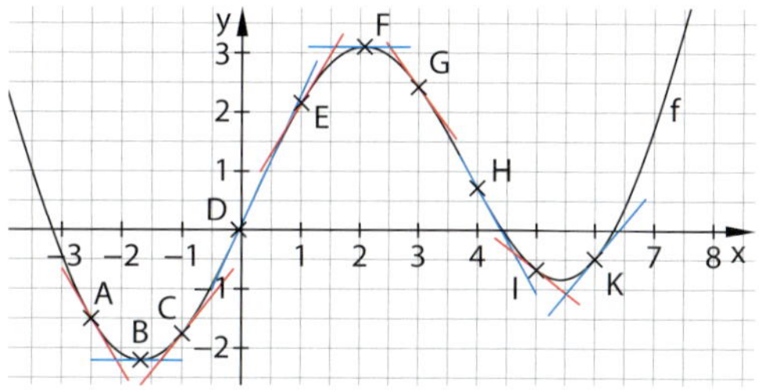

14 Ordnen Sie jeder der Funktionen $f_1, \ldots, f_5$ ihre Ableitung aus den Funktionen $g_1, \ldots, g_5$ zu. Begründen Sie Ihre Entscheidung.

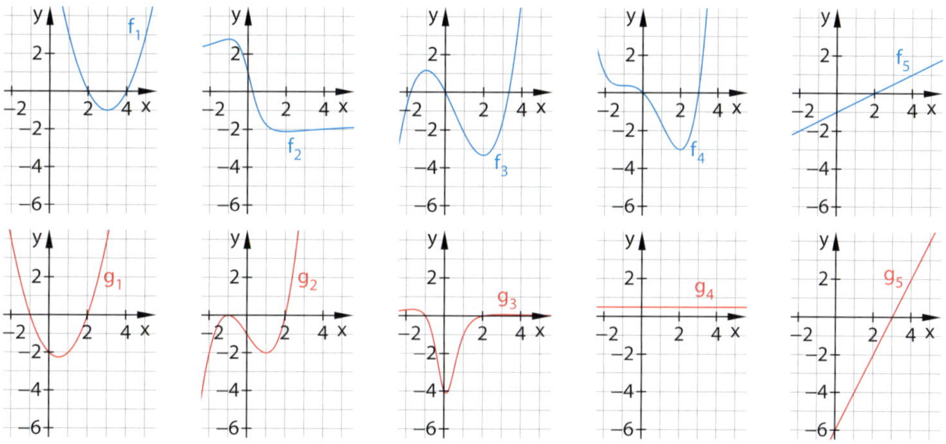

15 Jede der Funktionen f, g, h und k ist die Ableitung einer der anderen drei Funktionen. Ordnen Sie begründet zu.

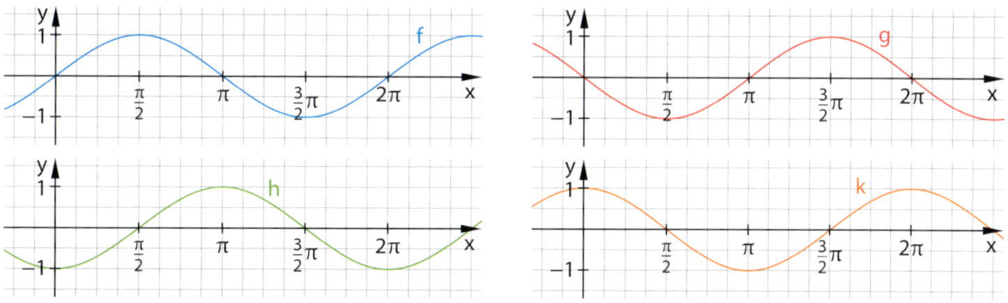

16 Zeichnen Sie den Graphen einer beliebigen Funktion in ein Koordinatensystem. Tauschen Sie untereinander und skizzieren Sie in dasselbe Koordinatensystem den Verlauf des Graphen der Ableitungsfunktion. Überprüfen Sie gegenseitig Ihre Ergebnisse.

Weiterführende Aufgaben

17 Ordnen Sie jeder Eigenschaft des Graphen einer Funktion die zugehörige Eigenschaft des Graphen der Ableitung zu. Legen Sie dazu eine Tabelle an.

Graph der Funktion	Graph der Ableitung
fallend	Tiefpunkt
steilster Anstieg	unterhalb der x-Achse
Gerade	Parallele zur x-Achse
Hoch- oder Tiefpunkt	Schnittpunkt mit der x-Achse
Parallele zur x-Achse	oberhalb der x-Achse
steilster Abfall	Hochpunkt
steigend	x-Achse

18 Abgebildet ist der Graph von f. Prüfen Sie, ob die Aussage über die Ableitungsfunktion f′ wahr sein kann.

a) f′ hat die Nullstelle $x = -2$.
b) f′ hat die Nullstelle $x = -3{,}19$.
c) Der Graph von f′ hat bei $x = -0{,}04$ einen Hochpunkt.
d) $f'(x)$ ist für $x > 2{,}14$ negativ.
e) Der Graph von f′ hat bei $x = 2{,}14$ einen Tiefpunkt.
f) $f'(-2) < 0$

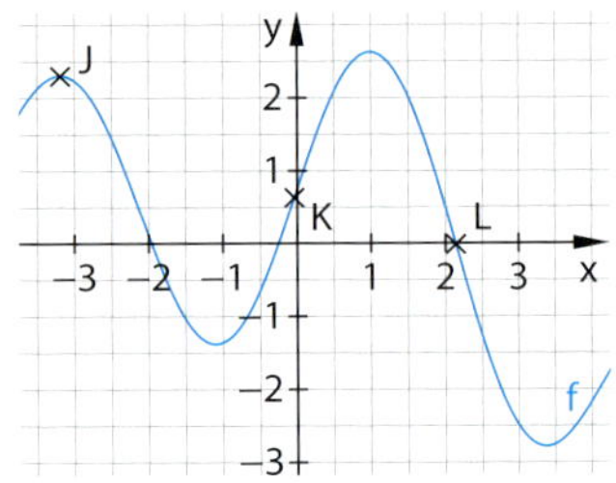

19 Gegeben ist die Funktion f mit $f(x) = \frac{1}{2}x^2 + 6$.

a) Bestimmen Sie die Ableitung als Grenzwert des Differenzenquotienten.
b) Zeichnen Sie die Graphen von f und f′ im Bereich $-3 < x < 3$ in ein Koordinatensystem.
c) Zeichnen Sie an den Stellen $x = -2$, $x = 0$ und $x = 1{,}5$ mithilfe von f′ Tangenten an den Graphen ein.

20 **Stolperstelle:** Erläutern Sie den Fehler beim Skizzieren des Graphen von f′ und korrigieren Sie ihn.

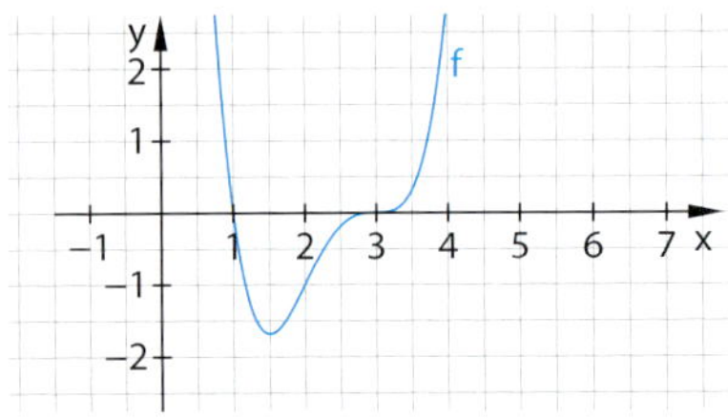

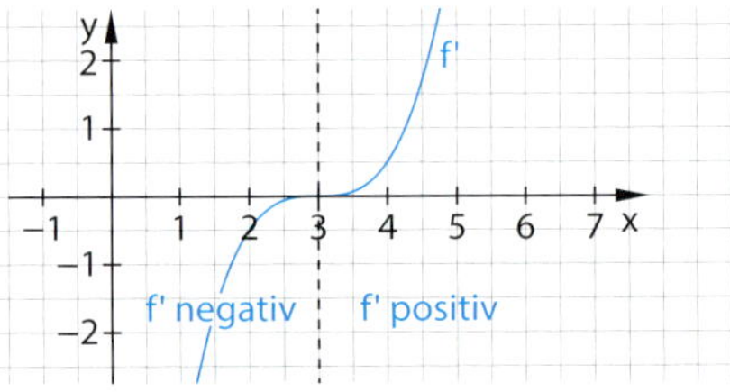

21 Die Rechnung zur Bestimmung der Ableitung von f mit $f(x) = x^2 - 2x$ ist fehlerhaft:

$$\frac{f(x+h) - f(x)}{h} = \frac{(x+h)^2 - 2(x+h) - x^2 - 2x}{h} = \frac{x^2 + 2xh + h^2 - 2x - 2h - x^2 - 2x}{h} = \frac{2xh + h^2 - 2h - 4x}{h}$$

Korrigieren Sie den Fehler und berechnen Sie die Ableitung von f.

22 Die Abbildung zeigt die Graphen einer Funktion f und ihrer Ableitungsfunktion f′.
Benennen Sie die Besonderheit des Graphen von f′ an den Punkten A, B und C und erläutern Sie ihre Bedeutung für den Graphen von f.

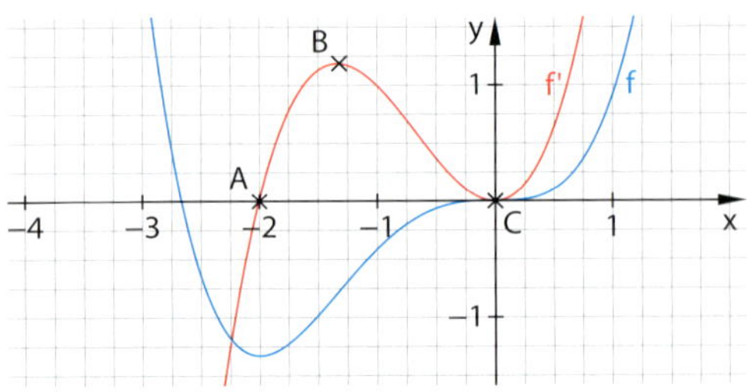

23 Untersuchen Sie an einem Beispiel, wie sich der Graph von f an den Hoch- und Tiefpunkten von f′ verhält.

24 Die Abbildung zeigt den Graphen der Funktion f, die für einen Zeitraum von 8 Tagen die Höhe des Wasserstands im Ausgleichsbecken einer Kanalisation beschreibt.

a) Skizzieren Sie den Graphen der Ableitung f′.

b) Es gilt $f'(3) = -0{,}45$. Erklären Sie die Bedeutung dieser Zahl im Sachzusammenhang.

c) Beschreiben Sie den Verlauf des Graphen von f′ im Sachzusammenhang.

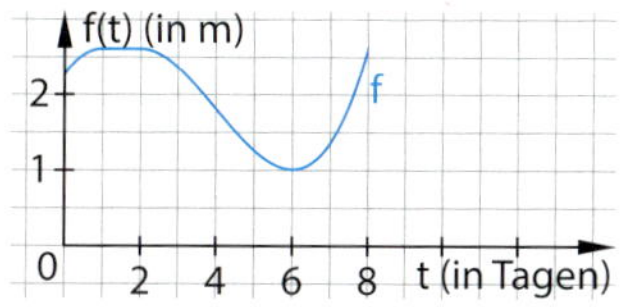

25 Der Graph von f stellt die Anzahl der Infizierten (in 100) während einer Epidemie dar.

a) Interpretieren Sie die Koordinaten des Hochpunktes sowie die Nullstelle im Sachzusammenhang.

b) Skizzieren Sie den Graphen der Ableitung und beschreiben Sie den Verlauf der Infektionsrate.

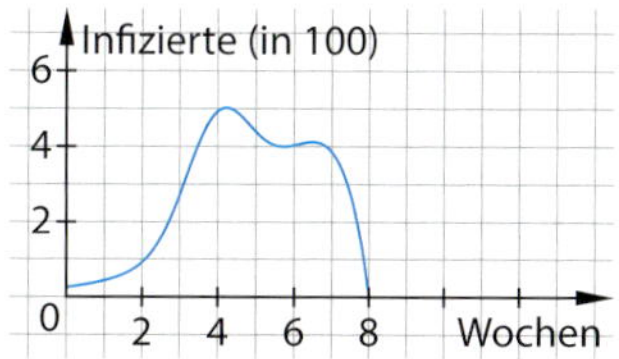

Hinweis zu 26

Knickfrei bedeutet, dass die Gerade und die Parabel an der Übergangsstelle dieselbe Steigung besitzen.

26 Der aus Stücken einer Geraden und einer Parabel knickfrei zusammengesetzte Graph beschreibt den Querschnitt eines 20 m hohen Damms. Die Steigung von g ist 0,8, die Parabel ist der Graph von f mit $f(x) = -\frac{1}{20}x^2 + 20$.

a) Berechnen Sie die Geradengleichung und die Länge des Querschnitts $\overline{CD}$.

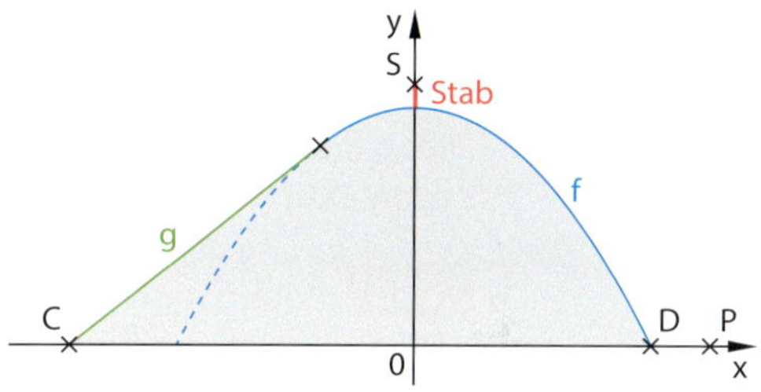

b) Auf dem Damm steht ein 2 m hoher Stab. Prüfen Sie, ob man vom Punkt $P(25\,|\,0)$ die Spitze des Stabs sehen kann.

27 Die Funktion s mit $s(t) = -\frac{4}{3}t^2 + \frac{10}{3}t + 2$ beschreibt näherungsweise die Höhe eines zum Zeitpunkt $t = 0$ senkrecht nach oben geworfenen Tennisballs (t: Zeit in s; s(t): Höhe in m).

a) Skizzieren Sie den Graphen von s.

b) Ermitteln Sie den Zeitpunkt, zu dem der Tennisball wieder auf den Boden auftrifft.

c) Berechnen Sie die mittlere Änderungsrate bis zum Erreichen des höchsten Punktes über dem Boden. Geben Sie die Bedeutung dieser Änderungsrate im Sachzusammenhang an.

d) Bestimmen Sie die Ableitung s′ von s und zeichnen Sie den Graphen von s′.

28 Gegeben sind eine beliebige Funktion f und ihre Ableitung f′. Beschreiben Sie begründet, was mit dem Graphen von f′ geschieht, wenn der Graph von f

a) um 3 Einheiten nach oben verschoben wird,

b) um 1 Einheit nach rechts verschoben wird,

c) an der x-Achse gespiegelt wird,

d) an der y-Achse gespiegelt wird.

29 Louis behauptet: „Wenn der Graph von f achsensymmetrisch zur y-Achse ist, dann ist der Graph von f′ punktsymmetrisch zum Ursprung.“ Nehmen Sie begründet Stellung.

30 **Ausblick:** Gegeben ist die Ableitung einer Funktion f durch $f'(x) = (x-2)^2 - 1$. Skizzieren Sie einen möglichen Verlauf des Graphen von f. Erläutern Sie, weshalb es mehrere Lösungen gibt.

3.4 Ableitung von Potenzfunktionen

Die Tabelle zeigt die Terme einiger Funktionen und ihrer Ableitungen.

a) Vermuten Sie aufgrund der Ableitungen zu $f(x) = x^2$ und $f(x) = x^3$ eine Regel für die Ableitung zu $f(x) = x^n$ für beliebiges $n \in \mathbb{N}$.

b) Prüfen Sie, ob die Ableitungen zu $f(x) = x$, $f(x) = \frac{1}{x}$ und $f(x) = \sqrt{x}$ dieser Regel entsprechen.

f(x)	f′(x)
x	1
x^2	$2x$
x^3	$3x^2$
$\frac{1}{x}$	$-\frac{1}{x^2}$
$\sqrt{x}$	$\frac{1}{2\sqrt{x}}$

Potenzregel für natürliche Exponenten

Es gibt Regeln, die das Ableiten erheblich vereinfachen.
Beim Ableiten von $f(x) = x^3$ oder $f(x) = x^2$ wird der Exponent von f(x) zum Vorfaktor von f′(x). Außerdem verkleinert sich der Exponent um 1.
Dies gilt allgemein für alle Potenzfunktionen mit natürlichen Exponenten.

$f(x) = x^3$
$f'(x) = 3x^2$
$f(x) = x^2$
$f'(x) = 2x^1 = 2x$

Hinweis

Für $f(x) = x$ gilt $f'(x) = 1$.
Für $f(x) = 1$ gilt $f'(x) = 0$.

Erinnerung

$x^1 = x$
$x^0 = 1$ für $x \neq 0$

Satz **Potenzregel für Potenzen mit natürlichen Exponenten**
Die Funktion f mit $f(x) = x^n$ und $n \in \mathbb{N}$, $n > 1$, hat die Ableitung $f'(x) = n \cdot x^{n-1}$.

Auch die Ableitungen zu $f(x) = x$ und $f(x) = 1$ entsprechen für $x \neq 0$ dieser Regel, wie die Rechnungen zeigen.
Für den Fall $x = 0$ lässt sich die Ableitung mithilfe des Differenzenquotienten bestimmen.

$f(x) = x = x^1$
$f'(x) = 1 \cdot x^{1-1} = 1 \cdot x^0 = 1$

$f(x) = 1 = x^0$
$f'(x) = 0 \cdot x^{0-1} = 0 \cdot x^{-1} = 0$

Beispiel 1 Berechnen Sie $f'(-2)$ für die Funktion f mit $f(x) = x^6$.

Lösung:
Beim Ableiten von f wird der Exponent 6 zum Vorfaktor, der Exponent in f′ um 1 verkleinert. — $f(x) = x^6$, $f'(x) = 6x^5$
Setzen Sie $x = -2$ in f′(x) ein. — $f'(-2) = 6 \cdot (-2)^5 = 6 \cdot (-32) = -192$

Basisaufgaben

1 Bestimmen Sie die Ableitung der Funktion.
a) $f(x) = x^7$ b) $f(x) = x^9$ c) $h(x) = x^{100}$
d) $f(x) = x^{m+1}$ e) $g(x) = x^{2n}$ f) $v(t) = t^2$

Lösungen zu 2

80 −6 1 0 48 7 −32

2 Bestimmen Sie die Ableitung der Funktion an der Stelle x_0.
a) $f(x) = x^5$; $x_0 = 2$ b) $f(x) = x^2$; $x_0 = -3$ c) $f(x) = x^3$; $x_0 = 4$
d) $f(x) = x^4$; $x_0 = -2$ e) $f(x) = x^7$; $x_0 = -1$ f) $f(x) = x$; $x_0 = 9$

3 Begründen Sie, warum die Potenzregel für die Funktionen f und g mit $f(x) = x^1 = x$ und $g(x) = x^0 = 1$; $g(0) = 1$ an der Stelle $x = 0$ nicht angewendet werden kann. Weisen Sie mithilfe des Differenzenquotienten nach, dass dennoch $f'(x) = 1$ und $g'(x) = 0$ für alle $x \in \mathbb{R}$ gilt.

Potenzregel für rationale Exponenten

Hinweis

Es ist oft praktisch, den Ableitungsstrich direkt an den Term zu schreiben:

$\left[\frac{1}{x}\right]'$ bezeichnet die Ableitung von $\frac{1}{x}$.

Die **Ableitung zu** $f(x) = \frac{1}{x}$ erhält man mit der Potenzregel, wenn man $\frac{1}{x}$ unter Verwendung der Potenzgesetze als x^{-1} schreibt.

Auch die **Ableitung der Wurzelfunktion** mit $f(x) = \sqrt{x}$ lässt sich durch Umschreiben von $\sqrt{x}$ in $x^{\frac{1}{2}}$ auf diese Weise ermitteln.

Allgemein kann die Potenzregel auch auf rationale Exponenten erweitert werden.

$$\left[\frac{1}{x}\right]' = [x^{-1}]' = (-1) \cdot x^{-1-1} = -x^{-2} = -\frac{1}{x^2}$$

$$[\sqrt{x}]' = \left[x^{\frac{1}{2}}\right]' = \frac{1}{2} \cdot x^{\frac{1}{2}-1} = \frac{1}{2} \cdot x^{-\frac{1}{2}} = \frac{1}{2} \cdot \frac{1}{\sqrt{x}} = \frac{1}{2\sqrt{x}}$$

Satz **Potenzregel für Potenzen mit rationalen Exponenten**

Die Funktion f mit $f(x) = x^r$ und $r \in \mathbb{Q}$, $r \neq 0$, hat die Ableitung $f'(x) = r \cdot x^{r-1}$.

Für $r = -1$ ergibt sich: $f(x) = \frac{1}{x}$, $f'(x) = -\frac{1}{x^2}$ für $x \neq 0$

Für $r = \frac{1}{2}$ ergibt sich: $f(x) = \sqrt{x}$, $f'(x) = \frac{1}{2\sqrt{x}}$ für $x > 0$

Jede Funktion, deren Funktionsterm sich als Potenz schreiben lässt, kann mit der Potenzregel abgeleitet werden. Für das Umschreiben in eine Potenz werden die Potenzgesetze verwendet.

Beispiel 2 Bestimmen Sie die Ableitung der Funktion f.

a) $f(x) = x^{-3}$ b) $f(x) = \frac{1}{x^2}$ c) $f(x) = \sqrt[3]{x^2}$ d) $f(x) = \frac{1}{\sqrt{x}}$

Lösung:

Schreiben Sie den Funktionsterm von f mithilfe der Potenzgesetze in eine Potenz um, falls nötig. Wenden Sie dann die Potenzregel an. Achten Sie dabei auf das Vorzeichen.

a) $f(x) = x^{-3}$

$f'(x) = (-3) \cdot x^{-3-1} = -3x^{-4} = -\frac{3}{x^4}$

b) $f(x) = \frac{1}{x^2} = x^{-2}$

$f'(x) = (-2) \cdot x^{-2-1} = -2x^{-3} = -\frac{2}{x^3}$

c) $f(x) = \sqrt[3]{x^2} = x^{\frac{2}{3}}$

$f'(x) = \frac{2}{3} \cdot x^{\frac{2}{3}-1} = \frac{2}{3} \cdot x^{-\frac{1}{3}} = \frac{2}{3\sqrt[3]{x}}$

d) $f(x) = \frac{1}{\sqrt{x}} = x^{-\frac{1}{2}}$

$f'(x) = -\frac{1}{2} \cdot x^{-\frac{1}{2}-1} = -\frac{1}{2} \cdot x^{-\frac{3}{2}} = -\frac{1}{2\sqrt{x^3}}$

Erinnerung

Potenzgesetze

$\frac{1}{a^n} = a^{-n}$; $\frac{1}{a} = a^{-1}$

$\sqrt[n]{a} = a^{\frac{1}{n}}$; $\sqrt{a} = a^{\frac{1}{2}}$

$\sqrt[n]{a^m} = a^{\frac{m}{n}}$

$(m, n \in \mathbb{N}, m, n \geq 1)$

Basisaufgaben

4 Leiten Sie mithilfe der Potenzregel ab.

a) $f(x) = x^{-4}$ b) $f(x) = x^{-1}$ c) $g(x) = x^{-2}$ d) $h(x) = x^{\frac{1}{2}}$ e) $g(x) = x^{\frac{1}{3}}$

5 Formen Sie den Funktionsterm so um, dass x im Zähler steht. Bestimmen Sie dann die Ableitung.

a) $f(x) = \frac{1}{x^2}$ b) $f(x) = \frac{1}{x^5}$ c) $h(x) = \frac{1}{x}$ d) $f(x) = \frac{1}{x^7}$ e) $g(x) = \frac{1}{x^9}$

6 Schreiben Sie den Funktionsterm als Potenz mit der Basis x. Bestimmen Sie dann die Ableitung.

a) $f(x) = \sqrt{x}$ b) $f(x) = \sqrt[3]{x}$ c) $f(x) = \sqrt[4]{x}$ d) $f(x) = \sqrt[5]{x^2}$ e) $f(x) = \frac{1}{\sqrt{x^3}}$

Lösungen zu 7

-4 $\frac{1}{8}$ $\frac{3}{8}$ $\frac{1}{2\sqrt{2}}$ 6 $-\frac{1}{4}$ $-\sqrt{2}$

7 Bestimmen Sie die Ableitung der Funktion an der Stelle x_0.

a) $f(x) = \frac{1}{x^4}$; $x_0 = -2$ b) $f(x) = \sqrt{x}$; $x_0 = 2$ c) $h(x) = \frac{1}{x^2}$; $x_0 = \frac{1}{2}$

d) $g(x) = \frac{1}{x^6}$; $x_0 = -1$ e) $f(x) = \sqrt[4]{x^3}$; $x_0 = 16$ f) $f(x) = x^{-\frac{1}{4}}$; $x_0 = 1$

8 Untersuchen Sie mithilfe der Ableitung der Potenzfunktion f mit $f(x) = x^n$ und $n \in \mathbb{Z}$, $n \neq 1$ und $n \neq 0$, für welche x die Steigung des Graphen positiv, negativ oder null ist. Unterscheiden Sie die Fälle, ob n positiv oder negativ und ob n ungerade oder gerade ist.

Weiterführende Aufgaben

9 Bestimmen Sie alle Stellen, an denen der Graph der Funktion f die Steigung m hat.

Beispiel: $f(x) = x^4$; $m = 32$
$f'(x) = 4x^3 \Rightarrow 4x^3 = 32 \Rightarrow x^3 = 8$, also $x = 2$

a) $f(x) = x^3$; $m = 27$ b) $f(x) = x^7$; $m = 7$ c) $f(x) = \sqrt{x}$; $m = \frac{1}{8}$
d) $f(x) = \frac{1}{x}$; $m = -4$ e) $f(x) = \frac{1}{x^2}$; $m = \frac{1}{4}$ f) $f(x) = \sqrt[3]{x^2}$; $m = \frac{1}{3}$

10 Bestimmen Sie alle Stellen, an denen die Graphen der Funktionen f und g dieselbe Steigung haben, also diejenigen Stellen, an denen ihre Tangenten parallel verlaufen.

Beispiel: $f(x) = x^3$; $g(x) = x^2$
$f'(x) = 3x^2$; $g'(x) = 2x$ $3x^2 = 2x \Rightarrow x(3x - 2) = 0$, also $x_1 = 0$, $x_2 = \frac{2}{3}$

Erinnerung
$a^m \cdot a^n = a^{m+n}$

a) $f(x) = x$; $g(x) = x^3$ b) $f(x) = x^2$; $g(x) = x^4$ c) $f(x) = x^2$; $g(x) = \frac{1}{x}$
d) $f(x) = x$; $g(x) = \sqrt{x}$ e) $f(x) = \frac{1}{x}$; $g(x) = \frac{1}{x^3}$ f) $f(x) = \frac{1}{x}$; $g(x) = x^3$

11 **Stolperstelle:** Finden Sie den Fehler beim Ableiten von $f(x) = \frac{1}{x^5}$ und verbessern Sie ihn.
$f'(x) = [x^{-5}]' = -5 \cdot x^{-4} = -\frac{5}{x^4}$

12 Abgebildet sind der Graph von f mit $f(x) = \frac{1}{x}$, die Sekante durch $(0{,}5\,|\,f(0{,}5))$ und $(4\,|\,f(4))$ sowie eine Tangente an den Graphen von f.
Erläutern Sie den in der Abbildung dargestellten Sachverhalt und weisen Sie ihn rechnerisch nach.
Geben Sie die Koordinaten von P an.

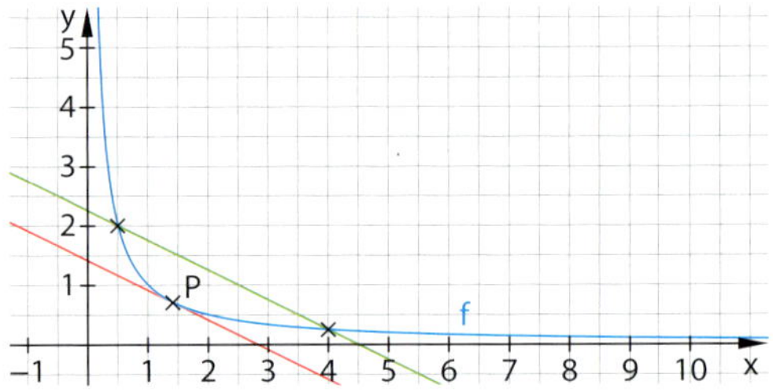

13 Es sei f eine Potenzfunktion mit $f(x) = x^n$ und $n \in \mathbb{N}$, $n \geq 1$. Zeigen Sie:
a) Für jedes $n \geq 2$ hat f genau eine Stelle mit waagerechter Tangente.
b) Ist n ungerade, so gibt es zu jeder Tangente an den Graphen von f mit Steigung $m > 0$ eine parallele Tangente. Erläutern Sie, welcher besondere Fall sich für $n = 1$ ergibt.

14 Es sei $f(x) = \frac{1}{x}$ und $g(x) = \frac{1}{x^2}$. Zeigen Sie:
a) Es gibt zwei Stellen, an denen der Graph von f die Steigung $m = -1$ hat.
b) Es gibt nur eine Stelle, an der der Graph von g die Steigung $m = -2$ hat.
c) Für jedes $a < 0$ gibt es zwei Stellen, an denen f′ den Funktionswert a hat.
d) Für jedes $a \neq 0$ gibt es genau eine Stelle, an der g′ den Funktionswert a hat.
e) Skizzieren Sie die Graphen von f und g und veranschaulichen Sie daran die Resultate.

15 **Ausblick:** Der Graph der Funktion f entsteht durch Zusammensetzen einzelner Stücke der Graphen der Funktionen f_1 und f_2 mit $f_1(x) = \frac{1}{x^2}$ und $f_2(x) = -x^2 + 2$.
a) Formulieren Sie eine Funktionsvorschrift für f.
b) Stellen Sie Bedingungen dafür auf, dass die zusammengesetzte Kurve an den Anschlusspunkten A und B keinen Knick hat. Überprüfen Sie, ob die Bedingungen erfüllt sind.

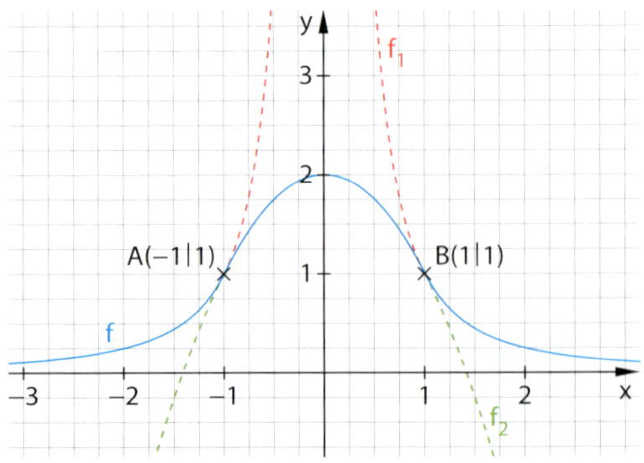

3.5 Faktor- und Summenregel

Die Tabelle zeigt Ableitungen, die mit dem Differenzenquotienten ermittelt wurden.
Die Funktionsterme enthalten Potenzfunktionen. Beschreiben Sie, wie man die Ableitungen dieser Funktionen direkt aus den Ableitungen der jeweiligen Potenzfunktionen erhalten kann.

f(x)	f′(x)
$2x^2$	$4x$
$x^2 + 4$	$2x$
$-x^2 + 7x$	$-2x + 7$
$3x^2 - 2x + 4$	$6x - 2$

Faktorregel

Der Graph von f mit $f(x) = 3x^3$ entsteht aus dem Graphen von g mit $g(x) = x^3$ durch eine Streckung in y Richtung mit dem **konstanten Faktor 3**.

Bei der Streckung des Graphen wird jede beliebige Tangente dreimal so steil, wie man am gestreckten Steigungsdreieck erkennt. Es gilt: $f'(x) = 3 \cdot g'(x)$

Allgemeine Begründung:
Es sei g eine beliebige Funktion, k eine reelle Zahl und $f(x) = k \cdot g(x)$ für alle $x \in D$. Dann gilt für die Sekantensteigung m_f von f:

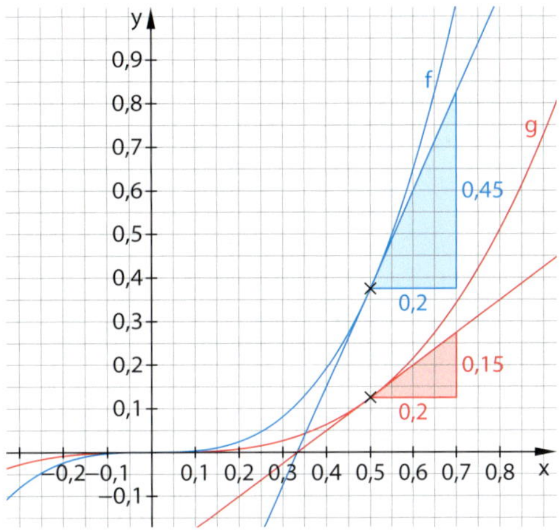

$$m_f = \frac{f(x+h) - f(x)}{h} = \frac{k \cdot g(x+h) - k \cdot g(x)}{h} = k \cdot \frac{g(x+h) - g(x)}{h} = k \cdot m_g$$

Die Ableitung ist der Grenzwert der Sekantensteigungen:

$$\begin{array}{ccc} m_f & = k \cdot & m_g \\ \downarrow h \to 0 & & \downarrow h \to 0 \\ f'(x) & = k \cdot & g'(x) \end{array}$$

Merkregel

Ein konstanter Faktor bleibt beim Ableiten erhalten.

Satz Faktorregel
Für die Funktion f mit $f(x) = k \cdot g(x)$ und der Konstanten $k \in \mathbb{R}$ gilt: $f'(x) = k \cdot g'(x)$

Beispiel 1 Bestimmen Sie die Ableitung zu f, g und h mit $f(x) = -6x^3$, $g(x) = \frac{5}{x}$ und $h(x) = \frac{\sqrt{x}}{5}$.

Lösung:
Schreiben Sie bei g und h den Funktionsterm so um, dass ein konstanter Faktor entsteht.
Leiten Sie den Term ab, der x enthält und fassen Sie die Faktoren zusammen.

$f'(x) = [-6x^3]' = -6 \cdot [x^3]' = -6 \cdot 3x^2 = -18x^2$

$g'(x) = \left[\frac{5}{x}\right]' = \left[5 \cdot \frac{1}{x}\right]' = 5 \cdot \left[\frac{1}{x}\right]' = 5 \cdot \left(-\frac{1}{x^2}\right) = -\frac{5}{x^2}$

$h'(x) = \left[\frac{\sqrt{x}}{5}\right]' = \left[\frac{1}{5} \cdot \sqrt{x}\right]' = \frac{1}{5} \cdot \left[\sqrt{x}\right]' = \frac{1}{5} \cdot \frac{1}{2\sqrt{x}} = \frac{1}{10\sqrt{x}}$

Erinnerung

Wichtige Ableitungen:

f(x)	f′(x)
x^n	$n \cdot x^{n-1}$
$\frac{1}{x}$	$-\frac{1}{x^2}$
$\sqrt{x}$	$\frac{1}{2\sqrt{x}}$

Basisaufgaben

1 Bestimmen Sie die Ableitungsfunktion.

a) $f(x) = 3x^4$ b) $f(x) = 2\sqrt{x}$ c) $f(x) = \frac{1}{3}x^3$
d) $f(x) = \frac{1}{4}\sqrt{x}$ e) $f(x) = -2 \cdot \frac{1}{x}$ f) $f(x) = \frac{1}{4} \cdot \frac{1}{x^2}$

2 Die Funktion g mit $g(x) = 1$ hat als Ableitungsfunktion $g'(x) = 0$. Erläutern Sie, wie daraus mithilfe der Faktorregel folgt, welche Ableitung konstante Funktionen f mit $f(x) = k$ und $k \in \mathbb{R}$ haben.

3 Schreiben Sie den Funktionsterm so um, dass ein konstanter Faktor entsteht, und leiten Sie dann ab.

a) $f(x) = \frac{x^4}{2}$ b) $f(x) = \frac{7}{x}$ c) $f(x) = -\frac{3}{x^2}$
d) $f(x) = \frac{5}{3x^3}$ e) $f(x) = (3x)^3$ f) $f(x) = \sqrt{9x}$

Lösungen zu 4

24 0 $\frac{1}{2}$
$\frac{1}{12}$
5 $-\frac{1}{12}$

4 Bestimmen Sie die Ableitung der Funktion an der Stelle x_0.

a) $f(x) = -4x^2;\ x_0 = -3$ b) $f(x) = 3\sqrt{x};\ x_0 = 9$ c) $f(x) = \frac{3}{x};\ x_0 = 6$
d) $f(x) = \frac{1}{3x};\ x_0 = 2$ e) $f(x) = 8;\ x_0 = 2$ f) $f(x) = 5x;\ x_0 = -9$

5 Bestimmen Sie die Ableitungsfunktion.

a) $f(x) = ax^2$ b) $g(y) = -2y^3$ c) $h(t) = vt$
d) $f(a) = 5ab$ e) $f(x) = k^2$ f) $s(t) = \frac{3}{a\sqrt{t}}$

6 Bestimmen Sie alle Stellen, an denen die Funktion die Steigung m hat.

Beispiel: $f(x) = 4x^3;\ m = 48$
$f'(x) = 12x^2 \Rightarrow 12x^2 = 48 \Rightarrow x^2 = 4$, also $x_1 = 2;\ x_2 = -2$

a) $f(x) = 2x^3;\ m = 6$ b) $f(x) = \frac{3x^4}{2};\ m = 48$ c) $f(x) = \frac{-4}{x};\ m = \frac{1}{9}$
d) $f(x) = \frac{x^2}{5};\ m = 10$ e) $f(x) = 3x;\ m = 3$ f) $f(x) = 5x;\ m = 3$
g) $f(x) = 3\sqrt{x};\ m = 6$ h) $f(x) = \frac{2}{x^2};\ m = \frac{1}{2}$ i) $f(x) = \frac{9}{x^3};\ m = -\frac{1}{3}$

Summenregel

Um für f mit $f(x) = \frac{1}{3}x^2 + \frac{1}{2}x$ die Steigung der Tangente bei $x = 2$ zu ermitteln, kann man f als **Summe** der Funktionen g und k mit $g(x) = \frac{1}{3}x^2$ und $k(x) = \frac{1}{2}x$ auffassen:
$f(x) = g(x) + k(x)$

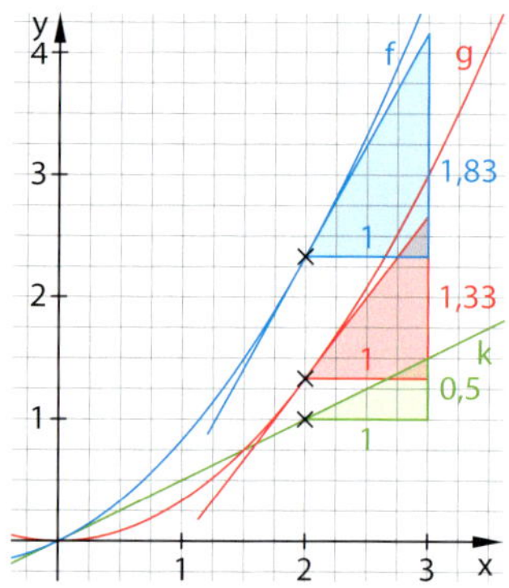

Mit der Faktor- und Potenzregel erhält man $g'(x) = \frac{2}{3}x$ und $k'(x) = \frac{1}{2}$, also $g'(2) = \frac{4}{3} \approx 1{,}33$ und $k'(2) = \frac{1}{2} = 0{,}5$.

Die Abbildung zeigt, dass $f'(2) = g'(2) + k'(2)$ gilt.

Allgemeine Begründung:
Es seien f, g und k Funktionen mit $f(x) = g(x) + k(x)$ für alle $x \in D$. Dann gilt für die Sekantensteigung m_f von f:

$$m_f = \frac{f(x+h) - f(x)}{h} = \frac{[g(x+h) + k(x+h)] - [g(x) + k(x)]}{h} = \frac{g(x+h) - g(x) + k(x+h) - k(x)}{h}$$
$$= \frac{g(x+h) - g(x)}{h} + \frac{k(x+h) - k(x)}{h} = m_g + m_k$$

Grenzwerte dürfen summandenweise gebildet werden:

$$m_f = m_g + m_k$$
$$\downarrow h \to 0 \quad \downarrow h \to 0 \quad \downarrow h \to 0$$
$$f'(x) = g'(x) + k'(x)$$

Satz **Summenregel**
Für die Funktion f mit $f(x) = g(x) + k(x)$ gilt: $f'(x) = g'(x) + k'(x)$

Beispiel 2 Bestimmen Sie die Ableitungsfunktion.

a) $f(x) = x^3 + 7x$ b) $g(x) = 1 + x^2 - \sqrt{x}$

Lösung:
Leiten Sie die Summanden einzeln ab.

a) $f(x) = x^3 + 7x$
$f'(x) = 3x^2 + 7$

b) $g(x) = 1 + x^2 - \sqrt{x}$
$g'(x) = 0 + 2x - \frac{1}{2\sqrt{x}} = 2x - \frac{1}{2\sqrt{x}}$

Basisaufgaben

7 Bestimmen Sie die Ableitung.

a) $f(x) = x^3 + x^2$ b) $f(x) = x^4 - x^3 + 5$ c) $f(x) = x + \sqrt{x}$
d) $f(x) = x^2 - \frac{1}{x} - 5$ e) $f(x) = 5 + x^4 - \sqrt{x}$ f) $f(x) = x^{-6} + x^{-2}$

8 Bestimmen Sie die Ableitung. Geben Sie die Ableitungsregeln an, die Sie verwenden.

a) $f(x) = 7x^3 - 5x^2 + 9x - 2$ b) $f(x) = 5 - 6x^3$ c) $f(x) = \frac{1}{8}x^4 - \frac{1}{6}x^3 + 5\sqrt{x}$
d) $f(x) = \frac{x^3}{4} - \frac{x^2}{6}$ e) $f(x) = \frac{4}{x} + \frac{3}{x^2}$ f) $f(x) = 3\sqrt{x} - \frac{1}{2x^3}$

Lösungen zu 9

−18 2 $7\frac{1}{4}$ 11 5,5 1 $\frac{3}{2}$

9 Bestimmen Sie die Ableitung der Funktion an der Stelle x_0.

a) $f(x) = 3x^4 - 2x^3;\ x_0 = -1$ b) $f(x) = 2x - 6;\quad x_0 = 8$ c) $f(x) = \frac{3}{x} + 2x^2;\quad x_0 = 2$
d) $f(x) = \frac{5}{6}x + \frac{2}{3x^2};\quad x_0 = -2$ e) $f(x) = \frac{3x^2}{4} - 2\sqrt{x};\ x_0 = 4$ f) $f(x) = \frac{3}{4}\left(x^3 - \frac{1}{2}x^2\right);\ x_0 = 1$

10 Multiplizieren Sie den Funktionsterm aus und bestimmen Sie die Ableitungsfunktion.

a) $f(x) = x(x^2 - 3)$ b) $f(x) = (x - 2)(x + 4)$ c) $f(x) = (x - 3)(x + 3)$
d) $f(x) = 2(x - 9)^2$ e) $f(x) = 4(x^2 + 1)^2(x^2 - 1)$ f) $f(x) = \frac{x^2 + 3}{4} \cdot \frac{8\sqrt{x}}{x^2 + 3}$

Weiterführende Aufgaben

11 Ordnen Sie jedem Funktionsterm A bis G den passenden Ableitungsterm ① bis ⑦ zu.

A $\frac{x^3 + x^6}{3}$ B $\frac{x^2 + x}{x}$ C $\frac{x^2 + x}{x^2}$ D $5x - 2$ E $\frac{2\sqrt{x}}{x}$ F $\frac{4\sqrt{x}}{3}$ G $\sqrt{9x}$

① 5 ② $x^2 + 2x^5$ ③ $\frac{2}{3\sqrt{x}}$ ④ $\frac{3}{2\sqrt{x}}$ ⑤ $-\frac{1}{x^2}$ ⑥ 1 ⑦ $-\frac{1}{\sqrt{x^3}}$

12 Gegeben sind die linearen Funktionen g und k mit $g(x) = 3x + 6$ und $k(x) = 4x - 9$ sowie die Summenfunktion f mit $f(x) = g(x) + k(x)$. Bestimmen Sie $f'(x)$, ohne abzuleiten. Berechnen Sie zur Kontrolle $f'(x)$ mit der Summenregel.

13 **Stolperstelle:** Beschreiben und korrigieren Sie den Fehler.

a) $f(x) = x^2 - 6$
$f'(x) = 2x - 6$

b) $f(x) = a^2 + x$
$f'(x) = 2a + 1$

c) $f(x) = x^2(3x - 1)$
$f'(x) = 2x \cdot 3$

14 Bestimmen Sie die Ableitung und erläutern Sie Ihren Rechenweg.

a) $f(x) = \frac{1}{10}(3x^7 - 5x^2 + 2)$ b) $f(x) = \frac{x^3 + x^2}{3}$
c) $f(x) = \frac{3 - 2x + 2x^2 - x^3}{x}, x \neq 0$ d) $f(x) = \frac{x^3 - 5x^2 + x - 1}{3x^2}, x \neq 0$

15 Tom hat Merkregeln aufgeschrieben. Überprüfen und korrigieren Sie sie, falls nötig.

a) *Die Streckung der Funktion mit dem Faktor a in y-Richtung ändert die Ableitung nicht.*
b) *Die Verschiebung des Graphen in y-Richtung verändert die Ableitung nicht.*
c) *Die Ableitung einer Summe erhält man durch Ableiten der Summanden.*
d) *Die Ableitung einer ganzrationalen Funktion mit Grad n hat den Grad (n − 1).*
e) *Der Graph der Ableitung einer quadratischen Funktion ist eine Gerade. Ihre Steigung ist so groß wie der Vorfaktor von x^2.*
f) *Die Ableitungsfunktion einer ganzrationalen Funktion dritten Grades ist eine ganzrationale Funktion vom Grad vier.*

16 Begründen Sie mithilfe der Summenregel: Zwei Funktionen, die sich nur um einen konstanten Summanden unterscheiden, haben die gleiche Ableitungsfunktion.

17 Prüfen Sie am Beispiel $f(x) = x^2 \cdot x^3$, ob die Ableitung eines Produkts zweier Funktionen das Produkt der Ableitungen der beiden Funktionen ist.

18 Bestimmen Sie die Ableitung der Funktion.
a) $f(s) = s^2 - 3sy - 2$ b) $f(x) = ax^3 + bx^2$ c) $f(t) = k - t$
d) $t(x) = mx + n$ e) $s(t) = \frac{g}{2}t^2 - 0{,}3t + 2$ f) $f(x) = ax^4 + bx^3 + cx^2 + dx + e$

19 Gegeben ist die Funktion f mit $f(x) = ax^3 - x^2$. Bestimmen Sie den Wert des Parameters a, sodass die angegebene Bedingung erfüllt ist.
a) Der Graph von f hat an der Stelle $x_0 = -1$ die Steigung -4.
b) Der Graph von f hat an der Stelle $x_0 = \frac{1}{2}$ eine waagerechte Tangente.
c) Der Graph von f verläuft an der Stelle $x_0 = -2$ parallel zur Normalparabel.

Hinweis

Sprechweise:
f'' – „f zwei Strich"
f''' – „f drei Strich"
Für $n \geq 4$ schreibt man $f^{(n)}$.

Wissen **Höhere Ableitungen**

Leitet man die Ableitungsfunktion f' einer Funktion f erneut ab, erhält man die **zweite Ableitung f''**. Die Ableitung der zweiten Ableitung heißt **dritte Ableitung f'''**.

Beispiel: Funktion: $f(x) = x^4$ erste Ableitung: $f'(x) = 4x^3$
zweite Ableitung: $f''(x) = 12x^2$ dritte Ableitung: $f'''(x) = 24x$

Leitet man eine Funktion f n-mal ab, erhält man die **n-te Ableitung $f^{(n)}$**.

20 Bestimmen Sie die ersten drei Ableitungen der Funktion f.
a) $f(x) = 3x^4 - 2x^3 + x^2 - 5x - 3$ b) $f(x) = x^2 - 3x + 1$
c) $f(x) = x + x^3 - x^5 + x^7$ d) $f(x) = -\frac{3}{4}x + 5$
e) $f(x) = \frac{1}{x}$ f) $f(x) = \sqrt{x}$

21 Die Funktion f mit $f(t) = 5t^3 - 30t^2 + 60t$ gibt die seit Freitag 0 Uhr gefallene Niederschlagsmenge (in mm) an einem verregneten Wochenende wieder (t in Tagen).
a) Berechnen Sie die Niederschlagsmenge für das Ende des ersten, zweiten und dritten Tages.
b) Berechnen Sie $f'(1)$ und geben Sie die Bedeutung dieser Zahl im Sachkontext an.
c) Weisen Sie rechnerisch nach, dass es am Ende des zweiten Tages eine (sehr kurze) Regenpause gab.
d) Entnehmen Sie der Grafik den Zeitpunkt t mit $0 \leq t \leq 3$, an dem es am stärksten geregnet hat, und berechnen Sie die Stärke dieses Regens in mm/Tag.

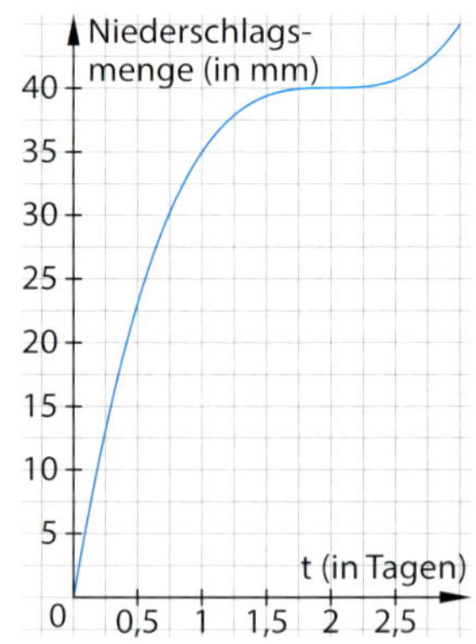

22 **Ausblick: Ableiten von Produkten**
Die Ableitung der Funktion f mit $f(x) = x^2 \cdot \sqrt{x}$ entspricht der Funktion g mit $g(x) = 2x \cdot \sqrt{x} + x^2 \cdot \frac{1}{2\sqrt{x}}$.
a) Schreiben Sie den Funktionsterm von f als Potenz und leiten Sie ihn mit der Potenzregel ab. Zeigen Sie mithilfe der Potenzgesetze, dass $f'(x) = g(x)$ gilt.
b) Stellen Sie anhand der Gleichung $f'(x) = g(x)$ eine Regel für das Ableiten von Produkten der Form $f(x) = s(x) \cdot r(x)$ auf.
c) Überprüfen Sie die Regel aus b) am Beispiel der Funktion f mit $f(x) = x^2 \cdot x^3$.

Ableitung der Sinus- und Kosinusfunktion

Die Auslenkung einer periodischen Schaukelbewegung lässt sich durch eine Sinusfunktion beschreiben. Beim Durchgang durch die Ruhelage ist die Auslenkung null.

a) Skizzieren Sie einen möglichen zeitlichen Verlauf einer solchen Auslenkung.

b) Auch die Geschwindigkeit dieser Bewegungen wird durch eine periodische Funktion beschrieben. Finden Sie markante Punkte dieses Graphen und skizzieren Sie ihn.

Erinnerung

Die x-Werte sind im **Bogenmaß** angegeben.

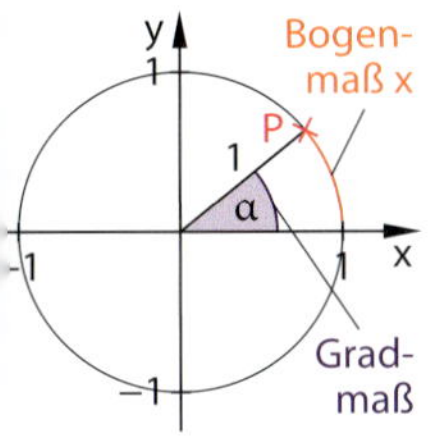

Leitet man die Sinusfunktion f mit $f(x) = \sin(x)$ grafisch ab, so ergeben sich mithilfe der eingezeichneten Tangenten folgende Werte:

x	$-\frac{3}{2}\pi$	$-\pi$	$-\frac{1}{2}\pi$	0	$\frac{1}{2}\pi$	π	$\frac{3}{2}\pi$	2π	$\frac{5}{2}\pi$
f′(x)	0	–1	0	1	0	–1	0	1	0

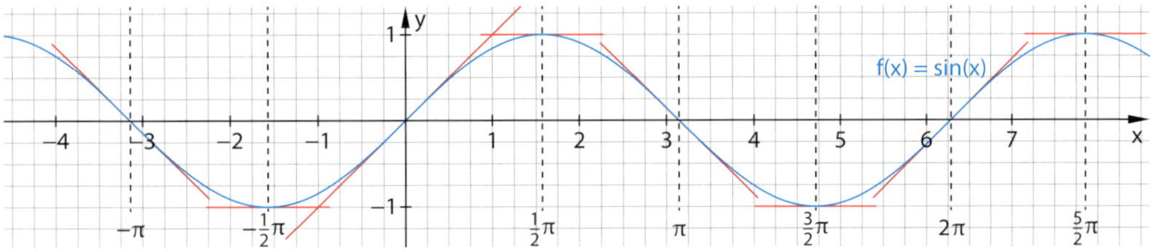

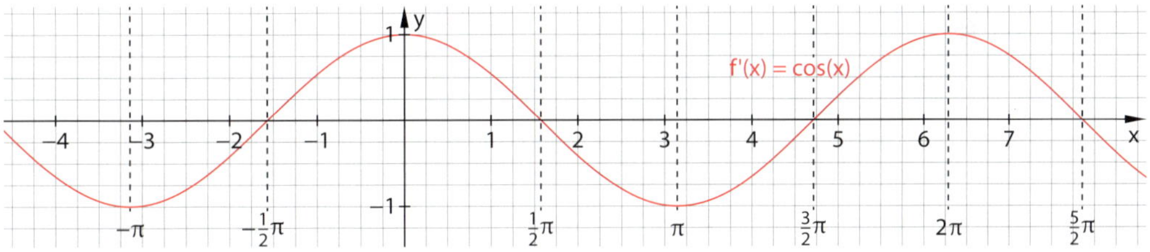

Die Punkte der Ableitung liegen auf dem Graphen der Kosinusfunktion. Tatsächlich gilt:

> **Satz** **Ableitung von Sinus- und Kosinusfunktion**
> Die **Sinusfunktion** f mit $f(x) = \sin(x)$ hat die Ableitung $f'(x) = \cos(x)$.
> Die **Kosinusfunktion** f mit $f(x) = \cos(x)$ hat die Ableitung $f'(x) = -\sin(x)$.

Aufgaben

Hinweis zu 1

Stellen Sie Ihren Taschenrechner auf das Bogenmaß ein.

1 Bestimmen Sie die Ableitung der Sinus- sowie Kosinusfunktion an der angegebenen Stelle.

a) $x = \frac{\pi}{2}$ b) $x = \pi$ c) $x = 0{,}8$
d) $x = -4$ e) $x = 10$ f) $x = 90$

2 Geben Sie alle Intervalle an, in denen die Steigung des Graphen der Sinusfunktion positiv bzw. negativ ist. Begründen Sie mithilfe des Graphen der Kosinusfunktion.

3 An einem Riesenrad hängt im Punkt B eine Gondel. Der Einfachheit halber sei der Radius des Rades 1 und der Drehwinkel (im Bogenmaß) entspreche der Zeit t.

a) Begründen Sie, dass die Höhe von B durch $h(t) = \cos(t)$ gegeben ist.

b) Geben Sie die Ableitungsfunktion $h'(t)$ an und erläutern Sie ihre Bedeutung. Beschreiben Sie das Vorzeichenverhalten von $h'(t)$ im Sachzusammenhang.

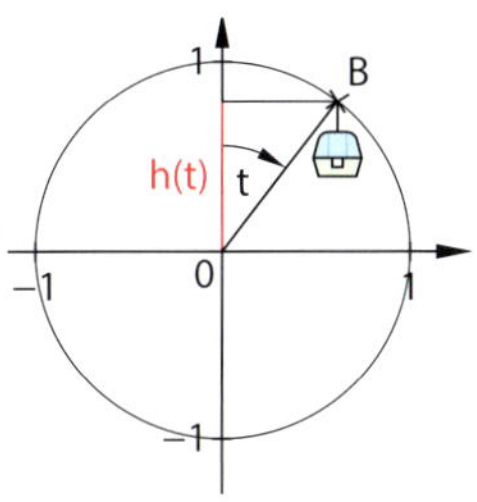

3.6 Tangenten und Steigungswinkel

Gegeben sind die Funktion f mit
$f(x) = -\frac{1}{8}x^2 + 3$ sowie drei Geraden:
① $y = -0{,}5x + 3$ ② $y = -0{,}25x + 3$
③ $y = -0{,}5x + 3{,}5$
Untersuchen Sie, welche dieser Geraden die Tangente an den Graphen von f an der Stelle $x = 2$ ist.

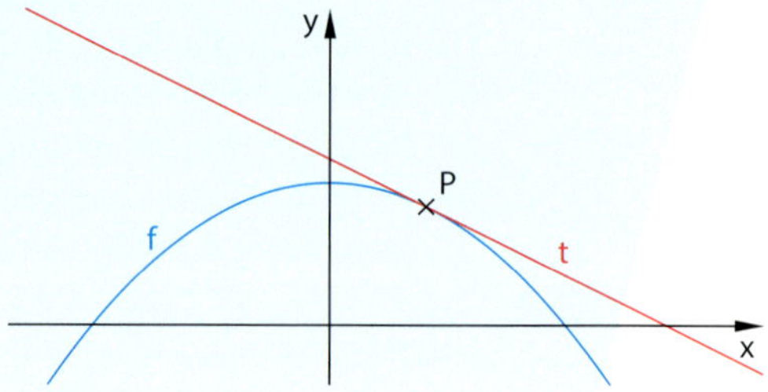

Tangentengleichung

Die Tangente an den Graphen im Punkt $P(x_0 | f(x_0))$ hat die Steigung $m = f'(x_0)$. Mithilfe von P und der Steigung lässt sich die Geradengleichung $t(x) = mx + n$ der Tangente bestimmen.

Wissen

Bestimmen der Gleichung $t(x) = mx + n$ der Tangente t an den Graphen von f im Punkt $P(x_0 | f(x_0))$:
① Steigung $m = f'(x_0)$ berechnen.
② Einsetzen der Koordinaten von P in die Tangentengleichung ergibt $f(x_0) = m \cdot x_0 + n$. Diese Gleichung nach n auflösen und n berechnen.

Beispiel 1 Gegeben ist die Funktion f mit $f(x) = -x^3 + 2x^2 + 4$.
a) Bestimmen Sie die Gleichung der Tangente an den Graphen von f an der Stelle $x_0 = 2$.
b) Bestimmen Sie die Stelle, an der die Tangente die x-Achse schneidet.

Lösung:

a) Bestimmen Sie die Ableitung f'. Die Ableitung an der Stelle $x_0 = 2$ ergibt die Steigung m der Tangente. Berechnen Sie den Funktionswert an der Stelle $x_0 = 2$. Setzen Sie den x-Wert 2, den Funktionswert 4 und $m = -4$ in den Ansatz $t(x) = mx + n$ ein und lösen Sie die Gleichung nach n auf.

Ansatz: $t(x) = mx + n$
① $f'(x) = -3x^2 + 4x$
$m = f'(2) = -4$
② $f(2) = 4$
$4 = -4 \cdot 2 + n$, also $n = 12$

Tangentengleichung: $t(x) = -4x + 12$

b) Die gesuchte Stelle ist die Nullstelle von t. Setzen Sie t(x) gleich null und lösen Sie nach x auf.

$-4x + 12 = 0$, also $x = 3$
Die Tangente schneidet die x-Achse bei $x = 3$.

Basisaufgaben

1 Gegeben ist die Funktion f mit $f(x) = \frac{1}{2}x^2 - 3x + 1$. Bestimmen Sie die Gleichung der Tangente an den Graphen von f im Punkt P.
a) $P(4 | -3)$ b) $P(1 | -1{,}5)$ c) $P(-4 | 21)$ d) $P(0 | 1)$

2 Bestimmen Sie die Gleichung der Tangente an den Graphen der Funktion f im Punkt $P(x_0 | f(x_0))$.
a) $f(x) = 2x^3 - 1$; $x_0 = -1$ b) $f(x) = -x^4 + x^2 + 2$; $x_0 = 1$
c) $f(x) = \frac{1}{3}x^2 + x$; $x_0 = -3$ d) $f(x) = x^2 - 5x$; $x_0 = -2$

3 Bestimmen Sie die Gleichung der Tangente an den Graphen der gegebenen Funktion an der Stelle x_0 und die Schnittpunkte der Tangente mit den Koordinatenachsen. Überprüfen Sie Ihr Ergebnis mit einem Funktionenplotter.

a) $f(x) = -\frac{1}{2}x^2 + \frac{3}{2}$; $x_0 = 1$
b) $g(x) = x^2 - 2x + 1$; $x_0 = 0$
c) $h(x) = x^3 - 4x$; $x_0 = 1$
d) $k(x) = (x + 2)^2$; $x_0 = -5$

4 Gegeben ist die Funktion f mit $f(x) = x^3 + 3x$.

a) Bestimmen Sie die Gleichung der Tangente t an den Graphen von f bei $x = -2$.
b) Ermitteln Sie die Gleichung einer zweiten Tangente, welche zu t parallel ist.

5 a) Zeichnen Sie den Graphen von f mit $f(x) = \frac{1}{2}x^2 - 2x$ und die Sekante durch die Punkte $A(0\,|\,f(0))$ und $B(6\,|\,f(6))$.
b) Bestimmen Sie die Steigung der Sekante.
c) Berechnen Sie die Ableitungsfunktion von f.
d) Bestimmen Sie einen Punkt C des Graphen von f, in welchem die Tangente parallel zur Sekante AB verläuft. Ermitteln Sie die Gleichung der Tangente und zeichnen Sie diese.

6 Gegeben ist die Funktion f mit $f(x) = \frac{1}{3}x^3 - \frac{3}{2}x^2$.

a) Bestimmen Sie diejenigen Punkte des Graphen von f, an denen die Tangente von f waagerecht verläuft.
b) Bestimmen Sie die Gleichungen derjenigen Tangenten an den Graphen von f, die parallel zur Geraden h mit $h(x) = -2x + 5$ verlaufen.
c) Eine Tangente an den Graphen von f verläuft durch die Punkte $P\left(0\,\middle|\,\frac{9}{8}\right)$ und $N\left(\frac{1}{2}\,\middle|\,0\right)$. Bestimmen Sie den Berührpunkt der Tangente mit dem Graphen von f und geben Sie die Gleichung der Tangente an.

Steigungswinkel

Der **Steigungswinkel** des Graphen einer Funktion f an der Stelle x_0 entspricht dem Steigungswinkel der zugehörigen Tangente im Punkt $(x_0\,|\,f(x_0))$.

Der Steigungswinkel der Tangente ist dabei der kleinere der Winkel, den die Tangente mit der x-Achse einschließt. Im abgebildeten Steigungsdreieck ist der Tangens des Steigungswinkels α der Quotient aus der Gegenkathete der Länge $m = f'(x_0)$ und der Ankathete der Länge 1:

$$\tan(\alpha) = \frac{m}{1} = f'(x_0)$$

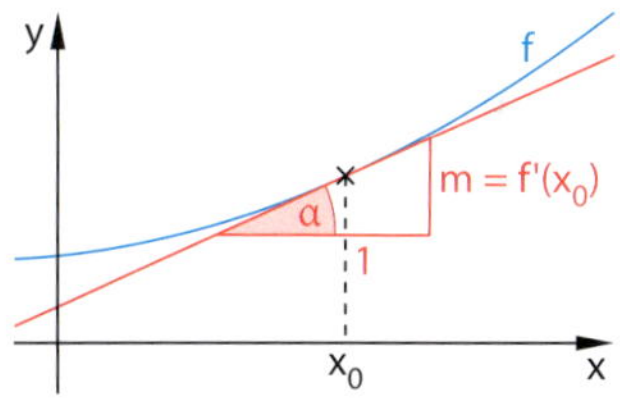

Hinweis

Für negative Steigungen ist der Steigungswinkel 45° ebenfalls negativ, z. B. $g(x) = -x$, $\alpha = -45°$.

Wissen

Für den **Steigungswinkel** α des Graphen einer Funktion f an der Stelle x_0 gilt: $f'(x_0) = \tan(\alpha)$

Beispiel 2

Gegeben ist die Funktion f mit $f(x) = -\frac{1}{4}x^2 + 5x + 1$.
Bestimmen Sie die Steigung sowie den Steigungswinkel des Graphen an der Stelle $x_0 = 2$.

Lösung:

Bestimmen Sie die Ableitung von f und setzen Sie die Stelle 2 ein. Wenden Sie die Umkehrtaste $\tan^{-1}$ Ihres Taschenrechners auf den Wert $f'(2) = 4$ an.

$f'(x) = -\frac{1}{2}x + 5$, $\quad f'(2) = 4$
$\tan(\alpha) = f'(2) = 4$, also $\alpha \approx 75{,}96°$
Der Graph von f hat an der Stelle $x_0 = 2$ die Steigung 4 und den Steigungswinkel $\alpha \approx 75{,}96°$.

Hinweis

Achten Sie darauf, dass Ihr Taschenrechner auf das Gradmaß (DEG) eingestellt ist.

Basisaufgaben

7 Bestimmen Sie die Steigung und den Steigungswinkel des Graphen von f an der Stelle x_0.
a) $f(x) = 2x^3$; $x_0 = -1$
b) $f(x) = -x^4 + x^3$; $x_0 = 0$
c) $f(x) = -x^2 - 5x$; $x_0 = 0$
d) $f(x) = 2x^5$; $x_0 = -1$
e) $f(x) = (2x + 1)^2$; $x_0 = -\frac{1}{2}$
f) $f(x) = (x - 1)(x + 2)$; $x_0 = 0$

8 Bestimmen Sie die Steigung und den Steigungswinkel des Graphen von f an der Stelle x_0. Überprüfen Sie Ihre Ergebnisse mit einem Funktionenplotter.
a) $f(x) = -x^2 - 1$; $x_0 = -2$
b) $f(x) = (x - 1)^2$; $x_0 = 2$
c) $f(x) = -3x^2 + 5x + 1$; $x_0 = 1$
d) $f(x) = x^3 + 2x^2 + x$; $x_0 = 1$

9 Gegeben sei die Funktion f mit $f(x) = x^2 + 2x - 3$.
a) Bestimmen Sie die Winkel, unter denen der Graph von f die x-Achse schneidet.
b) Ermitteln Sie die Stelle x_0, an der der Graph von f einen Steigungswinkel von 45° hat.

10 Der Graph einer Funktion hat an der Stelle $x_0 = 1$ den Steigungswinkel 30°. Bestimmen Sie die Gleichungen zweier möglicher Tangenten an den Graphen in x_0.

Weiterführende Aufgaben

11 Untersuchen Sie, welche der Geraden in der Abbildung Tangenten an den Graphen von f mit $f(x) = -\frac{1}{4}x^2 + x$ sind.

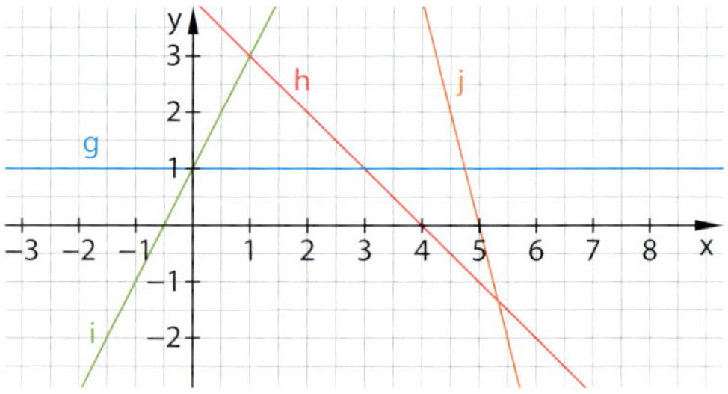

12 **Stolperstelle:** Amy möchte mit $f(2) = -3$ und $f'(2) = 4$ die Gleichung der Tangente an den Graphen von f an der Stelle 2 aufstellen und den Steigungswinkel berechnen. Beschreiben Sie ihre Fehler.
t: 2 = 4 · (−3) + t, also t = 14, also t(x) = 4x + 14   tan(4) ≈ 0,07, also α ≈ 0,07°

13 Der Verlauf einer Kaimauer ist zwischen den Punkten A und B gegeben durch den Graphen zu $f(x) = x^3 - 3x^2 + 4$, zwischen A und N_1 durch die Tangente g_1 an den Graphen von f im Punkt $A\left(-\frac{1}{2}\middle|f\left(-\frac{1}{2}\right)\right)$ und zwischen B und N_2 durch die Tangente g_2 im Punkt B.
a) Ermitteln Sie die Steigung und die Gleichung von g_1.
b) Die Gerade g_2 hat die Steigung $m_2 = -3$. Berechnen Sie die Koordinaten von B und die Gleichung von g_2.
c) N_1 und N_2 sind die Schnittpunkte der beiden Tangenten mit der x-Achse. Berechnen Sie die Koordinaten dieser Punkte.
d) Berechnen Sie den Schnittpunkt S der beiden Tangenten und den Flächeninhalt des Dreiecks N_1N_2S. Sie erhalten damit einen Näherungswert für den Flächeninhalt der Figur.

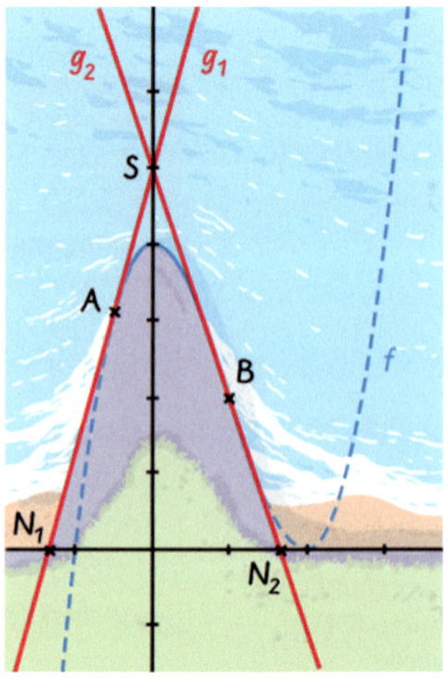

Erinnerung
Ein Dreieck mit Grundseite g und Höhe h hat den Flächeninhalt $A = \frac{g \cdot h}{2}$.

14 Tim möchte seinen ferngesteuerten Rennwagen den abgebildeten Hügel vom linken Fußpunkt aus hinauffahren lassen. Der Wagen hat eine Steigfähigkeit von höchstens 45°. Die Profilkurve des Hügels wird näherungsweise durch die Funktion h mit $h(x) = -\frac{1}{4}x^2 + 3x - 6$ beschrieben (x, h(x) in Metern).

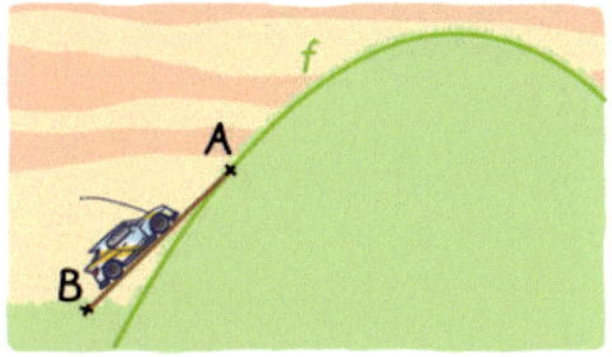

a) Weisen Sie nach, dass der Hügel zu steil für den Rennwagen ist.
b) Tim lehnt ein Brett als Rampe an, so dass dieses den Hügel in 1,5 Metern Höhe vom Boden aus berührt. Prüfen Sie, ob der Wagen es schafft, die Rampe hochzufahren.
c) Bestimmen Sie die niedrigste Höhe, an der Tim die Rampe am Hügel anlehnen muss, damit das Auto den Anstieg noch schafft.
d) Bestimmen Sie, in welcher Entfernung vom linken Fußpunkt des Hügels aus diese Rampe auf den Boden aufgesetzt werden muss, damit das Auto den Anstieg noch schafft.

15 Gegeben ist der parabelförmige Graph der Ableitungsfunktion f'. Entscheiden Sie begründet, ob die Aussage wahr oder falsch ist:
„Zu jeder Tangente t an den Graphen von f gibt es eine weitere Tangente an den Graphen von f, die parallel zu t verläuft."

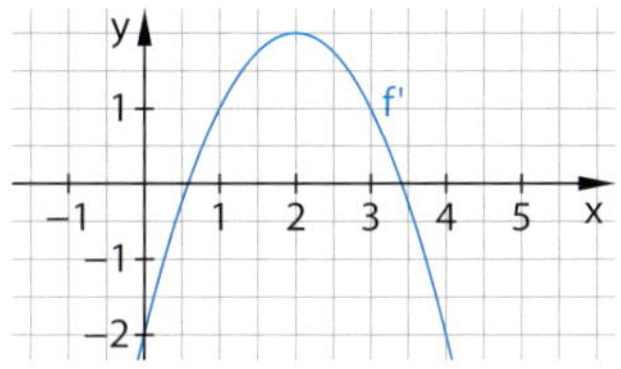

16 **Formel für Tangentengleichung:**
Zur Bestimmung der Gleichung der Tangente t an den Graphen der Funktion f im Punkt $(x\,|\,f(x_0))$ gibt es die Formel $t(x) = f'(x_0) \cdot (x - x_0) + f(x_0)$.
Weisen Sie die Gültigkeit der Formel nach, indem Sie den Punkt und die Steigung der Tangente in die allgemeine Form der Geradengleichung einsetzen und nach dem y-Achsenabschnitt n auflösen.

Wissen **Normale**
Die Gerade, die senkrecht zur Tangente an den Graphen einer Funktion f im Punkt $P(x_0\,|\,f(x_0))$ verläuft, heißt **Normale** an den Graphen von f im Punkt P.
Für die Steigung der Normalen gilt: $m = -\frac{1}{f'(x_0)}$

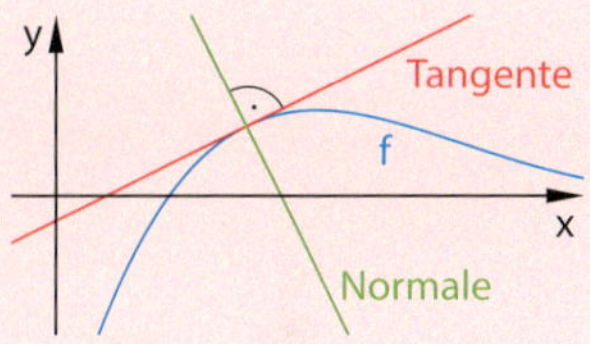

17 Gegeben ist die Funktion f mit $f(x) = (x - 1)^2 - 2$.
a) Bestimmen Sie die Gleichung der Tangente an den Graphen von f an der Stelle $x_0 = 2$.
b) Zeichnen Sie den Graphen von f in ein Koordinatensystem und tragen Sie die Tangente im Punkt $P(2\,|\,f(2))$ ein.
c) Zeichnen Sie die Normale an den Graphen von f im Punkt P ein und lesen Sie deren Steigung ab. Vergleichen Sie mit dem Wert, der sich aus $m = -\frac{1}{f'(x_0)}$ ergibt.
d) Stellen Sie die Gleichung der Normalen auf.

18 Bestimmen Sie die Gleichungen der Tangente und der Normalen an der Stelle x_0. Überprüfen Sie Ihr Ergebnis mit einem Funktionenplotter.
a) $f(x) = x^3 - 2x + 6;\ x_0 = 1$ b) $f(x) = 2x^2 + 6x;\ x_0 = -2$ c) $f(x) = x^4 - 6x;\ x_0 = -0{,}5$

19 **Formel für Normalengleichung:**
Zur Bestimmung der Normalengleichung an den Graphen der Funktion f im Punkt $P(x_0\,|\,f(x_0))$ gibt es die Formel $n(x) = -\frac{1}{f'(x_0)} \cdot (x - x_0) + f(x_0)$.
Stellen Sie mithilfe der Formel die Gleichung der Normalen auf.
a) $f(x) = -x^2 + 4;\ x_0 = 2$ b) $f(x) = x^3 + 2x^2;\ x_0 = 1$ c) $f(x) = 0{,}5x^4 - x - 3;\ x_0 = 0$

20 a) Zeichnen Sie mit einem Funktionenplotter den Graphen der Funktion f mit $f(x) = -x^3 + 9x^2$. Bestimmen Sie alle Punkte, in denen der Graph die Steigung -9 hat.
b) Bestimmen Sie den Punkt P, in dem die Gerade g mit $g(x) = 15x - 7$ eine Tangente an den Graphen ist. Lassen Sie die Normale in diesem Punkt anzeigen und geben Sie ihre Gleichung an.

21 a) Bestimmen Sie die Gleichungen der Tangente und der Normale an den Graphen der Funktion f mit $f(x) = 0{,}1x^3 - x^2$ im Punkt $P(8\,|\,f(8))$.
b) Die Tangente und die Normale schließen mit den Achsen des Koordinatensystems ein Viereck ein. Bestimmen Sie den Flächeninhalt dieses Vierecks.

22 Schnittwinkel zweier Graphen:
Der Schnittwinkel zweier Graphen in einem Punkt ist der kleinere der beiden Winkel, unter denen sich die Tangenten der Graphen in diesem Punkt schneiden. Die Graphen der Funktionen f und g mit $f(x) = x^2$ und $g(x) = -(x-2)^3$ schneiden sich im Punkt $(1\,|\,1)$. Erklären Sie anhand der Abbildung, wie man den Schnittwinkel der Graphen von f und g bestimmen kann. Berechnen Sie ihn anschließend.

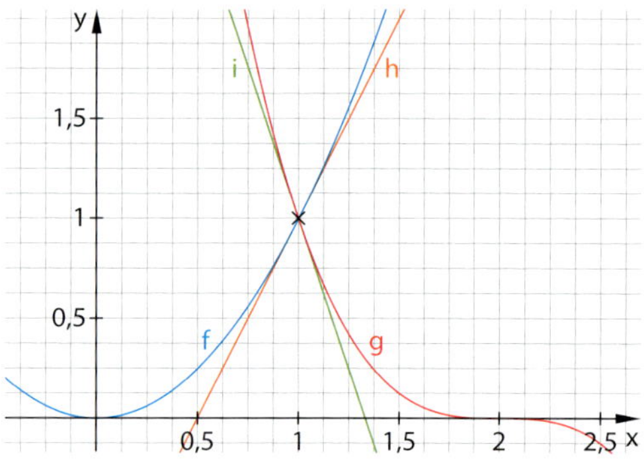

23 Bestimmen Sie alle Schnittstellen und zugehörigen Schnittwinkel der Graphen von f und g.

a) $f(x) = x^3 + 2x + 2$, $g(x) = 2 - x^3$
b) $f(x) = -\frac{1}{2}x^2 - 3x + 1$, $g(x) = 2x + 1$
c) $f(x) = (x+1)^2 - 1$, $g(x) = -1{,}5x + 4{,}5$
d) $f(x) = 2x^2 + 4x - 7$, $g(x) = -\frac{1}{2}x^2 - 42$
e) $f(x) = (x-3)^2 + 1$, $g(x) = -\frac{1}{2}x^2 + 3x - 5$
f) $f(x) = -2$, $g(x) = x^2 - 1$

24 Gegeben ist die Funktion f mit $f(x) = 0{,}5x^2 - 2x$.
a) Ermitteln Sie den Funktionsterm einer Funktion g, sodass sich die Graphen von f und g an der Stelle $x_0 = 1$ im Winkel von 40° schneiden.
b) Untersuchen Sie die Graphen von f und g auf weitere Schnittpunkte. Bestimmen Sie die weiteren Schnittwinkel, falls vorhanden.

25 Gegeben ist die Funktion f mit $f(x) = \frac{1}{3}x^3 - x^2 + x + \frac{1}{3}$.
a) Bestimmen Sie die Gleichung der Tangente im Punkt $A(-1\,|\,f(-1))$. Berechnen Sie auch ihren Steigungswinkel.
b) Ermitteln Sie die Gleichungen der Tangenten des Graphen, die mit der x-Achse einen Winkel von 45° einschließen.

26 Gegeben sind die Funktion f mit $f(x) = -\frac{1}{2}x^4 + 4x^2 - 3x - 5$ und die Gerade g mit $g(x) = -3x + 3$.
a) Weisen Sie rechnerisch nach, dass g in zwei Punkten P und Q eine Tangente an den Graphen von f ist. Geben Sie die Koordinaten von P und Q an.
b) Der Graph von f wird um eine Einheit nach links und um a Einheiten nach oben verschoben, sodass die Gerade g wieder in zwei Punkten Tangente an den neuen Graphen ist. Geben Sie a an und begründen Sie Ihre Angabe.

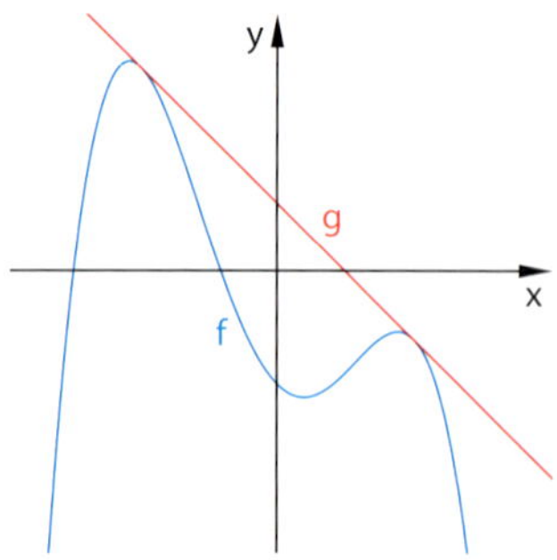

27 Die Abbildung zeigt den Graphen von f mit $f(x) = -x^2 + 4$.

a) Ermitteln Sie die Koordinaten der Punkte A, B und D.

b) Berechnen Sie den Flächeninhalt des Dreiecks ABD.

c) Bestimmen Sie die Gleichungen der Tangenten an den Schnittpunkten A und B des Graphen mit der x-Achse.

d) Berechnen Sie den Schnittpunkt C der beiden Tangenten. Ermitteln Sie auch ihren Schnittwinkel.

e) Zeigen Sie, dass die Flächeninhalte der Dreiecke ABC und ABD zueinander im Verhältnis 2 : 1 stehen.

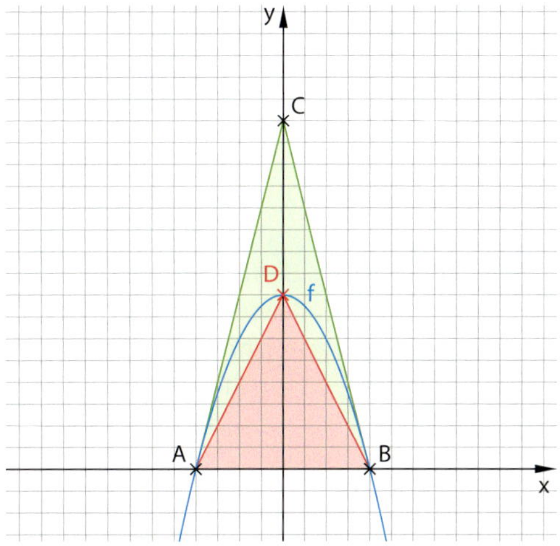

28 Gegeben sind die Funktionen f und h mit $f(x) = 0{,}2x^2 + 1{,}2x - 1$ und $h(x) = -0{,}1(x-1)(x-10)$. Pascal behauptet: „Im Punkt $A(0\,|\,-1)$ haben die beiden Graphen dieselbe Tangente."
Begründen Sie mithilfe eines Funktionenplotters, ob Pascal recht hat.

29 Eine Skisprungschanze steht an einem Hang, dessen Profil durch den Graphen von h mit $h(x) = -\frac{2}{5}x^3 + \frac{6}{5}x^2 - \frac{359}{250}x + \frac{9}{10}$ (in 100 m) gegeben ist.
Die Schanze entspricht dem Graphen von s mit $s(x) = -\frac{5}{8}x^5 + \frac{3}{4}x^4 + \frac{1}{2}x^3 - \frac{3}{2}x + \frac{6}{5}$.

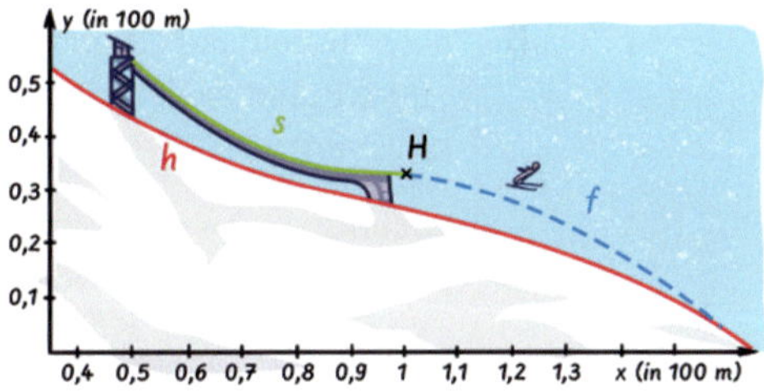

a) Zeigen Sie, dass bei $x = 0{,}8$ die Schanze genau so steil ist wie der Hang.

b) Eine Kugel, die die Schanze herunterrollt, würde ohne Erdanziehung ab dem Punkt $H(1\,|\,0{,}325)$ geradlinig weiterfliegen. Ermitteln Sie die Gleichung dieser Geraden.

c) Zeigen Sie, dass der Graph von f mit $f(x) = -\frac{3}{5}x^2 + \frac{43}{40}x - \frac{3}{20}$ eine mögliche Flugbahn eines Skispringers beschreibt, indem Sie nachweisen, dass der Graph von f im Punkt H knickfrei an den Graphen von s anschließt.

d) Ermitteln Sie die Steigung sowie den Steigungswinkel der Schanze an ihrem höchsten Punkt bei $x = 0{,}5$.

e) Bestimmen Sie den Winkel, unter dem der Skispringer auf dem Hang landet.

30 a) Beschreiben Sie, wie dieses Bild entstanden ist.

b) Erzeugen Sie mithilfe eines geeigneten digitalen Hilfsmittels ähnliche Bilder.

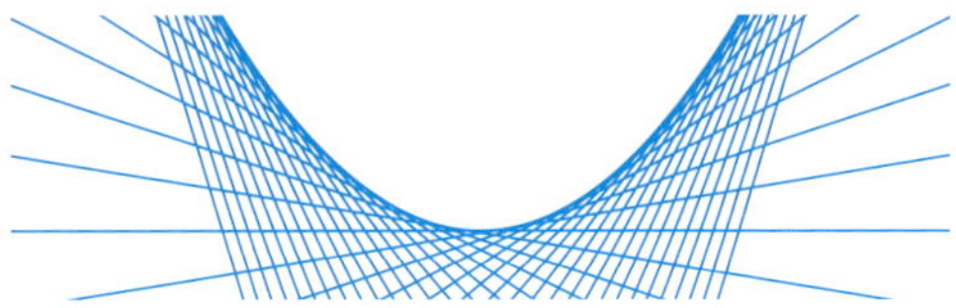

31 Ausblick:
Gegeben ist der Graph der Funktion f.

a) Geben Sie alle Stellen an, an denen der Graph eine waagerechte Tangente besitzt.

b) Geben Sie die Gleichungen dieser Tangenten sowie der entsprechenden Normalen an.

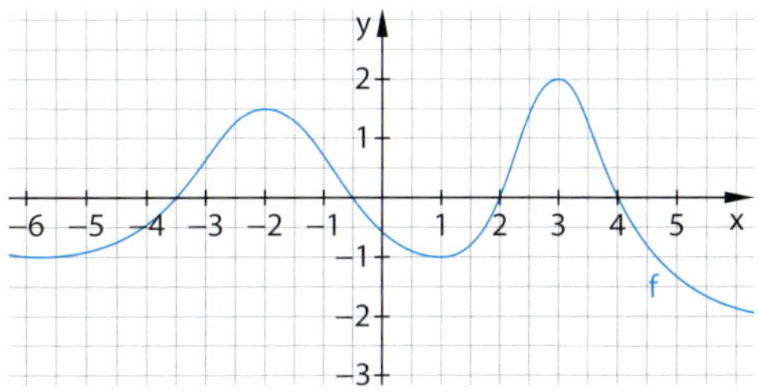

Ableitungen mit einer Mathematik-Software durchführen

a) Erstellen Sie mithilfe einer geeigneten Mathematik-Software eine Übersicht für die Sekantensteigungen im Punkt P(0|2) der Funktion f mit $f(x) = \frac{1}{5}x^3 - \frac{3}{2}x^2 + 2x + 2$. Betrachten Sie die Schrittweiten 1, 0,5 und 0,1.

b) Lassen Sie von der Software die Ableitungsfunktion f′ zeichnen und bestimmen Sie damit die Steigung von f an den Stellen 0, 2 und 5.

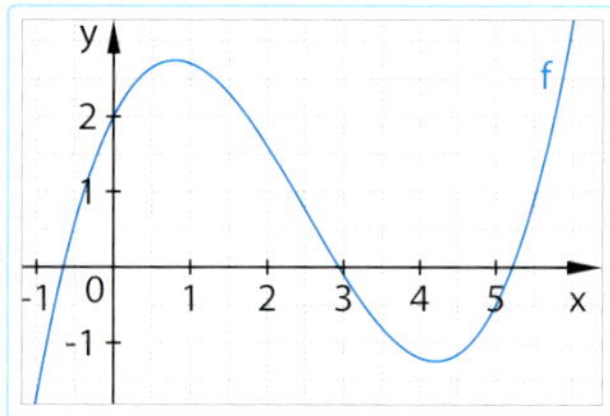

Von der Sekante zur Tangente

Die mittlere Änderungsrate einer Funktion wird an ihrem Graphen durch eine Sekante dargestellt. Wird das betrachtete Intervall immer kleiner, so nähert sich die mittlere Änderungsrate immer mehr der lokalen Änderungsrate an, im Schaubild nähert sich die Sekante immer mehr einer Tangente an. Dieser Übergang lässt sich mit einer Software gut veranschaulichen.

Beispiel 1 Untersuchen Sie die Funktion f mit $f(x) = \frac{1}{4}x^2$ mit einer Mathematik-Software.

a) Ermitteln Sie einen Näherungswert für die Steigung der Tangente an den Graphen von f im Punkt A(2|1), indem Sie die Steigungen verschiedener Sekanten betrachten.

b) Überprüfen Sie Ihren Näherungswert aus a), indem Sie die Tangente einzeichnen.

Lösung:

a) Gehen Sie wie folgt vor:

- Erstellen Sie einen Schieberegler. Wählen Sie als Minimalwert und als Schrittweite jeweils 0,1.
- Lassen Sie den Graphen von f zeichnen.
- Erstellen Sie den Punkt A(2|1) auf dem Graphen von f.
- Definieren Sie den Punkt B mit der x-Koordinate „x-Wert von A plus Wert des Schiebereglers" und der y-Koordinate „zugehöriger Funktionswert". Der Punkt B liegt auf dem Graphen und lässt sich mithilfe des Schiebereglers verschieben.
- Erstellen Sie die Gerade durch A und B und lassen Sie ihre Steigung angeben. Die verschiedenen Sekantensteigungen lassen vermuten, dass die gesuchte Tangentensteigung den Wert 1 hat.

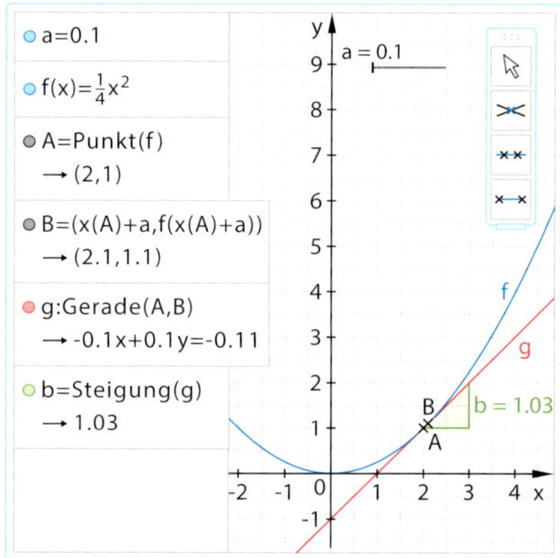

Schieberegler	2	1	0,5	0,1
Sekantensteigung	1,5	1,25	1,13	1,03

Vermuteter Näherungswert: 1

b) Erstellen Sie die Tangente in A an den Graphen von f. Ihre Steigung ist wie vermutet 1.

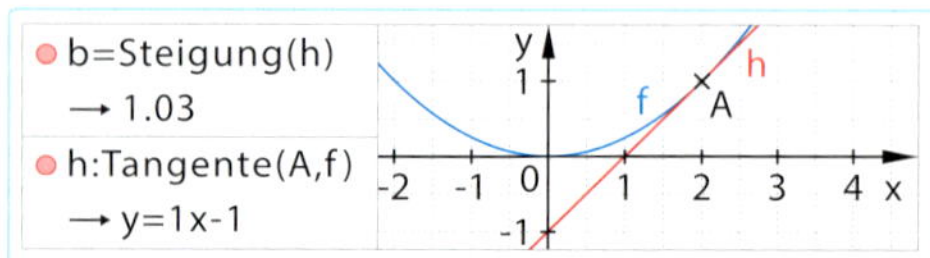

Aufgaben

1 Ermitteln Sie mithilfe eines Schiebereglers in einer Mathematik-Software die mittlere Änderungsrate der Funktion f mit $f(x) = -0{,}1x^2 + x + 2$ in den Intervallen [0; 2], [0; 5] und [0; 10].

2 Zeichnen Sie mit einer Mathematik-Software den Graphen der Funktion f und die Tangente an den Graphen an der Stelle x_0. Geben Sie auch die Tangentengleichung an.

a) $f(x) = 2x^2 + 4x + 1;\ x_0 = 0$ b) $f(x) = -0{,}5x^3 + 2x^2;\ x_0 = 1$

3 Die Funktion f mit der Funktionsgleichung $f(x) = -\frac{500}{27}x^3 + \frac{2000}{3}x^2 - 7500x + 27\,000$ beschreibt näherungsweise die Anzahl der Personen in einem Vergnügungspark um x Uhr.

a) Zeichnen Sie den Graphen von f mit einer Mathematik-Software. Wählen Sie eine geeignete Skalierung für die Achsen.

b) Ermitteln Sie die Öffnungszeiten des Parks. Erläutern Sie, für welche Uhrzeiten die Funktion den Sachverhalt nicht beschreibt.

c) Ermitteln Sie, zwischen welchen vollen Stunden die Besucherzahl am stärksten steigt.

d) Geben Sie an, wann sich die meisten Personen im Park aufhalten. Ermitteln Sie auch die Anzahl der Personen im Park um diese Uhrzeit.

Ableitungsfunktion

Wenn eine Funktion f in eine Mathematik-Software eingegeben ist, erhält man mit dem Befehl „f'(x)" die zugehörige Ableitungsfunktion.

4 Zeichnen Sie mit einer Mathematik-Software die Graphen der Funktion f und ihrer Ableitungsfunktion f'.

a) $f(x) = x^2 - 5x - 3$ b) $f(x) = x^4 - x^2 + x + 2$ c) $f(x) = 0{,}1x^5 - 0{,}5x^3 + 1$

5 Skizzieren Sie den Graphen der Ableitungsfunktion auf Papier. Prüfen Sie dann Ihr Ergebnis, indem Sie den Graphen von f' mit einer Mathematik-Software zeichnen.

a) $f(x) = -0{,}25x^3 - x^2 + x + 2$ b) $f(x) = -0{,}5x^4 + 3x^2 - 1$ c) $f(x) = 2 \cdot \sin(x) + 2$

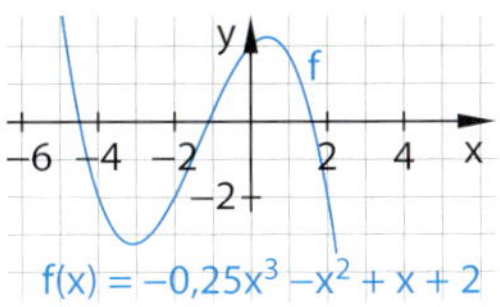

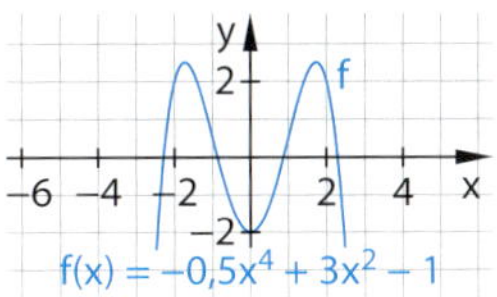

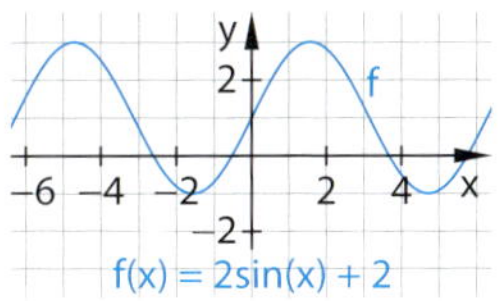

6 Eine Straße im Gebirge kann für $0 \leq x \leq 12$ durch die Funktion f mit $f(x) = -\frac{1}{1080}x^3 + \frac{1}{60}x^2$ modelliert werden. Eine Längeneinheit entspricht 100 m.

a) Zeichnen Sie die Graphen von f und f' sowie den Graphen der Ableitungsfunktion f'' von f'. Bestimmen Sie die Nullstelle von f''.

b) Die Nullstelle von f'' ist die Stelle, an der f die größte Steigung hat. Ermitteln Sie den Wert dieser Steigung.

c) Geben Sie die Gleichung der Tangente an den Graphen von f im steilsten Punkt an. Ermitteln Sie die maximale Steigung der Straße in %.

3.7 Klausur- und Abiturtraining

Aufgaben ohne Hilfsmittel

1 Geben Sie eine Funktion mit dem Definitionsbereich $D = \mathbb{R}$ an, die an der Stelle $x = 3$ nicht differenzierbar ist. Begründen Sie anschaulich, warum dies so ist.

2 Bestimmen Sie die Ableitungen der Funktionen f, g und h. Vergleichen Sie und begründen Sie Ihre Beobachtung.
$f(x) = -0{,}5x^4 + 4x^2 - x + 1$ $\quad g(x) = -0{,}5x^4 + 4x^2 - x + 8$ $\quad h(x) = -0{,}5x^4 + 4x^2 - x - 2$

3 Gegeben ist die Funktion f mit $f(x) = x(x-2)(x-6)$.
a) Stellen Sie die Gleichung der Tangente an den Graphen von f im Punkt $P(3\,|\,f(3))$ auf.
b) Bestimmen Sie die gemeinsamen Punkte des Graphen von f mit seiner Tangente im Ursprung.

4 Der Graph der Funktion f mit $f(x) = ax^2 + c$ besitzt im Punkt $P(2\,|\,0)$ die Tangente g mit der Gleichung $g(x) = -x + 2$. Bestimmen Sie a und c.

5 Überprüfen Sie, ob der Graph von f mit $f(x) = 0{,}5(x-2)x(x+2)$ punktsymmetrisch ist. Bestimmen Sie alle Tangenten des Graphen, die parallel zur Geraden durch die Punkte $(0\,|\,0)$ und $(1\,|\,4)$ sind.

6 a) Berechnen Sie mithilfe des Differenzialquotienten die lokale Änderungsrate der Funktion A mit $A(r) = \pi r^2$ an der Stelle r. Erklären Sie die anschauliche Bedeutung von A und A'.
b) Bestimmen Sie mithilfe der h-Methode die lokale Änderungsrate der Funktion $V(a) = a^3$ an der Stelle a. Erklären Sie das Ergebnis anschaulich.

7 Die Funktion s mit $s(t) = \frac{1}{6}t^3 + \frac{1}{2}t^2$ (t in s, s(t) in m) beschreibt die Bewegung eines Objekts.
a) Berechnen Sie die mittlere Geschwindigkeit innerhalb der ersten 3 Sekunden.
b) Bestimmen Sie die Momentangeschwindigkeit nach 3 Sekunden.
c) Erläutern Sie den Unterschied zwischen den beiden Werten aus a) und b).

8 Die Abbildung zeigt den Graphen von f'.
Entscheiden Sie begründet, ob die Aussage wahr oder falsch ist.
a) Der Graph von f hat an drei Stellen waagerechte Tangenten.
b) Der stärkste Anstieg einer Tangente von f ist bei $x = 2$.
c) Der Graph von f verläuft von links oben nach rechts oben und hat in $x = 0$ eine Nullstelle.

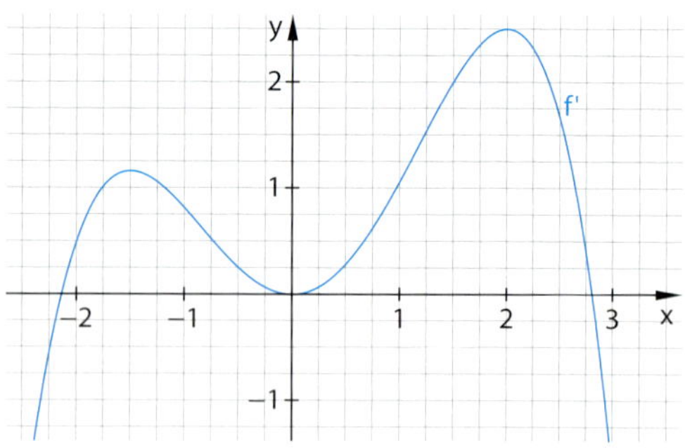

9 Gegeben ist die Funktion f mit $f(x) = x^2 - 4$.
a) Berechnen Sie die Stelle x_0, an der die momentane Änderungsrate identisch mit der mittleren Änderungsrate im Intervall $[-1; 2]$ ist. Skizzieren Sie die Situation.
b) Betrachten Sie nun das Intervall $[a; 2]$. Berechnen Sie alle a, für die die Sekante die x-Achse im 45°-Winkel schneidet.
c) Zeigen Sie: Es existiert immer eine Stelle x, in der die Tangente parallel zur Sekante auf dem Intervall $[a; b]$ verläuft. Dabei ist x der Mittelwert der Intervallgrenzen.

Aufgaben mit Hilfsmitteln

10 Ein Baumarkt plant ein neues, ungewöhnliches Kinderspielhaus. Die Abbildung zeigt einen Querschnitt des Hauses. Der linke Dachteil kann durch den Graphen der Funktion f mit $f(x) = \frac{2}{3}x^2 + 2x + 3$ im Intervall $\left[-\frac{3}{2}; 0\right]$ beschrieben werden. Für den rechten Teil des Dachs wird der Graph der Funktion g mit $g(x) = \frac{192}{125}x^3 - \frac{72}{25}x^2 + 3$ im Intervall $\left[0; \frac{3}{2}\right]$ verwendet (x, f(x), g(x) in m).

a) Weisen Sie nach, dass der linke Dachteil waagerecht beginnt. Der rechte Dachteil verläuft an seiner tiefsten Stelle waagerecht. Bestimmen Sie die Höhe h des Dachs über dem Erdboden an dieser Stelle.

b) Zeigen Sie, dass der Steigungswinkel des linken Dachteils bei x = 0 ca. 63,43° beträgt. Berechnen Sie auch den Steigungswinkel des rechten Dachteils bei x = 0 und beschreiben Sie, wie man damit den Schnittwinkel der beiden Dachteile bestimmen kann.

c) Das Gefälle eines Dachs ist entscheidend dafür, wie schnell Wasser abfließen kann. Berechnen Sie das mittlere Gefälle des linken und des rechten Dachteils. Zeigen Sie, dass $g'(x) = \frac{576}{125}\left(x^2 - \frac{5}{4}x\right)$ gilt, und bestimmen Sie mithilfe quadratischer Ergänzung die Scheitelpunktform von g'. Begründen Sie, dass Sie aus diesem Funktionsterm ablesen können, an welcher Stelle der rechte Dachteil das größte Gefälle hat. Geben Sie für diese Stelle den Steigungswinkel des Dachs an.

d) Der Baumarkt hat noch 1,6 m hohe, vorgefertigte Seitenwände vorrätig, die für die schrägen Seitenwände des Hauses verwendet werden sollen. Der Dachvorsprung soll auf beiden Seiten jeweils 0,25 m (waagerecht gemessen) betragen. Berechnen Sie die Breite des Hausbodens. Ermitteln Sie, wie steil dann die Seitenwände sind.

e) Auf halber Dachhöhe soll am linken Dachteil ein 1 Meter langer Fahnenmast senkrecht zur Dachfläche angebracht werden. Untersuchen Sie, ob die Spitze des Fahnenmasts über die Firsthöhe hinausreicht.

11 Der linke und der rechte Rand einer Minigolfbahn werden in der Draufsicht durch die Graphen der Funktionen f und g mit $f(x) = x^3 + x$ und $g(x) = -(x-4)^3 - (x-4)$ beschrieben.

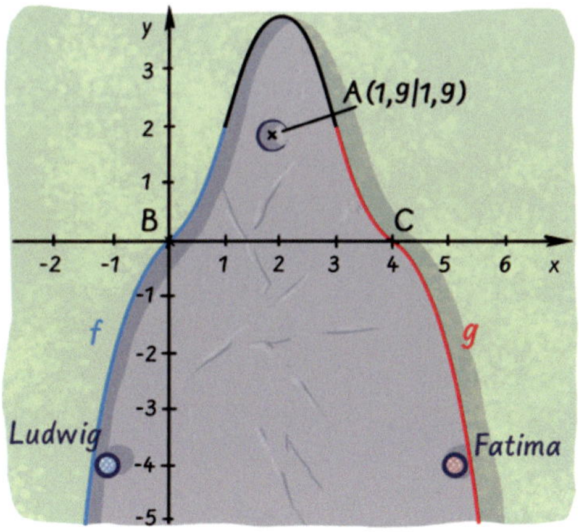

a) Beschreiben Sie, wie der Graph von g aus dem Graphen von f hervorgeht. Begründen Sie damit die Symmetrie der beiden Graphen zur Geraden x = 2.

b) Ermitteln Sie die Gleichung der Parabel, die das Mittelstück im Intervall [1; 3] beschreibt. Beachten Sie dabei, dass die Randlinie an den Nahtstellen knickfrei verlaufen soll.

c) Ludwig hat den Ball so geschlagen, dass er am linken Rand der Bahn am Graphen von f entlangläuft und dann vom Punkt B aus geradlinig weiterrollt. Zeigen Sie, dass der Ball das Loch im Punkt A trifft.

d) Fatimas Ball rollt am rechten Rand der Bahn am Graphen von g entlang und vom Punkt C aus geradlinig weiter. Untersuchen Sie, ob Fatima das Loch im Punkt A trifft. Begründen Sie, dass die Laufbahnen der Kugeln ab den Punkten B bzw. C mit der x-Achse ein gleichschenkliges Dreieck bilden. Ermitteln Sie damit den Schnittpunkt und den Schnittwinkel der beiden Bahnen.

Lösungen
→ S. 266

1 Der Graph zeigt den Einparkversuch eines Fahrschülers in Abhängigkeit von der Zeit t.

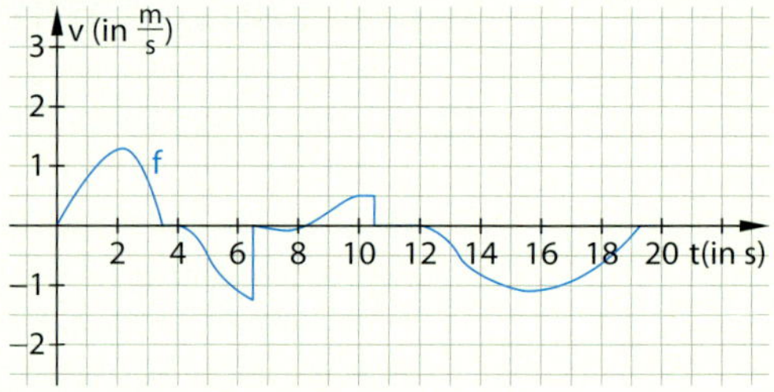

a) Interpretieren Sie den Graphen im Sachzusammenhang.
b) Geben Sie die Zeitpunkte an, an denen die Fahrlehrerin vehement auf die Bremse getreten ist.

2 Die Bevölkerungszahl der Erde betrug im Jahr 1700 etwa 600 Millionen, im Jahr 1800 etwa 900 Millionen, im Jahr 1900 etwa 1,6 Milliarden Menschen und im Jahr 2000 ca. 6 Milliarden Menschen. Für das Jahr 2100 wird die Erdbevölkerung auf etwa 10 Milliarden Menschen geschätzt.

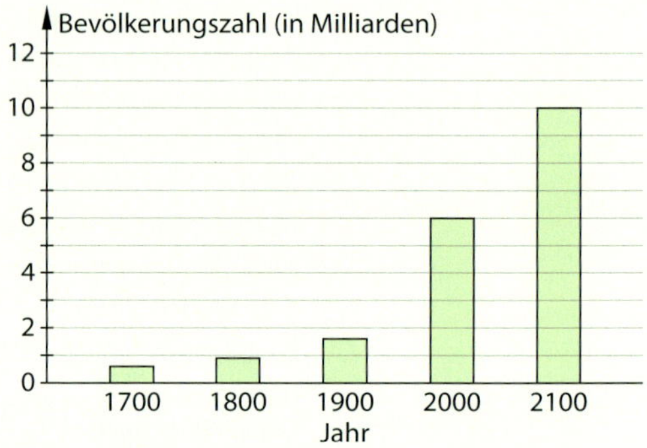

a) Berechnen Sie die mittlere Zuwachsrate der Erdbevölkerung während des gesamten Zeitraums.
b) Ermitteln Sie, in welchem der vier Zeitintervalle die Erdbevölkerung am stärksten (am wenigsten) wuchs.

3 a) Zeichnen Sie den Graphen der Funktion f mit $f(x) = x - x^2$ für $-1 \le x \le 2$.
b) Zeichnen Sie die Sekante zum Differenzenquotienten $\frac{f(1) - f(-1)}{1 - (-1)}$ und geben Sie eine Gleichung dieser Sekante an.
c) Ermitteln Sie die Steigung von f an der Stelle $x_0 = 1$ mit dem Grenzwert des Differenzenquotienten.
d) Geben Sie die Gleichung der Tangente an den Graphen von f an der Stelle $x_0 = 1$ an.

4 Gegeben ist die Funktion f mit $f(x) = \frac{1}{4}x^2$.
a) Ermitteln Sie die mittlere Änderungsrate von f im Intervall [0; 1].
b) Bestimmen Sie die Ableitungsfunktion $f'(x)$ mit dem Grenzwert des Differenzenquotienten.

5 Bestimmen Sie die Ableitung der Funktion f an der Stelle x_0.
a) $f(x) = x^2;\ x_0 = 5$ b) $f(x) = x^3;\ x_0 = \sqrt{2}$ c) $f(x) = 4x^4;\ x_0 = -0{,}5$ d) $f(x) = 2^4;\ x_0 = \pi$

6 Ermitteln Sie zur Funktion f die Ableitung f'. Alle Exponenten sind natürliche Zahlen.

a) $f(x) = x^3$	b) $f(x) = 2x$	c) $f(t) = 3t^2$	d) $f(x) = \frac{1}{3}x^3$
e) $f(x) = \frac{1}{3}x^n$	f) $f(u) = 2u^0$	g) $f(x) = a \cdot x^3$	h) $f(x) = 3^2$
i) $f(x) = x^{n+2}$	j) $f(p) = p^{n-1}$	k) $f(t) = 0{,}5t^{2n}$	l) $f(v) = a^n v^{n+1}$

7 Geben Sie zwei verschiedene Funktionen f mit der Ableitungsfunktion $f'(x) = 5$ an.

8 Der zurückgelegte Weg eines Turmspringers vom 10-m-Brett (freier Fall) lässt sich mit der Funktion s mit $s(t) = 5t^2$ berechnen. Dabei gibt t die Zeit in Sekunden und s den Weg in Metern an.
a) Ermitteln Sie die Momentangeschwindigkeit des Turmspringers nach einer halben Sekunde und nach einer Sekunde.
b) Berechnen Sie die Geschwindigkeit, mit der der Turmspringer in das Wasser eintaucht.

Lösungen → S. 266/267

9 Ordnen Sie den Graphen ①–③ den Graphen ihrer Ableitungsfunktionen Ⓐ–Ⓒ zu.

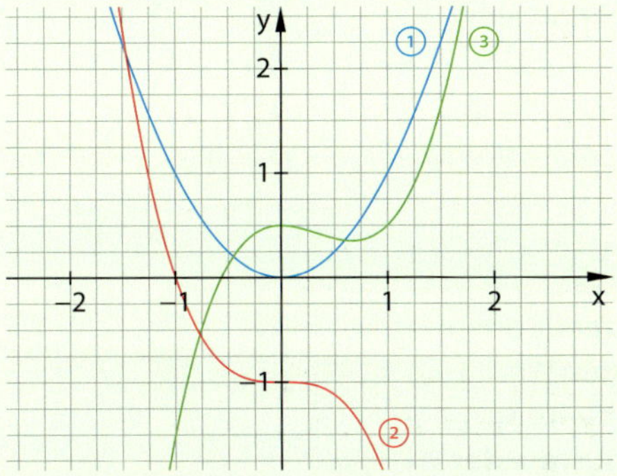

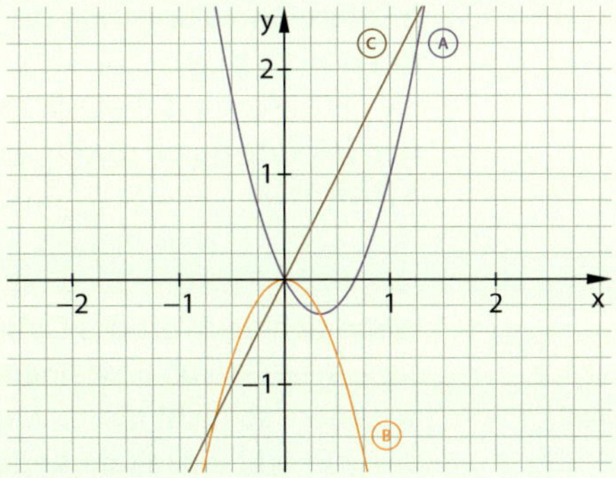

10 Bestimmen Sie den Funktionsterm der Ableitung der Funktion f.

a) $f(x) = 3x^3 + 2x^2$ b) $f(t) = t^4 - t + 1$ c) $f(x) = (3 + x)(3 - x)$ d) $f(x) = 3x^3 \cdot 2x^2$
e) $f(x) = 3x^2 - 4a^2$ f) $f(a) = 3x^2 - 4a^2$ g) $f(x) = 2(x - a)^2$ h) $f(t) = t^2 - (2 - t)^2$

11 Ermitteln Sie, an welchen Stellen die Tangente an den Graphen der Funktion f mit $f(x) = 0{,}2x^3 - 0{,}3x^2 - 3{,}6x + 2$ parallel zur x-Achse verläuft.

12 Bestimmen Sie für die Funktion f mit $f(x) = (x + 0{,}5)(x - 1{,}5)$ die Tangenten an den Graphen in den Nullstellen von f sowie ihre Schnittwinkel mit der x-Achse.

13 Das Profil einer Rutsche kann näherungsweise durch die Funktion f mit $f(x) = 0{,}1x^3 - 0{,}6x^2 + 3{,}2$ für $0 \le x \le 4$ beschrieben werden.

a) Berechnen Sie ihr durchschnittliches Gefälle.
b) Das Gefälle der Rutsche ist bei $x = 2$ am größten. Berechnen Sie ihren Neigungswinkel gegenüber der Horizontalen an dieser Stelle.

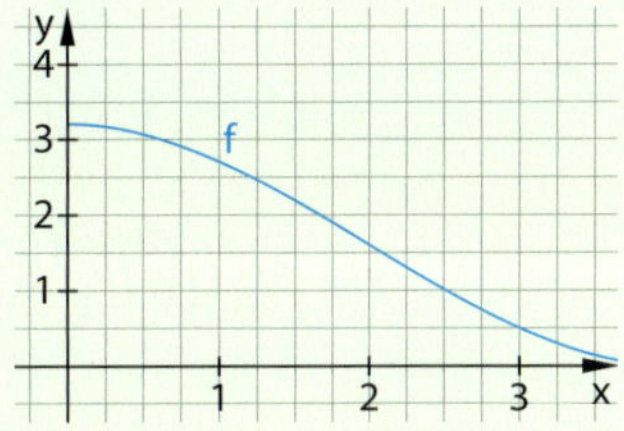

Wo stehe ich?

	Ich kann…	Aufgabe	Nachschlagen
3.1	… das Änderungsverhalten einer Funktion grafisch deuten. … die mittlere Änderungsraten berechnen.	1, 2, 3, 4	S. 62 Beispiel 1, S. 64 Beispiel 2, S. 64 Beispiel 3
3.2	… die lokale Änderungsrate bestimmen. … rechnerisch den Grenzwert des Differenzenquotienten einer Potenzfunktion bilden. … die Ableitung einer Funktion an einer Stelle berechnen.	3, 4, 5, 8, 11	S. 68 Beispiel 1, S. 69 Beispiel 2, S. 69 Beispiel 3
3.3	… die Ableitungsfunktion rechnerisch ermitteln … Funktionen grafisch ableiten.	4, 9	S. 72 Beispiel 1, S. 74 Beispiel 2
3.4	… Potenzfunktionen mithilfe der Potenzregel ableiten.	5, 6	S. 78 Beispiel 1, S. 79 Beispiel 2
3.5	… ganzrationale Funktionen mithilfe der Potenzregel, der Faktorregel und der Summenregel ableiten.	5, 6, 8, 10, 11, 12, 13	S. 81 Beispiel 1, S. 82 Beispiel 2
3.6	… Gleichungen von Tangenten an einen Graphen bestimmen. … den Steigungswinkel eines Graphen an einer bestimmten Stelle berechnen.	3, 12, 13	S. 86 Beispiel 1, S. 87 Beispiel 2

Mittlere Änderungsrate

Der **Differenzenquotient** $\frac{f(b) - f(a)}{b - a}$ gibt die **mittlere Änderungsrate** der Funktion f im Intervall [a; b] an.
Sie entspricht anschaulich der **Steigung m der Sekante** durch die Punkte $A(a\,|\,f(a))$ und $B(b\,|\,f(b))$.

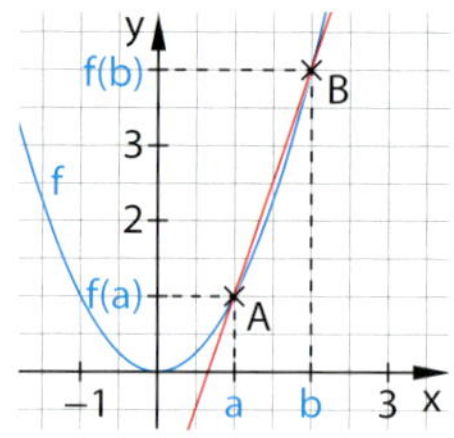

$f(x) = x^2$
mittlere Änderungsrate von f im Intervall [1; 2]:
$\frac{f(2) - f(1)}{2 - 1} = \frac{2^2 - 1^2}{1} = 3$

Lokale Änderungsrate, Steigung und Ableitung

Wenn sich der Wert des Differenzenquotienten $\frac{f(x) - f(x_0)}{x - x_0}$ für $x \to x_0$ einem festen Wert annähert, so heißt dieser Wert **Ableitung** $f'(x_0)$. Er gibt die **lokale Änderungsrate** der Funktion f an der Stelle x_0 an.

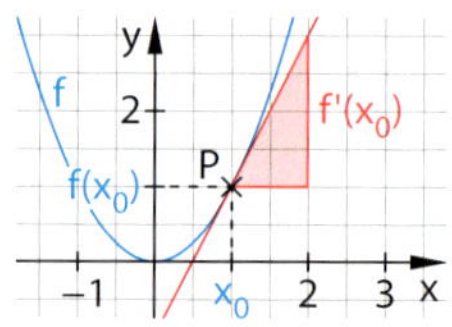

$f(x) = x^2$

Die Ableitung $f'(x_0)$ entspricht der **Steigung der Tangente** an den Graphen von f im Punkt $P(x_0\,|\,f(x_0))$.
Die Ableitung der Funktion f an der Stelle x_0 kann man mit dem **Grenzwert (Limes) des Differenzenquotienten** berechnen:

$f'(x) = \lim\limits_{x \to x_0} \frac{f(x) - f(x_0)}{x - x_0}$ oder

$f'(x) = \lim\limits_{h \to 0} \frac{f(x_0) + h - f(x_0)}{h}$

Näherungsweises Bestimmen von $f'(1)$:

x	$\frac{f(x) - f(x_0)}{x - x_0}$
1,1	$\frac{1{,}1^2 - 1^2}{1{,}1 - 1} = 2{,}1$
1,01	$\frac{1{,}01^2 - 1^2}{1{,}01 - 1} = 2{,}01$
1,001	$\frac{1{,}001^2 - 1^2}{1{,}001 - 1} = 2{,}001$

Vermutung: $f'(1) = 2$
Berechnen von $f'(1)$:

$$f'(1) = \lim_{h \to 0} \frac{f(1 + h) - f(1)}{h} = \lim_{h \to 0} \frac{(1 + h)^2 - 1}{h}$$
$$= \lim_{h \to 0} \frac{2h + h^2}{h} = \lim_{h \to 0} (2 + h) = 2$$

Die **Ableitungsfunktion** f' zu einer Funktion f ordnet jeder Stelle x ihren Ableitungswert f'(x) zu.

Ableitungsfunktion: $f'(x) = 2x$

Ableitungsregeln

Potenzregel
Die Funktion f mit $f(x) = x^r$, $r \in \mathbb{Q}$, $r \neq 0$, hat die Ableitung $f'(x) = r \cdot x^{r-1}$.

$f(x) = x^5$
$f'(x) = 5x^4$

$s(t) = \sqrt{t}$
$s'(t) = \frac{1}{2\sqrt{t}}$

Faktorregel
Die Funktion f mit $f(x) = k \cdot g(x)$, $k \in \mathbb{R}$, hat die Ableitung $f'(x) = k \cdot g'(x)$.

$f(x) = 3x^2$
$f'(x) = 3 \cdot 2x = 6x$

$s(t) = -2t^4$
$s'(t) = -8t^3$

Summenregel
Für die Funktion f mit $f(x) = g(x) + k(x)$ gilt:
$f'(x) = g'(x) + k'(x)$

$f(x) = x^2 + 4x$
$f'(x) = 2x + 4$

$s(t) = 2t^3 - 3t^2$
$s'(t) = 6t^2 - 6t$

Tangentengleichung und Steigungswinkel

Die **Tangente** an den Graphen von f im Punkt $P(x_0\,|\,f(x_0))$ hat die Steigung $m = f'(x_0)$. Den y-Achsenabschnitt n berechnet man durch Auflösen der Gleichung $f(x_0) = f'(x_0) \cdot x_0 + n$.
Für den Steigungswinkel α des Graphen von f an der Stelle x_0 gilt: $\tan(\alpha) = f'(x_0)$

$f(x) = 5x^2 + 3x$ $\quad x_0 = 1,\ f(x_0) = 8$
$f'(x) = 10x + 3$
$m = f'(1) = 13$
$8 = 13 \cdot 1 + n$, also $n = -5$
Tangentengleichung:
$g(x) = 13x - 5$
Steigungswinkel bei $x_0 = 1$:
$\tan(\alpha) = 13$, also $\alpha \approx 85{,}60°$

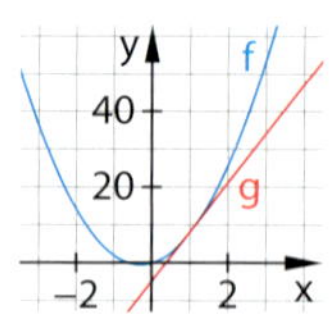

4

Untersuchung ganzrationaler Funktionen

Nach diesem Kapitel können Sie

→ ganzrationale Funktionen und ihre Graphen mithilfe der Ableitungen auf Monotonie und Krümmungsverhalten untersuchen,

→ Extrempunkte, Sattelpunkte und Wendepunkte von Graphen ganzrationaler Funktionen bestimmen.

Lösungen → S. 268

Monotonie

1 Geben Sie die Bereiche an, in denen der Funktionsgraph steigt bzw. fällt.

a) 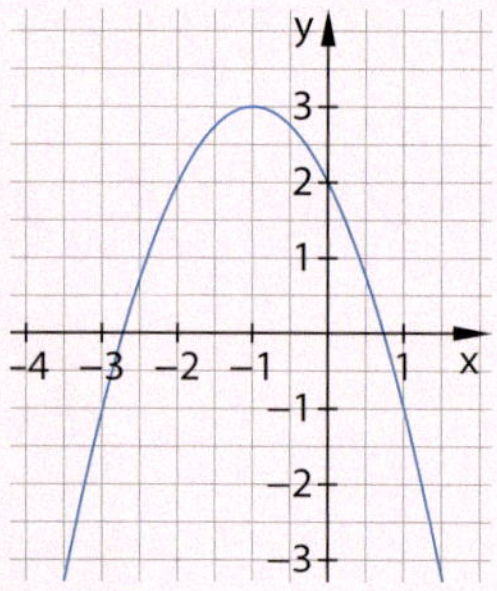

b) 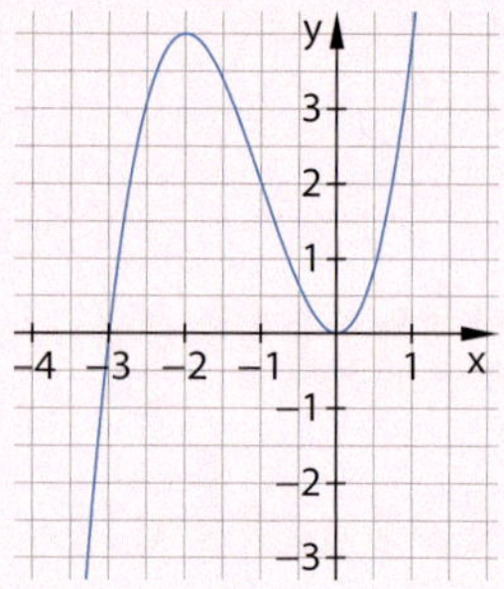

c) 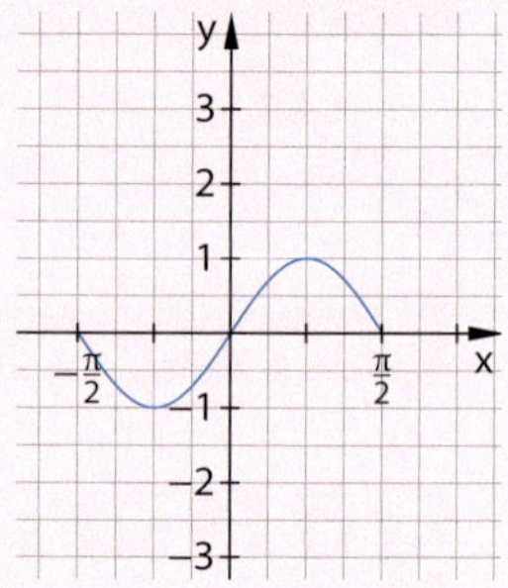

2 Geben Sie die Bereiche der Definitionsmenge an, in denen der Graph der Funktion f steigt bzw. fällt.

a) $f(x) = -\frac{1}{3}x + 3$ b) $f(x) = (x+3)^2 - \pi$ c) $f(x) = x^4 - 3$
d) $f(x) = -(x-1)^2 + 3$ e) $f(x) = -x^3 - 3$ f) $f(x) = (x+3)^3$

3 Geben Sie die Gleichung einer linearen Funktion an, deren Nullstelle bei $x = 1$ liegt und deren Graph von links nach rechts fällt.

4 Zeichnen Sie die Graphen zweier quadratischer Funktionen, die für $x \leq 2$ monoton fallen und für $x > 2$ monoton steigen. Geben Sie jeweils eine passende Funktionsgleichung an.

Größte und kleinste Funktionswerte

5 Geben Sie den größten und den kleinsten Funktionswert von f an, falls möglich.

a) $f(x) = x^2 - 2$ b) $f(x) = -x^2 - 3$ c) $f(x) = x^3$ d) $f(x) = x^4 - 2$

6 Lesen Sie den größten und den kleinsten Funktionswert sowie die zugehörigen x-Werte des dargestellten Funktionsgraphen in den angegebenen Intervallen ab.

a) 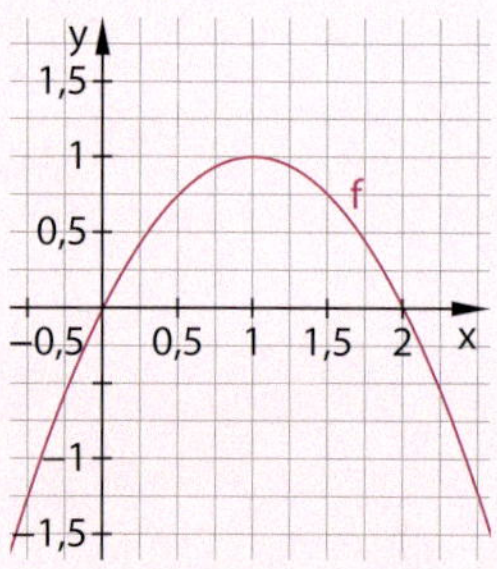

① $0 \leq x \leq 1{,}5$
② $0 \leq x \leq 2$

b) 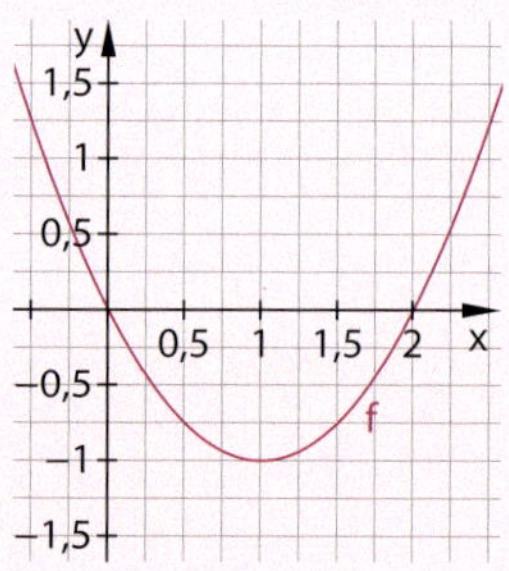

① $-0{,}5 \leq x \leq 2$
② $0 \leq x \leq 1$

c) 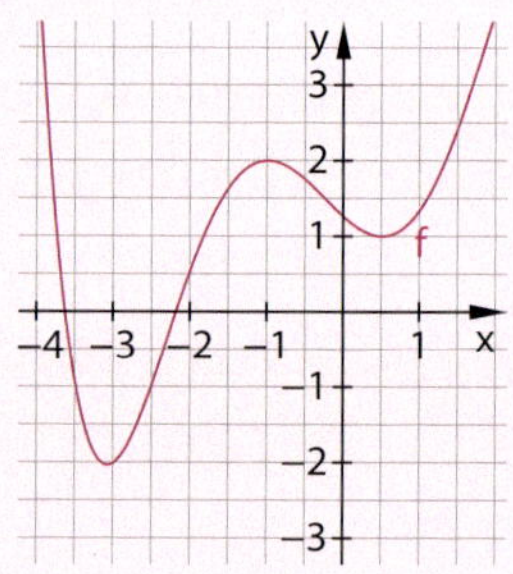

① $-3 \leq x \leq 2$
② $-1{,}5 \leq x \leq 1$

7 Ermitteln Sie den größten und den kleinsten Funktionswert sowie die zugehörigen x-Werte der Funktion f im angegebenen Intervall.

a) $f(x) = -3x - 5;\ 0 \leq x \leq 2$ b) $f(x) = -x^2 + 4;\ -2 \leq x \leq 1$ c) $f(x) = x^2 - 4;\ -2 \leq x \leq -1$

8 Skizzieren Sie den Graphen einer Funktion, der im angegebenen Intervall die angegebenen größten und kleinsten Funktionswerte hat.

a) $0 \leq x \leq 4$, kleinster Wert: 0, größter Wert: 3
b) $-3 < x < 2$, kleinster Wert: −5, größter Wert: 1

Lösungen → S. 269

Gleichungen lösen und Nullstellen ermitteln

9 Lösen Sie die Gleichung.
a) $4x + 2 = 2x - 4$ b) $x^2 + 5x = 0$ c) $2x^2 = 32$
d) $y(y + 2)(y - 4) = 0$ e) $t^2 - 81 = 0$ f) $s^2 + 5 = 3$

10 Ermitteln Sie die Nullstellen der Funktion f.
a) $f(x) = 2(x + 2) - 1$ b) $f(x) = x^2 - 1$ c) $f(x) = x^2 + 1$
d) $f(x) = x^3$ e) $f(x) = 3(x + 3)(x - 4)$ f) $f(x) = x^2 - 8x + 15$
g) $f(x) = x^2 + 18x + 77$ h) $f(x) = \frac{1}{x}$ i) $f(x) = \sin(x)$

11 Geben Sie eine quadratische Gleichung mit den angegebenen Lösungen an.
a) $-2; 2$ b) $0; 3$ c) $-5; 1$
d) keine Lösung e) 4 f) 0

12 Gegeben ist die Funktion f mit $f(x) = -x^4 + b$. Geben Sie an, für welche Werte von b die Funktion f
a) genau zwei Nullstellen, b) genau eine Nullstelle, c) keine Nullstelle hat.

Funktionswerte untersuchen

13 Geben Sie alle x-Werte an, für die die Funktionswerte positiv, negativ bzw. null sind.
a) $f(x) = 2x - 5$ b) $f(x) = 2x + 1$ c) $f(x) = x^2 - 1$ d) $f(x) = x^3 + 1$

14 Eine Funktion und ihre Nullstellen sind gegeben. Geben Sie die Bereiche an, in denen die Funktionswerte positiv bzw. negativ sind.
a) $f(x) = 4x - 3;\ x_0 = 0{,}75$ b) $f(x) = -2x - 3;\ x_0 = -1{,}5$ c) $f(x) = 4 - x^2;\ x_1 = 2;\ x_2 = -2$

15 Ermitteln Sie alle x-Werte, sodass für die Funktion f Folgendes gilt.
a) $f(x) = 0{,}5x + 3 < 0$ b) $f(x) = 0{,}5x^2 - 8 < 0$ c) $f(x) = x^3 - x^2 > 0$

16 Berechnen Sie die Koordinaten der Schnittpunkte des Graphen von f mit den Koordinatenachsen.
a) $f(x) = 3 - 7x$ b) $f(x) = x^2 + 3x + 4$ c) $f(x) = 2x^3 - 2x^2 + x$

Vermischtes

17 Berechnen Sie die Ableitung der ganzrationalen Funktion f.
a) $f(x) = x^5 - 3x^3 + 2x$ b) $f(x) = 2x^7 + x^4 + 1$ c) $f(x) = -x^6 + 4x^2 - x$
d) $f(x) = (x + 1)^2$ e) $f(x) = -x^2(x^2 - 4)$ f) $f(x) = (x - 2)(x + 2) + 5x^2$

18 Begründen Sie, dass die Funktion f genau eine Nullstelle hat.
a) $f(x) = x^3 + 3x$ b) $f(x) = \frac{1}{3}x^3 + x^2 + x$ c) $f(x) = -3x^5 - 5x^3$

19 Ermitteln Sie eine Gleichung der Tangente an den Graphen der Funktion f im Punkt $P(1 \mid f(1))$ und berechnen Sie die Nullstelle der Tangente.
a) $f(x) = -x^3 - 3$ b) $f(x) = (x - 3)^2$ c) $f(x) = x^4 - 3$

20 Bestimmen Sie die Gleichung einer quadratischen Funktion f, die die Nullstellen $x_1 = 2$ und $x_2 = -1$ hat und deren Graph den Punkt $A(0 \mid 6)$ enthält.

4.1 Monotoniekriterium

Gegeben ist der Graph von f mit $f(x) = \frac{1}{3}x^3 - x^2 + 2$.

a) Geben Sie die Bereiche an, in denen der Graph von f monoton steigt bzw. monoton fällt.

b) Untersuchen Sie die Ableitungsfunktion f′ in diesen Bereichen. Beschreiben Sie Ihre Beobachtungen.

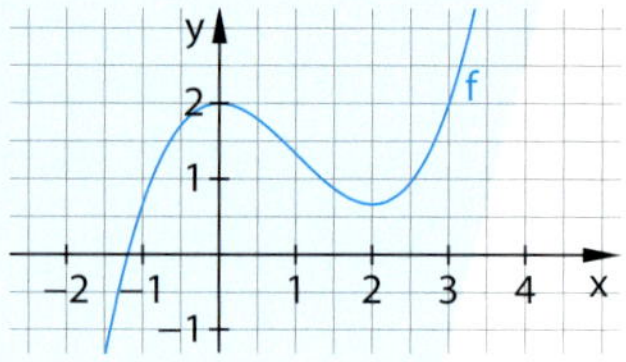

Da die Ableitungsfunktion f′ die Steigung des Graphen der Funktion f beschreibt, kann man das Monotonieverhalten von f mithilfe von f′ untersuchen.
In den Bereichen, in denen die Ableitung f′ positiv ist, ist die Funktion f streng monoton steigend, dort, wo f′ negativ ist, ist die Funktion f streng monoton fallend.

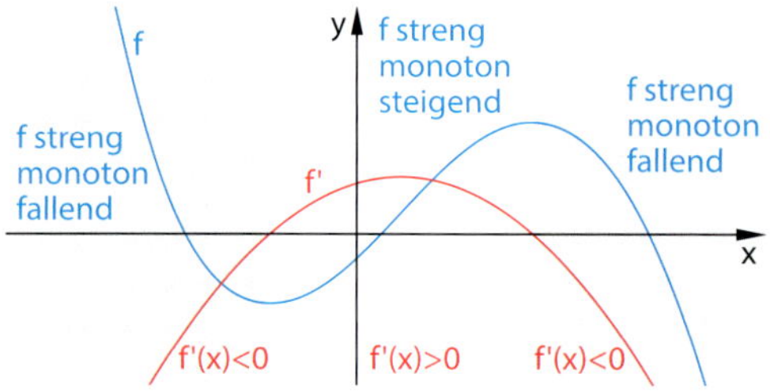

Satz **Monotoniekriterium**

Die Funktion f sei im Intervall I differenzierbar.

– Gilt $\mathbf{f'(x) > 0}$ für alle x aus I, dann ist die Funktion f **streng monoton steigend** auf I.

– Gilt $\mathbf{f'(x) < 0}$ für alle x aus I, dann ist die Funktion f **streng monoton fallend** auf I.

Gilt $f'(x) = 0$ an einzelnen Stellen aus I, kann f trotzdem noch streng monoton steigend oder fallend auf I sein. Siehe dazu Aufgabe 9.

Die Nullstellen der Ableitungsfunktion f′ teilen den Definitionsbereich von f in **Monotonieintervalle** auf. Nur an diesen Nullstellen kann sich das Monotonieverhalten von f ändern. Das Monotonieverhalten auf einem dieser Intervalle lässt sich bestimmen, indem man eine beliebige Teststelle aus dem Inneren dieses Intervalls in f′ einsetzt.

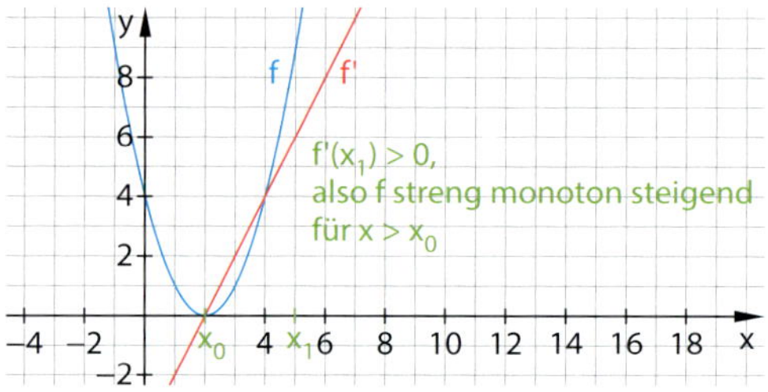

Beispiel 1 Untersuchen Sie die Funktion f mit $f(x) = \frac{1}{3}x^3 - 2x^2 + 3x$ auf Monotonie.

Lösung:

Bilden Sie die Ableitung.

$f(x) = \frac{1}{3}x^3 - 2x^2 + 3x$
$f'(x) = x^2 - 4x + 3$

Berechnen Sie die Nullstellen von f′.
f′ hat zwei Nullstellen. Diese teilen den Definitionsbereich von f in drei Monotonieintervalle auf.
Setzen Sie aus jedem Intervall eine Teststelle (0, 2 und 5) in f′(x) ein.

$x^2 - 4x + 3 = 0$, also $x_1 = 1$ und $x_2 = 3$

$x < 1$: $f'(0) = 0^2 - 4 \cdot 0 + 3 = 3 > 0$
f ist streng monoton steigend für $x < 1$.

$1 < x < 3$: $f'(2) = 2^2 - 4 \cdot 2 + 3 = -1 < 0$
f ist streng monoton fallend für $1 < x < 3$.

Das Vorzeichen des Ergebnisses gibt das Monotonieverhalten von f an.

$x > 3$: $f'(5) = 5^2 - 4 \cdot 5 + 3 = 8 > 0$
f ist streng monoton steigend für $x > 3$.

Das Monotonieverhalten kann auch in einer **Monotonietabelle** festgehalten werden.

	$x < 1$	$1 < x < 3$	$x > 3$
f′(x)	+	−	+
f	↗	↘	↗

Basisaufgaben

1 Geben Sie an, auf welchen Intervallen die dargestellte Funktion streng monoton steigend bzw. streng monoton fallend ist.
Geben Sie auch das Vorzeichen der Ableitung im Inneren dieser Intervalle an.

a) 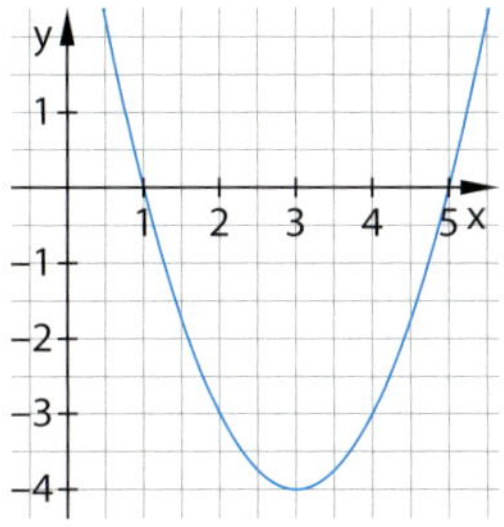

b) 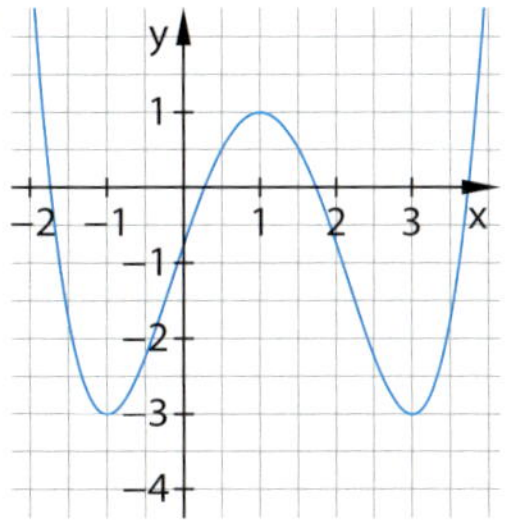

c) 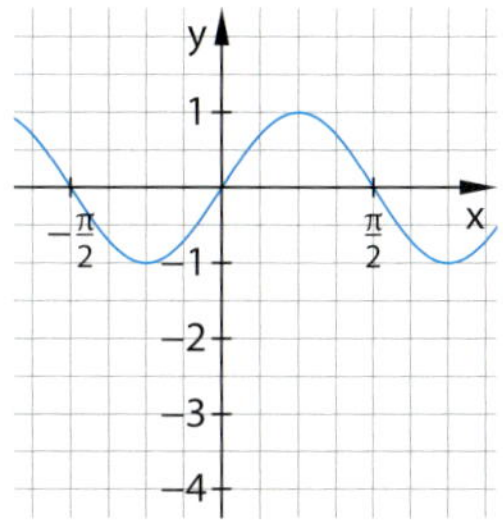

Lösungen zu 2

Monotonieintervalle a)–c)

$x < 0$ $x < -2$ $\mathbb{R}$ $x > 0$ $-2 < x < 4$ $x < 4$ $x > 4$

2 Untersuchen Sie die Funktion mithilfe der Ableitung auf Monotonie.

a) $f(x) = 3x^2 - 4$ b) $f(x) = x^3 - 3x^2 - 24x + 6$ c) $f(x) = x^3 + 2x$
d) $f(x) = -5x$ e) $f(x) = -x^3 + 6x - 12$ f) $f(x) = \frac{1}{9}x^3 - \frac{1}{3}x^2 - \frac{8}{3}x + \frac{26}{9}$

3 Zeichnen Sie mit einer geeigneter Mathematiksoftware den Graphen der Funktion und geben Sie die Monotonieintervalle an. Zeichnen Sie dann den Graphen der Ableitung und überprüfen Sie Ihr Resultat mithilfe der Nullstellen von f'.

a) $f(x) = 3x^4 + 8x^3 - 48x^2 + 3$ b) $f(x) = 0{,}5x^4 - x^3 - 0{,}1x^2 + 1{,}5$

4 Geben Sie eine geeignete Funktion zum angegebenen Monotonieverhalten an. Untersuchen Sie diese Funktion mithilfe ihrer Ableitung auf Monotonie und bestätigen Sie so das Monotonieverhalten.

a) linear und streng monoton steigend auf ganz $\mathbb{R}$
b) für $x < 3$ streng monoton fallend und für $x > 3$ streng monoton steigend
c) für $x < -1$ streng monoton steigend und für $x > -1$ streng monoton fallend

5 Die Abbildungen zeigen den Graphen der Ableitung einer Funktion f.

① 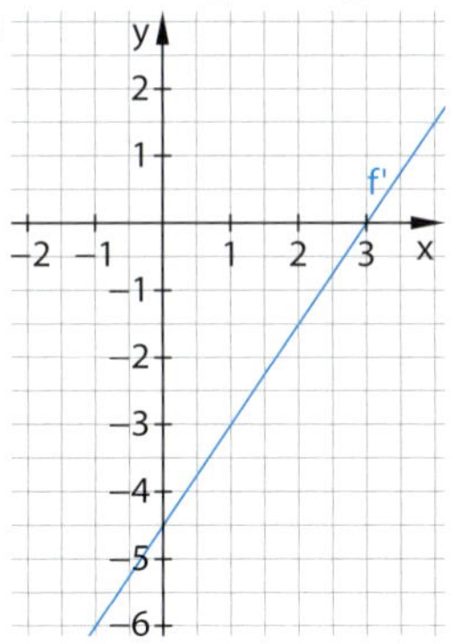

② 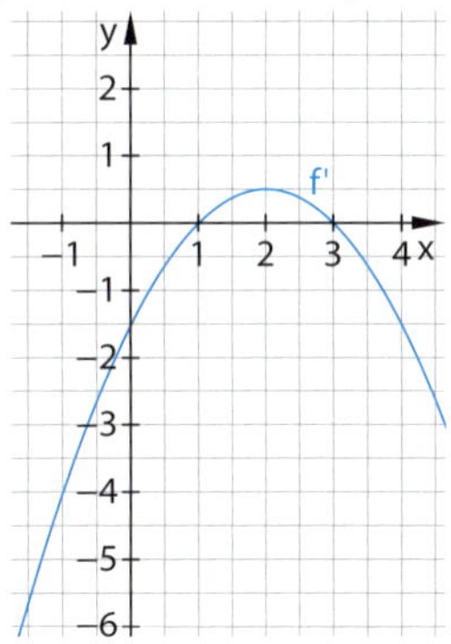

③ 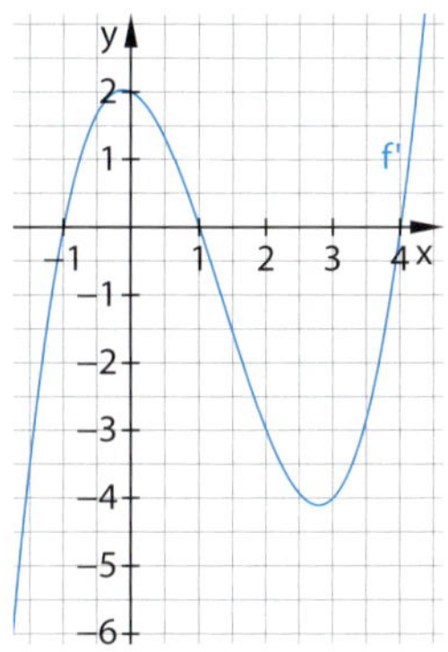

a) Geben Sie an, auf welchen Intervallen f streng monoton steigend bzw. fallend ist.
b) Skizzieren Sie einen möglichen Verlauf des Graphen von f.

6 Der Graph einer Funktion f ist streng monoton fallend auf $\mathbb{R}$ und verläuft durch die Punkte P(1 | 5), Q(3 | 2) und R(5 | 0). Zudem gilt $f'(3) = 0$. Skizzieren Sie einen passenden Graphen.

7 Von einer ganzrationalen Funktion f dritten Grades ist bekannt, dass sie nur eine Nullstelle hat und dass f' für $x < 2$ und für $x > 5$ positiv ist. Außerdem existiert ein Intervall, auf dem f streng monoton fallend ist. Skizzieren Sie einen möglichen Graphen von f.

Weiterführende Aufgaben

8 Gegeben ist der Graph der Ableitung einer Funktion f. Beurteilen Sie begründet, ob die Aussage wahr oder falsch ist. Achtung: Nicht alle Aussagen sind entscheidbar!

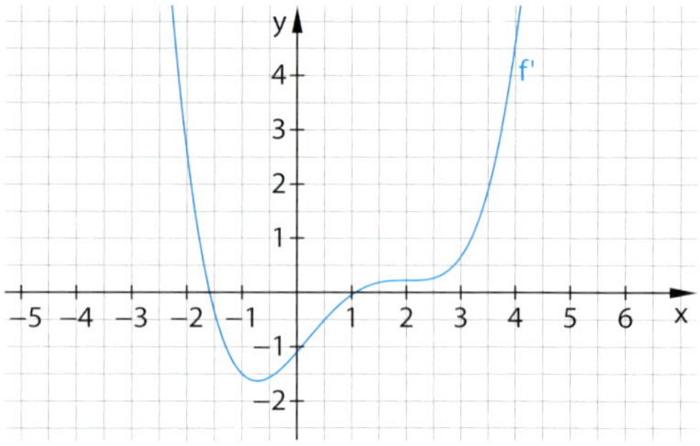

a) An der Stelle 0 steigt der Graph von f.
b) $f'(2) > 0$
c) An der Stelle 2 steigt der Graph von f.
d) f hat eine Nullstelle zwischen -2 und -1.
e) Der Graph von f fällt zwischen -1 und 0,5.
f) $f(2) > 0$

9 Gegeben sei eine Funktion f. Die Funktionsgleichung ihrer Ableitungsfunktion f′ hat die Linearfaktordarstellung $f'(x) = 5(x + 3)(x - 7)$.

	$x < -3$	$-3 < x < 7$	$x > 7$
$x + 3$	−	+	+
$x - 7$	−	−	+
$f'(x)$	+	−	+
Graph	↗	↘	↗

a) Erläutern Sie die Herleitung des Monotonieverhaltens von f mithilfe der Tabelle.
b) Ermitteln Sie analog das Monotonieverhalten der Funktionen g und h, wenn g′ und h′ gegeben sind: $g'(x) = (x + 1)(x - 2)$ und $h'(x) = (x - 4)(x - 6)^2(x - 8)$

10 **Stolperstelle:** Die Abbildung zeigt den Graphen einer Ableitungsfunktion f′.
Ein Schüler sagt: *„f ist streng monoton fallend für x < 0 und streng monoton steigend für x > 0."*
Beurteilen Sie seine Aussage.

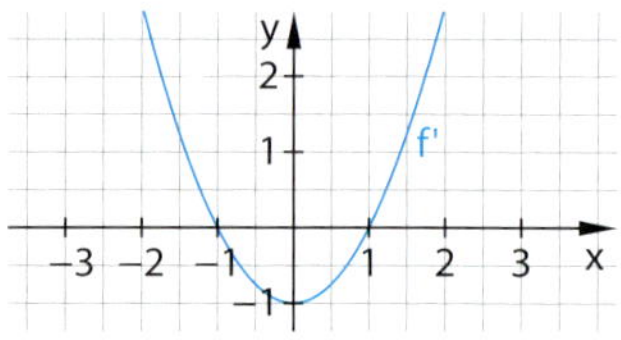

11 Wenn die Ableitung einer Funktion f auf ganz ℝ negativ ist, dann ist f streng monoton fallend. Zeigen Sie anhand der Funktion f mit $f(x) = -x^3$, dass die Umkehrung des Satzes nicht gilt.

12 **Monotonie und Parameter:** Gegeben ist eine auf ℝ differenzierbare Funktion f mit dem Parameter $a \in \mathbb{R}$. Bestimmen Sie das Monotonieverhalten von f in Abhängigkeit von a.
a) $f(x) = ax$ b) $f(x) = ax^2$ c) $f(x) = \frac{1}{2}ax^2 - a^2x$

13 Die Funktion f mit $f(x) = 0{,}002x^3 - 0{,}09x^2 + 1{,}35x + 7{,}65$ beschreibt für $0 \le x \le 24$ das Höhenprofil einer Bergetappe bei einem Radrennen. Die Werte auf der x-Achse beschreiben hierbei die horizontale Entfernung vom Start in km, die auf der y-Achse die Höhe über dem Meeresspiegel in 100 m.

a) Berechnen Sie die Steigung, die beim Start zu überwinden ist, in Prozent.
b) Geben Sie an, in welchen Abschnitten des Rennens es bergauf bzw. bergab geht.
c) Ermitteln Sie, welche Höhe man im Ziel erreichen würde, wenn ab einer horizontalen Entfernung von 10 km vom Start die Steigung konstant bliebe.
d) Bestimmen Sie den Steigungswinkel der Strecke nach 10 km.

14 **Ausblick: Monotonie und Definitionslücken**
Konstantin behauptet: *„Die Funktion f mit $f(x) = \frac{1}{x}$ ist streng monoton fallend auf ℝ, da entlang jedes der beiden Hyperbeläste die Funktionswerte immer kleiner werden."*
Widerlegen Sie die Behauptung mit einem Gegenbeispiel. Erläutern Sie, wie es zu dieser Fehlannahme kommen konnte.

4.2 Lokale Extrempunkte und Sattelpunkte

Die Flugbahn einer Kugel wird näherungsweise durch die Funktion f mit $f(x) = -\frac{1}{20}x^2 + x + 1{,}8$ beschrieben.

a) Zeichnen Sie den Graphen von f für $0 \leq x \leq 22$. Lesen Sie den höchsten Punkt der Flugbahn ab.

b) Überlegen Sie, wie sich das Monotonieverhalten von f am höchsten Punkt der Flugbahn ändert. Beschreiben Sie, wie man dies nutzen kann, um mithilfe der Ableitung die Koordinaten des höchsten Punktes zu berechnen.

Die **Hoch- bzw. Tiefpunkte** des Graphen einer Funktion f haben in einer gewissen Umgebung die größten bzw. kleinsten Funktionswerte. Sie heißen auch **lokale Extrempunkte**.
Die x-Koordinaten von Hoch- und Tiefpunkten heißen **lokale Extremstellen**, die y-Koordinaten sind **lokale Maxima** bzw. **lokale Minima**.
Bei einer differenzierbaren Funktion hat der Graph von f in den lokalen Extrempunkten immer eine waagerechte Tangente. Aber nicht jede waagerechte Tangente liegt an einer Extremstelle. Mit den Nullstellen der Ableitungsfunktion f′ erhält man alle Stellen, an denen lokale Extrempunkte vorliegen könnten.

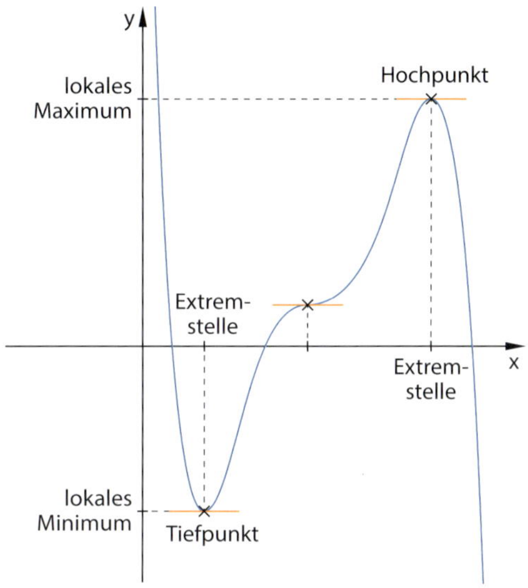

Hinweis

Eine Funktion heißt **differenzierbar**, wenn ihre Ableitung existiert.

Satz **Notwendige Bedingung für lokale Extrempunkte**

Wenn der Graph einer differenzierbaren Funktion f an der Stelle x_E einen **Hochpunkt** oder **Tiefpunkt** hat, dann gilt $\mathbf{f'(x_E) = 0}$.

Hinweis

Notwendige Bedingung bedeutet: Ist diese Bedingung nicht erfüllt, so liegt kein lokaler Extrempunkt vor.

Nur an den Nullstellen der Ableitungsfunktion f′ kann es lokale Extrempunkte geben. Ob es sich bei diesen „Kandidaten" wirklich um Extremstellen handelt und ob die zugehörigen Extrempunkte Hoch- oder Tiefpunkte sind, hängt vom Monotonieverhalten des Graphen von f ab.

Die Bilder zeigen, dass die Steigung links von einem Hochpunkt positiv und rechts von ihm negativ ist. An einem Tiefpunkt ist es umgekehrt.

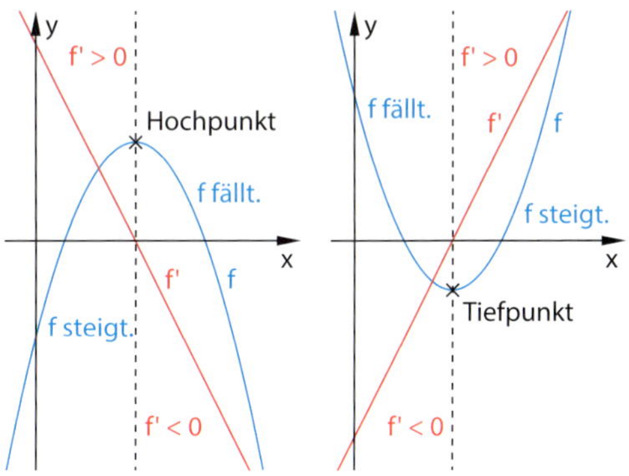

Hinweis

Hinreichende Bedingung bedeutet: Ist diese Bedingung erfüllt, so liegt immer ein lokaler Extrempunkt vor.

Satz **Hinreichende Bedingung für lokale Extrempunkte (Vorzeichenwechselkriterium)**

- Wenn $\mathbf{f'(x_E) = 0}$ gilt und das **Vorzeichen von f′** an der Stelle $\mathbf{x_E}$ **von + nach – wechselt**, dann hat der Graph der Funktion f an der Stelle $\mathbf{x_E}$ einen **Hochpunkt.**
- Wenn $\mathbf{f'(x_E) = 0}$ gilt und das **Vorzeichen von f′** an der Stelle $\mathbf{x_E}$ **von – nach + wechselt**, dann hat der Graph der Funktion f an der Stelle $\mathbf{x_E}$ einen **Tiefpunkt**.

Beispiel 1

Bestimmen Sie die Hoch- und Tiefpunkte des Graphen der Funktion f mit $f(x) = -x^3 - 3x^2 + 1$.

Lösung:

Bilden Sie die Ableitung f'. Die Nullstellen von f' liefern die „Kandidaten" $x_1 = -2$ und $x_2 = 0$ für mögliche Extremstellen.

$f'(x) = -3x^2 - 6x$
$-3x^2 - 6x = 0$
$\Leftrightarrow -3x \cdot (x+2) = 0$, also $x_1 = -2$ und $x_2 = 0$

Hinweis

VZW ist die Abkürzung für Vorzeichenwechsel.

Prüfen Sie, ob an den möglichen Extremstellen ein VZW der Ableitung f' stattfindet. Setzen Sie Teststellen aus den Intervallen zwischen den möglichen Extremstellen in f'(x) ein.

Bei $x_1 = -2$ liegt ein Tiefpunkt, bei $x_2 = 0$ ein Hochpunkt.

Setzen Sie die Extremstellen in f(x) ein, um die y-Koordinaten der Extrempunkte zu berechnen.

	$x < -2$	-2	$-2 < x < 0$	0	$x > 0$
Teststelle	-3		-1		1
f'(x)	$-$	0	$+$	0	$-$
Graph von f	↘	→	↗	→	↘

$x = -2$: VZW von $-$ auf $+$, also Tiefpunkt
$f(-2) = -(-8) - 3 \cdot 4 + 1 = -3$ $\quad T(-2\,|\,-3)$
$x = 0$: VZW von $+$ auf $-$, also Hochpunkt
$f(0) = 1$ $\quad H(0\,|\,1)$

Basisaufgaben

1 Lesen Sie die Koordinaten der Hoch- und Tiefpunkte des Graphen ab. Geben Sie an, welche Art von Vorzeichenwechsel die Ableitungsfunktion an den Extremstellen hat.

a) 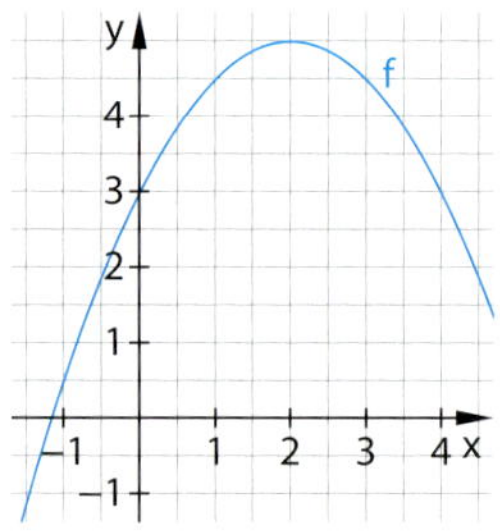

b) 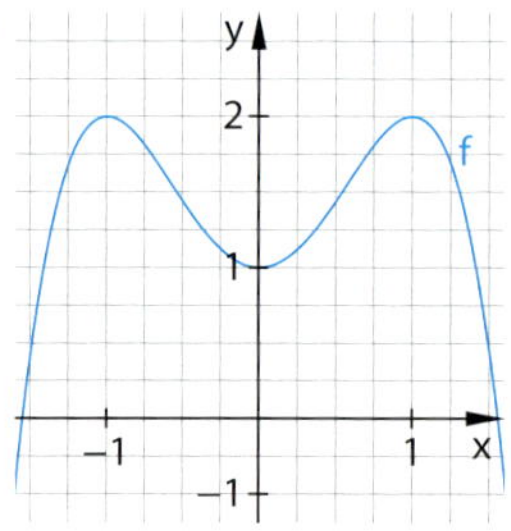

c) 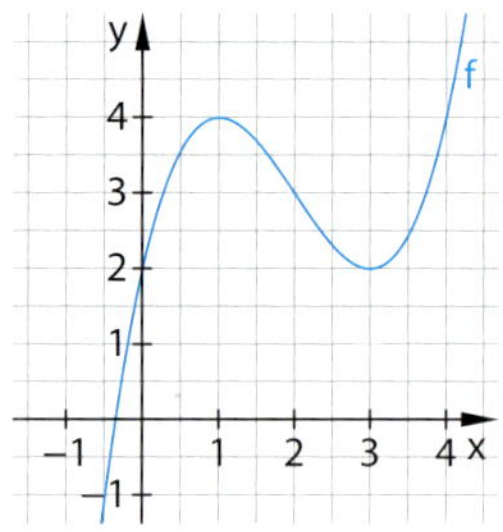

2 Bestimmen Sie die Ableitung der Funktion f und berechnen Sie mit $f'(x) = 0$ die möglichen Extremstellen von f. Überprüfen Sie anschließend mithilfe des Vorzeichenwechselkriteriums, ob an diesen Stellen ein lokales Maximum oder Minimum vorliegt.

a) $f(x) = x^2 - 8x + 15$ b) $f(x) = 2x^3 - 3x^2 - 12x + 4$

Lösungen zu 3

Nullstellen von f'

0 1 −3 5 3 2 0 4

3 Bestimmen Sie die Koordinaten der Hoch- und Tiefpunkte des Graphen von f. Überprüfen Sie Ihre Lösung mit einer geeigneten Mathematiksoftware.

a) $f(x) = 3x^2 + 2$ b) $f(x) = 4x^3 - 6x^2 + 5$

c) $f(x) = x^3 - 9x^2 + 24x - 16$ d) $f(x) = -\frac{1}{2}x^3 + 6x^2 - \frac{45}{2}x + 25$

4 Gegeben ist der Graph der Ableitung einer Funktion f. Bestimmen Sie die Stellen, an denen der Graph von f Hoch- oder Tiefpunkte hat.

a) 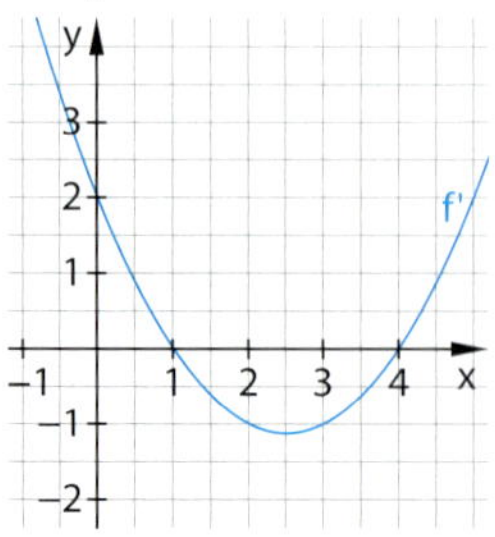

b) 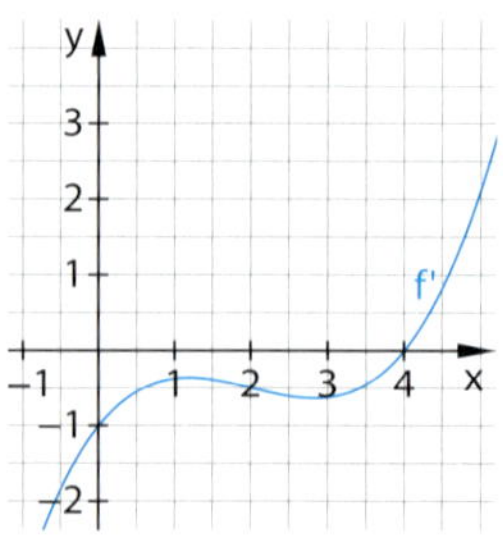

c) 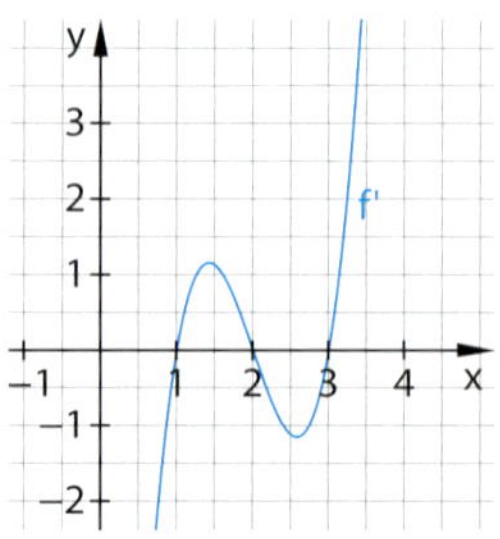

5 Skizzieren Sie den Graphen einer Funktion f mit den angegebenen Hochpunkten H und Tiefpunkten T. Geben Sie an, in welchen Intervallen f streng monoton steigend bzw. streng monoton fallend ist. Geben Sie auch an, welches Vorzeichen die Ableitung f′ jeweils hat.
a) $H(1\,|\,2), T(4\,|\,-1)$ b) $T(2\,|\,-3), H(5\,|\,1)$ c) $H_1(-2\,|\,2), T(1\,|\,1), H_2(4\,|\,6)$

6 Zeigen Sie, dass der Graph der Funktion f an der Stelle $x = 1$ einen lokalen Extrempunkt hat. Untersuchen Sie, ob es sich um einen Hoch- oder Tiefpunkt handelt.
a) $f(x) = x^3 - 3x + 1$ b) $f(x) = -\frac{3}{2}x^4 + 2x^3 - 5$

7 Entscheiden Sie, ob der erste Sachverhalt jeweils eine notwendige, hinreichende oder keine Bedingung für den zweiten Sachverhalt ist.
a) zur Bushaltestelle gehen/Busfahren
b) Regen/nasse Straße
c) Viereck mit vier gleich langen Seiten/Quadrat
d) Viereck mit vier gleich langen Seiten/Raute
e) Dreieck ist gleichschenklig/Innenwinkelsumme 180°
f) $f'(x_0) = 0/x_0$ ist lokale Extremstelle

Hinweis
Eine auf einem Intervall streng monoton steigende bzw. fallende Funktion kann im Intervall eine Stelle mit der Steigung 0 (waagerechte Tangente) enthalten, siehe Aufgabe 27.

Sattelpunkte

Wenn f an einer Stelle x_S zwar eine waagerechte Tangente hat $(f'(x_S) = 0)$, sich aber das Monotonieverhalten von f nicht ändert (kein Vorzeichenwechsel von f′), so liegt an dieser Stelle kein Extrempunkt, sondern ein **Sattelpunkt**.
An der Stelle x_S berührt der Graph der Ableitungsfunktion f′ die x-Achse, schneidet sie aber nicht.

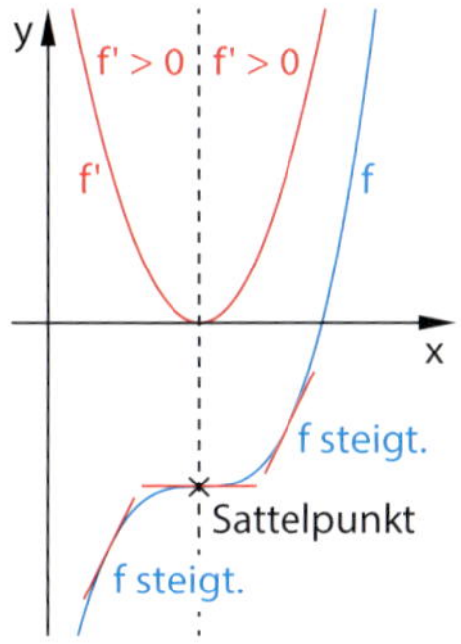

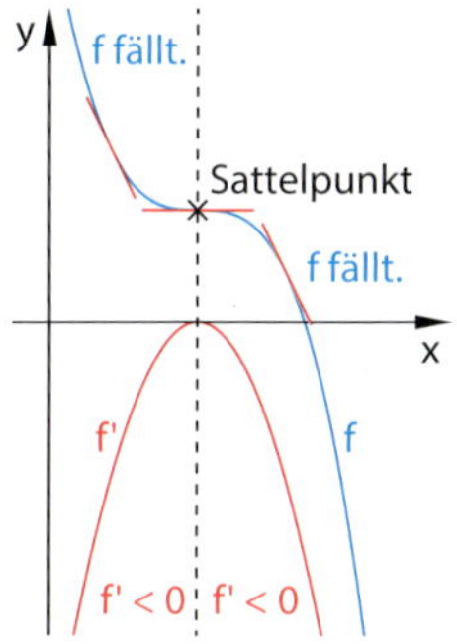

Satz **Hinreichende Bedingung für Sattelpunkte**
Wenn $\mathbf{f'(x_S) = 0}$ gilt und das **Vorzeichen von f′** an der Stelle x_S **nicht** wechselt, dann hat der Graph der Funktion f an der Stelle x_S einen Sattelpunkt.

Beispiel 2
Untersuchen Sie den Graphen der Funktion f mit $f(x) = -x^3 + 3x^2 - 3x + 3$ auf Extrem- und Sattelpunkte.

Lösung:
Bilden Sie die Ableitung f′. Die Nullstellen von f′ liefern den „Kandidaten" $x = 1$ als mögliche Stelle eines Extrem- oder Sattelpunktes.

$f'(x) = -3x^2 + 6x - 3$

$-3x^2 + 6x - 3 = 0$, also $x = 1$

Die Monotonietabelle zeigt, dass bei $x = 1$ kein VZW der Ableitung f′ stattfindet. Also liegt an dieser Stelle ein Sattelpunkt vor. Es gibt keine Extrempunkte.

	$x < 1$	1	$x > 1$
Teststelle	0		2
f′(x)	–	0	–
Graph von f	↘	→	↘

$x = 1$: kein VZW, also Sattelpunkt

Setzen Sie $x = 1$ in f(x) ein. Geben Sie die Koordinaten des Sattelpunktes S an.

$f(1) = 2$ $S(1\,|\,2)$

Basisaufgaben

8 Geben Sie die Stellen an, an denen der Graph eine waagerechte Tangente hat. Geben Sie auch das Vorzeichen der Ableitung links und rechts von diesen Stellen an. Entscheiden Sie, ob sich an diesen Stellen ein Hochpunkt, Tiefpunkt oder Sattelpunkt befindet.

a)
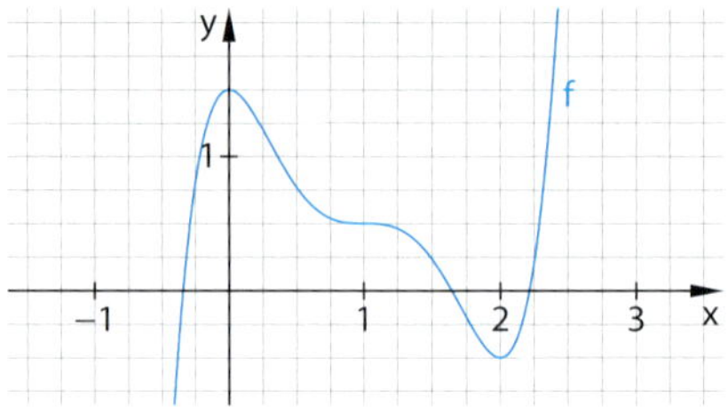

b)
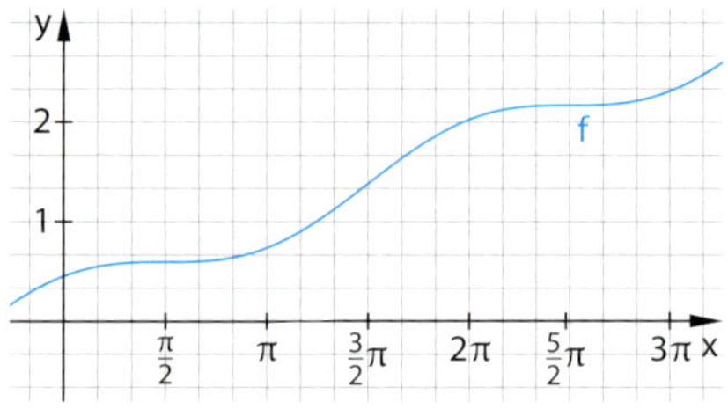

Lösungen zu 9

x-Koordinaten der Extrem- und Sattelpunkte

0 0 3 2 3
−3 0 1
2 2
−2 −1
6 0
0 0 1

9 Untersuchen Sie ohne Hilfsmittel den Graphen der Funktion auf Extrem- und Sattelpunkte. Überprüfen Sie Ihre Ergebnisse mit einer geeigneten Mathematiksoftware.

a) $f(x) = x^2 - 4$
b) $f(x) = \frac{1}{3}x^3 - 2x^2 + 4x$
c) $f(x) = x^3 + 3x^2 + 1$
d) $f(x) = \frac{1}{9}x^3 - x^2 + 3x$
e) $f(t) = t^4 - 2t^2$
f) $f(a) = -a^3 + 3a^2 + 3{,}5$
g) $f(x) = x^5 - 15x^3 - 30$
h) $f(x) = -3x^4 + 4x^3 + 8$

10 Bestimmen Sie Hoch-, Tief- und Sattelpunkte des Graphen der Funktion. Überprüfen Sie Ihre Ergebnisse mit einer geeigneten Mathematiksoftware.

a) $f(x) = \frac{1}{5}x^5 - \frac{4}{3}x^3 + 2$
b) $g(x) = 2x^3 - 6x^2 + 6x + 4$
c) $h(x) = x^3 - 6x^2 + 9x - 4$
d) $i(x) = 5x^4 - 40x^2 + 15$
e) $k(x) = 0{,}25x^3 + 15x - 1$
f) $l(x) = -\frac{1}{20}x^5 + \frac{3}{4}x^3 - 7$

11 Skizzieren Sie den Graphen einer Funktion f mit einem Sattelpunkt bei $S(3\,|\,2)$. Geben Sie $f'(3)$ sowie das Vorzeichen der Ableitung in der Umgebung von $x = 3$ an.

a) f ist streng monoton steigend auf $\mathbb{R}$.
b) f ist streng monoton fallend auf $\mathbb{R}$.

12 Zeigen Sie, dass der Graph der Funktion f an der Stelle x_S einen Sattelpunkt hat. Geben Sie die Koordinaten des Sattelpunktes an.

a) $f(x) = x^3 - 3x^2 + 3x + 2$; $x_S = 1$
b) $f(x) = \frac{1}{8}x^4 - \frac{5}{3}x^3 + 8x^2 - 16x$; $x_S = 4$

13 Erläutern Sie, welches Monotonieverhalten der Graph einer Funktion links und rechts seiner Hoch-, Tief- und Sattelpunkte hat. Erstellen Sie dazu eine Übersichtstabelle.

Weiterführende Aufgaben

14 Ein Unternehmen stellt täglich ein bestimmtes Produkt in der Stückzahl x her. Die Funktion g mit $g(x) = -20x^3 + 240x^2 - 420x - 760$ gibt den täglichen Gewinn des Unternehmens in Euro an.

a) Berechnen Sie den monatlichen Gewinn des Unternehmens, wenn täglich 5 Stück des Produkts produziert werden.
b) Berechnen Sie die Stückzahl x, für die das Unternehmen maximalen Gewinn erreicht. Geben Sie den maximalen täglichen Gewinn an.

15 **Stolperstelle:** Lisa sagt: *„Die Funktion f mit $f(x) = \frac{1}{3}x^3 - 3x^2 + 9x - 5$ hat die Ableitung $f'(x) = x^2 - 6x + 9$. Die Nullstelle von f' ist $x = 3$, also liegt dort ein Extrempunkt des Graphen."*
Erläutern Sie Lisas Fehler.

16 Bestimmen Sie zur Funktion Lage und Art der Extrempunkte des Graphen.
a) $f(x) = x^4 - \frac{9}{2}x^2 + 3$
b) $g(x) = -x^3 - x^2 + x + 1$
c) $h(x) = \frac{1}{9}x^4 - \frac{4}{3}x^3 + 4x^2 - 4$
d) $i(x) = \frac{1}{5}x^5 - \frac{1}{2}x^4 - x^3 + 1$

17 Gegeben ist der Graph einer Ableitungsfunktion von f. Geben Sie an, an welchen Stellen f Hoch-, Tief- bzw. Sattelpunkte hat. Übertragen Sie den Graphen von f' in ein Koordinatensystem und skizzieren Sie dort einen möglichen Graphen einer Ausgangsfunktion f.

a) 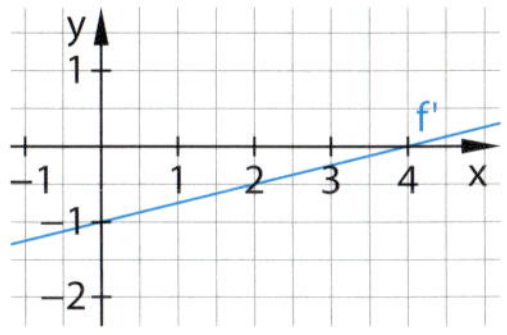

b) 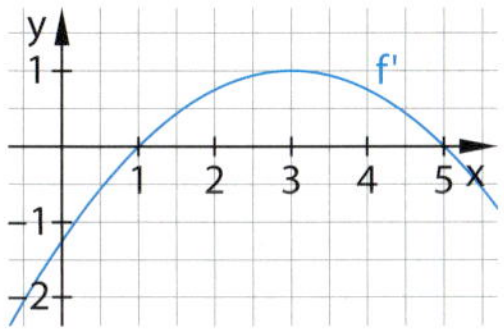

c) 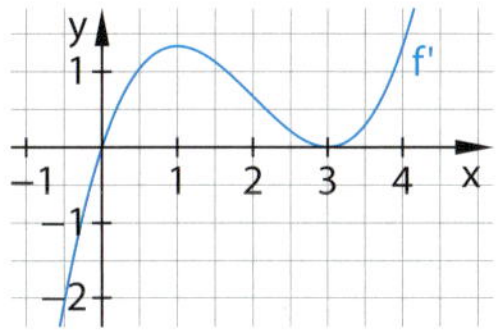

18 Entscheiden Sie, ob die Aussage wahr oder falsch ist. Begründen Sie sie, falls die Aussage wahr ist, und geben Sie ein Gegenbeispiel an, falls sie falsch ist.
a) Wenn $f'(a) = 0$ ist, dann ist a lokale Extremstelle von f.
b) Bei einem Sattelpunkt hat der Funktionsgraph eine waagerechte Tangente.
c) Die Ableitungsfunktion f' hat Nullstellen an den lokalen Extremstellen von f.
d) Wenn die Funktion f keine Extremstellen hat, dann hat f' keine Nullstellen.
e) An den Stellen mit waagerechter Tangente hat der Graph Sattelpunkte.
f) Wenn ein Funktionsgraph zwei Hochpunkte besitzt, dann hat die Funktion im Hochpunkt mit dem größeren Funktionswert ihr globales Maximum.

19 Zeichnen Sie den Graphen zu $f(x) = -x^4 + \frac{21}{2}x^2 + \frac{1}{2}x$ mit einer geeigneten Mathematiksoftware.
a) Bestimmen Sie mithilfe dieser Software die Koordinaten der Hoch- und Tiefpunkte.
b) Begründen Sie, ob globale Extrempunkte existieren, und geben Sie diese ggf. an.
c) Geben Sie den Term der Funktion g an, deren Graph im Vergleich zum Graphen von f an der x-Achse gespiegelt ist. Erklären Sie, wie sich diese Spiegelung auf die Extrempunkte auswirkt.

20 Skizzieren Sie einen passenden Graphen einer ganzrationalen Funktion, welche den Grad 4 hat, ein lokales Minimum bei $x = -1{,}75$ und einen Sattelpunkt bei $S(2\,|\,0)$.
Überlegen Sie, welchen Einfluss der Grad auf das Verhalten des Graphen für $x \to \pm\infty$ hat.

Erinnerung

Einfache, dreifache … Nullstelle: Der Graph schneidet die x-Achse.
Zweifache, vierfache … Nullstelle: Der Graph berührt die x-Achse, schneidet sie aber nicht.

21 Beschreiben Sie, wie man an der Art der Nullstelle (einfache, doppelte, dreifache …) der Ableitungsfunktion f' erkennen kann, ob der Graph einer ganzrationalen Funktion f an dieser Stelle einen lokalen Extrempunkt oder einen Sattelpunkt hat.

22 Begründen Sie die Gültigkeit der Aussage für eine ganzrationale Funktion n-ten Grades.
a) Die Funktion hat höchstens $n - 1$ lokale Extremstellen.
b) Die Funktion hat höchstens eine Nullstelle mehr als lokale Extremstellen.
c) Hat f eine Nullstelle der Vielfachheit 3, 5, 7 …, so hat der Graph von f dort einen Sattelpunkt.

Hinweis zu b)

Stellen Sie zuerst eine Funktion auf, die den vertikalen Abstand an einer beliebigen Stelle beschreibt.

23 Gegeben sind die beiden Funktionen f mit $f(x) = 2x^3 - 4x^2 + x + 8$ und g mit $g(x) = 2x^3 - x^2 - 2x + 2$.
a) Berechnen Sie die Koordinaten der Schnittpunkte der beiden Funktionsgraphen.
b) Berechnen Sie, an welcher Stelle zwischen den beiden Schnittpunkten der vertikale Abstand der Funktionsgraphen am größten ist.

24 Aus schmalen parallel zum Ufer verlegten Holzlatten soll ein Steg gebaut werden, der eine geschwungene Form aufweist und 1,5 m weit auf das Wasser ragt. Die krummlinigen Ränder des Stegs werden beschrieben durch die Funktionen f und g mit $f(x) = \frac{5}{2}x^3 - 4x^2 + x + 5$ und $g(x) = 2x^3 - 7x^2 + \frac{17}{2}x$ (x und y in Metern).
Bestimmen Sie die maximale und minimale Länge der Holzlatten, wenn beim Verlegen der Latten nicht gestückelt werden soll.

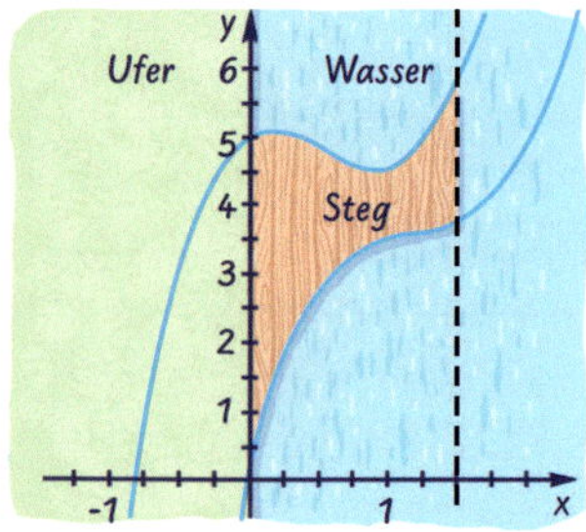

25 Die Kosten für die tägliche Herstellung der Menge x eines Produkts lassen sich durch die Funktion k mit $k(x) = \frac{1}{1500}x^3 - \frac{7}{500}x^2 + \frac{1006}{125}x + 400$ beschreiben. Auf der x-Achse bedeutet dabei eine Einheit 200 hergestellte Stücke, auf der y-Achse ist die Einheit €.

Hinweis zu a)

Der Begriff der Fixkosten beschreibt diejenigen Kosten, die unabhängig von der produzierten Stückzahl anfallen, z. B. für Miete.

a) Bestimmen Sie die Fixkosten.
b) In der Firma können täglich maximal 40 000 Teile hergestellt werden. Geben Sie den zugehörigen Definitionsbereich für x an.
c) 200 Teile werden jeweils als Einheit für 50 € verkauft. Geben Sie eine Funktion e an, mit der sich die täglichen Einnahmen berechnen lassen.
d) Der Gewinn der Firma berechnet sich aus der Differenz von Einnahmen und Kosten. Geben Sie eine Funktion g an, mit der sich der tägliche Gewinn berechnen lässt.
e) Bestimmen Sie, bei welcher Produktionsmenge der Gewinn maximal ist. Geben Sie den maximalen täglichen Gewinn an.

26 Ein Architekt plant ein Gewächshaus, dessen parabelförmige Bögen aus Stahl die Form des Funktionsgraphen von f mit $f(x) = -0{,}3x^2 + \frac{8}{3}x$ haben, wenn die x-Achse den Erdboden beschreibt (x, f(x) in m).

a) Berechnen Sie die maximale Höhe und die Breite des Gewächshauses.
b) Berechnen Sie den Winkel, den die Stahlbögen mit dem Erdboden bilden.
c) Berechnen Sie, in welcher Höhe die Stahlbögen einen Winkel von 45° mit einer Horizontalen einschließen.

27 Beurteilen Sie folgende Aussage: „Der Graph einer auf ganz $\mathbb{R}$ streng monoton steigenden Funktion kann keinen Sattelpunkt haben."

28 Überprüfen Sie die folgende Aussage: „Eine ganzrationale Funktion, deren Graph achsensymmetrisch zur y-Achse ist, hat an der Stelle x = 0 ein lokales Extremum." Begründen Sie dies, falls die Aussage stimmt, oder geben Sie ein Gegenbeispiel an, falls sie nicht stimmt.

29 **Ausblick: Parameteraufgaben**

a) Gegeben ist die Funktion f mit $f(x) = x^3 + 3x^2 - bx + c$.
① Bestimmen Sie b so, dass $x = 1$ und $x = -3$ Extremstellen sind.
② Bestimmen Sie anschließend c so, dass der Tiefpunkt die y-Koordinate −8 hat.
③ Geben Sie an, für welche Werte von b die Funktion f keine Extremstellen hat.

b) Die Funktion f hat die Funktionsgleichung $f(x) = \frac{1}{4}x^4 - \frac{a}{3}x^3 + \frac{1}{2}x^2$ mit $a \in \mathbb{R}$.
① Untersuchen Sie die Funktion f für $a = -2$ auf Extremstellen und Sattelpunkte.
② Bestimmen Sie a so, dass die Funktion f genau eine Extremstelle hat.
③ Bestimmen Sie a so, dass f die größtmögliche Anzahl von Extremstellen hat.

4.3 Globale Extrema

Gegeben ist die Funktion h mit $h(t) = \frac{1}{18}t^3 - \frac{1}{3}t^2 + \frac{1}{2}t + 3$.

a) Bestimmen Sie die Hoch- und Tiefpunkte des Graphen.

b) Die Funktion h beschreibt den Wasserstand in einem Regenbecken in der Zeit von 0 bis 5 Uhr (t: Uhrzeit in h; h(t): Wasserhöhe in m). Berechnen Sie h(0) und h(5).

c) Geben Sie den höchsten und den niedrigsten Wasserstand im Zeitraum von 0 bis 5 Uhr an.

Erinnerung

…st f(x) der größte bzw. …leinste Funktionswert …m Definitionsbereich …on f, so ist f(x) das …**lobale Maximum** bzw. …**lobale Minimum** von f.

Extremstellen, die man mithilfe der Nullstellen der Ableitung einer Funktion f findet, liefern lokale Maxima/Minima. In ihrer unmittelbaren Umgebung treten keine größeren/kleineren Funktionswerte auf. Wenn die Funktion auf einem Intervall [a; b] betrachtet wird, dann kann es aber an den Rändern a oder b dieses Intervalls noch größere/kleinere Funktionswerte geben. Dort muss keine waagerechte Tangente vorliegen.

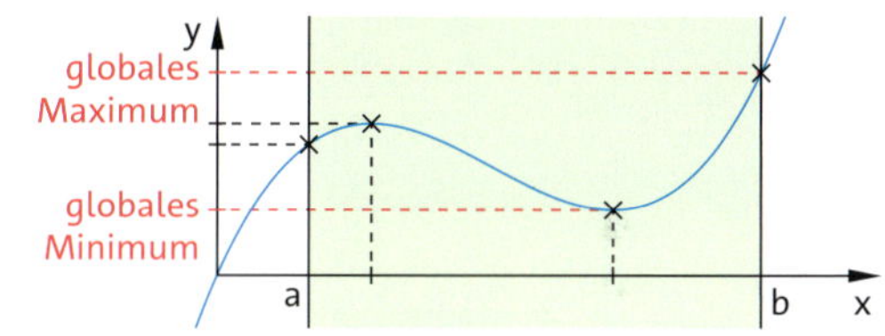

Ist f(x) der größte bzw. kleinste Funktionswert von f in einem Intervall [a; b], so heißt f(x) das **globale Maximum** bzw. **globale Minimum** auf diesem Intervall. Wird das globale Extremum auf dem Rand des Intervalls angenommen, so heißt es **Randextremum**.

Satz **Globale Extrema**

Hat die Funktion f auf dem Intervall [a; b] eine Ableitung f', dann existieren ein **globales Maximum** und ein **globales Minimum** von f auf [a; b]. Die globalen Extrema auf [a; b] sind lokale Extrema von f oder Randextrema.

Beispiel 1

Betrachtet wird die Funktion f mit $f(x) = \frac{1}{4}x^4 - \frac{5}{3}x^3 + 3x^2$ auf dem Intervall I = [1,5; 3,5].

a) Bestimmen Sie die lokalen Maxima und Minima von f auf dem Intervall I.

b) Bestimmen Sie die globalen Maxima und Minima von f auf dem Intervall I.

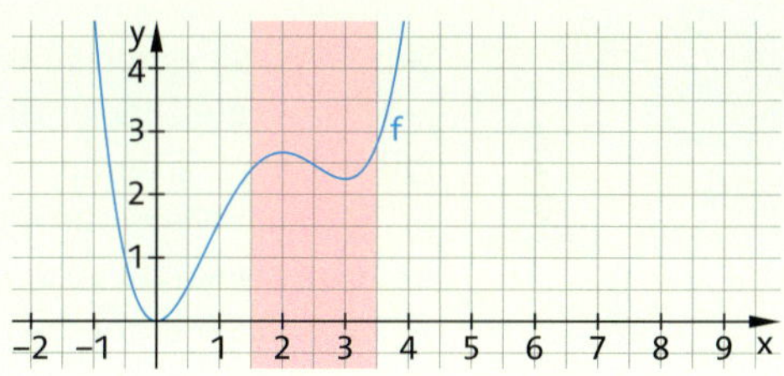

Lösung:

a) Bestimmen Sie die Extremstellen von f, die im Intervall I liegen.

$f'(x) = x^3 - 5x^2 + 6x$

$f'(x) = 0$ ergibt $x_1 = 0$, $x_2 = 2$ und $x_3 = 3$.

Das VZW-Kriterium ergibt im Intervall [1,5; 3,5] einen Hochpunkt bei $x_2 = 2$ und einen Tiefpunkt bei $x_3 = 3$.

Die lokalen Maxima und Minima sind die Funktionswerte an den Extremstellen.

lokales Maximum: $f(2) \approx 2,67$

lokales Minimum: $f(3) = 2,25$

b) Vergleichen Sie Funktionswerte an den Intervallrändern mit den lokalen Extrema. Der größte Funktionswert ist das globale Maximum, der kleinste das globale Minimum.

Randwerte: $f(1,5) \approx 2,39$; $f(3,5) \approx 2,81$

$2,81 > 2,67 > 2,39 > 2,25$

globales Maximum: 2,81 (Randextremum)

globales Minimum: 2,25 (lokales Minimum)

Basisaufgaben

1 Lesen Sie alle Hoch- und Tiefpunkte ab. Geben Sie das globale Maximum sowie das globale Minimum auf dem Intervall I an und nennen Sie die zugehörigen x-Werte.

a) $I = [-2; 5]$ b) $I = [-4{,}2; 3]$ c) $I = [-5; 1]$

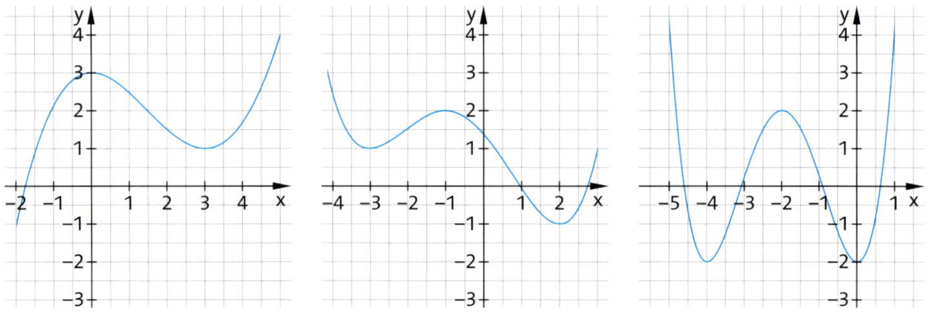

2 Gegeben ist die Funktion f mit $f(x) = -x^3 + 9x^2 - 24x + 22$.

a) Bestimmen Sie alle lokalen Maxima und Minima von f.

b) Begründen Sie, dass f kein globales Maximum oder Minimum auf $\mathbb{R}$ hat.

c) Ermitteln Sie die globalen Maxima und Minima von f auf den Intervallen.

① $[0; 6]$ ② $[1; 6]$ ③ $[1{,}5; 4{,}5]$ ④ $[2{,}5; 3{,}5]$

3 Bestimmen Sie erst die lokalen und dann die globalen Extrema sowie die zugehörigen x-Werte der Funktion f mit $f(x) = x^3 - 3x + 2$ auf dem Intervall $[0; 2]$.

Lösungen zu 4

−3 16 −16 1 2 −7 −12 5 1 −16 −4 11

4 Bestimmen Sie das globale Maximum und Minimum von f auf dem Intervall I.

a) $f(x) = x^2 - 2x + 2$ $I = [0; 3]$

b) $f(x) = x^2 - 2x + 2$ $I = [1; 2]$

c) $f(x) = -x^2 + 4x - 7$ $I = [1; 4]$

d) $f(x) = -x^2 + 4x - 7$ $I = [3; 5]$

e) $f(x) = x^3 - 12x$ $I = [-1; 3]$

f) $f(x) = x^3 - 12x$ $I = [-4; 3]$

5 Skizzieren Sie einen Funktionsgraphen mit den angegebenen Eigenschaften im Intervall $[-1; 6]$. Vergleichen Sie Ihre Ergebnisse mit Ihrem Nachbarn und benennen Sie gegebenenfalls weitere besonderen Punkte.

a) globales Maximum an der Stelle $x = 0$, globales Minimum an der Stelle $x = 4$

b) lokale Maxima an den Stellen $x = 1$ und $x = 4$, globales Maximum an der Stelle $x = 6$

c) globales Minimum am Rand des Intervalls, globales Maximum bei $x = 2$ und Schnitt mit der x-Achse bei $x = 1$

d) globales Minimum an beiden Rändern des Intervalls, globales Maximum in der Mitte des Intervalls

e) Tiefpunkt $T(1\,|\,3)$, globales Maximum 4 und globales Minimum −1

6 Geben Sie für die angegebenen globalen Extrema der abgebildeten Funktion mindestens ein passendes Intervall an.

	globales Maximum	globales Minimum
a)	2	−0,5
b)	1	−0,5
c)	1	−1,5
d)	5	2

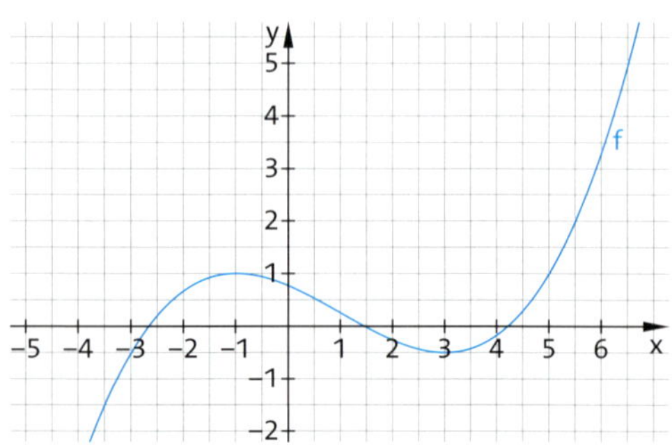

Weiterführende Aufgaben

7 Skizzieren Sie den Graphen einer Funktion f und geben Sie ein Intervall $[a; b]$ mit $a, b \in \mathbb{R}$ an, sodass f auf dem Intervall die angegebenen Eigenschaften hat.

a) Der Graph von f hat einen Hoch- und einen Tiefpunkt. Das globale Minimum und das globale Maximum werden auf den Intervallrändern a und b angenommen.

b) Der Graph von f hat einen Sattelpunkt, an beiden Intervallrändern liegen globale Minima vor.

c) Der Graph von f hat genau zwei lokale Extrempunkte. Das globale Minimum und das globale Maximum werden nicht auf den Intervallrändern angenommen.

d) Der Graph von f hat genau einen lokalen Extrempunkt im Intervall $[a; b]$, das globale Maximum liegt auf einem Intervallrand, das globale Minimum nicht.

e) Es ist möglich, einen gemeinsamen Graphen zu a) bis d) zu finden. Skizzieren Sie einen solchen Graphen und geben Sie zu jeder Teilaufgabe a) bis d) ein Intervall an, sodass die angegebenen Eigenschaften erfüllt werden.

8 **Stolperstelle:** Die Schüler einer Klasse haben den Graphen der Funktion f mit $f(x) = -0{,}5x^5 + 2x^4 + 0{,}5x^3 - 8x^2 + 6x - 2$ untersucht. Nehmen Sie Stellung zu den Aussagen.

a) Marie: *„Bei x = 0,425 hat f ein globales Maximum."*

b) Kilian: *„Das globale Minimum von f auf dem Intervall [0; 4] ist −2,99."*

c) Rudi: *„Auf jedem Intervall, das x = 2,64 enthält, hat f das globale Maximum 0,314."*

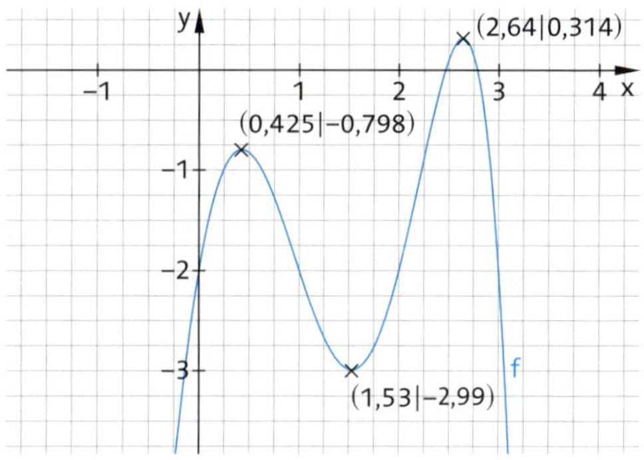

9 Bei der Produktion von Zahnrädern wird der prognostizierte tägliche Gewinn durch die Funktion f mit $f(x) = x^3 - 16{,}5x^2 + 84x - 100$ beschrieben. Hierbei ist x die Warenmenge in 100 Kartons à 20 Zahnrädern und f(x) gibt den täglichen Gewinn in 100 € an. Die maximale Produktionskapazität der Firma beträgt 18 000 Zahnräder pro Tag.

a) Geben Sie f(0) an und beschreiben Sie die Bedeutung im Sachzusammenhang.

b) Berechnen Sie die lokalen Extrema von f im betrachteten Bereich.

c) Bestimmen Sie den maximalen Gewinn, der pro Tag erreicht werden kann.

10 Die Funktion f mit $f(t) = -t^3 + 21t^2 - 120t + 235$ beschreibt für $0 \le t \le 12$ näherungsweise den Wasserstand eines Flusses in cm für die ersten 12 Stunden eines Tags.

a) Berechnen Sie f(2). Beschreiben Sie die Bedeutung im Sachzusammenhang.

b) Berechnen Sie $\frac{f(8) - f(1)}{8 - 1}$. Beschreiben Sie die Bedeutung im Sachzusammenhang.

c) Berechnen Sie die lokalen Extrema von f.

d) Bestimmen Sie die Zeitpunkte, an denen der Wasserstand im betrachteten Zeitraum den größten bzw. kleinsten Wert annimmt.

11 Erläutern Sie, dass f mit $f(x) = x^2$ für $-1 < x < 2$ ein globales Minimum, aber kein globales Maximum hat. Untersuchen Sie, ob dies für $-1 \le x \le 2$ ebenfalls gilt.

12 **Ausblick:** Ermitteln Sie die Koordinaten der Punkte auf dem Graphen von f, die zum Punkt Q den kleinsten Abstand haben. Nutzen Sie aus, dass die Abstandsfunktion d zwischen dem Punkt Q und dem Graphen von f keine negativen Werte annimmt und daher die gleichen Extremstellen hat wie die Funktion $D = d^2$.

a) $Q(0|0)$; $f(x) = -\frac{1}{2}x + 3$ b) $Q(4|3)$; $f(x) = -\frac{1}{2}x + 3$ c) $Q(1|0)$; $f(x) = 2x$

4.4 Krümmung

Der Graph der Funktion f mit $f(x) = -\frac{1}{20}(x^3 - 9x^2 + 17x - 27)$ stellt den Verlauf einer Straße von oben dar. Ermitteln Sie die Bereiche, in denen der Radfahrer eine Links- bzw. Rechtskurve durchfährt. Beschreiben Sie auch den Graphen der Ableitungsfunktion f′ in diesen Bereichen.

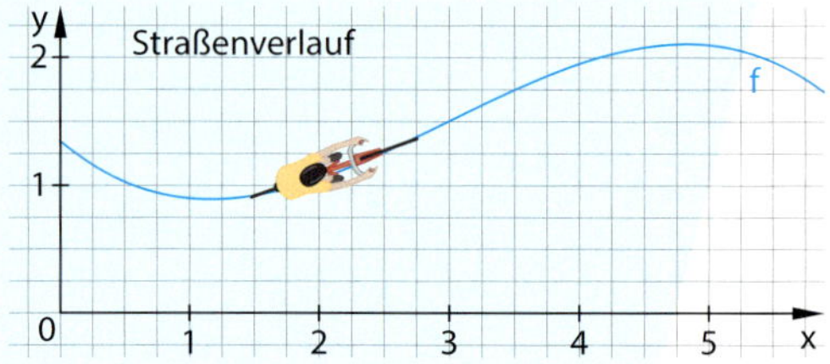

Nimmt in einem Intervall die Steigung eines Graphen von f stetig zu, so beschreibt der Graph von f dort eine Linkskurve. Man spricht daher von einer Linkskrümmung. Umgekehrt ist ein Graph, dessen Steigung kleiner wird, rechtsgekrümmt.

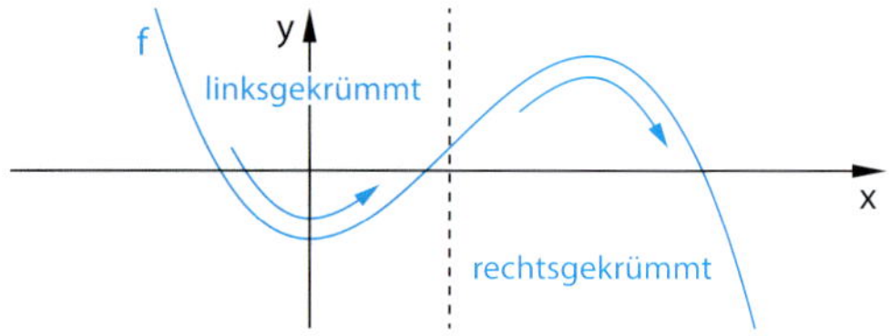

Die Steigung wird durch die Ableitung f′ beschrieben. Bei einer Linkskrümmung des Graphen von f ist die Ableitung f′ streng monoton steigend.
Ist der Graph von f hingegen rechtsgekrümmt, so ist f′ streng monoton fallend.

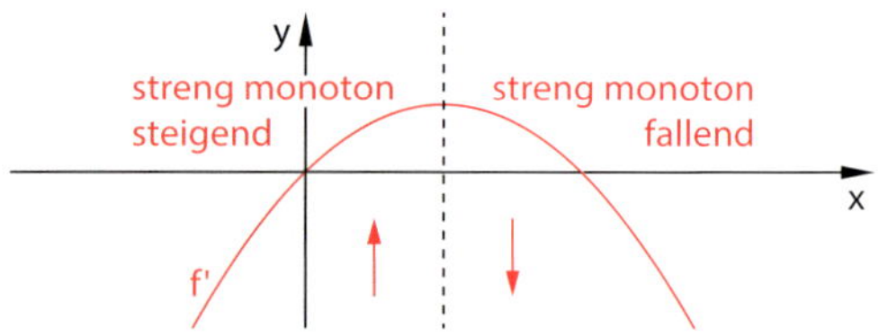

Hinweis

Die Ableitung f′ einer Funktion f wird auch als erste Ableitung bezeichnet.

Die Änderung der Steigung wird durch die Ableitung von f′ beschrieben. Sie heißt **zweite Ableitung f″**.
f′ ist streng monoton steigend bzw. fallend, wenn die Ableitung von f′, also f″, größer als 0 bzw. kleiner als 0 ist.

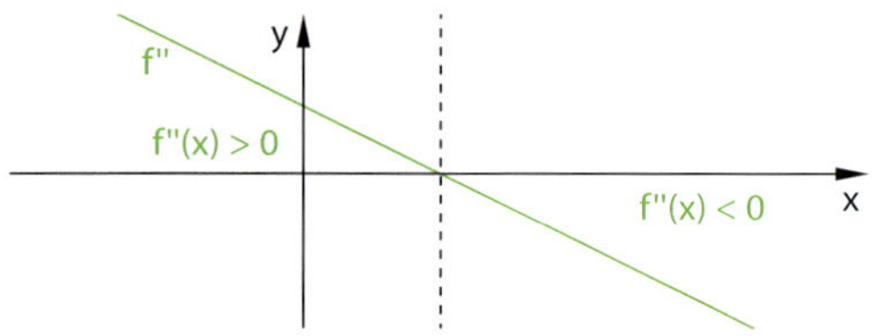

Merkhilfe

f″(x) positiv ⇒ f linksgekrümmt

f″(x) negativ ⇒ f rechtsgekrümmt

Satz **Krümmungsverhalten**

Es sei f eine Funktion, deren erste und zweite Ableitung im Intervall I existiert.

- Gilt $\mathbf{f''(x) > 0}$ für alle x aus dem Intervall I, so ist der Graph der Funktion f auf I **linksgekrümmt**, er beschreibt eine **Linkskurve**.
- Gilt $\mathbf{f''(x) < 0}$ für alle x aus dem Intervall I, so ist der Graph der Funktion f auf I **rechtsgekrümmt**, er beschreibt eine **Rechtskurve**.

Beispiel 1

Untersuchen Sie den Graphen der Funktion f mit $f(x) = x^3 - 3x^2$ mithilfe der zweiten Ableitung auf sein Krümmungsverhalten.

Hinweis

Wie die Monotonie kann auch die Krümmung mithilfe einer Tabelle untersucht werden.

Lösung:

Bilden Sie die ersten beiden Ableitungen von f. Berechnen Sie die Nullstelle von f″.

$f'(x) = 3x^2 - 6x$ $f''(x) = 6x - 6$
$6x - 6 = 0$, also $x = 1$

Die Nullstelle von f″ teilt den Definitionsbereich von f in zwei Krümmungsintervalle. Setzen Sie auf jedem Intervall eine Teststelle (z. B. 0 und 4) in f″(x) ein. Das Vorzeichen gibt das Krümmungsverhalten von f an.

$x < 1$: $f''(0) = 6 \cdot 0 - 6 = -6 < 0$
Der Graph ist für $x < 1$ rechtsgekrümmt.

$x > 1$: $f''(4) = 6 \cdot 4 - 6 = 18 > 0$
Der Graph ist für $x > 1$ linksgekrümmt.

Basisaufgaben

1 Geben Sie an, auf welchen Intervallen der Graph der Funktion f links- bzw. rechtsgekrümmt ist. Gehen Sie davon aus, dass es im weiteren Verlauf des Graphen keine Änderungen im Krümmungsverhalten gibt.

a) 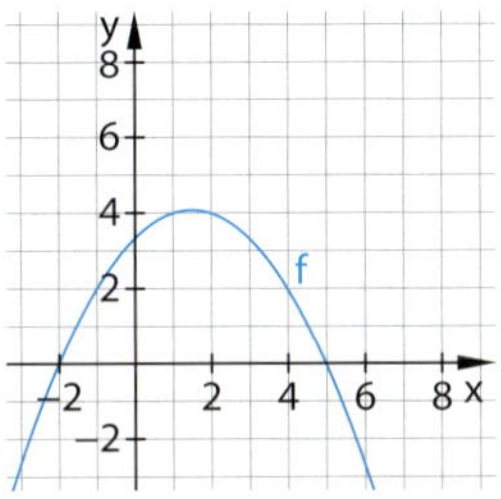

b) 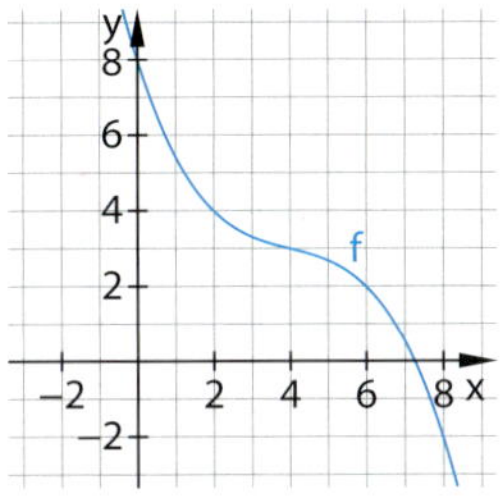

c) 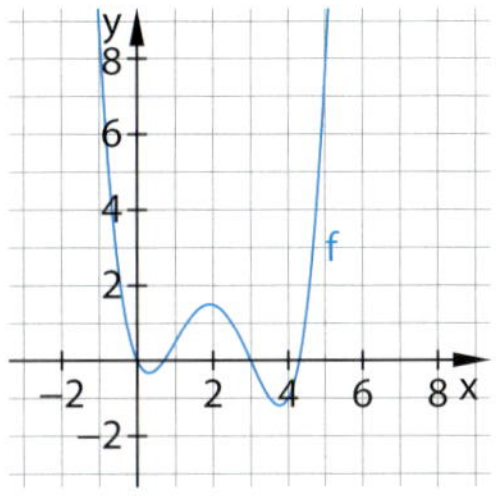

2 Zeichnen Sie einen Funktionsgraphen, der für $x < -4$ sowie $x > 1$ linksgekrümmt und für $-4 < x < 1$ rechtsgekrümmt ist.

3 Die Abbildung zeigt den Graphen der zweiten Ableitung der Funktion f. Geben Sie an, auf welchen Intervallen der Graph von f links- bzw. rechtsgekrümmt ist. Gehen Sie davon aus, dass es im weiteren Verlauf des Graphen keine Änderungen im Krümmungsverhalten gibt.

a) 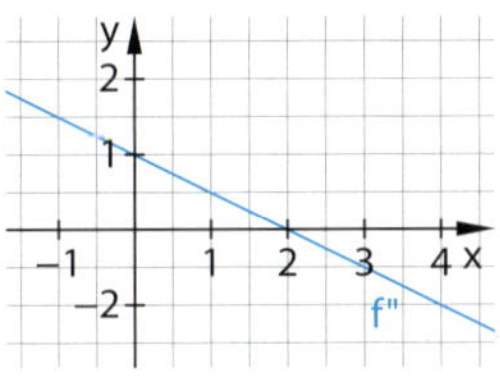

b) 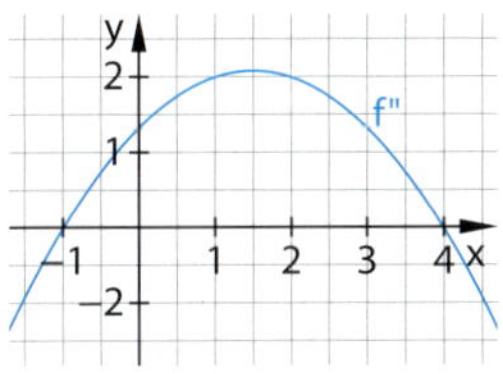

c) 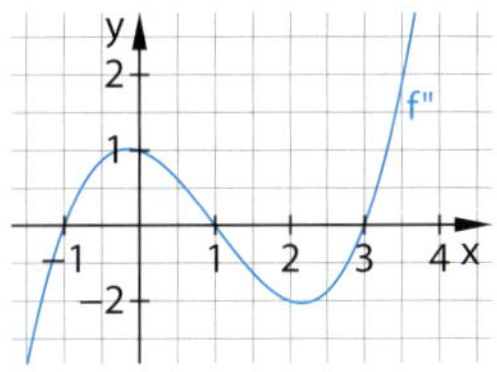

4 Berechnen Sie die erste und zweite Ableitung der Funktion f.

a) $f(x) = x^3 - 2x^2 + 5x - 1$ b) $f(x) = -x^4 - 2x^3 + 8x$ c) $f(x) = 2x^5 - 0{,}4x^4 + 6x^2 - 3x + 0{,}7$

5 Berechnen Sie die Nullstellen der zweiten Ableitung und bestimmen Sie das Krümmungsverhalten des Graphen von f über der Definitionsmenge $\mathbb{R}$.

a) $f(x) = \frac{1}{2}x^3 - 3x^2 + 3x - 6$ b) $f(x) = -\frac{1}{2}x^2 + 7x - 18$ c) $f(x) = \frac{1}{3}x^4 - 2x^2 + 4x$

d) $f(x) = 0{,}25x^5 + 10x - 1$ e) $f(x) = x^4 - 6x$ f) $f(x) = -\frac{1}{3}x^3 - 2x^2 - 5x + 2$

g) $f(x) = -x^2 + 2x + 1$ h) $f(x) = x^3 - 7x^2 + 15x - 9$ i) $f(x) = -\frac{1}{12}x^4 + \frac{1}{3}x^3 + x$

j) $f(x) = -\frac{1}{12}x^4 - \frac{1}{3}x^3 - x^2$ k) $f(x) = x^4 + 3x^3 + 3x^2 + x$ l) $f(x) = \frac{1}{4}x^4 - \frac{2}{3}x^3 + \frac{1}{2}x^2 - 1$

6 Gegeben sind die Graphen von Funktionen und deren erster und zweiter Ableitung. Ordnen Sie begründet zu und erläutern Sie den Zusammenhang zwischen dem Krümmungsverhalten des Graphen von f'', dem Monotonieverhalten von f' und dem Graphen von f''.

Graphen von f

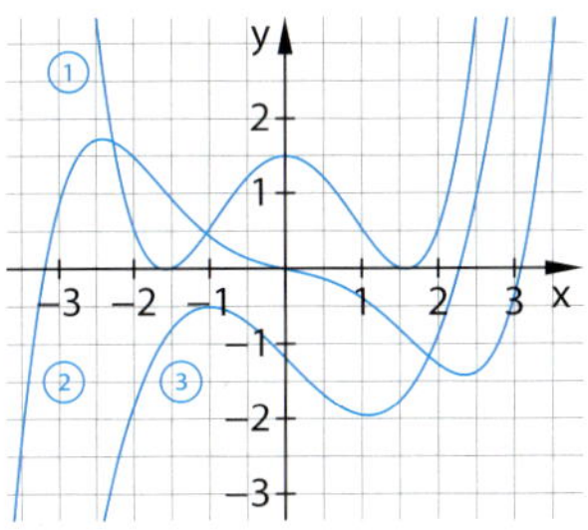

Graphen von f'

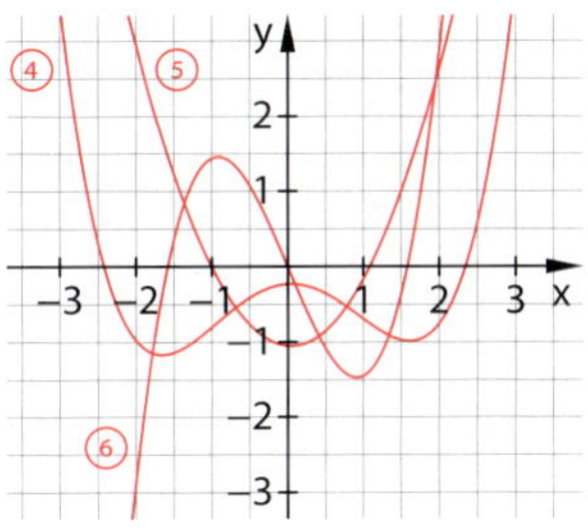

Graphen von f''

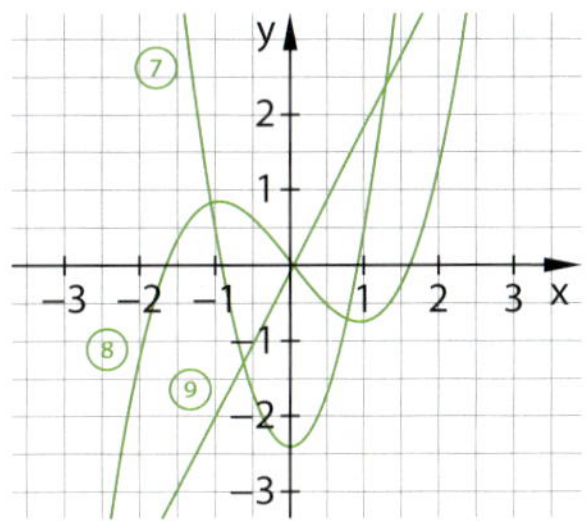

Überprüfen von lokalen Extrempunkten mit der zweiten Ableitung

In der Umgebung eines Hochpunktes ist der Graph einer Funktion f immer rechtsgekrümmt, bei einem Tiefpunkt immer linksgekrümmt. Anstatt einen Vorzeichenwechsel von f' zu überprüfen, ist es möglich, mithilfe der zweiten Ableitung f'' zu prüfen, ob der Graph an den potentiellen Extremstellen von f eine Linkskrümmung ($f''(x) > 0$) oder eine Rechtskrümmung ($f''(x) < 0$) ausweist.

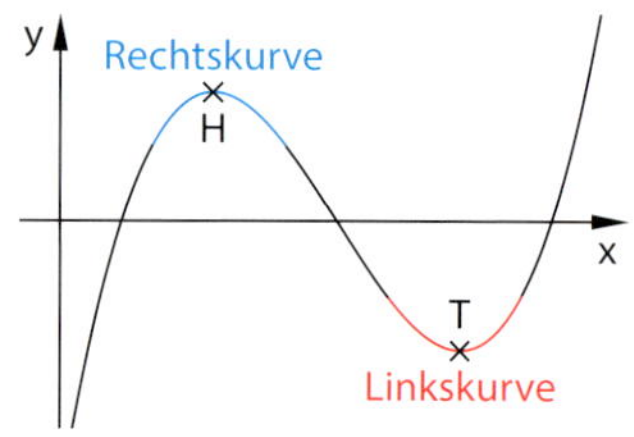

Satz **Hinreichende Bedingung für lokale Extrempunkte mit der zweiten Ableitung**

Es seien f und f' differenzierbare Funktionen.
- Wenn $\mathbf{f'(x_E) = 0}$ und $\mathbf{f''(x_E) < 0}$ gilt, dann hat der Graph der Funktion f an der Stelle x_E einen **Hochpunkt**.
- Wenn $\mathbf{f'(x_E) = 0}$ und $\mathbf{f''(x_E) > 0}$, gilt, dann hat der Graph der Funktion f an der Stelle x_E einen **Tiefpunkt**.

Ist $f'(x_E) = 0$ und $f''(x_E) = 0$, so lässt sich daraus nicht folgern, dass dort keine lokale Extremstelle vorliegt. In diesem Fall zieht man das Vorzeichenwechselkriterium (VZW) hinzu.

Beispiel 2 Bestimmen Sie die Lage und Art der Extrempunkte des Graphen der Funktion f mit $f(x) = x^3 - 9x^2 + 24x - 18$ mithilfe der zweiten Ableitung.

Lösung:

Bilden Sie die ersten beiden Ableitungen von f.	$f'(x) = 3x^2 - 18x + 24$ $f''(x) = 6x - 18$
Berechnen Sie die Nullstellen von f'. $x_1 = 2$ und $x_2 = 4$ sind die möglichen Extremstellen. Setzen Sie diese Stellen in die zweite Ableitung $f''(x)$ ein. Das Ergebnis ist jeweils ungleich 0. Das Vorzeichen gibt an, ob dort ein Hoch- oder Tiefpunkt liegt.	$3x^2 - 18x + 24 = 0$ also $x_1 = 2$ und $x_2 = 4$ $f''(2) = 6 \cdot 2 - 18 = -6 < 0$ Bei 2 liegt ein Hochpunkt. $f''(4) = 6 \cdot 4 - 18 = 6 > 0$ Bei 4 liegt ein Tiefpunkt.
Die y-Koordinaten des Hochpunktes H und des Tiefpunktes T ergeben sich durch Einsetzen der Extremstellen in f(x).	$f(2) = 2^3 - 9 \cdot 2^2 + 24 \cdot 2 - 18 = 2$ $f(4) = 4^3 - 9 \cdot 4^2 + 24 \cdot 4 - 18 = -2$ $H(2\,|\,2)$ $T(4\,|\,-2)$

Basisaufgaben

Lösungen zu 7

(1 | 4) (4 | −6) (0 | 2) (4 | −2) (2 | 2) $(0\,|\,\frac{12}{5})$ (−2 | −4) (2 | 4) (−2 | 6) (0 | 0) (2 | −4) (−2 | −2) (6 | 0)

7 Bestimmen Sie die Lage und Art der Extrempunkte des Graphen mithilfe der ersten und zweiten Ableitung von f.

a) $f(x) = -4x^2 + 8x$ b) $f(x) = \frac{1}{8}x^3 - \frac{3}{4}x^2 + 2$ c) $f(x) = \frac{1}{10}x^3 - \frac{3}{10}x^2 + \frac{12}{5}$

d) $f(x) = \frac{1}{8}x^3 - \frac{3}{2}x^2 + \frac{9}{2}x$ e) $f(x) = \frac{1}{9}x^3 - \frac{1}{3}x^2 - \frac{8}{3}x + \frac{26}{9}$ f) $f(x) = \frac{1}{4}x^4 - 2x^2$

8 Gegeben ist die Funktion f mit $f(x) = \frac{1}{2}x^4 - 2x^3 + 8x$.

a) Zeigen Sie, dass der Graph von f im Punkt $(-1\,|\,-5{,}5)$ einen Tiefpunkt hat.

b) Untersuchen Sie das Verhalten der Graphen von f' und f'' an der Stelle $x = 2$.

c) Begründen Sie, dass der Graph von f an der Stelle $x = 2$ einen Sattelpunkt hat, und berechnen Sie die fehlende Koordinate.

Weiterführende Aufgaben

9 Ordnen Sie die drei Graphen begründet den Funktionen f, f′ und f″ zu.

a) 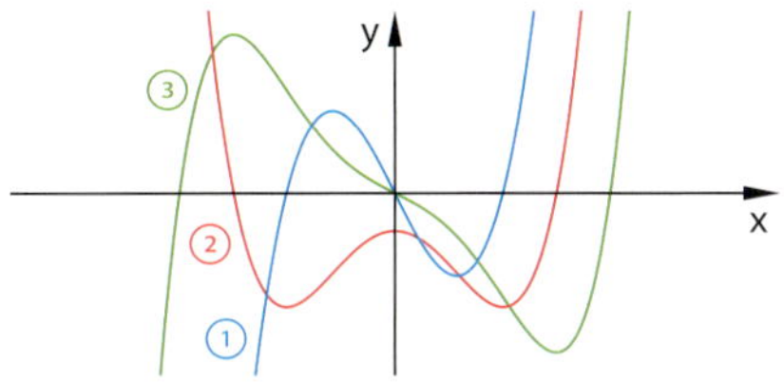

b) 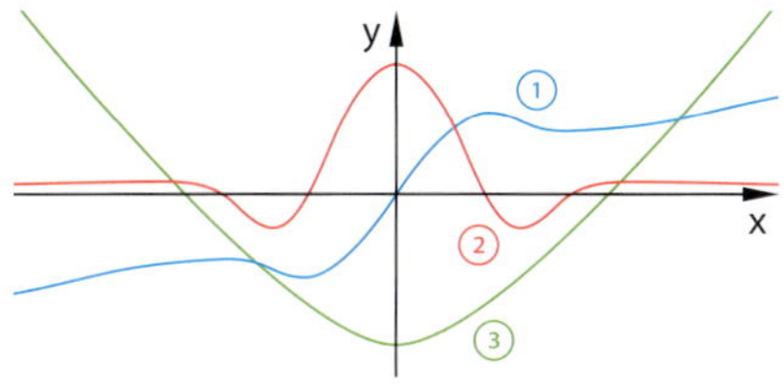

10 Skizzieren Sie einen möglichen Graphen von f.
a) Der Graph von f ist rechtsgekrümmt und hat den Hochpunkt H(2 | 4).
b) Der Graph von f hat im Punkt P(−3 | 2) eine waagerechte Tangente und geht in diesem Punkt von einer Links- in eine Rechtskrümmung über.
c) Der Graph von f hat zwei Stellen mit waagerechter Tangente und wechselt nur an einer dieser Stellen seine Krümmung.
d) Der Graph von f ist linksgekrümmt und hat keine Extremstellen.
e) Es gilt $f'(x) < 0$ und $f''(x) > 0$ für alle x.

11 Die Funktion h mit $h(t) = -0{,}03t^3 + 0{,}9t^2 + 4$ beschreibt für $0 \le t \le 20$ die Wuchshöhe einer Pflanze. Dabei bezeichnet t die Anzahl der Tage nach Beobachtungsbeginn und h(t) die Höhe der Pflanze in cm.
a) Berechnen Sie die Pflanzenhöhe nach 5 und nach 15 Tagen.
b) Weisen Sie rechnerisch nach, dass die Wachstumsgeschwindigkeit innerhalb der ersten 10 Tage ständig steigt.
c) Für $t > 10$ gilt $h''(t) < 0$. Erläutern Sie dies im Sachzusammenhang.
d) Zeigen Sie, dass die minimale und maximale Pflanzenhöhe zu Beginn und am Ende der Beobachtung angenommen werden, und geben Sie diese an.

Info
n der Physik schreibt nan statt s″, v′ und s′ nanchmal auch $\ddot{s}$, $\dot{v}$ nd $\dot{s}$.

12 **Ableitungen in der Physik:** In der Physik werden Bewegungen durch die Größen s (Weg), v (Geschwindigkeit) und a (Beschleunigung) beschrieben. Die Geschwindigkeit ist die zeitliche Veränderung des Wegs, die Beschleunigung ist die zeitliche Veränderung der Geschwindigkeit. Es gilt also $s''(t) = v'(t) = a(t)$ und $s'(t) = v(t)$.
Erläutern Sie die Bedeutung einer positiven/negativen Beschleunigung für die Geschwindigkeit und den Weg in diesem Sachzusammenhang.

13 **Stolperstelle:** Max untersucht die Funktion f mit $f(x) = x^4 - 8x^3 + 24x^2 - 32x + 15$.
Er sagt: *„Zwar ist f′(2) = 0, aber weil f″(2) = 0 ist, ist 2 keine Extremstelle von f."*
Nehmen Sie Stellung.

14 **Hinreichende und notwendige Bedingungen:** „Die notwendige Bedingung ist nicht hinreichend, die hinreichende ist nicht notwendig." Erläutern Sie diese Aussage, indem Sie die Extremstellen zu $f(x) = x^2$, $g(x) = x^3$ und $h(x) = x^4$ untersuchen.

15 Untersuchen Sie den Funktionsgraphen auf Hoch- und Tiefpunkte. Verwenden Sie, falls nötig, das VZW-Kriterium. Geben Sie auch die Koordinaten der Sattelpunkte an.
a) $f(x) = \frac{1}{4}x^4 + x^3 - \frac{11}{4}$
b) $f(x) = 3x^5 - 5x^3$

16 Bestimmen Sie die Punkte des Graphen mit waagerechter Tangente. Untersuchen Sie, ob diese Punkte Extrempunkte sind.

a) $f(x) = x^4 - 4x^3 + 4x^2$

b) $f(x) = \frac{1}{4}x^3 - \frac{3}{2}x^2 + 8$

c) $f(x) = -\frac{1}{8}x^3 + \frac{3}{2}x$

d) $f(x) = 3x^3 - 27x^2 + 81x - 84$

e) $f(x) = -2x^5 - \frac{5}{4}x^4 + 10x^3$

f) $f(x) = -\frac{3}{8}x^4 + 2x^3 - 3x^2$

17 **Vergleich der hinreichenden Bedingungen für Extrempunkte:**
Bestimmen Sie gemeinsam die Extrempunkte der Graphen der folgenden Funktionen. Legen Sie vorher fest, wer mit der zweiten Ableitung und wer mit dem Vorzeichenwechselkriterium als hinreichender Bedingung arbeitet.

$f(x) = \frac{1}{6}x^3 - \frac{3}{4}x^2 - 2x + 3$ $g(x) = \frac{1}{3}x^3 - 2x^2 + 4x$ $h(x) = x^6 - \frac{3}{2}x^4$

Vergleichen Sie anschließend die Rechenwege. Stellen Sie Vor- und Nachteile der beiden hinreichenden Bedingungen gegenüber.

18 Beim Bau von Straßen, Bahngleisen oder Achterbahnen wird bei der Berechnung der Linienführung immer darauf geachtet, dass Richtungswechsel möglichst kräftearm verlaufen, um eine ruckfreie Fahrdynamik zu erreichen. Hierbei reicht es nicht, dass beim Übergang von z. B. Geraden zu Kurven und umgekehrt die Steigungen identisch sind, d. h. keine „Knicke" auftreten. Damit sich auch die Richtungsänderung nicht abrupt ändert, ist zudem zu fordern, dass auch die Krümmungen der Linien in den Übergangspunkten übereinstimmen. Als Beispiel hierzu sollen zwei gerade Straßenenden durch eine Kurve verbunden werden. Die Straßenenden sind gegeben durch die Geraden $y = 2$ für $x \leq 0$ und $y = -2x + 9$ für $x \geq 4$.

a) Zeigen Sie, dass die Kurve 1, beschrieben durch den Graphen der Funktion f mit $f(x) = -\frac{3}{32}x^3 + \frac{5}{16}x^2 + 2$ für $0 < x < 4$, an den Anschlussstellen zwar keinen Knick aufweist, die Krümmungen aber plötzlich deutlich voneinander abweichen.

b) Gegeben ist eine zweite Funktion g mit $g(x) = a \cdot x^5 - \frac{41}{256}x^4 + \frac{11}{32}x^3 + 2$ für $0 < x < 4$. Bestimmen Sie den Koeffizienten a so, dass die Funktion g die geforderten Eigenschaften erfüllt, und weisen Sie diese nach.

c) Zeichnen Sie die Graphen der beiden Geraden sowie der Funktionen f aus a) und g aus b) mithilfe einer geeigneten Mathematiksoftware in ein gemeinsames Koordinatensystem. Überprüfen Sie damit Ihre Ergebnisse.

19 **Ausblick:** Der Graph einer ganzrationalen Funktion f dritten Grades hat einen Tiefpunkt im Koordinatenursprung.

a) Stellen Sie eine allgemeine Gleichung für f auf und finden Sie eine Bedingung für die Lage des Tiefpunktes im Ursprung.

b) Der Graph von f ist für $x < 1$ linksgekrümmt und für $x > 1$ rechtsgekrümmt. Bestimmen Sie einen möglichen Funktionsterm von f. Zeichnen Sie den zugehörigen Graphen.

c) Geben Sie eine allgemeine Funktionsgleichung an, die alle möglichen Lösungen von b) beschreibt.

4.5 Wendepunkte

Der Graph stellt links das Höhenprofil einer Straße dar und rechts die Draufsicht einer anderen Straße. Die Stelle $x = 3$ hat für den Radfahrer in der jeweiligen Situation unterschiedliche Bedeutungen. Stellen Sie einen Zusammenhang zwischen diesen Bedeutungen her. Erläutern Sie, wie man diese Stelle bei gegebenem Funktionsterm berechnen könnte.

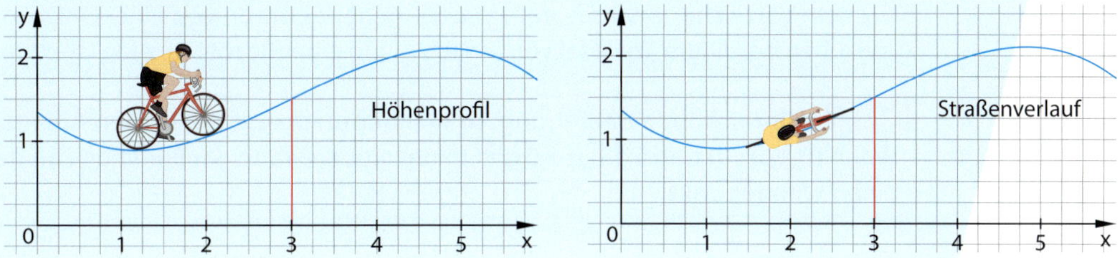

Die Grafik zeigt die Zusammenhänge zwischen den Graphen einer Funktion f und ihren ersten beiden Ableitungsfunktionen f′ und f″.

Die Stellen, an denen sich das Krümmungsverhalten des Graphen ändert, heißen **Wendestellen.**
An diesen Stellen ist die **Steigung des Graphen lokal maximal** (beim Wechsel von Links- zu Rechtskrümmung) bzw. **lokal minimal** (beim Wechsel von Rechts- zu Linkskrümmung).

Eine Wendestelle ist folglich eine lokale Extremstelle der ersten Ableitungsfunktion und damit eine Nullstelle der zweiten Ableitungsfunktion mit Vorzeichenwechsel.

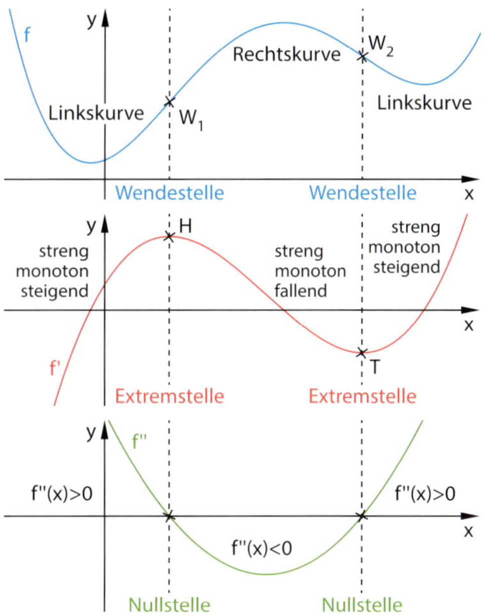

Definition **Wendepunkt**

Ein **Wendepunkt** ist ein Punkt, an dem ein Graph von einer Linkskrümmung in eine Rechtskrümmung übergeht oder umgekehrt.

Ein Sattelpunkt ist ein Wendepunkt, in dem der Graph eine waagerechte Tangente hat.

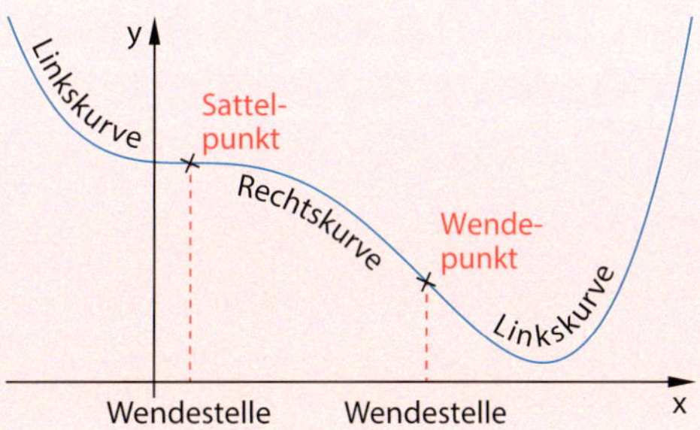

Da eine Wendestelle von f eine lokale Extremstelle der ersten Ableitung f′ ist, ist eine notwendige Bedingung, dass dort die Ableitung von f′, also die zweite Ableitung f″, den Wert 0 hat.

Satz **Notwendige Bedingung für Wendepunkte**

Hat der Graph einer Funktion f an der Stelle x_W einen **Wendepunkt**, dann gilt $\mathbf{f''(x_W) = 0}$.

Da Wendestellen von f lokale Extremstellen von f′ sind, lassen sich die hinreichenden Bedingungen für lokale Extremstellen auf Wendestellen übertragen.

Satz **Hinreichende Bedingung für Wendepunkte mit VZW der zweiten Ableitung**
Wenn $\mathbf{f''(x_W) = 0}$ gilt und das **Vorzeichen von f″** an der Stelle x_W wechselt, dann hat der Graph der Funktion f an der Stelle x_W einen **Wendepunkt**.

Bei einem Vorzeichenwechsel von + nach − geht der Graph von einer Links- in eine Rechtskurve über, bei einem Wechsel von − nach + von einer Rechts- in eine Linkskurve.

Hinweis

Die Ableitung der zweiten Ableitung f″ wird als dritte Ableitung f‴ bezeichnet.

Satz **Hinreichende Bedingung für Wendepunkte mit der dritten Ableitung**
Wenn $\mathbf{f''(x_W) = 0}$ und $\mathbf{f'''(x_W) \neq 0}$ gilt, dann hat der Graph der Funktion f an der Stelle x_W einen **Wendepunkt**.

Beispiel 1 Bestimmen Sie rechnerisch die Koordinaten der Wendepunkte des Graphen von f mit $f(x) = -\frac{1}{16}x^4 + \frac{1}{4}x^3$. Prüfen Sie, ob die Wendepunkte auch Sattelpunkte sind.

Lösung:

Bilden Sie die ersten drei Ableitungen von f.

$f'(x) = -\frac{1}{4}x^3 + \frac{3}{4}x^2$

Die Nullstellen von f″ liefern die „Kandidaten" für mögliche Wendestellen.
Es gibt zwei Möglichkeiten, diese „Kandidaten" zu untersuchen.

$f''(x) = -\frac{3}{4}x^2 + \frac{3}{2}x$

$f'''(x) = -\frac{3}{2}x + \frac{3}{2}$

$-\frac{3}{4}x^2 + \frac{3}{2}x = 0$, also $x_1 = 0$ und $x_2 = 2$

1. Möglichkeit: VZW-Kriterium
Erstellen Sie eine Krümmungstabelle und setzen Sie geeignete Teststellen in f″(x) ein.

1. Möglichkeit: VZW-Kriterium

	$x < 0$	0	$0 < x < 2$	2	$x > 2$
Teststelle	−1		1		3
f″(x)	−	0	+	0	−

VZW, also Wendepunkt

2. Möglichkeit: Einsetzen in f‴(x)
Prüfen Sie, ob die Ergebnisse ungleich 0 sind.

2. Möglichkeit: Einsetzen in f‴(x)
$f'''(0) = \frac{3}{2} \neq 0$ Bei 0 liegt ein Wendepunkt.
$f'''(2) = -\frac{3}{2} \neq 0$ Bei 2 liegt ein Wendepunkt.

Einsetzen der Wendestellen in f(x) liefert die y-Koordinaten der Wendepunkte W_1 und W_2.
$f(0) = 0$ $W_1(0\,|\,0)$
$f(2) = 1$ $W_2(2\,|\,1)$

Einsetzen der Wendestellen in f′(x) zeigt, ob die Wendepunkte Sattelpunkte sind.
$f'(0) = 0$ W_1 ist Sattelpunkt.
$f'(2) = 1 \neq 0$ W_2 ist kein Sattelpunkt.

Basisaufgaben

1 Lesen Sie die Koordinaten der Wendepunkte ab. Geben Sie jeweils an, ob es sich um einen Wendepunkt mit lokal minimaler oder lokal maximaler Steigung handelt und ob ein Sattelpunkt vorliegt.

a) 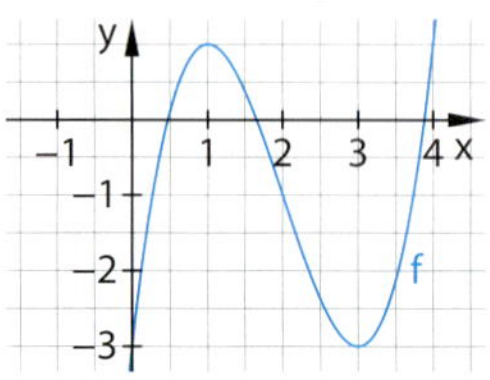

b) 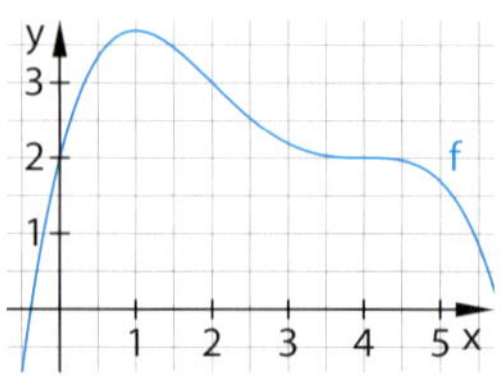

c) 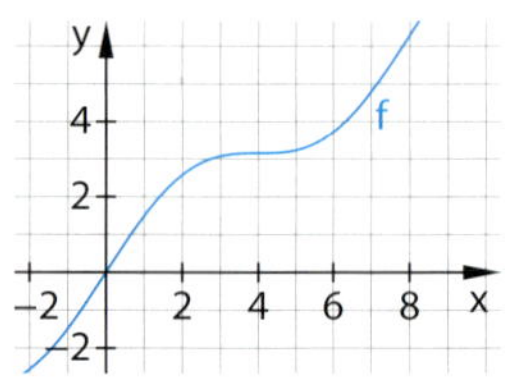

2 Gegeben sind die Graphen der zweiten Ableitung einer Funktion. Treffen Sie Aussagen über die Existenz von Wendestellen sowie über das Krümmungsverhalten des Graphen von f. Gehen Sie davon aus, dass es im weiteren Verlauf des Graphen keine Änderungen im Krümmungsverhalten gibt.

a)
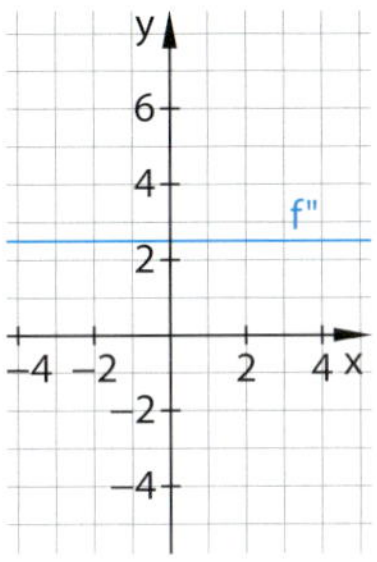

b)
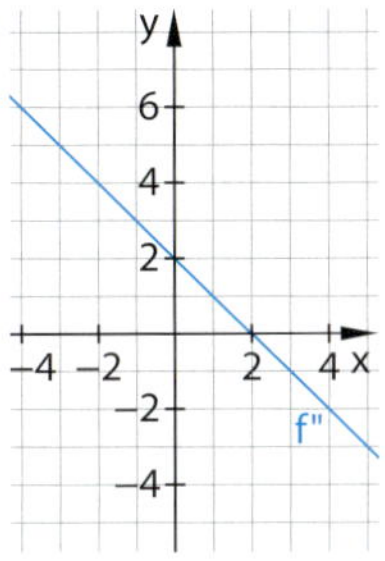

c)
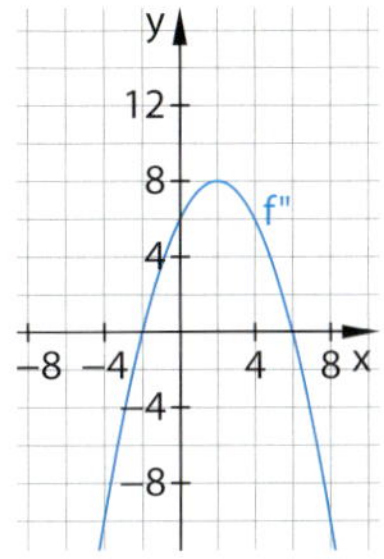

d)
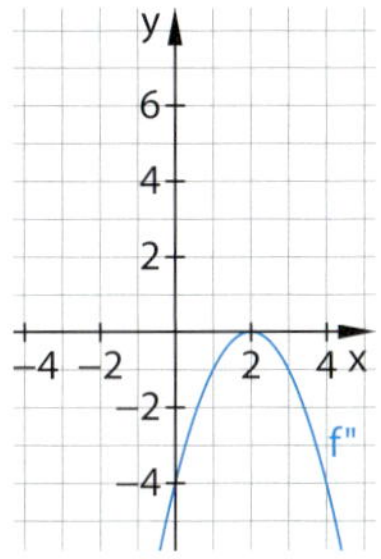

3 Gegeben ist der Graph von f'. Lesen Sie die Wendestellen von f ab und geben Sie an, welcher Krümmungswechsel beim Graphen von f an diesen Stellen vorliegt.

a)
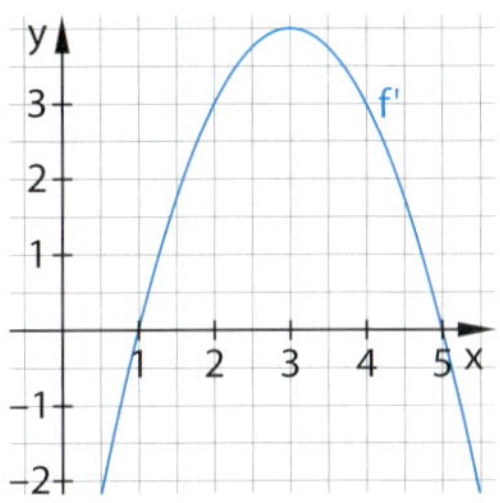

b)
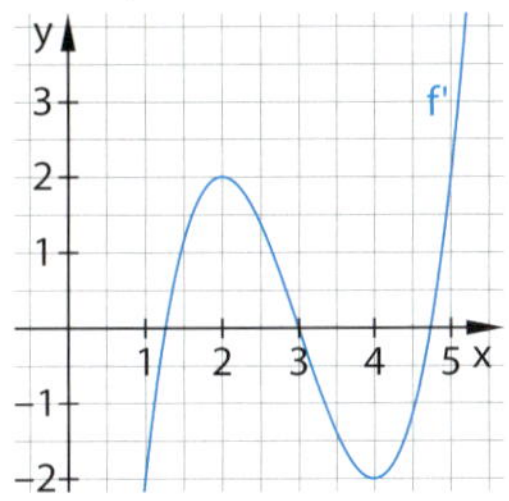

c)
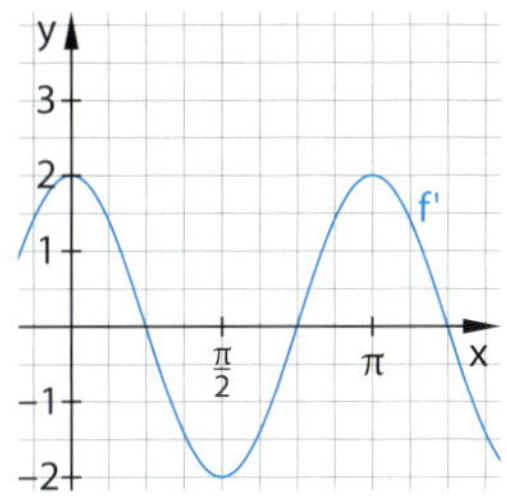

Hinweis

Eine entsprechende Mathematiksoftware kann Wendepunkte von Graphen direkt berechnen und anzeigen.

4 Untersuchen Sie den Graphen der Funktion mit dem Vorzeichenwechselkriterium auf Wendepunkte, ohne einen Taschenrechner zu verwenden. Beschreiben Sie, wie sich das Krümmungsverhalten des Graphen an den Wendestellen ändert. Überprüfen Sie Ihr Ergebnis mit einer geeigneten Mathematiksoftware.

a) $f(x) = x^3 - 3x^2$
b) $f(x) = x^4 - 24x^2 + 8x$
c) $f(x) = x^4 + 24x^2 + 8x$
d) $f(x) = \frac{1}{12}x^4 + \frac{1}{6}x^3 - x^2 + 5x$
e) $f(x) = x^4 - 12x^2 + 4x$
f) $f(x) = 6x^5 - 15x^4 + 10x^3$

5 Gegeben sind die Funktionen f, g, h und k mit den angegebenen Funktionstermen.

$f(x) = x^3 - 6x^2 + 12x + 2$ $g(x) = \frac{1}{2}x^3 + \frac{3}{2}x^2 + \frac{7}{2}x + \frac{3}{2}$

$h(x) = 4x^5 - \frac{10}{2}x^4 - \frac{20}{3}x^3$ $k(x) = x^4 - 8x^3 + 30x^2 + 7$

a) Bestimmen Sie die Koordinaten der Wendepunkte der zugehörigen Graphen. Geben Sie jeweils an, ob es sich um Punkte mit maximaler oder minimaler Steigung handelt.
b) Prüfen Sie, ob die in a) bestimmten Wendepunkte auch Sattelpunkte sind.
c) Überprüfen Sie Ihr Ergebnis mit einer geeigneten Mathematiksoftware.

6 Die Funktion f mit $f(t) = -0{,}32t^3 + 4{,}8t^2 + 18{,}4$ beschreibt den Temperaturverlauf eines Backofens für die ersten 10 Minuten nach dem Einschalten. Hierbei wird t in Minuten und f(t) in Grad Celsius angegeben.

a) Bestimmen Sie den Zeitpunkt, an dem sich die Temperatur am stärksten ändert.
b) Bestimmen Sie für den ermittelten Zeitpunkt die erreichte Temperatur und die Geschwindigkeit, mit der sich die Temperatur ändert.
c) Beschreiben Sie im Sachzusammenhang die Bedeutung des Krümmungsverhaltens vor und nach diesem Zeitpunkt.

Bedeutung von Wendepunkten

In Wendepunkten wird die Änderungsrate einer Funktion bzw. die Steigung des zugehörigen Graphen lokal maximal oder minimal. Damit können Wendepunkte in Anwendungssituationen verschiedene Bedeutungen haben, zum Beispiel:

- steilster Anstieg einer Straße
- größter Zustrom von Besuchern
- stärkste Abnahme von Temperaturen

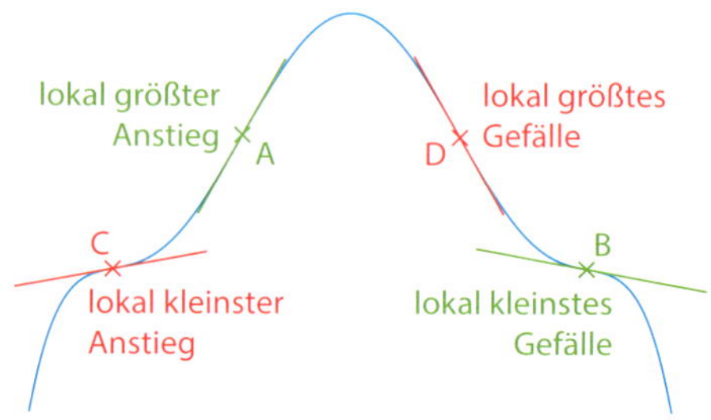

Beispiel 2

Der Verlauf einer Rutsche ist durch die Funktion f mit $f(x) = \frac{1}{16}x^3 - \frac{3}{8}x^2 + 2$ gegeben. Bestimmen Sie die steilste Stelle der Rutsche.

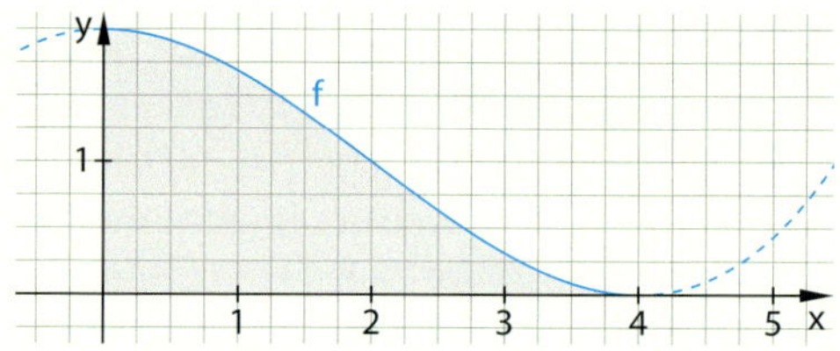

Lösung:

An der steilsten Stelle ist das Gefälle der Rutsche maximal. Die (negative) Steigung des Graphen ist hier also minimal. Bestimmen Sie daher den Wendepunkt des Graphen von f. Die steilste Stelle der Rutsche liegt bei x = 2.

$f'(x) = \frac{3}{16}x^2 - \frac{3}{4}x \qquad f''(x) = \frac{3}{8}x - \frac{3}{4}$

Nullstelle von f'': $\frac{3}{8}x - \frac{3}{4} = 0$ also $x = 2$

$f'''(x) = \frac{3}{8} \neq 0$ für alle x, also liegt bei x = 2 ein Wendepunkt.

Basisaufgaben

7 Das seitliche Profil eines Hangs wird für $6 \leq x \leq 24$ durch die Funktion f mit $f(x) = -\frac{1}{400}x^3 + \frac{3}{25}x^2 - \frac{6}{5}x + \frac{18}{5}$ beschrieben. Bestimmen Sie die steilste Stelle des Hangs.

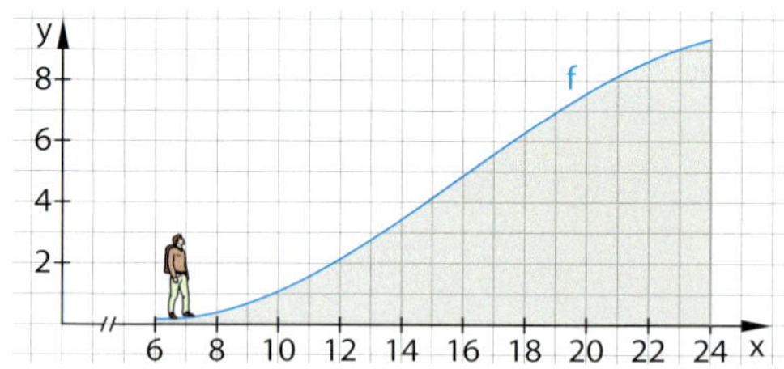

8 Die Funktion f mit $f(t) = -\frac{1}{72}t^3 + \frac{5}{12}t^2 - \frac{8}{3}t + \frac{188}{9}$ beschreibt für $6 \leq t \leq 20$ den Temperaturverlauf an einem Sommertag. Dabei gibt t die Tageszeit in Stunden und f(t) die Temperatur in Grad Celsius an.

a) Ermitteln Sie den Zeitpunkt, zu dem die Temperatur am stärksten ansteigt.

b) Berechnen Sie den Temperaturanstieg zu diesem Zeitpunkt.

9 Die Funktion h mit $h(t) = -0{,}0025t^3 + 0{,}12t^2 - 1{,}2t + 3{,}6$ beschreibt näherungsweise den Pegelstand eines Flusses während eines ganzen Tags. Hierbei ist t die Zeit in Stunden nach Mitternacht und h(t) die Höhe des Pegels in Metern. Berechnen Sie, wann der Pegelstand am schnellsten anwächst (fällt), und ermitteln Sie die Änderungsgeschwindigkeiten.

Weiterführende Aufgaben

10 Die Tabelle zeigt verschiedene Strategien, um den Graphen einer Funktion f auf Extrempunkte, Wendepunkte und Sattelpunkte zu untersuchen. Erklären Sie den Aufbau der Tabelle und ersetzen Sie die Platzhalter ■ passend.

	Hochpunkt	Tiefpunkt	Wendepunkt	Sattelpunkt
1. Ableitung	$f'(x_0) = 0$ und f' hat VZW von ■ nach ■ oder	$f'(x_0) = 0$ und f' hat VZW von ■ nach ■ oder		$f'(x_0) =$ ■ und
2. Ableitung	$f''(x_0)$ ■ 0	$f''(x_0)$ ■ 0	$f''(x_0) = 0$ und f'' hat VZW oder	$f''(x_0) =$ ■ und f'' hat VZW oder
3. Ableitung			$f'''(x_0)$ ■ 0	$f'''(x_0)$ ■ 0

11 Gegeben ist die Funktion f mit $f(x) = 5x^7 - 7x^5 + 2$. Zeigen Sie, dass Sie das VZW-Kriterium nutzen müssen, um die Anzahl der Wendestellen zu bestimmen. Untersuchen Sie dann den Verlauf der Graphen von f, f', f'' sowie f''' mithilfe einer Mathematiksoftware. Bestimmen Sie damit auch die Wendepunkte des Graphen von f und lassen Sie diese anzeigen.

12 a) Begründen Sie, wie viele Wendestellen eine ganzrationale Funktion fünften Grades haben kann.

b) Der Graph einer ganzrationalen Funktion ändert viermal sein Krümmungsverhalten. Erklären Sie, welchen Grad diese Funktion mindestens haben muss.

13 Berechnen Sie die Koordinaten der Schnittpunkte des Graphen von f mit den Koordinatenachsen sowie die Koordinaten der Extrem- und Wendepunkte.

a) $f(x) = x^3 + 6x^2 + 9x$
b) $f(x) = x^3 + 3x^2$
c) $f(x) = x^4 - 8x^3 + 18x^2$
d) $f(x) = 3x^4 - 16x^3 + 24x^2$
e) $f(x) = \frac{1}{4}x^4 + 2x^3 + \frac{9}{2}x^2$
f) $f(x) = -\frac{3}{8}x^4 + 2x^3 - 3x^2$

14 **Stolperstelle:** Für eine Funktion f gilt: $f'(5) = 0$, $f''(5) = 0$, $f'''(5) = -4$. Beurteilen Sie die folgenden Aussagen.

Max sagt: *„Um zu prüfen, ob bei x = 5 ein Extremum vorliegt, muss man f' dort auf einen Vorzeichenwechsel untersuchen, da die 2. Ableitung 0 ist."*

Carina sagt: *„Bei x = 5 liegt ein Sattelpunkt, aber weil f'(5) = 0 ist, handelt es sich nicht um einen Wendepunkt."*

Yusuf sagt: *„Der Graph von f' hat bei x = 5 eine waagerechte Tangente, also liegt dort ein Wendepunkt von f'."*

15 Ein Kinosaal wird 35 Minuten vor Filmbeginn geöffnet. Die Funktion B mit $B(t) = \frac{3}{102\,400}t^5 - \frac{3}{1024}t^4 + \frac{5}{64}t^3$, $0 \leq t \leq 35$, beschreibt die Anzahl der Besucher im Kinosaal t Minuten nach der Öffnung. Bestimmen Sie, wann der Andrang am größten ist.

Wissen **Wendetangente**

Eine Tangente w an den Wendepunkt eines Graphen heißt **Wendetangente**.

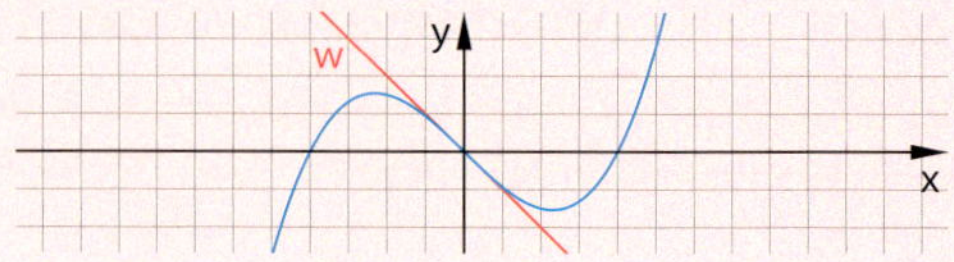

16 Bestimmen Sie die Gleichung der Wendetangente an den Graphen von f.

a) $f(x) = x^3 - 3x$ b) $f(x) = x^3 + 4x + 2$
c) $f(x) = 2x^3 - 6x^2 + 10x$ d) $f(x) = x^3 - 3x^2 + 3x - 5$

17 Bestimmen Sie die Koordinaten der Wende- und Sattelpunkte des Graphen von f sowie die Gleichungen aller Wendetangenten.

a) $f(x) = 7x^5$ b) $f(x) = 2x^8$ c) $f(x) = \frac{1}{4}x^4 - x^3 + 3$ d) $f(x) = \frac{3}{4}x^5 + \frac{15}{4}x^4 + 5x^3$

Erinnerung

Steigungswinkel:

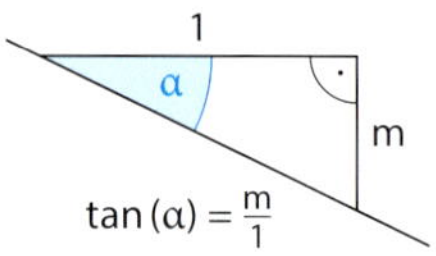

18 Der Graph der Funktion f mit $f(x) = \frac{1}{9}x^3 - \frac{1}{2}x^2 + \frac{3}{2}$ beschreibt für $0 \le x \le 3$ den Verlauf einer Rutschbahn (x, f(x) in m).

a) Skizzieren Sie den Graphen und bestimmen Sie die Stelle, an der die Rutschbahn das größte Gefälle aufweist. Geben Sie das maximale Gefälle der Rutschbahn in Grad an.
b) Luisa schlägt vor, die Rutsche so zu verändern, dass sie ab dem Punkt mit der größten Steigung geradlinig zum Boden verläuft. Ermitteln Sie den Punkt, an dem die Rutsche dann auf den Boden trifft. Überprüfen Sie Ihr Ergebnis mit einer geeigneten Mathematiksoftware.

19 Der Term der ganzrationalen Funktion f vom Grad n hat nur ungerade Exponenten.

a) Zeigen Sie, dass der Graph von f für n = 5 den Wendepunkt W(0 | 0) hat.
b) Untersuchen Sie, für welche n der Graph von f den Wendepunkt W(0 | 0) hat.

20 Die Funktion f mit $f(x) = \frac{1}{9}x^3 - x^2 + \frac{8}{3}x$ beschreibt das Höhenprofil (in 100 m) einer 6 km langen Bergtour (x: horizontale Entfernung vom Startpunkt in km).

a) Bestimmen Sie die durchschnittliche Steigung der Strecke, bevor es bergab geht.
b) Ermitteln Sie, um wie viel Prozent die größte Steigung auf diesem ersten Bergauf-Abschnitt größer ist als die durchschnittliche Steigung.
c) Geben Sie an, über welche horizontale Entfernung die Tour bergab verläuft.
d) Geben Sie an, welcher Höhenunterschied hierbei absolviert wird.
e) Ermitteln Sie, an welcher Stelle der Strecke es am steilsten bergab geht.
f) Berechnen Sie, an welchen Stellen der Strecke die Steigung am größten ist.

21 **Ausblick:** Gegeben ist die Funktion f_a mit einem Parameter a und $f_a(x) = -\frac{1}{a^2} \cdot x^3 + \frac{3}{a} \cdot x^2$ und $a > 0$.

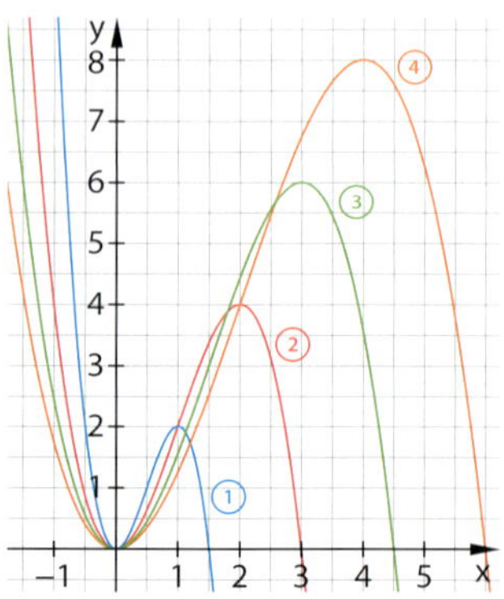

a) Berechnen Sie die Nullstellen von f_a.
b) Geben Sie zu jedem abgebildeten Graphen den passenden Parameter a an.
c) Bestimmen Sie f_a', f_a'' und f_a'''.
d) Bestimmen Sie die Koordinaten der Extrem- und Wendepunkte des Graphen von f_a. Geben Sie die Art der Extrema an.
e) Zeigen Sie, dass alle Wendepunkte auf einer Geraden liegen.

Untersuchung von Funktionen mit DGS oder Funktionenplottern

Mit einer dynamischen Geometrie-Software (DGS) bzw. einem Funktionenplotter können Funktionsgraphen am Computer gezeichnet und beispielsweise auf Nullstellen, lokale Extrempunkte, Sattelpunkte und Wendepunkte untersucht werden. Diese Programme können auch Längen gebogener Strecken berechnen und eignen sich außerdem sehr gut zur Kontrolle von Rechenergebnissen.

Beispiel 1 Der Querschnitt eines Tals in den Bergen kann von Westen nach Osten näherungsweise durch den Graphen von f mit $f(x) = -\frac{1}{600}(3x^4 - 10x^3 - 139{,}5x^2 + 445{,}5x + 600)$ modelliert werden, wobei eine Einheit auf den Achsen 100 m entspricht.

a) Die beiden Gipfel sollen mit einer Seilbahn geradlinig verbunden werden. Berechnen Sie die Länge des dafür benötigten Drahtseils sowie die Steigung der Seilbahn. Gehen Sie davon aus, dass das Seil nicht durchhängt.

b) Eine Snowboard-Piste soll von der Talsohle bis zur steilsten Stelle des östlichen Berghangs entstehen. Ermitteln Sie dafür die steilste Stelle des Berghangs und berechnen Sie die zugehörige Steigung.

c) Die Snowboard-Piste soll auch auf die westliche Talseite ausgedehnt werden, allerdings die maximale Steigung der Ostseite nicht überschreiten. Ermitteln Sie den dafür höchstmöglichen Punkt an der Westseite sowie die Gesamtlänge der Piste.

Lösung:

a) Die Gipfel werden durch die Hochpunkte des Graphen dargestellt. Stellen Sie den Graphen von f mit einer Mathematik-Software dar und lassen Sie die lokalen Extrempunkte berechnen.
Bestimmen Sie die Länge der Seilbahn als den Abstand der Punkte A und C. Legen Sie dann eine Gerade durch die Punkte A und C und lassen Sie ihre Steigung berechnen.

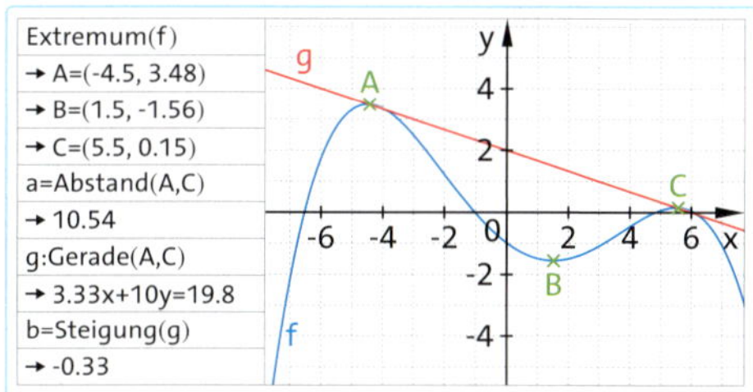

Das Seil muss mindestens 1054 m lang sein, die Steigung beträgt 33 %.

b) In den Wendepunkten verläuft der Graph am steilsten. Ermitteln Sie diese, legen Sie dort Tangenten an den Graphen und bestimmen Sie deren Steigungen.
Nur der Wendepunkt $E(3{,}74 \mid -0{,}63)$ liegt östlich der Talsohle, die Steigung beträgt dort 65 %.

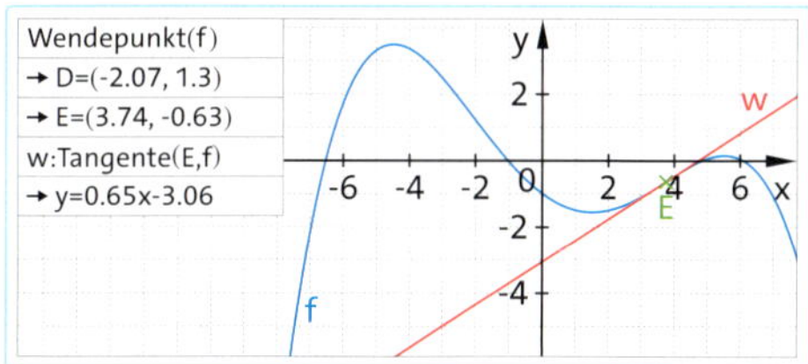

c) Lassen Sie den Graphen der Ableitung f' von f anzeigen. Lösen Sie die Gleichung $f'(x) = -0{,}65$ (die Steigung ist negativ, da der Hang nach Osten hin abfällt). Sie erhalten die Lösung $x = 0{,}2$, der Punkt $F(0{,}2 \mid -1{,}14)$ liegt auf dem Hang westlich der Talsohle.
Bestimmen Sie mit der Mathematik-Software die Länge des Graphenabschnitts zwischen E und F.

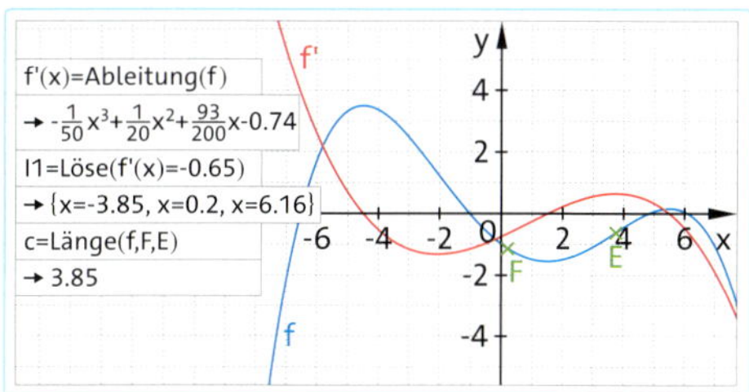

Die Piste ist 385 m lang.

Aufgaben

1 Ein Flusslauf kann in der Draufsicht näherungsweise durch die Funktion f mit $f(x) = \frac{1}{500}(x^5 + 2x^4 - 83x^3 - 116x^2 + 1316x - 568)$ beschrieben werden, wobei eine Einheit auf den Achsen 1000 m entspricht.

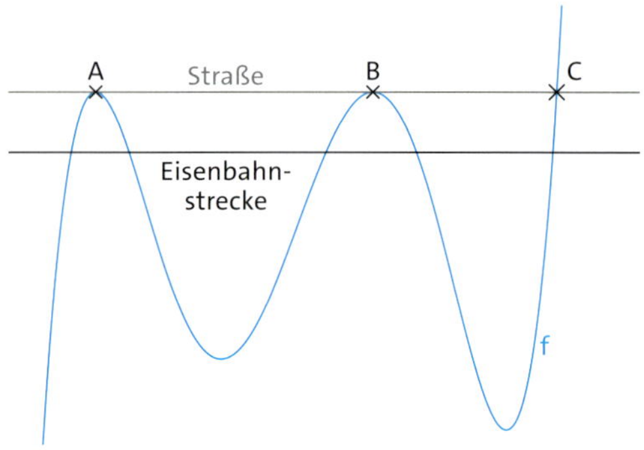

a) An den Punkten A und B sind Badestellen angelegt, die durch eine gerade Straße verbunden sind. Ermitteln Sie die Koordinaten des Punktes C, in dem die Straße den Fluss auf einer Brücke überquert.

b) Parallel zur Straße soll in 2 km Abstand eine Eisenbahnstrecke angelegt werden (siehe Abbildung). Ermitteln Sie die Punkte, an denen die Eisenbahn den Fluss schneidet, und geben Sie die Länge der Eisenbahnstrecken zwischen den Brücken an.

Hinweis zu b)

Die Brücken befinden sich an den Schnittpunkten des Graphen von f mit der Eisenbahnstrecke.

c) Bestimmen Sie die Stelle zwischen A und C mit der größten Entfernung zwischen Eisenbahn und Fluss.

d) Ermitteln Sie die Punkte, an denen der Fluss seine Krümmung ändert, und prüfen Sie, ob diese auf einer Gerade liegen.

2 Auf einem Spielplatz wird eine neue Rutsche gebaut. Diese kann zwischen dem höchsten Punkt A und dem tiefsten Punkt B durch die Funktion f mit $f(x) = \frac{1}{32}(x^5 + 2x^4 - 8x^3 - 8x^2 - 16)$ modelliert werden, wobei eine Einheit auf den Achsen 1 m entspricht:

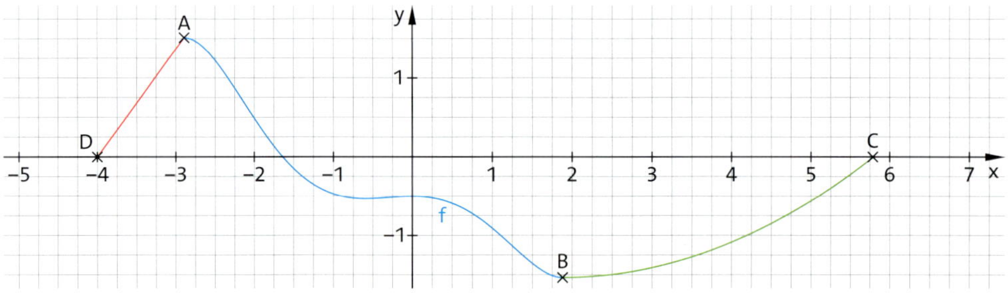

a) Zum Start A der Rutsche gelangt man vom Punkt D(−4 | 0) aus über eine Leiter. Stellen Sie den Graphen von f sowie den Verlauf der Leiter verschiedenfarbig mithilfe einer DGS dar. Ermitteln Sie die Länge und den Steigungswinkel der Leiter.

Hinweis

Man kann Funktionen auch abschnittsweise anzeigen lassen, z. B. nur auf einem Intervall [−3; 2]: Funktion(f, −3, 2)

b) Ermitteln Sie das mittlere Gefälle der Rutschbahn zwischen den Punkten A und B.

c) Finden Sie die Punkte der Bahn, an denen das Gefälle maximal ist bzw. genau 100 % beträgt.

d) Der Auslauf der Rutsche (von B nach C) soll durch eine Parabel mit dem Scheitelpunkt B und dem Öffnungsfaktor 0,1 modelliert werden. Geben Sie die Gleichung dieser Parabel p an und stellen Sie in einem gemeinsamen Koordinatensystem die Graphen von f und p dar. Begründen Sie, warum der Übergang der Rutschbahn in den Auslauf knickfrei ist.

e) Bestimmen Sie den Punkt, an dem der Auslauf wieder das Ausgangsniveau erreicht. Geben Sie die Länge der Rutsche einschließlich des Auslaufs an.

Hinweis zu 3

Betrachten Sie die Bergkuppe näherungsweise als Kegel.

3 Der Querschnitt eines Geländes von West nach Ost kann näherungsweise durch f mit $f(x) = -\frac{1}{600}(3x^4 - 10x^3 - 139{,}5x^2 + 445{,}5x + 600)$ modelliert werden (1 Einheit ≙ 100 m). Für ein Panorama-Restaurant soll der oberhalb der x-Achse liegende Teil des östlichen Berghangs abgetragen und die so entstehende Fläche planiert werden. Schätzen Sie ab, wie viele Kubikmeter Erde dazu ungefähr abgetragen werden müssen.

4 Die Wurfbahn beim Kugelstoßen wird beschrieben durch den Graphen der Funktion h mit $h(x) = -\frac{1}{2} \cdot \frac{9{,}87}{v_0^2 \cdot \cos^2(\alpha)} \cdot x^2 + \tan(\alpha) \cdot x + h_0$. Dabei bezeichnet v_0 die Abwurfgeschwindigkeit in m/s, α den Abwurfwinkel in Grad und h_0 die Abwurfhöhe in m.
Untersuchen Sie mit einer Software mit einem Schieberegler, bei welchem Abwurfwinkel α die maximale Wurfweite für $h_0 = 2\,\text{m}$ und $v_0 = 12\,\text{m/s}$ erreicht wird.

5 Ein Unternehmen stellt Smartphones her. Die täglichen Produktionskosten in € werden durch die Funktion f mit $f(x) = 0{,}13x^3 - 3{,}05x^2 + 52{,}71x + 324{,}85$ beschrieben. Dabei beschreibt x die produzierte Stückzahl.

a) Berechnen Sie f(21). Interpretieren Sie das Ergebnis im Sachzusammenhang.
b) Bestimmen Sie den mittleren Kostenzuwachs zwischen den Produktionsmengen 10 und 25.
c) Der Verkaufspreis pro Smartphone beträgt 260,20 €. Bestimmen Sie, für welche täglich produzierten Stückzahlen ein Gewinn erwirtschaftet wird.
d) Ermitteln Sie, für welche Produktionsmenge der Gewinn maximal wird.
e) Berechnen Sie, für welche Produktionsmengen ein Gewinn von 4000 € erzielt wird.

6 Die Funktion f mit $f(x) = \frac{1}{27}x^4 - \frac{2}{3}x^2 + 3$ beschreibt für $-3 \le x \le 3$ den oberen Rand eines Hausgiebels (x, f(x) in m).

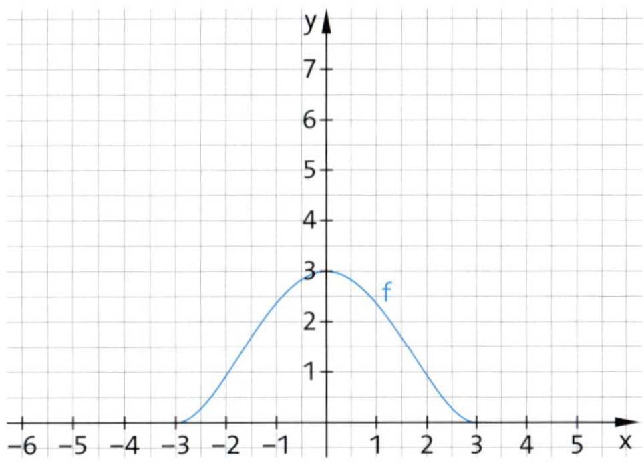

a) Einen Meter unterhalb des höchsten Punktes des Giebels soll eine Querstange eingesetzt werden. Bestimmen Sie die notwendige Länge.
b) Der obere Rand des Giebels soll mit Kupfer verkleidet werden. Bestimmen Sie die Länge dieses krummlinigen Rands.

7 In einem Labor wird eine Bakterienkultur unter verschiedenen Einflüssen beobachtet. Die Funktion f mit $f(t) = -\frac{4}{53}t^3 + \frac{4}{7}t^2 + \frac{3}{5}t + \frac{12}{5}$ gibt die Fläche in cm^2 an, die von den Bakterien nach t Stunden bedeckt wird.

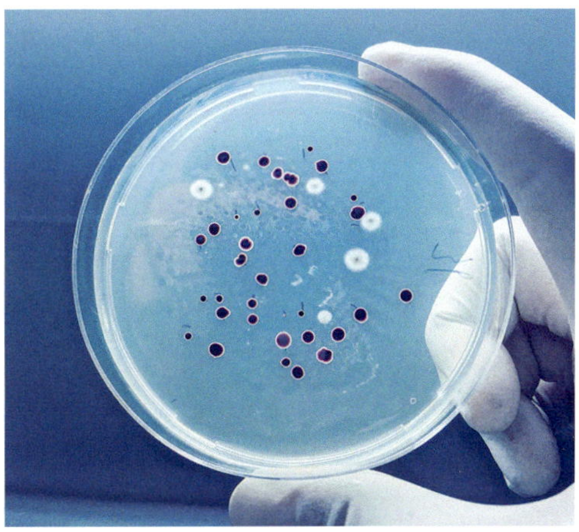

a) Plotten Sie den Graphen von f im Intervall [0; 9] und beschreiben Sie seinen Verlauf im Sachzusammenhang.
b) Geben Sie den Wert der bedeckten Fläche zu Beobachtungsbeginn an und bestimmen Sie den Zeitpunkt, zu dem dieser Wert erneut erreicht wird.
c) Bestimmen Sie den Zeitpunkt, zu dem keine Bakterien mehr vorhanden sind.
d) Bestimmen Sie den Zeitpunkt, zu dem die bedeckte Fläche am größten ist, und geben Sie diesen Flächeninhalt an.
e) Bestimmen Sie den Zeitpunkt des größten Bakterienwachstums.

Newton-Verfahren

Bestimmen Sie die Nullstellen der Funktion. Begründen Sie, dass Sie dazu ein Hilfsmittel benötigen.

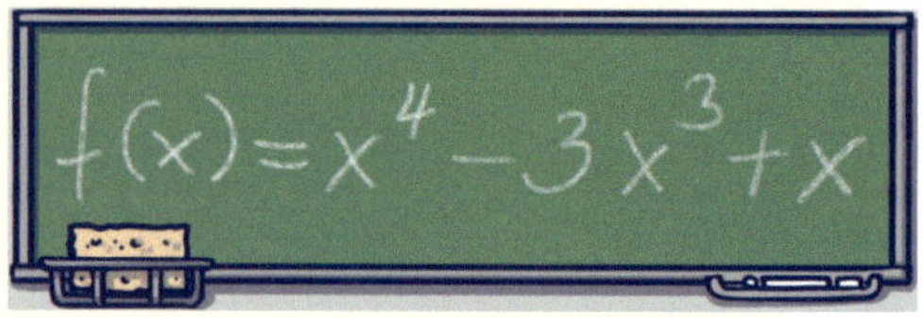

Isaac Newton (1643 – 1727)

Nicht bei allen Funktionen lassen sich Nullstellen durch Rechenverfahren sofort bestimmen. Isaac Newton gab schon um 1670 ein Verfahren an, mit dem man Nullstellen ganzrationaler Funktionen beliebig genau näherungsweise bestimmen kann.

Man sucht die Nullstelle einer Funktion f, indem man mit einem beliebigen Anfangswert x_0 startet. Im Allgemeinen wird $f(x_0)$ nicht null sein. Aus der Zeichnung erkennt man, dass die Nullstelle x_1 der Tangente im Punkt $P_0(x_0 \mid f(x_0))$ an den Graphen von f ein besserer Näherungswert für die gesuchte Nullstelle ist als der Anfangswert x_0. Nun wird x_1 als neuer Anfangswert gewählt. Man erhält die Nullstelle x_2 der Tangente im Punkt $P_1(x_1 \mid f(x_1))$ an den Graphen von f als noch besseren Näherungswert für die gesuchte Nullstelle. Dieses Vorgehen lässt sich beliebig oft fortsetzen.

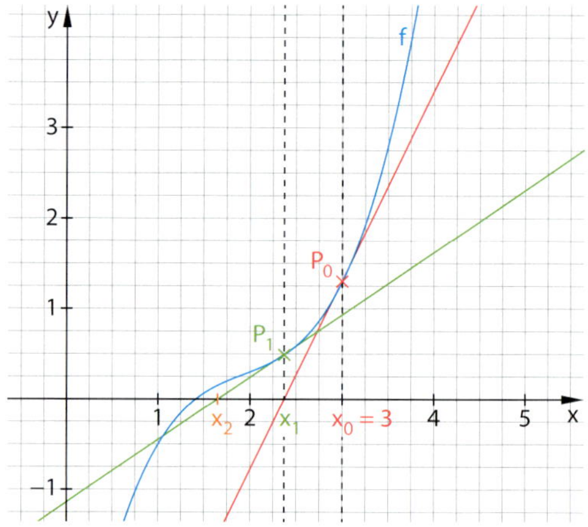

Das Verfahren wird nun auf eine differenzierbare Funktion f verallgemeinert. Für die Steigung der Tangente im Punkt $P_0(x_0 \mid f(x_0))$ an den Graphen von f gilt:

$f'(x_0) = m = \frac{f(x_0) - 0}{x_0 - x_1}$.

Auflösen nach x_1 ergibt: $f'(x_0) \cdot (x_0 - x_1) = f(x_0) \Rightarrow x_1 = x_0 - \frac{f(x_0)}{f'(x_0)}$ mit $f'(x_0) \neq 0$

Da nun die Rechenschritte mit sich ändernden Zahlen wiederholt werden, handelt es sich um ein Iterationsverfahren (vergleichbar mit dem Heron-Verfahren).

Wissen **Newton-Verfahren**

Ist x_n ein Näherungswert einer Nullstelle der Funktion f und $f'(x_n) \neq 0$, dann ist $x_{n+1} = x_n - \frac{f(x_n)}{f'(x_n)}$ im Allgemeinen ein besserer Näherungswert für diese Nullstelle.

Beispiel 1

Bestimmen Sie unter Verwendung eines Tabellenkalkulationsprogramms näherungsweise die Nullstelle der Funktion f mit $f(x) = x^3 + x^2 - 5$. Wählen Sie als Anfangswert 2.

Lösung:

Setzen Sie in Zelle B2 den Anfangswert 2.
Geben Sie dann folgende Formeln ein:
=B2^3+B2^2–5 in Zelle C2,
=3*B2^2+2*B2 in Zelle D2,
=B2–C2/D2 in Zelle E2 und
=E2 in Zelle B3.
Kopieren Sie nun diese Formeln in die jeweils darunter liegenden Zellen.

	A	B	C	D	E
1		x	f(x)=x^3+x^2-5	f'(x)=3x^2+2x	x-f(x)/f'(x)
2	0.	2,00000000	7,00000000	16,00000000	1,56250000
3	1.	1,56250000	1,25610352	10,44921875	1,44228972
4	2.	1,44228972	0,08045018	9,12517835	1,43347343
5	3.	1,43347343	0,00041336	9,03148512	1,43342767
6	4.	1,43342767	0,00000001	9,03099994	1,43342766
7	5.	1,43342766	0,00000000	9,03099993	1,43342766

Der 5. Näherungswert entspricht bis zur 8. Nachkommastelle dem Wert der Nullstelle.

Aufgaben

1 Die positive Nullstelle der Funktion f mit $f(x) = x^2 - 2$ soll zeichnerisch bestimmt werden.
a) Beschreiben Sie das Vorgehen mit dem Newton-Verfahren für den Startwert $x_0 = 5$.
b) Setzen Sie Ihre Beschreibung in eine Zeichnung um und ermitteln Sie damit die ersten beiden Näherungswerte auf eine Dezimalstelle genau.

2 Die Nullstelle der Funktion f mit $f(x) = x^5 - 2$ soll näherungsweise berechnet werden.
a) Berechnen Sie mit dem Taschenrechner nach dem Newton-Verfahren die ersten drei Näherungswerte. Wählen Sie als Startwert eine ganze Zahl. Begründen Sie Ihre Wahl.
b) Berechnen Sie die prozentuale Abweichung des dritten Näherungswerts von der Nullstelle $\sqrt[5]{2}$.

3 Begründen Sie, dass die Funktion f mit $f(x) = x^3 + x + 1$ genau eine Nullstelle besitzt. Ermitteln Sie mit einer geeigneten Mathematiksoftware gemäß dem Newton-Verfahren die ersten drei Näherungswerte für die Nullstelle von f mit Anfangswert $x_0 = 0$.

TK **4** Berechnen Sie mit dem Newton-Verfahren unter Verwendung eines Tabellenkalkulationsprogramms die Nullstellen der Funktion.
a) $f(x) = x^3 - 2x + 3$
b) $g(x) = x^4 - 3x - 1$. Begründen Sie auch, dass g genau zwei Nullstellen hat.
c) $h(x) = x^5 - 4x^2 - 2$
d) $k(x) = 0{,}5x^3 + 2x^2 - 1$. Begründen Sie auch, dass k genau drei Nullstellen hat.

Weiterführende Aufgaben

5 a) Ordnen Sie jeder Funktionsgleichung den entsprechenden Graphen zu und begründen Sie Ihre Zuordnung.
$f(x) = -x^3 + x + 2$
$g(x) = 0{,}4x^3 + 0{,}9x^2 - 1{,}2x - 3$
$h(x) = -0{,}6x^5 + 1{,}5x^3 + 2$

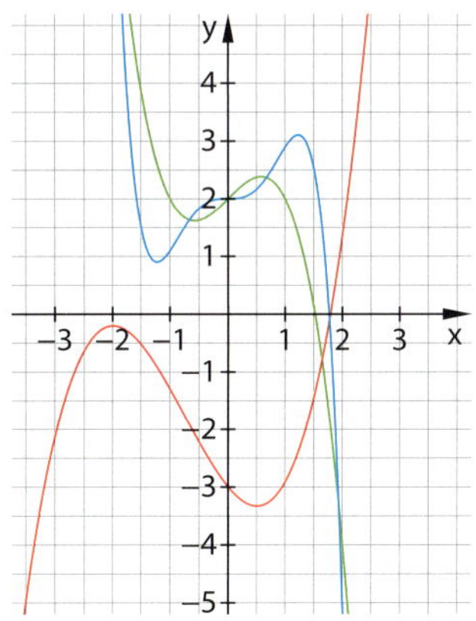

TK b) Berechnen Sie mit dem Newton-Verfahren unter Verwendung eines Tabellenkalkulationsprogramms die Nullstelle auf zwei Dezimalstellen genau. Verwenden Sie den Anfangswert $x_0 = 2$.
c) Berechnen Sie mit dem Newton-Verfahren unter Verwendung eines Tabellenkalkulationsprogramms die Schnittstelle von g und h.

6 Erläutern Sie sich gegenseitig anhand der Abbildung die Iterationsformel $x_{n+1} = x_n - \frac{f(x_n)}{f'(x_n)}$ des Newton-Verfahrens.

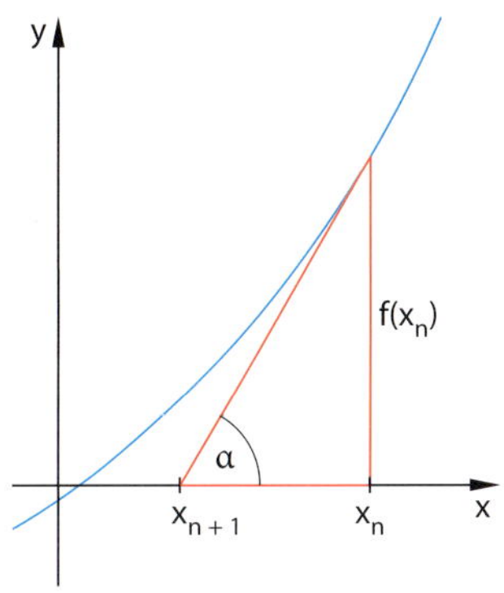

7 Zeichnen Sie die Graphen der Funktionen f und g mit $g(x) = x^3 + 3$ in ein gemeinsames Koordinatensystem. Ermitteln Sie die Koordinaten ihres Schnittpunktes aus der Zeichnung und durch Rechnung mithilfe des Newton-Verfahrens.
a) $f(x) = 0{,}5(x-1)^2$
b) $f(x) = x^2 - 4x + 4$
c) $f(x) = -x^2 - 6x - 9$

8 Lea will die Nullstelle der Funktion $f(x) = x^3 - 3x + 1$ näherungsweise mit dem Newton-Verfahren bestimmen und erhält dieses Ergebnis:

	A	B	C	D	E
1		x	f(x)=x^3-3x+1	f'(x)=3x^2-3	x-f(x)/f'(x)
2	0.	1,00000000	- 1,00000000	0,0000000000	#DIV/0!
3	1.	#DIV/0!	#DIV/0!	#DIV/0!	#DIV/0!

Erklären Sie, warum das Newton-Verfahren hier versagt.

9 Jan hat versucht, das Newton-Verfahren mit einer dynamischen Geometrie-Software zu veranschaulichen. Er hat die nebenstehende Situation erhalten. Erläutern Sie unter Verwendung der Bezeichnungen in der Abbildung, welches Problem sich hier ergibt.

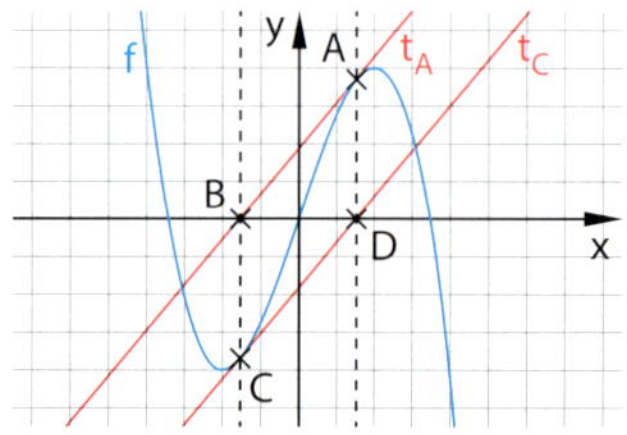

TK **10** Recherchieren Sie die Formel für das Heron-Verfahren.
Bestimmen Sie $\sqrt{3}$ näherungsweise erst mit dem Heron-Verfahren und dann mit dem Newton-Verfahren als Nullstelle einer quadratischen Funktion. Vergleichen Sie die Verfahren.

11 Gegeben ist die Funktion f mit $f(x) = x^5 - x^3 - 5x^2 + 3x$.
a) Zeichnen Sie den Graphen der Funktion f mit einer geeigneten Mathematiksoftware.
b) Berechnen Sie mit dem Newton-Verfahren näherungsweise die Nullstelle von f'. Ermitteln Sie damit Näherungswerte für die Koordinaten des Tiefpunktes.
c) Ermitteln Sie entsprechend Näherungswerte für die Koordinaten des Wendepunktes.

12 Erläutern Sie das Problem, das bei der Anwendung des Newton-Verfahrens auf die Funktion f mit dem Startwert x_0 auftritt.
a) $f(x) = x^3 - x^2 - x + 3$ mit Startwert $x_0 = 1$
b) $f(x) = -x^3 + 2x - 2$ mit Startwert $x_0 = 0$

13 Einfluss des Startwerts: Es soll die Konvergenz beim Newton-Verfahren mithilfe der Funktionen f, g und h untersucht werden:
$f(x) = -x^3 + x + 2$
$g(x) = 0{,}4x^3 + 0{,}9x^2 - 1{,}2x - 3$
$h(x) = -0{,}6x^5 + 1{,}5x^3 + 2$

TK a) Führen Sie für jede Funktion das Newton-Verfahren mit dem Startwert $x_0 = -2$ durch. Beschreiben Sie das Konvergenzverhalten oder erklären Sie auftretende Fehler.
b) Probieren Sie jeweils drei andere Startwerte aus. Fassen Sie Ihre Beobachtungen zusammen.
c) Spielen Sie das Newton-Verfahren mithilfe einer Mathematiksoftware durch, um die Beobachtungen zu erklären.

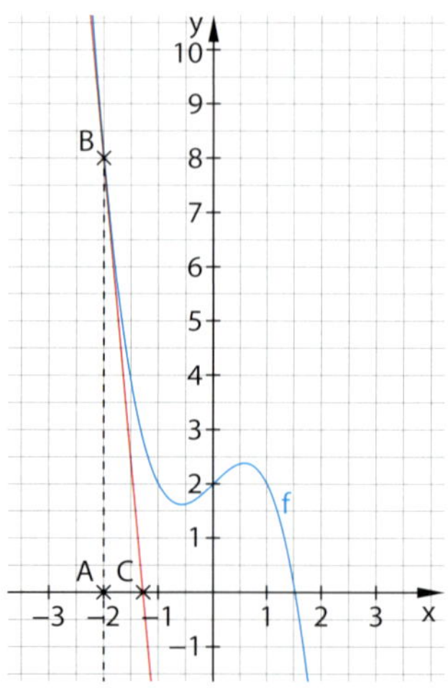

14 Im Pariser Klimaschutzabkommen wird in Artikel 2 das 1,5-Grad-Ziel formuliert. Die Tabelle gibt die Abweichung der globalen Lufttemperatur in °C vom Durchschnitt der Jahre 1850 bis 1900 für die Jahre 2000 bis 2020 an. Die Abbildung zeigt, wie gut die folgende Funktion f den zeitlichen Verlauf der Temperaturzunahme für die Jahre 2000 bis 2020 modelliert:
$f(t) = 0{,}0001t^3 - 0{,}003t^2 + 0{,}045t + 0{,}75$
(t: Anzahl der Jahre ab 2000)

2000	2001	2002	2003	2004	2005	2006	2007	2008	2009	2010
0,69	0,85	0,9	0,9	0,82	0,96	0,93	0,95	0,82	0,95	1,04

2011	2012	2013	2014	2015	2016	2017	2018	2019	2020
0,89	0,93	0,98	1,03	1,18	1,29	1,2	1,12	1,25	1,28

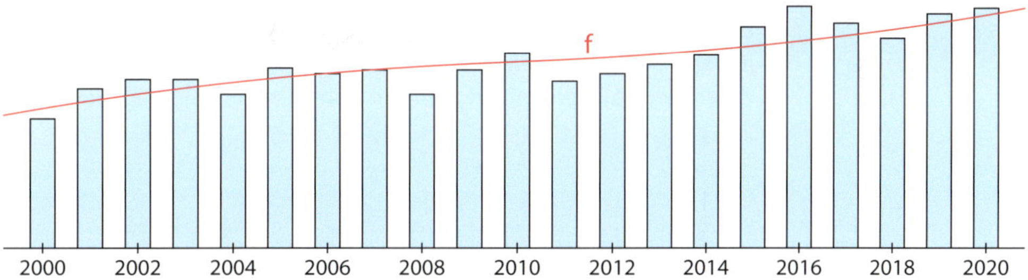

a) Recherchieren Sie, was man unter dem 1,5-Grad-Ziel versteht.
b) Versuchen Sie, mit einer dynamischen Geometrie-Software unter Verwendung von Schiebereglern für die Koeffizienten der angegebenen Funktion eine bessere Modellierung zu erhalten.
c) Ermitteln Sie für die gegebene Funktion und für Ihre Funktion mithilfe des Newton-Verfahrens, wann nach der Modellierung die Temperaturzunahme 1,5 °C erreicht, und vergleichen Sie die Ergebnisse mit Werten aus der Literatur.

Info
Die Einheit Mt CO_2-Äquivalente gibt die Treibhausgas-Emissionen in Megatonnen an.

15 Die Bundesregierung verfolgt mit dem Klimaschutzplan 2050 das Ziel der weitgehenden Treibhausgasneutralität für Deutschland bis Mitte des Jahrhunderts. Das Umwelt-Bundesamt hat für die Treibhausgas-Emissionen folgende Werte veröffentlicht:

Jahr	1990	1995	2000	2005	2010	2015	2020
Mt CO_2-Äquivalente	1249	1121	1042	993	942	904	739

a) Leo hat den Term einer ganzrationale Funktion vom Grad 6 ermittelt, sodass die sieben Wertepaare näherungsweise auf dem Graphen von f liegen:
$f(t) = -0{,}000023t^6 + 0{,}00051t^5 + 0{,}002t^4 - 0{,}098t^3 + 0{,}56t^2 - 11t + 1042$. Dabei ist t die Anzahl der Jahre ab 2000. Zeigen Sie mithilfe einer Mathematiksoftware, dass seine Funktion den zeitlichen Verlauf der Treibhausgas-Emissionen [in Mt CO_2- Äquivalente] für die Jahre 1990 bis 2020 gut modelliert.

TK
b) Ermitteln Sie mithilfe des Newton-Verfahrens, ob nach dieser Modellierung das Ziel der weitgehenden Treibhausgasneutralität für Deutschland bis Mitte des Jahrhunderts erreicht wird, und beurteilen Sie das Ergebnis.

16 **Forschungsauftrag:**
Recherchieren Sie weitere Verfahren zur näherungsweisen Nullstellenbestimmung (Halbierungsmethode, Regula falsi, Sekantenmethode) und stellen Sie die Verfahren an einem Beispiel dar.

4.6 Klausur- und Abiturtraining

Aufgaben ohne Hilfsmittel

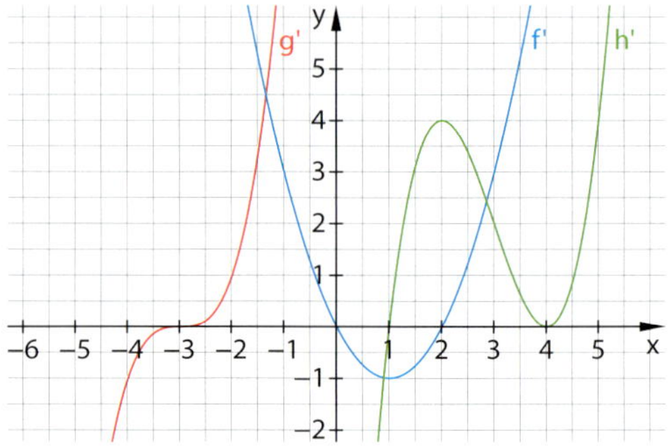

1 Die Abbildung zeigt die Graphen dreier Ableitungsfunktionen f', g' und h'.

a) Beschreiben Sie das Monotonieverhalten der Graphen von f, g und h.

b) Nennen Sie die Extremstellen von f und g sowie die Art der Extrema. Begründen Sie, warum Sie die Extremwerte nicht angeben können.

c) Beschreiben Sie das Krümmungsverhalten der Graphen von f, g und h. Geben Sie jeweils die Wendestellen an.

d) Einer der Graphen gehört zur Funktion f. Ordnen Sie begründet zu.

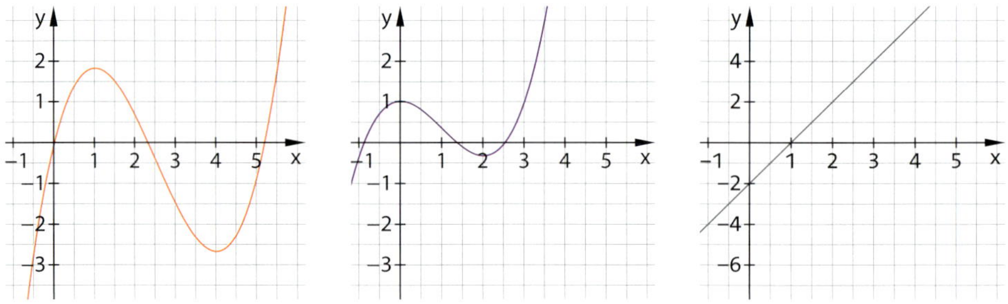

e) Geben Sie an, welchen Grad f mindestens haben muss.

2 Gegeben ist die auf ganz $\mathbb{R}$ definierte Funktion f mit $f(x) = 0{,}2x^4 - \frac{4}{15}x^3 - 0{,}8x^2$.

a) Ermitteln Sie die Nullstellen von f und geben Sie das Verhalten von f für $x \to \pm\infty$ an.

b) Untersuchen Sie das Monotonie-und Krümmungsverhalten des Graphen f von f. Bestimmen Sie Lage und Art der Extrempunkte von f.

c) Bestimmen Sie die Koordinaten der Wendepunkte von f sowie die Gleichungen der Wendetangenten. Begründen Sie, dass sich diese nicht rechtwinklig schneiden.

d) Skizzieren Sie f unter Verwendung der Ergebnisse aus a) – c) in ein geeignetes Koordinatensystem.

e) Beschreiben Sie, wie der Graph der Funktion g mit $g(x) = f(x) + a$ aus dem Graphen von f hervorgeht. Geben Sie alle $a \in \mathbb{R}$ an, für die g keine Nullstelle (genau zwei Nullstellen) hat.

3 Die Aussage ist falsch. Geben Sie ein passendes Gegenbeispiel an.

a) Eine ganzrationale Funktion dritten Grades hat genau 2 Extrempunkte.

b) Eine ganzrationale Funktion vierten Grades hat genau 2 Wendepunkte.

c) Ist f auf dem Intervall I streng monoton steigend, so gilt dort $f'(x) > 0$.

d) Hat f' auf dem Intervall I keine Nullstelle, so hat f keine Extremwerte in I.

e) Hat die Funktion f in $x = 0$ ein Extremum und g ebenfalls, so auch die Funktion $f + g$.

f) Eine Funktion f mit $f''(0) = 0$ hat bei $x = 0$ einen Wendepunkt.

g) Gilt $f'(2) \cdot f''(2) = 0$, so hat f in $x = 2$ einen Sattelpunkt.

h) Die ganzrationale Funktion $f_a(x) = \frac{1}{6} \cdot x^3 + \frac{a}{2} \cdot x^2 + 4x - 1$ hat für $a = 2$ den Wendepunkt mit dem größten Funktionswert.

4 Geben Sie den Term einer ganzrationalen Funktion f an, deren Graph im Punkt $P(1\,|\,5)$

a) eine waagerechte Tangente hat, obwohl P kein Extrempunkt ist,

b) die Krümmung null hat, obwohl P kein Wendepunkt ist.

Aufgaben mit Hilfsmitteln

5 Für einen Kindergarten entwirft ein Architekt eine neue Rutsche. Das Profil der Rutsche wird durch den Graphen der Funktion f mit $f(x) = \frac{4}{27}x^3 - \frac{2}{3}x^2 + 2{,}5$ im Bereich $0 \le x \le 3$ beschrieben. Die x-Achse entspricht in diesem Modell dem Boden. (1 LE entspricht 1 m.)

a) Zeigen Sie, dass die Rutsche in einer Höhe von 2,5 m startet, in einer Höhe von 0,5 m endet und sowohl der Anfang als auch das Ende horizontal verlaufen, man also aufrecht sitzen kann.

b) Begründen Sie mithilfe des Satzes von Pythagoras, dass die Rutschstrecke für die Kinder länger als 360 cm ist.

c) Zeigen Sie, dass für die Ableitung f' gilt $f'(x) = \frac{4}{9}x(x-3)$, und begründen Sie damit, dass sich die Kinder während des Rutschens immer abwärts bewegen.

d) Beschreiben Sie die Bedeutung der Wendestelle im Sachzusammenhang.

e) Laut TÜV-Vorgabe darf das Gefälle der Rutsche höchstens 50° betragen. Überprüfen Sie, ob die Rutsche gebaut werden darf.

f) Überprüfen Sie, ob die Halbierung des maximalen Gefälles, z. B. durch $0{,}5f(x)$, zur Halbierung des maximalen Steigungswinkels führt. Formulieren Sie Ihr Ergebnis in einer allgemeinen Aussage.

6 Der Graph der Funktion f mit $f(x) = -0{,}0042x^4 + 0{,}096x^3 - 0{,}559x^2 + 4{,}879$ beschreibt für $0 \le x \le 12$ das Höhenprofil zweier Berge und der Talsohle dazwischen (1 Längeneinheit entspricht 100 m). Eine Pistenraupe will vom linken Berggipfel durch das Tal auf den rechten Berggipfel fahren.

a) Ermitteln Sie den Höhenunterschied zwischen den beiden Berggipfeln.

b) Bergauf kann die Pistenraupe höchstens einen Steigungswinkel von 50° überwinden. Prüfen Sie, ob die Pistenraupe den rechten Berghang erklimmen kann. Prüfen Sie außerdem, ob sie auch wieder zurück auf den linken Berggipfel fahren könnte.

c) Ermitteln Sie die horizontale Entfernung der beiden Punkte, in denen die Berghänge am steilsten verlaufen.

d) Vom Gipfel des linken Bergs aus kann die Fahrerin der Pistenraupe hinter dem rechten Berggipfel eine Skihütte sehen, die 200 m höher liegt als die Talsohle. Sobald die Raupe bergab fährt, wird die Hütte vom rechten Berggipfel verdeckt. Ermitteln Sie die horizontale Entfernung der Skihütte vom linken Berggipfel.

e) Die Pistenraupe startet auf dem linken Berggipfel und fährt mit einer durchschnittlichen Geschwindigkeit von 20 km/h bergab. Berechnen Sie mithilfe der Sekante durch den linken Berggipfel und den tiefsten Punkt im Tal, wann sie näherungsweise die Talsohle erreicht. Vergleichen Sie diesen Wert mit dem tatsächlichen Wert, indem Sie die Länge der Strecke mit einer Mathematiksoftware bestimmen.

Lösungen → S. 269/270

1 a) Geben Sie die Intervalle an, auf denen die abgebildete ganzrationale Funktion 4. Grades streng monoton steigend bzw. fallend ist.
b) Lesen Sie näherungsweise die Koordinaten der Extrempunkte ab.
c) Erläutern Sie, ob ein globales Maximum oder Minimum existiert. Falls ja, geben Sie es an.

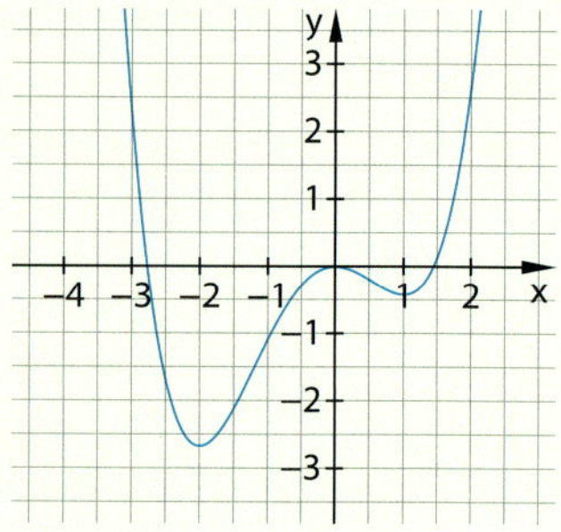

2 Untersuchen Sie das Monotonieverhalten der Funktion f mithilfe der Ableitung.
a) $f(x) = 4x - 0{,}5x^2$ b) $f(x) = x^3 - 3x^2$ c) $f(x) = 2x^4 + 4x^2$

3 Von einer Funktion f ist bekannt:
$f(0) = 1$; $f'(x) > 0$ für $x < -3$ und für $x > 1$; $f'(x) < 0$ für $-3 < x < 1$ Skizzieren Sie einen möglichen Graphen der Funktion f und der zugehörigen Funktion f'.

4 Berechnen Sie die lokalen Extremstellen sowie die zugehörigen lokalen Extrema der Funktion f. Ermitteln Sie dann die globalen Extrema sowie die zugehörigen x-Werte in den angegebenen Intervallen.
a) $f(x) = x^3 + 4x^2 - 3x - 8$ $I_1: -4 \le x \le 1$ $I_2: -2 \le x \le 0$ $I_3: -4 \le x \le 3$
b) $f(x) = -\frac{1}{10}x^3 + \frac{3}{4}x^2$ $I_1: -2 \le x \le 8$ $I_2: -3 \le x \le 7$ $I_3: 0 \le x \le 3$

5 Gegeben ist der Satz: Wenn für eine Funktion $f'(x_m) = 0$ und $f''(x_m) > 0$ gilt, dann hat die Funktion f an der Stelle x_m ein lokales Minimum.
a) Erläutern Sie an diesem Satz, was eine notwendige und was eine hinreichende Bedingung für ein lokales Minimum ist.
b) Formulieren Sie die Umkehrung dieses Satzes und untersuchen Sie, ob die Umkehrung wahr ist.

6 Gegeben ist der Graph der Ableitungsfunktion f'. Beschreiben Sie das Monotonieverhalten von f und geben Sie die Stellen an, an denen der Graph von f einen Hochpunkt, Tiefpunkt bzw. Sattelpunkt hat.

a) 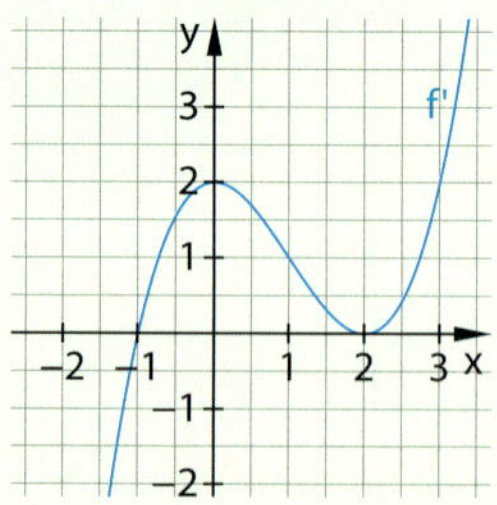

b) 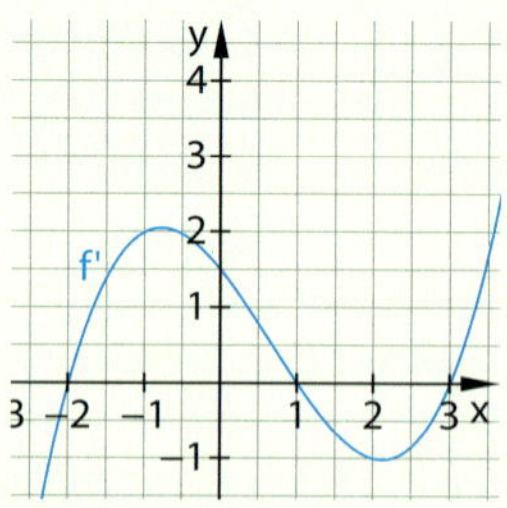

c) 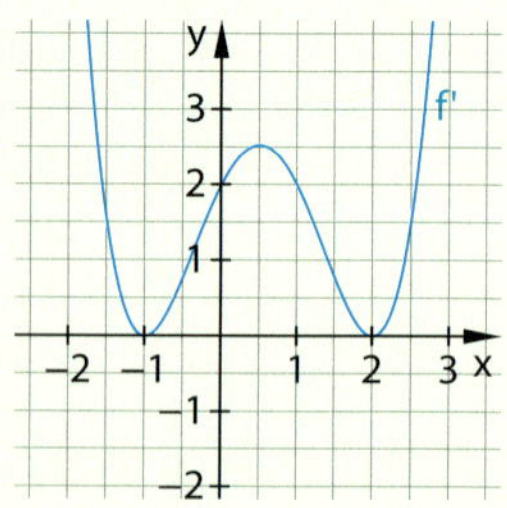

7 Untersuchen Sie, ob es eine Stelle gibt, an der sich die Funktionswerte der Funktionen f und g am wenigsten unterscheiden.
a) $f(x) = x^2 + 2$; $g(x) = -x^2 + 6x - 9$
b) $f(x) = x^3 + x^2 + x + 1$; $g(x) = x^3 - x^2 - x - 1$

8 Bestimmen Sie rechnerisch die Koordinaten der Hoch- und Tiefpunkte sowie der Wende- und Sattelpunkte des Graphen von f. Ermitteln Sie außerdem die Gleichungen aller Wendetangenten und skizzieren Sie den Verlauf des Graphen von f.
a) $f(x) = x^3 - 3x^2$ b) $f(x) = \frac{1}{4}x^4 - x^3 + 3$ c) $f(x) = \frac{1}{3}x^3 - 2x^2 + 3x$
d) $f(x) = \frac{1}{5}x^5 - x^3 - 6$ e) $f(x) = \frac{1}{8}x^3 + \frac{3}{2}x^2 + 6x + 8$ f) $f(x) = x^6 - \frac{1}{2}x + 7$

Lösungen
→ S. 269/270

9 Untersuchen Sie den Graphen der Funktion f auf sein Krümmungsverhalten.
a) $f(x) = -x^4 + 6x^2$ b) $f(x) = x^4 - 8x^3 + 24x^2 + 12x$ c) $f(x) = -x^6 + x + 3$

10 Nebenstehend ist der Graph der zweiten Ableitungsfunktion f″ einer Funktion f dargestellt. Außerdem gilt: $f'(-4) = 1$. Formulieren Sie davon ausgehend Aussagen über
a) lokale Extremstellen der ersten Ableitungsfunktion f′ von f,
b) Wendestellen der Funktion f,
c) das Monotonieverhalten von f.

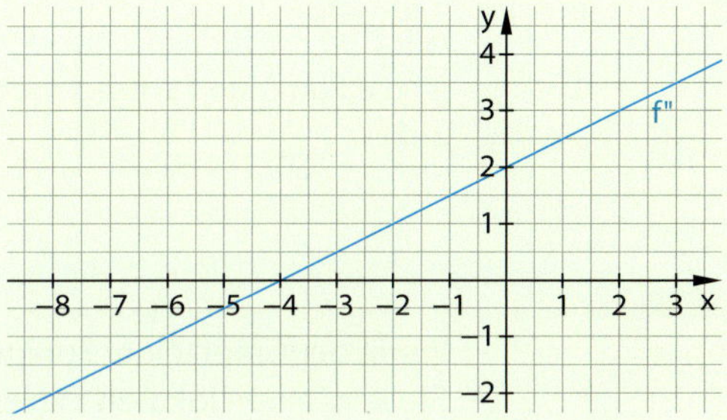

11 Während starker Regenfälle steigt das Wasser in einem Fluss an. Die Wasserhöhe wird durch die Funktion h mit $h(t) = -0{,}0005t^4 + 0{,}05t^2 + 2{,}5$ beschrieben (t: Zeit in Stunden nach Regenbeginn; h(t): Wasserhöhe in m).
a) Geben Sie die Höhe des normalen (anfänglichen) Wasserstands an und berechnen Sie, wie hoch das Wasser nach 6 Stunden und 15 Minuten steht.
b) Bestimmen Sie, wie lange es dauert, bis der Fluss wieder seine normale Wasserhöhe erreicht. Geben Sie einen sinnvollen Definitionsbereich für h an.
c) Zum Schutz vor Überschwemmungen wurde der Fluss durch eine Mauer begrenzt, die ihn bei normalem Wasserstand um 1,5 Meter überragt. Ermitteln Sie, ob es aufgrund der Regenfälle zu einer Überschwemmung kommt.
d) Bestimmen Sie wie lange es dauert, bis das Wasser seinen Höchststand erreicht hat, und geben Sie diesen an.
e) Berechnen Sie den stärksten Anstieg des Wassers und geben Sie ihn in cm/min an.

12 Die Funktion h mit $h(t) = -0{,}05t^3 + \frac{3}{4}t^2 + 4$ beschreibt im Bereich $0 \le t \le 10$ das Wachstum einer Pflanze. Dabei gibt h(t) die Höhe in cm und t die Zeit in Tagen an.
a) Berechnen Sie das durchschnittliche Wachstum innerhalb der ersten 10 Tage.
b) Berechnen Sie, wann die größte Wachstumsgeschwindigkeit erreicht wird, und berechnen Sie ihren Wert.

Wo stehe ich?

	Ich kann…	Aufgabe	Nachschlagen
4.1	… Funktionsgraphen mithilfe der ersten Ableitung auf strenge Monotonie untersuchen.	1, 2, 3, 10	S. 102 Beispiel 1
4.2	… lokale Extrempunkte grafisch und mithilfe der ersten Ableitung bestimmen. … Sattelpunkte mithilfe des Vorzeichenwechselkriteriums bestimmen.	4, 5, 6, 7, 8, 10, 11	S. 106 Beispiel 1 S. 107 Beispiel 2
4.3	... globale Extrema auf Intervallen bestimmen.	4	S. 111 Beispiel 1
4.4	… das Krümmungsverhalten eines Graphen mithilfe der zweiten Ableitung analysieren. … lokale Extrempunkte mithilfe der zweiten Ableitung bestimmen.	9	S. 114 Beispiel 1 S. 116 Beispiel 2
4.5	… Funktionsgraphen mit der dritten Ableitung bzw. dem Vorzeichenwechselkriterium auf Wendepunkte untersuchen. … die Bedeutung von Wendepunkten im Sachzusammenhang erkennen.	8, 10, 11, 12	S. 120 Beispiel 1 S. 122 Beispiel 2

Monotoniekriterium

Gilt $\mathbf{f'(x) > 0}$ für alle x aus dem Intervall I, so ist die Funktion f **streng monoton steigend** auf I.

Gilt $\mathbf{f'(x) < 0}$ für alle x aus dem Intervall I, so ist die Funktion f **streng monoton fallend** auf I.

$f(x) = x^2 - 3x + 1$
$f'(x) = 2x - 3$
$f'(x) = 0$ für $x = 1{,}5$

Für $x < 1{,}5$ ist $f'(x) < 0$ und f streng monoton fallend.
Für $x > 1{,}5$ ist $f'(x) > 0$ und f streng monoton steigend.

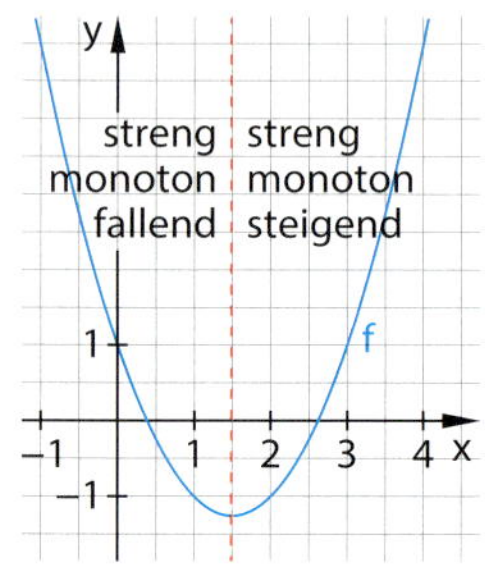

Extrempunkte

Wenn der Graph einer Funktion f an der Stelle x_E einen **lokalen Extrempunkt** hat, dann gilt $\mathbf{f'(x_E) = 0}$.
Wenn $f'(x_E) = 0$ und $f''(x_E) \neq 0$, so ist x_E eine **lokale Extremstelle** der Funktion f.
Für $f''(x_E) > 0$ bzw. $f''(x_E) < 0$ ist $f(x_E)$ ein lokales **Minimum** bzw. **Maximum.**

$f(x) = -1{,}5x^4 + 4x^3 - 3x^2$
$f'(x) = -6x^3 + 12x^2 - 6x = -6x(x-1)^2$
$f'(x) = 0$ also $x_1 = 0$ und $x_2 = 1$
$f''(x) = -18x^2 + 24x - 6$
$f'(0) = 0$ und $f''(0) = -6 < 0$: Hochpunkt bei x_1
$f(0) = 0$, also Hochpunkt $H(0\,|\,0)$
$f'(1) = 0$ und $f''(1) = 0$: Für x_2 ist hiermit noch keine Aussage möglich.

Eine hinreichende Bedingung für Extrempunkte ist das **Vorzeichenwechselkriterium:**
Wenn $f'(x_E) = 0$ gilt und das Vorzeichen von f′ an der Stelle x_E wechselt, dann hat der Graph von f bei x_E einen Extrempunkt.

$f(x) = 3x^2$; $f'(x) = 6x$
$f'(x) = 0$ also $x = 0$
$f'(-1) = -6$; $f'(1) = 6$: An der Stelle $x = 0$ wechselt das Vorzeichen von f′ von − nach +, also liegt bei $x = 0$ ein Tiefpunkt.

Krümmung, Wendepunkte, Sattelpunkte

Wenn $f''(x) > 0$ bzw. $f''(x) < 0$ für alle $x \in I$, so ist der Graph der Funktion f in dem Intervall I **linksgekrümmt** bzw. **rechtsgekrümmt.**

$f(x) = -1{,}5x^4 + 4x^3 - 3x^2$
$f''(x) = -18x^2 + 24x - 6 = -18\left(x - \frac{1}{3}\right)(x-1)$
$f''(x) = 0$ also $x_1 = \frac{1}{3}$ und $x_2 = 1$
$x < \frac{1}{3}$ und $x > 1$: rechtsgekrümmt ($f''(x) < 0$)
$\frac{1}{3} < x < 1$: linksgekrümmt ($f''(x) > 0$)

Der Graph einer Funktion f hat an der Stelle x_W einen **Wendepunkt,** wenn sich die Krümmung des Graphen ändert (Linkskrümmung ↔ Rechtskrümmung).
Ein **Sattelpunkt** ist ein Wendepunkt mit einer waagerechten Tangente.

Wenn der Graph einer Funktion f an der Stelle x_W einen **Wendepunkt** hat, dann gilt $\mathbf{f''(x_W) = 0}$.

Wenn $f''(x_W) = 0$ und $f'''(x_W) \neq 0$ gilt, dann ist $(x_W\,|\,f(x_W))$ ein **Wendepunkt** des Graphen von f.

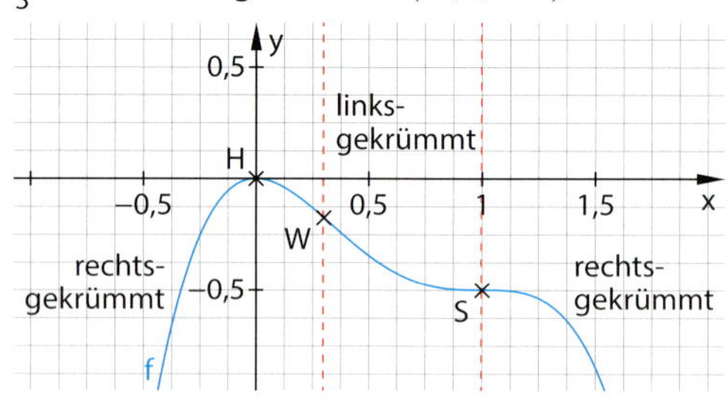

$f'''(x) = -36x + 24$
$f'''\left(\frac{1}{3}\right) = 12 \neq 0$: Wendepunkt bei x_1
$f\left(\frac{1}{3}\right) = -\frac{11}{54}$, also Wendepunkt $W\left(\frac{1}{3}\,\middle|\,-\frac{11}{54}\right)$
$f'''(1) = -12 \neq 0$ und $f'(1) = 0$: Sattelpunkt bei x_2
$f(1) = -0{,}5$, also Sattelpunkt $S(1\,|\,-0{,}5)$

5

Anwendungen der Differenzialrechnung

Nach diesem Kapitel können Sie …

- → Extremalprobleme mithilfe der Ableitung lösen,
- → aus Eigenschaften in Sachkontexten Bedingungen an Funktionen formulieren und daraus Funktionsterme ermitteln.

Lösungen
→ S. 270/271

Lineare Gleichungssysteme

1 Lösen Sie das lineare Gleichungssystem grafisch. Geben Sie die Lösungsmenge an.

a) $\left|\begin{array}{l} y = x - 1 \\ y = -3x + 3 \end{array}\right|$ b) $\left|\begin{array}{l} y = -x + 7 \\ y = 3x - 3 \end{array}\right|$ c) $\left|\begin{array}{r} 1{,}5x + y = 5{,}5 \\ 2x + y = 2 \end{array}\right|$ d) $\left|\begin{array}{l} 1 = \frac{1}{2} - y \\ 3 = x - y \end{array}\right|$

2 Lösen Sie das Gleichungssystem mit dem Gleichsetzungsverfahren.

a) $\left|\begin{array}{l} x + y = 10 \\ x - y = 0 \end{array}\right|$ b) $\left|\begin{array}{l} 8p = 4q - 1 \\ 4p = -4p + 2q \end{array}\right|$ c) $\left|\begin{array}{l} y = 3x + 7 \\ 6x - 2 = y \end{array}\right|$ d) $\left|\begin{array}{l} 9x = 5 + y \\ 9x = 4 + y \end{array}\right|$

3 Stellen Sie eine der Gleichungen um und lösen Sie mit dem Einsetzungsverfahren.

a) $\left|\begin{array}{r} a + b = 5 \\ -2a - 3b = -5 \end{array}\right|$ b) $\left|\begin{array}{l} 8x = 4y - 2 \\ 6y = 3x - 30 \end{array}\right|$ c) $\left|\begin{array}{l} 3y = 6x + 30 \\ 2y = 14x - 10 \end{array}\right|$ d) $\left|\begin{array}{r} 3x + 2y = 6 \\ 3y = 6x + 16 \end{array}\right|$

4 Formen Sie eine Gleichung um und lösen Sie das Gleichungssystem mit dem Additionsverfahren.

a) $\left|\begin{array}{r} 3x - 3y = 18 \\ -9x + 6y = 0 \end{array}\right|$ b) $\left|\begin{array}{l} 2x + 5y = -1 \\ 2x + 4y = 1 \end{array}\right|$ c) $\left|\begin{array}{l} 6p - \quad 3q = 30 \\ 2p - 1{,}5q = 10 \end{array}\right|$ d) $\left|\begin{array}{r} 3a - 2b = 8 \\ 2a - b = 6 \end{array}\right|$

5 Geben Sie möglichst ohne viele Umformungsschritte an, wie viele Lösungen es gibt.

a) $\left|\begin{array}{l} 8y - 4x = 15 \\ 4y - 2x = 7{,}5 \end{array}\right|$ b) $\left|\begin{array}{l} 9x - 2y = 0 \\ 9x = 2y \end{array}\right|$ c) $\left|\begin{array}{l} 3x + y = 7 \\ y = -4x + 8 \end{array}\right|$ d) $\left|\begin{array}{l} 5x + \frac{1}{2}y = 3 \\ y = 7 - 10x \end{array}\right|$

6 Lösen Sie das Zahlenrätsel.

a) Die Summe zweier Zahlen ist 50, ihre Differenz ist 42.

b) Addiert man zum Produkt zweier Zahlen 14, so erhält man 150. Das 39-Fache der ersten Zahl minus 12 ist 300.

c) Das 3-Fache der Summe zweier Zahlen ist 69. Das Quadrat der Summe der beiden Zahlen ist 529.

7 Familie Krauses Stromrechnung betrug in diesem Monat 39,16 € bei einem Verbrauch von 203 kWh. Im letzten Monat waren es 49,40 € bei 267 kWh.
Berechnen Sie die Grundgebühr und den Preis pro kWh.

Ganzrationale Funktionen

8 Geben Sie den Grad und die Koeffizienten der ganzrationalen Funktion f an. Überprüfen Sie, ob die Punkte P und Q auf dem Graphen der Funktion liegen.

a) $f(x) = -x^3 + 5x^2 + 4x + 1$
$P(1 \mid 9), Q(-1 \mid 3)$

b) $f(x) = 2x^5 - x^2 + 7x - 5$
$P(1 \mid 4), Q(-1 \mid -9)$

c) $f(x) = 6x^3 - 4ax^2 + x + 4a$
$P(1 \mid -7), Q(-1 \mid -7)$

9 Beschreiben Sie ohne weitere Rechnung den Globalverlauf des Graphen von f. Geben Sie an, ob der Graph von f punktsymmetrisch zum Ursprung oder achsensymmetrisch zur y-Achse ist.

a) $f(x) = 3x^3 + 7x$ b) $f(x) = -x^5 + 7x^2 - 2x + 3$ c) $f(x) = 2x^4 - 5x^2 + 12$

10 Bestimmen Sie die Nullstellen der Funktion f.

a) $f(x) = (x - 4)(x + 5)$ b) $f(x) = -x(x + 1)(2x - 1)$ c) $f(x) = (x2 + 9)(2x2 - x)$

d) $f(x) = 2x^2 - 8x$ e) $f(x) = x^4 + x^3 - 6x^2$ f) $f(x) = 3x^4 + 4x^3$

g) $f(x) = x^4 - 5x^2 + 4$ h) $f(x) = -3x^4 + 30x^2 - 27$ i) $f(x) = 2x^4 - 4x^2 - 30$

Lösungen → S. 271

11 a) Stellen Sie jeweils die Funktionsgleichung der verschobenen Normalparabel auf.
① Verschiebung der Normalparabel um 4 Einheiten nach unten und um 7 Einheiten nach links
② Der Scheitelpunkt liegt bei $S(-1{,}5\,|\,3{,}5)$.
③ Der Graph enthält die Punkte $P(-2\,|\,-5{,}25)$, $Q(-1\,|\,-6{,}25)$ und $R(0\,|\,-5{,}25)$.
b) Berechnen Sie die Nullstellen der Funktionen aus a).

12 Auf dem Graphen einer quadratischen Funktion liegen der Scheitelpunkt S und Punkt P. Berechnen Sie die Nullstellen der Funktion.
a) $S(0\,|\,-2)$ und $P(2\,|\,0)$ b) $S(3\,|\,-2)$ und $P(7\,|\,0)$ c) $S(2\,|\,12)$ und $P(1\,|\,9)$

13 Der Brückenbogen mit den gegebenen Maßen hat die Form einer Parabel.
a) Stellen Sie eine Funktionsgleichung der Parabel auf, wenn der Koordinatenursprung ① im Scheitelpunkt, ② links unten am Beginn des Bogens liegt.
b) Berechnen Sie für den Fall ① die Länge der Stützen, die 29 m vom Scheitelpunkt entfernt beginnen.

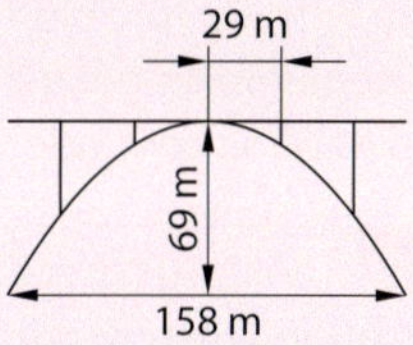

14 Geben Sie an, in welcher Form die Funktionsgleichung angegeben ist. Wandeln Sie sie in die fehlenden beiden Formen um.
a) $f(x) = 2(x-1)^2 - 18$ b) $g(x) = x^2 - 14x + 45$ c) $h(x) = -3(x-4)(x-2)$

15 Die Funktion f mit $f(x) = -0{,}002x^2 + 0{,}6x$ beschreibt die Flugbahn eines Golfballs.
a) Berechnen Sie, wie weit der Golfball fliegt.
b) Berechnen Sie die maximale Höhe des Golfballs während des Flugs.

Figuren und Körper

16 Berechnen Sie den Umfang und den Flächeninhalt der angegebenen Figur.
a) gleichschenkliges Dreieck ABC mit $a = b = 4\,\text{cm}$; $c = 2\,\text{cm}$
b) rechtwinkliges Dreieck ABC mit $\gamma = 90°$; $b = 6\,\text{cm}$; $a = 8\,\text{cm}$
c) Parallelogramm ABCD mit $\alpha = 60°$; $a = 60\,\text{mm}$; $h_a = 25\,\text{mm}$
d) Kreis mit $r = 24\,\text{mm}$

17 Eine Zuckerpackung hat die Form einer quadratischen Pyramide mit einer Grundkantenlänge von 8 cm und einer Höhe von 15 cm. $1\,\text{cm}^3$ Zucker wiegt 1,6 g.
a) Berechnen Sie das Volumen der Verpackung.
b) Berechnen Sie die in der Packung maximal enthaltene Masse Zucker.

18 Berechnen Sie das Volumen und den Oberflächeninhalt des zusammengesetzten Körpers. (Alle Angaben in cm.)

a)
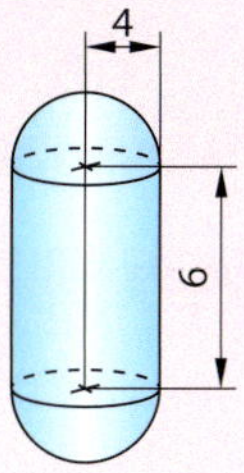

b)
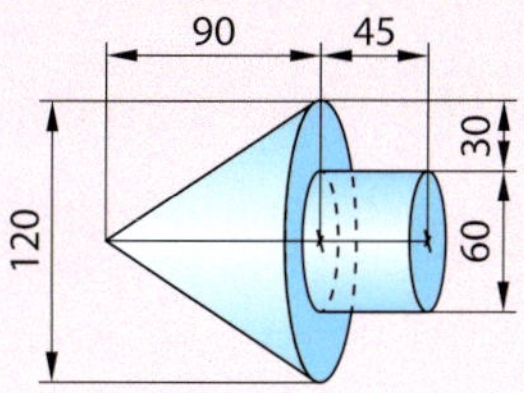

c)
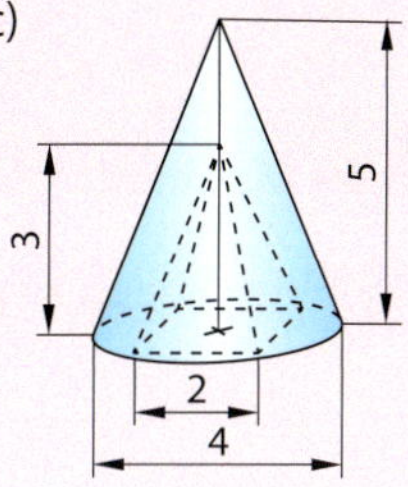

d)
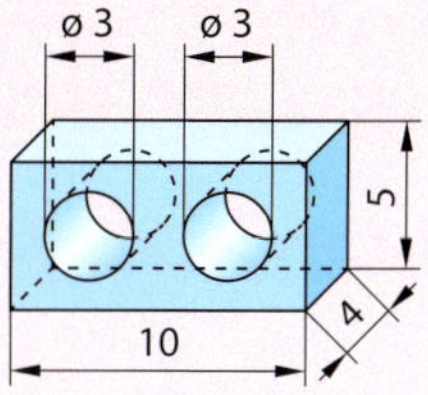

5.1 Extremalprobleme

Aus einem rechteckigen Stück Pappe von der Größe einer DIN-A4-Seite (21 cm × 29,7 cm) soll eine offene Schachtel werden.

a) Stellen Sie eine Funktionsgleichung für das Volumen in Abhängigkeit von x auf.

b) Geben Sie das lokale Maximum der Funktion aus a) an. Erläutern Sie seine Bedeutung im Sachzusammenhang.

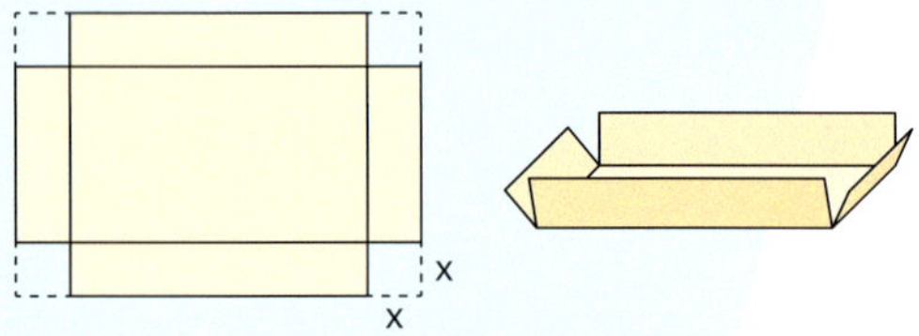

Bei einem Extremalproblem wird der kleinst- oder größtmögliche Wert einer Größe in einem bestimmten Bereich gesucht. Für die Größe wird eine Funktion (**Zielfunktion**) aufgestellt und ihr globales Minimum oder Maximum in einem bestimmten Intervall bestimmt.

Wissen **Lösungsstrategie für Extremalprobleme**

1. Gleichung aufstellen für die **Größe,** die **maximal/minimal** werden soll.
2. **Nebenbedingungen** finden, wenn die Größe von mehreren Variablen abhängt.
3. **Zielfunktion** (mit nur einer Variablen) für die Größe mithilfe der Nebenbedingungen aufstellen und den **Definitionsbereich** angeben.
4. **Lokale Maxima/Minima** der Zielfunktion im Definitionsbereich mithilfe der Ableitungen ermitteln.
5. **Globales Maximum/Minimum** ermitteln. Dazu prüfen, ob die Zielfunktion an den Rändern des Definitionsbereichs größere bzw. kleinere Funktionswerte annimmt.
6. Lösung im **Sachzusammenhang** interpretieren.

Beispiel 1 Ein rechteckiges Spielfeld mit Länge x und Breite y soll von einer 400 m langen, an den kurzen Rechtecksseiten halbkreisförmigen Laufbahn umgeben sein. Bestimmen Sie die Abmessungen, für die das Spielfeld einen maximalen Flächeninhalt hat.

Lösung:

1. Gleichung: $A = x \cdot y$ (x und y in m) — Flächeninhalt des Spielfelds

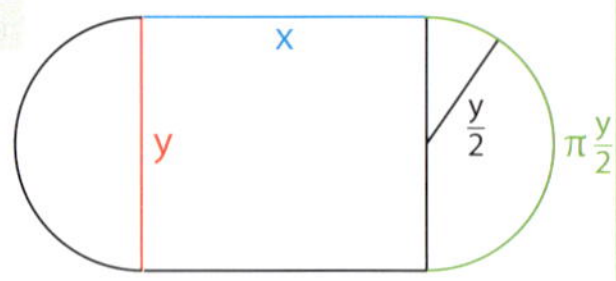

2. Aufstellen der Nebenbedingung:
   Nebenbedingung (NB):
   $u = 2x + \pi y = 400$ — Umfang der Laufbahn
   $y = \frac{400}{\pi} - \frac{2}{\pi}x$ — NB in Formel einsetzen
3. Zielfunktion und Definitionsbereich:
   $A(x) = x \cdot \left(\frac{400}{\pi} - \frac{2}{\pi}x\right) = \frac{400}{\pi}x - \frac{2}{\pi}x^2$ mit $0 \le x \le 200$
4. Bestimmung des lokalen Maximums:
   Ableitungen bestimmen: $A'(x) = \frac{400}{\pi} - \frac{4}{\pi}x$ und $A''(x) = -\frac{4}{\pi}$
   Nullstelle von A′ bestimmen: $\frac{400}{\pi} - \frac{4}{\pi}x = 0$ liefert $x = 100$.
   Wegen $A''(100) = -\frac{4}{\pi} < 0$ liegt ein lokales Maximum vor.
   $A(100) = \frac{400}{\pi} \cdot 100^2 - \frac{2}{\pi} \cdot 100^2 \approx 6366{,}2$
5. Randwerte prüfen, globales Maximum:
   $A(0) = A(200) = 0 < 6366{,}2$, also kein Randmaximum
   Das lokale Maximum bei $x = 100$ ist auch globales Maximum.
6. Interpretation:
   $x = 100$ in die Nebenbedingung einsetzen:
   $y = \frac{400}{\pi} - \frac{2}{\pi} \cdot 100 \approx 63{,}7$
   Für eine Länge von 100 m und eine Breite von 63,7 m wird der Flächeninhalt des Spielfelds mit $A \approx 6366{,}2\,\text{m}^2$ maximal.

Basisaufgaben

1 Stellen Sie Zielfunktionen mithilfe von Nebenbedingungen auf.

a) Ein Rechteck hat einen Umfang von 28 cm. Drücken Sie seinen Flächeninhalt in Abhängigkeit von einer Seitenlänge x aus.

b) Bei einem Rechteck ist die Seite x doppelt so lang wie die andere Seite y. Drücken Sie den Flächeninhalt in Abhängigkeit von x aus.

c) Geben Sie für einen Würfel das Volumen V in Abhängigkeit von der Gesamtkantenlänge K an und auch umgekehrt K in Abhängigkeit von V.

d) Für einen Quader mit den Kantenlängen a, b und c gilt $a = 2b$ und $b = 2c$. Geben Sie für jede Variable a, b und c eine Formel zur Berechnung des Quadervolumens an, die nur von dieser Variablen abhängt. Also: $V(a) = \ldots, V(b) = \ldots, V(c) = \ldots$

2 Das Produkt zweier nichtnegativer Zahlen soll maximal werden. Es gilt die Nebenbedingung, dass die Summe der beiden Zahlen 20 ist.

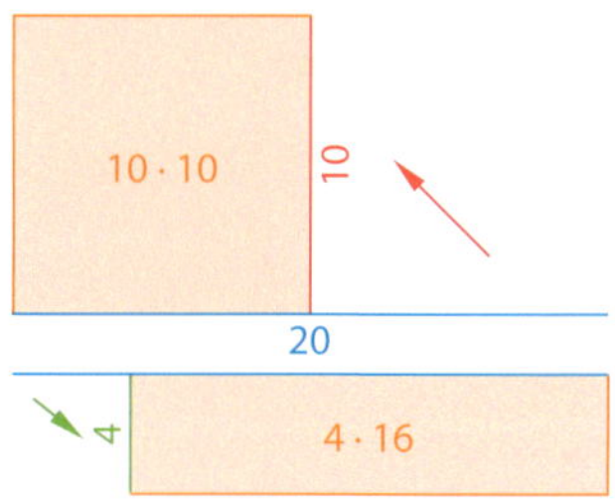

a) Geben Sie einen Term für das Produkt an, das maximal sein soll.

b) Stellen Sie eine Nebenbedingung auf und formen Sie sie nach einer der Variablen um.

c) Ersetzen Sie im Term von a) eine Variable mithilfe der Gleichung aus b). Geben Sie die Zielfunktion und ihren Definitionsbereich an.

d) Bestimmen Sie das lokale Extremum der Zielfunktion im Definitionsbereich mithilfe der Ableitungen. Zeigen Sie, dass es sich um ein lokales Maximum handelt.

e) Prüfen Sie das Verhalten der Zielfunktion an den Rändern des Definitionsbereichs und geben Sie das globale Maximum der Zielfunktion im Definitionsbereich an.

f) Geben Sie die beiden gesuchten Zahlen und den Wert des maximalen Produkts an.

3 Bestimmen Sie die Abmessungen eines Rechtecks mit dem Umfang 1 m, das einen möglichst großen Flächeninhalt hat.

4 Ein Bauer will für seine Kühe an einem Kanal eine möglichst große rechteckige Weide mit einem 200 m langen Zaun abstecken. Das Ufer des Kanals soll dabei eine der Rechtecksseiten sein und braucht nicht mit einem Zaun versehen zu werden.

a) Stellen Sie eine Zielfunktion für den Flächeninhalt der Weide auf.

b) Bestimmen Sie das Maximum der Zielfunktion mithilfe der Ableitungen.

c) Bestimmen Sie das Maximum der Zielfunktion, indem Sie die Lage des Scheitelpunkts der Parabel ohne die Verwendung von Ableitungen ermitteln.

d) Vergleichen Sie den Rechenaufwand der beiden Methoden aus b) und c).

e) Geben Sie die Maße der Weide an, die den Tieren möglichst viel Platz bietet.

Hinweis zu 4c

ie Koordinaten des cheitelpunkts können ie durch quadratische rgänzung oder durch eine Lage bzgl. der ullstellen ermitteln.

5 Die Größe G hängt von den beiden Variablen a und b ab und berechnet sich mit der Formel $G = 2a^2b + 20$. Zwischen a und b gilt zudem die Bedingung $2a - b = 4$.

a) Stellen Sie die Zielfunktion G(a) auf.

b) Bestimmen Sie die lokalen Maxima und Minima.

c) Bestimmen Sie die globalen Extrema auf dem Intervall $[0; 1]$.

Figuren unter Funktionsgraphen

Extremalprobleme können sich auch im Zusammenhang mit Figuren unter Funktionsgraphen ergeben. Bei solchen Extremalproblemen liegt ein Punkt (oder mehrere Punkte) einer Figur auf dem Graphen einer Funktion. Gesucht werden nun die Koordinaten des Punkts (oder mehrerer Punkte), sodass sich zum Beispiel ein maximaler Flächeninhalt der Figur ergibt.

Beispiel 2 Gegeben ist der Graph der Funktion f mit $f(x) = -\frac{1}{3}x^2 + 3$. Der Punkt $C(a \mid f(a))$ wandert auf dem Graphen der Funktion f im ersten Quadranten. Die Punkte A, B, C und D bilden dabei ein Rechteck.

a) Stellen Sie eine Zielfunktion für den Flächeninhalt des Rechtecks auf und geben Sie einen sinnvollen Definitionsbereich an.
b) Bestimmen Sie den Wert für a so, dass der Flächeninhalt des Rechtecks maximal wird, und geben Sie den maximalen Flächeninhalt an.

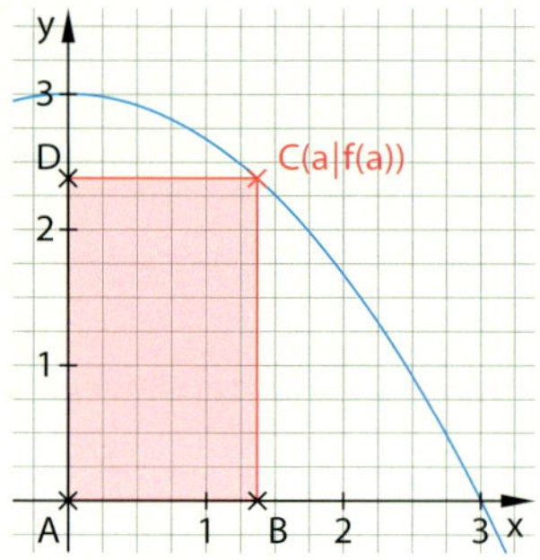

Lösung:

a) 1. Gleichung: $A = b \cdot h$ ← Flächeninhalt Rechteck: Breite mal Höhe

2. Nebenbedingungen: $b = a$ und $h = f(a)$ ← Punkt C liegt auf dem Graphen.

3. Zielfunktion und Definitionsbereich: $A(a) = a \cdot f(a) = a \cdot \left(-\frac{1}{3}a^2 + 3\right) = -\frac{1}{3}a^3 + 3a$

a liegt zwischen der y-Achse und der positiven Nullstelle von f.
$f(x) = -\frac{1}{3}x^2 + 3 = 0$ ergibt $x^2 = 9$
Nullstellen von f: $x_1 = 3$; $x_2 = -3$
Definitionsbereich: $0 \leq a \leq 3$

b) 4. Lokale Extrema der Zielfunktion: $A'(a) = -a^2 + 3$, $A''(a) = -2a$
Nullstellen von A': $-a^2 + 3 = 0$
$a^2 = 3$, also $a_1 = \sqrt{3}$, $a_2 = -\sqrt{3}$ ← nicht im Definitionsbereich
$A''(\sqrt{3}) = -2\sqrt{3} < 0$, also lokales Maximum bei $\sqrt{3}$
$A(\sqrt{3}) \approx 3{,}464$

5. Randwerte prüfen, globales Maximum: $A(0) = 0$ und $A(3) = 0$, also kein Randmaximum
Das lokale Maximum 3,464 ist auch das globale Maximum.

6. Interpretation: Für $a = \sqrt{3} \approx 1{,}7$ wird der Flächeninhalt mit $A \approx 3{,}5$ FE maximal.

Basisaufgaben

6 Gegeben ist der Graph der Funktion f mit $f(x) = -0{,}5x^3 + 2x$.
Die Punkte A, B und C mit den Koordinaten $A(0 \mid 0)$, $B(a \mid 0)$ und $C(a \mid f(a))$ bilden im ersten Quadranten des Koordinatensystems ein rechtwinkliges Dreieck.

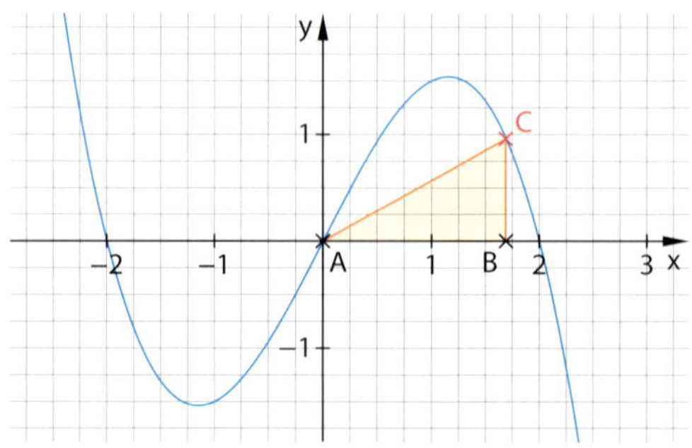

a) Stellen Sie eine Zielfunktion für den Flächeninhalt des Dreiecks auf und geben Sie einen sinnvollen Definitionsbereich an.
b) Ermitteln Sie, für welchen Wert von a der Flächeninhalt des Dreiecks maximal wird, und geben Sie den maximalen Flächeninhalt an.

7 Dem Graphen der Funktion f mit $f(x) = -\frac{1}{2}x^2 + 6$ wird ein gleichschenkliges Dreieck wie in der Abbildung einbeschrieben. Bestimmen Sie den maximalen Flächeninhalt des Dreiecks.

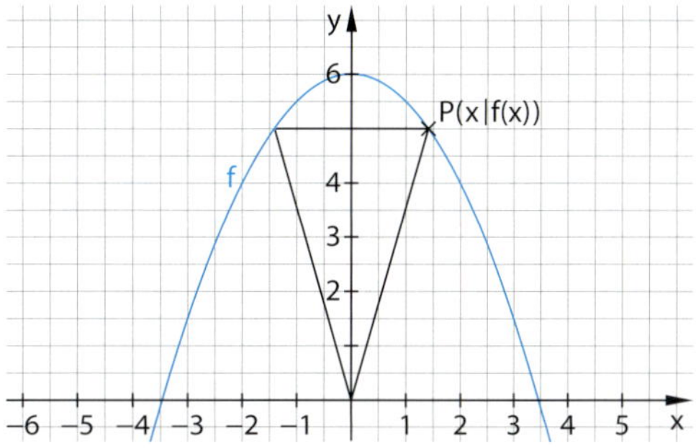

8 Dem Graphen der Funktion f mit $f(x) = -\frac{1}{2}x^2 + 6$ wird ein Rechteck oberhalb der x-Achse einbeschrieben.
a) Fertigen Sie eine Skizze an und stellen Sie einen Term für den Flächeninhalt auf.
b) Bestimmen Sie den maximalen Flächeninhalt des Rechtecks.

Erinnerung

lächeninhalt eines rapezes

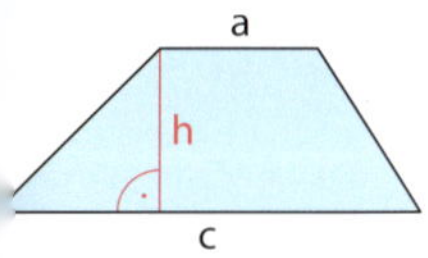

Trapez $= \frac{a+c}{2} \cdot h$

9 Dem Graphen der Funktion f mit $f(x) = -\frac{1}{2}x^2 + 2$ wird ein symmetrisches Trapez wie in der Abbildung einbeschrieben. Bestimmen Sie den größtmöglichen Flächeninhalt des Trapezes.

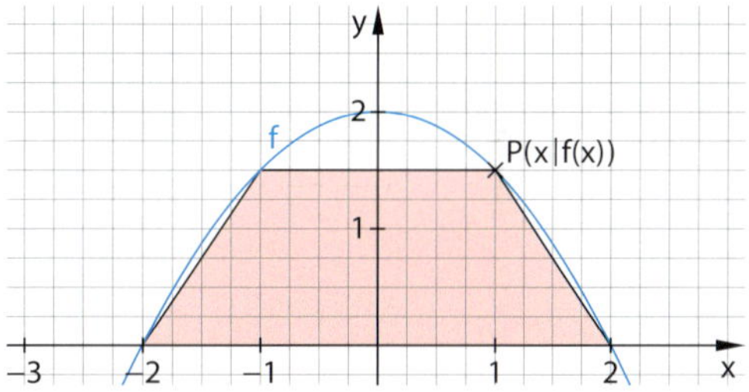

10 Erläutern Sie, welches Monotonieverhalten der Graph einer Funktion links und rechts seiner Hoch-, Tief- und Sattelpunkte hat. Erstellen Sie dazu eine Übersichtstabelle.

Weiterführende Aufgaben

11 Begründen Sie: Wenn die Zielfunktion eine quadratische Funktion ist und sich die Extremstelle des lokalen Maximums (Minimums) im Definitionsbereich befindet, dann ist das lokale Maximum (Minimum) auch das globale Maximum (Minimum) im Definitionsbereich.

12 Betrachten Sie alle Rechtecke mit dem Flächeninhalt 1 m^2.
a) Bestimmen Sie, bei welcher Seitenlänge der Umfang minimal ist.
b) Untersuchen Sie, ob es unter den Rechtecken eines mit maximalem Umfang gibt.

13 Für ein öffentliches Kunstwerk soll aus 36 m Stahlrohr das Kantenmodell eines Quaders mit quadratischer Grundfläche hergestellt werden.
a) Bestimmen Sie die Abmessungen des Quaders so, dass sein Volumen maximal wird.
b) Bestimmen Sie das maximale Volumen, wenn die Kantenlänge der Grundfläche nicht größer als 2,5 m sein darf.
c) Bestimmen Sie das maximale Volumen, wenn die Höhe auf maximal 2 m beschränkt ist.

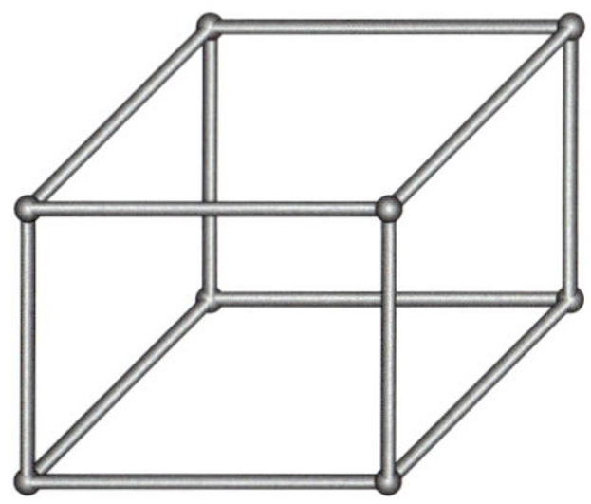

14 Typische Konservendosen können modellhaft als Zylinder mit einem Volumen von 750 mℓ aufgefasst werden.
a) Bestimmen Sie die Abmessungen einer Dose, die bei diesem vorgegebenen Volumen eine minimale Oberfläche (also einen möglichst geringen Materialverbrauch) aufweist.
b) Erläutern Sie, welche Gründe es in der Praxis geben kann, von diesen Abmessungen abzuweichen.

Hinweis zu 15 ⚠

Es gilt $A(0|0)$. Der Punkt B liegt auf der y-Achse, er hat die gleiche x-Koordinate wie Punkt C.

15 **Stolperstelle:** Gegeben sind die Funktionen f und g mit $f(x) = -\frac{1}{3}x^3 + x^2 + 3x + 3$ und $g(x) = -\frac{1}{3}x^3 + x^2 + 3x$.
Den Graphen beider Funktionen soll wie abgebildet im 1. Quadranten ein Dreieck mit maximalem Flächeninhalt einbeschrieben werden.
Max meint: *„Der eine Graph ist ja nur um 3 Einheiten verschoben. Dann wird der maximale Flächeninhalt beim rechten Dreieck an der gleichen Stelle vorliegen, wie beim linken Dreieck. Nur der maximale Flächeninhalt wird links natürlich größer sein als rechts."*
Nehmen Sie begründet Stellung zu der Aussage.

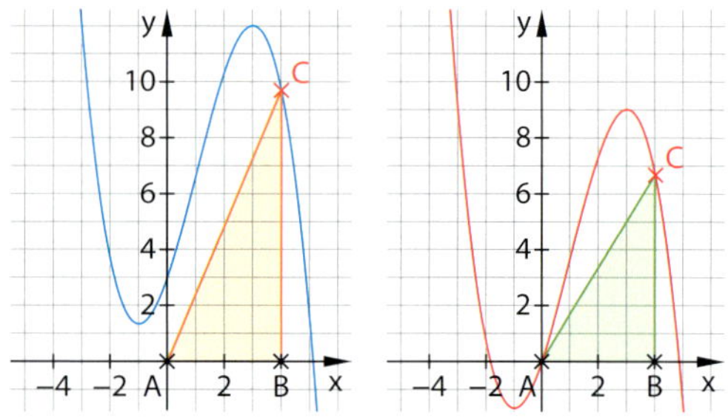

16 Gegeben ist der Graph der Funktion f mit $f(x) = -0{,}1(x+1)^2 + 5$. Die Punkte $A(4|0)$, $B(4|2{,}5)$, $C(a|f(a))$ und $D(a|0)$ für $a \leq 4$ bilden oberhalb der x-Achse ein Trapez.
Ermitteln Sie, für welchen Wert von a der Flächeninhalt des Trapezes maximal wird.

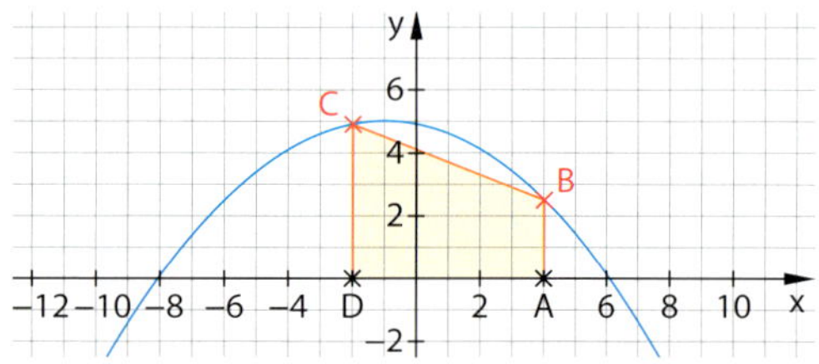

17 Aus einem rechteckigen Blechstück mit den Abmessungen 20 cm × 15 cm soll eine oben offene, zylindrische Blechdose hergestellt werden, die ein möglichst großes Volumen hat.

a) Tom erhält mit der Skizze V mit $V(r) = -2\pi r^3 + 20\pi r^2$ als Zielfunktion und ihr lokales Maximum bei $r \approx 6{,}67$ cm. Erläutern Sie, wie Tom zu seinen Ergebnissen kommt.

b) Erklären Sie, warum die Dose mit $r = 6{,}67$ cm nicht hergestellt werden kann.

c) Ermitteln Sie das größtmögliche Volumen der Dose.

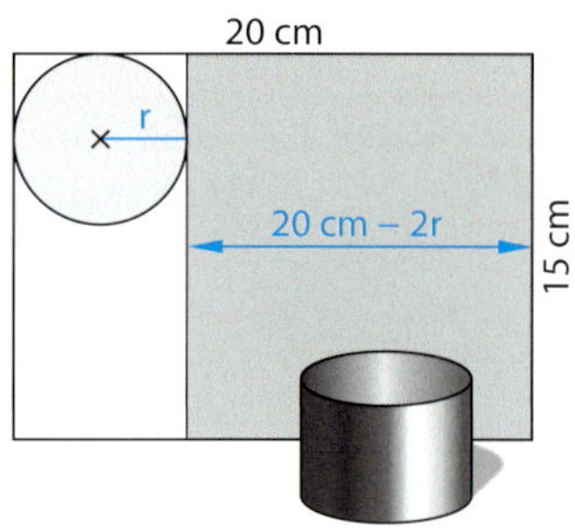

18 Ein Pralinenhersteller möchte eine neue prismenförmige Verpackung für seine Pralinen entwickeln. Die Grundfläche der Verpackung soll die eines gleichseitigen Dreiecks sein.

a) Berechnen Sie den minimalen Materialverbrauch für die Verpackung, wenn die Schachtel ein Volumen von 400 cm³ haben soll.

b) Der Hersteller hat die Möglichkeit, die Verpackungen aus Pappstücken der Größe 600 cm² herzustellen.
Bestimmen Sie die Maße einer Verpackung mit größtmöglichem Volumen, die sich aus jeweils einem Stück Pappe herstellen lässt. Bewerten Sie Ihr gefundenes Ergebnis.

19 In ein gleichschenkliges Dreieck mit Basis g = 3 cm und Höhe h = 7 cm soll ein Rechteck einbeschrieben werden.

a) Berechnen Sie die Maße des Rechtecks mit maximalem Flächeninhalt.

b) Nun soll in eine quadratische Pyramide mit der Grundseite g = 3 cm und Höhe h = 7 cm ein Quader mit maximalem Volumen einbeschrieben werden. Bestimmen Sie die Maße und das Volumen dieses Quaders.

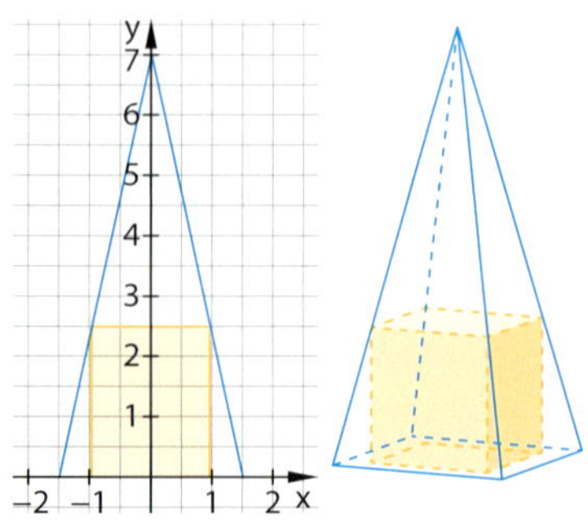

20 Die Tragfähigkeit eines Balkens ist proportional zu seiner Breite b und zum Quadrat seiner Höhe h. Seine Tragfähigkeit T kann deshalb mit der Formel $T = b \cdot h^2$ beschrieben werden.

Bestimmen Sie die optimalen Maße eines Balkens, der aus einem Rundholz mit dem Durchmesser 30 cm geschnitten werden soll und eine möglichst große Tragfähigkeit hat.

21 Eine Firma produziert Schoko-Osterhasen. Hasen aus Edelschokolade werden für 3,50 € pro 100 g verkauft, Hasen aus billiger Schokolade für 0,49 € pro 100 g. Bei der Produktion können beide Schokoladensorten gemischt werden. Der Verkaufspreis richtet sich dann nach den Anteilen beider Sorten.

a) Berechnen Sie, wie teuer ein 100-g-Schokohase mit einem Anteil von 65 % Edelschokolade ist.

b) In den letzten Jahren wurde festgestellt: Erhöht man den Anteil der Edelschokolade, dann werden wegen des steigenden Preises weniger Schokohasen gekauft. Allerdings bleibt die Nachfrage ab einem Anteil von 40 % Edelschokolade konstant, obwohl der Preis steigt. Die Nachfrage n kann mit der folgenden Funktion beschrieben werden:

$n(x) = \begin{cases} -165x + 8000, & 0 \le x < 40 \\ 1400, & 40 \le x \le 100 \end{cases}$, wobei x den Prozentanteil von Edelschokolade und n(x) die verkaufte Anzahl an Schokohasen angibt.

Berechnen Sie, wie viel Umsatz die Firma macht, wenn sie Schokohasen mit einem Anteil von 65 % Edelschokolade herstellt.

c) Ermitteln Sie, wie hoch der Anteil der Edelschokolade bei den Schokohasen sein sollte, damit der Umsatz der Firma maximal wird.

Erinnerung

ir den Abstand wischen zwei Punkten $(x_1|y_1)$ und $(x_2|y_2)$ gilt: $d = \sqrt{(x_2 - x_1)^2 + (y_2 - y_1)^2}$

22 Abgebildet ist der Graph der Funktion f mit $f(x) = -x^2 + 3$. Der Punkt B liegt auf dem Graphen der Funktion f im 1. Quadranten.

Berechnen Sie die Koordinaten des Punktes B, sodass der Abstand d(A, B) zwischen den Punkten A(0 | 1) und B minimal wird.

Geben Sie den minimalen Abstand an.

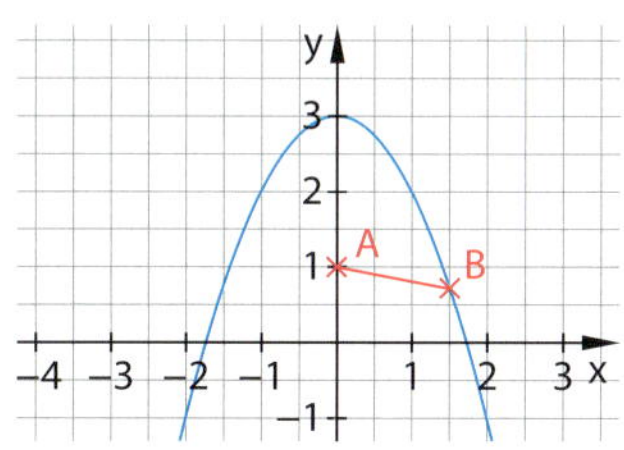

23 **Ausblick:** Ein Spielautomat ist so eingestellt, dass Spieler im Durchschnitt in 1 % der Fälle das 10-Fache ihres Einsatzes ausbezahlt bekommen und in 10 % der Fälle ihren Einsatz zurückbekommen. Der Einsatz pro Spiel beträgt 50 Cent. Im Durchschnitt werden an einem Tag 200 Spiele durchgeführt.

a) Begründen Sie, dass der Term $200 \cdot (-4{,}5 \cdot 0{,}01 + 0 \cdot 0{,}1 + 0{,}5 \cdot 0{,}89)$ den im Mittel zu erwartenden Tagesgewinn des Automaten angibt. Berechnen Sie diesen.

b) Der Automat lässt sich so einstellen, dass die Wahrscheinlichkeit p für die Erstattung des Einsatzes verändert wird. Erklären Sie die Bedeutung der Funktion f mit $f(x, p) = x \cdot (-4{,}5 \cdot 0{,}01 + 0 \cdot p + 0{,}5 \cdot (0{,}99 - p))$.

c) Aus Erfahrung ist bekannt: Erhöht man die Wahrscheinlichkeit p um jeweils 0,01, so erhöht sich die Anzahl der Spiele pro Tag um jeweils 15. Berechnen Sie die optimale Einstellung des Automaten, um den Tagesgewinn zu maximieren.

5.2 Rekonstruktion von Funktionstermen

Von der Flugbahn eines Balls sind die Punkte A(0 | 0) und B(4 | 4) bekannt. Die Flugbahn soll mit einer quadratischen Funktion f mit $f(x) = ax^2 + bx + c$ modelliert werden.

a) Erklären Sie, warum mit diesen Informationen keine eindeutige Lösung bestimmt werden kann.

b) Es ist zusätzlich bekannt, dass B der höchste Punkt der Flugbahn ist.
Ermitteln Sie mithilfe dieser Information die Stelle, an der der Ball auf dem Boden aufkommt.

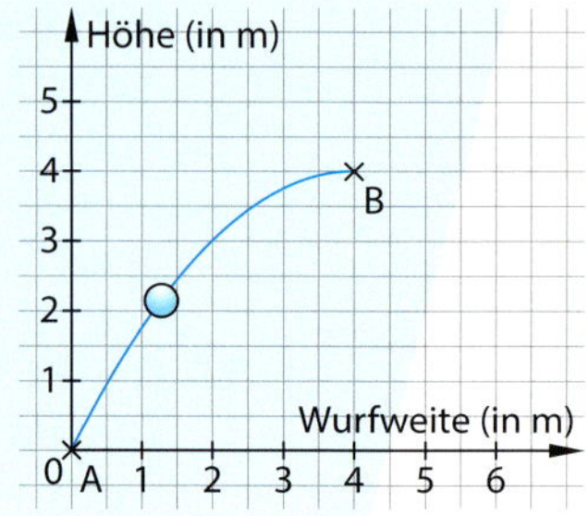

Die Funktionsgleichung einer ganzrationalen Funktion kann aus Informationen über den Graphen bestimmt werden. Dazu werden diese Informationen in Gleichungen übersetzt. Diese Gleichungen bilden ein lineares Gleichungssystem, dessen Lösung die Parameter der gesuchten Funktionsgleichung liefert.

Wissen **Schritte beim Bestimmen von ganzrationalen Funktionen**

① Eigenschaften des Graphen in Bedingungen an die Funktion/Ableitungen übersetzen.
② In die allgemeine Form einsetzen und ein lineares Gleichungssystem aufstellen.
③ Das lineare Gleichungssystem lösen und den ermittelten Funktionsterm angeben.
④ Überprüfen, ob der Funktionsterm die geforderten Eigenschaften erfüllt.

Eigenschaften in Gleichungen übersetzen

Aus charakteristischen Punkten des Graphen einer Funktion f lassen sich Bedingungen an die Funktionsgleichung von f und deren Ableitungen formulieren. Mithilfe eines allgemeinen Ansatzes für ganzrationale Funktionen ergeben sich daraus Gleichungen.

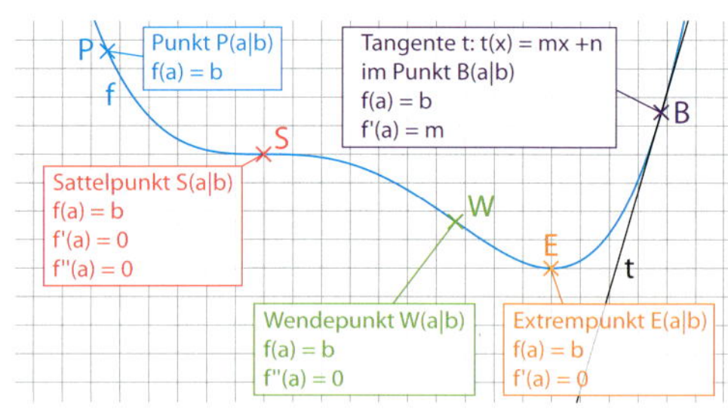

Beispiel 1 Der Graph einer quadratischen Funktion f schneidet die y-Achse bei y = 2. Der Graph der Funktion f verläuft durch den Punkt P(2 | 6) und hat an der Stelle x = 3 einen lokalen Extrempunkt. Formulieren Sie die Eigenschaften als Gleichungssystem.

Lösung:

① Formulieren Sie die Eigenschaften als Bedingungen an die Funktionsgleichung von f und ihrer Ableitung f'.

(A) verläuft durch P(2 | 6) $\Rightarrow f(2) = 6$
(B) Schnitt der y-Achse bei 2 $\Rightarrow f(0) = 2$
(C) Extremum bei x = 3 $\Rightarrow f'(3) = 0$

② Stellen Sie als Ansatz die allgemeine Form der Funktionsgleichung von f und ihrer Ableitung f' auf.

Ansatz: $f(x) = ax^2 + bx + c$
$f'(x) = 2ax + b$

③ Setzen Sie die Bedingungen aus ① in die jeweils passende allgemeine Form ein und stellen Sie so ein Gleichungssystem auf.

(A) $f(2) = 6 \Rightarrow a \cdot 2^2 + b \cdot 2 + c = 6$
(B) $f(0) = 2 \Rightarrow$
(C) $f'(3) = 0 \Rightarrow$

$$\left| \begin{array}{r} 4a + 2b + c = 6 \\ c = 2 \\ 6a + b = 0 \end{array} \right|$$

Basisaufgaben

1 Bilden Sie von den ganzrationalen Funktionen 1., 2., 3. und 4. Grades in allgemeiner Darstellung die erste, zweite und dritte Ableitung.

2 Formulieren Sie die Eigenschaft des Graphen als Bedingung an die Funktionsgleichung oder deren Ableitungen.
a) Der Graph einer Funktion f verläuft durch den Punkt $P(7|8)$.
b) Eine Funktion g hat an der Stelle $x = 6$ den Funktionswert -3.
c) Der Graph einer Funktion h hat an der Stelle $x = 2$ einen Hochpunkt.
d) Der Graph einer Funktion i schneidet an der Stelle $x = 4$ die x-Achse.
e) Der Graph einer Funktion j berührt an der Stelle $x = 4$ die x-Achse.
f) Der Graph einer Funktion k hat im Ursprung eine waagerechte Tangente.
g) An der Stelle $x = 7$ hat der Graph einer Funktion m einen Sattelpunkt.

3 Formulieren Sie die Eigenschaften des Graphen von f in Textform.

① $f(7) = 0$ ② $f(-3) = 56$ ③ $f'(5) = 3$ ④ $f'(8) = 0$ ⑤ $f(3) = 0; f'(3) = 0$ ⑥ $f(1) = 1; f'(1) = -1$

⑦ $f(0) = f'(0) = f''(0) = 0$ ⑧ $f(2) = 7; f'(2) = 0; f''(2) = 0$ ⑨ $f(2) = 8; f'(2) = 0; f'(1) = 2$

4 Die Tabelle bezieht sich auf eine ganzrationale Funktion f mit $f(x) = ax^4 + bx^3 + cx^2 + dx + e$. Vervollständigen Sie die Tabelle.

Eigenschaft	Bedingung	Gleichung
Graph verläuft durch $P(0\|-1)$	$f(0) = -1$	$e = -1$
$x = 2$ ist Extremstelle	$f'(2) = 0$	$32a + 12b + 4c + d = 0$
	$f(3) = 1$	
		$a + b + c + d + e = 4$
$x = 3$ ist Nullstelle		
	$f'(3) = 0$	
		$12a + 6b + 2c = 0$
	$f'(1) = 2$	

5 Formulieren Sie die angegebenen Eigenschaften des Graphen als Gleichungssystem.
a) Eine ganzrationale Funktion 3. Grades hat an der Stelle $x = 5$ den Funktionswert 18.
b) Der Graph einer ganzrationalen Funktion 2. Grades verläuft durch $P(-3|4)$.
c) Eine ganzrationale Funktion 4. Grades hat an der Stelle $x = -3$ ein Extremum.
d) Der Graph einer ganzrationalen Funktion 3. Grades verläuft durch den Ursprung und die Stellen $x = -7$ und $x = 7$ sind Extremstellen der Funktion.
e) Der Graph einer ganzrationalen Funktion 4. Grades hat den Hochpunkt $H(-2|7)$.
f) Der Graph einer ganzrationalen Funktion 3. Grades verläuft durch den Punkt $P(5|3)$ und ist punktsymmetrisch zum Ursprung.
g) Eine ganzrationale, zur y-Achse symmetrische Funktion 6. Grades hat bei $x = 2$, $x = 1$, $x = -1$, $x = -2$ Nullstellen und im Punkt $P(0|2)$ ein Extremum.

6 Geben Sie die zu dem Gleichungssystem zugehörigen Eigenschaften des Graphen an.

a) $\left|\begin{array}{rl} a + b + c = & 8 \\ 4a + 2b + c = & 12 \\ 12a + b \quad = & 0 \end{array}\right|$ b) $\left|\begin{array}{r} a + b + c = 0 \\ 9a + 3b + c = 0 \\ 25a + 5b + c = 4 \end{array}\right|$ c) $\left|\begin{array}{rr} -125a + 25b - 5c + d = & 4 \\ 12a + 4b + c \quad = & 0 \\ 18a + 2b \quad = & 0 \\ d = & -17 \end{array}\right|$

Funktionsgleichung bestimmen

Die allgemeine Funktionsgleichung einer ganzrationalen Funktion mit Grad n hat n + 1 Parameter. Also müssen mindestens n + 1 Bedingungen in Gleichungen übersetzt werden. Bei symmetrischen Graphen ist diese Zahl geringer.

Funktionsgleichungen zu achsensymmetrischen (bzw. punktsymmetrischen) Graphen haben ausschließlich gerade (bzw. ungerade) Exponenten.

Grad 4 und Achsensymmetrie:
$f(x) = ax^4 + bx^2 + c$
Grad 5 und Punktsymmetrie:
$f(x) = ax^5 + bx^3 + cx$

Beispiel 2 Der Graph einer ganzrationalen Funktion vierten Grades ist achsensymmetrisch und hat einen Wendepunkt bei x = 1. Die Gleichung der zugehörigen Wendetangente lautet $y = -4x + 3{,}5$. Bestimmen Sie die Funktionsgleichung.

Lösung:

① Setzen Sie die Wendestelle in die Tangentengleichung ein und ermitteln Sie die y-Koordinate des Wendepunkts W. Der Graph verläuft durch W(A).
Lesen Sie die Steigung im Wendepunkt an der Tangentengleichung ab (B).
Für W gilt die notwendige Bedingung (C).

Eigenschaften übersetzen:
Wendepunkt $W(1 \mid y_W)$:
$y_W = -4 \cdot 1 + 3{,}5 = -0{,}5$

(A) Punkt $W(1 \mid -0{,}5)$: $f(1) = -0{,}5$
(B) Steigung bei x = 1: $f'(1) = -4$
(C) Wendestelle x = 1: $f''(1) = 0$

② Stellen Sie die allgemeine Form der Funktionsgleichung von f auf. Aufgrund der Symmetrie fallen hier alle ungeraden Exponenten weg. Bilden Sie f′(x) und f″(x).

In allgemeine Form einsetzen:
$f(x) = ax^4 + bx^2 + c$
$f'(x) = 4ax^3 + 2bx$
$f''(x) = 12ax^2 + 2b$

Setzen Sie die Bedingungen aus ① ein und stellen Sie das lineare Gleichungssystem auf.

$$\begin{matrix} (A)\ f(1) = -0{,}5 \\ (B)\ f'(1) = -4 \\ (C)\ f''(1) = 0 \end{matrix} \quad \Rightarrow \quad \left| \begin{array}{rcl} a + b + c & = & -0{,}5 \\ 4a + 2b & = & -4 \\ 12a + 2b & = & 0 \end{array} \right|$$

③ Stellen Sie die zweite Gleichung nach einer der Variablen um (hier b).
Setzen Sie den Term für b in (C) ein und ermitteln Sie so a.
Durch Rückeinsetzen von a erhalten Sie b.
Setzen Sie nun die Werte für a und b in (A) ein und bestimmen Sie den Wert für c.
Setzen Sie die Lösung in die allgemeine Form der Funktionsgleichung ein.

Gleichungssystem lösen:
umstellen von (B) $b = -2a - 2$
einsetzen in (C): $12a + 2(-2a - 2) = 0$
$8a - 4 = 0$
$\Rightarrow a = 0{,}5$
rückeinsetzen: $b = -2 \cdot 0{,}5 - 2 = -3$
einsetzen in (A): $0{,}5 + (-3) + c = -0{,}5$
$\Rightarrow c = 2$
Lösung: $a = 0{,}5$; $b = -3$; $c = 2$
$f(x) = 0{,}5x^4 - 3x^2 + 2$

④ Untersuchen Sie mithilfe von f‴, ob auch die hinreichende Bedingung für die Wendestelle erfüllt ist.

Eigenschaften überprüfen:
$f'''(x) = 12x$
$f'''(1) = 12 \neq 0 \Rightarrow$ Wendepunkt liegt vor.
f erfüllt alle geforderten Eigenschaften.

Basisaufgaben

7 Der Graph einer quadratischen Funktion f schneidet die y-Achse bei y = 2. Der Graph von f verläuft durch den Punkt $P(2 \mid 6)$ und hat an der Stelle x = 3 einen lokalen Extrempunkt. Ermitteln Sie die Funktionsgleichung.

8 Der Graph einer ganzrationalen Funktion dritten Grades verläuft durch den Ursprung und hat an der Stelle $x = -1$ eine Wendestelle. Die Gleichung der zugehörigen Wendetangente lautet $y = -5x - 1$. Bestimmen Sie die Funktionsgleichung.

9 Untersuchen Sie rechnerisch, ob es eine ganzrationale Funktion dritten Grades mit den folgenden Eigenschaften gibt. Falls möglich, geben Sie die Funktionsgleichung an und skizzieren Sie ihren Graphen.

a) Der Graph verläuft durch den Ursprung mit der Steigung -1 und schneidet die x-Achse im Punkt $P(1|0)$ mit der Steigung 2.

b) Der Graph hat im Punkt $P(0|4)$ ein lokales Minimum. An der Stelle $x = 1$ beträgt die Steigung des Graphen -24 und bei $x = 2{,}5$ liegt eine Wendestelle.

c) Der Graph berührt die x-Achse an der Stelle $x = 2$ und hat einen Wendepunkt $W(0|4)$.

d) Der Graph verläuft durch den Punkt $P(1|1{,}5)$ und hat dort eine Steigung von $-13{,}5$. Zudem hat der Graph an der Stelle $x = 0$ ein lokales Minimum und bei $x = 5$ eine Wendestelle.

10 Der Steckbrief beschreibt den Graphen einer ganzrationalen Funktion vierten Grades.

a) Bestimmen Sie die passende Funktionsgleichung.

b) Berechnen Sie die Wendepunkte des Graphen dieser Funktion.

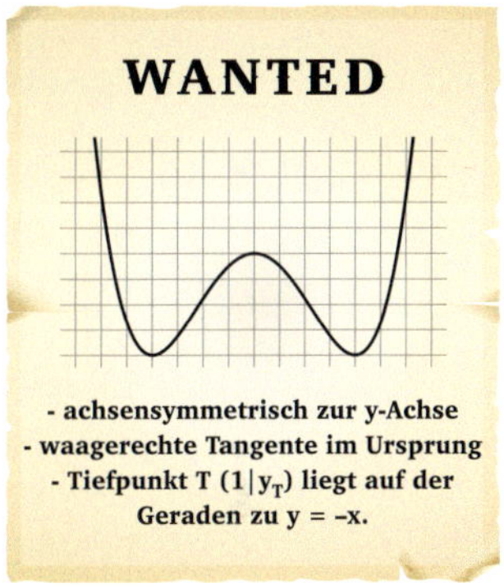

11 Der Graph einer ganzrationalen Funktion f fünften Grades ist punktsymmetrisch zum Ursprung. Der Graph hat an der Stelle $x = -2$ eine Nullstelle und verläuft durch den Punkt $P(1|24)$. Die Steigung des Graphen an der Stelle $x = 0$ beträgt 36.
Bestimmen Sie die Funktionsgleichung von f.

12 Der Steckbrief beschreibt den Graphen einer ganzrationalen Funktion f dritten Grades.

a) Stellen Sie anhand der Stichpunkte ein lineares Gleichungssystem auf und bestimmen Sie eine passende Funktionsgleichung.

b) Untersuchen Sie die Extremstellen von f und begründen Sie, warum die Skizze auf dem Steckbrief nicht zur Lösung passt.

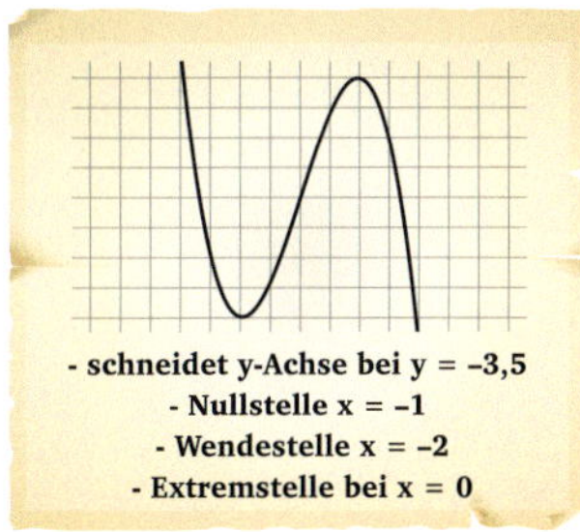

13 Die Abbildung zeigt den Graphen der ganzrationalen Funktion f dritten Grades.
Wählen Sie aus den angegebenen Gleichungen eine ausreichende Anzahl an Gleichungen aus, um die Funktionsgleichung von f zu bestimmen. Stellen Sie das entsprechende lineare Gleichungssystem auf und lösen Sie es. Erläutern Sie, welche Mindestanforderung das Gleichungssystem aufweisen muss.

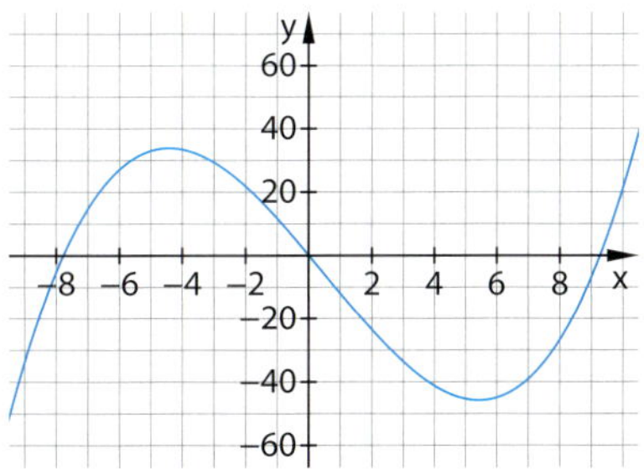

$f(4) = -41{,}25$ $f'(0{,}5) = -12{,}125$ $f'(4) = 0$ $f(-3) = \frac{88}{3}$

$f(1) = -12$ $f(0) = \frac{1}{12}$ $f'(-3) = 0$ $f''(0{,}5) = 0$ $f'(1) = 12$

Weiterführende Aufgaben

14 Zum abgebildeten Graphen der Funktion f soll ein Funktionsterm gefunden werden.

a) Begründen Sie, warum die Funktion f mindestens vom Grad vier sein muss.

b) Formulieren Sie eine Steckbriefaufgabe.

c) Bestimmen Sie den Funktionsterm.

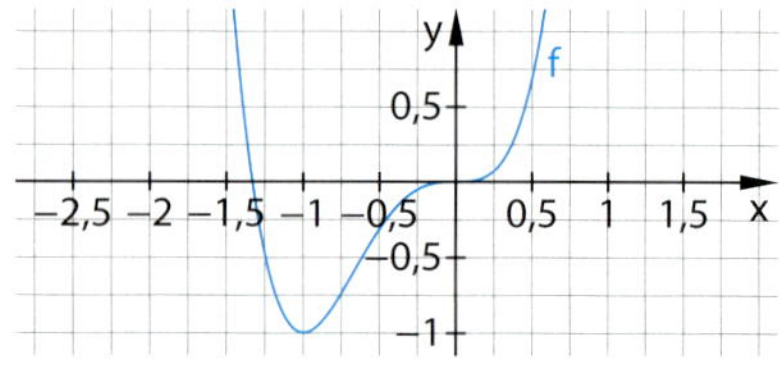

15 Bestimmen Sie eine Funktionsgleichung, die zum Graphen passt.

a)

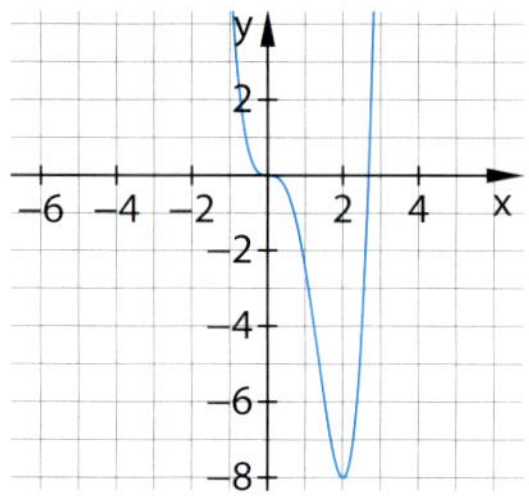

b)

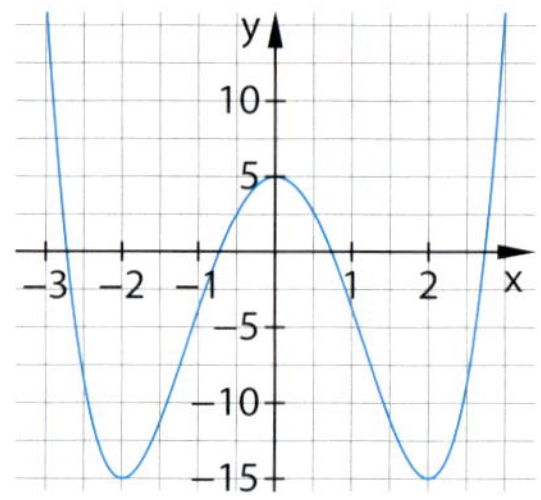

c)

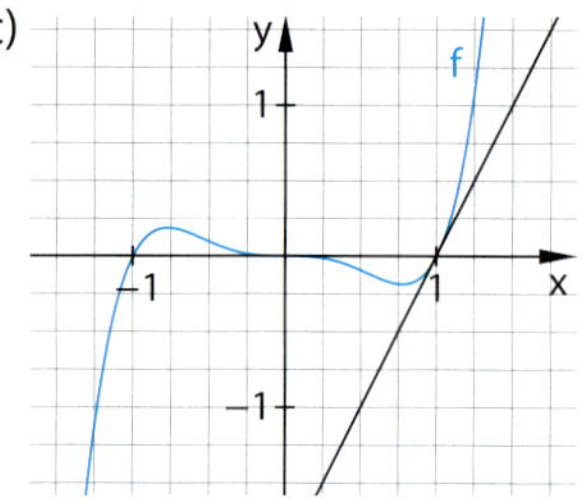

16 **Stolperstelle:** Tina und Joe untersuchen, ob es eine ganzrationale Funktion dritten Grades gibt, deren Graph die y-Achse bei 6 schneidet, einen Wendepunkt W(2 | 4) und einen Tiefpunkt bei x = 3 hat. Überprüfen Sie ihre Ergebnisse.

a) Tina: *„Drei Punkte reichen nicht aus, um eine Funktion zu bestimmen."*

b) Joe stellt vier Bedingungen auf und erhält f mit $f(x) = -x^3 + 6x^2 - 9x + 6$.

17 Gesucht ist eine ganzrationale Funktion fünften Grades.

a) Zeigen Sie, dass die folgenden Bedingungen an den Graphen nicht ausreichen, um die Funktion eindeutig festzulegen.

b) Ändern Sie die Bedingungen so, dass eine Funktion eindeutig bestimmt werden kann.

punktsymmetrisch zum Ursprung

waagerechte Tangente im Ursprung

Wendepunkt bei $x = 3$

Tiefpunkt bei $x = 3\sqrt{2}$

18 Gegeben ist die Funktion f mit $f(x) = x^4 - 8x^3 + 18x^2$.

a) Formulieren Sie einen Steckbrief, mit dem die Funktion f aus den gegebenen Bedingungen bestimmt werden kann.

b) Formulieren Sie zur Bestimmung der Funktion f einen Steckbrief, der die Funktionsgleichungen der Tangenten in den Wendepunkten enthält.

c) Beschreiben Sie, wie der Steckbrief aus a) oder b) so variiert werden kann, dass sich die Funktion nicht oder nicht eindeutig bestimmen lässt.

19 Formulieren Sie selbst eine Steckbriefaufgabe, die die angegebene Lösung hat, und stellen Sie die Aufgabe Ihrem Nachbarn.

a) Genau eine Funktion zweiten Grades.

b) Unendlich viele Funktionen zweiten Grades.

c) Genau eine Funktion dritten Grades.

20 **Ausblick:** Der Graph einer ganzrationalen Funktion f dritten Grades schneidet die x-Achse an den Stellen $x = -6$, $x = -1$ und $x = 2$. Darüber hinaus schneidet der Graph die y-Achse bei −6. Stellen Sie das zugehörige Gleichungssystem auf und bestimmen Sie die Funktionsgleichung von f.

5.3 Rekonstruktion in Anwendungen

Interpretieren Sie die Bedeutung der eingezeichneten Punkte des Graphen im angegebenen Kontext.

a) Die Funktion f modelliert die Fahrt eines Autos (t: Zeit in Minuten, f(t): Geschwindigkeit in $\frac{km}{h}$).

b) Die Funktion f modelliert die Anzahl der Kunden in einem Supermarkt (t: Zeit in Stunden nach Ladenöffnung, f(t): Anzahl der Kunden).

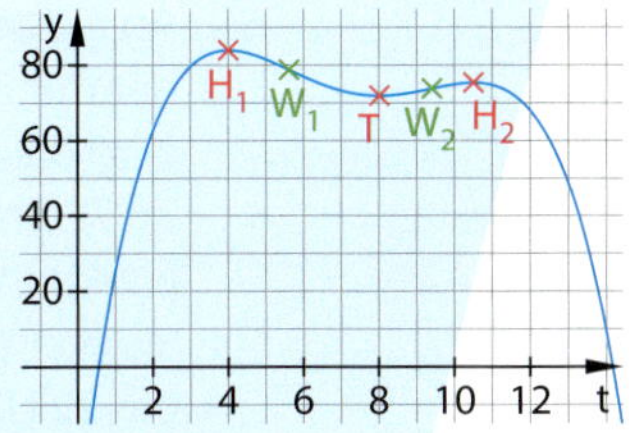

Häufig werden reale Sachverhalte mit ganzrationalen Funktionen modelliert. Je nach Sachkontext haben dabei besondere Punkte der Graphen verschiedene Bedeutungen.

Prozesse modellieren

Wird ein zeitabhängiger Vorgang (hier Prozess) durch eine Funktion f beschrieben, so steht f′ für die Geschwindigkeit und f″ für die Beschleunigung.

Beispiel 1 Eine ganzrationale Funktion dritten Grades beschreibt die Höhe eines Heißluftballons. Der Ballon startet vom Boden mit einer Geschwindigkeit von 192 Meter pro Minute nach oben. Nach 8 Minuten erreicht der Ballon seine Maximalhöhe und sinkt danach wieder. Nach 16 Minuten ist die Geschwindigkeit während des Sinkflugs maximal.

a) Bestimmen Sie eine passende Funktionsgleichung.

b) Zeigen Sie, dass der Ballon nach 24 Minuten auf dem Boden landet. Begründen Sie anhand des Graphen, dass die Landung sanft verläuft.

Lösung:

a) Wählen Sie geeignete Einheiten für t und h(t). Da t in Minuten angegeben wird, entspricht h′(t) der Geschwindigkeit in Meter pro Minute. Übersetzen Sie die Daten des Flugs in Bedingungen an die Funktion.
Der Flug startet zum Zeitpunkt t = 0 auf dem Boden (A). Die Geschwindigkeit beim Start entspricht h′(0) (B).
Nach 8 Minuten liegt eine Extremstelle (Maximum) vor, da der Ballon bis dahin steigt und danach wieder sinkt (C).
Nach 16 Minuten liegt eine Wendestelle vor, da die Geschwindigkeit und damit h′(t) extremal ist (D).
Stellen Sie damit ein Gleichungssystem auf und bestimmen Sie die Funktion h.

Ansatz:
$h(t) = at^3 + bt^2 + ct + d$
t: Zeit in Minuten; h(t): Höhe in Metern

Bedingungen:

(A) Startpunkt P(0|0):	$h(0) = 0$
(B) Startgeschwindigkeit:	$h'(0) = 192$
(C) Extremstelle t = 8:	$h'(8) = 0$
(D) Wendestelle t = 16:	$h''(16) = 0$

Gleichungssystem:

$$\left|\begin{array}{rl} d = & 0 \\ c = & 192 \\ 192a + 16b + c = & 0 \\ 96a + 2b \quad = & 0 \end{array}\right| \Rightarrow \begin{array}{l} a = \frac{1}{3}; b = -16; \\ c = 192; d = 0 \end{array}$$

Lösung: $h(t) = \frac{1}{3}t^3 - 16t^2 + 192t$

b) Setzen Sie 24 für t in die Funktionsgleichung aus a) ein und zeigen Sie, dass eine Nullstelle vorliegt. Der Ballon landet somit auf dem Boden. Damit die Landung sanft verläuft, muss sich die Geschwindigkeit möglichst auf null verringern. Bestimmen Sie h′ und zeigen Sie, dass h′(24) = 0 ist.

$h(24) = 8 \cdot 24^3 - 16 \cdot 24^2 + 192 \cdot 24 = 0$
$h'(t) = t^2 - 32t + 192$
$h'(24) = 24^2 - 32 \cdot 24 + 192 = 0$

Bei der Landung verringert sich die Geschwindigkeit bis auf null. Die Landung verläuft sanft.

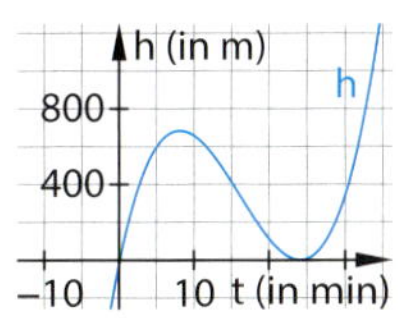

Basisaufgaben

1 An einem Sommertag beträgt die Temperatur um 6 Uhr 22 °C und um 16 Uhr wird die Tageshöchsttemperatur von 32 °C erreicht. Stellen Sie eine geeignete Funktionsgleichung auf und berechnen Sie die Temperatur bei Sonnenuntergang um 22 Uhr.

2 Eine ganzrationale Funktion f dritten Grades beschreibt zu jedem Zeitpunkt die Gesamtmenge an Sauerstoff, die von einer Pflanze seit 6 Uhr produziert worden ist. Um 6 Uhr betragen die Produktion 0 ℓ und die Produktionsrate 0 ℓ/h. Um 14 Uhr wird mit 64 ℓ/h die höchste Produktionsrate erreicht.

a) Bestimmen Sie eine Funktionsgleichung der Funktion f.

b) Berechnen Sie die Sauerstoffmenge, die im Zeitraum von 6 bis 20 Uhr insgesamt produziert wird.

c) Berechnen Sie, in welchen Zeiträumen die Produktionsrate unter 10 ℓ/h liegt.

3 Übertragen Sie die Tabelle in Ihr Heft und ergänzen Sie die inhaltlichen Beschreibungen der jeweiligen Sachsituation.

Zugeordnete Größen	f(t)	f′(t)	Hochpunkt/Tiefpunkt	Wendepunkt
Minute → Zurückgelegter Weg				
Minute → Geschwindigkeit				
Jahr → Bevölkerung einer Stadt				
Tag → Anzahl Grippeerkrankter				
Uhrzeit → Pegelstand eines Flusses				

4 Tom hat auf seiner Fahrradtour zu verschiedenen Zeitpunkten seine Geschwindigkeit auf dem Fahrradcomputer abgelesen.

Zeit in Minuten	0	1	5	8
Geschwindigkeit in $\frac{km}{h}$	0	9,8	11	5,6

a) Ermitteln Sie aus den angegebenen Daten eine ganzrationale Funktion dritten Grades, die die Geschwindigkeit von Tom zum Zeitpunkt t modelliert.

b) Berechnen Sie die durchschnittliche Beschleunigung innerhalb der ersten zwei Minuten der Fahrradtour.

c) Begründen Sie, dass die Funktion aus a) für die Modellierung der Geschwindigkeit während der Fahrradtour nur für einen kleinen Zeitraum geeignet ist.

5 Ein Ufo wurde für einige Minuten von der Luftraumüberwachung verfolgt. Zu Beginn der Beobachtung befand es sich in 4 km Höhe. Es begann zu steigen und wurde dabei immer schneller. Nach 1 Minute und 40 Sekunden wurde das Ufo wieder langsamer und beendete nach 4 Minuten seinen Steigflug. Danach begann es zu sinken.

a) Bestimmen Sie in der Funktionsgleichung von f mit $f(t) = at^4 - \frac{23}{60}t^3 + bt^2 + c$ die fehlenden Parameter a, b und c, sodass die Funktion den Flug des Ufos modelliert.

b) Nach 6 Minuten verschwand das Ufo vom Radar. Überprüfen Sie anhand der Funktion f, ob das Ufo abgestürzt ist.

Randkurven beschreiben

In manchen Fällen sollen Randkurven von Objekten mit dem Graphen einer ganzrationalen Funktion mit vorgegebenem Grad beschrieben werden.

Beispiel 2 Beschreiben Sie die obere Randkurven des abgebildeten Logos mit einer ganzrationalen Funktion vierten Grades. Wählen Sie hierzu eine günstige Lage des Koordinatensystems und lesen Sie geeignete Eigenschaften des Graphen ab.

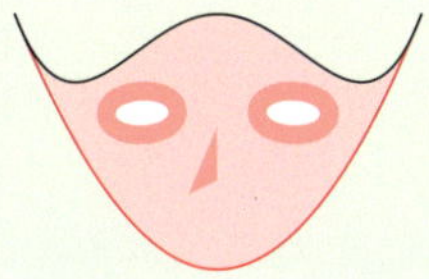

Lösung:
Das Logo ist symmetrisch. Legen Sie die y-Achse in die Mitte, um dies zu nutzen. Legen Sie den Ursprung in den Mittelpunkt der oberen Kurve, um möglichst einfache Bedingungen zu erhalten. Lesen Sie die markanten Punkte ab.

Hochpunkt: $H(0|0)$
Nullstellen: $x_{1/2} = \pm 4$; $x_3 = 0$
Tiefpunkte: T_1, T_2

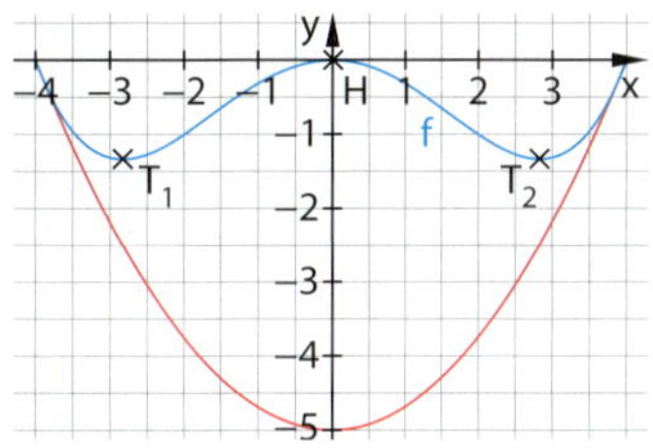

Die obere Randkurve hat drei Extrempunkte. Aufgrund der Achsensymmetrie müssen nur drei Parameter bestimmt werden. Der Hochpunkt und die Nullstellen liefern nur zwei Bedingungen.
Eine dritte Bedingung ergibt sich durch Ablesen eines weiteren Punktes (hier P(2 | 1)).
Stellen Sie ein lineares Gleichungssystem auf und ermitteln Sie die Parameter.

Der Graph von f ist achsensymmetrisch.

Ansatz: $f(x)$	$= ax^4 + bx^2 + c$
$H(0\|0)$	$f(0) = 0 \Leftrightarrow c = 0$
	$f'(0) = 0 \Leftrightarrow 0 = 0$ (nicht hilfreich)
$N_1(-4\|0)$	$f(-4) = 256a + 16b = 0$
$N_2(4\|0)$	$f(4) = 256a + 16b = 0$ (identisch)
$P(2\|-1)$	$f(2) = 16a + 4b = -1$

$$\left| \begin{array}{l} 256a + 16b = 0 \\ 16a + 4b = -1 \end{array} \right| \Rightarrow a = \frac{1}{48}; b = -\frac{1}{3}$$

$$f(x) = \frac{1}{48}x^4 - \frac{1}{3} - x^2$$

Basisaufgaben

6 Für einen Skaterpark soll eine neue Rampe konstruiert werden. Die Rampe soll 3 Meter hoch sein und im höchsten Punkt waagerecht verlaufen. In der Mitte der Rampe soll das Gefälle der Rampe am größten sein.

a) Ermitteln Sie eine ganzrationale Funktion dritten Grades, deren Graph den Verlauf der Rampe modelliert.

b) Zeigen Sie, dass die Rampe waagerecht am Boden abschließt.

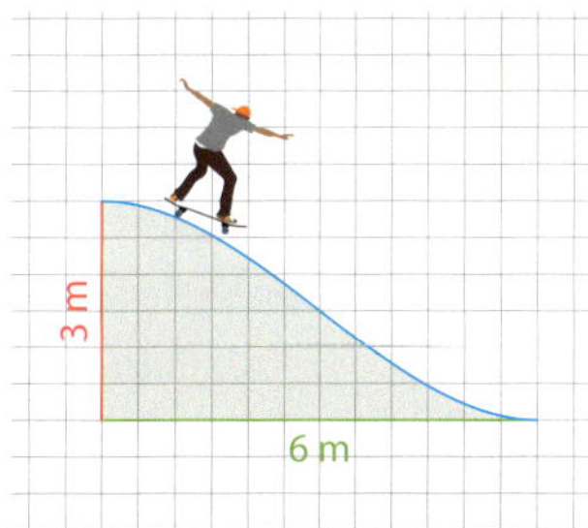

7 Das rosa gefärbte Kunststoffteil der Rutsche soll mit dem Graphen einer Funktion beschrieben werden. Die Rutsche beginnt und endet jeweils waagerecht.

a) Bestimmen Sie eine geeignete ganzrationale Funktion dritten Grades.

b) Berechnen Sie mit dem Ergebnis aus a) die Stelle, an der die Rutsche am steilsten ist, und geben Sie diese Steigung an.

c) Geben Sie den Steigungswinkel an dieser Stelle an.

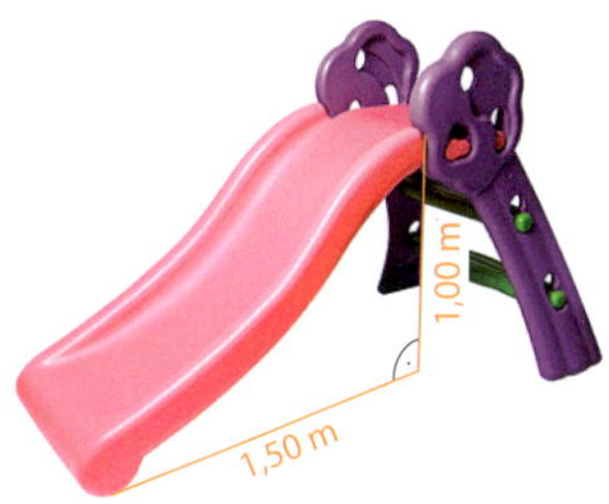

Weiterführende Aufgaben

8 Die AOV-AG hat ein neues Logo entwerfen lassen. Ein Kreis mit dem Radius 2, der den Buchstaben O bildet, wird von den Graphen der Funktionen f und g umschlossen. Die Funktion f, deren Graph den Buchstaben V bildet, ist gegeben durch $f(x) = \frac{2}{9}x^2 - 2$.

a) Ermitteln Sie die ganzrationale Funktion vierten Grades g, deren Graph den Buchstaben A bildet.

b) Durch die Wendepunkte von g soll eine waagerechte Strecke verlaufen. Berechnen Sie die Länge der Strecke.

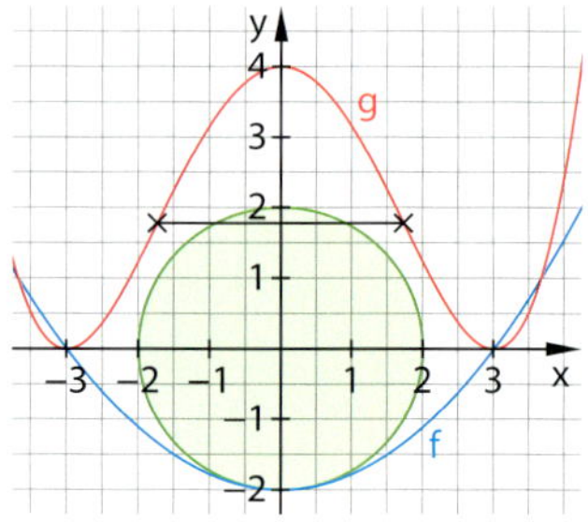

9 Bei einer Wurfparabel wird die maximale Wurfweite immer bei einem Abwurfwinkel von 45° erreicht. Zudem hängt die maximale Wurfweite von der Anfangsgeschwindigkeit der Kugel, also von der Kraft des Sportlers, ab.
Ein Kugelstoßer stößt aus einer Höhe von 2 m und unter einem Winkel von 45° die Kugel 12 m (15 m; 18 m) weit. Berechnen Sie jeweils die maximale Höhe der Flugbahn.

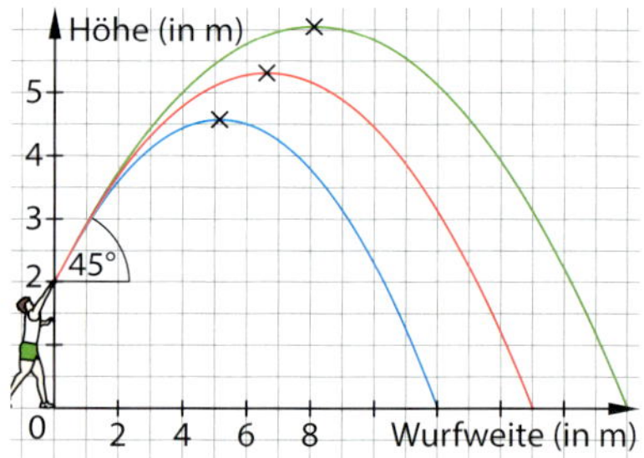

10 **Stolperstelle:** Der Pegelstand eines Flusses soll an einem Tag zwischen 8 Uhr und 19 Uhr mit einer ganzrationalen Funktion 3. Grades modelliert werden.
Bis um 10 Uhr sank der Pegel auf 1,8 m und stieg von da an. Um 12:40 Uhr wurde ein maximaler Anstieg des Wassers mit 0,2 m/h beobachtet. Nehmen Sie Stellung zu den Lösungsansätzen.

Marie

Bedingungen:

$f(0) = 1{,}8 \quad f'(0) = 0$

$f''\left(\frac{8}{3}\right) = 0 \quad f'\left(\frac{8}{3}\right) = 0{,}2$

Gleichungssystem:

$$\left|\begin{aligned} d &= 1{,}8 \\ c &= 0 \\ 6 \cdot \tfrac{8}{3}a + 2b &= 0 \\ 3 \cdot \left(\tfrac{8}{3}\right)^2 a + 2 \cdot \tfrac{8}{3}b + c &= 0{,}2 \end{aligned}\right|$$

Lucy

Bedingungen:

$f(10) = 1{,}8 \quad f'(10) = 0$

$f''(12{,}4) = 0 \quad f'(12{,}4) = 0{,}2$

Gleichungssystem:

$$\left|\begin{aligned} 10^3 a + 10^2 b + 10c + d &= 1{,}8 \\ 3 \cdot 10^2 a + 2 \cdot 10 \cdot b + c &= 0 \\ 6 \cdot 12{,}4a + 2b &= 0 \\ 3 \cdot 12{,}4^2 a + 2 \cdot 12{,}4 \cdot b + c &= 0{,}2 \end{aligned}\right|$$

11 Die Hamburger Elbphilharmonie ist seit ihrer Fertigstellung eine bedeutende Touristenattraktion der Stadt. Das Foto zeigt den seitlichen Blick auf das Gebäude. Die Punkte A und B liegen auf einer Höhe von 81,22 Meter. Der Punkt C befindet sich 17 Meter vom linken Gebäuderand auf einer Höhe von 70 Meter.

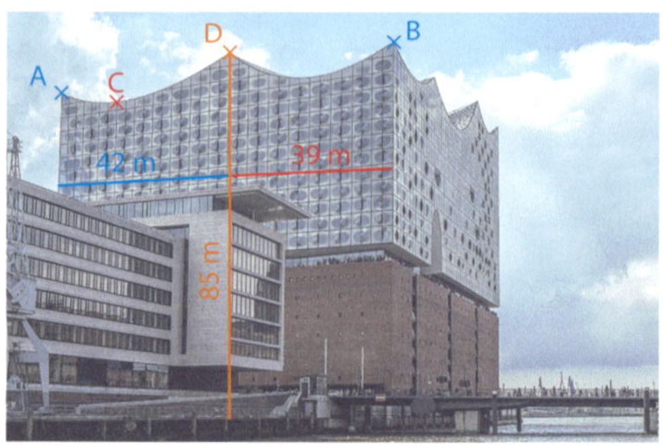

a) Ermitteln Sie die Funktionsgleichung der linken Parabel, durch A, C und D.

b) Der tiefste Punkt der rechten Dachlinie befindet sich auf einer Höhe von 77 Meter. Ermitteln Sie die Funktionsgleichung der rechten Parabel.

12 Das Höhenprofil einer 6 km langen Wanderstrecke lässt sich durch eine ganzrationale Funktion dritten Grades beschreiben (Einheiten auf den Achsen: x-Achse 1 km, y-Achse 100 m). Nach 2 km geht es auf einer Strecke von 2 km nur noch bergab und ausgehend von einer Höhe von 222 m wird ein Höhenunterschied von 44 m überwunden. Anschließend führt die Tour wieder bergauf.

a) Formulieren Sie möglichst viele Bedingungen an Funktionen, deren Graphen das Höhenprofil wiedergeben.

b) Zeigen Sie, dass eine Lösung des sich aus den Bedingungen ergebenden Gleichungssystems auf die Gleichung $f(x) = 0{,}11x^3 - 0{,}99x^2 + 2{,}64x + 0{,}02$ führt.

c) Untersuchen Sie, ob auch die Funktion g mit $g(x) = \frac{1}{9}x^3 - x^2 + \frac{8}{3}x$ zur Beschreibung des Sachverhalts geeignet ist.

d) Bestimmen Sie, auf welchen Streckenabschnitten die Steigung bzw. das Gefälle durchschnittlich am größten ist, wenn zur Modellierung die Funktion g aus c) verwendet wird und jeweils ansteigende bzw. absteigende Streckenabschnitte betrachtet werden.

e) Untersuchen Sie, für welche Werte von a die Funktion g_a mit $g_a(x) = ax^3 - x^2 + \frac{8}{3}x$ genau zwei Extremstellen hat.

13 Im Jahr 2000 ergab eine Zählung, dass in China 1,26 Milliarden Menschen lebten. In jenem Jahr betrug die Wachstumsrate 7,5 Millionen Menschen pro Jahr.
Experten gehen davon aus, dass Chinas Bevölkerungszahl bis zum Jahr 2050 schätzungsweise noch auf 1,4 Milliarden Menschen ansteigen und erst dann ein Maximum erreichen wird.

Hinweis zu 13a

Wählen Sie für das Jahr 2000 $t = 0$.

a) Bestimmen Sie eine ganzrationale Funktion dritten Grades, mit der näherungsweise die Entwicklung der Bevölkerungszahl (in Mrd.) modelliert werden kann.

b) Begründen Sie, dass sich die ermittelte Funktion nicht dazu eignet, die Bevölkerungszahl über das Jahr 2050 hinaus zu modellieren.

c) Indien ist ebenfalls ein bevölkerungsreiches Land. Die Funktion g mit $g(t) = \frac{1}{1000} \cdot (0{,}00076t^3 - 0{,}15t^2 + 16t + 1050)$ mit $0 \le t \le 55$ beschreibt die Bevölkerungsentwicklung Indiens (in Mrd.). Berechnen Sie, wann Indiens Bevölkerung größer als die Chinas ist.

14 **Ausblick:** Um das Wachstumsverhalten einer Nutzpflanze zu untersuchen, wurde eine Pflanze über einen Zeitraum von 17 Wochen nach ihrer Pflanzung beobachtet. Die Tabelle enthält die Messwerte.

Woche seit Pflanzung	0	3	17
Pflanzenhöhe in cm	$\frac{101}{21}$	$\frac{44}{3}$	$\frac{386}{3}$

a) Bestimmen Sie mithilfe des Datenmaterials eine quadratische Funktion f, die die Höhe der Pflanze zum Zeitpunkt t modelliert.

b) Nach 8 Wochen und 4,6 Tagen (also bei $t = \frac{26}{3}$) wurde beobachtet, dass die Pflanze am schnellsten gewachsen ist. Begründen Sie, dass die in a) ermittelte Funktion diese Eigenschaft nicht aufweisen kann.
Ermitteln Sie mit der zusätzlichen Information eine ganzrationale Funktion g, die die Höhe der Pflanze zum Zeitpunkt t modelliert.

c) Ermitteln Sie rechnerisch sowohl für die Funktion aus a) als auch aus b), mit welcher Pflanzenhöhe nach einem halben Jahr zu rechnen ist.

d) Begründen Sie, dass beide Modellierungen für eine langfristige Prognose des Pflanzenwachstums ungeeignet sind.

Trassierung

Das Bild zeigt zwei Abschnitte von Funktionsgraphen, die im Punkt A ineinander übergehen. In A stimmen ihre Funktionswerte überein, da sonst ein Sprung entstehen würde.

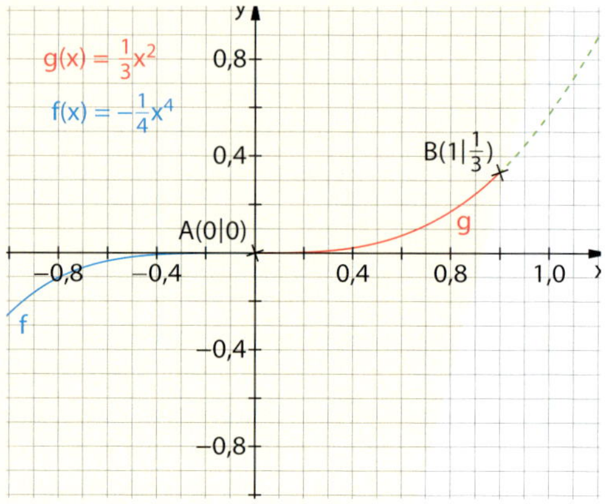

a) Begründen Sie mithilfe der ersten und zweiten Ableitungen, dass die beiden Funktionsgraphen ohne Knick und ohne Krümmungsruck ineinander übergehen.
b) Im Punkt B soll sich eine quadratische Funktion h sprung-, knick- und ruckfrei anschließen. Bestimmen Sie die Funktionsgleichung von h.
c) Erläutern Sie, warum solche Übergänge günstig sind, wenn durch die Graphen der Funktionen Straßen- oder Gleisverläufe modelliert werden.

Die Eigenschaft, dass die Graphen von f und g an einer Stelle x = a sprung-, knick- und ruckfrei ineinander übergehen, lässt sich wie folgt als Gleichung formulieren.

sprungfrei (stetig): $f(a) = g(a)$

knickfrei (differenzierbar): $f(a) = g(a)$ und $f'(a) = g'(a)$

ruckfrei: $f(a) = g(a)$ und $f'(a) = g'(a)$ und $f''(a) = g''(a)$

Beispiel 1 Bestimmen Sie eine ganzrationale Funktion dritten Grades, deren Graph die beiden Geraden in der Abbildung knickfrei verbindet. Prüfen Sie, ob die Übergänge auch krümmungsruckfrei sind.

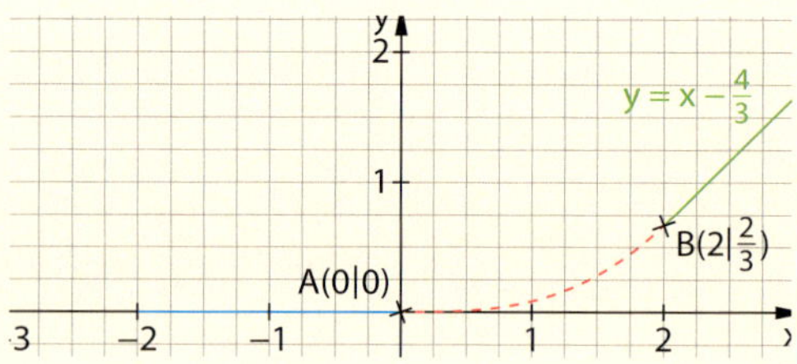

Lösung:

Stellen Sie die allgemeine Funktionsgleichung auf und bilden Sie die Ableitungen.
$f(x) = ax^3 + bx^2 + cx + d$
$f'(x) = 3ax^2 + 2bx + c,\ f''(x) = 6ax + 2b$

Stellen Sie sämtliche Bedingungen auf. Aus den Verbindungspunkten A(0|0) und $B\left(2\,\middle|\,\frac{2}{3}\right)$ ergeben sich zwei Bedingungen.
sprungfrei:
$f(0) = 0$: $d = 0$
$f(2) = \frac{2}{3}$: $8a + 4b + 2c = \frac{2}{3}$

Ermitteln Sie die Steigungen der beiden Geraden und setzen Sie diese mit f′(0) bzw. f′(2) gleich. Somit sind die Übergänge knickfrei.
knickfrei:
$f'(0) = 0$: $c = 0$
$f'(2) = 1$: $12a + 4b = 1$

Berechnen Sie die Parameter und stellen Sie die Funktionsgleichung auf.
$$\left|\begin{array}{r} 8a + 4b = \frac{2}{3} \\ 12a + 4b = 1 \end{array}\right| \Rightarrow a = \frac{1}{12};\ b = 0$$
$f(x) = \frac{1}{12}x^3$

Prüfen Sie, ob auch die Werte der zweiten Ableitungen an den Verbindungsstellen übereinstimmen.
krümmungsruckfrei:
$f''(0) = 0$, d. h. im Ursprung ruckfrei.
$f''(2) = 1 \neq 0$, d. h. im Punkt B nicht ruckfrei.

Aufgaben

1 Durch das Zentrum eines kleinen Orts im Punkt $(0|1)$ verläuft eine Bundesstraße mit starkem Verkehr. Um die Bevölkerung des Orts von Lärm und Abgasen zu entlasten, soll eine Umgehungsstraße gebaut werden, die in den Punkten A und B von der Bundesstraße abzweigt. Dabei darf im Punkt A kein Knick entstehen, während der Anschluss in B unter einem beliebigen Winkel erfolgen kann. Aus Gründen der Geländebeschaffenheit muss die Umgehungsstraße durch den Punkt C verlaufen.

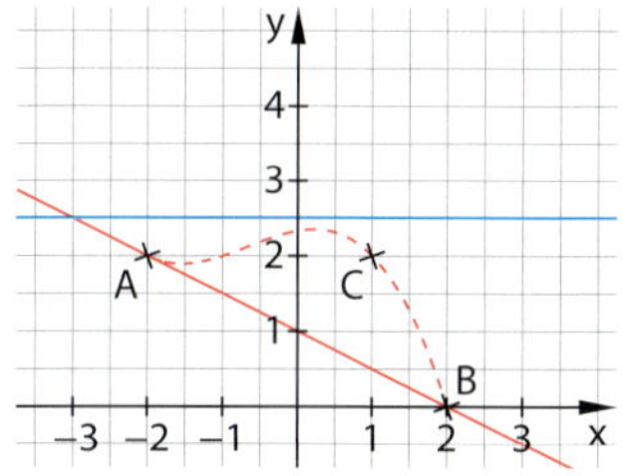

a) Stellen Sie Funktionsgleichungen auf, die den Verlauf der Bundesstraße sowie den der Umgehungsstraße beschreiben. Wählen Sie für die Umgehungsstraße eine ganzrationale Funktion dritten Grades.

b) Die Brücke bei $(-3|2{,}5)$ führt die Bundesstraße über einen Kanal (in der Abbildung blau). Die Uferwiesen dienen Erholungszwecken, weshalb die Umgehungsstraße zum Kanal einen Abstand von 0,1 nicht unterschreiten soll.
Prüfen Sie, ob der Graph der für die Umgehungsstraße ermittelten Funktion aus a) diese Anforderung erfüllt.

2 Die Rutsche zwischen den Punkten A und B soll durch eine ganzrationale Funktion dritten Grades so modelliert werden, dass sie in A und B waagerecht verläuft.

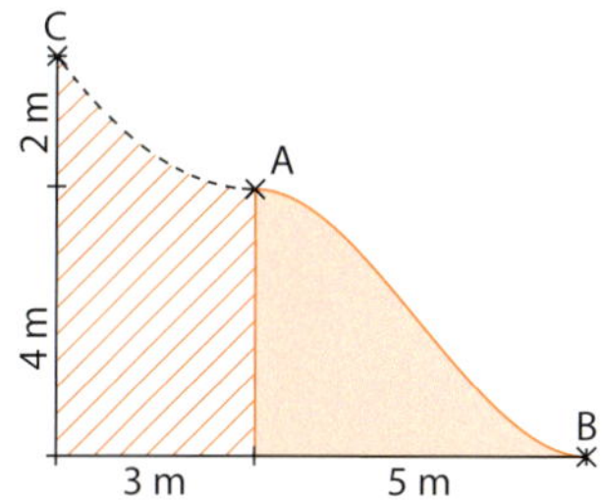

a) Wählen Sie ein geeignetes Koordinatensystem und bestimmen Sie eine Funktionsgleichung.

b) Die Rutsche soll zwischen A und C so erweitert werden, dass im Punkt A kein Knick entsteht.
Bestimmen Sie eine geeignete quadratische Funktion.

3 Die beiden Gleise sollen durch den Graphen einer quadratischen Funktion f miteinander verbunden werden.

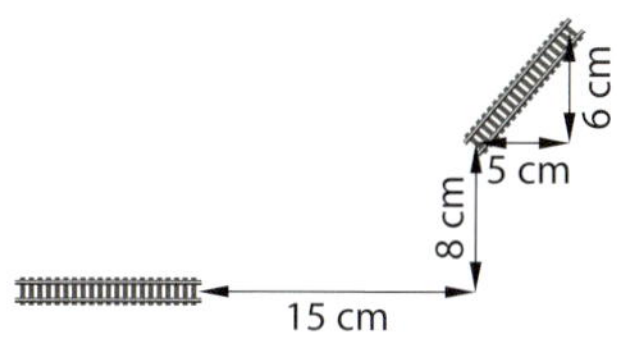

a) Bestimmen Sie die Gleichung der quadratischen Funktion f, deren Graph am waagerechten Gleis knickfrei anschließt und zum oberen Gleis führt. Prüfen Sie, ob beide Übergänge knickfrei sind.

b) Überprüfen Sie, ob sich das obere Gleis vertikal so verschieben lässt, dass beide Übergänge knickfrei sind. Bestimmen Sie die notwendigen Maße.

c) Bestimmen Sie eine ganzrationale Funktion g vom Grad 3, deren Graph die Gleise ohne eine Verschiebung knickfrei miteinander verbindet.

4 Gesucht ist ein Wert des Parameters a, sodass ein knickfreier Übergang zwischen den Graphen von f und g mit $f(x) = x^2$ und $g(x) = x^3 + a$ im Punkt S entsteht.

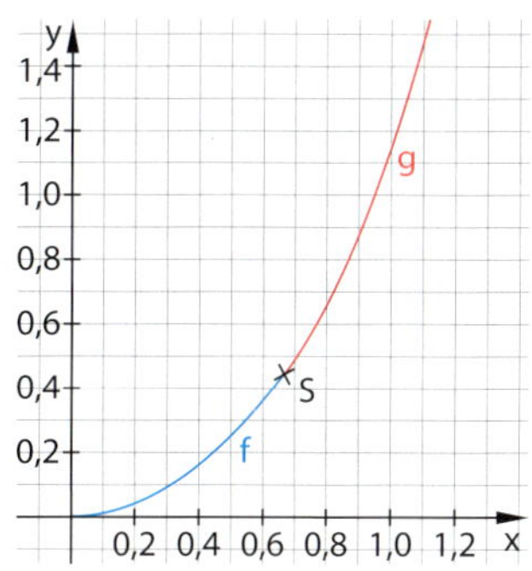

a) Bestimmen Sie zunächst die Stelle mit gleicher Steigung. Ermitteln Sie a so, dass diese Stelle gleicher Steigung auch Schnittstelle der beiden Graphen ist. Geben Sie S an.

b) Verfahren Sie ebenso mit den Funktionen
① $f(x) = x^3$ und $g(x) = x^4 + a$,
② $f(x) = x^n$ und $g(x) = x^{n+1} + a$.

5.4 Klausur- und Abiturtraining

Aufgaben ohne Hilfsmittel

1 Der Graph einer quadratischen Funktion f hat an der Stelle x = 2 die gleiche Steigung wie die Gerade g mit $g(x) = -6x + 5$. Der Punkt $H(-1|2)$ ist ein Hochpunkt des Graphen von f. Beim Ermitteln einer Funktionsgleichung ergibt sich das lineare Gleichungssystem:

$$\left|\begin{array}{rl} a - b + c = & 2 \\ -2a + b \quad = & 0 \\ 4a + b \quad = & -6 \end{array}\right|$$

a) Erläutern Sie, wie sich das lineare Gleichungssystem aus den Eigenschaften des Graphen von f ergibt.

b) Lösen Sie das Gleichungssystem und bestimmen Sie eine Funktionsgleichung von f.

2 Der Graph einer achsensymmetrischen Funktion vierten Grades soll bei x = 2 eine Wendestelle haben. Ermitteln Sie, welche Beziehung in diesem Fall zwischen den Parametern a und b in der Funktionsgleichung $f(x) = ax^4 + bx^2 + c$ gelten muss.

3 Gesucht ist eine ganzrationale Funktion vierten Grades. Der Graph der gesuchten Funktion ist achsensymmetrisch zur y-Achse. Der Graph besitzt den lokalen Tiefpunkt $T(2|8)$. Zudem schneidet der Graph die y-Achse im Punkt $P(0|16)$.

a) Skizzieren Sie den Graphen in einem geeigneten Koordinatensystem.

b) Ermitteln Sie die Funktionsgleichung zum Graphen der Funktion.

c) Weisen Sie rechnerisch nach, dass die Funktion keine Nullstellen hat.

4 Die Abbildung zeigt die Flugbahn eines Flugzeugs nach dem Start. Das Koordinatensystem wurde dabei so gelegt, dass der Startpunkt des Flugzeugs im Ursprung liegt. Nach 50 km hat das Flugzeug seine Reiseflughöhe von zehn Kilometer erreicht und geht tangential in den Horizontalflug über.

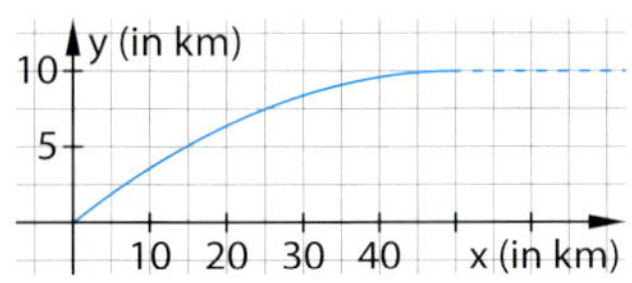

a) Modellieren Sie den Steigflug des Flugzeugs mithilfe einer quadratischen Funktion.

b) Passagierflugzeuge haben eine maximale Steigfähigkeit von 20° $(\approx \tan^{-1}(0{,}36))$. Begründen Sie, warum das Modell für ein Passagierflugzeug ungeeignet ist.

5 Aus einer dreieckigen Holzplatte mit a = b = 50 cm, c = 60 cm soll ein möglichst großes rechteckiges Brett herausgeschnitten werden.
Beschreiben Sie die Lösungsschritte unter Verwendung von Fachsprache und erläutern Sie die Ergebnisse. Geben Sie dann die Maße des rechteckigen Bretts mit maximalem Flächeninhalt an.

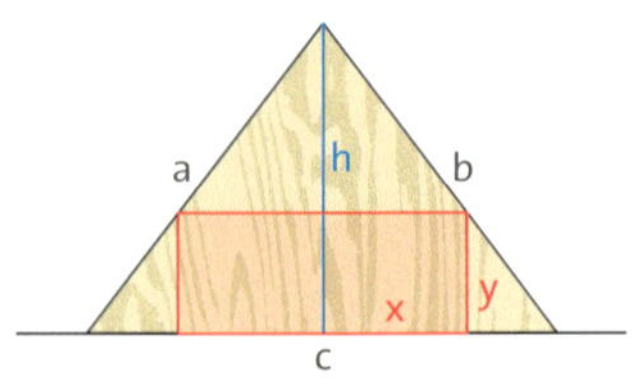

① $A(x,y) = 2x \cdot y$ ② $h = 40$ ③ $y = -\frac{4}{3}x + 40$
④ $A(x) = -\frac{8}{3}x^2 + 80x$ ⑤ $A'(x) = -\frac{16}{3}x + 80 = 0$ ⑥ $x = 15$

6 Geben Sie den Term einer ganzrationalen Funktion f an, deren Graph im Punkt $P(1|5)$

a) eine waagerechte Tangente hat, obwohl P kein Extrempunkt ist,

b) die Krümmung null hat, obwohl P kein Wendepunkt ist.

Aufgaben mit Hilfsmitteln

7 Auf einer Messe für Kinderspielzeug wird eine modulare Murmelbahn präsentiert. In einem Bauteil durchläuft die Kugel eine Tal-Berg-Fahrt. Wählt man als eine Längeneinheit 10 cm, kann die Profillinie des Bauteils im Längsschnitt mit dem Graphen einer ganzrationalen Funktion dritten Grades für $0 \leq x \leq 4$ beschrieben werden. Die Kugel startet im Punkt A in einer Höhe von 30 cm und rollt zunächst bergab. Nach einer horizontalen Entfernung von 20 cm erreicht sie den Punkt B, den tiefsten Punkt des Tals. Von dort geht es leicht bergauf über einen Hügel. Im Punkt $C(3\,|\,1)$ ist der Anstieg des Hügels am stärksten.

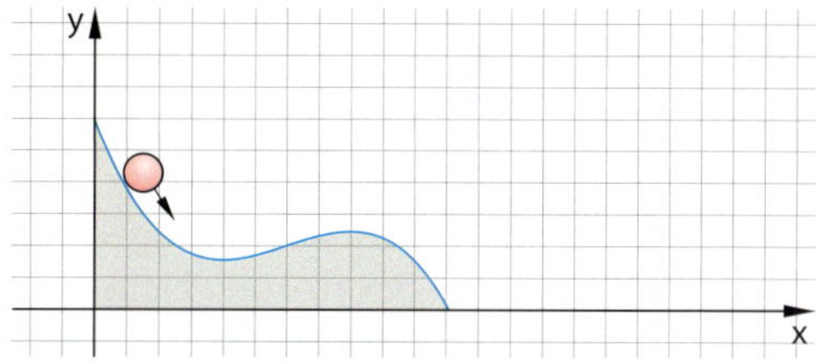

a) Bestimmen Sie eine passende Funktionsgleichung.

b) Ermitteln Sie den höchsten Punkt des Hügels.
Geben Sie die horizontale Entfernung dieses Punktes zum Punkt A an.
Das Bauteil wird ans Ende einer Bahn auf den Boden gestellt. Die Kugel kommt also mit einer bestimmten Geschwindigkeit im Punkt A an. Ist diese Geschwindigkeit zu hoch, verlässt sie im Punkt C die Bahn und geht tangential in eine parabelförmige Flugbahn über.

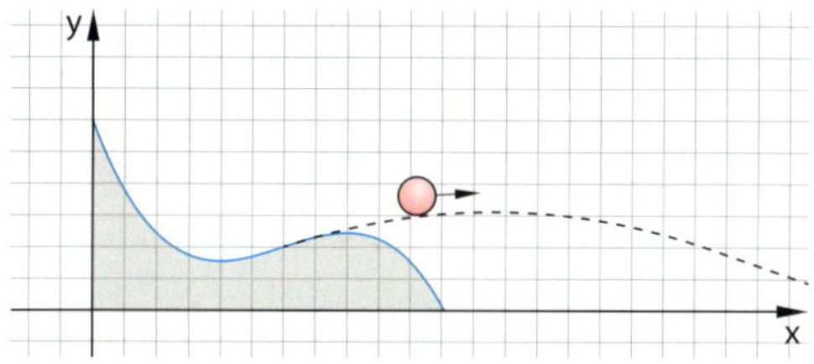

c) Die Flugbahn kann mit einer quadratischen Funktion beschrieben werden, deren Graph durch den Punkt C mit derselben Steigung wie der Graph von f verläuft. Bestimmen Sie eine passende Funktionsgleichung, wenn an der Stelle $x = \frac{19}{3}$ die maximale Höhe der Flugbahn erreicht wird.

d) Ermitteln Sie, an welcher Stelle die Kugel auf dem Boden auftritt.

8 Ein Hersteller von Getränkedosen möchte seine Kosten senken, indem er den Materialverbrauch der Dosen minimiert. Die Dosen sollen einen Inhalt von 330 mℓ fassen können. Das Netz einer solchen Dose ist rechts abgebildet.

Hinweis

$1\,\text{m}\ell = 1\,\text{cm}^3$

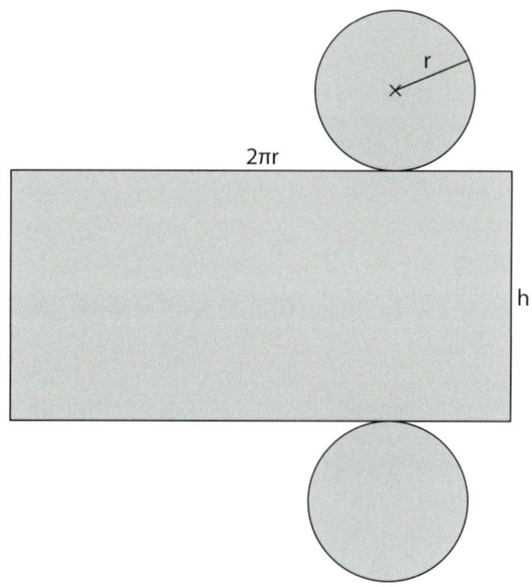

a) Erläutern Sie, warum die lange Rechtecksseite im abgebildeten Netz die Länge $2\pi r$ hat.

b) Stellen Sie eine Zielfunktion auf, die den Materialbedarf der Dose in Abhängigkeit vom Radius r bestimmt. Geben Sie einen sinnvollen Definitionsbereich an.

Erinnerung

Volumen eines Zylinders mit Radius r und Höhe h: $V = \pi r^2 h$

c) Ermitteln Sie, für welche Werte von r und h der Materialverbrauch unter der vorgegebenen Nebenbedingung am geringsten ist. Geben Sie die minimale Oberfläche an.

d) Beim Materialzuschnitt bleiben Reststücke der Größe $200\,\text{cm}^2$ übrig. Der Hersteller überlegt, daraus weitere Dosen zu formen. Ermitteln Sie das maximale Fassungsvermögen einer solchen Dose.

Lösungen
→ S. 271/272

1 Die Zahl 10 soll so in zwei Summanden zerlegt werden, dass
a) das Produkt,
b) die Summe der Quadrate,
c) die Differenz der Quadrate,
d) die Differenz der dritten Potenzen
der beiden Summanden einen maximalen oder minimalen Wert annimmt.
Ermitteln Sie – falls möglich – die Summanden.

2 Ein quaderförmiges Bassin soll eine rechteckige Grundfläche mit dem Seitenlängenverhältnis 2 : 1 und ein Fassungsvermögen von $32\,m^3$ haben. Die Abmessungen sollen so gewählt werden, dass beim Auskleiden des Bassins innen möglichst wenig Folie benötigt wird.
a) Fertigen Sie eine Skizze vom Bassin an, tragen Sie gegebene Informationen mithilfe von Variablen ein und stellen Sie eine Zielfunktion auf.
b) Ermitteln Sie die Abmessungen.

3 Die Abbildung zeigt den Graphen der Funktion f mit $f(x) = -\frac{1}{8}x^3 + 2x$.
Der Punkt $A(a\,|\,f(a))$ des Graphen bildet mit dem Koordinatenursprung und dem Punkt $B(a\,|\,0)$ im ersten Quadranten ein rechtwinkliges Dreieck.
a) Stellen Sie eine Zielfunktion auf, die den Flächeninhalt des Dreiecks in Abhängigkeit von a bestimmt. Geben Sie einen sinnvollen Definitionsbereich an.
b) Bestimmen Sie den Wert von a, für den der Flächeninhalt maximal wird, und geben Sie den maximalen Flächeninhalt an.

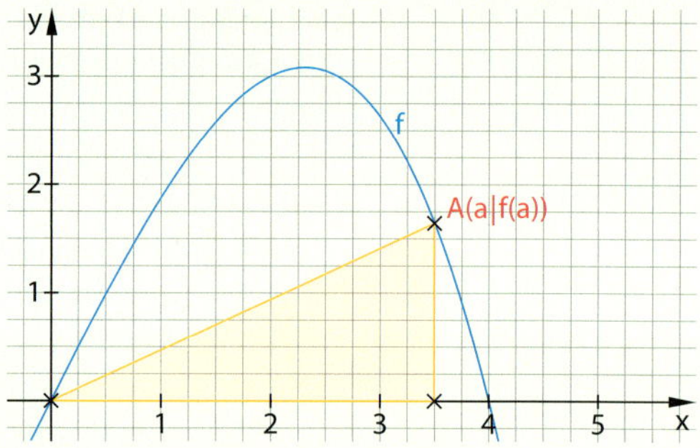

4 Formulieren Sie die Bedingungen als Gleichungen.
a) Eine ganzrationale Funktion dritten Grades hat an der Stelle x = 5 den Wert 18.
b) Der Graph einer ganzrationalen Funktion dritten Grades schneidet die y-Achse bei 3.
c) Der Graph einer ganzrationalen Funktion vierten Grades berührt die x-Achse an der Stelle x = 5.
d) Der Graph einer ganzrationalen Funktion dritten Grades hat im Punkt $A(3\,|\,-1)$ die Steigung 4.
e) Der Graph der Ableitungsfunktion einer ganzrationalen Funktion vierten Grades hat im Punkt $B(2\,|\,1)$ eine waagerechte Tangente.

5 Bestimmen Sie eine passende Funktionsgleichung der ganzrationalen Funktion.

Funktion dritten Grades:	Funktion vierten Grades:
① Der Graph durchläuft den Ursprung mit der Steigung −1 und schneidet die x-Achse im Punkt $P(1\,|\,0)$ mit der Steigung 2.	③ Der Graph hat im Ursprung einen Wendepunkt mit einer waagerechten Tangente und im Punkt $P(5\,|\,5)$ einen Extrempunkt.
② Der Graph berührt die x-Achse im Ursprung. Die Tangente am Graphen im Punkt $A(3\,|\,0)$ ist parallel zur Geraden mit der Gleichung y = 5x.	④ Der Graph ist symmetrisch zur y-Achse, verläuft durch den Punkt $P(0\,|\,3)$ und hat im Punkt $Q(3\,|\,0)$ ein lokales Minimum.

Lösungen → S. 272

6 Bei einem Indoor-Leichtathletikwettkampf wird eine Kugel aus einer Höhe von 2,20 m unter einem Winkel von 45° abgeworfen und landet 20,52 m entfernt. Modellieren Sie die Flugbahn mit einer quadratischen Funktion. Bestimmen Sie die minimale Höhe der Halle.

7 Eine ganzrationale Funktion dritten Grades soll in W(0 | 4) einen Wendepunkt und an der Stelle $x = 1$ einen Extrempunkt haben. Gesucht ist eine passende Funktionsgleichung.
a) Geben Sie alle Lösungen mithilfe einer Funktionsgleichung mit einem Parameter an.
b) Geben Sie eine weitere Bedingung an, sodass eine eindeutige Lösung entsteht.
c) Als zusätzliche Bedingung wird gefordert, dass sich ein weiterer Extrempunkt der Funktion an der Stelle $x = -2$ befindet. Ermitteln Sie, ob es hierfür eine Lösung gibt.

8 Bestimmen Sie eine ganzrationale Funktion dritten Grades, deren Graph durch den Punkt P(0 | 5) verläuft, dort die Steigung 2 und im Punkt Q(1 | 11) einen Wendepunkt hat. Untersuchen Sie die Funktion anschließend auf Extrem- und weitere Wendepunkte.

9 Ein Unternehmen verkauft neue Modelle seiner beliebten Bluetooth-Kopfhörer. Bei den letzten Modellen wurde beobachtet, dass die Anzahl der Bestellungen im Online-Shop stark vom Verkaufspreis abhängt. Bei einem Verkaufspreis von 20 € war die Anzahl der Bestellungen minimal. Bei einem Preis von 65 € war die Zunahme der Bestellungen am höchsten.
a) Ermitteln Sie b und c, damit die Funktion f mit $f(x) = -\frac{1}{60}x^3 + bx^2 + cx + \frac{3601}{3}$ die Anzahl der Bestellungen im Online-Shop in Abhängigkeit vom Verkaufspreis im Intervall [20; 150] modelliert.
b) Berechnen Sie, bei welchem Preis x die Anzahl der Bestellungen am größten ist. Geben Sie die maximale Anzahl an Bestellungen an.

10 Das Copan-Gebäude in São Paulo gilt als eines der größten Wohngebäude der Welt. Die Abbildung zeigt ein grobes Modell seines wellenförmigen Grundrisses.
a) Ermitteln Sie eine ganzrationale Funktion dritten Grades f, die die untere Begrenzungslinie beschreibt.
b) Das Gebäude ist ca. 12 Meter breit. Begründen Sie, dass die Funktion g mit $g(x) = f(x) + 12$ zur Beschreibung der oberen Begrenzungslinie im Modell ungeeignet ist.

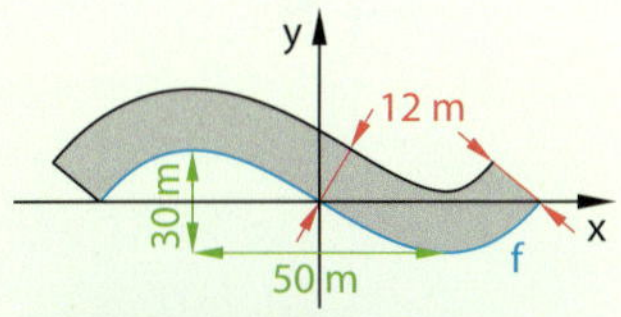

Wo stehe ich?

	Ich kann…	Aufgabe	Nachschlagen
5.1	… Extremalprobleme lösen.	1, 2, 3	S. 140 Beispiel 1, S. 142 Beispiel 2
5.2	… Funktionsterme rekonstruieren. … Funktionsgleichungen bestimmen.	4, 5, 7, 8	S. 146 Beispiel 1, S. 148 Beispiel 2
5.3	… die Rekonstruktion von Funktionen in der Praxis anwenden.	6, 9, 10	S. 151 Beispiel 1, S. 153 Beispiel 2

Extremalprobleme

Lösungsstrategie:
1. Gleichung für die Größe aufstellen
2. Nebenbedingungen finden
3. Zielfunktion aufstellen und Definitionsbereich angeben
4. Lokale Extrema der Zielfunktion im Definitionsbereich bestimmen
5. Globale Extrema der Zielfunktion ermitteln
6. Lösung im Kontext interpretieren

$f(x) = -\frac{1}{3}x^2 + 3$
Gesucht ist a, sodass der Flächeninhalt des Rechtecks ABCD mit Eckpunkt $C(a\,|\,f(a))$ maximal wird.

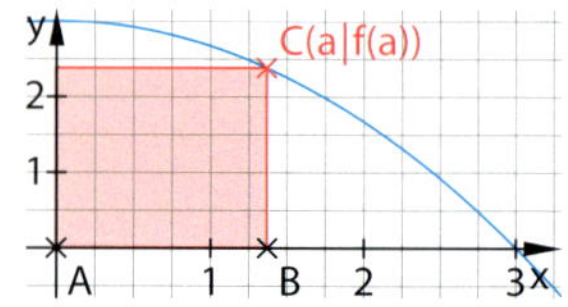

1. $A = b \cdot h$ (Breite · Höhe)
2. $b = a$; $h = f(a)$
3. $A(a) = a \cdot f(a) = -\frac{1}{3}a^3 + 3a$; $0 \le a \le 3$
4. Lokales Maximum von A bei $a = \sqrt{3}$
5. Randwerte: $A(0) = A(3) = 0 < A(\sqrt{3})$
6. Flächeninhalt ist maximal für $a = \sqrt{3}$

Rekonstruktion von Funktionstermen

Schritte zur Bestimmung der ganzrationalen Funktion:
1. Eigenschaften in Bedingungen an die Funktion/Ableitung übersetzen
2. Einsetzen in die allgemeine Form und LGS aufstellen
3. LGS lösen und Funktionsterm angeben
4. Prüfen, ob der Funktionsterm die Eigenschaften erfüllt

Gesucht ist die quadratische Funktion f mit y-Achsenabschnitt 2 und lokalem Extremum bei $x = 3$, deren Graph den Punkt $(2\,|\,6)$ enthält.

1. $f(0) = 2$; $f(2) = 6$; $f'(3) = 0$
2. $f(x) = ax^2 + bx + c$; $f'(x) = 2ax + b$
   $f(0) = 2 \Rightarrow \quad c = 2$
   $f(2) = 6 \Rightarrow \quad 4a + 2b + c = 6$
   $f'(3) = 0 \Rightarrow \quad 6a + b = 0$
3. Lösung: $a = -0{,}5$; $b = 3$; $c = 2$
   $f(x) = -0{,}5x^2 + 3x + 2$
4. $f''(3) = -1 \neq 0 \Rightarrow$ lok. Extremum bei 3

6

Integralrechnung

Nach diesem Kapitel können Sie ...

→ aus Änderungsraten Gesamteffekte und Bestände rekonstruieren,

→ Stammfunktionen bestimmen,

→ den Zusammenhang zwischen Differenzieren und Integrieren angeben,

→ Flächeninhalte krummlinig begrenzter Flächen berechnen.

Lösungen
→ S. 272/273

Funktionen und ihre Ableitungen

1 Bestimmen Sie die Nullstellen der Funktion f.

a) $f(x) = 2x^2 - 4x - \frac{5}{2}$ b) $f(x) = \left(x + \frac{\pi}{4}\right)(x^2 - 4x + 4)$ c) $f(a) = 3a^3 + 4a^2$

d) $f(x) = x^3 - 3x^2 + 4x$ e) $f(x) = x^4 - 5x^2 + 4$ f) $f(c) = c^4 + 5c^2 - 6$

2 Gegeben sind die Funktionen f und g durch $f(x) = -x^2 + 4x + 4$ und $g(x) = -x + 4$.

a) Berechnen Sie die Koordinaten der Schnittpunkte der Graphen von f und g.

b) Zeichnen Sie die Funktionsgraphen und schraffieren Sie die Fläche, die von den Graphen beider Funktionen eingeschlossen wird.

3 Bestimmen Sie die Ableitungsfunktion f′.

a) $f(x) = (x-3)(x+5)$ b) $f(x) = 2(x-4)^2 + 5$ c) $f(x) = (5x)^2$

d) $f(x) = 2x - \frac{1}{x}$ e) $f(x) = \sqrt{x}$ f) $f(x) = x^{\frac{1}{3}}$

g) $f(u) = 2u + u^{\frac{1}{3}}$ h) $f(x) = a \cdot x^5 + \frac{a}{x^{-3}}$ i) $f(a) = a \cdot x^5 + \frac{a}{x^{-3}}$

4 Finden Sie heraus, welche der Funktionen $g_1, \ldots, g_5$ Ableitung zu welcher der Funktionen $f_1, \ldots, f_5$ ist. Begründen Sie Ihre Zuordnung.

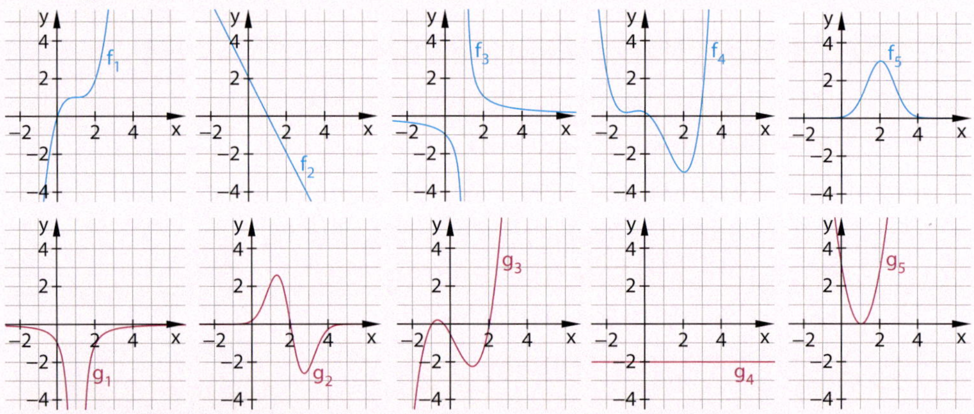

5 Eine Funktion f beschreibt das Verhalten einer Größe im Intervall $a \le x \le b$. Geben Sie die Bedeutung des Wertes von $f'(x)$ an, wenn

a) x die Zeit in s und f(x) eine zurückgelegte Strecke in m angibt,

b) x die Zeit in s und f(x) die Geschwindigkeit in m/s angibt,

c) x die Zeit in Jahren und f(x) die Bevölkerungszahl eines Landes angibt,

d) x die Weglänge in km und f(x) den Kraftstoffinhalt in einem Pkw-Tank in ℓ angibt.

6 Die Tabelle zeigt gemessene Temperaturen an einem Sommertag. Der Temperaturverlauf zwischen 6 und 21 Uhr soll mithilfe der Funktion f mit $f(x) = -0{,}015x^3 + 0{,}4x^2 - 1{,}4x + 11$ modelliert werden.

Uhrzeit	6:00	9:00	12:00	15:00	18:00	21:00
Temperatur	14 °C	20 °C	26 °C	30 °C	28 °C	19 °C

a) Zeichen Sie den Graphen von f mit einem digitalen Hilfsmittel. Lesen Sie am Graphen die Temperaturen um 10 Uhr und um 20 Uhr ab.

b) Berechnen Sie für die dreistündigen Zeiträume der Tabelle die mittleren Temperaturänderungen pro Stunde.

c) Erläutern Sie, welche Aussagen Sie anhand der Tabelle bzw. des Graphen über die Tageshöchsttemperatur machen können.

Lösungen → S. 273

7 Die Funktion g mit $g(x) = -20x^3 + 240x^2 - 420x - 760$ gibt den täglichen Gewinn eines Unternehmens in Euro an, wenn das Produkt in der Stückzahl x verkauft wird.

a) Geben Sie den Gewinn des Unternehmens in einem Monat mit 30 Tagen an, wenn täglich eine Stückzahl von $x = 5$ $(x = 10)$ produziert wird.
b) Bestimmen Sie, für welche Stückzahl x der Gewinn g(x) bei einer Erhöhung der Produktionsmenge maximal ansteigt.
c) Berechnen Sie die Stückzahl x, für die das Unternehmen maximalen Gewinn erreicht.

Flächeninhalte berechnen

8 Die Abbildung zeigt den Querschnitt einer Treppe. Die Treppenstufen sind jeweils 15 cm hoch und 25 cm tief.
a) Geben Sie einen Term an, mit dem man den Flächeninhalt des Querschnitts dieser Treppe berechnen kann.
b) Berechnen Sie diesen Flächeninhalt (in m^2).

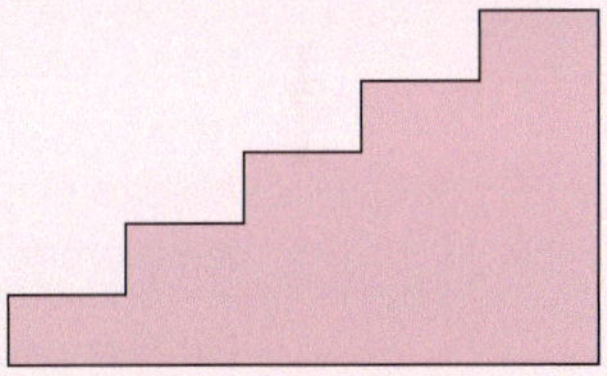

9 Die Bilder ①, ② und ③ zeigen verschiedene Möglichkeiten, den Inhalt der Fläche, den der Graph der Sinusfunktion f mit $f(x) = \frac{\pi}{2}\sin(x)$ im Intervall $[0; \pi]$ mit der x-Achse einschließt, näherungsweise zu bestimmen. Berechnen Sie diese Näherungswerte.

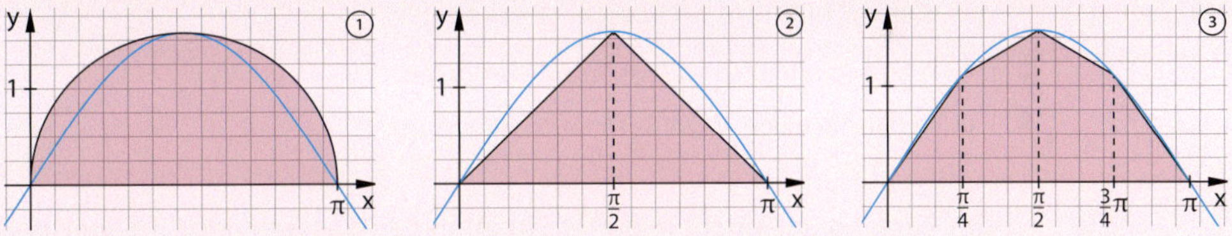

Vermischtes

10 Überprüfen Sie die Summenformeln an drei Beispielen.
a) $1 + 2 + 3 + \ldots + n = \frac{n(n+1)}{2}$
b) $1^2 + 2^2 + 3^2 + \ldots + n^2 = \frac{n(n+1)(2n+1)}{6}$

11 Bestimmen Sie, wie sich der Term für $x \to \infty$ verhält. Geben Sie einen Grenzwert an, falls dieser existiert.
a) $3 + \frac{1}{x}$
b) $\frac{4}{5} - \frac{4}{x} + \frac{2}{x^2}$
c) $\frac{1}{\sqrt{x+1}}$
d) $\sqrt{x} - \frac{1}{\sqrt{x}}$
e) $\frac{x^2 - x + 6}{2x^2}$
f) $\frac{1}{\left(2 - \frac{1}{x}\right)}$
g) $\frac{x(x+1)}{2}$
h) $\frac{1}{\sqrt{x + \frac{1}{x}}}$

12 Die vordere und hintere Seitenfläche des abgebildeten Bauteils sind Halbkreise. Mittig ist eine Nut ausgefräst. Berechnen Sie das Volumen dieses Bauteils.

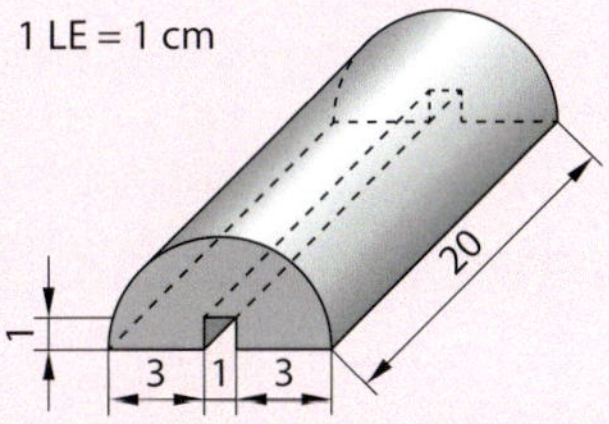

13 Zeichnen Sie den Graphen von f. Beschreiben Sie den Körper, der bei Rotation des Graphen von f um die x-Achse entsteht.
a) $f(x) = 4$ im Intervall $0 \le x \le 3$
b) $f(x) = 0{,}5x - 1$ im Intervall $2 \le x \le 4$

6.1 Rekonstruktion aus Änderungsraten

Ein Fahrstuhl beginnt seine Fahrt im Erdgeschoss, hält im 2. Stock, fährt weiter in den 3. Stock und nach einem kurzem Stopp direkt in die Tiefgarage. Die Abbildung zeigt den zeitlichen Verlauf der Geschwindigkeit in idealisierter Form.

Bestimmen Sie, wie hoch der 2. Stock über dem Erdgeschoss und wie tief die Tiefgarage unter dem Erdgeschoss liegt.

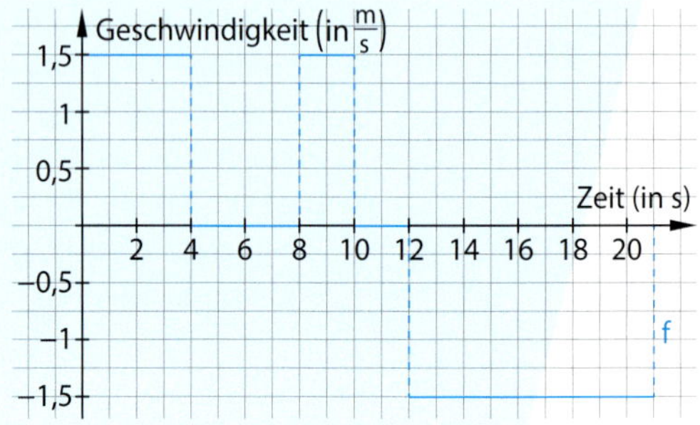

Eine Funktion F, die den zeitlichen Verlauf einer Größe beschreibt, nennt man **Bestandsfunktion.** Ihre Ableitung $f = F'$ ist die momentane Änderungsrate des Bestandes. Durch Ableiten lässt sich leicht aus dem Bestand die **momentane Änderungsrate** bestimmen. Aber auch umgekehrt lässt sich aus der Änderungsrate der Bestand „rekonstruieren".

Ein Pumpspeicherwerk speichert elektrische Energie, indem Wasser in ein Speicherbecken hinaufgepumpt wird. Dieses Wasser lässt man später wieder ab und erzeugt über Turbinen elektrischen Strom. Für die Änderung des Wasservolumens im Speicherbecken gilt:

Im Pumpenbetrieb:	120 m^3/min Wasserzufluss
Im Turbinenbetrieb:	200 m^3/min Wasserabfluss

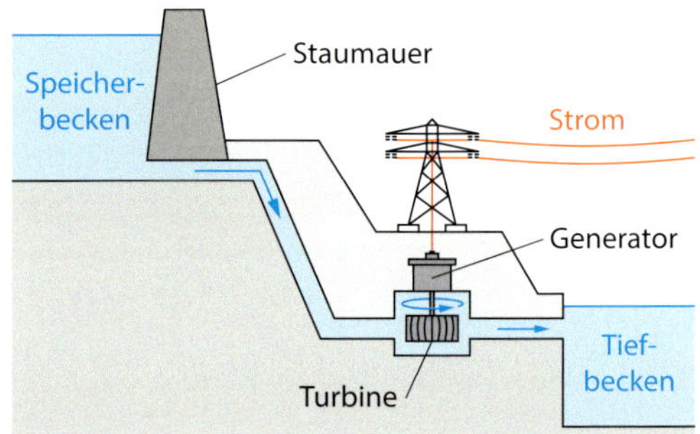

Der **Bestand** entspricht in dieser Situation der **Wassermenge** im Speicherbecken und die **Änderungsrate** dem **Wasserzufluss bzw. -abfluss pro Zeit**. Die Änderungsrate ist jeweils konstant.

Hinweis

Die Änderungsrate hat die Einheit **m^3/min**, die x-Achse hat die Einheit min. Bestandsänderungen haben also die Einheit
min · m^3/min = m^3

60 min Pumpbetrieb bewirken eine Bestandszunahme von
60 min · 120 m^3/min = 7200 m^3 Wasser.

30 min Turbinenbetrieb bewirken eine Bestandsabnahme von
30 min · 200 m^3/min = 6000 m^3 Wasser.

Bilanz: +7200 m^3 – 6000 m^3 = 1200 m^3
Die Wassermenge im Speicher nimmt insgesamt um 1200 m^3 zu.

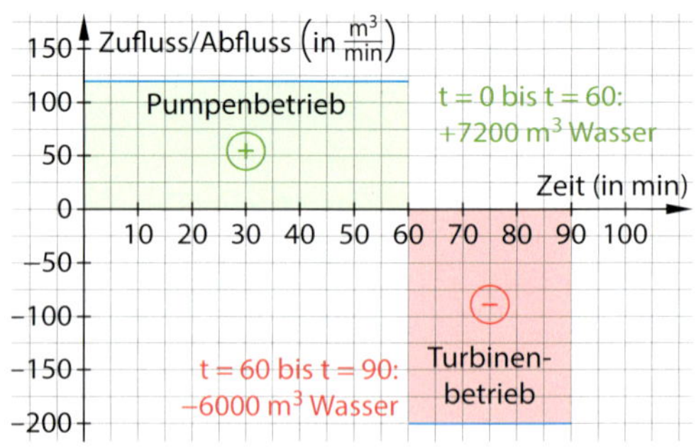

Die Wassermenge für Zufluss und Abfluss entspricht jeweils genau dem Inhalt der Fläche zwischen dem Graphen und der x-Achse. Die Gesamtänderung der Wassermenge im Becken entspricht der **Flächenbilanz.** In sie geht die Fläche oberhalb der x-Achse positiv und die Fläche unterhalb negativ ein (**orientierter Flächeninhalt**).

Hinweis

Auch bei Änderungsraten, die nicht stückweise konstant sind, gibt die Flächenbilanz die Bestandsänderung wieder; siehe Aufgabe 11.

Wissen **Zu- und Abnahme eines Bestandes als Flächenbilanz**

Die **Zu- und Abnahme eines Bestandes F** in einem Zeitintervall entspricht der Flächenbilanz zwischen dem Graphen der Änderungsrate f und der x-Achse. Flächen oberhalb der x-Achse gehen positiv und Flächen unterhalb der x-Achse negativ in die Bilanz ein.

Für konstante oder lineare Änderungsraten lassen sich die Inhalte der Flächen leicht berechnen, da sie die Form von Rechtecken, Dreiecken oder Trapezen haben.

Um den Bestand zu einem konkreten Zeitpunkt angeben zu können, muss bekannt sein, welchen Wert der Bestand zu Beginn des Intervalls hatte. Erst durch diesen „Startwert" und die ermittelte Zu- bzw. Abnahme ist der Bestand rekonstruierbar.

Beispiel 1 Der Graph beschreibt die Änderungsrate der Wassermenge in einem Wasserbecken.

a) Berechnen Sie, wie sich die Wassermenge im Becken nach 50 min insgesamt geändert hat.

b) Zu Beginn ist das Becken bereits mit $35\,m^3$ Wasser gefüllt. Berechnen Sie die Wassermenge im Becken nach 50 min.

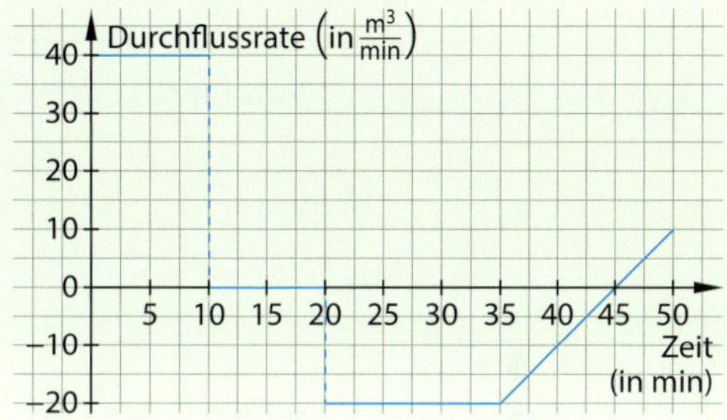

Lösung:

a) Gesucht ist die Flächenbilanz zwischen dem Graphen der Änderungsratenfunktion und der x-Achse.
Berechnen Sie dazu die Flächeninhalte der Rechtecke und Dreiecke A_1, A_2, A_3 und A_4.

Berücksichtigen Sie in der Gesamtbilanz die positive und die negative Orientierung (Zufluss oberhalb der x-Achse, Abfluss unterhalb der x-Achse).

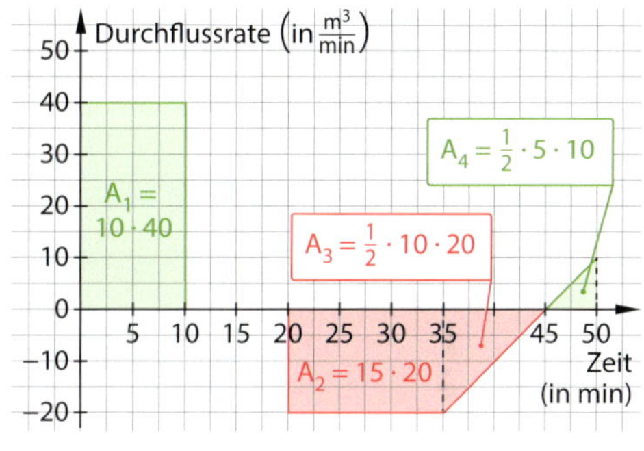

$A_1 - A_2 - A_3 + A_4 = 400 - 300 - 100 + 25 = 25$
Nach 50 min enthält das Becken $25\,m^3$ mehr Wasser.

b) Verrechnen Sie die Änderung der Wassermenge innerhalb der 50 min mit der Wassermenge zu Beginn.

$35\,m^3 + 25\,m^3 = 60\,m^3$
Nach 50 min sind $60\,m^3$ Wasser im Becken.

Basisaufgaben

1 Das Diagramm zeigt den Wasserzufluss/-abfluss im Speicherbecken eines Pumpspeicherkraftwerks.

a) Berechnen Sie, wie sich die Wassermenge am Ende des Vorgangs verändert hat.

b) Bestimmen Sie ein Intervall, in dem die Bestandsänderung positiv ist (negativ ist; null ist).

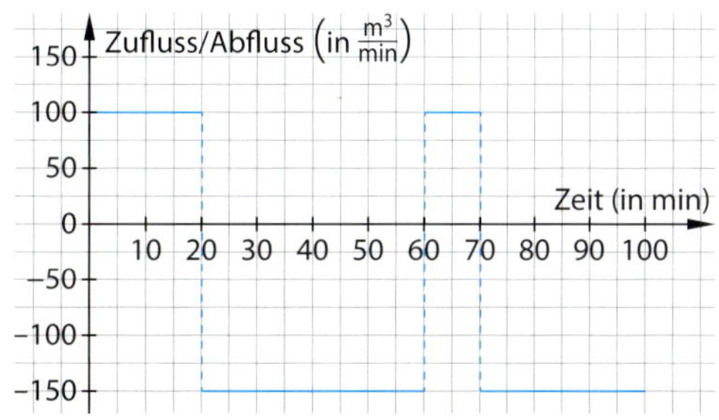

2 Erläutern Sie den Unterschied zwischen Flächeninhalt und Flächenbilanz. Geben Sie an, unter welchen Bedingungen die Flächenbilanz dem Flächeninhalt entspricht.

3 Zeichnen Sie den Graphen einer Änderungsratenfunktion mit Bestandsänderung null.

4 In einem Öltank befinden sich 800 Liter Öl. Die Abbildung zeigt die Änderungsrate der Ölmenge in den nächsten 10 Minuten. Bestimmen Sie, wie viel Öl sich nach diesen 10 Minuten im Tank befindet.

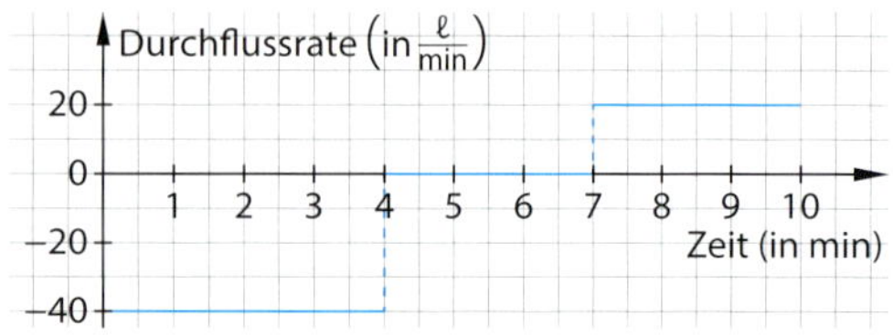

5 a) Erläutern Sie die Situation, die durch den Graphen dargestellt wird.

① Autofahrt ② freier Fall ③ Bevölkerungswachstum ④ Benzinverbrauch

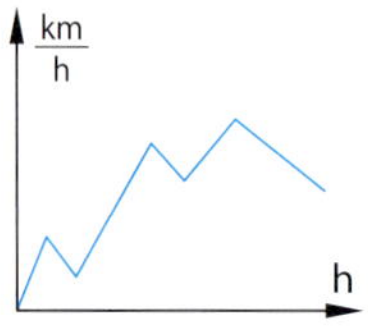

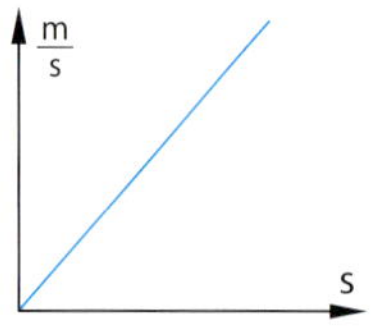

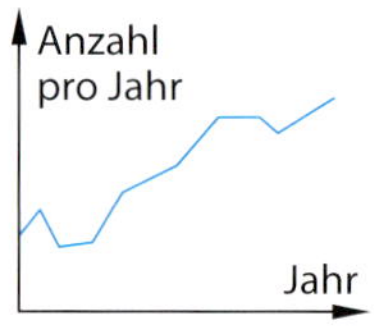

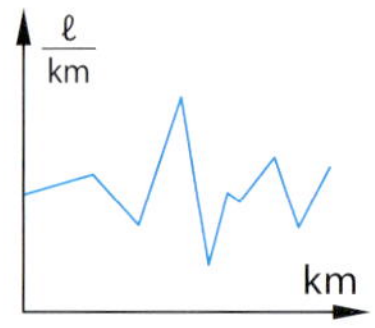

b) Bestimmen Sie die Bedeutung des Flächeninhalts zwischen Graph und x-Achse.

6 Die Abbildungen zeigen den zeitlichen Verlauf der Geschwindigkeit v für drei Aufzüge.

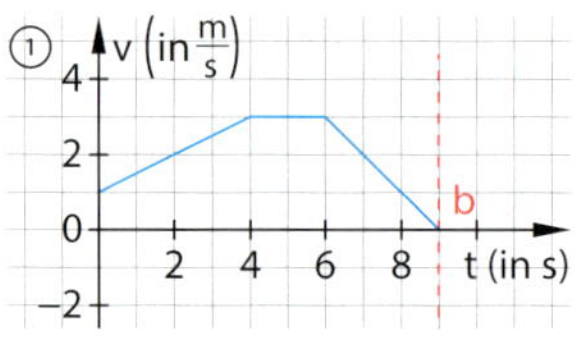

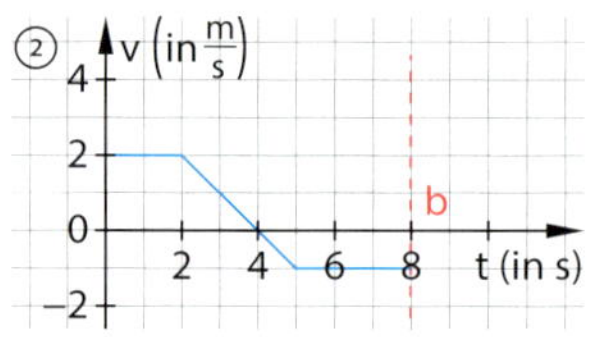

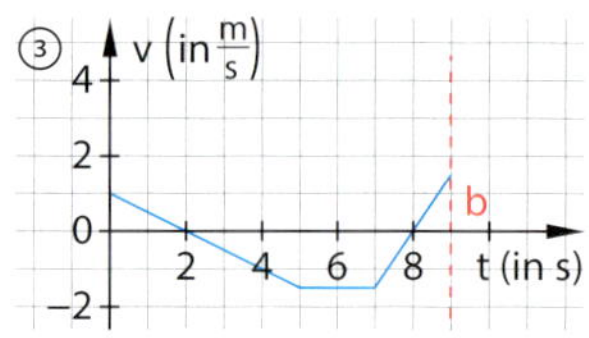

a) Beschreiben Sie die Bewegungsabläufe in wenigen Sätzen.
b) Berechnen Sie jeweils die Flächenbilanz im Intervall [0; b].
c) Geben Sie jeweils die Bedeutung des Flächeninhalts und der Flächenbilanz an.

7 In einer Abfüllanlage laufen leere Flaschen über ein Fließband, das unterschiedlich schnell laufen kann, in eine Lagerhalle. Die Abbildung zeigt die Änderungsrate f als Anzahl der Flaschen pro Minute. Zum Zeitpunkt $t = 0$ lagern bereits 2800 Flaschen in der Halle.

a) Berechnen Sie, wie viele Flaschen sich nach $t = 1$ min (2 min; 6 min; 10 min) in der Lagerhalle befinden.
b) Berechnen Sie, wie viele Flaschen weniger in die Lagerhalle gelangen, wenn die Geschwindigkeit des Fließbands von Beginn an gleichmäßig von 100 Flaschen/min auf 0 Flaschen/min reduziert wird.

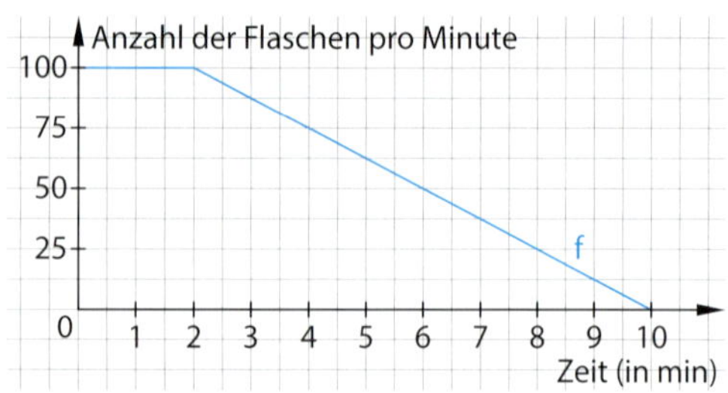

8 Beurteilen Sie die Aussage.
a) Ist die Änderungsrate positiv und konstant, so nimmt der Bestand gleichmäßig zu.
b) Wechselt die Änderungsrate das Vorzeichen von + nach −, so hat der Bestand ein Minimum.
c) Je kleiner die positive Änderungsrate ist, desto langsamer nimmt der Bestand zu.
d) Je kleiner die negative Änderungsrate ist, desto langsamer nimmt der Bestand ab.

Weiterführende Aufgaben

9 Gegeben sind die Graphen von drei Änderungsraten f und drei Beständen F. Ordnen Sie die Graphen begründet einander zu.

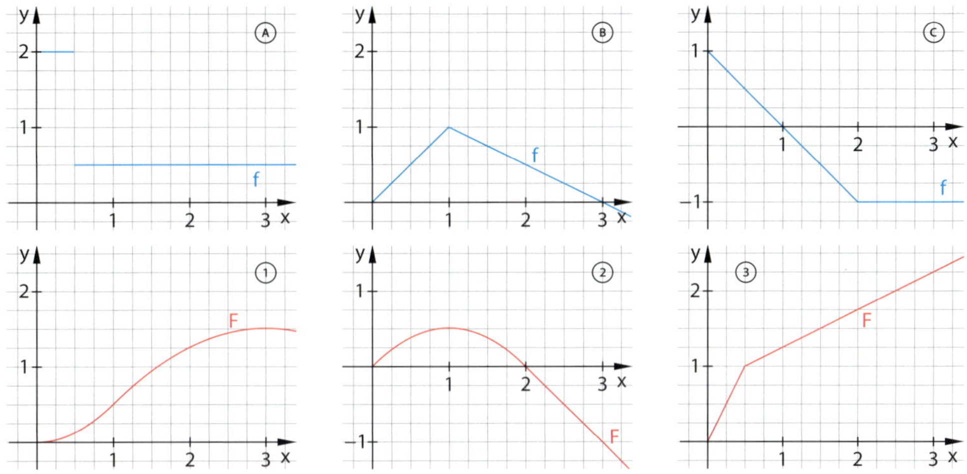

⚠ **10** **Stolperstelle:** Ein Pumpspeicherwerk läuft 10 Minuten im Pumpbetrieb (Zufluss $120\,m^3/min$) und anschließend 15 Minuten im Turbinenbetrieb (Abfluss $200\,m^3/min$). Marina sagt: *„Das kann doch gar nicht stimmen! Dann wären ja $-1800\,m^3$ Wasser im Becken, die Zahl kann doch nicht negativ sein!“* Nehmen Sie Stellung.

11 Die Bestandsänderung bei einer stückweise konstanten Änderungsrate f entspricht der Flächenbilanz zwischen dem Graphen von f und der x-Achse (s. Seite 166). Begründen Sie mithilfe der Abbildung, dass sich dies auf beliebige Änderungsraten übertragen lässt.

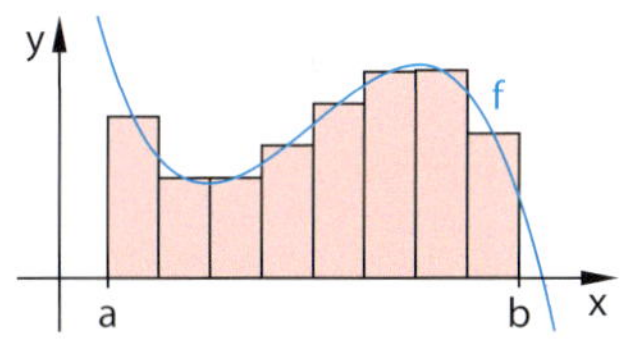

12 Der Graph beschreibt die Wachstumsgeschwindigkeit einer Pflanze, die zu Beginn 0 mm hoch ist.
a) Skizzieren Sie den Graphen der Funktion, die die Höhe der Pflanze in Abhängigkeit der Zeit angibt.
b) Wie hoch ist die Pflanze nach 120 Tagen? Nähern Sie sich dem Wert durch Flächenberechnungen.

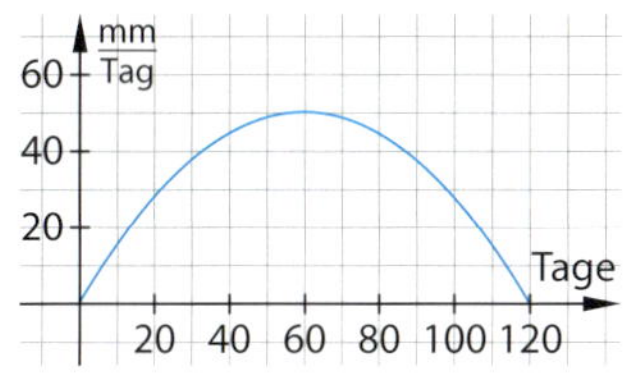

13 Auf einem Streckenflug notiert sich der Copilot die Verbrauchsanzeige des Durchflussmessers in einzelnen Flugphasen. Interpretieren Sie die Flugphasen (Steigen, Sinken, Horizontalflug) und schätzen Sie den Gesamtverbrauch während des Fluges geeignet ab. Beschreiben Sie Unsicherheiten und Schwierigkeiten bei dieser Schätzung.

Zeit t in Minuten	0	5	7	8	20	23	27	30
Durchfluss in Liter/Minute	0,7	0,3	0,5	0,3	0,2	0,4	0,1	Landung

14 **Ausblick:** Im Bild ist die Bestandsänderung unter dem Graphen einer proportionalen Änderungsratenfunktion mit der Funktionsgleichung $f(t) = a \cdot t$ durch Dreiecke dargestellt.
Ermitteln Sie die Funktionsgleichung der Bestandsfunktion F.
Bezeichnen Sie den Anfangsbestand bei $t = 0$ mit F_0.

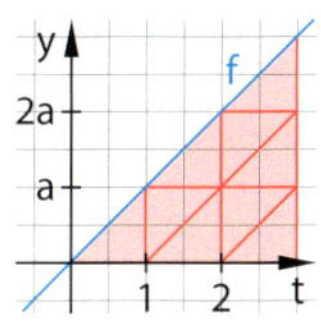

6.2 Bestimmtes Integral

Die zurückgelegte Strecke s eines Formel-1-Autos in den ersten 5 Sekunden nach dem Start soll näherungsweise bestimmt werden. Erklären Sie die Rechnung:

$s = 1 \cdot f(1) + 1 \cdot f(2) + 1 \cdot f(3) + 1 \cdot f(4) + 1 \cdot f(5)$
$\quad = 1 \cdot 15 + 1 \cdot 28 + 1 \cdot 39 + 1 \cdot 48 + 1 \cdot 56 = 186$

Wie könnte man die Näherung verbessern?

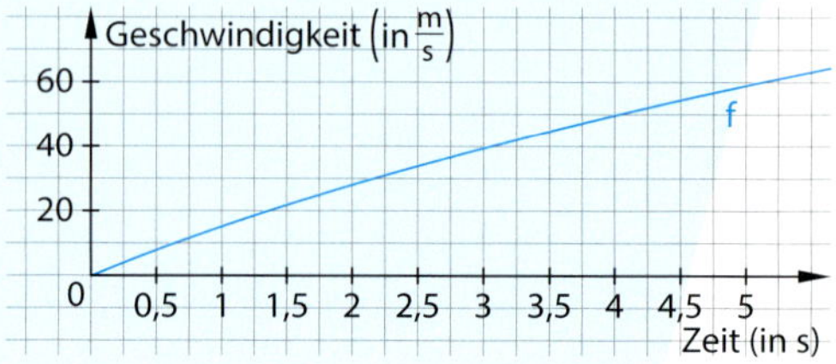

Auch bei einer nicht geradlinigen Änderungsrate entspricht die Zu- oder Abnahme des Bestandes dem Inhalt der Fläche zwischen dem Funktionsgraphen der Änderungsrate und der x-Achse. Wie dieser Flächeninhalt bestimmt werden kann, soll nun untersucht werden.

Flächen zwischen Graph und x-Achse näherungsweise bestimmen

Hinweis

Wird die **Unter**- bzw. **Obersumme** aus den Flächeninhalten von n Rechtecken gebildet, so bezeichnet man sie mit $\mathbf{U}_n$ bzw. $\mathbf{O}_n$.

Die krummlinig begrenzte Fläche zwischen dem Funktionsgraphen und der x-Achse kann durch eine Folge von Rechtecken angenähert werden. Ihr Flächeninhalt ist größer als der Flächeninhalt aller blauen (**Untersumme**) und kleiner als der Flächeninhalt aller roten Rechtecke (**Obersumme**).

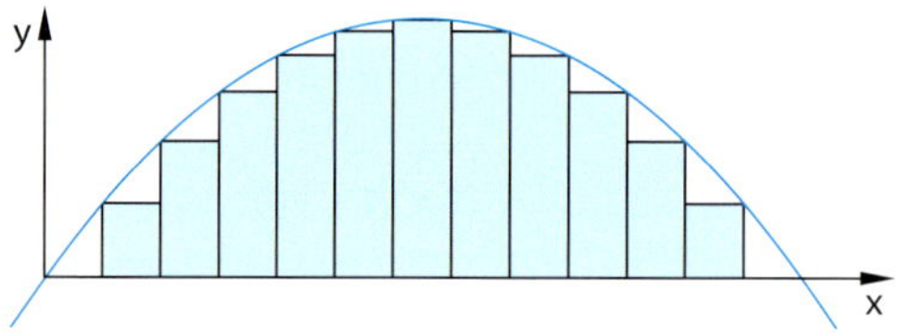

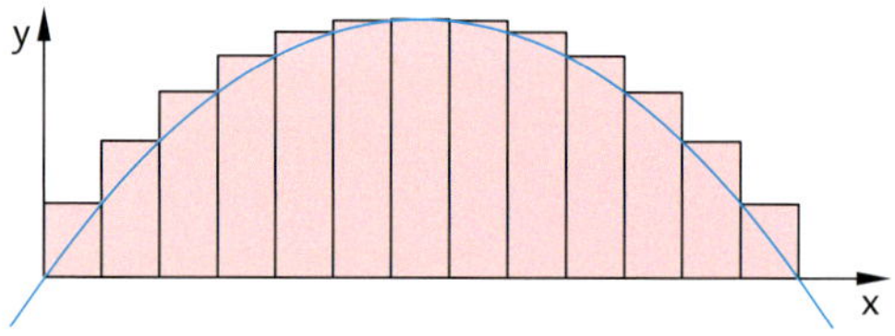

Für die Untersumme multipliziert man für jedes Rechteck die Rechteckbreite mit dem kleinsten Funktionswert im zugehörigen Teilintervall und addiert die Produkte.

Entsprechend wählt man für die Obersumme jeweils den größten Funktionswert.

Beispiel 1 Nähern Sie den Inhalt der Fläche zwischen dem Graphen der Funktion f mit $f(x) = x^2$ und der x-Achse im Intervall [0; 2] durch vier gleich breite Rechtecke von unten und von oben an. Berechnen Sie die Untersumme U_4 und die Obersumme O_4.

Lösung:

Bei vier gleich breiten Rechtecken hat jedes Rechteck die Breite 0,5.

Bei der Untersumme liegen die Rechtecke vollständig unter dem Graphen. Die Höhe jedes Rechtecks ist bei der Untersumme U_4 der kleinste Funktionswert im zugehörigen Teilintervall. Da der Funktionsgraph im gesamten Bereich steigt, wird der kleinste Funktionswert stets am linken Rand des Teilintervalls angenommen.

Bei der Obersumme O_4 ist die Höhe jedes Rechtecks der größte Funktionswert im zugehörigen Teilintervall. Hier wird dieser Funktionswert stets am rechten Rand des Teilintervalls angenommen.

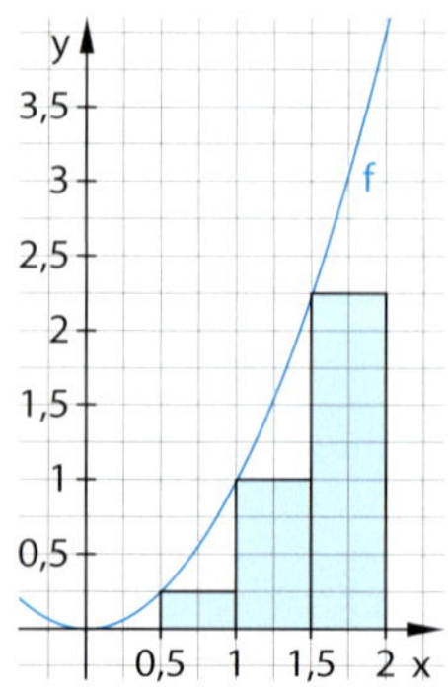

$U_4 = \frac{1}{2} \cdot 0^2 + \frac{1}{2} \cdot \left(\frac{1}{2}\right)^2 + \frac{1}{2} \cdot 1^2 + \frac{1}{2} \cdot \left(\frac{3}{2}\right)^2 = 1{,}75$

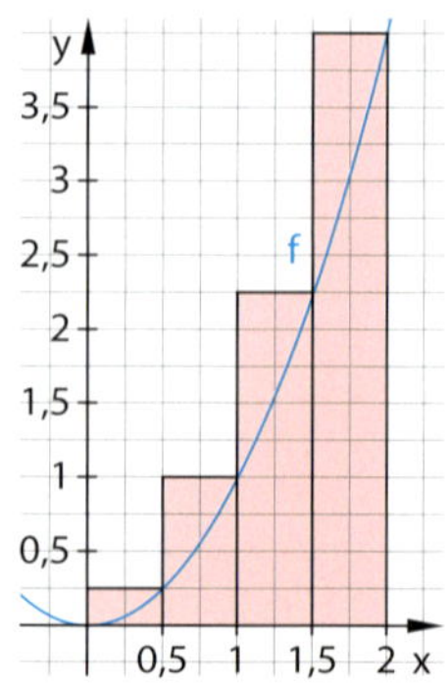

$O_4 = \frac{1}{2} \cdot \left(\frac{1}{2}\right)^2 + \frac{1}{2} \cdot 1^2 + \frac{1}{2} \cdot \left(\frac{3}{2}\right)^2 + \frac{1}{2} \cdot 2^2 = 3{,}75$

Basisaufgaben

1 Schätzen Sie die Fläche zwischen dem Graphen der Funktion f und der x-Achse
a) durch Kästchenzählen,
b) mithilfe der eingezeichneten Dreiecksfläche ab.

a)
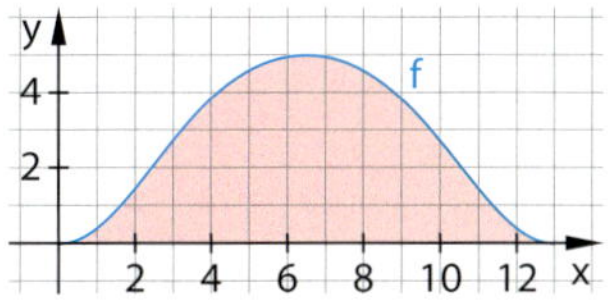

b)
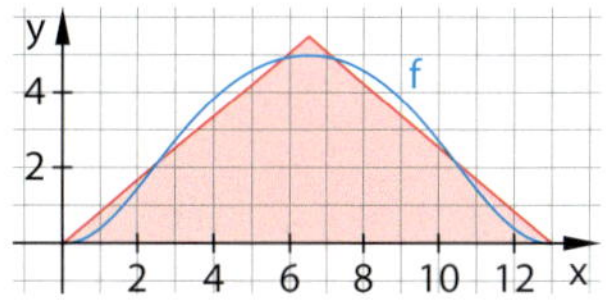

2 Zur näherungsweisen Berechnung des Inhalts der Fläche unter dem Graphen im Intervall [0; 5] wurden Rechtecke der Breite 1 eingezeichnet.
a) Bestimmen Sie diesen Näherungswert.
b) Zeigen Sie, dass sich die Näherung verbessert, wenn man entsprechende Rechtecke der Breite 0,5 einzeichnet.
c) Beschreiben Sie, wie man immer bessere Näherungswerte erhalten kann.

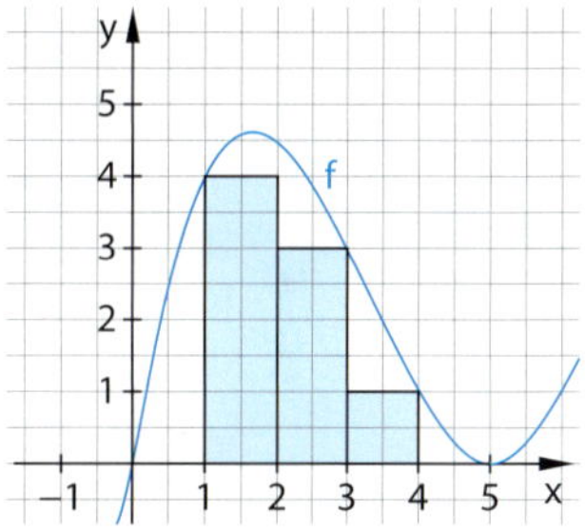

3 Untersucht wird die Funktion f mit $f(x) = x^3$ im Intervall [0; 3].
a) Berechnen Sie die Unter- und Obersummen mit 3 (mit 6) gleich breiten Rechtecken.
b) Geben Sie mithilfe der Ergebnisse aus a) eine untere und obere Grenze für den Inhalt der Fläche zwischen dem Graphen von f und der x-Achse an.

4 Gegeben ist die Funktion f mit $f(x) = -\frac{1}{8}x^2 + 5$.
a) Berechnen Sie die in den Bildern dargestellte Unter- und Obersumme.
b) Berechnen Sie die Unter- und Obersumme im Intervall [0; 5] mit 10 gleich breiten Rechtecken.

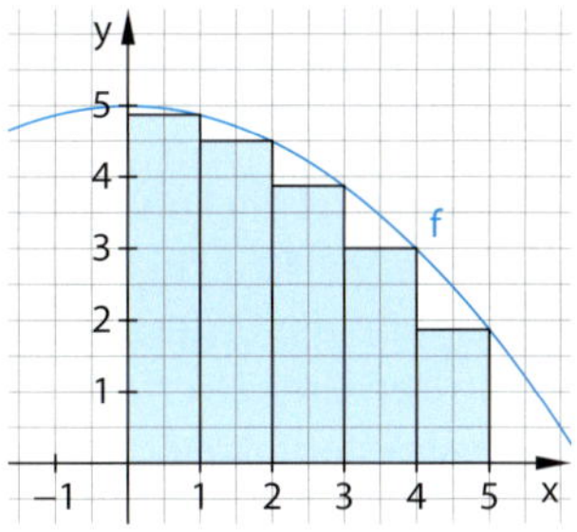

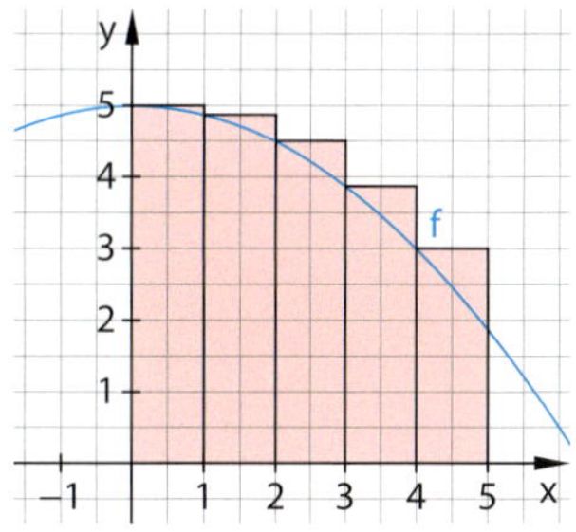

Hinweis

Die Summe von Produkten aus der Streifenbreite und einem Funktionswert im Teilintervall bezeichnet man als **Produktsumme.** Unter- und Obersumme sind spezielle Produktsummen.

5 **Vergleich verschiedener Produktsummen:**
William schätzt die Fläche unter dem Graphen der Funktion f mit $f(x) = 0{,}2x^2 + 1$ im Intervall [0; 8] mithilfe der eingezeichneten Rechtecke ab. Er berechnet den Flächeninhalt der Rechtecke mit der Produktsumme
$2 \cdot f(1) + 2 \cdot f(3) + 2 \cdot f(5) + 2 \cdot f(7)$.
a) Berechnen Sie den Wert der Produktsumme. Erläutern Sie, wie William die Breiten und Höhen der Rechtecke gewählt hat.
b) Berechnen Sie die Unter- und Obersumme für vier gleich breite Rechteckstreifen im Intervall [0; 8].
c) Welcher der Werte aus a) und b) nähert den Inhalt A der Fläche zwischen dem Graphen von f und der x-Achse am besten an? Begründen Sie.
d) Erläutern Sie, welchen Vorteil es hat, den Wert von Unter- und Obersumme zu kennen. Welche Aussage über den Flächeninhalt A können Sie dann treffen?

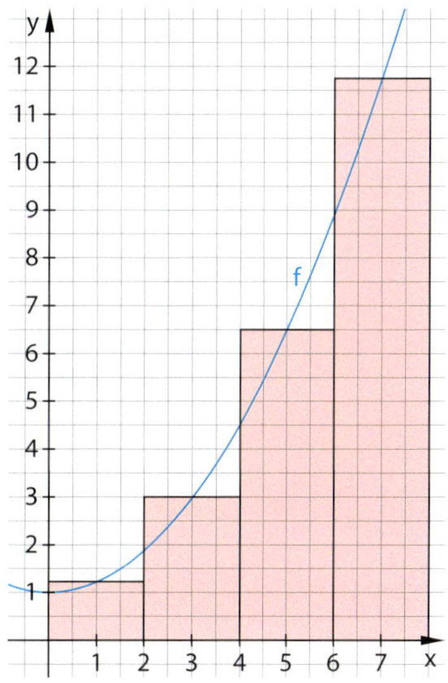

Das bestimmte Integral als Grenzwert von Ober- und Untersummen

Man kann den Inhalt der Fläche zwischen dem Funktionsgraphen und der x-Achse durch eine Annäherung mit n gleich breiten Rechtecken beliebig genau bestimmen, indem man die Anzahl n der Rechtecke immer größer und damit ihre Breite immer kleiner werden lässt.

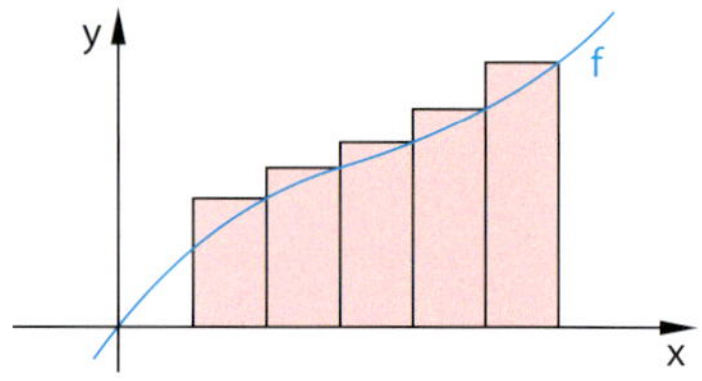

Durch eine Verfeinerung der Einteilung wird die Obersumme O_n kleiner und die Untersumme U_n größer. Im Allgemeinen streben die Ober- und Untersumme für $n \to \infty$ gegen den gleichen Grenzwert. Dieser Grenzwert entspricht bei Funktionen mit nicht-negativen Funktionswerten dem Flächeninhalt zwischen dem Funktionsgraphen und der x-Achse.

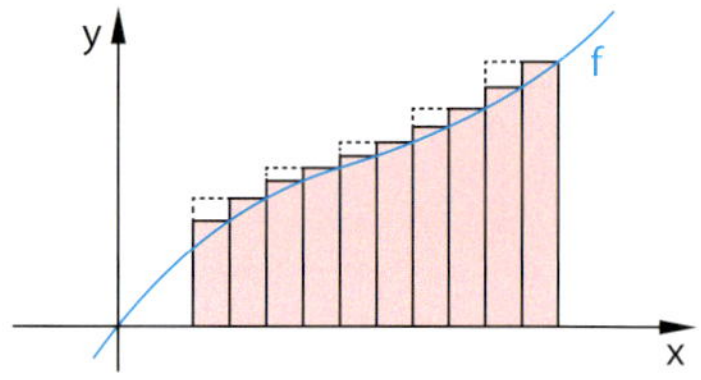

Hinweis

Es gibt Funktionen, bei denen die Grenzwerte von Ober- und Untersumme nicht übereinstimmen oder nicht existieren; siehe Aufgabe 23.

Hinweis

Man kann das Integral auch als Grenzwert einer beliebigen **Produktsumme** definieren.

Definition **Das bestimmte Integral als Grenzwert von Ober- und Untersummen**

Wenn die Ober- und Untersummen einer Funktion f auf dem Intervall [a; b] einen gemeinsamen Grenzwert haben $\left(\lim\limits_{n\to\infty} O_n = \lim\limits_{n\to\infty} U_n\right)$, so heißt die Funktion integrierbar. Der gemeinsame Grenzwert heißt dann **bestimmtes Integral** von f in den Grenzen von a bis b.

Schreibweise: $\int_a^b f(x)\,dx$

obere Integrationsgrenze: b; untere Integrationsgrenze: a; Integrand: f(x); Integrationsvariable: x (in dx)

Beispiel 2 Gegeben ist die Funktion f mit $f(x) = x^2$ auf dem Intervall [0; 2].

a) Teilen Sie das Intervall [0; 2] in n gleich große Teilintervalle ein und berechnen Sie die Obersumme O_n und die Untersumme U_n in Abhängigkeit von n.

b) Bestimmen Sie den Grenzwert der Obersummen und Untersummen für $n \to \infty$ und stellen Sie ihn als Integral dar.

Lösung:

a) Addieren Sie jeweils die Flächeninhalte der n Rechtecke. Ihre Breite ist $\frac{2}{n}$.
Bei der Obersumme entspricht die Höhe dem Funktionswert an den rechten Intervallrändern $1 \cdot \frac{2}{n}, 2 \cdot \frac{2}{n}, \ldots, n \cdot \frac{2}{n}$.
Klammern Sie $\frac{2}{n}$ und $\frac{2^2}{n^2}$ aus. Wenden Sie auf den Ausdruck in Klammern die Summenformel aus der Randspalte an. Fassen Sie zusammen.
Leiten Sie analog die Formel für U_n her.

$$\begin{aligned} O_n &= \tfrac{2}{n} \cdot f\left(1 \cdot \tfrac{2}{n}\right) + \tfrac{2}{n} \cdot f\left(2 \cdot \tfrac{2}{n}\right) + \ldots + \tfrac{2}{n} \cdot f\left(n \cdot \tfrac{2}{n}\right) \\ &= \tfrac{2}{n} \cdot \left(f\left(1 \cdot \tfrac{2}{n}\right) + f\left(2 \cdot \tfrac{2}{n}\right) + \ldots + f\left(n \cdot \tfrac{2}{n}\right)\right) \\ &= \tfrac{2}{n} \cdot \left(1^2 \cdot \tfrac{2^2}{n^2} + 2^2 \cdot \tfrac{2^2}{n^2} + \ldots + n^2 \cdot \tfrac{2^2}{n^2}\right) \\ &= \tfrac{2}{n} \cdot \tfrac{2^2}{n^2} \cdot \left(1^2 + 2^2 + \ldots + n^2\right) \\ &= \tfrac{8}{n^3} \cdot \left(\tfrac{n(n+1)(2n+1)}{6}\right) \\ &= \tfrac{8}{n^3} \cdot \left(\tfrac{2n^3}{6} + \tfrac{3n^2}{6} + \tfrac{n}{6}\right) = \tfrac{8}{3} + \tfrac{4}{n} + \tfrac{4}{3n^2} \end{aligned}$$

$$\begin{aligned} U_n &= \tfrac{2}{n} \cdot \left(f\left(0 \cdot \tfrac{2}{n}\right) + f\left(1 \cdot \tfrac{2}{n}\right) + \ldots + f\left(n - 1 \cdot \tfrac{2}{n}\right)\right) \\ &= \ldots = \tfrac{8}{3} - \tfrac{4}{n} + \tfrac{4}{3n^2} \end{aligned}$$

b) Bilden Sie die Grenzwerte für $n \to \infty$. Die Terme $-\frac{4}{n}$, $\frac{4}{n}$ und $\frac{4}{3n^2}$ nähern sich 0 an, da die Nenner gegen unendlich streben.
Die Grenzwerte von O_n und U_n sind gleich und entsprechen dem Integral.

$$\lim_{n\to\infty} O_n = \lim_{n\to\infty}\left(\tfrac{8}{3} + \tfrac{4}{n} + \tfrac{4}{3n^2}\right) = \tfrac{8}{3}$$

$$\lim_{n\to\infty} U_n = \lim_{n\to\infty}\left(\tfrac{8}{3} - \tfrac{4}{n} + \tfrac{4}{3n^2}\right) = \tfrac{8}{3}$$

$$\int_0^2 x^2\,dx = \tfrac{8}{3}$$

Hinweis

Summenformel für Quadratzahlen:
$1^2 + 2^2 + \ldots + n^2 = \frac{n \cdot (n+1) \cdot (2n+1)}{6}$

Basisaufgaben

Hinweis zu 6a

$1^2 + 2^2 + \ldots + n^2 = \frac{n \cdot (n+1) \cdot (2n+1)}{6}$

Hinweis zu 7

$1 + 2 + 3 + \ldots + n = \frac{n \cdot (n+1)}{2}$

Hinweis zu 9b

$1^3 + 2^3 + 3^3 + \ldots + n^3 = \frac{n^2 (n+1)^2}{4}$

6 a) Zeigen Sie, dass gilt: $1^2 + 2^2 + \ldots + (n-1)^2 = \frac{(n-1) \cdot n \cdot (2n-1)}{6}$
b) Leiten Sie den Term für U_n aus Beispiel 2 ausführlich her.

7 Gegeben ist die Funktion f mit $f(x) = \frac{1}{3}x$.
a) Berechnen Sie den Wert der Obersumme O_8 im Intervall [0; 4].
b) Berechnen Sie den Wert der Obersumme O_n mit $n > 0$ im Intervall [0; 4].
c) Zeigen Sie, dass der Grenzwert von O_n für $n \to \infty$ dem Flächeninhalt der Dreiecksfläche unter dem Graphen von f entspricht.

8 Gegeben ist die Funktion f mit $f(x) = 6x^2$ im Intervall [0; 1].
a) Berechnen Sie die Obersumme O_n und Untersumme U_n in Abhängigkeit von n ($n > 0$).
b) Berechnen Sie O_n und U_n für $n = 10$, $n = 100$ und $n = 1000$.
c) Ermitteln Sie den Grenzwert von O_n und U_n für $n \to \infty$. Schreiben Sie ihn als Integral.

9 Berechnen Sie mithilfe von Ober- und Untersummen den Inhalt der Fläche, die der Graph von f über dem Intervall I mit der x-Achse einschließt.
a) $f(x) = x$; $I = [0; 2]$ b) $f(x) = x^3$; $I = [0; 3]$ c) $f(x) = 3x^2$; $I = [0; a]$ mit $a > 0$

Integral als Flächenbilanz

Bei der Berechnung von Obersumme (bzw. Untersumme) wird bei jedem Rechteckstreifen der größte (bzw. kleinste) Funktionswert mit der Streifenbreite multipliziert. Bei negativen Funktionswerten sind die Produkte negativ und gehen negativ in die Obersumme (bzw. Untersumme) ein. Das bestimmte Integral stellt also eine Flächenbilanz dar.

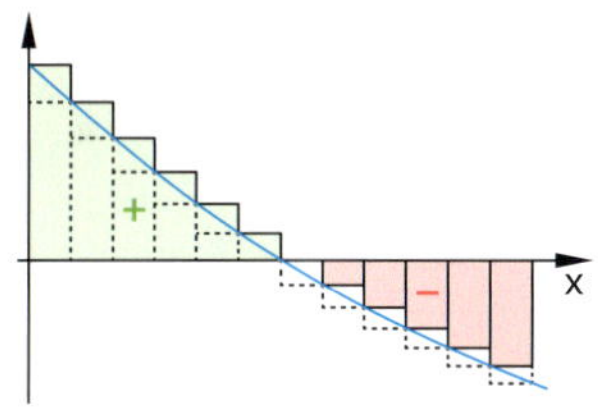

Satz **Das bestimmte Integral als Flächenbilanz**

Das **bestimmte Integral** $\int_a^b f(x)\,dx$ gibt die **Flächenbilanz** zwischen dem Graphen von f und der x-Achse auf dem Intervall [a; b] an. Die Inhalte von Flächen oberhalb der x-Achse werden positiv, die Inhalte von Flächen unterhalb der x-Achse negativ bilanziert.

Beispiel 3 Skizzieren Sie den Graphen der Funktion f mit $f(x) = \frac{1}{2}x - 1$ im Intervall [−1; 4] und bestimmen Sie den Wert des Integrals $\int_{-1}^{4} \left(\frac{1}{2}x - 1\right)dx$.

Lösung:
Teilen Sie die Fläche zwischen dem Graphen und der x-Achse in eine Fläche (rot) unterhalb und eine Fläche (grün) oberhalb der x-Achse ein.

Berechnen Sie die Flächeninhalte der Teilflächen. Der Flächeninhalt des roten Dreiecks geht mit einem negativen Vorzeichen in die Flächenbilanz ein, da es unterhalb der x-Achse liegt. Der Flächeninhalt des grünen Dreiecks wird positiv bilanziert.

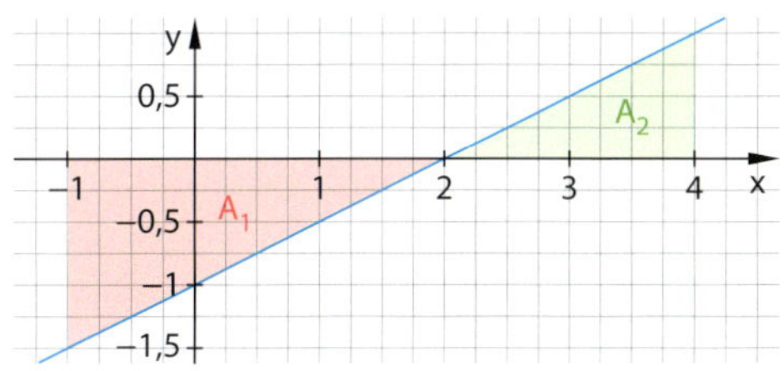

$A_1 = \frac{1}{2} \cdot 3 \cdot 1{,}5 = 2{,}25$; $A_2 = \frac{1}{2} \cdot 2 \cdot 1 = 1$

$\int_{-1}^{4} \left(\frac{1}{2}x - 1\right)dx = -A_1 + A_2 = -2{,}25 + 1 = -1{,}25$

Basisaufgaben

10 a) Geben Sie die Flächenbilanz der farbigen Fläche in Integralschreibweise an.

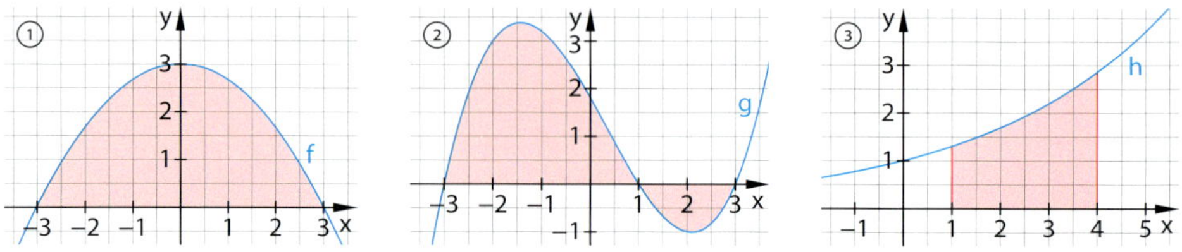

b) Erläutern Sie, in welchen Fällen das Integral gleichzeitig den gesamten Inhalt der farbigen Fläche beschreibt.

Lösungen zu 11

13,5 6 5 12 7,5

11 Zeichnen Sie den Graphen von f mit $f(x) = \frac{1}{3}x + 1$ im Intervall [−6; 6] und bestimmen Sie den Wert des Integrals.

a) $\int_{-3}^{3} f(x)\,dx$ b) $\int_{-3}^{6} f(x)\,dx$ c) $\int_{-6}^{6} f(x)\,dx$ d) $\int_{3}^{6} f(x)\,dx$

12 Berechnen Sie für die durch ihren Graphen gegebene Funktion f das Integral $\int_{a}^{b} f(x)\,dx$.

a)

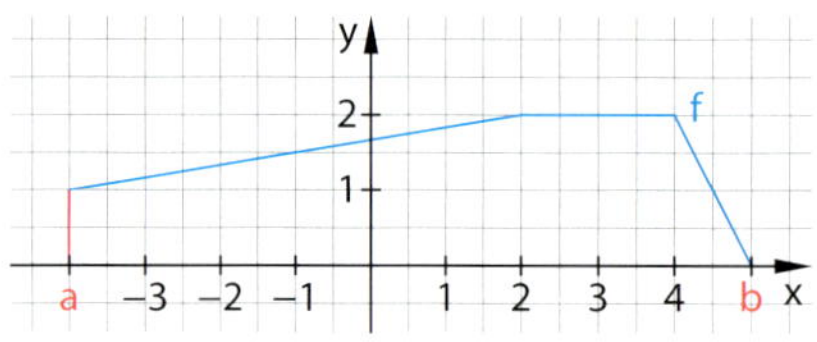

b)

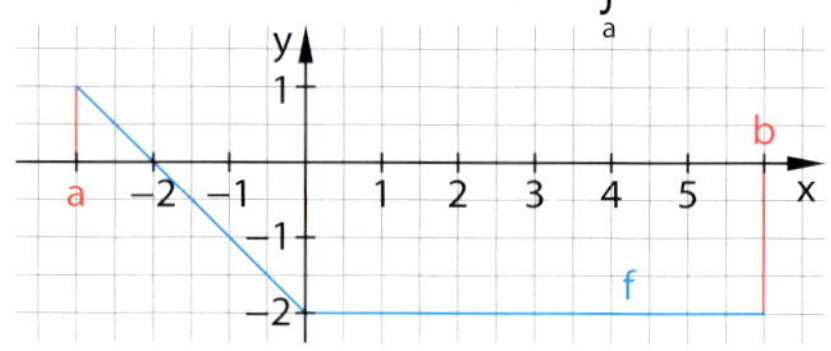

13 Skizzieren und berechnen Sie mithilfe von Dreiecks- und Rechtecksflächen.

a) $\int_{0}^{3} \frac{1}{4}x\,dx$ b) $\int_{-1}^{2} -0{,}5\,dx$ c) $\int_{0}^{3} \left(\frac{1}{2}x - 1\right)dx$ d) $\int_{-3}^{3} -7t\,dt$

14 Entscheiden Sie anhand des Graphenverlaufs, ob das Integral positiv, negativ oder null ist.

a) $\int_{-3}^{5} -x^2\,dx$ b) $\int_{0}^{4} 2u^3\,du$ c) $\int_{-2}^{1} 2x^3\,dx$ d) $\int_{-10}^{10} 4x^5\,dx$

Weiterführende Aufgaben

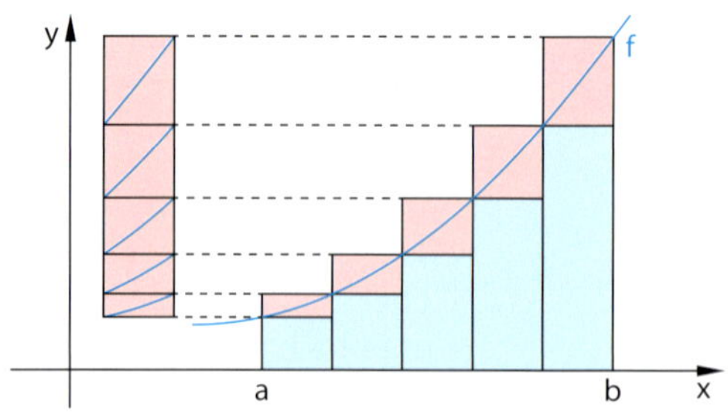

15 Die Funktion f ist auf dem Intervall [a; b] streng monoton steigend. Die Abbildung zeigt den Graphen von f sowie Säulen der Obersumme O_5 und der Untersumme U_5.

a) Begründen Sie mithilfe der Abbildung, dass der Unterschied zwischen der Obersumme O_n und der Untersumme U_n gleich $\frac{b-a}{n} \cdot (f(b) - f(a))$ ist und für wachsende n gegen null strebt.

b) Untersuchen Sie analog den Fall, dass f streng monoton fallend auf [a; b] ist.

16 Stolperstelle: Anne meint: *„Wenn ich die Obersumme bilden will, wähle ich für die Höhe eines Rechtecks immer den Funktionswert am rechten Rand des Teilintervalls."*

a) Prüfen Sie die Aussage am Beispiel der Funktion f mit $f(x) = -x^2 + 9$ im Intervall [0; 3].

b) Überlegen Sie, unter welchen Voraussetzungen Anne recht hat.

17 Begründen Sie anschaulich anhand einer Skizze die Aussage über eine Funktion f für $a > 0$.

a) Ist f punktsymmetrisch zum Koordinatenursprung, so gilt: $\int_{-a}^{a} f(x)\,dx = 0$

b) Ist f achsensymmetrisch zur y-Achse, so gilt: $\int_{-a}^{a} f(x)\,dx = 2 \cdot \int_{0}^{a} f(x)\,dx$

18 **Additivität von Integralen:** Begründen Sie anhand einer Skizze, dass für $a < b < c$ gilt:

$$\int_a^b f(x)\,dx + \int_b^c f(x)\,dx = \int_a^c f(x)\,dx$$

19 Berechnen Sie für $f(x) = 2x - 3$ das Integral.

a) $\int_2^4 f(x)\,dx$ b) $\int_2^{2,5} f(x)\,dx + \int_{2,5}^4 f(x)\,dx$ c) $\int_2^9 f(x)\,dx - \int_4^9 f(x)\,dx$

20 Mit der Funktion v mit $v(t) = 10t$ lässt sich die Geschwindigkeit eines frei fallenden Objekts zu einem beliebigen Zeitpunkt t näherungsweise berechnen.

a) Erläutern Sie die Bedeutung der Fläche zwischen dem Graphen von v und der t-Achse.

b) Berechnen Sie $\int_0^4 v(t)\,dt$ und interpretieren Sie das Ergebnis im Sachzusammenhang.

c) Schreiben Sie die Strecke, die der fallende Körper zwischen der 3. und 5. Sekunde zurücklegt, als Integral und berechnen Sie dieses.

21 Das Diagramm zeigt das Füllen und Entleeren eines Wasserbassins.

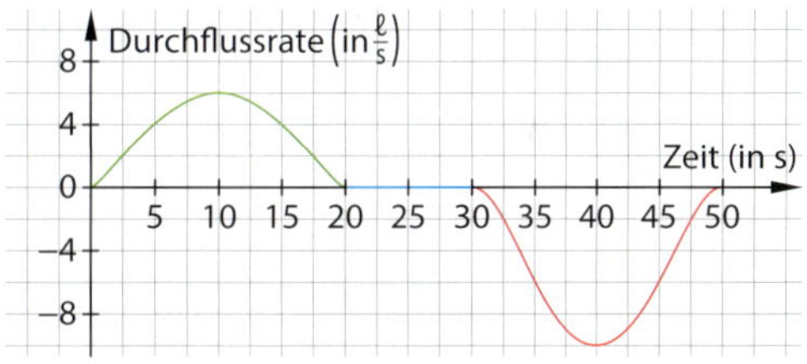

a) Bestimmen Sie näherungsweise, wie viel Wasser im dargestellten Zeitraum insgesamt in das Bassin hinein- und wie viel wieder hinausgeflossen ist.

b) Stellen Sie die Gesamtänderung der Wassermenge in Liter als Integral dar.

22 Beim Öffnen eines Wehrs verändert sich die Durchflussgeschwindigkeit des Wassers. Während des Öffnungsvorgangs kann diese mit der Funktion d mit $d(t) = \frac{1}{2}t^2$ beschrieben werden ($d(t)$ in $\frac{m^3}{s}$ und t in s). Der Öffnungsvorgang dauert insgesamt 8 s.

a) Berechnen Sie die Durchflussgeschwindigkeit nach 2 s, 4 s und 8 s.

b) Schätzen Sie die während des Öffnungsvorgangs durchgeflossene Wassermenge sinnvoll ab.

c) Berechnen Sie die exakte Menge des durchgeflossenen Wassers.

Hinweis zu 23

In jedem noch so kleinen Intervall [a; b] mit a < b gibt es sowohl rationale als auch irrationale Zahlen.

23 **Ausblick:** Es gibt Fälle, bei denen die Grenzwerte von Ober- und Untersumme existieren, aber nicht gleich sind. Betrachten Sie die Funktion f mit $f(x) = \begin{cases} 1 & \text{für x rational} \\ 0 & \text{für x irrational} \end{cases}$ im Intervall [0; 1].

a) Berechnen Sie die Ober- und Untersumme für n = 5, für n = 10 und für beliebiges n.

b) Bilden Sie die Grenzwerte für $n \to \infty$. Erläutern Sie, was daraus für das Integral $\int_0^1 f(x)\,dx$ folgt.

6.3 Stammfunktionen

In der Tabelle sind Funktionsterme für Funktionen f und für ihre Ableitungsfunktionen f' aufgelistet. Leider sind nicht mehr alle Terme lesbar.

f	$\frac{1}{2}x^3 + 5x$			$2x^5 - x$		
f'		$x^2 + 2x$	$\frac{1}{2}x^3 + 2x^2 - 1$		$\frac{1}{x^2}$	$\frac{1}{2\sqrt{x}}$

a) Bestimmen Sie die fehlenden Terme für f und f'.
b) Sind Ihre Ergebnisse immer eindeutig?

Zu einer Bestandsfunktion F erhält man die Funktion der Änderungsrate f = F' durch Ableiten von F. Ist umgekehrt f gegeben, sucht man eine Funktion F, für die f = F' gilt. Eine solche Funktion F nennt man **Stammfunktion** von f.

Definition **Stammfunktion**
Eine Funktion F heißt **Stammfunktion** zur Funktion f, wenn für jede Stelle x gilt: $F'(x) = f(x)$.

Stammfunktionen sind nicht eindeutig. Ist F eine Stammfunktion von f, so ist auch G mit $G(x) = F(x) + C$ eine Stammfunktion von f, da die Konstante C beim Ableiten wegfällt. Man erhält durch die Addition einer Konstanten alle Stammfunktionen der Funktion f.

Hinweis
Die Menge aller Stammfunktionen zu f wird als **unbestimmtes Integral** $\int f(x)\,dx$ bezeichnet.

Satz **Gesamtheit aller Stammfunktionen**
Ist F eine Stammfunktion zu einer Funktion f, so sind alle Stammfunktionen von f gegeben durch $F(x) + C$ mit $C \in \mathbb{R}$.

Stammfunktionen grafisch bestimmen

Der Zusammenhang zwischen den Graphen einer Funktion f und ihrer Ableitung f' ist bereits bekannt. Er lässt sich auf die Graphen von f und einer Stammfunktion F übertragen. Der Funktionswert von f = F' gibt die Steigung des Graphen von F an dieser Stelle an.

Beispiel 1
Skizzieren Sie zum abgebildeten Graphen von f den Graphen einer Stammfunktion F. Markieren Sie die Intervalle, in denen der Graph von F steigt bzw. fällt.

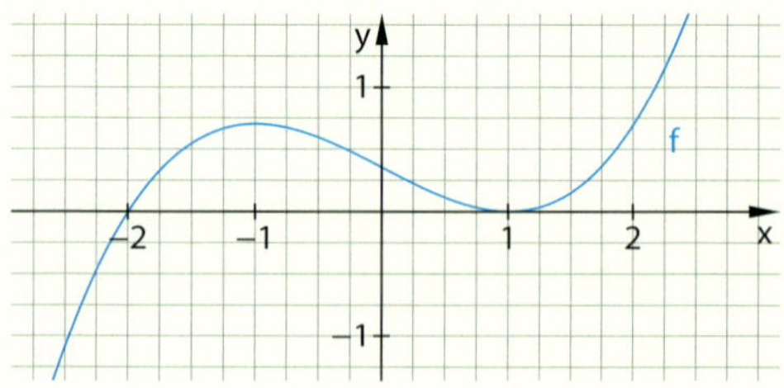

Hinweis
Der Graph der Stammfunktion ist nicht eindeutig, er kann nach oben oder unten verschoben sein. Dies hängt von der Wahl des Ausgangspunktes ab.

Lösung:
Im Bereich $x < -2$ ist f(x) negativ. Hier fällt der Graph von F.
In den Bereichen $-2 < x < 1$ und $x > 1$ ist f(x) positiv. Hier steigt der Graph von F.

Bei den Nullstellen von f gibt es beim Graphen von F eine waagerechte Tangente:
$x = -2$: Vorzeichenwechsel von − nach + bei f, daher liegt dort ein Tiefpunkt von F.
$x = 1$: kein Vorzeichenwechsel bei f, daher liegt dort ein Sattelpunkt von F.

Wählen Sie sich einen beliebigen Punkt (hier $P(-2|-1)$) und skizzieren Sie eine Kurve mit den ermittelten Eigenschaften.

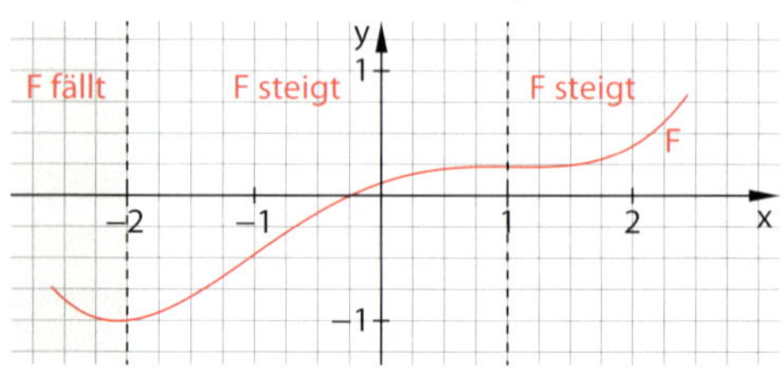

Basisaufgaben

1 Die Graphen ① bis ④ zeigen Stammfunktionen zu den Funktionen f, g, h und i. Ordnen Sie passend zu. Begründen und erläutern Sie die Zusammenhänge zwischen dem Graphen einer Funktion und ihrer Stammfunktion.

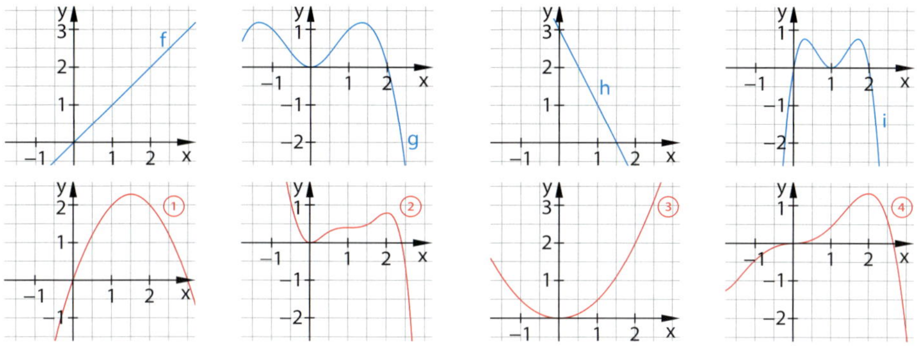

2 Ordnen Sie die Eigenschaften der Graphen von einer Funktion und ihrer Stammfunktion einander zu. Legen Sie dazu eine Tabelle an.

Graph der Funktion: Tiefpunkt; unterhalb der x-Achse; parallel zur x-Achse; oberhalb der x-Achse; Schnittpunkt mit der x-Achse; Hochpunkt; entlang der x-Achse

Graph der Stammfunktion: fallend; steilster Anstieg; Gerade; Hoch- oder Tiefpunkt; parallel zur x-Achse; steilster Abfall; steigend

3 Skizzieren Sie zum Graphen von f den Graphen einer Stammfunktion F.

a)
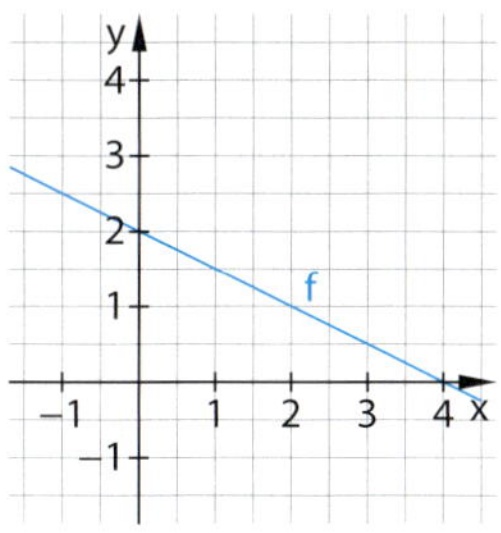

b)
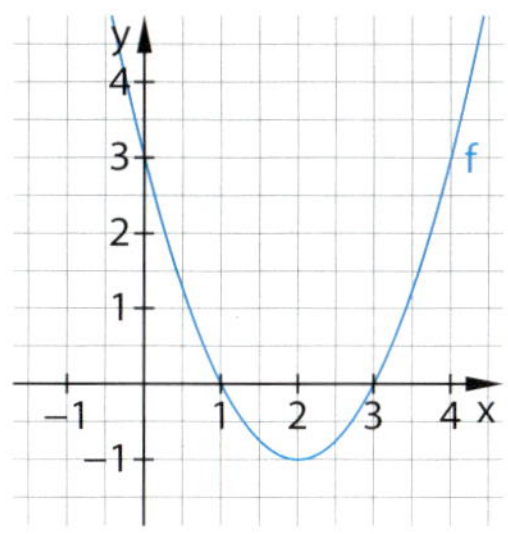

c)
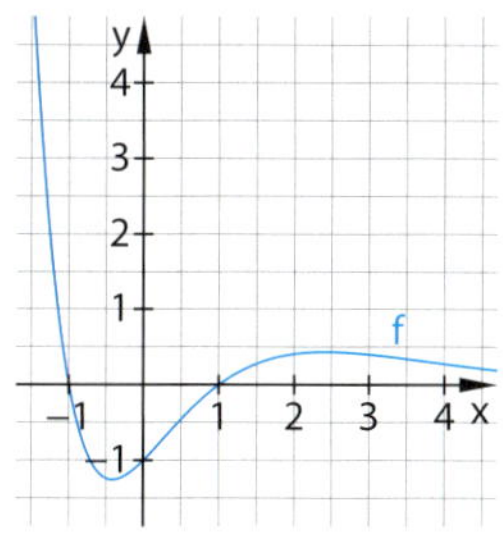

4 Bilden Sie eine Dreiergruppe und skizzieren Sie Graphen wie angegeben. Der dritte Schüler soll den ersten Graphen nicht sehen. Vergleichen Sie den Graphen des ersten und des dritten Schülers.

a) Ein Schüler gibt den Graphen einer Funktion f und einen Anfangswert F(0) vor. Ein zweiter Schüler skizziert dazu eine Stammfunktion F und der dritte Schüler zu dieser Funktion F die Ableitungsfunktion F′.

b) Ein Schüler gibt den Graphen einer Funktion F_1 vor. Ein zweiter Schüler skizziert dazu die Ableitungsfunktion f und der dritte Schüler zu dieser Funktion f eine Stammfunktion F_2.

Stammfunktionen rechnerisch bestimmen

Das Ableiten der Funktion F mit $F(x) = \frac{1}{2}x^2$ ergibt die Funktion f mit $f(x) = x$. Damit erhält man umgekehrt sofort eine Stammfunktion zu $f(x) = x$, nämlich $F(x) = \frac{1}{2}x^2$. Auf dieselbe Weise ergeben sich weitere wichtige Stammfunktionen:

Hinweis

Zur konstanten Funktion f mit $f(x) = c$ ist F mit $F(x) = cx$ eine Stammfunktion.

Wissen **Elementare Stammfunktionen**

Die Tabelle zeigt Stammfunktionen F zu elementaren Funktionen f. Es gilt $F'(x) = f(x)$.

f(x)	1	x	$\frac{1}{x^2}$	$\frac{1}{\sqrt{x}}$
F(x)	x	$\frac{1}{2}x^2$	$-\frac{1}{x}$	$2\sqrt{x}$

Beispiel 2 Gegeben ist die Funktion f mit $f(x) = x^2$.

a) Weisen Sie nach, dass F mit $F(x) = \frac{1}{3}x^3$ eine Stammfunktion zu f ist.
b) Geben Sie alle Stammfunktionen zu f an.
c) Ermitteln Sie diejenige Stammfunktion zu f, deren Graph durch den Punkt $(-2\,|\,1)$ geht.

Lösung:

a) Leiten Sie F(x) ab und zeigen Sie, dass sich f(x) ergibt.

$\left[\frac{1}{3}x^3\right]' = \frac{1}{3} \cdot 3x^2 = x^2$

Also ist F eine Stammfunktion zu f.

b) Addieren Sie eine Konstante C, um alle Stammfunktionen zu erhalten.

$F(x) = \frac{1}{3}x^3 + C$

c) Setzen Sie − 2 für x im Term von b) ein und den Term gleich 1. Lösen Sie die Gleichung nach C auf und setzen Sie das Ergebnis für C in die allgemeine Stammfunktion ein.

$F(-2) = \frac{1}{3} \cdot (-2)^3 + C = -\frac{8}{3} + C$

$-\frac{8}{3} + C = 1$, also $C = \frac{11}{3}$

$F(x) = \frac{1}{3}x^3 + \frac{11}{3}$

Hinweis

Schreibweise als unbestimmtes Integral:
$\int x^2\,dx = \frac{1}{3}x^3 + C$

Basisaufgaben

5 Zeigen Sie durch Ableiten, dass F eine Stammfunktion von f ist.

	a)	b)	c)	d)	e)
f(x)	4x	$12x^2 - 4x + 3$	$-\frac{8}{x^2} - \frac{1}{2\sqrt{x}}$	$\frac{1}{x^2} - \frac{2}{x^3}$	$x^{\frac{2}{3}}$
F(x)	$2x^2 - 5$	$4x^3 - 2x^2 + 3x$	$\frac{8}{x} - \sqrt{x}$	$1 - \frac{1}{x} + \frac{1}{x^2}$	$\frac{3}{5}x^{\frac{5}{3}}$

6 Gegeben ist die Funktion f mit $f(x) = \frac{1}{x^2} + 3x + 4x^3$.

a) Weisen Sie nach, dass F mit $F(x) = -\frac{1}{x} + \frac{3}{2}x^2 + x^4$ eine Stammfunktion zu f ist.
b) Geben Sie alle Stammfunktionen zu f an.
c) Bestimmen Sie die Stammfunktion zu f, deren Graph durch den Punkt $P(1\,|\,0)$ verläuft.
d) Bestimmen Sie die Stammfunktion zu f, deren Graph durch den Punkt $Q(0\,|\,1)$ verläuft.

7 Gegeben ist die Funktion f mit $f(x) = 3x^2 - 6x + 3$.

a) Zeigen Sie, dass F mit $F(x) = x^3 - 3x^2 + 3x - 1984$ eine Stammfunktion zu f ist.
b) Geben Sie eine Stammfunktion zu f an, deren Graph durch den Punkt $(-1\,|\,-4)$ verläuft.
c) Geben Sie eine Stammfunktion zu f an, die $x = 0$ $(x = 1)$ als Nullstelle hat.
d) Geben Sie eine Stammfunktion zu f an, die den y-Achsenabschnitt π hat.

Regeln zum Bestimmen der Stammfunktion

Da das Bestimmen einer Stammfunktion die Umkehrung des Differenzierens ist, erhöht sich bei einer Stammfunktion zu einer Potenzfunktion f mit $f(x) = x^r$ der Exponent um 1 und es wird zudem durch den „neuen" Exponenten $r + 1$ dividiert.
Durch Umkehrung weiterer Ableitungsregeln erhält man die Regeln für Stammfunktionen:

Satz **Regeln für Stammfunktionen**
Sind G und H Stammfunktionen von g bzw. h, so gilt:

	Funktion	**Stammfunktion**
Faktorregel ($k \in \mathbb{R}$)	$f(x) = k \cdot g(x)$	$F(x) = k \cdot G(x)$
Summenregel	$f(x) = g(x) + h(x)$	$F(x) = G(x) + H(x)$
Potenzregel ($r \in \mathbb{Q}, r \neq -1$)	$f(x) = x^r$	$F(x) = \frac{1}{r+1} \cdot x^{r+1}$

Hinweis
Die Stammfunktion zu $f(x) = \frac{1}{x} = x^{-1}$ kann nicht mithilfe der Potenzregel bestimmt werden, da man ansonsten durch null teilen müsste.

Beispiel 3 Bestimmen Sie mithilfe der Regeln eine Stammfunktion zur Funktion f.
a) $f(x) = \frac{1}{x^3}$ b) $f(x) = 15x^4 - 8x^3 + 2$ c) $f(x) = \sqrt{x}$

Lösung:

a) Schreiben Sie den Funktionsterm als Potenz und wenden Sie die Potenzregel an. Der Exponent −3 wird um 1 erhöht und der Faktor $\frac{1}{-3+1}$ ergänzt.

$f(x) = \frac{1}{x^3} = x^{-3}$

$F(x) = \frac{1}{-3+1}x^{-3+1} = -\frac{1}{2}x^{-2} = -\frac{1}{2x^2}$

b) Bestimmen Sie zu jedem Summanden einzeln eine Stammfunktion. Behalten Sie die Faktoren bei.

$F(x) = 15 \cdot \frac{1}{4+1} \cdot x^{4+1} - 8 \cdot \frac{1}{3+1} \cdot x^{3+1} + 2x$
$= 3x^5 - 2x^4 + 2x$

c) Schreiben Sie den Funktionsterm als Potenz. Wenden Sie die Potenzregel an.

$f(x) = \sqrt{x} = x^{\frac{1}{2}}$

$F(x) = \frac{1}{\frac{1}{2}+1}x^{\frac{1}{2}+1} = \frac{2}{3}x^{\frac{3}{2}} = \frac{2}{3}\sqrt{x^3}$

Basisaufgaben

Erinnerung
$\frac{1}{x^n} = x^{-n}$
$\sqrt[n]{x^m} = x^{\frac{m}{n}}$

8 Bestimmen Sie eine Stammfunktion zur Funktion f. Überprüfen Sie durch Ableiten.
a) $f(x) = x^2$ b) $f(x) = x^5$ c) $f(x) = \frac{1}{x^4}$ d) $f(x) = \frac{1}{x^6}$
e) $f(x) = \sqrt{x}$ f) $f(x) = \frac{1}{\sqrt{x}}$ g) $f(x) = \sqrt{x^3}$ h) $f(x) = \sqrt[3]{x^2}$

9 Ermitteln Sie eine Stammfunktion zur Funktion f. Überprüfen Sie durch Ableiten.
a) $f(x) = -3x^5$ b) $f(x) = 2x^3 + 4$ c) $f(x) = \frac{1}{2}x^2 - 4x + 7$ d) $f(x) = -\frac{5}{2}x^4 + 6x^2 - 4x$

Lösungen zu 9
$\frac{x^3}{3} + c$
$\frac{1}{6}x^3 - 2x^2 + 7x + c$
$\frac{x^4}{2} + 4x + c$
$-\frac{x^6}{2} + c$
$-\frac{1}{2}x^5 + 2x^3 - 2x^2 + c$

10 Bilden Sie mithilfe der Terme vier Paare aus Funktion und passender Stammfunktion.

$\frac{1}{x^6} + 6x^2$ | $\frac{2}{\sqrt{x}}$ | $\sqrt{x}$ | $-\frac{1}{5x^5} + 2x^3$ | $-\frac{1}{\sqrt{x^3}}$ | $-\frac{35}{x^6} + 36x^2$ | $\frac{1}{2\sqrt{x}}$ | $\frac{7}{x^5} + 12x^3$

11 Bestimmen Sie eine Stammfunktion zu f. Geben Sie an, welche Regeln Sie verwenden.
a) $f(x) = -3x^2$ b) $f(x) = \frac{3}{x^4}$ c) $f(x) = \sqrt[3]{x}$
d) $f(x) = x^3 - 6x^2 + 9x$ e) $f(x) = x^4 - 2x^2 + 8$ f) $f(t) = 2(1 - t^2)$
g) $f(x) = \frac{1}{2}x^3 + \frac{1}{2x^3}$ h) $f(x) = 1 + \frac{1}{\sqrt{x}}$ i) $f(a) = (3a + 1)^2$

12 Bestimmen Sie mit einem digitalen Hilfsmittel eine Stammfunktion zu f.
a) $f(x) = x^4 + 7x^2 - 2$ b) $f(x) = (\cos(x))^2$ c) $f(x) = (x^2 - 2)^2$ d) $f(x) = \frac{x}{x^2+1}$

13 Bestimmen Sie alle Stammfunktionen zur gegebenen Funktion.
a) $f(x) = x^3$ b) $g(x) = 2x - 4$ c) $h(x) = \frac{3}{x^2} - \frac{1}{2\sqrt{x}}$ d) $f(x) = 2x^3 - \frac{1}{x^2}$

14 Bestimmen Sie die Stammfunktion von f, deren Graph durch den Punkt P(1 | 2) verläuft.
a) $f(x) = -2x + 2$ b) $f(x) = -3x^2 + 2x$ c) $f(x) = \frac{2}{x^2}$ d) $f(x) = \frac{1}{\sqrt{x}} - x$

Weiterführende Aufgaben

Hinweis

Wie auch beim Ableiten von Funktionen werden beim Bilden von Stammfunktionen Parameter wie Konstanten behandelt.

15 Bestimmen Sie zur gegebenen Funktion eine Stammfunktion.
a) $f(x) = x^{2n}$ b) $t(x) = mx + n$ c) $g(a) = ab^2$ d) $h(t) = \frac{c}{a\sqrt{t}}$

16 Die Abbildung zeigt den Graphen einer Funktion f. Bestimmen Sie die Stellen aus ① bis ⑥, an denen der Graph einer beliebigen Stammfunktion F von f
a) fällt,
b) stärker als an den anderen Stellen aus ① bis ⑥ steigt,
c) parallel zur x-Achse verläuft,
d) einen Tiefpunkt hat,
e) einen Wendepunkt hat.

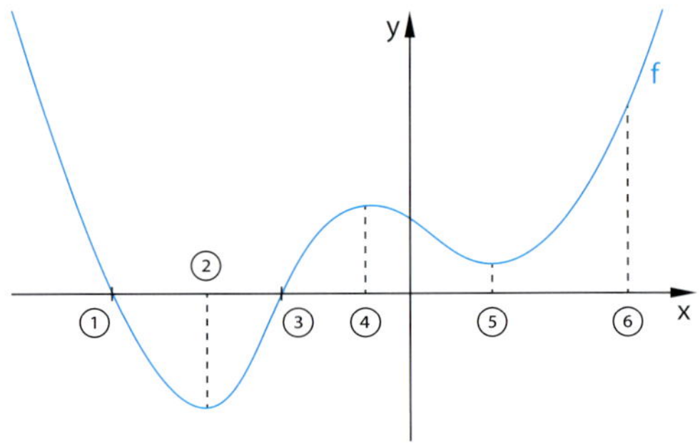

17 **Stolperstelle:** Beschreiben Sie, welche Fehler beim Bilden einer Stammfunktion gemacht wurden, und korrigieren Sie diese.

$f(x) = (2x + 1)^2$
$F(x) = \frac{1}{3}(2x + 1)^3$

$f(x) = x^{-3}$
$F(x) = -\frac{1}{4}x^{-4}$

$f(x) = x^5 + x^4 + x^3$
$F(x) = 6x^6 + 5x^5 + 4x^4$

$f(x) = \frac{1}{x^4}$
$F(x) = \frac{1}{5x^5}$

18 Begründen oder widerlegen Sie die Aussage.
a) Haben zwei Funktionen eine gleiche Stammfunktion, dann sind sie gleich.
b) Die Ableitungsfunktion einer Stammfunktion F zu f entspricht immer der Funktion f.
c) Eine Stammfunktion der Ableitungsfunktion f' von f entspricht immer der Funktion f.
d) Ist F eine Stammfunktion von f, dann ist die Funktion G mit $G(x) = F(x) - F(0)$ eine Stammfunktion von f, deren Graph durch den Koordinatenursprung geht.

19 **Gesamtheit aller Stammfunktionen:** Seien F_1 und F_2 Stammfunktionen einer Funktion f. Leiten Sie die Differenz von F_1 und F_2 ab. Erklären Sie anschließend, wie man aus dem Ergebnis folgern kann, dass sich F_1 und F_2 lediglich um eine Konstante unterscheiden.

20 **Ausblick:** Während eines Regenschauers füllt sich ein Becken mit Wasser. Zu Beginn befinden sich darin 200 ℓ Wasser. Die Zunahme des Wassers in Liter pro Minute lässt sich innerhalb der ersten 5 Minuten durch die Funktion f mit $f(t) = 25 - t^2$ beschreiben (t in Minuten).
Aldo meint: „Die Wasserzunahme entspricht der Fläche unter dem Graphen von f im Intervall [0; 5]. Die kann ich mit dem Grenzwert der Ober- und Untersumme berechnen."
Zeynep entgegnet: „Das ist viel zu aufwendig. Das geht mit einer Stammfunktion viel einfacher." Nehmen Sie Stellung und bestimmen Sie die Wassermenge nach 5 Minuten.

6.4 Hauptsatz der Differenzial- und Integralrechnung

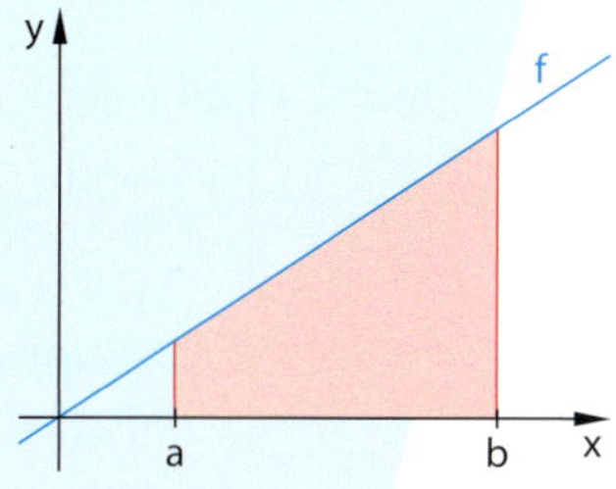

Gegeben ist die Funktion f mit $f(x) = x$.

a) Der Graph von f schließt über dem Intervall $[0; x]$ Dreiecke mit der x-Achse ein. Begründen Sie, dass für ihre Flächeninhalte $F(x) = \frac{1}{2}x^2$ gilt.

b) Zeigen Sie, dass F eine Stammfunktion von f ist.

c) Begründen Sie, dass $\int_a^b f(x)\,dx = F(b) - F(a)$ gilt.

Hinweis

)as Integral wird auch ür den Fall $a \geq b$ lefiniert:

$\int_b^a f(x)\,dx = -\int_a^b f(x)\,dx$

$\int_a^a f(x)\,dx = 0$

ıuch in diesem Fall gilt ler Hauptsatz.

Hinweis

)a x das Funktions- rgument von F_a ist, vählt man als ntegrationsvariable inen anderen uchstaben (hier: t).

Hinweis

)iese Argumentation etzt voraus, dass f treng monoton stei- end und $h > 0$ ist. Für treng monoton allendes f oder $h < 0$ ınktioniert der Beweis nalog.

Fasst man eine Stammfunktion F einer Funktion f als Bestandsfunktion auf, so stellt $f = F'$ die momentane Änderungsrate dar. Das bestimmte Integral $\int_a^b f(x)\,dx$ gibt nach Abschnitt 6.2 die Flächenbilanz zwischen dem Graphen von f und der x-Achse auf dem Intervall $[a; b]$ an, und nach Abschnitt 6.1 entspricht dies der Bestandsänderung $F(b) - F(a)$. Integrale lassen sich also mithilfe von Stammfunktionen berechnen.

Satz **Hauptsatz der Differenzial- und Integralrechnung**

Ist F eine beliebige Stammfunktion einer auf einem Intervall $[a; b]$ stetigen Funktion f, so gilt:

$$\int_a^b f(x)\,dx = F(b) - F(a)$$

Beweis:

Die Funktion $F_a(x)$ gebe für $x \in [a; b]$ die Flächenbilanz zwischen dem Graphen von f und der x-Achse auf dem Intervall $[a; x]$ an.

Es gilt also $F_a(x) = \int_a^x f(t)\,dt$.

F_a ist eine Stammfunktion von f, also $F_a' = f$. Um das zu sehen, betrachtet man $\frac{F_a(x+h) - F_a(x)}{h}$.

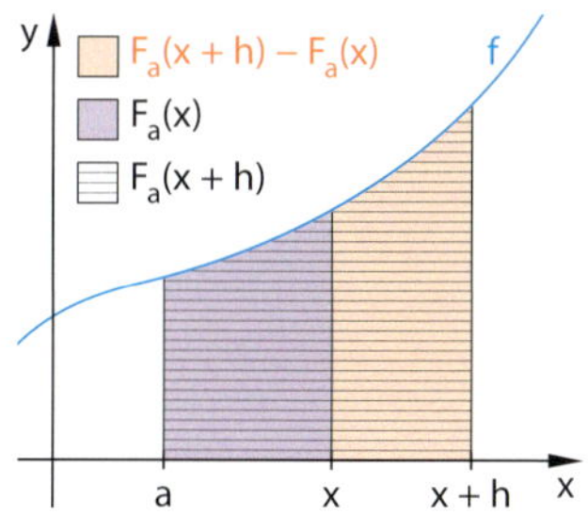

Im Bild sind die Flächenstücke $F_a(x)$ und $F_a(x+h)$ dargestellt. Die Differenz $F_a(x+h) - F_a(x)$ ist der Inhalt der gelben Fläche. Dieser Inhalt kann durch Rechtecke der Breite h mit den Höhen $f(x)$ bzw. $f(x+h)$ nach unten und oben abgeschätzt werden:

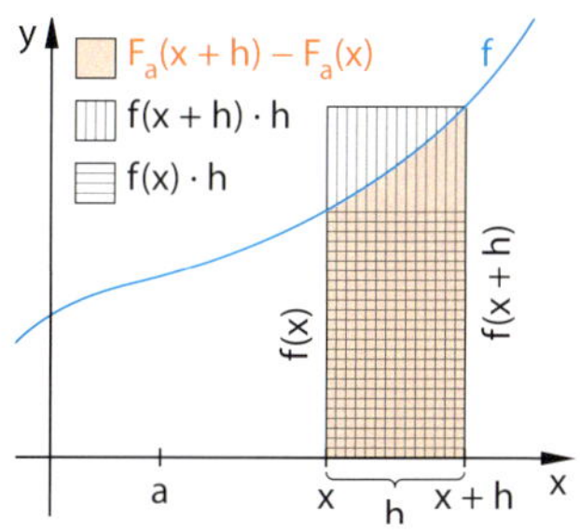

$f(x) \cdot h \leq F_a(x+h) - F_a(x) \leq f(x+h) \cdot h \quad | : h$

$f(x) \leq \frac{F_a(x+h) - F_a(x)}{h} \leq f(x+h)$

Durch den Grenzübergang $h \to 0$ ergibt sich:

$\lim_{h \to 0} f(x) \leq \lim_{h \to 0} \frac{F_a(x+h) - F_a(x)}{h} \leq \lim_{h \to 0} f(x+h)$

Da f stetig ist, gilt $\lim_{h \to 0} f(x+h) = f(x)$.

Also folgt $f(x) \leq F_a'(x) \leq f(x)$ und somit $F_a'(x) = f(x)$.

Die Funktion F_a ist also eine Stammfunktion von f und unterscheidet sich daher von jeder anderen Stammfunktion F nur durch eine additive Konstante C, also: $F_a(x) = F(x) + C$.

Wegen $F_a(a) = 0$ gilt: $\int_a^b f(x)\,dx = F_a(b) = F_a(b) - F_a(a) = (F(b) + C) - (F(a) + C) = F(b) - F(a)$

Beispiel 1 Das Bild zeigt den Graphen der Funktion f mit $f(x) = -\frac{1}{4}x^2 + \frac{3}{2}x + 1$.

a) Berechnen Sie das Integral $\int_2^5 f(x)\,dx$.

b) Geben Sie den Inhalt der gefärbten Fläche an.

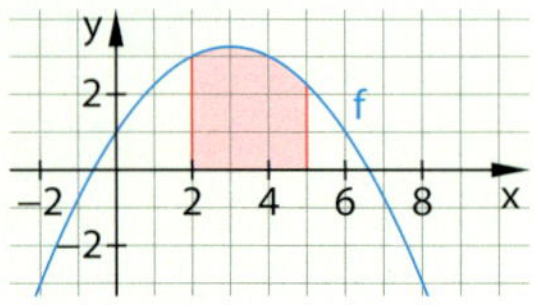

Lösung:

a) Bestimmen Sie eine Stammfunktion F zu f. Wenden Sie anschließend den Hauptsatz an. Setzen Sie dazu die Integrationsgrenzen in die Stammfunktion ein.

$F(x) = -\frac{1}{12}x^3 + \frac{3}{4}x^2 + x$

$\int_2^5 \left(-\frac{1}{4}x^2 + \frac{3}{2}x + 1\right)dx = \left[-\frac{1}{12}x^3 + \frac{3}{4}x^2 + x\right]_2^5$

$= -\frac{5^3}{12} + \frac{3 \cdot 5^2}{4} + 5 - \left(-\frac{2^3}{12} + \frac{3 \cdot 2^2}{4} + 2\right) = 9$

b) Der Flächeninhalt entspricht dem Integral aus a), da der Graph in diesem Bereich oberhalb der x-Achse verläuft.

$A = \int_2^5 f(x)\,dx = 9$ FE

Hinweis

Häufig verwendet man als Zwischenschritt die folgende Schreibweise:

$\int_a^b f(x)dx = [F(x)]_a^b$

$= F(b) - F(a)$

Basisaufgaben

Lösungen zu 1

3,5 1,2 18 7 −4 13,5 3,25 4 −22

1 Berechnen Sie das Integral.

a) $\int_0^2 (x^3 - 4x)\,dx$ b) $\int_1^2 (x^4 - 6x^2 + 9)\,dx$ c) $\int_{-2}^4 3\,dx$ d) $\int_{-2}^0 3(x - 2x^2)\,dx$

e) $\int_1^2 \left(\frac{5}{x^2} + 11\right)dx$ f) $\int_0^1 6\left(x + \sqrt{x}\right)dx$ g) $\int_1^9 \frac{1}{\sqrt{x}}\,dx$ h) $\int_1^2 \left(x^3 - \frac{1}{x^2}\right)dx$

2 Berechnen Sie den Flächeninhalt der markierten Fläche.

a)

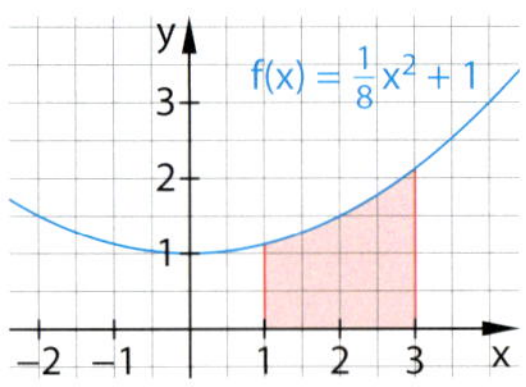

b)

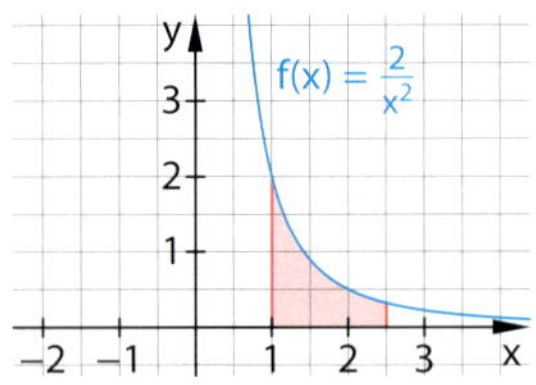

3 Mit manchen digitalen Hilfsmitteln kann man den Wert eines bestimmten Integrals berechnen. Dies ist besonders hilfreich, wenn man keine Stammfunktionen bestimmen kann. Berechnen Sie das Integral mit einem digitalen Hilfsmittel.

a) $\int_{-1}^1 \sqrt{1 - x^2}\,dx$ b) $\int_0^{100} 2^{-x^2}\,dx$ c) $\int_{-5}^{10} (4x - 5)^3\,dx$ d) $\int_0^{2\pi} \sin(x)\,dx$

4 Geben Sie zwei verschiedene Stammfunktionen zu f mit $f(x) = 2x - 4$ an. Berechnen Sie mit jeder dieser Stammfunktionen das Integral $\int_{-5}^2 f(x)\,dx$. Beschreiben Sie Ihre Beobachtungen und diskutieren Sie diese mit Ihrem Nachbarn.

5 Gegeben ist die Funktion f mit $f(x) = -\frac{1}{2}x + 5$.

a) Skizzieren Sie den Graphen von f und berechnen Sie elementargeometrisch den Flächeninhalt des Trapezes, das zwischen dem Graphen von f und der x-Achse über dem Intervall [2; 6] entsteht.

b) Bestimmen Sie eine Stammfunktion F zu f und weisen Sie nach, dass die Aussage des Hauptsatzes stimmt.

Weiterführende Aufgaben

6 Berechnen Sie das Integral im markierten Bereich und erläutern Sie, warum das Integral nicht dem Flächeninhalt der gefärbten Fläche entspricht.

a) 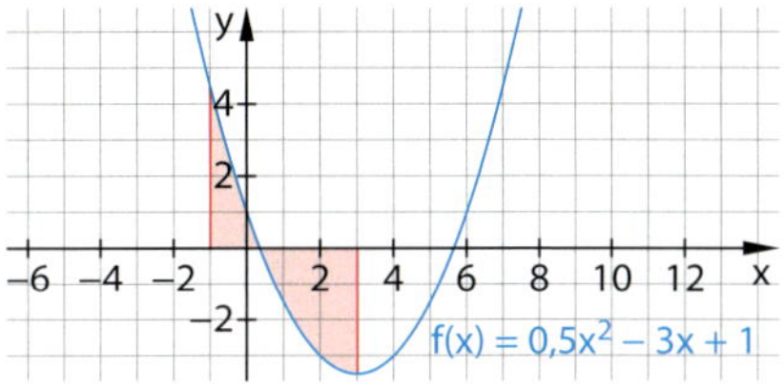

b) 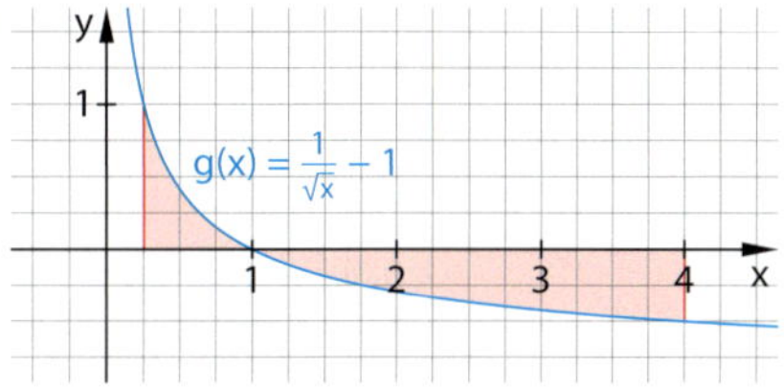

7 **Stolperstelle:** Überprüfen Sie die drei Rechnungen. Begründen Sie, welche Rechnungen fehlerlos durchgeführt wurden. $\int_{-2}^{-1}\left(-\frac{3}{2}x^2 - 4x\right)dx = \left[-\frac{1}{2}x^3 - 2x^2\right]_{-2}^{-1} = \dots$

$$\dots = \frac{1}{2} + 2 + \frac{1}{2}\cdot 8 - 2\cdot 4 = -\frac{3}{2} = -1{,}5$$

$$\dots = -\frac{1}{2}\cdot(-1)^3 - 2\cdot(-1)^2 + \frac{1}{2}\cdot(-2)^3 - 2\cdot(-2)^2 = -\frac{13}{2} = -6{,}5$$

$$\dots = \frac{1}{2} - 2 - 4 + 8 = \frac{5}{2} = 2{,}5$$

Wissen **Rechenregeln für bestimmte Integrale**

Für Funktionen f und g und a, b, c, k ∈ ℝ gilt:

① $\int_a^b f(x)\,dx = -\int_b^a f(x)\,dx$ ② $\int_a^a f(x)\,dx = 0$ ③ $\int_a^b f(x)\,dx + \int_b^c f(x)\,dx = \int_a^c f(x)\,dx$

④ $\int_a^b k\cdot f(x)\,dx = k\cdot\int_a^b f(x)\,dx$ ⑤ $\int_a^b (f(x) + g(x))\,dx = \int_a^b f(x)\,dx + \int_a^b g(x)\,dx$

8 Weisen Sie die Rechenregeln für bestimmte Integrale mithilfe des Hauptsatzes nach.
Beispiel: ① $\int_a^b f(x)\,dx = F(b) - F(a) = -(F(a) - F(b)) = -\int_b^a f(x)\,dx$

9 Vereinfachen Sie den Ausdruck zunächst mithilfe der Rechenregeln für bestimmte Integrale und berechnen Sie anschließend seinen Wert. Geben Sie die Regeln an, die Sie verwenden.

a) $\int_{-2}^{3}(3x^2 - 2x)\,dx + \int_{3}^{4}(3x^2 - 2x)\,dx$ b) $\int_{1}^{5}(x^2 - 6x)\,dx + 1{,}5\cdot\int_{1}^{5}4x\,dx$

c) $\int_{0}^{2}\frac{1}{2}x^3\,dx + \int_{2}^{0}x^3\,dx - \frac{5}{2}\cdot\int_{2}^{0}x^3\,dx$ d) $2\cdot\int_{2}^{-1}x^7\,dx - 5\cdot\int_{1}^{2}x^4\,dx + \int_{-1}^{2}x^4\cdot(5 + 2x^3)\,dx$

Erinnerung
Parameter im Funktionsterm werden wie Konstanten behandelt.

10 **Integrale mit Parametern:** Berechnen Sie das Integral mit dem Hauptsatz.
Beispiel: $\int_1^3 ax^2\,dx = a\cdot\int_1^3 x^2\,dx = a\cdot\left[\frac{1}{3}x^3\right]_1^3 = a\cdot\left(\frac{1}{3}\cdot 3^3 - \frac{1}{3}\cdot 1^3\right) = a\cdot\left(9 - \frac{1}{3}\right) = \frac{26}{3}a$

a) $\int_{-1}^{1}(ax^3 - ax)\,dx$ b) $\int_{-b}^{b}(x^3 - x)\,dx$ c) $\int_{1}^{2}\frac{c}{x^2}\,dx$ d) $\int_{0}^{k}(kx - x^2)\,dx$

11 Bestimmen Sie den Wert von a > 0 so, dass die Fläche zwischen dem Graphen der Funktion f mit f(x) = ax + 4 und der x-Achse über dem Intervall [2; 4] den Inhalt 10 FE hat.

12 Bestimmen Sie einen Wert für den Parameter so, dass die Gleichung erfüllt ist.

a) $\int_0^k (x^2+1)\,dx = \frac{4}{3};\ k>0$ b) $\int_4^k \frac{3}{\sqrt{x}}\,dx = 18$

Hinweis

dx wird Differenzial genannt.

13 Integrationsvariable: Das Symbol dx innerhalb eines Integrals gibt an, nach welcher Variable im Funktionsterm integriert wird. Berechnen Sie das Integral.

Beispiel: $\int_0^1 (kx^2 + xk^2)\,dk = \left[\frac{1}{2}k^2\cdot x^2 + x\cdot\frac{1}{3}k^3\right]_0^1 = \frac{1}{2}x^2 + \frac{1}{3}x$

a) $\int_0^1 (x+c)\,dc$ b) $\int_0^2 (at^2 + a^3t)\,dt$ c) $\int_0^2 (at^2 + a^3t)\,da$ d) $\int_{-1}^1 \frac{5k}{\sqrt{5t+2}}\,dk$

Hinweis zu 14

Jede Potenzfunktion f mit $f(x) = x^n$ ist für $x \geq 0$ umkehrbar. Die Umkehrfunktion ist f^{-1} mit $f^{-1}(x) = \sqrt[n]{x}\ (x \geq 0)$.

14 Die Funktion f mit $f(x) = x^2$ ist für $x \geq 0$ umkehrbar. Der Graph der Umkehrfunktion f^{-1} mit $f^{-1}(x) = \sqrt{x}$ ergibt sich durch Spiegelung an der Winkelhalbierenden $y = x$.

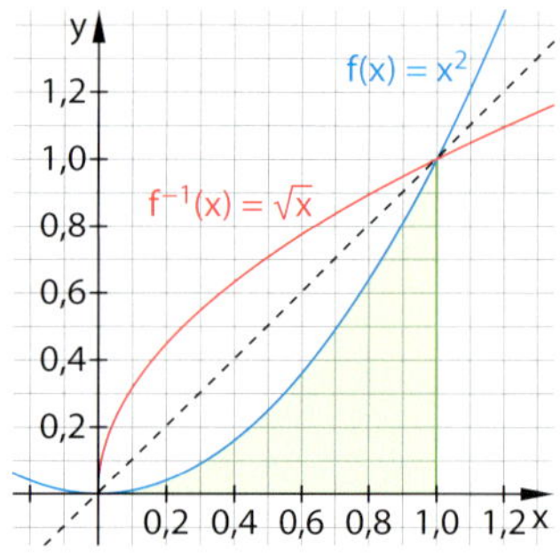

a) Ermitteln Sie den Wert des Integrals $\int_0^1 \sqrt{x}\,dx$ mithilfe des Inhalts der gefärbten Fläche.

b) Wiederholen Sie das Vorgehen aus a) für die Integrale $\int_0^1 \sqrt[3]{x}\,dx$ und $\int_0^1 \sqrt[4]{x}\,dx$.

c) Formulieren Sie mithilfe Ihrer Ergebnisse eine Vermutung für den Wert des Integrals $\int_0^1 \sqrt[n]{x}\,dx$ für eine beliebige natürliche Zahl $n > 2$.

d) Überprüfen Sie Ihre Vermutung aus c), indem Sie $\int_0^1 \sqrt[n]{x}\,dx$ mit dem Hauptsatz berechnen.

15 Ausblick: Der (arithmetische) Mittelwert einer Reihe von Zahlen ist bekanntlich die Summe dieser Zahlen dividiert durch ihre Anzahl.
Dies lässt sich auf die Funktionswerte einer Funktion f über einem Intervall [a; b] übertragen. Für positive Funktionen gibt es ein flächengleiches Rechteck der Breite b – a, dessen Höhe gleich dem **Mittelwert $\overline{m}$ der Funktionswerte** ist.

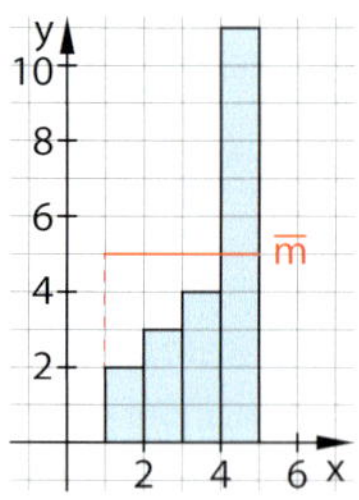

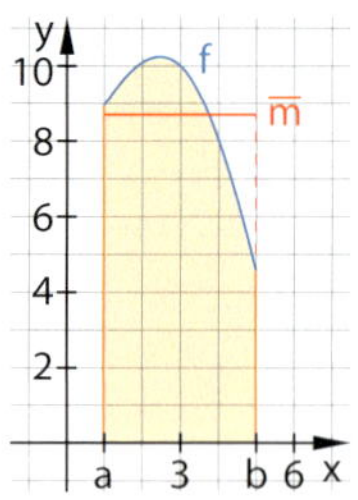

a) Begründen Sie, dass sich für den Mittelwert $\overline{m} = \frac{1}{b-a}\int_a^b f(x)\,dx$ ergibt.

b) Die Formel aus a) gilt für beliebige Funktionen. Berechnen Sie jeweils den Mittelwert der Funktion f über dem angegebenen Intervall.

① $f(x) = -\frac{1}{8}x + 2;\ [-2; 4]$ ② $f(x) = -x^2 + \frac{1}{3}x - 5;\ [0; 3]$

③ $f(x) = \sqrt{x} - x;\ [0; 1]$ ④ $f(x) = (x+1)^3;\ [-2; 0]$

c) Das Profil einer Skateboardrampe kann mit dem Graphen der Funktion f mit $f(x) = 1 - \sqrt{x}$ beschrieben werden. Berechnen Sie die durchschnittliche Höhe dieser Rampe.

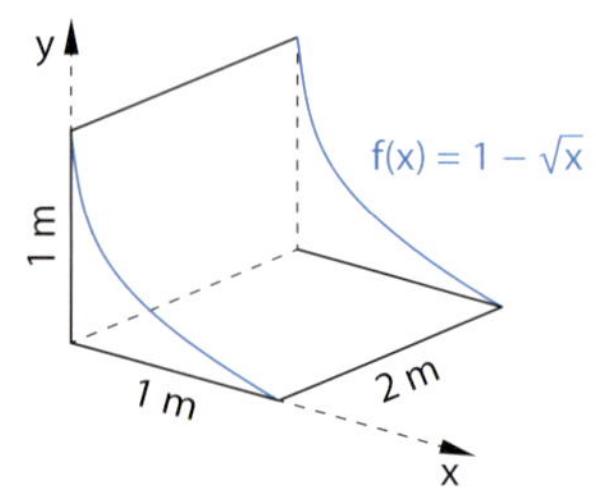

d) Ein Quader mit der gleichen Grundfläche soll das gleiche Volumen wie die Rampe haben. Geben Sie begründet die Höhe des Quaders an.

6.5 Bestandsänderungen und Bestandsfunktionen

Die Funktion f mit $f(t) = 0{,}03t^2 - 0{,}6t + 3$ beschreibt in der ersten Woche näherungsweise die Änderungsrate der Höhe einer Pflanze (t in Tagen, f(t) in cm/Tag).
a) Bestimmen Sie, um wie viel die Pflanze in den ersten 3 Tagen gewachsen ist.
b) Bestimmen Sie eine Funktion, die die Höhe der Pflanze nach t Tagen angibt, wenn sie zu Beginn der Beobachtung bereits eine Höhe von 30 cm hatte.

Ist die Änderungsrate f einer Bestandsfunktion bekannt, lassen sich Zu- oder Abnahmen des Bestandes mit Integralen bestimmen. Da die Bestandsfunktion eine der Stammfunktionen von f ist, lässt sich der Bestand zu jedem beliebigen Zeitpunkt berechnen, falls er zu einem Zeitpunkt bekannt ist.

Beispiel 1 Die Geschwindigkeit, mit der die Anzahl der Nutzer einer App wächst, lässt sich in der Anfangszeit durch $f(t) = t^4$ beschreiben (t in Wochen, f(t) in 1 pro Woche).
a) Bestimmen Sie die Zunahme der Anzahl der Nutzer von der 3. bis zur 5. Woche.
b) Bestimmen Sie, wie lange es dauert, bis die Nutzeranzahl um 1000 zugenommen hat.
c) Bestimmen Sie die Bestandsfunktion F für die Anzahl der Nutzer, wenn zu Beginn 100 Personen die App nutzen.

Lösung:

a) Die Geschwindigkeit gibt die Änderungsrate des Bestandes an. Die Bestandsänderung ergibt sich mit dem Integral von f in den Grenzen 3 bis 5.

$\int_3^5 f(t)\,dt = \int_3^5 t^4\,dt = \left[\frac{1}{5}t^5\right]_3^5 = 576{,}4$

Die Nutzerzahl nimmt um etwa 576 zu.

b) x sei die gesuchte Zeit in Wochen. Berechnen Sie das Integral von f in den Grenzen 0 bis x und setzen Sie das Ergebnis gleich 1000. Lösen Sie die Gleichung nach x auf.

$\int_0^x f(t)\,dt = \left[\frac{1}{5}t^5\right]_0^x = \frac{1}{5}x^5 - 0$

$\frac{1}{5}x^5 = 1000$

$x^5 = 5000$, also $x = \sqrt[5]{5000} \approx 5{,}49$

Nach etwa 5,5 Wochen hat die Anzahl der Nutzer um 1000 zugenommen.

c) F ist eine Stammfunktion der Änderungsrate f. Bestimmen Sie alle Stammfunktionen und mithilfe des Anfangsbestandes die Konstante C.

$F(t) = \frac{1}{5}t^5 + C$

$F(0) = 0 + C = 100$, also $C = 100$

$F(t) = \frac{1}{5}t^5 + 100$

Basisaufgaben

1 Gegeben ist die Änderungsrate f eines Bestandes. Bestimmen Sie die Zu- bzw. Abnahme des Bestandes im angegebenen Zeitraum.

a) $f(t) = 10t$	(t in s, f(t) in m/s)	Zeitraum: 2.–4. Sekunde
b) $f(t) = 3t^2 - 2$	(t in h, f(t) in m^3/h)	Zeitraum: 3.–10. Stunde
c) $f(t) = 1 - t$	(t in Tagen, f(t) in 1/Tag)	Zeitraum: 6.–12. Tag

2 Gegeben ist die Änderungsrate f eines Bestandes. Ermitteln Sie die Zeit, nach der die Zu- oder Abnahme des Bestandes erreicht wird.

a) $f(t) = 0{,}8t$	(t in min, f(t) in m/min)	Zunahme um 40 m
b) $f(t) = -100$	(t in h, f(t) in km/h)	Abnahme um 50 km
c) $f(t) = 2t + 10$	(t in Jahren, f(t) in cm/Jahr)	Zunahme um 75 cm

3 Bestimmen Sie die Bestandsfunktion F zur Änderungsrate f unter der gegebenen Voraussetzung.

a) $f(t) = -\frac{1}{8}t^2 + t$ (t in h, f(t) in °C/h) Die Anfangstemperatur beträgt 32 °C.

b) $f(t) = -0{,}02t$ (t in s, f(t) in ℓ/s) Der Anfangsbestand beträgt 7 Liter.

c) $f(t) = \frac{4}{\sqrt{8t}}$ (t in s, f(t) in cm/s) Nach 18 Sekunden beträgt der zurückgelegte Weg 21 cm.

4 Die Funktion b mit $b(t) = \frac{1}{150}t^3 + \frac{1}{50}t + \frac{27}{4}$ beschreibt für $0 \le t \le 30$ die Anzahl an Besuchern, die pro Minute in ein Stadion strömen (t in Minuten). Zu Beginn der Beobachtung befinden sich bereits 500 Zuschauer im Stadion. Geben Sie eine Funktion B an, die für $0 \le t \le 30$ die Besucherzahl im Stadion beschreibt.

5 In den letzten acht Wochen einer Grippewelle lässt sich die Änderungsrate der Anzahl der infizierten Personen durch $f(t) = \frac{1}{8}t - 1$ beschreiben (t in Wochen, f(t) in 1000 Infizierte pro Woche).

a) Bestimmen Sie die Abnahme der Anzahl der Infizierten von der 2. bis zur 6. Woche.

b) Bestimmen Sie, wie lange es dauert, bis die Anzahl der Infizierten um 3000 abgenommen hat.

c) Bestimmen Sie die Bestandsfunktion F für die Anzahl der Infizierten, wenn nach 2 Wochen genau 10 000 Personen infiziert waren.

6 Beschreiben Sie die Bedeutung des Integrals $\int_0^{10} f(t)\,dt$, wenn

a) t die Zeit in h und f(t) eine positive Geschwindigkeit in km/h angibt,

b) t die Zeit in Jahren und f(t) ein Bevölkerungswachstum in Bewohner/Jahr angibt,

c) t die Zeit in s und f(t) eine Beschleunigung in m/s^2 angibt.

Weiterführende Aufgaben

7 Die Funktion f im linken Bild gibt die Änderungsrate einer Hasenpopulation an.

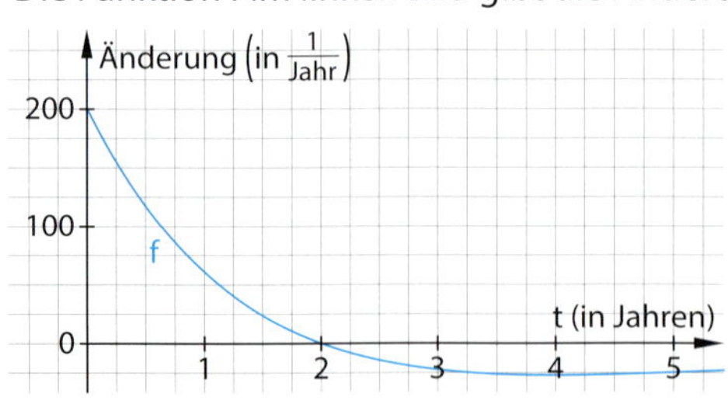

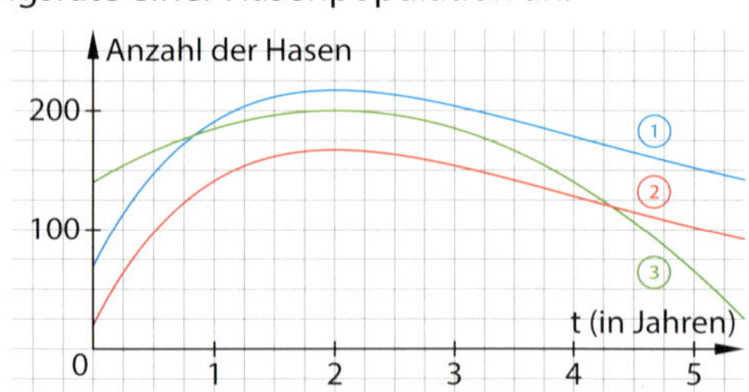

a) Begründen Sie, dass die Funktion des Hasenbestands eine Stammfunktion von f ist.

b) Überprüfen Sie, ob die Graphen ①, ② oder ③ den Hasenbestand beschreiben könnten.

8 **Stolperstelle:** Eine Pflanze ist zu Beginn 21 cm hoch, ihr Wachstum in cm/Tag wird am Anfang durch $f(t) = 1 + 0{,}2t$ beschrieben. Korrigieren Sie den Fehler in der Schülerlösung.

a) Tina berechnet die Höhe der Pflanze nach 10 Tagen:

$f(10) = 1 + 0{,}2 \cdot 10 = 3$ Nach 10 Tagen ist die Pflanze 3 cm hoch.

b) Ahmet berechnet das durchschnittliche Höhenwachstum in den ersten 10 Tagen:

$\frac{1}{10-0}\int_0^{10}(1 + 0{,}2t)\,dt = 2$ Das durchschnittliche Wachstum beträgt 2 cm in 10 Tagen.

9 Eine Draisine fährt auf einem geradlinigen Gleisabschnitt. Der Geschwindigkeitsverlauf innerhalb der ersten 70 Sekunden wird durch den Graphen der Funktion v mit $v(t) = \frac{1}{3000}t^3 - \frac{1}{30}t^2 + \frac{4}{5}t$ beschrieben.

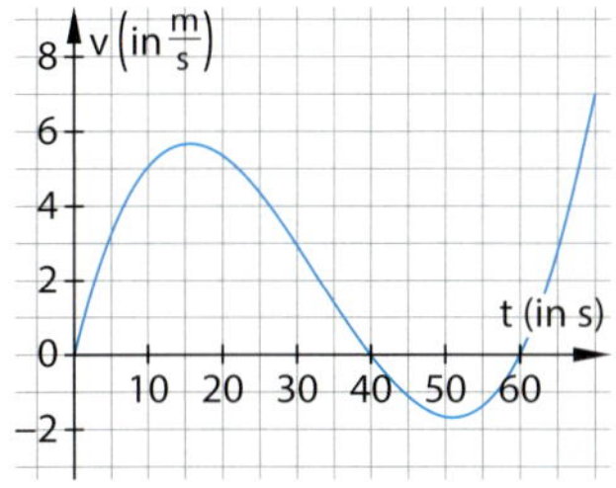

a) Berechnen Sie die Entfernung der Draisine vom Startpunkt nach 40 s und nach 60 s.
Erklären Sie mithilfe des Graphen, warum die Entfernung nach 60 s kleiner ist als nach 40 s.

b) Berechnen Sie die Fahrstrecke, die die Draisine nach 40 s und nach 60 s gefahren ist. Erläutern Sie den Unterschied zu Aufgabenteil a).

10 Bei einer Verkehrszählung an einer Bundesstraße wurden an einem Werktag ab 6 Uhr morgens die stadteinwärts fahrenden Fahrzeuge pro Minute registriert.
Der Fahrzeugstrom wird für diesen Zeitraum modellhaft durch die Funktion f mit $f(x) = \frac{1}{10^{10}}x^5 - \frac{1}{130000}x^3 + \frac{1}{6}x + 6$ dargestellt.

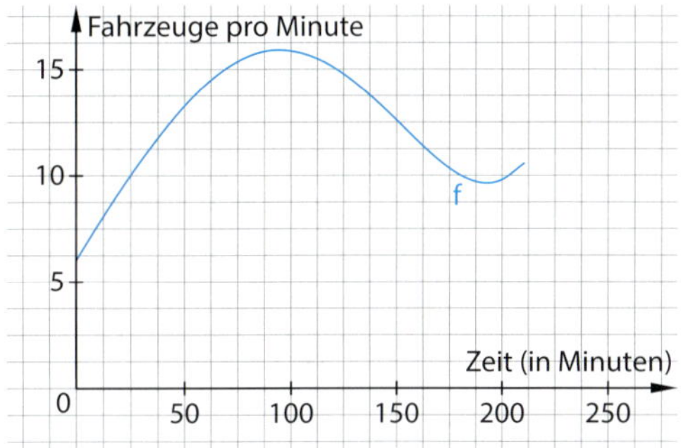

a) Geben Sie näherungsweise die Uhrzeit mit der höchsten Verkehrsdichte an.

b) Berechnen Sie die Anzahl der Fahrzeuge, die zwischen 6 Uhr und 9 Uhr den Messpunkt passieren.

c) Berechnen Sie den durchschnittlichen Fahrzeugstrom pro Minute zwischen 6 Uhr und 8 Uhr.

d) Bestimmen Sie eine Funktion für die Anzahl der gezählten Fahrzeuge.

11 Die Funktion F beschreibt die zunehmende Anzahl an Läusen auf einer Pflanze in Abhängigkeit von der Zeit t in Wochen. Beschreiben Sie die Bedeutung der folgenden Ausdrücke im Sachzusammenhang, es gilt f = F'.

a) $F(0)$ b) t mit $F(t) = 1000$ c) $f(10)$ d) $\int_0^{10} f(t)\,dt$ e) $F(0) + \int_0^{9} f(t)\,dt$ f) t mit $f(t) = 500$

Hinweis zu 12

ie Änderungsrate rgibt sich aus der ifferenz zwischen der nzahl täglich neuinfizierter und bereinigter omputer.

12 Ein Computervirus verbreitet sich innerhalb einiger Wochen weltweit. Durch geeignete Antivirensoftware gelingt es, die infizierten Computer zu bereinigen. Der Graph der Funktion f mit $f(t) = -\frac{1}{10000}t^3 + \frac{3}{250}t^2$ beschreibt die Änderungsrate der befallenen Computer. Zu Beginn ist kein Computer infiziert.

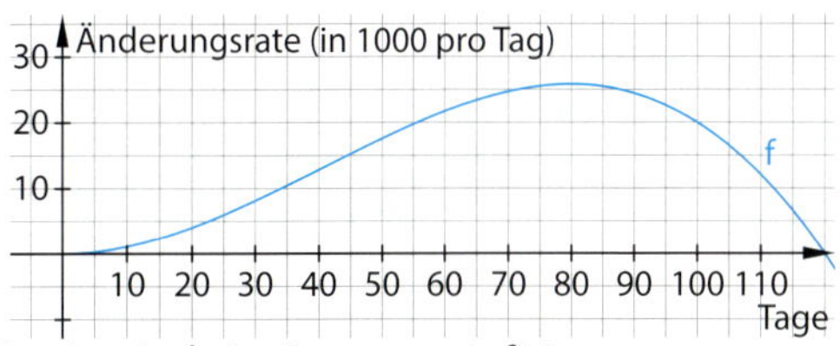

a) Interpretieren Sie den zeitlichen Verlauf der Änderungsrate.

b) Skizzieren Sie den zeitlichen Verlauf der Anzahl an infizierten Computern.

c) Bestimmen Sie eine Funktion, die die Anzahl der infizierten Computer angibt.

d) Bestimmen Sie, wann die maximale Anzahl infizierter Computer erreicht wird.

e) Geben Sie einen Zeitraum an, für den das Modell realistische Werte liefert.

13 **Ausblick:** Gegeben ist die Funktion f mit $f(x) = \frac{1}{x^2}$. Berechnen Sie das Integral $\int_1^k f(x)\,dx$ für k = 10, k = 100, k = 1000 …. Stellen Sie eine Vermutung auf, welchen Wert das Integral hat, wenn k beliebig groß wird. Wiederholen Sie das Vorgehen für die Funktionen g mit $g(x) = \frac{1}{x^3}$ und h mit $h(x) = \frac{1}{\sqrt{x}}$. Beschreiben Sie Ihre Beobachtungen.

6.6 Flächenberechnungen

Der Graph der Funktion f mit $f(x) = x^3 - 4x$ und die x-Achse schließen im Intervall $[-2; 2]$ eine Fläche von 8 FE ein. Berechnen Sie $\int_{-2}^{2} f(x)\,dx$ und vergleichen Sie den Wert mit dem Flächeninhalt.
Vergleichen Sie die Werte der Integrale und der Flächeninhalte für die Intervalle $[-2; 0]$ und $[0; 2]$.
Beschreiben Sie, was Ihnen auffällt.

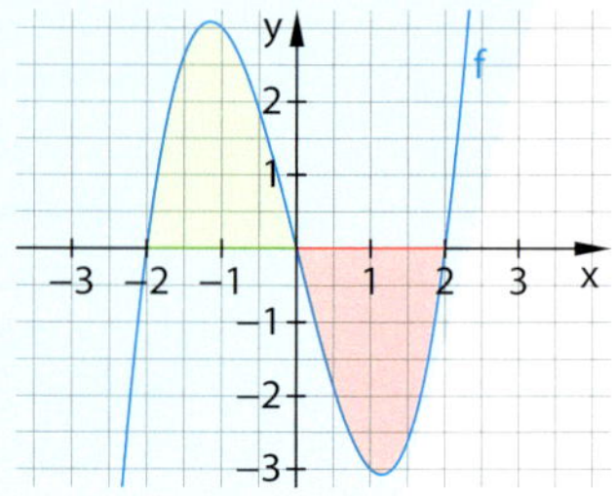

Fläche zwischen Graph und x-Achse

Das bestimmte Integral gibt die Flächenbilanz zwischen dem Graphen von f und der x-Achse auf einem Intervall an. Um den tatsächlichen Flächeninhalt zu bestimmen, muss man berücksichtigen, ob die Flächenanteile oberhalb oder unterhalb der x-Achse liegen.

$f(x) \geq 0$

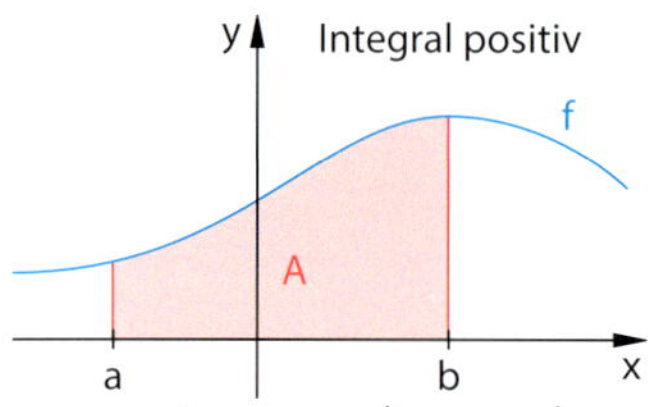

$$A = \int_a^b f(x)dx = \left|\int_a^b f(x)dx\right|$$

$f(x) \leq 0$

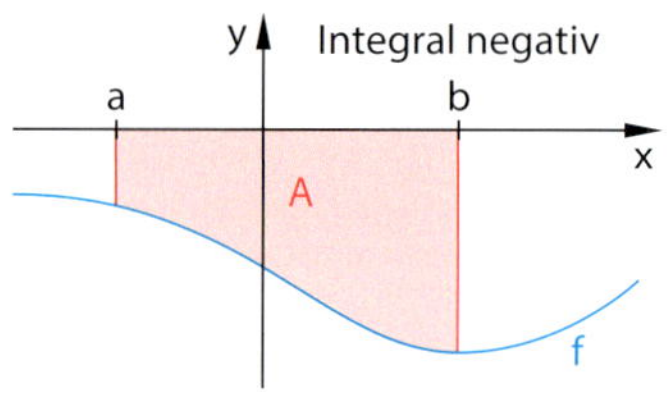

$$A = -\int_a^b f(x)dx = \left|\int_a^b f(x)dx\right|$$

f hat eine Nullstelle

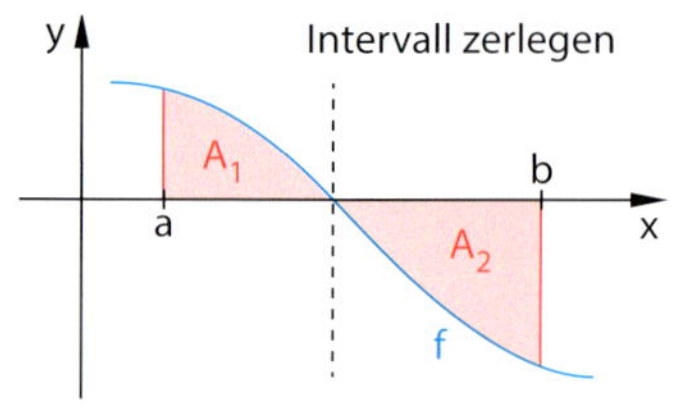

$$A = A_1 + A_2$$

Wissen **Fläche zwischen Graph und x-Achse**

Sind $x_1 < x_2$ die Nullstellen der Funktion f auf einem Intervall $[a; b]$, so gilt für den Inhalt der Fläche zwischen Graph und x-Achse über dem Intervall $[a; b]$:

$$A = \left|\int_a^{x_1} f(x)dx\right| + \left|\int_{x_1}^{x_2} f(x)dx\right| + \left|\int_{x_2}^{b} f(x)dx\right|$$

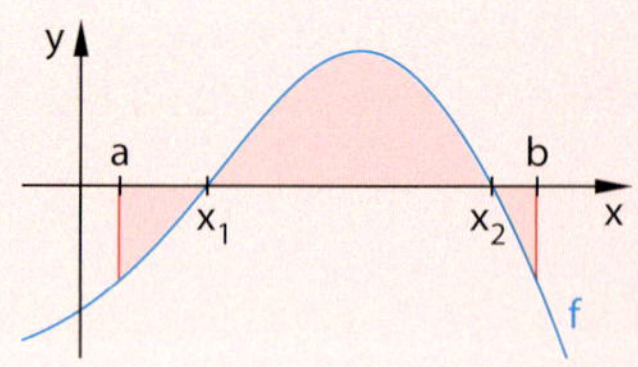

Beispiel 1 Berechnen Sie den Inhalt der Fläche zwischen dem Graphen der Funktion f mit $f(x) = \frac{1}{2}x^3 - 2x^2 + \frac{3}{2}x$ und der x-Achse im Intervall $[-1; 2]$.

Lösung:

Bestimmen Sie die Nullstellen von f.
Im betrachteten Intervall liegen die Nullstellen $x_1 = 0$ und $x_2 = 1$, sodass 3 Teilflächen entstehen.

Nullstellen: $x_1 = 0$, $x_2 = 1$ und $x_3 = 3$
Stammfunktion: $F(x) = \frac{1}{8}x^4 - \frac{2}{3}x^3 + \frac{3}{4}x^2$

Bestimmen Sie eine Stammfunktion F von f und berechnen Sie die drei Teilintegrale.

$\int_{-1}^{0} f(x)dx \approx -1{,}54$; $\int_{0}^{1} f(x)dx \approx 0{,}21$; $\int_{1}^{2} f(x)dx \approx -0{,}54$

Der Inhalt der Gesamtfläche ist die Summe der Beträge der Integrale.

Flächeninhalt:
$A \approx |-1{,}54| + |0{,}21| + |-0{,}54| = 2{,}29$ FE

Basisaufgaben

1 Berechnen Sie den Wert der Integrale mithilfe der Flächeninhalte aus der Grafik. Erläutern Sie, welche Ausdrücke geeignet sind, den Inhalt der Fläche zwischen dem Graphen von f und der x-Achse auf dem Intervall [1; 6] zu berechnen.

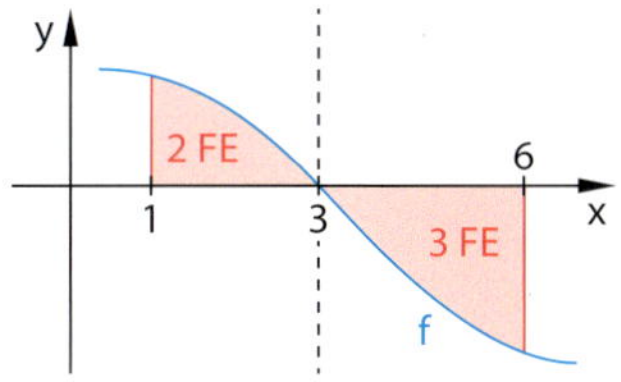

① $\left|\int_1^3 f(x)\,dx\right| + \left|\int_3^6 f(x)\,dx\right|$ ② $\int_1^3 f(x)\,dx + \int_3^6 f(x)\,dx$

③ $\int_1^6 f(x)\,dx$ ④ $\int_1^3 f(x)\,dx - \int_3^6 f(x)\,dx$

2 Lesen Sie die Nullstellen der Funktion und die Intervallgrenzen ab und berechnen Sie den Inhalt der farbigen Fläche.

a) $f(x) = -\frac{1}{2}x^2 + 2$

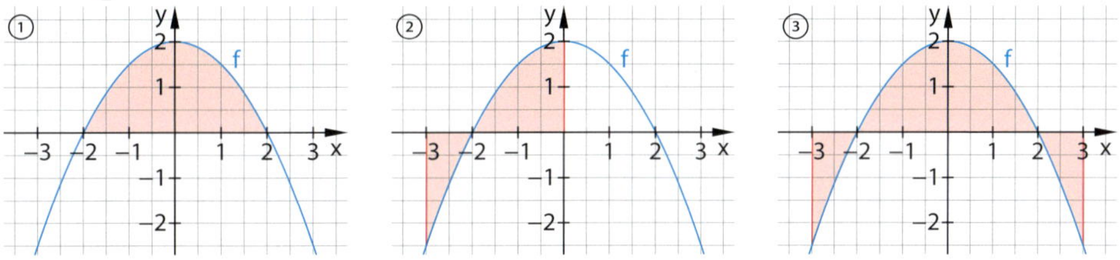

b) $g(x) = \frac{1}{2}x^3 + \frac{1}{2}x^2 - x$

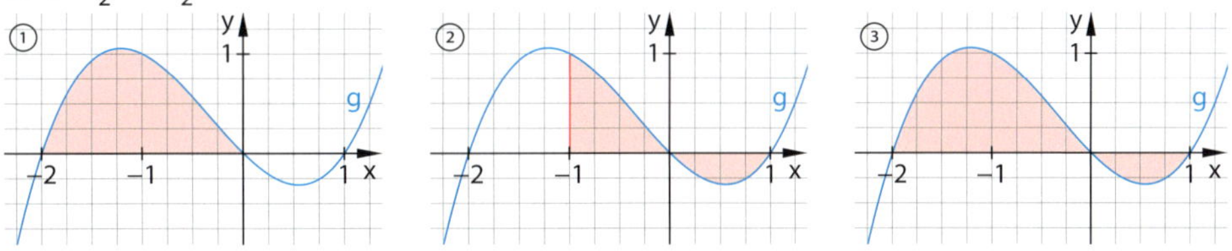

Lösungen zu 3

lächeninhalte

36 10,13 1,33 3,2 1 8 2

3 Berechnen Sie die Nullstellen der Funktion. Berechnen Sie anschließend den Inhalt der Fläche, die der Graph mit der x-Achse einschließt.

a) $f(x) = x^3 - 4x^2 + 4x$ b) $f(x) = 1{,}5x^3 - 4{,}5x^2$ c) $f(x) = \frac{5}{9}x^4 - 5x^2$
d) $f(x) = -\frac{1}{6}x^4 + \frac{1}{2}x^2 + \frac{2}{3}$ e) $f(x) = 6x^3(x^2 - 1)$ f) $f(x) = 6x(x^2 - 1)^2$

4 Berechnen Sie den Inhalt der Fläche zwischen dem Graphen von f und der x-Achse im Intervall I.

a) $f(x) = x^3 - 6x^2 + 8x$ $I = [0; 4]$ b) $f(x) = 0{,}5(x - 4)(x^3 - 2x^2)$ $I = [0; 4]$
c) $f(x) = \sqrt{x} - 1$ $I = [0; 4]$ d) $f(x) = \frac{1}{x^2} + 1$ $I = \left[-2; -\frac{1}{2}\right]$
e) $f(x) = \frac{1}{\sqrt{x}} - 1$ $I = [0{,}25; 4]$ f) $f(x) = \frac{4x - 4}{x - 1}$ $I = [-9; -6]$

5 Die Graphen der Funktionen f mit $f(x) = \frac{1}{2}x^2 - 3x + \frac{5}{2}$ und g mit $g(x) = -\frac{1}{2}x^2 + 3x - \frac{5}{2}$ formen auf dem Intervall [0; 5] die abgebildete Figur. Berechnen Sie ihren Flächeninhalt.

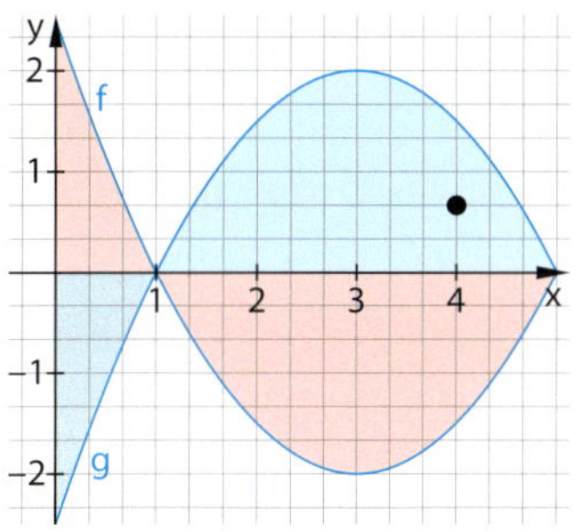

6 Der Graph der Funktion f mit $f(x) = 2x^3 - 8x$ schließt mit der x-Achse zwei Flächenstücke ein. Zeigen Sie durch Berechnung eines Integrals, dass diese Flächen gleich groß sind.

Fläche zwischen zwei Graphen

Mithilfe des Integrals können auch Flächen zwischen zwei Funktionsgraphen berechnet werden. Der einfachste Fall liegt vor, wenn beide Graphen oberhalb der x-Achse verlaufen und ein Graph überall oberhalb des anderen liegt. Man betrachtet die Flächen unter den Graphen von f und g. Von der größeren Fläche muss die kleinere abgezogen werden.

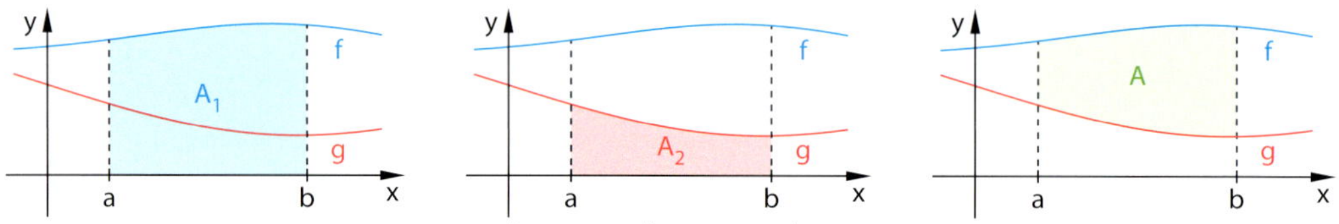

$$A = A_1 - A_2 = \int_a^b f(x)dx - \int_a^b g(x)dx = \int_a^b (f(x) - g(x))dx$$

Fälle, bei denen Flächen ganz oder teilweise unterhalb der x-Achse liegen, können auf diesen Fall zurückgeführt werden. Dazu hebt man beide Graphen so weit an, dass sie oberhalb der x-Achse liegen, d. h., man addiert eine hinreichend große Konstante c:

$$A = \int_a^b (f(x) + c)dx - \int_a^b (g(x) + c)dx = \int_a^b (f(x) + c) - (g(x) + c)dx = \int_a^b (f(x) - g(x))dx$$

Der Inhalt der Fläche zwischen den Graphen von f und g ergibt sich durch Integration der **Differenzfunktion h** mit $h(x) = f(x) - g(x)$. Die Schnittstellen der Funktionen sind Nullstellen von h und teilen das betrachtete Intervall in Teilintervalle. Da die Funktion h auch negative Werte liefern kann, müssen zur Flächenberechnung wieder Beträge gesetzt werden.

Wissen **Fläche zwischen Funktionsgraphen**

Sind $x_1 < x_2$ die Schnittstellen der Funktionen f und g auf einem Intervall [a; b], so gilt für den Inhalt der Fläche zwischen den Graphen über dem Intervall [a; b]:

$$A = \left|\int_a^{x_1} (f(x) - g(x))dx\right| + \left|\int_{x_1}^{x_2} (f(x) - g(x))dx\right| + \left|\int_{x_2}^{b} (f(x) - g(x))dx\right|$$

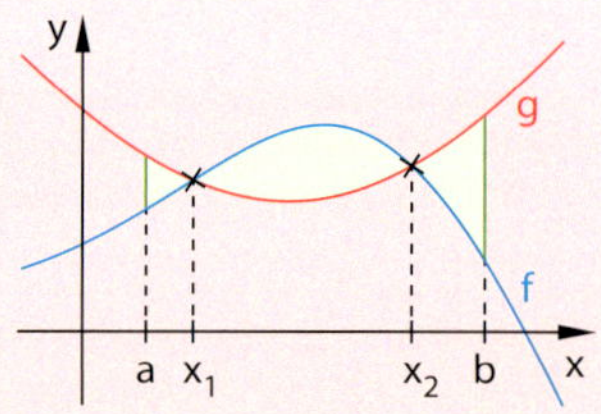

Hinweis

Die von den Graphen von f und g eingeschlossene Fläche besteht aus den Teilflächen, die durch die Schnittstellen von f und g begrenzt werden:

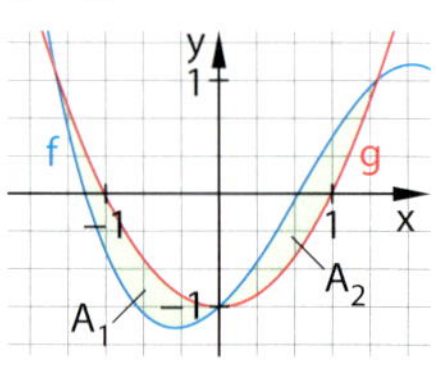

Beispiel 2 Berechnen Sie den Inhalt der Fläche, die von den Graphen von f mit $f(x) = -\frac{1}{2}x^3 + x^2 + x - 1$ und g mit $g(x) = x^2 - 1$ eingeschlossen wird.

Lösung:

Bilden Sie die Differenzfunktion h mit $h(x) = f(x) - g(x)$ und bestimmen Sie ihre Nullstellen. Diese entsprechen den Schnittstellen von f und g.

$h(x) = f(x) - g(x) = -\frac{1}{2}x^3 + x$

Nullstellen von h: $-\frac{1}{2}x\,(x^2 - 2) = 0$

$x_1 = -\sqrt{2}$; $x_2 = 0$ und $x_3 = \sqrt{2}$

Bestimmen Sie eine Stammfunktion von h.

Stammfunktion von h: $H(x) = -\frac{1}{8}x^4 + \frac{1}{2}x^2$

Berechnen Sie die Integrale der Differenzfunktion zwischen den Schnittstellen von f und g.

$\int_{-\sqrt{2}}^{0} h(x)dx = \left[-\frac{1}{8}x^4 + \frac{1}{2}x^2\right]_{-\sqrt{2}}^{0} = -\frac{1}{2}$

$\int_{0}^{\sqrt{2}} h(x)dx = \left[-\frac{1}{8}x^4 + \frac{1}{2}x^2\right]_{0}^{\sqrt{2}} = \frac{1}{2}$

Der Inhalt der Gesamtfläche ist die Summe der Beträge der Integrale.

Flächeninhalt:
$A = A_1 + A_2 = \left|-\frac{1}{2}\right| + \left|\frac{1}{2}\right| = 1$ FE

Basisaufgaben

7 Lesen Sie die Schnittstellen der Funktionsgraphen ab und berechnen Sie den Inhalt der farbigen Fläche zwischen den Graphen der Funktionen.

a) $f(x) = -\frac{1}{16}x^3 + \frac{1}{8}x^2 + \frac{3}{2}x + 1$ und $g(x) = \frac{1}{32}x^3 - \frac{1}{16}x^2 - \frac{3}{4}x + 1$

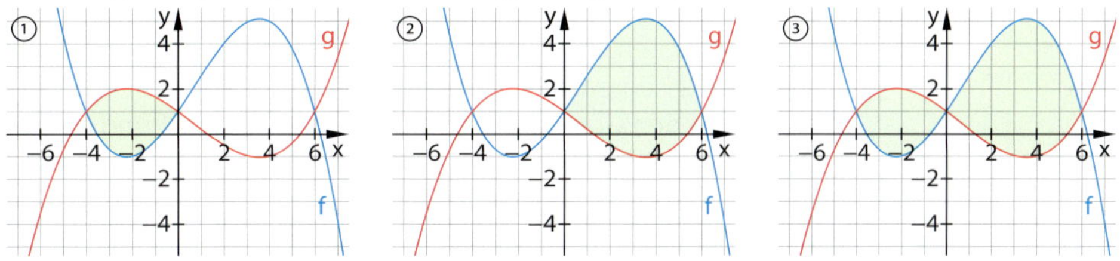

b) $f(x) = \frac{1}{16}x^3 - \frac{3}{4}x^2 + \frac{9}{4}x$ und $g(x) = -\frac{1}{4}x^2 + \frac{3}{2}x$

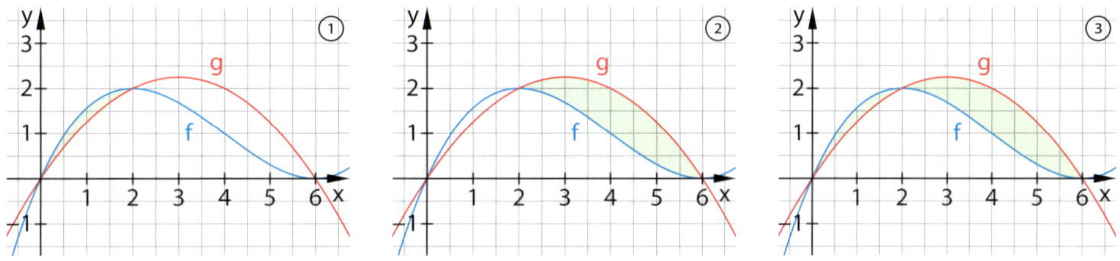

8 Berechnen Sie den Inhalt der Fläche, die von den Graphen der Funktionen f und g eingeschlossen wird.

a) $f(x) = -\frac{1}{4}x^2 + 2 \quad g(x) = \frac{1}{2}x$

b) $f(x) = -0{,}5x^2 + x + 1{,}5 \quad g(x) = x - 3$

c) $f(x) = \frac{1}{5}x^2 + 4 \quad g(x) = x + 4$

d) $f(x) = -\frac{1}{2}x^2 + x + 3 \quad g(x) = -x + 3$

9 Berechnen Sie den Inhalt der Fläche zwischen den Graphen der Funktionen f und g auf dem Intervall I.

a) $f(x) = x^3 - x^2 - 2 \quad g(x) = x^3 - 2x^2 + x \quad I = [-2; 3]$

b) $f(x) = x^3 - 5x^2 + 7x - 3 \quad g(x) = x - 3 \quad I = [0; 3]$

c) $f(x) = -x^2 - 2x + 2 \quad g(x) = x^2 + 4x + 2 \quad I = [-2; 1]$

d) $f(x) = (x^2 - 2)^2 \quad g(x) = x^2 \quad I = [-2; 1]$

10 Zeigen Sie, dass der Graph von f mit $f(x) = x^3 - 6x^2 + \frac{19}{2}x - 2$ und die Gerade g mit $g(x) = \frac{3}{2}x - 2$ zwei gleich große Flächenstücke einschließen.

11 Berechnen Sie den Inhalt der abgebildeten Fläche zwischen den Graphen von f mit $f(x) = \frac{1}{2}x^2 - 3x + \frac{5}{2}$ und g mit $g(x) = -\frac{1}{2}x^2 + 3x - \frac{5}{2}$ auf dem Intervall [0; 5]. Vergleichen Sie Ihr Ergebnis mit dem aus Aufgabe 5.

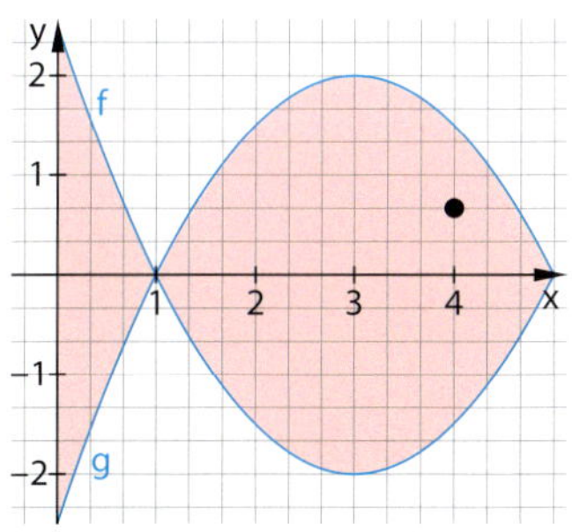

12 Die Graphen der Funktionen f mit $f(x) = x^4 - 3{,}75x^2 + 6$ und g mit $g(x) = x^4 - 3x^2 + 3$ formen auf dem Intervall [–2; 2] eine Figur. Berechnen Sie den Flächeninhalt dieser Figur.

13 Skizzieren Sie die Graphen der Funktionen f mit $f(x) = -\frac{1}{4}x^2 + 2$ und g mit $g(x) = |x| - 1$ in einem gemeinsamen Koordinatensystem. Berechnen Sie den Inhalt der von den beiden Graphen eingeschlossenen Fläche. Nutzen Sie dazu die Eigenschaften der Graphen geschickt aus.

Weiterführende Aufgaben

Hinweis zu 14

Zeichnen Sie die Graphen mit einem digitalen Hilfsmittel, um eine bessere Vorstellung zu bekommen.

14 Berechnen Sie den Inhalt der beschriebenen Fläche A.

a) A wird vom Graphen von f mit $f(x) = -x^2 + 4x - 3$ und der x-Achse begrenzt.

b) A wird von den Graphen von f mit $f(x) = -x^2 + 4x - 1$ und g mit $g(x) = x - 1$ begrenzt.

c) A wird im ersten Quadranten vom Graphen von f mit $f(x) = -\frac{1}{4}x^2 + x + 3$ begrenzt.

d) A wird im ersten Quadranten von den Graphen von f mit $f(x) = x^3 + 2x^2$ und g mit $g(x) = x + 2$ begrenzt.

e) A wird von den Graphen von f mit $f(x) = -x^2 + 4x + 1$ und g mit $g(x) = -2x + 9$ und der y-Achse begrenzt.

f) A wird von den Graphen von f mit $f(x) = 2 - 0{,}5\,(x - 1)^2$ und g mit $g(x) = 6 - x$, der x-Achse und der y-Achse begrenzt.

15 **Stolperstelle:** Zu den Funktionen f und g mit $f(x) = \frac{1}{3}x^3 - 3x^2 + 8x$ und $g(x) = \frac{1}{3}x^2$ soll die von den Graphen eingeschlossene Fläche berechnet werden.

Holger: *„Ich habe von 0 bis 4 integriert und erhalte $\frac{128}{9}$ FE, also rund 14,2 FE."*

Luise: *„Es gibt aber noch eine Schnittstelle bei 6. Daher habe ich von 0 bis 6 integriert und erhalte 12 FE."*

Emre: *„Das kann gar nicht sein, denn dann hätte das größere Flächenstück den kleineren Inhalt. Stattdessen muss man …"*

Diskutieren Sie das Vorgehen der Schüler. Vervollständigen Sie Emres Aussage und berechnen Sie den Flächeninhalt.

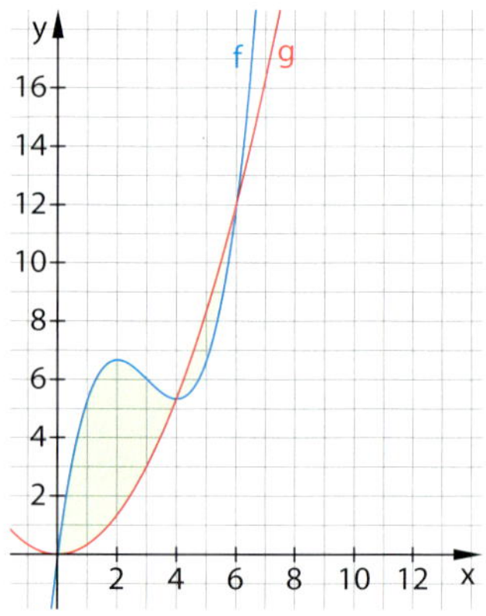

16 Gegeben ist die Funktion f mit $f(x) = -x^2 + 4x + 6$ und die Gerade g, die durch die Punkte $A(-2\,|\,f(-2))$ und $B(4\,|\,f(4))$ verläuft.

a) Skizzieren Sie den Graphen von f sowie die Gerade g.

b) Bestimmen Sie die Gleichung von g und berechnen Sie den Inhalt des Flächenstücks, das vom Graphen von f und der Geraden g eingeschlossen wird.

17 Die Graphen der Funktionen f mit $f(x) = -\frac{1}{286}x^4 - \frac{1}{15}x^2 + 2$ und g mit $g(x) = \frac{1}{15}x^2 - 3$ schließen eine Fläche ein. Berechnen Sie den Inhalt dieser Fläche.

18 Die nördliche und südliche Uferlinie des Baldeneysees in Essen können in einem bestimmten Bereich näherungsweise durch die Funktionen f mit $f(x) = -0{,}25x^2 + 0{,}55$ und g mit $g(x) = -0{,}1x^4$ modelliert werden (Längeneinheit 1 km).

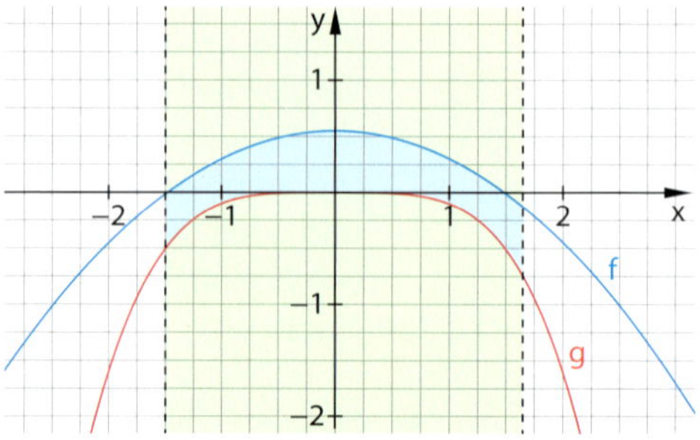

Berechnen Sie mithilfe der Funktionen f und g näherungsweise den Flächeninhalt der Wasseroberfläche des Sees im Bereich $-1{,}5 \le x \le 1{,}65$.

19 Beim Bau von Fußgängertunneln werden oft Fertigbetonteile verwendet. Hier ist ein solches Segment mit parabelförmigem Querschnitt und 2 Meter Tiefe abgebildet. Der Querschnitt des Segments kann mithilfe zweier quadratischer Funktionen f und g modelliert werden.

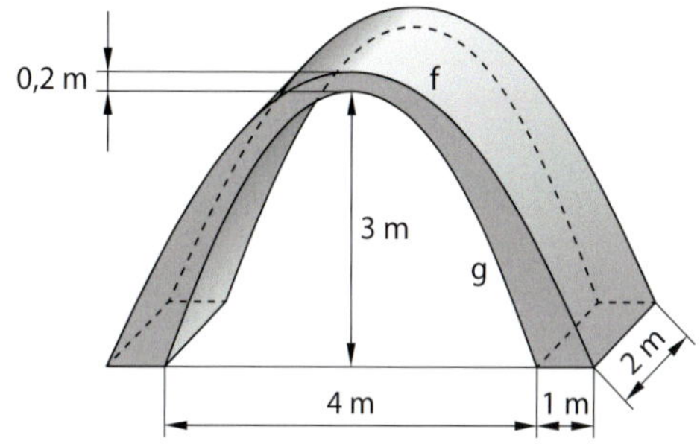

a) Bestimmen Sie eine Funktionsvorschrift für den inneren Parabelbogen.
b) Berechnen Sie das Luftvolumen eines Tunnels, der aus 12 Segmenten besteht.
c) Bestimmen Sie die Masse eines Fertigungssegments, wenn der Beton eine Dichte von $2{,}2\,\frac{g}{cm^3}$ hat.

Hinweis zu 19c

ür die Masse m eines ›örpers mit der Dichte › und einem Volumen › gilt: $m = \rho \cdot V$

20 Gegeben ist die Funktion f mit $f(x) = \frac{1}{5}x^3 - 2x$.
a) Bestimmen Sie die Schnittstellen des Graphen von f mit den Koordinatenachsen.
b) Bestimmen Sie alle Hoch-, Tief- und Wendepunkte des Graphen von f.
c) Bestimmen Sie die Gleichung der Tangente an den Graphen von f an der Stelle $x = -2$.
d) Zeigen Sie, dass die Tangente aus c) den Graphen von f im Punkt $P(4 \mid f(4))$ schneidet.
e) Skizzieren Sie den Graphen von f sowie die Tangente aus c).
f) Der Graph von f und die Tangente aus c) schließen eine Fläche ein. Bestimmen Sie den Flächeninhalt.

21 Gegeben ist die Funktion f mit $f(x) = \frac{1}{9}x^3 - \frac{4}{3}x$.
a) Zeichnen Sie den Graphen von f und geben Sie seine wesentlichen Eigenschaften an.
b) Die Tangente im Hochpunkt $H(x_0 \mid f(x_0))$ schneidet den Graphen in einem weiteren Punkt $P(x_1 \mid f(x_1))$. Zeigen Sie, dass $x_1 = -2x_0$ ist.
c) Der Graph von f und die Tangente aus b) schließen eine Fläche ein. Berechnen Sie deren Flächeninhalt.

22 Der Graph der Funktion f mit $f(x) = x^2 + 2$ schließt im Intervall $I = [1; 3]$ mit der x-Achse die Fläche A ein. Ermitteln Sie, für welches m die Gerade $y = mx$ die Fläche A halbiert.

23 a) Bestimmen Sie eine reelle Zahl a und eine Stammfunktion F zu f mit $f(x) = \frac{1}{2}x^2 + a$, sodass F die Nullstellen −3, 0 und 3 hat.
b) Zeigen Sie, dass die Fläche zwischen dem Graphen von f mit $f(x) = \frac{1}{2}x^2 - \frac{3}{2}$ und der x-Achse im Intervall [0; 3] den Inhalt $2\sqrt{3}$ FE hat. Geben Sie ohne Integralberechnung den Inhalt der Fläche zwischen dem Graphen von f und der x-Achse im Intervall [−3; 3] an.

24 Der Graph von f mit $f(x) = 2 - ax^2$ und $a > 0$ schließt mit der x-Achse eine Fläche ein. Bestimmen Sie a so, dass die Fläche $\frac{16}{3}$ FE groß ist.

25 **Ausblick:** Die Graphen der Funktionen f, g und h mit $f(x) = -x^2 + 4x$, $g(x) = x^2 - 4x + 8$ und $h(x) = 5x$ schließen auf dem Intervall $I = [0; 2]$ eine Fläche ein.

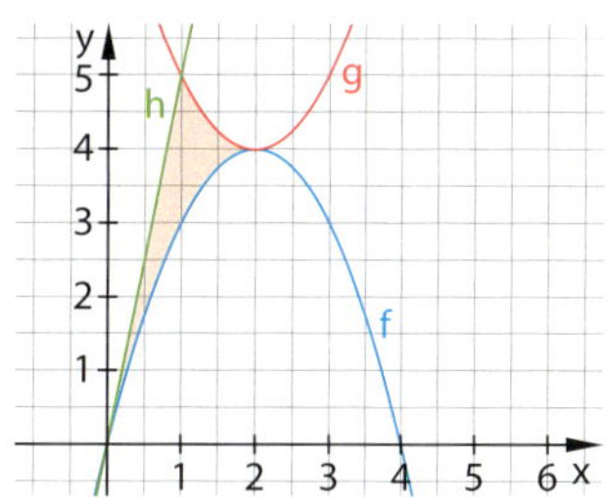

a) Geben Sie alle Schnittstellen der Funktionen im Intervall I an.
b) Zerlegen Sie die Fläche in geeignete Teilflächen und geben Sie die entsprechenden Intervalle an.
c) Berechnen Sie die Flächeninhalte der Teilflächen sowie den Gesamtflächeninhalt.

Rotationskörper

Wenn der Graph der Funktion f mit $f(x) = \frac{1}{4}x$ im Intervall [0; 3] um die x-Achse rotiert, so entsteht ein Kegel der Höhe h = 3 mit einem Radius von $r = \frac{3}{4}$.

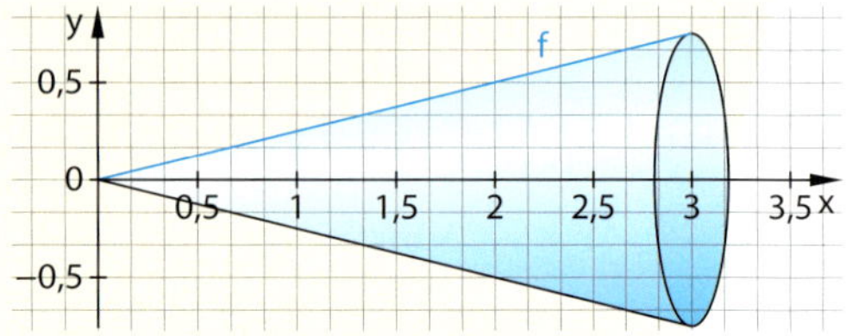

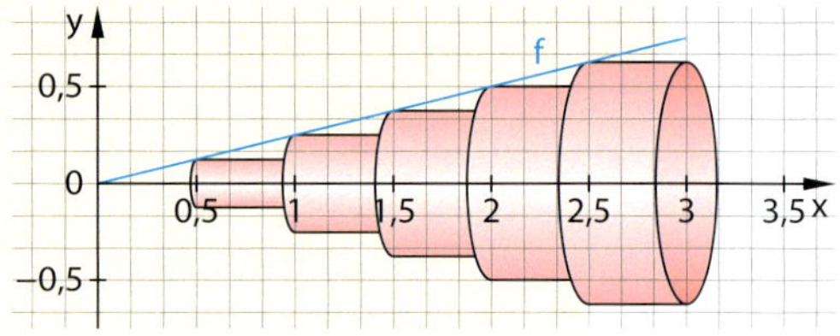

a) Berechnen Sie das Volumen mithilfe der bekannten Formel für das Kegelvolumen.
b) Dem Kegel werden nun Zylinderscheiben der Dicke 0,5 einbeschrieben. Berechnen Sie das Volumen der Zylinderscheiben als Näherung des Kegelvolumens.
c) Erläutern Sie eine mögliche Vorgehensweise bei der Berechnung, um die Genauigkeit immer weiter zu erhöhen.

Wenn der Graph einer stetigen Funktion im Intervall [a; b] um die x-Achse rotiert, dann entsteht ein rotationssymmetrischer Körper, kurz **Rotationskörper.**

Zur Bestimmung des Volumens solcher Rotationskörper nähert man – wie bei der Flächenberechnung – den Funktionsgraphen durch eine Treppenfunktion an. Dadurch ergeben sich Rechtecke, mit denen die Fläche unter dem Graphen angenähert wird. Bei der Rotation dieser Rechtecke entstehen Zylinderscheiben, die wiederum das Volumen des Rotationskörpers annähern.

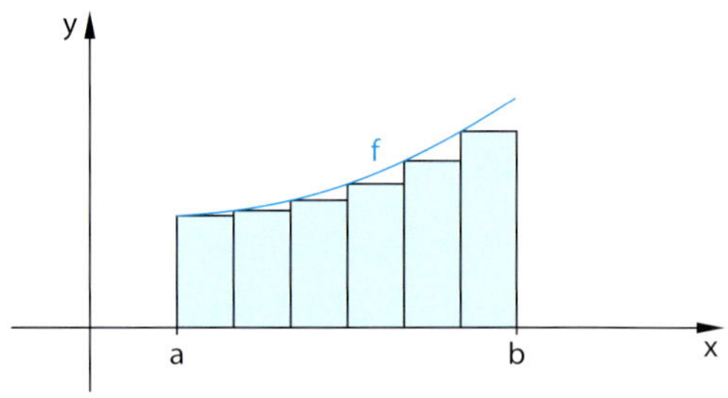

Jede Zylinderscheibe hat eine Höhe Δx und einen von der Stelle x abhängigen Radius f(x). Das Volumen des Rotationskörpers kann also durch die Summe von Zylindervolumina der Form $V_i = \pi \cdot [f(x_i)]^2 \cdot \Delta x$ angenähert werden. Bei einer Unterteilung in n Zylinderscheiben ergibt sich ein Gesamtvolumen von:

$$V = \pi \cdot (f(x_1))^2 \cdot \frac{b-a}{n} + \dots + \pi \cdot (f(x_n))^2 \cdot \frac{b-a}{n}$$

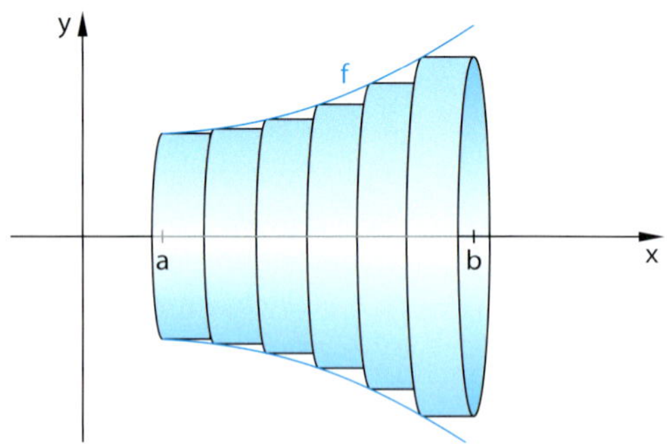

Beim Grenzübergang $n \to \infty$ ergibt sich analog zur Flächenberechnung ein Integral, welches das Volumen des Rotationskörpers angibt.

Wissen **Volumen eines Rotationskörpers**

Rotiert der Graph einer stetigen Funktion f im Intervall [a; b] um die x-Achse, so entsteht ein **Rotationskörper.** Für das Volumen dieses Körpers gilt:

$$V = \pi \cdot \int_a^b (f(x))^2\,dx$$

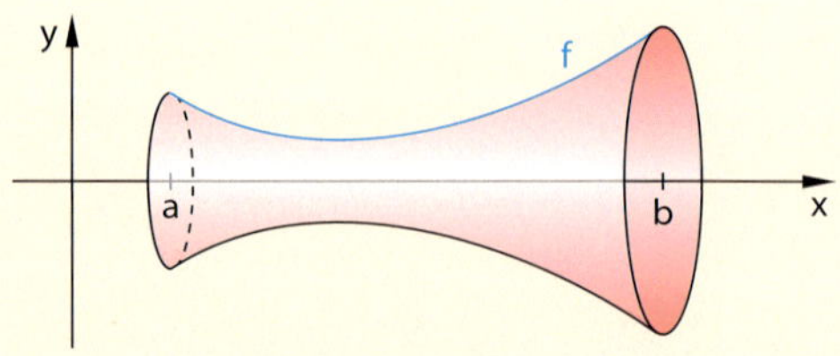

Beispiel 1 Berechnen Sie das Volumen des Rotationskörpers, der durch Rotation des Graphen von f mit $f(x) = \frac{1}{8}x^2 + 1$ um die x-Achse im Intervall [−2; 2] entsteht.

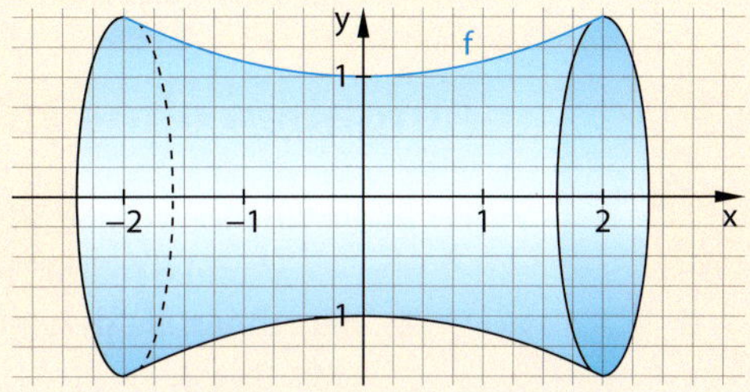

Lösung:

Berechnen Sie $g(x) = (f(x))^2$ mithilfe der 1. binomischen Formel und geben Sie eine Stammfunktion von g an.	$(f(x))^2 = \frac{1}{64}x^4 + \frac{1}{4}x^2 + 1$ $G(x) = \frac{1}{320}x^5 + \frac{1}{12}x^3 + x$
Berechnen Sie das Integral $\int_{-2}^{2} (f(x))^2\,dx$.	$\int_{-2}^{2} (f(x))^2\,dx = \left[\frac{1}{320}x^5 + \frac{1}{12}x^3 + x\right]_{-2}^{2}$
Multiplizieren Sie das Ergebnis mit π.	$= \frac{32}{320} + \frac{8}{12} + 2 - \left(-\frac{32}{320} - \frac{8}{12} - 2\right) = \frac{83}{15}$
Das Volumen beträgt rund 17,38 VE.	$V = \pi \cdot \frac{83}{15} \approx 17{,}38$ VE

Aufgaben

1 Berechnen Sie für den Rotationskörper, der durch Rotation des Graphen von f um die x-Achse im Intervall I entsteht, das Volumen als Vielfaches von π.

a) $f(x) = 3$ $\quad I = [0; 4]$
b) $f(x) = \frac{1}{4}x$ $\quad I = [0; 2]$
c) $f(x) = \frac{1}{4}x$ $\quad I = [2; 4]$
d) $f(x) = x^2$ $\quad I = [0; 3]$
e) $f(x) = -x^2 + 4$ $\quad I = [0; 2]$
f) $f(x) = \sqrt{x+1}$ $\quad I = [-1; 2]$

2 Gegeben ist eine quadratische Funktion f, die zwei Nullstellen hat. Durch Rotation des Parabelbogens von f zwischen diesen Nullstellen um die x-Achse entsteht ein Körper. Berechnen Sie sein Volumen.

a) $f(x) = x^2 - 4$ b) $f(x) = x^2 - x$ c) $f(x) = x^2 - 4x + 3$ d) $f(x) = -\frac{1}{4}x^2 + 1$

3 Weisen Sie durch Integration die bekannte Formel zur Berechnung des Körpervolumens nach.

linweis zu 3c

er Graph von f mit
x) = $\sqrt{r^2 - x^2}$, r > 0,
eschreibt für $-r \le x \le r$
inen Halbkreis mit
adius r.

a)

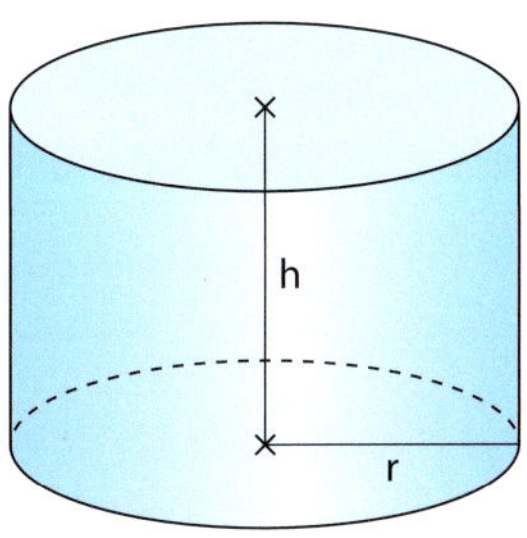

$V = \pi r^2 h$

b)

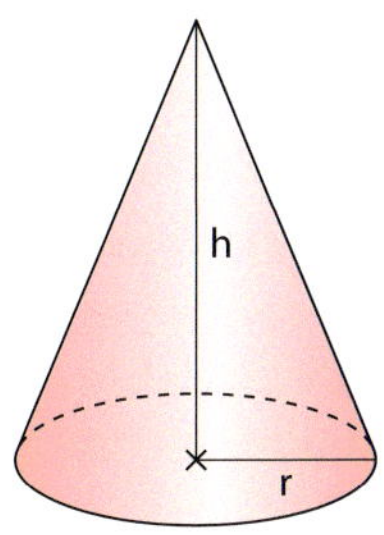

$V = \frac{1}{3}\pi r^2 h$

c)

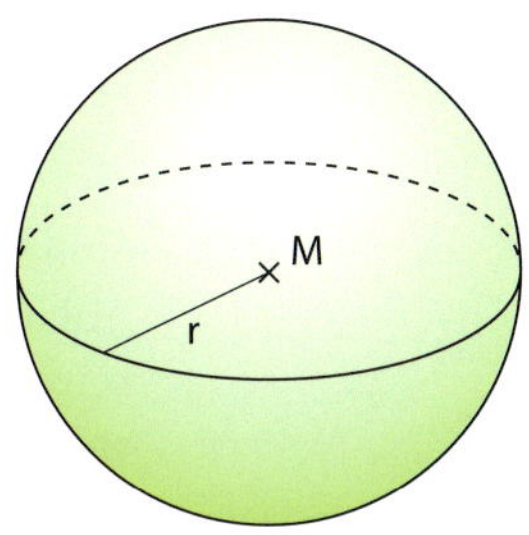

$V = \frac{4}{3}\pi r^3$

4 Die Außenhülle eines Kühlturms wird modelliert durch Rotation des Graphen von f mit $f(x) = \sqrt{0{,}05x^2 + 4x + 320}$ im Bereich $0 \le x \le 100$ um die x-Achse. Eine Längeneinheit entspricht einem Meter.
Berechnen Sie das Volumen des Kühlturms.

6.7 Klausur- und Abiturtraining

Aufgaben ohne Hilfsmittel

1 In der Abbildung sind die Graphen der Funktionen f mit $f(x) = \frac{1}{3}x^2$ und g mit $g(x) = 3$ dargestellt.

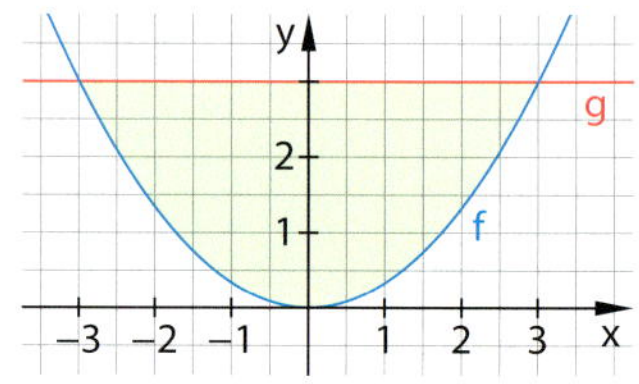

a) Berechnen Sie den Inhalt des eingeschlossenen Flächenstücks.

b) Das Flächenstück hat die Höhe h und die Breite b. Zeigen Sie, dass der Flächeninhalt auch mit der Formel $A = \frac{2}{3} \cdot b \cdot h$ berechnet werden kann.

2 Das Rechteck ABCD mit A(2 | 0), B(2 | 2), C(−2 | 2) und D(−2 | 0) wird durch den Graphen der Funktion f mit $f(x) = -\frac{1}{8}x^4 + 2$ in zwei Teilflächen zerlegt.

a) Skizzieren Sie diese Vorgaben in einem geeigneten Koordinatensystem.

b) Berechnen Sie den Inhalt der Fläche, die der Graph von f mit der x-Achse einschließt.

c) Geben Sie an, wie viel Prozent die Fläche aus b) von dem Rechteck ABCD einnimmt.

3 Die Funktion f mit $f(x) = \frac{1}{9}x^4 - \frac{6}{5}x^2 + \frac{9}{5}$ hat die Nullstellen $x_{1,2} = \pm 3$ und $x_{3,4} = \pm a$. Der Funktionsgraph ist in der Abbildung dargestellt.

a) Berechnen Sie $\int_{-3}^{3} f(x)dx$ und interpretieren Sie das Ergebnis geometrisch.

b) Es gilt $\int_{0}^{a} f(x)dx = \frac{432}{625}\sqrt{5}$ (ein Nachweis wird nicht verlangt). Geben Sie unter Verwendung dieser Information den Inhalt der roten Fläche an.

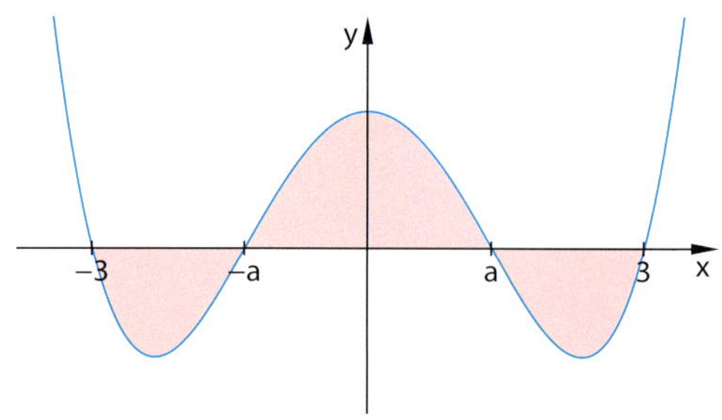

4 Gegeben ist die Funktion f mit der Gleichung $f(x) = -\frac{1}{2}x^4 + 8$.

a) Berechnen Sie die Nullstellen von f.

b) Begründen Sie mithilfe der Lage des Graphen von f im Koordinatensystem, dass gilt: $\int_{-2}^{2} f(x)dx > 0$

c) Bestimmen Sie $a \in \mathbb{R}$ so, dass gilt: $\int_{-2}^{2} \left(-\frac{1}{2}x^4 + a\right) dx = 0$

5 Eine Drohne ändert ihre Flughöhe h in Abhängigkeit von der Zeit t mit der Geschwindigkeit v. Die abgebildete Parabel stellt die Geschwindigkeit v dar. (t in Sekunden, v(t) in Meter/Sekunde).

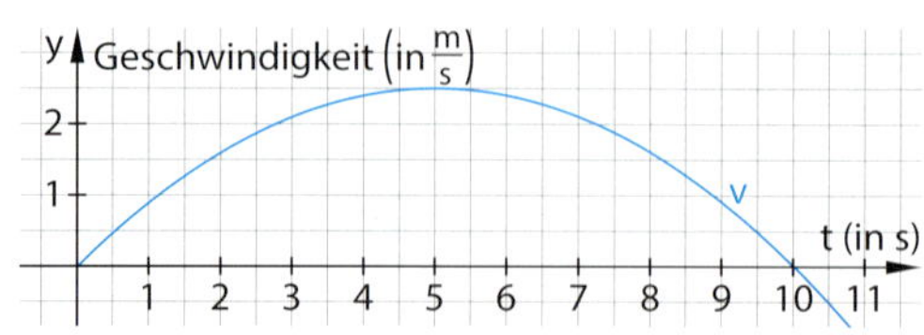

a) Lesen Sie am Graphen den Zeitpunkt ab, an dem die Drohne ihre maximale Flughöhe erreicht, und begründen Sie Ihre Wahl.

b) Ermitteln Sie eine Gleichung für die quadratische Funktion v.

c) Bestimmen Sie die Gleichung für die Höhenfunktion h, wenn die Drohne in einer Höhe von 2 Metern startet. Geben Sie die maximale Flughöhe der Drohne an.

d) Erläutern Sie die Bedeutung des Wertes $\int_{0}^{10} v(t)dt$ im Sachzusammenhang.

Aufgaben mit Hilfsmitteln

6 Die Firma Korbgeflecht hat sich das abgebildete Logo entwerfen lassen. In einem geeigneten Koordinatensystem wird das Logo begrenzt von den Graphen der Funktionen f und g mit
$f(x) = \frac{3}{80}x^3 - \frac{27}{80}x$ und $g(x) = \frac{3}{80}x^3 + \frac{3}{32}x^2 - \frac{27}{80}x - \frac{75}{32}$.

a) Zeigen Sie rechnerisch, dass das Logo über dem Intervall $[-5; 5]$ definiert ist.
b) Berechnen Sie mithilfe der Differenzfunktion d mit $d(x) = f(x) - g(x)$ die Länge des längsten Querschnitts in y-Richtung.
c) Die Firma möchte das Logo im Eingangsbereich des Hauptgebäudes anbringen. Dazu sollen die oben angegebenen x-Werte in Dezimeter gewählt werden. Die Produktionskosten für einen Quadratmeter betragen 60 €. Berechnen Sie die Kosten für die Herstellung des Logos.

7 Die Abbildung zeigt den Querschnitt eines künstlich angelegten Wasserkanals, dessen Böschungen beschrieben werden durch die Funktionen f und g mit
$f(x) = \frac{1}{2}x^3 + \frac{3}{2}x^2$ über $[-2; 0]$ und
$g(x) = \frac{1}{3}x^2$ über $[0; 3]$. Alle Längenangaben sind in Meter angegeben.

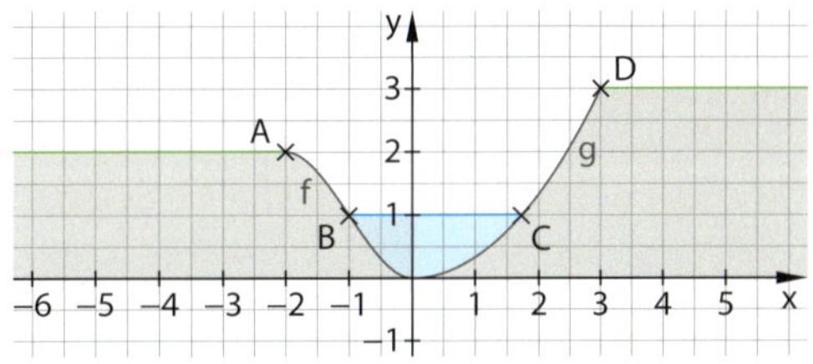

a) An der tiefsten Stelle ist das Wasser 1 m tief. Bestimmen Sie die Entfernung zwischen den Punkten B und C.
b) Berechnen Sie die blau eingefärbte Querschnittsfläche des Wassers.
c) Bestimmen Sie, wie viel Kubikmeter Wasser der Kanal pro Meter Länge fassen kann.
d) Der 120 m lange Kanal wird nicht mehr benötigt und soll so mit Erde aufgefüllt werden, dass die Verbindung der Punkte A und D eine gerade Linie ergibt. Berechnen Sie, wie viele Kubikmeter Erde hierzu benötigt werden.

8 Die Abbildung zeigt eine symmetrische Rampe. An der höchsten Stelle ist die Rampe 1 m breit. Die rechte Begrenzungslinie wird durch den Graphen einer ganzrationalen Funktion 3. Grades beschrieben. Im Punkt $(1 \mid 1)$ beträgt seine Steigung $m = -1{,}5$ und seine Tangente im Punkt $(3 \mid 0)$ verläuft waagerecht.

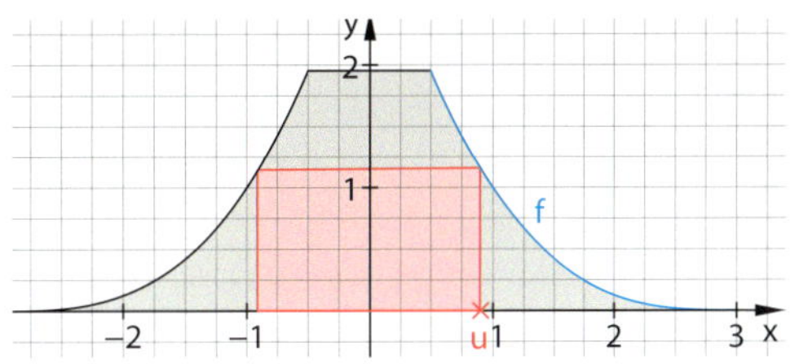

a) Weisen Sie nach, dass sich die Funktion f mit $f(x) = -\frac{1}{8}x^3 + \frac{9}{8}x^2 - \frac{27}{8}x + \frac{27}{8}$ im Bereich $0{,}5 \leq x \leq 3$ für die Modellierung der rechten Begrenzungslinie eignet.
b) Auf der vorderen Seitenfläche möchte ein Sponsor ein rechteckiges Plakat anbringen (siehe Abbildung). Für eine optimale Werbewirksamkeit sollte der Flächeninhalt des Rechtecks möglichst groß sein.
Berechnen Sie, für welchen Wert von u der Flächeninhalt maximal ist, und geben Sie diesen an. Stellen Sie hierzu zunächst eine geeignete Zielfunktion A(u) auf und zeigen Sie, dass $A'(0{,}75) = A'(3) = 0$ gilt.
c) Die hintere Seitenfläche der Rampe soll mit einer Spezialfarbe angestrichen werden. Ein Eimer dieser Farbe reicht laut Hersteller für ca. $1{,}3\,m^2$. Entscheiden Sie, ob drei Eimer der Farbe ausreichen.

Lösungen
→ S. 274

1 Ein Gefäß mit 10 Liter Fassungsvermögen ist zu Beobachtungsbeginn zur Hälfte mit Wasser gefüllt. Zu- und Abfluss werden über ein Ventil gesteuert. Die Änderungsrate von Zu- und Abfluss in Liter pro Minute wird durch das Diagramm veranschaulicht.

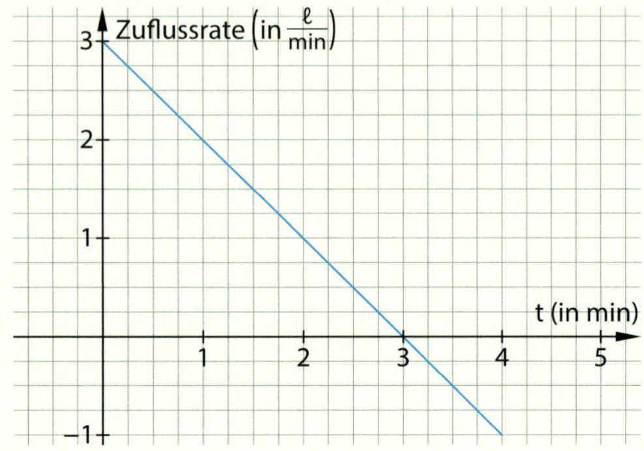

a) Beschreiben Sie den Vorgang für $0 \le t \le 4$.

b) Ermitteln Sie das Wasservolumen in dem Gefäß nach vier Minuten.

2 Einer der beiden Graphen A und B gehört zu einer Funktion f, der andere zu einer ihrer Stammfunktionen. Beurteilen Sie, welcher der zwei Graphen die Stammfunktion darstellt.

a)
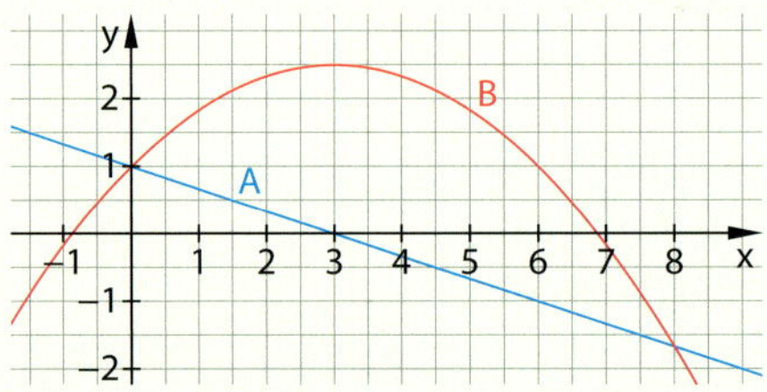

b)
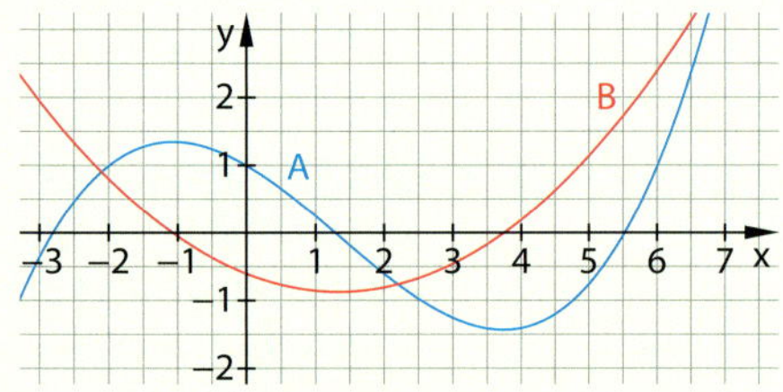

3 Der Flächeninhalt der Fläche, die der Graph von f mit $f(x) = x + 1$ und die x-Achse im Intervall $0 \le x \le 5$ einschließen, kann durch Rechtecksummen angenähert werden.

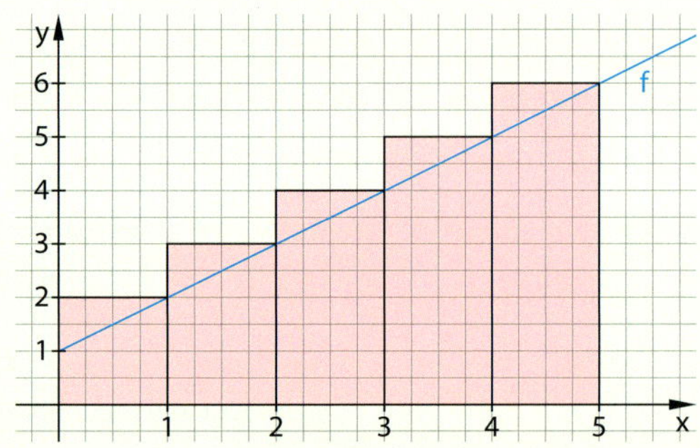

a) Berechnen Sie den Flächeninhalt der dargestellten Obersumme O_5.

b) Ermitteln Sie einen Term für die Obersumme O_n in Abhängigkeit von n für $n \in \mathbb{N}, n > 0$.

c) Zeigen Sie, dass der Grenzwert von O_n für $n \to \infty$ dem Flächeninhalt der Trapezfläche unter dem Graphen von f entspricht.

Hinweis zu 3b

$1 + 2 + 3 + \ldots + n = \frac{n \cdot (n+1)}{2}$

4 Ermitteln Sie eine Stammfunktion von f.

a) $f(x) = 2x + 1$
b) $f(x) = \frac{1}{4}x^3 - 2$
c) $f(x) = 2\sqrt{x}$
d) $f(x) = 3x^{-2}$
e) $f(t) = a \cdot t^2$
f) $f(x) = -\frac{1}{\sqrt{x}}$
g) $f(x) = x \cdot (2x - 3)$
h) $f(x) = -\frac{1}{4x^3}$
i) $f(a) = 2abc$

5 Berechnen Sie das Integral.

a) $\int_{-1}^{5} (2 - 2x)\,dx$
b) $\int_{-3}^{0} 6\left(x^2 - \frac{1}{3}\right)dx$
c) $\int_{1}^{2} 2x \cdot (x^2 - 1)\,dx$
d) $\int_{1}^{4} \left(\frac{1}{\sqrt{x}} + \frac{1}{x^2}\right)dx$

6 Gegeben sind die Funktionen f mit $f(x) = \frac{1}{50}x^3 - \frac{2}{5}x^2 + 2x$ und g mit $g(x) = -\frac{1}{10}x^2 + x$. Berechnen Sie die beschriebenen Flächeninhalte.

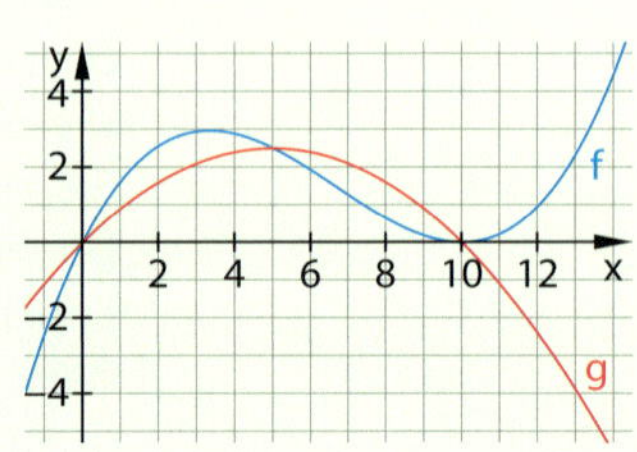

a) Fläche A_1, die der Graph von f mit der x-Achse einschließt

b) Fläche A_2, die die Graphen von f und g einschließen

Lösungen
→ S. 274

7 Schaut man von oben auf den kleinen Teich in Nachbars Garten, so kann man den nebenstehenden Umriss sehen. Die Uferbegrenzungen können durch die Funktionen f und g modelliert werden:
$f(x) = -0{,}2 \cdot (x^3 - 5x^2)$ für $0 \le x \le 5$ und
$g(x) = 0{,}6 \cdot x \cdot (x - 5)$ für $0 \le x \le 5$. Eine LE entspricht 1 m.
Der Teich ist künstlich angelegt und hat eine Tiefe von durchgängig 0,80 m.
Berechnen Sie, wie viel Wasser der Teich enthält.

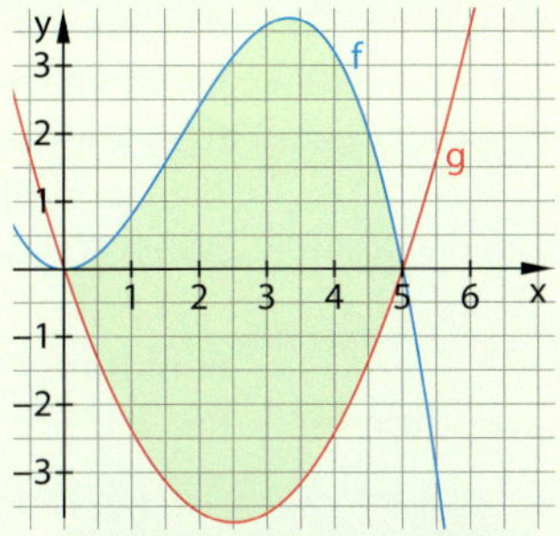

Hinweis zu 8

Die Leistung entspricht der Energie pro Zeit.

8 Stromzähler ermitteln in vielen Haushalten die verbrauchte elektrische Energie, die in Kilowattstunden (kWh) angegeben wird. Je schneller sich die sichtbare Aluminiumdrehscheibe dreht, desto größer ist die momentan dem Stromkreis entnommene Leistung P.

a) Berechnen Sie die Energie, die eine Energiesparlampe mit 5 W Leistung im Dauerbetrieb innerhalb einer Woche verbraucht.
b) Der zeitliche Verlauf der elektrischen Leistung P (in kW) wird durch die Funktion mit
$P(t) = -\frac{3}{51200}t^4 + \frac{11}{3200}t^3 - \frac{53}{800}t^2 + \frac{21}{50}t + \frac{1}{10}$ (t: Zeit in den 24 Stunden nach Mitternacht)
beschrieben. Ermitteln Sie die Energie, die während eines Tages entnommen wird.
c) Begründen Sie anschaulich, warum ein Stromzähler als „analoger Integrierer" bezeichnet werden kann.

Wo stehe ich?

	Ich kann…	Aufgabe	Nachschlagen
6.1	… Bestandsänderungen aus Änderungsraten rekonstruieren.	1	S. 167 Beispiel 1
6.2	… Flächeninhalte unter Funktionsgraphen mithilfe von Rechtecken annähern und mit dem Grenzwert von Ober- und Untersummen bestimmen. … das bestimmte Integral als Flächenbilanz deuten.	3	S. 170 Beispiel 1 S. 172 Beispiel 2 S. 173 Beispiel 3
6.3	… Stammfunktionen grafisch und mithilfe von Faktor-, Summen- und Potenzregel rechnerisch bestimmen.	2, 4	S. 176 Beispiel 1 S. 178 Beispiel 2 S. 179 Beispiel 3
6.4	… den Hauptsatz der Differential- und Integralrechnung als Beziehung zwischen Ableitungs- und Integralbegriff erläutern. … bestimmte Integrale mithilfe von Stammfunktionen berechnen.	5	S. 182 Beispiel 1
6.5	… Bestände und Bestandsfunktionen mithilfe von Integralen und Stammfunktionen aus Änderungsraten bestimmen.	8	S. 185 Beispiel 1
6.6	… Inhalte von Flächen zwischen Funktionsgraph und x-Achse berechnen. … Inhalte von Flächen zwischen Funktionsgraphen berechnen.	6, 7	S. 188 Beispiel 1 S. 190 Beispiel 2

6 Zusammenfassung

Stammfunktion

Eine Funktion F heißt **Stammfunktion** zur Funktion f, wenn für jede Stelle x gilt:
$F'(x) = f(x)$.
Alle Stammfunktionen von f sind gegeben durch $F(x) + C$ mit $C \in \mathbb{R}$.

$f(x) = x^2$
$F(x) = \frac{1}{3}x^3 \qquad F'(x) = \frac{1}{3} \cdot 3x^2 = x^2 = f(x)$
Also ist F eine Stammfunktion von f.

Alle Stammfunktionen von f: $F(x) = \frac{1}{3}x^3 + C$

Regeln für Stammfunktionen

Funktion	Stammfunktion	Funktion	Stammfunktion
$f(x) = x^r \ (r \in \mathbb{Q}, r \neq -1)$	$F(x) = \frac{1}{r+1} \cdot x^{r+1}$	$f(x) = x = x^1$	$F(x) = \frac{1}{2}x^2$
		$f(x) = \frac{1}{x^2} = x^{-2}$	$F(x) = -1 \cdot x^{-1} = -\frac{1}{x}$
		$f(x) = \frac{1}{\sqrt{x}} = x^{-\frac{1}{2}}$	$F(x) = 2 \cdot x^{\frac{1}{2}} = 2\sqrt{x}$

G und H seien Stammfunktionen von g bzw. h.

Faktorregel:

$f(x) = k \cdot g(x)$ mit $k \in \mathbb{R}$	$F(x) = k \cdot G(x)$	$f(x) = 3x^4$	$F(x) = 3 \cdot \frac{1}{5}x^5$

Summenregel:

$f(x) = g(x) + h(x)$	$F(x) = G(x) + H(x)$	$f(x) = x^{-3} + x$	$F(x) = -\frac{1}{2}x^{-2} + \frac{1}{2}x^2$

Bestimmtes Integral

Das **bestimmte Integral** $\int_a^b f(x)dx$ gibt die **Flächenbilanz** zwischen dem Graphen von f und der x-Achse auf dem Intervall [a; b] an.

Ist F eine beliebige Stammfunktion einer stetigen Funktion f, so gilt der **Hauptsatz der Differenzial- und Integralrechnung:**

$$\int_a^b f(x)\,dx = F(b) - F(a)$$

$f(x) = \frac{1}{2}x^2 - x; \quad I = [1; 3]$

$\int_1^3 f(x)dx = -A_1 + A_2$

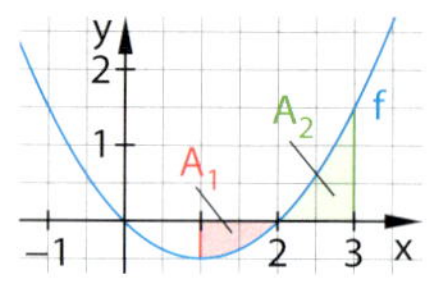

Stammfunktion von f:
$F(x) = \frac{1}{6}x^3 - \frac{1}{2}x^2$

$$\int_1^3 \left(\frac{1}{2}x^2 - x\right) dx = \left[\frac{1}{6}x^3 - \frac{1}{2}x^2\right]_1^3$$

$$= \frac{1}{6} \cdot 3^3 - \frac{1}{2} \cdot 3^2 - \left(\frac{1}{6} \cdot 1^3 - \frac{1}{2} \cdot 1^2\right) = \frac{1}{3}$$

Flächenberechnungen

Sind $x_1 < x_2$ die Nullstellen der Funktion f auf einem Intervall [a; b], so gilt für den Flächeninhalt der **Fläche zwischen Graph und x-Achse:**

$$A = \left|\int_a^{x_1} f(x)dx\right| + \left|\int_{x_1}^{x_2} f(x)dx\right| + \left|\int_{x_2}^{b} f(x)dx\right|$$

$f(x) = \frac{1}{2}x^2 - x$

Intervall: $I = [1; 3]$

Nullstelle: $x = 2$

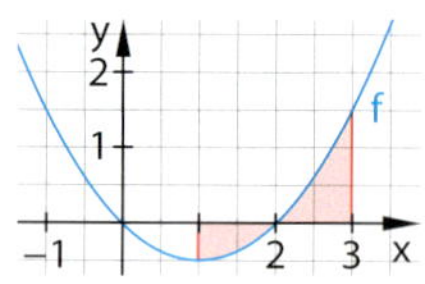

$$A = \left|\int_1^2 \left(\frac{1}{2}x^2 - x\right)dx\right| + \left|\int_2^3 \left(\frac{1}{2}x^2 - x\right)dx\right| = \frac{1}{3} + \frac{2}{3} = 1$$

Sind $x_1 < x_2$ die Schnittstellen der Funktionen f und g auf einem Intervall [a; b], so gilt für den Flächeninhalt der **Fläche zwischen den Graphen:**

$$A = \left|\int_a^{x_1} h(x)dx\right| + \left|\int_{x_1}^{x_2} h(x)dx\right| + \left|\int_{x_2}^{b} h(x)dx\right|$$

mit $h(x) = f(x) - g(x)$ (**Differenzfunktion**)

$g(x) = -x + 2$
$h(x) = f(x) - g(x)$
$\quad = \frac{1}{2}x^2 - 2$

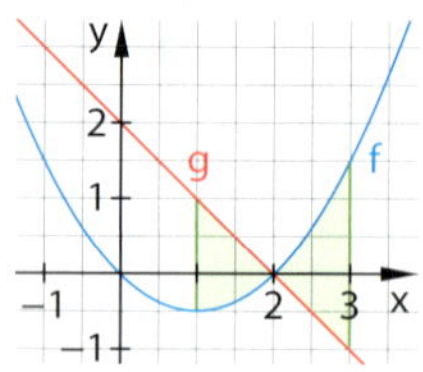

Schnittstelle von f und g in $I = [1; 3]$: $x = 2$

$$A = \left|\int_1^2 h(x)dx\right| + \left|\int_2^3 h(x)dx\right| = \frac{5}{6} + \frac{7}{6} = 2$$

7

Exponentialfunktionen und Wachstum

Nach diesem Kapitel können Sie …

→ Eigenschaften der Exponentialfunktion zur Basis e beschreiben und diese ableiten,
→ Exponentialgleichungen lösen,
→ Wachstums- und Zerfallsprozesse mithilfe von Exponentialfunktionen beschreiben und untersuchen,
→ Produkte von Funktionen ableiten,
→ zusammengesetzte Funktionen untersuchen und in Sachsituationen anwenden.

Lösungen
→ S. 274/275

Exponentielles Wachstum erkennen und beschreiben

1 Die Tabellen beschreiben einen exponentiellen Vorgang. Ergänzen Sie fehlende Werte.

a)

n	0	1	2	3	5
B(n)	2	6	18		

b)

n	0	1	3	5	7
B(n)	800	400			

2 Prüfen Sie, ob lineares oder exponentielles Wachstum vorliegt.

a)

n	1	2	3	5	7
B(n)	2	4	6	10	14

b)

n	1	2	3	4	6
B(n)	$\frac{1}{2}$	$\frac{1}{4}$	$\frac{1}{8}$	$\frac{1}{16}$	$\frac{1}{64}$

3 Entscheiden Sie, ob exponentielles Wachstum vorliegt, und geben Sie gegebenenfalls den Wachstumsfaktor an.

a) Der Wert eines Autos nimmt jährlich um 20 % des Vorjahreswertes ab.
b) Johanna spart monatlich 50 €.
c) Eine Nachricht wird von jedem Empfänger an 7 weitere Personen geschickt.
d) Eine spezielle Algenkultur (15 g) verdoppelt ihre Masse alle zwei Tage.

4 1980 lebten 4,4 Milliarden Menschen auf der Erde und es wurde eine jährliche Bevölkerungszunahme von ca. 1,7 % prognostiziert.

a) Berechnen Sie die prognostizierte Bevölkerung für die Jahre 2000, 2017 und 2018.
b) Tatsächlich lebten 2000 6,1 Milliarden, 2017 7,5 Milliarden und 2018 7,6 Milliarden Menschen. Vergleichen Sie die Angabe mit der Prognose.
c) Geben Sie die prozentuale Bevölkerungszunahme von 2017 zu 2018 an.

Exponentialfunktionen und Exponentialgleichungen

5 Ordnen Sie jedem Funktionsgraphen die passende Funktionsgleichung zu.

$f(x) = 2^x$ $g(x) = 3{,}1^x$ $h(x) = 1{,}3^x$
$j(x) = 0{,}2^x$ $k(x) = \left(\frac{1}{2}\right)^x$ $l(x) = \left(\frac{3}{4}\right)^x$

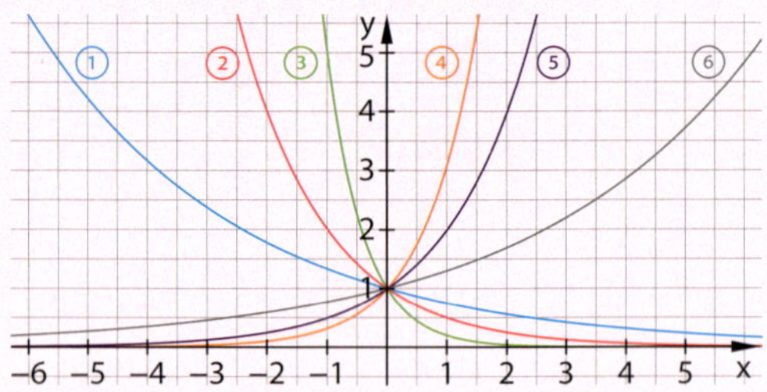

6 Lesen Sie an der Funktionsgleichung ab, ob der Graph von f steigend oder fallend ist. Geben Sie den Schnittpunkt mit der y-Achse an.

a) $f(x) = 2 \cdot 3^x$ b) $f(x) = 4 \cdot 0{,}7^x$ c) $f(x) = (-3) \cdot 2^x$ d) $f(x) = (-0{,}2) \cdot \left(\frac{1}{3}\right)^x$

7 Ermitteln Sie den Logarithmus ohne Hilfsmittel.

a) $\log_2(32)$ b) $\lg(1000)$ c) $\log_7(1)$ d) $\log_4\left(\frac{1}{16}\right)$

8 Lösen Sie die Exponentialgleichung. Runden Sie das Ergebnis auf Hundertstel.

a) $2^x = 128$ b) $10^x = 350$ c) $1{,}1^x - 150 = 70$ d) $4 + 0{,}9^x = 25$
e) $3 \cdot 1{,}2^x = 270$ f) $\frac{12}{2^x} = 4$ g) $5 : 2{,}2^x = 1$ h) $3^x = -2$

Hinweis zu 9b

Bringen Sie die exponentiellen Terme auf eine Seite der Gleichung und wenden Sie die Potenzgesetze an.

9 Gegeben sind die zwei Exponentialfunktionen f und g mit $f(x) = 1{,}5^x$ und $g(x) = 0{,}5 \cdot 2^x$.

a) Zeichnen Sie beide Graphen und lesen Sie die Koordinaten des Schnittpunkts ab.
b) Bestimmen Sie rechnerisch die Koordinaten des Schnittpunkts der Graphen von f und g und vergleichen Sie mit a).

Lösungen
→ S. 275

10 Der Graph von g ergibt sich durch eine Spiegelung des Graphen von f an der y-Achse. Geben Sie eine Funktionsgleichung von g an.

a) $f(x) = 3^x$ b) $f(x) = \left(\frac{1}{5}\right)^x$ c) $f(x) = 0{,}25^x$ d) $f(x) = 1{,}5^x$

Exponentielle Bestandsfunktionen bestimmen

11 Ermitteln Sie eine exponentielle Bestandsfunktion zum Anfangswert a, deren Graph durch den Punkt P verläuft.

a) $a = 1500$; $P(1\,|\,750)$ b) $a = 1{,}6$; $P(5\,|\,4{,}8)$
c) $a = 32$; $P(3\,|\,4)$ d) $a = 2{,}4$; $P(0{,}5\,|\,3{,}6)$

12 Ermitteln Sie rechnerisch den Funktionsterm der Exponentialfunktion $f(x) = a \cdot b^x$, deren Graph durch die Punkte A und B verläuft.

a) $A(0\,|\,5)$ und $B(1\,|\,7{,}5)$
b) $A(2\,|\,75)$ und $B(6\,|\,46875)$
c) $A(-3\,|\,16)$ und $B(2\,|\,0{,}5)$

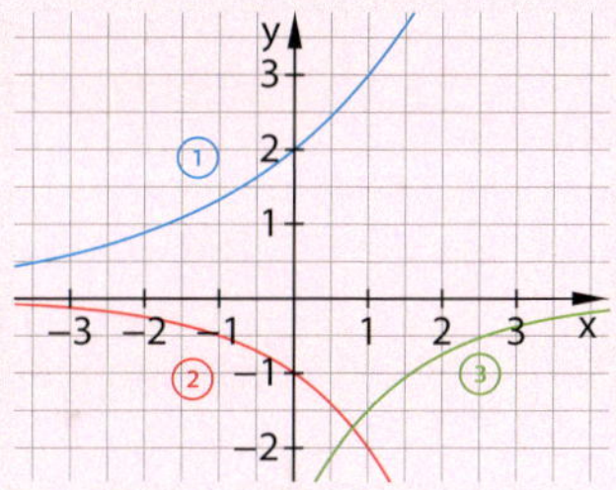

13 Die Abbildung zeigt Graphen zu Exponentialfunktionen der Form $f(x) = a \cdot b^x$. Bestimmen Sie passende Funktionsgleichungen.

14 Entscheiden Sie, ob die Wertetabelle zu einer Exponentialfunktion f der Form $f(x) = a \cdot b^x$ gehört. Wenn ja, geben Sie eine Funktionsgleichung an.

a)

x	−3	1	3	7
f(x)	0,5	8	32	512

b)

x	0	1	2	5
f(x)	2	3	4	7

c)

x	−4	−1	1	3
f(x)	6250	50	2	0,08

15 Radioaktive Strahlung kann man durch Bleiplatten abschirmen. Bei solchen Platten wird die Intensität von Gammastrahlen pro 15 mm Dicke um 50 % reduziert. Ermitteln Sie, auf welchen Teil ihres ursprünglichen Wertes die Strahlungsintensität nach Durchgang durch eine 60 mm starke Bleiplatte sinkt.

16 Eine Bakterienkultur besteht anfangs aus 150 Bakterien. Unter Laborbedingungen wächst die Kultur exponentiell um 20 % pro Stunde. Stellen Sie eine Funktionsgleichung auf, die den Wachstumsprozess in Abhängigkeit von der Zeiteinheit t beschreibt.

a) t in Stunden b) t in Minuten c) t in Tagen

Vermischtes

17 Lösen Sie die Gleichung.

a) $\frac{1}{2}x + 3 = \frac{7}{2x}$ b) $\frac{3}{x-2} = \frac{4}{x+3}$ c) $x^3 + 6x^2 = -9x$ d) $|x+1| = \frac{1}{4}$

18 Stellen Sie die Gleichung nach den angegebenen Variablen um.

a) $v = \frac{s}{t}$ (s; t) b) $V = \pi r^2 h$ (r mit $r > 0$) c) $\frac{B}{G} = \frac{b-f}{f}$ (B; b) d) $A = \frac{a+c}{2} \cdot h$ (a; h)

19 Formulieren Sie für folgenden Sachverhalt eine Zielfunktion mit nur einer Variablen: Die Zahl 8 soll so in zwei Summanden zerlegt werden, dass das Produkt der Summanden (die Summe der Quadrate der Summanden) einen Extremwert annimmt.

7.1 Natürliche Exponentialfunktion

Abgebildet ist der Graph von f mit $f(x) = 2^x$. Die Steigung an der Stelle x = 1 kann durch die Steigung der Sekante im Intervall [0,9; 1,1] angenähert werden.

a) Bestimmen Sie $\frac{f(1,1) - f(0,9)}{0,2}$ und führen Sie entsprechende Rechnungen für x = −3, −2, −1, 0, 2, 3 durch.

b) Skizzieren Sie mithilfe der Werte aus a) näherungsweise den Verlauf des Graphen von f'. Was fällt Ihnen auf, wenn Sie ihn mit dem Graphen von f vergleichen?

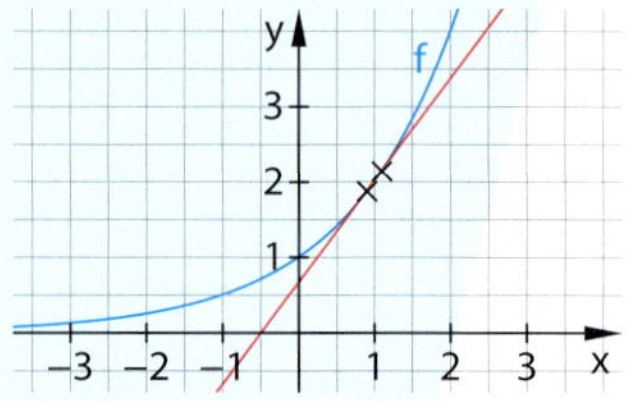

Mit Exponentialfunktionen kann man exponentielles Wachstum beschreiben. Die Funktion f mit $f(x) = 2^x$ gibt zum Beispiel die Anzahl von Bakterien zum Zeitpunkt x Tage an, wenn sich der Bestand täglich verdoppelt. Mit der Ableitung von f kann die momentane Geschwindigkeit des Wachstums zu einem beliebigen Zeitpunkt bestimmt werden.

Um eine Regel zur Ableitung von Exponentialfunktionen wie $f(x) = 2^x$ zu finden, werden sowohl f als auch f' grafisch dargestellt.

Die Graphen lassen vermuten, dass die Ableitung einer Exponentialfunktion ebenfalls eine Exponentialfunktion ist.

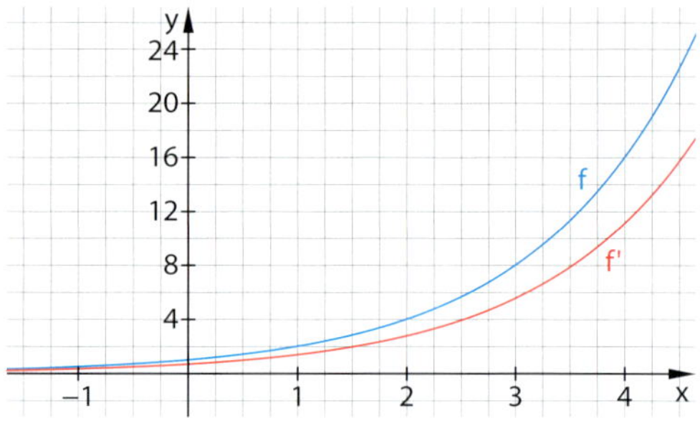

Der nebenstehenden Tabelle kann man auch entnehmen, dass das Verhältnis von f'(x) und f(x) stets konstant ist und der Ableitung an der Stelle 0 entspricht.

x	f(x)	f'(x)	$\frac{f'(x)}{f(x)}$
−1	0,5	0,3466	0,693
0	1	0,693	0,693
1	2	1,386	0,693
2	4	2,773	0,693
5	32	22,18	0,693

Es gilt also $f'(x) = k \cdot 2^x$ mit $k = f'(0) \approx 0,693$.

Die momentane Wachstumsgeschwindigkeit ist proportional zum Bestand der Bakterien.

Erinnerung

$f'(x) = \lim\limits_{h \to 0} \frac{f(x+h) - f(x)}{h}$

Mithilfe des Differenzenquotienten kann man allgemein für $f(x) = b^x$ mit $b > 0$ zeigen:

$$f'(0) = \lim_{h \to 0} \frac{b^{0+h} - b^0}{h} = \lim_{h \to 0} \frac{b^h - 1}{h}$$

$$f'(x) = \lim_{h \to 0} \frac{b^{x+h} - b^x}{h} = \lim_{h \to 0} \frac{b^x \cdot b^h - b^x}{h} = \lim_{h \to 0} \frac{b^x(b^h - 1)}{h} = b^x \cdot \lim_{h \to 0} \frac{b^h - 1}{h} = b^x \cdot f'(0)$$

Für die natürliche Exponentialfunktion sucht man eine Basis b, für die f'(0) den Wert 1 hat. Der Vorteil wäre, dass die Ableitung dieser Funktion die Funktion selbst ist.

$f(x) = b^x$	$f'(x) = f'(0) \cdot b^x$
2^x	$0,693 \cdot 2^x$
$2,7^x$	$0,993 \cdot 2,7^x$
$2,71^x$	$0,9969 \cdot 2,71^x$
$2,72^x$	$1,0006 \cdot 2,72^x$
$2,8^x$	$1,030 \cdot 2,8^x$
3^x	$1,099 \cdot 3^x$

Eine solche Basis existiert tatsächlich und sie wird die **eulersche Zahl e** genannt. Wie aus der Tabelle ersichtlich ist, liegt diese Basis b zwischen 2,71 und 2,72.

Für e gilt: $f'(0) = \lim\limits_{h \to 0} \frac{e^h - 1}{h} = 1$

Die Zahl e ist eine irrationale Zahl. Das bedeutet, sie ist eine Dezimalzahl mit unendlich vielen Nachkommastellen, die nicht periodisch sind. Sie lässt sich daher nicht als Bruch darstellen. Näherungsweise gilt $e \approx 2{,}71828$.

Wissen **Eulersche Zahl e und natürliche Exponentialfunktion**
Es gibt eine Basis e, für die die Exponentialfunktion f mit $f(x) = e^x$ mit ihrer Ableitungsfunktion übereinstimmt.
Die Basis $e \approx 2{,}71828$ heißt **eulersche Zahl,** die Funktion f mit $f(x) = e^x$ heißt **natürliche Exponentialfunktion** oder **e-Funktion.**
f′ mit $f'(x) = e^x$ ist die Ableitungsfunktion und F mit $F(x) = e^x$ ist eine Stammfunktion von f.

Beim Graphen zu $f(x) = e^x$ stimmt an jeder Stelle die Steigung mit dem Funktionswert überein. Der Graph nähert sich für $x \to -\infty$ asymptotisch der x-Achse, ohne diese zu berühren.

Basisaufgaben

Hinweis
Zur Berechnung von Werten von e^x gibt es auf vielen Taschenrechnern eine Taste, meist e^x oder e■.

1 Die Zeichnung zeigt den Graphen der natürlichen Exponentialfunktion f mit $f(x) = e^x$.

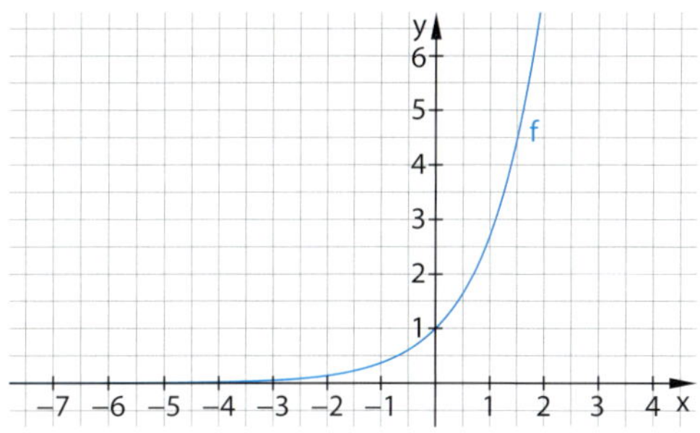

a) Berechnen Sie die Funktionswerte von f für $x = 2$, $x = 1$, $x = 0$, $x = -1$ und $x = -2$ mit dem Taschenrechner.
b) Geben Sie den Definitions- und Wertebereich an. Beschreiben Sie das Verhalten der Funktionswerte für $x \to -\infty$ und $x \to \infty$.
c) Geben Sie das Monotonie- und Krümmungsverhalten des Graphen von f an.

2 Gegeben ist die Funktion f mit $f(x) = e^x$.
a) Begründen Sie mithilfe der Ableitungen das Monotonie- und Krümmungsverhalten des Graphen von f.
b) Begründen Sie mithilfe der Ableitungen, dass der Graph von f keine lokalen Extrempunkte und keine Wendepunkte hat.

3 Bestimmen Sie die erste und zweite Ableitung der Funktion f.
a) $f(x) = 5e^x$ b) $f(x) = e^x + 7$ c) $f(t) = -3e^t$
d) $f(x) = 8 - e^x$ e) $f(x) = 3e^x - 8x^2 + 2e^x - 4x$ f) $f(x) = -\frac{1}{4}\left(e^x - \frac{3}{x}\right)$

4 Bestimmen Sie eine Stammfunktion zur Funktion f.
a) $f(x) = 2e^x$ b) $f(x) = 3 + e^x$ c) $f(t) = e^t - 4$ d) $f(x) = 4e^x$

5 Skizzieren Sie in ein Koordinatensystem die e-Funktion sowie eine an der x-Achse und eine an der y-Achse gespiegelte e-Funktion. Geben Sie auch die Funktionsvorschrift der gespiegelten Graphen an.

6 a) Zeichnen Sie die Graphen der Funktionen f mit $f(x) = e^x$, g mit $g(x) = e^{-x}$, h mit $h(x) = -e^x$ und j mit $j(x) = -e^{-x}$ mit einem digitalen Hilfsmittel.
b) Beschreiben Sie in Worten, wie die Graphen von g, h und j jeweils aus dem Graphen von f hervorgehen.
c) Geben Sie gemeinsame Punkte der Graphen von f, g, h und j an.
d) Zeichnen Sie auch die Ableitungsfunktionen zu f, g, h, und j mit dem digitalen Hilfsmittel und erklären Sie Ihre Beobachtungen.

Spezialfall zur Kettenregel

Die Ableitung der natürlichen Exponentialfunktion f mit $f(x) = e^x$ ist mit der Grundfunktion identisch. Die Funktion g mit $g(x) = e^{x-2}$ ergibt sich durch Verschiebung und die Funktion h mit $h(x) = e^{2x}$ durch Stauchung des Graphen von f in x-Richtung. Die Ableitungen von g und h lassen sich allerdings nicht ohne Weiteres bestimmen.

Beim Verschieben eines Funktionsgraphen in x-Richtung verändert sich die Steigung der eingezeichneten Tangente nicht, weil diese ebenfalls nur verschoben wird. Es gilt also
$g'(x) = f'(x-2)$.

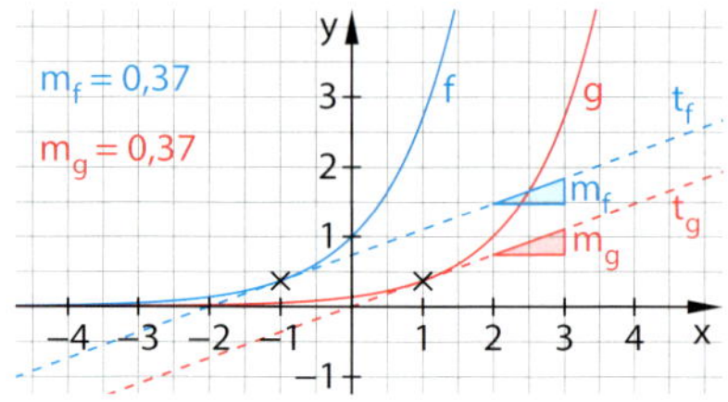

Anders ist es beim Stauchen und Strecken.
Der Graph von h entsteht aus dem Graphen von f durch Stauchung in x-Richtung. Die Steigung jeder Tangente wird dabei um den Faktor 2 erhöht. Die Steigung von h an der Stelle x ist doppelt so groß wie die von f an der Stelle 2x.
Es gilt also $h'(x) = 2 \cdot f'(2x)$.

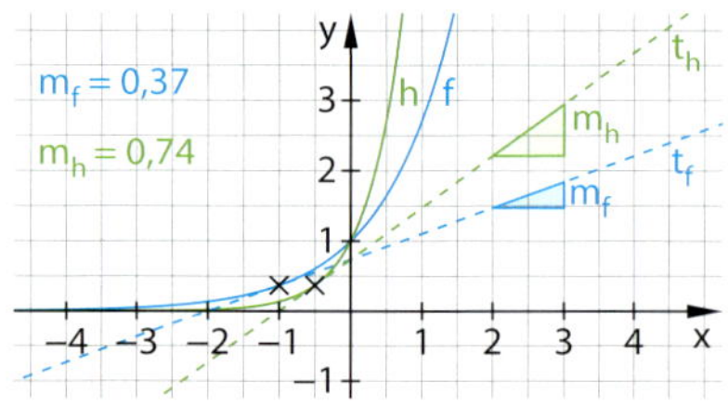

Mithilfe dieser Erkenntnis lässt sich eine allgemeine Regel zum Ableiten von Exponentialfunktionen formulieren. Damit ergibt sich auch eine Regel für Stammfunktionen.

Satz **Ableitung und Stammfunktion zu $f(x) = e^{ax+b}$**

Für die Funktion f mit $f(x) = e^{ax+b}$ mit $a \neq 0$ gilt:

Ableitung: $f'(x) = a \cdot e^{ax+b}$ **Stammfunktion:** $F(x) = \frac{1}{a} \cdot e^{ax+b}$

Hinweis

Auch für Wurzel- und trigonometrische Funktionen sowie für ganzrationale Funktionen kann die Kettenregel angewendet werden. Für eine verkettete Funktion $g(x) = f(ax+b)$ gilt dann $g'(x) = a \cdot f'(ax+b)$. Für die Bildung der Stammfunktion gilt $G(x) = \frac{1}{a} \cdot F(ax+b)$

Beispiel 1 Gegeben ist die Funktion f mit $f(x) = 5e^{-2x+7}$

a) Bestimmen Sie die erste und die zweite Ableitung der Funktion f.
b) Bestimmen Sie eine Stammfunktion von f.

Lösung:

a) Schreiben Sie den Funktionsterm ab und multiplizieren Sie diesen mit dem Faktor −2 des linearen Terms.

$f(x) = 5e^{-2x+7}$
$f'(x) = (-2) \cdot 5e^{-2x+7} = -10e^{-2x+7}$
$f''(x) = (-2) \cdot (-10e^{-2x+7}) = 20e^{-2x+7}$

b) Schreiben Sie den Funktionsterm ab und teilen Sie durch die Ableitung des linearen Terms.

$f(x) = 5e^{-2x+7}$
$F(x) = \frac{1}{-2} \cdot 5e^{-2x+7} = -2{,}5e^{-2x+7}$

Basisaufgaben

7 Bestimmen Sie die erste und zweite Ableitung der Funktion f.

a) $f(x) = e^{5x}$
b) $f(x) = 4e^{0{,}5x} + 8$
c) $f(t) = -e^{3t-5}$
d) $f(x) = \frac{1}{2}e^{3+4x} - 2$
e) $f(x) = 1 - 2e^{\frac{1}{2}x+2}$
f) $f(x) = -3e^{-x+4} - 9$
g) $f(x) = \frac{1}{2}(e^{-x} + e^{x})$
h) $f(x) = \frac{4 - 10e^{2+4x}}{10}$

8 Bestimmen Sie eine Stammfunktion zur Funktion f.

a) $f(x) = e^{-3x} + 1$
b) $f(x) = 6e^{2x}$
c) $f(t) = -e^{-t-1}$
d) $f(x) = \frac{1}{3}e^{1-\frac{1}{4}x} + 2$
e) $f(x) = 2 - 3e^{\frac{3}{5}x+1}$
f) $f(x) = -4e^{2x-2} - 2$
g) $f(x) = -\frac{1}{3}(e^{-x} + e^{x})$
h) $f(t) = e^{2+5t} - e^{2}$

Weiterführende Aufgaben

Erinnerung

Die Gerade mit der Steigung m und die Gerade mit der Steigung $-\frac{1}{m}$ stehen senkrecht aufeinander.

9 Gegeben ist die natürliche Exponentialfunktion f mit $f(x) = e^x$.

a) Begründen Sie, dass an jeder Stelle die Tangentensteigung des Graphen gleich dem Funktionswert ist.

b) Bestimmen Sie die Gleichung der Tangente bei $x = 0$ und $x = 1$.

c) Ermitteln Sie die Gleichung der Normalen bei $x = 1$ (im Bild grün).

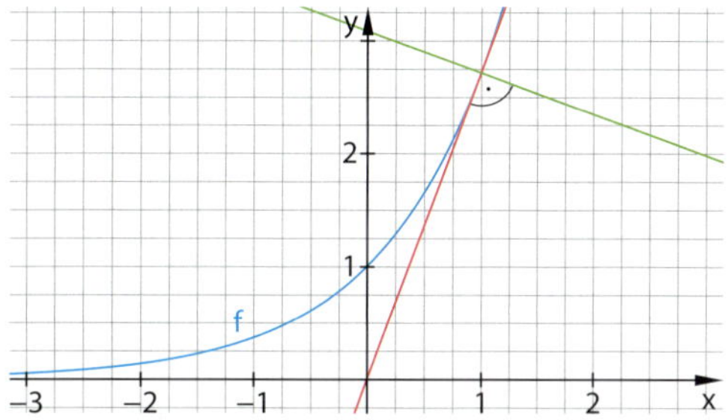

10 Der Verlauf einer Straße wird durch die Funktion f mit $f(x) = e^x$ beschrieben. Die Straße endet bisher im Dorf P mit den Koordinaten $P(1\,|\,e)$. Ein anschließender neuer Straßenabschnitt soll durch eine ganzrationale Funktion zweiten Grades modelliert werden. Er schließt an die bisherige Straße knickfrei an. An der Stelle $x = 4$ hat der Straßenabschnitt seinen nördlichsten Punkt erreicht. Ermitteln Sie die Funktionsgleichung, welche den neuen Straßenabschnitt modelliert.

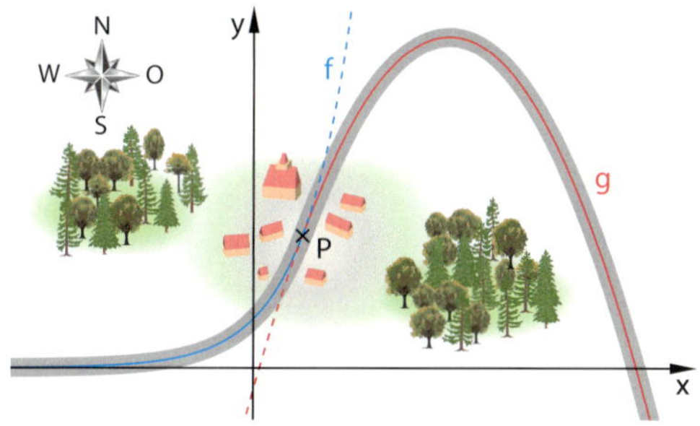

11 **Stolperstelle:** Irene bestimmt die Ableitung f′ und eine Stammfunktion F einer Exponentialfunktion f. $f(x) = 3e^{4x}$, $f'(x) = 12x \cdot e^{4x-1}$, $F(x) = \frac{3}{4x+1}e^{4x+1}$

a) Erklären Sie, wo Irenes Denkfehler liegt.

b) Geben Sie die richtige Ableitung und eine richtige Stammfunktion von f an.

12 Bestimmen Sie die Ableitung. Schreiben Sie den Quotienten als Potenz mit Exponent −1.

Beispiel: $f(x) = \frac{1}{e^{2x-3}} = (e^{2x-3})^{-1} = e^{-2x+3}$ $\quad f'(x) = -2e^{-2x+3}$

a) $f(x) = \frac{1}{e^x}$ b) $f(x) = \frac{1}{e^{4x-7}}$ c) $f(x) = -\frac{6}{e^{1-x}}$ d) $f(x) = \frac{3}{4e^{-0{,}5x+0{,}1}}$

13 Gegeben ist die Funktion f mit $f(x) = e^{ax+b}$ $(a \neq 0, b \in \mathbb{R})$.
Zeigen Sie, dass der Graph von f weder Nullstellen, noch Extrem- oder Wendepunkte hat.

14 Ordnen Sie die Graphen ① bis ⑤ den Funktionsgleichungen zu.

$f(x) = e^x$ $\quad g(x) = -0{,}5e^{1{,}5x}$ $\quad h(x) = 2e^{-x}$ $\quad i(x) = -0{,}5e^{3x}$ $\quad j(x) = -0{,}5e^{-x}$

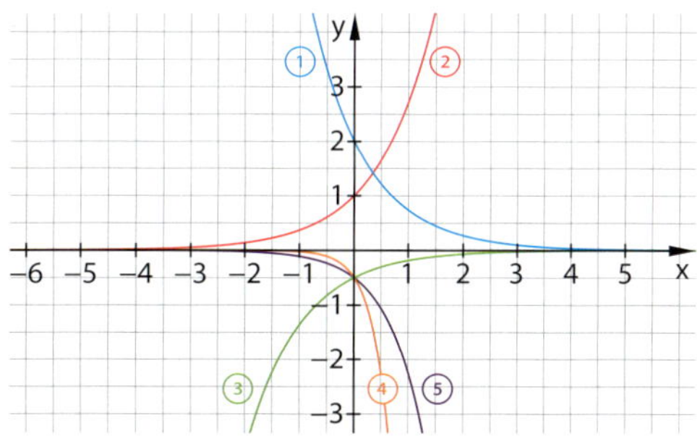

15 Geben Sie für die Funktion f mit $f(x) = c \cdot e^{ax}$ in Abhängigkeit von den Parametern a und c jeweils den Definitions- und Wertebereich, das Monotonie- und Krümmungsverhalten sowie das Verhalten der Funktionswerte für $x \to -\infty$ und $x \to \infty$ an.

16 Erläutern Sie, wie der Graph der Funktion f mit $f(x) = c \cdot e^{ax+b} + d$ $(a, c \neq 0)$ aus dem Graphen der natürlichen Exponentialfunktion hervorgeht.

17 Die Zeichnung zeigt den Graphen der Funktion f mit $f(x) = 4e^{-2x}$. Aus diesem geht der Graph der Funktion g durch
① Spiegelung an der x-Achse,
② Spiegelung an der y-Achse,
③ Spiegelung an beiden Achsen hervor.

a) Bestimmen Sie für alle drei Fälle die Funktionsgleichung von g.
b) Berechnen Sie die Steigung des Graphen von f am Schnittpunkt mit der y-Achse.
c) Geben Sie ohne weitere Rechnung die Steigung der Graphen, die bei den Spiegelungen ① bis ③ entstehen, an der Stelle x = 0 an.

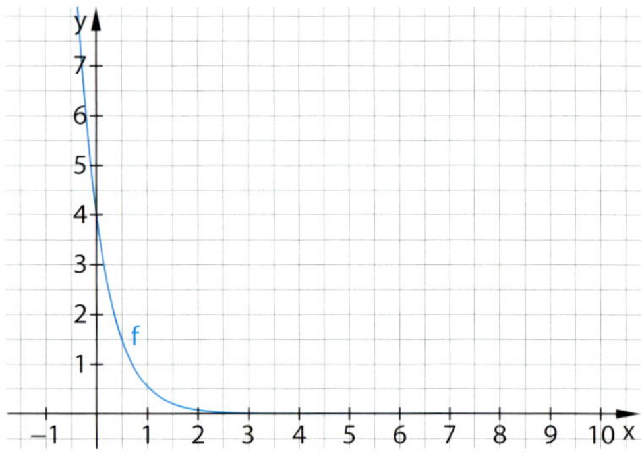

18 Bestimmen Sie die Parameter der Funktion f mit $f(x) = c \cdot e^{ax}$ so, dass der Graph die angegebenen Eigenschaften erfüllt.
a) Der Graph von f verläuft durch den Punkt $P(0\,|\,-4)$ mit einer Steigung von −1.
b) Der Graph von f verläuft durch den Punkt $Q(3\,|\,7)$ mit einer Steigung von 3,5.

19 Bestimmen Sie das Integral.

a) $\int_0^2 2e^{5x+8}\,dx$ b) $\int_0^3 (8e^{4-2x} + 3)\,dx$ c) $\int_1^3 \frac{e^{\frac{x}{3}}}{3}\,dx$

d) $\int_1^3 \frac{1}{e^{-3x+5}}\,dx$ e) $\int_2^4 (-2e^{4x-5} + x^2)\,dx$ f) $\int_2^3 (a^2e^{bt-2} - 3t^2)\,dt$

20 Abgebildet ist der Graph der Funktion f mit $f(x) = -2{,}3e^{-0{,}1x+2} + 1$.
Der Graph von f, die Tangente an den Graphen von f im Punkt $P(0\,|\,f(0))$ und die x-Achse schließen eine Fläche ein.
Bestimmen Sie die Gleichung der Tangente und berechnen Sie den Inhalt dieser Fläche.
Hinweis: Die Nullstelle von f liegt bei $x \approx 28{,}33$.

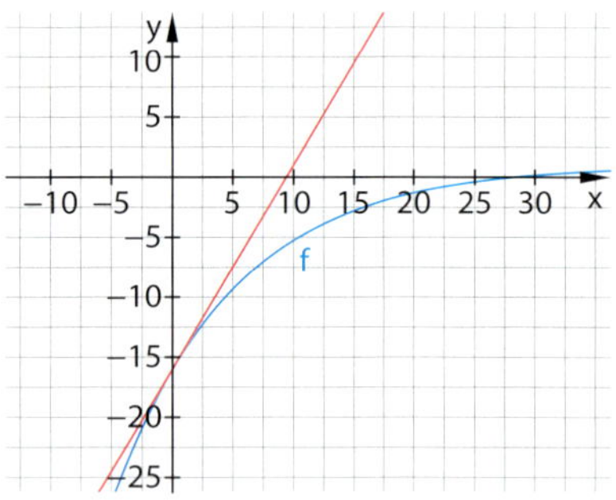

21 Der Graph der Funktion f mit $f(x) = 0{,}4e^{-2x+1{,}5}$ schließt im ersten Quadranten mit der x-Achse im Intervall [0; k] eine Fläche ein.
a) Ermitteln Sie den Inhalt der Fläche für k = 0,75.
b) Ermitteln Sie den Inhalt der Fläche für beliebiges $k \in \mathbb{R}$. Untersuchen Sie, wie sich dieser Inhalt für größer werdendes k verhält.

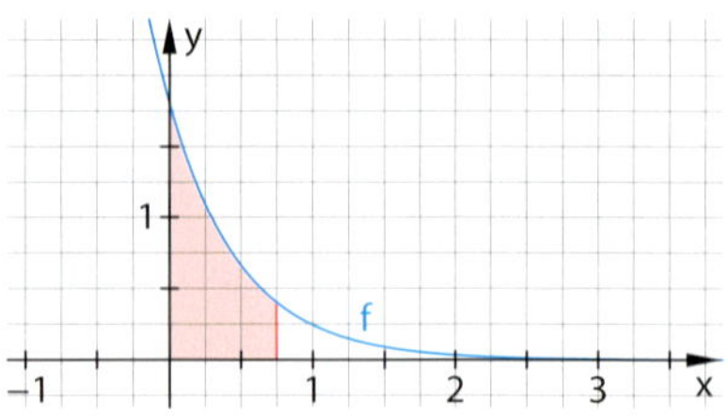

22 Ausblick:
a) Es gilt $e = \lim\limits_{n \to \infty} \left(1 + \frac{1}{n}\right)^n$, d. h. für große $n \in \mathbb{N}$ nähert sich der Term der eulerschen Zahl $e \approx 2{,}71828$ an. Weisen Sie dies mithilfe einer Näherungstabelle nach.
b) Gleichungen, in denen eine Funktion und ihre Ableitungen vorkommen, nennt man **Differenzialgleichungen.** Zeigen Sie, dass alle Funktionen der Form $f(x) = c \cdot e^x$ mit $c \in \mathbb{R}$ die Differenzialgleichung $f'(x) = f(x)$ erfüllen.
c) Ermitteln Sie eine Funktion f, die die Differenzialgleichung $f'(x) = f(x)$ erfüllt und deren Graph die y-Achse im Punkt $(0\,|\,-3)$ schneidet.

Kettenregel

Gegeben ist die Funktion f mit $f(x) = (5x^3 + 1)^2$. Die Funktion lässt sich als Verkettung $f(x) = u(v(x))$ der Funktionen u mit $u(x) = x^2$ und v mit $v(x) = 5x^3 + 1$ auffassen. Gesucht ist eine Ableitungsregel für verkettete Funktionen.
Multiplizieren Sie hierzu den Term der Funktion f aus und leiten Sie f ab. Bestimmen Sie $u'(5x^3 + 1)$. und finden Sie einen Zusammenhang von f' mit u', v' und v.

Verkettung von Funktionen

Bei der Funktion f mit $f(x) = e^{3x}$ wird der x-Wert zuerst verdreifacht und anschließend die e-Funktion angewendet. Entsprechend kann ein Funktionswert f(x) durch Hintereinanderausführung der Funktionen v mit $v(x) = 3x$ und u mit $u(x) = e^x$ gebildet werden.

$$x \xrightarrow{\text{① verdreifachen}} v(x) = 3x \xrightarrow{\text{② in } e^x \text{ einsetzen}} u(3x) = e^{3x}$$

Hinweis

ntgegen der eserichtung wird unächst die innere unktion v und dann ie äußere Funktion u usgeführt.

Die Funktion v, die zuerst ausgeführt wird, bezeichnet man auch als **innere Funktion**. Die Funktion u, die zum Schluss/als Zweites ausgeführt wird, bezeichnet man als **äußere Funktion.**

$$f(x) = u(v(x)) = u(3x) = e^{3x}$$

f bezeichnet man als **Verkettung** der Funktionen u und v.

Beim **Verketten** (Hintereinanderausführen) zweier Funktionen ist die Reihenfolge meist nicht vertauschbar. Die Verkettung g von v und u mit $g(x) = v(u(x))$ ergibt eine andere Funktion als f.

$$g(x) = v(u(x)) = v(e^x) = 3e^x \quad (\neq f(x))$$

Hinweis

ür die verkettete unktion f mit $(x) = u(v(x))$ schreibt ıan auch $f = u \circ v$.

Definition **Verkettung von Funktionen**

Die Funktion f mit $f(x) = u(v(x))$ heißt die **Verkettung** der Funktionen u und v.

Beispiel 1 **Funktionen verketten**

Gegeben sind die Funktionen u und v mit $u(x) = \sqrt{x}$ und $v(x) = x^3 + 1$.
Bilden Sie die Verkettungen f mit $f(x) = u(v(x))$ und g mit $g(x) = v(u(x))$.

Lösung:

Setzen Sie für v(x) den Term $x^3 + 1$ als Argument in u(x) ein und geben Sie den Funktionswert von u an der Stelle $x^3 + 1$ an.

$$f(x) = u(v(x)) = u(x^3 + 1) = \sqrt{x^3 + 1}$$

Setzen Sie bei u(v(x)) umgekehrt für u(x) den Term $\sqrt{x}$ als Argument in u(x) ein.

$$g(x) = v(u(x)) = v(\sqrt{x}) = \sqrt{x}^3 + 1$$

Hinweis

ie Wahl von u und v t nicht eindeutig. öglich ist z. B. auch: $(x) = 5x$, $u(x) = e^{x-2}$

Beispiel 2 **Funktion als Verkettung darstellen**

Bestimmen Sie zur Funktion f mit $f(x) = e^{5x-2}$ Funktionen u und v so, dass $f(x) = u(v(x))$ gilt.

Lösung:

Bei e^{5x-2} wird erst der Term $5x - 2$ berechnet und dann als Exponent von e eingesetzt. Also kann man zu $5x - 2$ die innere Funktion v und zum Einsetzen in die e-Funktion die äußere Funktion u wählen.

$v(x) = 5x - 2$; $u(x) = e^x$

Dann gilt: $f(x) = u(v(x)) = u(5x - 2) = e^{5x-2}$

Basisaufgaben

1 Bilden Sie die Verkettungen f mit $f(x) = u(v(x))$ und g mit $g(x) = v(u(x))$.

a) $u(x) = x - 4$ $\quad v(x) = x^2$
b) $u(x) = e^x$ $\quad v(x) = x + 9$
c) $u(x) = \sqrt{x}$ $\quad v(x) = 3 - x^4$
d) $u(x) = x^{-4}$ $\quad v(x) = 3x^2 + 7$
e) $u(x) = \frac{1}{x}$ $\quad v(x) = e^x$
f) $u(x) = e^x$ $\quad v(x) = \frac{3}{x^2}$

2 Gegeben sind Funktionen u, v und eine Stelle x_0. Bestimmen Sie $u(v(x_0))$ und $v(u(x_0))$.

a) $u(x) = x + 1;\ v(x) = x^2;\ x_0 = 3$
b) $u(x) = \frac{1}{x};\ v(x) = x + 1;\ x_0 = \frac{1}{2}$
c) $u(x) = \sqrt{x};\ v(x) = x - 7;\ x_0 = 16$
d) $u(x) = -3e^{-x};\ v(x) = 3x^2 - 4;\ x_0 = 5$

3 Bestimmen Sie Funktionen u und v so, dass $f(x) = u(v(x))$ gilt.

a) $f(x) = (x + 5)^3$
b) $f(x) = e^{(x^2)}$
c) $f(x) = \frac{1}{4x - 1}$
d) $f(x) = 2\sqrt{x + 1}$

4 Gegeben sind die Funktionen u und v mit $u(x) = 2x - 1$ und $v(x) = \frac{1}{2}x + \frac{1}{2}$.

a) Zeigen Sie, dass $u(v(x)) = x$ ist.
b) Geben Sie vier weitere Funktionspaare mit dieser Eigenschaft an.
c) Untersuchen Sie für die Funktionspaare aus b), was sich für $v(u(x))$ ergibt.

Kettenregel

Um die Ableitung einer verketteten Funktion f mit $f(x) = u(v(x))$ zu bestimmen, wird der Grenzwert des Differenzenquotienten gebildet. Es gilt:

Hinweis

Die Kettenregel lässt sich auch ohne die Voraussetzung $v(x+h) - v(x) \neq 0$ zeigen.

$$\frac{f(x+h) - f(x)}{h} = \frac{u(v(x+h)) - u(v(x))}{h}$$

$$= \frac{u(v(x+h)) - u(v(x))}{v(x+h) - v(x)} \cdot \frac{v(x+h) - v(x)}{h}$$

Erweitern mit $d = v(x+h) - v(x)$, also $v(x+h) = v(x) + d$ (vorausgesetzt, dass $v(x+h) - v(x) \neq 0$ gilt).

$$= \frac{u(v(x) + d) - u(v(x))}{d} \cdot \frac{v(x+h) - v(x)}{h}$$

Für den Grenzwert $h \to 0$ gilt $d = v(x+h) - v(x) \to 0$, wenn v' existiert.

$h \to 0$: $\quad h \to 0,\ d \to 0 \quad\quad h \to 0$

$$f'(x) = u'(v(x)) \cdot v'(x)$$

Merkhilfe

[u(■)]' = u'(■) · ■'
„äußere Ableitung mal innere Ableitung"

Satz **Allgemeine Kettenregel**

Haben die Funktionen u und v die Ableitungen u' und v', dann hat die Verkettung f mit $f(x) = u(v(x))$ die Ableitung $f'(x) = u'(v(x)) \cdot v'(x)$.
Für verkettete Funktionen der Form $f(x) = e^{v(x)}$ gilt insbesondere: $f'(x) = v'(x) \cdot e^{v(x)}$.

Beispiel 3 Berechnen Sie die Ableitung von f. a) $f(x) = (x^3 - 9x)^6$ b) $f(x) = e^{x^4 - x^2}$

Lösung:

a) Der Term $(x^3 - 9x)^6$ ist eine Potenz von $x^3 - 9x$. Wählen Sie die Funktion zu $x^3 - 9x$ als innere Funktion v und die Potenzfunktion als äußere Funktion u. Bestimmen Sie ihre Ableitungen und wenden Sie die Kettenregel an.

$v(x) = x^3 - 9x \quad u(x) = x^6$
$v'(x) = 3x^2 - 9 \quad u'(x) = 6x^5$

$$f'(x) = u'(v(x)) \cdot v'(x) = u'(x^3 - 9x) \cdot (3x^2 - 9) = 6(x^3 - 9x)^5 \cdot (3x^2 - 9)$$

b) Multiplizieren Sie $e^{x^4 - x^2}$ mit der Ableitung des Exponenten $x^4 - x^2$.

$v(x) = x^4 - x^2 \quad v'(x) = 4x^3 - 2x$
$f'(x) = v'(x) \cdot e^{v(x)} = (4x^3 - 2x) \cdot e^{x^4 - x^2}$

Basisaufgaben

5 Übertragen Sie die Tabelle in Ihr Heft und vervollständigen Sie sie.

$f(x) = u(v(x))$	$v(x)$	$u(x)$	$v'(x)$	$u'(x)$	$f'(x) = u'(v(x)) \cdot v'(x)$
$(4x^4 - 2)^3$	$4x^4 - 2$	x^3	$16x^3$	$3x^2$	$3(4x^4 - 2)^2 \cdot 16x^3$
$(-7x^3 + 5)^4$					
$\sqrt{8x + 3}$					
e^{-x}					
$(2x + 3)^{-1}$					
$(9 - x)^5$					
$\sqrt{2x^5 - 4x}$					
$e^{-x^3 + 2x^2}$					

6 Geben Sie die äußere und die innere Funktion an und bestimmen Sie die Ableitung.
a) $f(x) = (x + 3)^{-2}$ b) $f(x) = \sqrt{3x + 1}$ c) $f(x) = (x^3 + x^2 + x)^4$
d) $f(t) = e^{4t^6 - 5t^4 + t - 2}$ e) $f(x) = \sqrt{e^x}$ f) $f(x) = 5\sqrt{2 - 3x^4}$

7 Bestimmen Sie die Ableitung und vereinfachen Sie das Ergebnis.
a) $f(x) = (2 - 0{,}5x)^4$ b) $f(x) = -\frac{1}{6}(6x + 7)^{-1}$ c) $f(t) = \frac{e^{x^2-1}}{4}$
d) $f(x) = (3x^4 - x)^5$ e) $f(x) = \sqrt{3 - 2x^3}$ f) $f(t) = \sqrt{2e^t + 1}$
g) $f(x) = \left(\frac{1}{2}x^3 - 2x^2 + 5x\right)^3$ h) $f(x) = \left(5x^2 - 3\sqrt{x}\right)^4$ i) $f(x) = \left(7 - \sqrt{x}\right)^3$

8 Bestimmen Sie die Ableitungsfunktion von f. Schreiben Sie den Quotienten als Potenz mit negativem Exponenten und wenden Sie anschließend die Kettenregel an.
Beispiel: $f(x) = \frac{1}{(2x - 3)^4} = (2x - 3)^{-4}$

$f'(x) = 2 \cdot (-4) \cdot (2x - 3)^{-5} = -\frac{8}{(2x - 3)^5}$

a) $f(x) = \frac{1}{(5x + 1)^2}$ b) $f(x) = \frac{1}{x - 3}$ c) $f(x) = \frac{1}{\sqrt{1 - x}}$
d) $f(x) = \frac{2}{(-4x + 11)^6}$ e) $f(x) = \frac{1}{e^x}$ f) $f(x) = -\frac{3}{e^{4x + 5}}$

Weiterführende Aufgaben

9 Gegeben ist die Funktion f mit $f(x) = (6 - 5x)^2$.
a) Bestimmen Sie die Ableitung von f sowohl mit der Kettenregel als auch durch Ausmultiplizieren und Ableiten der Summanden.
b) Wählen Sie begründet eine Methode aus, um die Funktion g mit $g(x) = (6 - 5x)^4$ abzuleiten.

10 **Stolperstelle:** Die Funktion f mit $f(x) = (x^4 + x^2)^3$ soll abgeleitet werden.
Beschreiben Sie, welche Fehler in den Beispielen gemacht wurden und korrigieren Sie sie.

① $f'(x) = 3(x^4 + x^2)^2$
② $f'(x) = 3(4x^3 + 2x)^2$
③ $f'(x) = 3(x^4 + x^2)^2 \cdot 4x^3 + 2x$

11 Bestimmen Sie die Ableitung der Funktion.
a) $f(t) = (at^2 + 6)^2$ b) $g(a) = (at^2 + 6)^2$ c) $h(t) = -e^{-\omega t + \varphi}$

12 **Lineare und quadratische innere Funktionen:** Gegeben sei eine Funktion f und a, b, c ∈ ℝ. Weisen Sie die Behauptungen mithilfe der Kettenregel nach.

a) Für die Funktion g mit $g(x) = f(ax + b)$ gilt: $g'(x) = a \cdot f'(ax + b)$

b) Für die Funktion h mit $h(x) = f(ax^2 + bx + c)$ gilt: $h'(x) = (2ax + b) \cdot f'(ax^2 + bx + c)$

13 Bestimmen Sie Funktionen u und v so, dass $f(x) = u(v(x))$ gilt. Geben Sie jeweils zwei verschiedene Möglichkeiten dafür an. Bestimmen Sie auch die Ableitung von f.

a) $f(x) = \frac{7}{x^2 + 3}$ b) $f(x) = \frac{7}{x^2} + 3$ c) $f(x) = \sqrt[3]{x^2 + 5}$

d) $f(x) = \sqrt[3]{x^2} + 5$ e) $f(x) = (3e^{7x} + 7x)^2$ f) $f(x) = \frac{3}{2e^x} + 1$

14 Bestimmen Sie die Ableitung der Funktion f mit $f(x) = (-2x + 1)^6$. Ermitteln Sie die Art und Lage des Extrempunkts des Graphen von f mit dem Vorzeichenwechselkriterium.

15 Bestimmen Sie die Gleichungen der Tangente an den Graphen der Funktion f und der zugehörigen Normalen an der Stelle x_0.

a) $f(x) = \sqrt{x^3 + 3}$ $x_0 = 1$ b) $f(x) = 2e^{8x^3 + 3x}$ $x_0 = 0$

c) $f(x) = e^{-x^3}$ $x_0 = -1$ d) $f(x) = \left(\frac{1}{8}x^2 + \frac{1}{2}x\right)^2$ $x_0 = -2$

Info

Wissenschaft und Technik bedienen sich der Kelvin-Skala, die ihren Nullpunkt bei der tiefsten theoretisch denkbaren Temperatur, dem absoluten Nullpunkt −273,15 °C, hat.

16 Fast überall in der Welt – bis auf die USA – wird zur Temperaturmessung die Celsius-Skala verwendet, in der 100 °C der Siedepunkt von Wasser ist. Die US-Amerikaner verwenden die Fahrenheitskala, in der 100 °F der Körpertemperatur eines gesunden Menschen entsprechen.
Zur Umrechnung dient die Formel: $T_C = \frac{5}{9} \cdot (T_F - 32)$
T_C: Temperatur in °C; T_F: Temperatur in °F
Die Funktion f mit $f(T_C) = 1000 - 0{,}007 \cdot (T_C - 4)^2$ beschreibt die Dichte von Wasser in kg/m³ in Abhängigkeit von der Temperatur in °C.

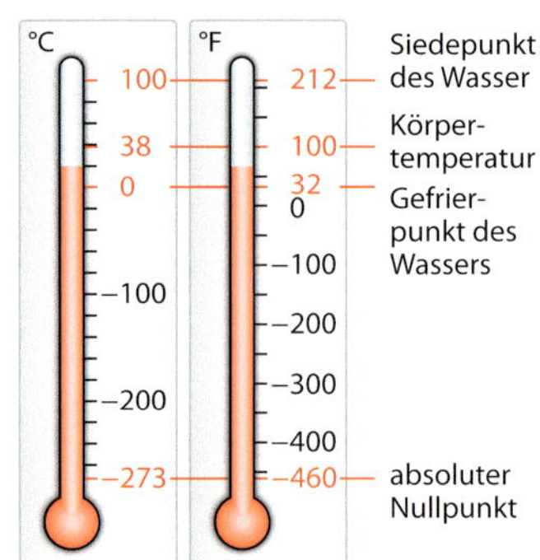

a) Geben Sie eine Funktion g an, welche die Dichte von Wasser in Abhängigkeit von der Temperatur in °F beschreibt.

b) Bestimmen Sie mit der Funktion f die Temperatur in °C, bei der Wasser die größte Dichte hat und mit der Funktion g die gleiche Temperatur in °F.

c) Bestimmen Sie die momentane Änderungsrate der Wasserdichte für die Temperaturen −5 °C und 23 °F.

d) Zeigen Sie, dass die Temperaturen von −5 °C und 23 °F gleich sind. Erläutern Sie, warum die Zahlenwerte der Änderungsraten in c) jedoch verschieden sind.

17 a) Gegeben sei eine Funktion k. Zeigen Sie mithilfe der Kettenregel, dass die Funktion f mit $f(x) = \frac{1}{k(x)}$ die Ableitung $f'(x) = -\frac{k'(x)}{(k(x))^2}$ hat.

b) Bestimmen Sie mithilfe der Formel aus a) die Ableitung der Funktion f.

① $f(x) = \frac{1}{2x^4 - 4x}$ ② $f(x) = \frac{1}{\sqrt{x}}$ ③ $f(x) = \frac{1}{e^x + x^2}$

18 a) Zeigen Sie, dass für Funktionen f mit $f(x) = u(v(w(x)))$ gilt:
$f'(x) = u'(v(w(x))) \cdot v'(w(x)) \cdot w'(x)$

b) Bestimmen Sie mit der Formel aus a) die Ableitung der Funktion f.

① $f(x) = e^{\sqrt{x^3 + 1}}$ ② $f(x) = \sqrt{(e^{x+1})^2 - 4}$ ③ $f(x) = \left(\sqrt{e^{2x}} + 1\right)^3$

19 **Ausblick:** Die Funktion g ist Umkehrfunktion der Funktion f, wenn $f(g(x)) = x$ gilt.

a) Zeigen Sie, dass für die Ableitung der Umkehrfunktion gilt: $g'(x) = \frac{1}{f'(g(x))}$

b) Die Funktion f mit $f(x) = x^2$ hat für $x \geq 0$ die Umkehrfunktion g mit $g(x) = \sqrt{x}$.
Zeigen Sie mithilfe der Regel aus a), dass g die Ableitung $g'(x) = \frac{1}{2\sqrt{x}}$ hat.

7.2 Natürlicher Logarithmus

Abgebildet sind die Funktionsgraphen von f und g mit $f(x) = e^x$ und $g(x) = 3$.

a) Berechnen Sie die Lösungen der Gleichungen $2^x = 3$ und $3^x = 3$.

b) Bestimmen Sie durch Probieren eine Lösung der Gleichung $e^x = 3$. Bewerten Sie die Lösung mithilfe der Grafik.

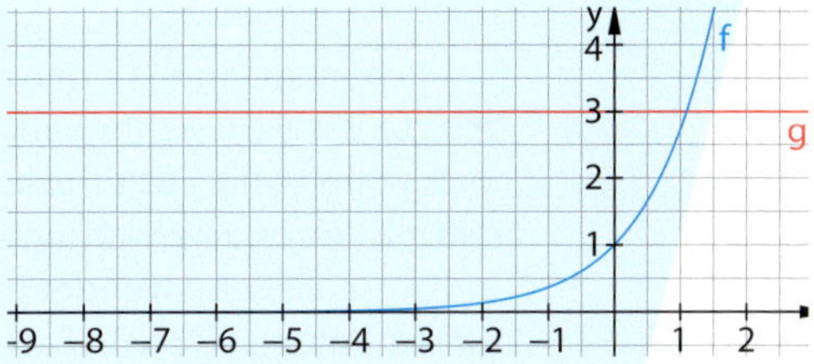

Das Logarithmieren mit der Basis b kehrt das Potenzieren mit der Basis b um.	Gleichung: Lösung:	$10^x = 1000$ $x = \log_{10}(1000) = 3$
Auch zur Basis e gibt es einen Logarithmus, der das Potenzieren mit der Basis e umkehrt.	Gleichung: Lösung:	$e^x = 8$ $x = \log_e(8) \approx 2{,}08$

Wissen

Der **natürliche Logarithmus** ist der Logarithmus zur Basis e. Für $\log_e(a)$ mit $a > 0$ schreibt man $\ln(a)$. Dabei gibt $x = \ln(a)$ die Lösung der Gleichung $e^x = a$ an.
Das Anwenden des natürlichen Logarithmus kehrt das Potenzieren mit der Basis e um.
Es gilt $e^{\ln(a)} = a$ und $\ln(e^a) = a$.

Aus den Potenzgesetzen folgen die **Rechenregeln** für den ln. Für alle $a, c, r \in \mathbb{R}$ mit $a, c > 0$ gilt:
① $\ln(a \cdot c) = \ln(a) + \ln(c)$ ② $\ln\left(\frac{a}{c}\right) = \ln(a) - \ln(c)$ ③ $\ln(a^r) = r \cdot \ln(a)$

Beispiel 1 Vereinfachen Sie. a) $\ln\left(\frac{1}{e}\right)$ b) $e^{2 \cdot \ln(6)}$ c) $\ln\left(\sqrt{e} \cdot e^x\right)$

Lösung:

a) Wenden Sie das Logarithmusgesetz für Brüche an. ln(e) ist die Lösung zu $e^x = e$.

$$\ln\left(\frac{1}{e}\right) = \ln(1) - \ln(e) = 0 - 1 = -1$$

b) Wenden Sie das Potenzgesetz für Produkte und $e^{\ln(a)} = a$ an.

$$e^{2 \cdot \ln(6)} = \left(e^{\ln(6)}\right)^2 = 6^2 = 36$$

c) Wenden Sie das Logarithmusgesetz für Produkte an. Schreiben Sie die Wurzel als Potenz. ln und e heben sich gegenseitig auf.

$$\ln\left(\sqrt{e} \cdot e^x\right) = \ln\left(\sqrt{e}\right) + \ln(e^x) = \ln\left(e^{\frac{1}{2}}\right) + \ln(e^x) = \frac{1}{2} + x$$

Basisaufgaben

1 Schreiben Sie mithilfe des natürlichen Logarithmus. Beispiel: $e^3 \approx 20{,}1$ $\ln(20{,}1) \approx 3$

a) $e^1 \approx 2{,}718$ b) $e^0 = 1$ c) $e^{-1} \approx 0{,}37$ d) $0{,}82 \approx e^{-0{,}2}$ e) $e^{\frac{3}{4}} \approx 2{,}12$

2 Entscheiden Sie begründet, ob der Term definiert ist. Falls ja, berechnen Sie den Wert mit dem Taschenrechner.

a) $\ln(2)$ b) $\ln(0)$ c) $\ln(-1)$ d) $e^{3 \cdot \ln(0{,}5)}$ e) $\ln\left(\frac{\sqrt{e}}{e}\right)$

3 Vereinfachen Sie den Term.

a) $e^{\ln(1)}$ b) $\ln(e)$ c) $\ln(e^5)$ d) $e^{2 \cdot \ln(4)}$ e) $3\,e^{-\ln(2)}$

f) $\ln(e^2 \cdot e^3)$ g) $\ln\left(\frac{1}{e^2}\right)$ h) $\ln\left(\sqrt[3]{e}\right)$ i) $-2\,e^{\ln(3)+1}$ j) $-\ln\left(\frac{1}{5}\right)$

Hinweis

ln steht für logarithmus naturalis. Wichtige Eigenschaften sind:
$\ln(e) = 1$
$\ln(1) = 0$
$\ln(x)$ ist nicht definiert für $x \leq 0$.

Lösungen zu 3

8 1 −2
16 1,5
1 5
$\frac{1}{3}$ −6e 5
ln(5)

Basiswechsel – Exponentialfunktionen mit allgemeiner Basis ableiten

Um Exponentialfunktionen mit beliebigen Basen ableiten zu können, werden diese mit Potenzen zur Basis e beschrieben.

Man schreibt die Basis (hier 2) mithilfe des natürlichen Logarithmus und der e-Funktion um. Anschließend wendet man das Gesetz für das Potenzieren von Potenzen an.

$$2^x = \left(e^{\ln(2)}\right)^x \quad \left(\text{denn } 2 = e^{\ln(2)}\right)$$
$$= e^{\ln(2)\cdot x}$$

Satz **Exponentialfunktionen mit Basis e darstellen**

Jede Exponentialfunktion mit beliebiger Basis lässt sich als eine Exponentialfunktion mit der Basis e schreiben: $f(x) = b^x = e^{\ln(b)\cdot x}$

Wendet man die Kettenregel auf die Darstellung mit der Basis e an, so ergibt sich eine Ableitungsregel für Exponentialfunktionen mit beliebiger Basis.

$$f(x) = b^x = e^{\ln(b)\cdot x}$$
$$f'(x) = \ln(b)\cdot e^{\ln(b)\cdot x}$$
$$= \ln(b)\cdot b^x$$

Satz **Ableitung der Funktion f mit $f(x) = b^x$**

Die Funktion f mit $f(x) = b^x$ und $b \in \mathbb{R}$, $b > 0$ hat die Ableitung $f'(x) = \ln(b)\cdot b^x$.

Beispiel 2 Gegeben ist die Funktion f mit $f(x) = 3\cdot 5^x$

a) Bestimmen Sie die Ableitung der Funktion f.
b) Stellen Sie die Funktionsgleichung von f mit der Basis e dar.
c) Bestimmen Sie die Ableitung von f mit der Darstellung aus b) und überprüfen Sie das Ergebnis von a).

Lösung:

a) Schreiben Sie den Term ab und multiplizieren Sie ihn mit dem ln der Basis.
$f(x) = 3\cdot 5^x$
$f(x) = \ln(5)\cdot 3\cdot 5^x \approx 4{,}83\cdot 5^x$

b) Ersetzen Sie 5 durch $e^{\ln(5)}$ und wenden Sie das Potenzgesetz an.
$f(x) = 3\cdot\left(e^{\ln(5)}\right)^x$
$= 3\cdot e^{\ln(5)\cdot x}$

c) Wenden Sie die Kettenregel an. ln(5) wird als Faktor vorgezogen. Mit b) ergibt sich die Ableitung aus a).
$f'(x) = \ln(5)\cdot 3\cdot e^{\ln(5)\cdot x}$
$= \underbrace{\ln(5)\cdot 3}_{\approx 4{,}83}\cdot 5^x$

Basisaufgaben

4 Bestimmen Sie die Ableitung der Funktion.

a) $f(x) = 2^x$ b) $f(x) = -3^x$ c) $f(x) = -0{,}5^x$ d) $f(x) = -4\cdot 3{,}2^x$
e) $f(x) = \left(\frac{1}{2}\right)^x$ f) $f(x) = 4\cdot\left(\frac{1}{3}\right)^x$ g) $f(x) = \frac{1}{7}\cdot 3^x + 13$ h) $f(x) = -\frac{6}{5}\cdot 0{,}25^x$

5 Schreiben Sie die Exponentialfunktion als Funktion mit der Basis e. Leiten Sie sie anschließend mithilfe der Kettenregel ab.

a) $f(x) = 2^x$ b) $f(x) = 2\cdot 6^x$ c) $f(x) = 3^{2x}$ d) $f(x) = 1{,}5\cdot 2^{4x-3}$

6 Gegeben ist die Exponentialfunktion f mit $f(x) = 2{,}5^x$. Bestimmen Sie die Gleichung der Tangente an den Graphen von f an der gegebenen Stelle bzw. im gegebenen Punkt.

a) $x = -4$ b) $P(1\,|\,2{,}5)$ c) $Q(4\,|\,f(4))$ d) $R(-2\,|\,f(-2))$

Exponentialgleichung

Um die nebenstehende Exponentialgleichung zu lösen, wendet man zuerst auf beiden Seiten den natürlichen Logarithmus an. Anschließend lässt sich die Gleichung nach x umstellen.

$$e^{2x} = 5 \quad |\ \ln$$
$$\ln(e^{2x}) = \ln(5)$$
$$2x = \ln(5) \quad |:2$$
$$x = \frac{\ln(5)}{2} \approx 0{,}8$$

Beispiel 3 Lösen Sie die Gleichung.

a) $2e^{3x-2} - 4 = 6$ b) $e^{2x}(x^2 - 4) = 0$ c) $xe^{-x} + e^{-x} = 0$

Lösung:

a) Stellen Sie die Gleichung nach dem Exponentialterm um. Wenden Sie auf beiden Seiten den natürlichen Logarithmus an und lösen Sie nach x auf.

$$2e^{3x-2} - 4 = 6 \quad |+4 \quad |:2$$
$$e^{3x-2} = 5 \quad |\ln$$
$$3x - 2 = \ln(5) \quad |+2 \quad |:3$$
Lösung: $x = \frac{\ln(5)+2}{3} \approx 1{,}2$

b) Setzen Sie jeden Faktor einzeln gleich 0. Für $e^{2x} = 0$ gibt es keine Lösung. Der Graph der e-Funktion nähert sich der x-Achse an, berührt diese aber nie. Die Gleichung $x^2 - 4 = 0$ liefert zwei Lösungen.

$$e^{2x}(x^2 - 4) = 0$$
$e^{2x} = 0$ hat keine Lösung
$$x^2 - 4 = 0 \quad |+4$$
$$x^2 = 4 \quad |\sqrt{\ }$$
Lösungen: $x_1 = 2, x_2 = -2$

c) Klammern Sie den Exponentialterm aus. Setzen Sie jeden Faktor gleich 0. Für $e^{-x} = 0$ gibt es keine Lösung. Die Gleichung $x + 1 = 0$ liefert eine Lösung.

$$xe^{-x} + e^{-x} = 0$$
$$e^{-x}(x+1) = 0 \quad |\ e^{-x} \neq 0$$
$$x + 1 = 0 \quad |-1$$
Lösung: $x = -1$

Erinnerung

Regel vom Nullprodukt: Ein Produkt ist genau dann 0, wenn einer der Faktoren 0 ist.

Basisaufgaben

7 Lösen Sie die Gleichung. Geben Sie die Lösung mithilfe des ln an.

a) $e^x = 7$ b) $4e^x = 8$ c) $2e^x - 6 = 0$ d) $3e^t - 8 = 4$
e) $4e^{-x} - 2 = 2$ f) $e^{2x-4} = 5$ g) $3e^{2x-7} = 6$ h) $3e^{4x-5} - 3 = 6$
i) $5e^{3x+2} - 5 = 10$ j) $11e^{-8x+4} = 22$ k) $e^8 + e^x = 142$ l) $e^4 \cdot e^x = e^8$

8 Entscheiden Sie, ob die Exponentialgleichung lösbar ist.

a) $5e^{5x} - 2 = 0$ b) $6e^{4x} = -3$ c) $-3e^{2x} = -10$ d) $(10e^{-5x} + 10) = 0$

9 Lösen Sie die Gleichung mit der Regel vom Nullprodukt. Klammern Sie aus, falls nötig.

a) $xe^x = 0$ b) $e^{3x}(x^2 - 9) = 0$ c) $e^{-2x}(x^3 + 1) = 0$ d) $-2(e^{2x} - 6)x^3 = 0$
e) $x^2(5 - e^{3x}) = 0$ f) $xe^x - e^x = 0$ g) $x - xe^x = 0$ h) $4e^{-3x} - x^2e^{-3x} = 0$

Lösungen zu 9

2; −1; 3; $\frac{\ln(5)}{3}$; 0; −3; $\ln(4)$; 0; 1; −2; $\frac{\ln(6)}{2}$; 0; 0

10 Bestimmen Sie die Lösungsmenge der Gleichung.

a) $e^{x-4} = e^{2x}$ b) $e^{2x} + 3e^{2x} = 12$ c) $5e^{-3x} = 3e^{-3x} + 8$ d) $(e^{2x} - 1)(x^4 - 1) = 0$
e) $-e^{-x-1} + 2 = 0$ f) $4e^{-x} + 2 = -2$ g) $3e^{2x-7} = -3e^{2x-7}$ h) $2e^{5x-3} = e^{5x-3} + 4$

11 Geben Sie eine Exponentialgleichung an, die

a) keine Lösung hat, b) (genau) eine Lösung hat, c) drei Lösungen hat.

12 Ordnen Sie die Gleichungen den Lösungen zu, ohne schriftlich zu rechnen.

① $e^x = e$ ② $-3e^x = 0$ ③ $x \cdot e^{4x} = 0$

Ⓐ keine Lösung Ⓑ $x = 0$ Ⓒ $x = 1$

Weiterführende Aufgaben

13 Bestimmen Sie, für welche x die Ungleichung gilt. Schätzen Sie zunächst.
a) $e^x > 1\,000\,000$
b) $e^x < \frac{1}{1\,000\,000}$

14 Auf der Karte rechts sehen Sie den Nachweis einer Rechenregel für den Logarithmus.
a) Beschreiben Sie das Vorgehen.
b) Weisen Sie nun auf ähnliche Weise die zwei anderen Regeln $\ln\left(\frac{a}{b}\right) = \ln(a) - \ln(b)$ und $\ln(a^r) = r \cdot \ln(a)$ nach.

$$\begin{aligned}\ln(a \cdot b) &= \ln\left(e^{\ln(a)} \cdot e^{\ln(b)}\right)\\ &= \ln\left(e^{\ln(a) + \ln(b)}\right)\\ &= \ln(a) + \ln(b)\end{aligned}$$

15 Bestätigen Sie mithilfe der Ableitungsformel $f'(x) = \ln(b) \cdot b^x$ für $f(x) = b^x$, dass für die Ableitung von $f(x) = e^x$ gilt: $f'(x) = e^x$. Überprüfen Sie außerdem, ob es andere Exponentialfunktionen der Form $f(x) = b^x$ gibt, die abgeleitet wieder sich selbst ergeben.

16 **Exponentialgleichungen mit allgemeiner Basis:**
a) Erläutern Sie, wie die Gleichung $2^x = 10$ rechts gelöst wird.
b) Lösen Sie ebenso die angegebene Gleichung.
① $3^x = 8$ ② $0{,}9^x = 0{,}5$ ③ $5 \cdot 2^t = 3$ ④ $1 = 4 - 6^{2x}$
c) Diskutieren Sie mögliche Wege, die Gleichung aus a) zu lösen.

$$\begin{aligned}2^x &= 10\\ \ln(2^x) &= \ln(10)\\ x \cdot \ln(2) &= \ln(10)\\ x &= \frac{\ln(10)}{\ln(2)} \approx 3{,}32\end{aligned}$$

17 In Abschnitt 7.1 wurde für die Ableitung der Funktion f mit $f(x) = b^x$, $b > 0$, die Formel $f'(x) = f'(0) \cdot b^x$ angegeben.
a) Beweisen Sie, dass diese Formel mit der Formel $f'(x) = \ln(b) \cdot b^x$ identisch ist.
b) Geben Sie an, durch welche der beiden Ableitungsformeln man die Ableitung von $f(x) = b^x$ explizit angeben kann.

18 **Stolperstelle:** Erläutern Sie, an welchen Stellen Amira, Bruno und Carla Fehler gemacht haben, und korrigieren Sie diese.

Amira:
$$\begin{aligned}\ln(e^3 \cdot e^x) &= \ln(e^3) \cdot \ln(e^x)\\ &= 3x\end{aligned}$$

Bruno:
$$\begin{aligned}5 + e^x &= 8 \quad &|\ln\\ \ln(5) + \ln(e^x) &= \ln(8) \quad &|-\ln(5)\\ x &= \ln(8) - \ln(5)\end{aligned}$$

Carla:
$$\begin{aligned}f(x) &= 5^x\\ f(x) &= x \cdot 5^{x-1}\end{aligned}$$

19 **Substitution:** Gesucht ist die Lösungsmenge der Gleichung $e^{4x} - 3e^{2x} - 4 = 0$.
a) Bringen Sie den Term auf der linken Seite in die Form $(e^u)^2 + be^u + c$
b) Substituieren Sie e^u mit z und ermitteln Sie mit der p-q-Formel alle Lösungen für z.
c) Beim Rücksubstituieren ergeben sich zwei Exponentialgleichungen der Form $e^{2x} = z_1$ und $e^{2x} = z_2$. Lösen Sie diese mit dem natürlichen Logarithmus nach x auf.
d) Schreiben Sie alle ermittelten Lösungen als Menge auf.

20 Bestimmen Sie die Lösungsmenge der Gleichung. Häufig ist eine Substitution hilfreich.
a) $e^{2x} - 9e^x + 20 = 0$
b) $-e^{2x} = 4e^x - 21$
c) $\sqrt{6e^{2x} - e^{4x}} = 3$
d) $(e^{4x} - 2)^2 = e^{8x}$
e) $\sqrt{e^{4x}} = -4e^x + 12$
f) $\ln(x - 2) = 5$
g) $-3 \cdot \ln(2x + 1) = 0$
h) $-3e^{6x} + 12e^x = 36e^x + 36$
i) $e^x \cdot e^{x+2} = e^6$

21 Gegeben ist die Funktion f mit $f(x) = e^{2x} - 5e^x + 6$.
a) Berechnen Sie die Nullstellen von f.
b) Bestimmen Sie die Koordinaten des Extrempunktes der Funktion.
c) Skizzieren Sie den Graphen der Funktion f.

22 Der Landeanflug eines Flugzeugs wird annähernd durch den Graphen der Funktion f mit $f(x) = 10 \cdot e^{-0{,}02x} - a$ beschrieben (x und f(x) in 100 m).

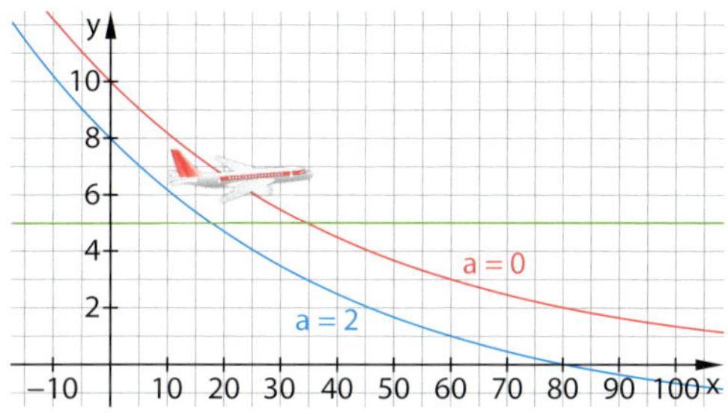

a) Spätestens beim Erreichen der Höhe von 500 m muss das Fahrwerk ausgefahren werden. Geben Sie für a = 0 die Koordinaten des Punktes an, an dem dies geschehen muss.

b) Der ideale Landewinkel eines Flugzeugs beträgt 3° zum Boden. Bestimmen Sie die Stelle, an der das Flugzeug demnach den Boden berühren sollte.

c) Bestimmen Sie a so, dass das Flugzeug an der in b) ermittelten Stelle landet.

23 Ein Superheld und sein Erzrivale liefern sich ein finales Duell. Der Held fliegt von einem Dach herunter und feuert an der günstigsten Stelle seine Betäubungswaffe ab. Die Flugbahn des Helden kann durch den Graphen der Funktion f mit $f(x) = 30e^{-0{,}1x} + 52$ beschrieben werden. Der Schurke befindet sich im Punkt P(30 | 52).

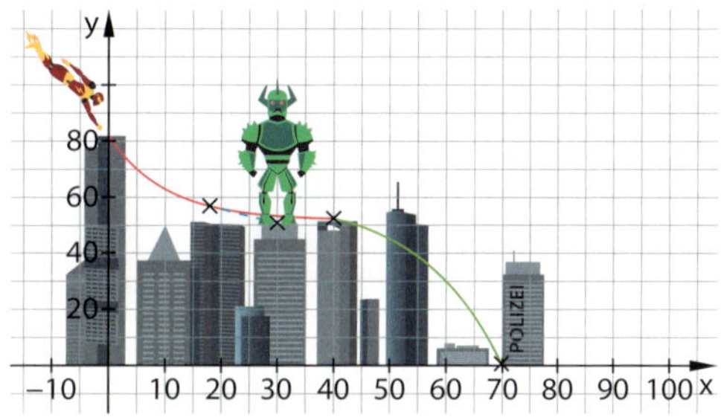

Erinnerung

angente an den
iraphen von f an der
telle u:
$(x) = f'(u) \cdot (x - u) +$
(u)

a) Das Projektil der Waffe wird entlang der Flugrichtung des Helden abgefeuert und fliegt geradlinig weiter. Stellen Sie zum Weg des Projektils eine Funktionsgleichung auf.

b) Zeigen Sie, dass der Held seine Waffe in einer Höhe von 56,06 m betätigen sollte.

c) Der Schurke konnte dem Schuss ausweichen. Der Held kann den Schurken jedoch im Flug fangen und landet mit ihm auf einer Turmspitze im Punkt Q(40 | 52,55). Von dort fliegen beide ins Polizeirevier im Punkt R(70 | 0). Bestimmen Sie eine Funktionsgleichung vom Typ $g(x) = a \cdot b^x + 60$, die den Weg beschreibt.

24 E-Coli Bakterien teilen sich unter optimalen Bedingungen alle 20 Minuten. In einer Bakterienkultur befinden sich zu Beginn 100 Bakterien.

a) Stellen Sie eine Funktionsgleichung auf, die die Anzahl der Bakterien t Stunden nach Beobachtungsbeginn modelliert.

b) Weisen Sie nach, dass auch die Funktion g mit $g(t) = 100 \cdot e^{\ln(8) \cdot t}$ die Anzahl der Bakterien t Stunden nach Beobachtungsbeginn modelliert.

c) Ermitteln Sie rechnerisch den Zeitpunkt seit Beobachtungsbeginn, an dem die Bakterienkultur aus 100 000 000 Bakterien besteht.

Hinweis zu 25

in der normalen
kalierung entspricht
$0^1 = 10$; 2 entspricht
$0^2 = 100$; 3 entspricht
$0^3 = 1000$ usw.

25 **Ausblick:** Da die Funktionswerte bei Exponentialfunktionen schnell wachsen, werden zur Darstellung auch Koordinatensystemen mit logarithmischer Skalierung verwendet. In der Abbildung weist die y-Achse eine logarithmische Skalierung auf. Bei dieser besonderen Skalierung entspricht der Wert k bei der normalen Skalierung dem Wert 10^k in der logarithmischen Skalierung.

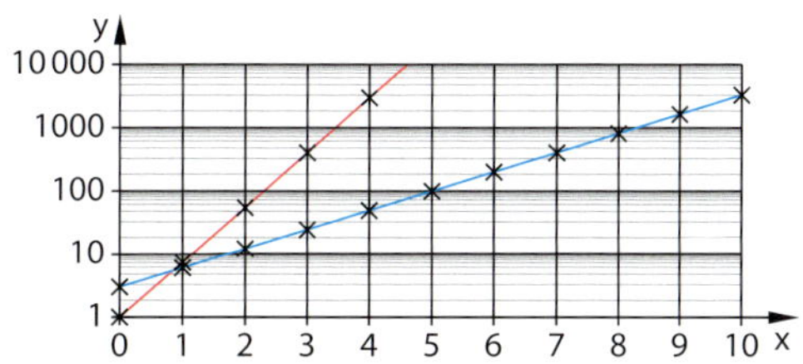

a) Bestimmen Sie jeweils die Funktion f mit $f(x) = c \cdot a^x$ den abgebildeten Graphen.

b) Begründen Sie, dass jede Funktion der Form $f(x) = c \cdot a^x$ als Gerade in einem Koordinatensystem mit logarithmisch skalierter y-Achse dargestellt wird.

7.3 Exponentielles Wachstum

Die Karten ① bis ⑨ beschreiben drei verschiedene Wachstumsprozesse auf unterschiedliche Weisen. Finden Sie die zueinander passenden Beschreibungen und erklären Sie Ihre Zuordnungen.

① Eine Bakterienkultur mit 1000 Bakterien verdoppelt sich jede Woche.

② Ein Guthaben von 1000 € nimmt jedes Jahr um 2,5 % zu.

③ Eine Tierpopulation von 1000 Tieren vermehrt sich jedes Jahr um 25 %.

④ $f(t) = 1000 \cdot 2^t$

⑤ $f(t) = 1000 \cdot e^{0{,}0247 \cdot t}$

⑧ $f(t) = 1000 \cdot e^{0{,}223 \cdot t}$

⑥ $f(t) = 1000 \cdot e^{0{,}693 \cdot t}$

⑦ $f(t) = 1000 \cdot 1{,}25^t$

⑨ $f(t) = 1000 \cdot 1{,}025^t$

Viele Wachstumsvorgänge im Alltag lassen sich durch Exponentialfunktionen beschreiben. Dabei ist es auch möglich, den Wachstumsprozess zur Basis e zu beschreiben, da man so die Wachstumsgeschwindigkeiten einfacher berechnen, beschreiben und vergleichen kann. Beim exponentiellen Wachstum nimmt der Bestand in gleichen Zeitabständen um den gleichen Faktor zu bzw. ab. Ein Insektenvolk mit 2 Mio. Insekten vermehrt sich beispielsweise jede Woche um 40 %, also um den Faktor 1,4.

Wachstumsfaktor: $b = 1{,}4$
Anfangsbestand: $a = f(0) = 2$
Wachstumsfunktion: $f(t) = 2 \cdot 1{,}4^t$

Übergang zu Basis e:

$$f(t) = 2 \cdot 1{,}4^t = 2 \cdot \left(e^{\ln(1{,}4)}\right)^t = 2 \cdot e^{\ln(1{,}4) \cdot t} \approx 2 \cdot e^{0{,}3365 t}$$

t: Zeit in Wochen   f(t): Insektenzahl in Mio.

t	0	1	2	3	4
f(t)	2	2,8	3,92	5,49	7,68

·1,4   ·1,4   ·1,4   ·1,4

Allgemein ergibt sich für exponentielle Wachstumsprozesse mit dem Wachstumsfaktor b analog $f(t) = a \cdot b^t = a \cdot e^{k \cdot t}$. Aus $b = e^k$ folgt $k = \ln(b)$.

Eine besondere Eigenschaft von exponentiellem Wachstum ist die **Verdopplungszeit T_V**. In jedem Zeitintervall der Länge T_V verdoppelt sich der Bestand, also auch im Intervall $[0; T_V]$. Es gilt $f(T_V) = 2 \cdot f(0) = 2 \cdot a$. Mit $f(T_V) = a \cdot e^{k \cdot T_V} = 2a$ ergibt sich $T_V = \frac{\ln(2)}{k}$.

Hinweis
Die Halbwertszeit T_H gibt an, wie lange es dauert, bis sich der Bestand halbiert hat.

Auch bei Vorgängen mit exponentieller Abnahme ($b < 1$ und $k = \ln(b) < 0$) spricht man von exponentiellem Wachstum, für die Halbwertszeit erhält man analog $T_H = \frac{\ln\left(\frac{1}{2}\right)}{k}$.

Wissen **Exponentielles Wachstum**

Die Funktion f mit $f(t) = a \cdot e^{k \cdot t}$ und $k \neq 0$ beschreibt einen exponentiellen Wachstumsprozess eines Bestands. $a = f(0)$ ist der **Anfangsbestand** zum Zeitpunkt $t = 0$ und k die **Wachstumskonstante.**

exponentielle Zunahme: $k > 0$

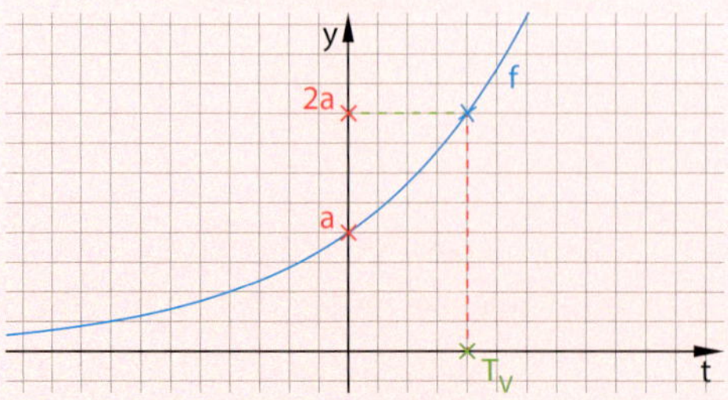

Verdopplungszeit: $T_V = \frac{\ln(2)}{k}$

exponentielle Abnahme: $k < 0$

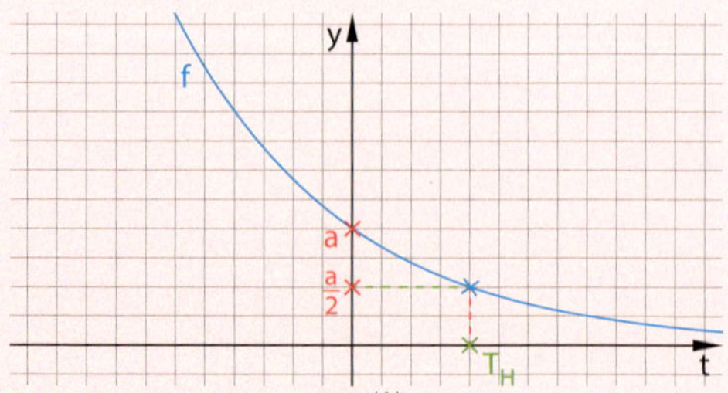

Halbwertszeit: $T_H = \frac{\ln\left(\frac{1}{2}\right)}{k}$

Hinweis
Mit den Logarithmusgesetzen ergibt sich: $T_H = -\frac{\ln(2)}{k}$

Beispiel 1 **Werte bestimmen**

Auf einer Insel leben 1000 Tiere, die sich exponentiell vermehren. Die Anzahl der Tiere in Abhängigkeit zur Zeit t in Jahren kann durch die Funktion f mit $f(t) = 1000 \cdot e^{0{,}14t}$ beschrieben werden.

a) Bestimmen Sie den Bestand nach 3 Jahren und nach 7 Monaten.
b) Bestimmen Sie den Zeitpunkt t, zu dem der Bestand von 5000 Tieren erreicht wird.
c) Berechnen Sie die Verdopplungszeit und erklären Sie die Bedeutung im Sachzusammenhang.

Lösung:

a) Setzen Sie die Zeiten in f(t) ein. Wandeln Sie 7 Monate in $\frac{7}{12}$ Jahre um.

$f(3) = 1000 \cdot e^{0{,}14 \cdot 3} \approx 1522$

$f\left(\frac{7}{12}\right) = 1000 \cdot e^{0{,}14 \cdot \frac{7}{12}} \approx 1085$

b) Setzen Sie in der Funktionsgleichung 5000 für f(t) ein und lösen Sie die Gleichung nach t auf.

$5000 = 1000 \cdot e^{0{,}14t} \quad |:1000$

$5 = e^{0{,}14t} \quad |\ln$

$\ln(5) = 0{,}14t \quad |:0{,}14$

$t = \frac{\ln(5)}{0{,}14} \approx 11{,}5$

Nach etwa 11,5 Jahren sind es 5000 Tiere.

c) Setzen Sie den Wachstumsfaktor k = 0,14 in die Formel für die Verdopplungszeit ein.

$T_V = \frac{\ln(2)}{k} = \frac{\ln(2)}{0{,}14} \approx 4{,}95$

Alle 4,95 Jahre verdoppelt sich die Anzahl der Tiere auf der Insel.

Beispiel 2 **Wachstumsfunktion aufstellen**

Einem Patienten werden 5 mg eines Medikaments verabreicht. Das Medikament wird vom Körper exponentiell abgebaut.
Stellen Sie eine Funktionsgleichung mit der Basis e auf, die die Menge des Medikaments im Blut des Patienten beschreibt, wenn

a) die Menge des Medikamentes im Blut pro Stunde um 15 % abnimmt,
b) nach 2 Stunden noch 3,2 mg im Blut sind,
c) die Halbwertszeit 5 Stunden ist.

Erinnerung

Der Wachstumsfaktor b ergibt sich aus der **prozentualen Wachstumsrate r %:**
$b = 1 + \frac{r}{100}$

Lösung:

Allgemein gilt für eine exponentielle Abnahme $f(t) = a \cdot e^{k \cdot t}$ mit $k < 0$. Hier gibt t die Zeit in Stunden und f(t) die Menge in mg an. Für den Anfangsbestand gilt $a = f(0) = 5$.

a) Bestimmen Sie aus der prozentualen Abnahme den Wachstumsfaktor b und aus diesem die Wachstumskonstante k.

$b = 1 - \frac{15}{100} = 1 - 0{,}15 = 0{,}85$

$k = \ln(b) = \ln(0{,}85) \approx -0{,}163$

Einsetzen der Werte für a und k ergibt:

$f(t) = 5e^{-0{,}163t}$

b) Setzen Sie die Angaben t = 2 und f(t) = 3,2 und den Anfangsbestand a = 5 in die allgemeine Funktionsgleichung ein. Lösen Sie die Gleichung nach k auf.

$3{,}2 = 5 \cdot e^{k \cdot 2} \quad |:5$

$0{,}64 = e^{k \cdot 2} \quad |\ln$

$\ln(0{,}64) = k \cdot 2 \quad |:2$

$k = \frac{\ln(0{,}64)}{2} \approx -0{,}223$

$f(t) = 5e^{-0{,}223t}$

c) Setzen Sie die Halbwertszeit $T_H = 5$ in die Formel für die Halbwertszeit $T_H = \frac{\ln\left(\frac{1}{2}\right)}{k}$ ein. Lösen Sie die Gleichung nach k auf.

Aus $5 = \frac{\ln\left(\frac{1}{2}\right)}{k}$ folgt $k = \frac{\ln\left(\frac{1}{2}\right)}{5} \approx -0{,}139$

$f(t) = 5e^{-0{,}139t}$

Basisaufgaben

1 Entscheiden Sie, ob eine exponentielle Zu- oder Abnahme vorliegt. Geben Sie den Anfangsbestand an und berechnen Sie den Bestand zum gegebenen Zeitpunkt t.

a) $f(t) = 3 \cdot e^{0{,}65 \cdot t}$; $t = 4$
b) $f(t) = 25 \cdot e^{-0{,}2 \cdot t}$; $t = 3{,}5$
c) $f(t) = 4 \cdot t^{2{,}7}$; $t = 3$
d) $f(t) = 2{,}7 \cdot e^{1{,}2 \cdot t}$; $t = 0{,}5$

2 a) Ordnen Sie den Wachstumsfunktionen f, g, h und i die Graphen ①–④ zu.

$f(t) = 2 \cdot e^{0{,}087 \cdot t}$
$g(t) = 2 \cdot e^{-0{,}231 \cdot t}$
$h(t) = 2 \cdot e^{-0{,}116 \cdot t}$
$i(t) = 2 \cdot e^{0{,}139 \cdot t}$

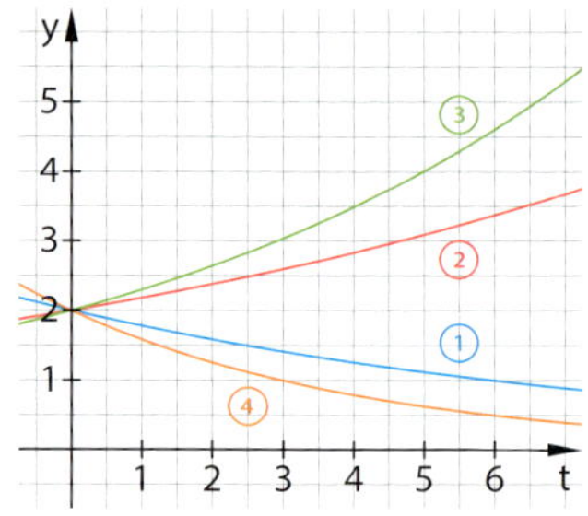

b) Lesen Sie zu den Wachstumsfunktionen aus a) die Verdopplungs- bzw. die Halbwertszeit aus dem Graphen ab. Berechnen Sie die Werte und vergleichen Sie.

3 Ein Patient erhält 7,5 mg eines Narkosemittels, von dem stündlich 14 % abgebaut werden.

a) Bestimmen Sie eine Funktion f mit $f(t) = a \cdot e^{k \cdot t}$, welche die Menge des Narkosemittels im Blut nach t Stunden beschreibt.
b) Bestimmen Sie die Menge des Mittels im Blut nach 5 Stunden und nach 40 Minuten.
c) Bestimmen Sie den Zeitpunkt t, zu dem die Menge an Narkosemittel unter 1 mg fällt.
d) Berechnen Sie die Halbwertszeit und deuten Sie diese im Sachzusammenhang.

4 In einem großen Garten sind $1{,}5\,m^2$ Unkraut. Der Gärtner geht von einer exponentiellen Ausbreitung aus. 10 Tage später sind es bereits $2\,m^2$.

a) Stellen Sie die Ausbreitung des Unkrauts mit einer Funktionsgleichung der Form $f(t) = a \cdot e^{k \cdot t}$ dar.
b) Bestimmen Sie die Größe der von Unkraut bewachsenen Fläche nach 14 Tagen.
c) Berechnen Sie, nach wie vielen Tagen $3\,m^2$ von Unkraut bewachsen sein werden.
d) Bestimmen Sie die Verdopplungszeit und deuten Sie diese im Sachzusammenhang.

Hinweis

$r > 0$: exponentielle Zunahme
$r < 0$: exponentielle Abnahme

5 Exponentielles Wachstum lässt sich durch die prozentuale Änderung in einer Zeiteinheit, durch den Wachstumsfaktor oder durch die Wachstumskonstante beschreiben. Vervollständigen Sie die Tabelle.

prozentuale Wachstumsrate r %	25 %	10 %	− 3 %		
Wachstumsfaktor $b = 1 + \frac{r}{100}$	1,25			1,02	
Wachstumskonstante $k = \ln(b)$	0,223				− 0,693

6 Beschreiben Sie den exponentiellen Wachstumsprozess durch eine Funktionsgleichung mit der Basis e.

a) Zu Beginn sind es 100 Zellen, die Anzahl verdreifacht sich jede Stunde

b) Eine Algenfläche von $5\,m^2$ vergrößert sich jeden Tag um 16 %.

c) Der Wert eines 20 000 € teuren Neuwagens sinkt jährlich um 20 %.

d) Anfangs 13 cm hoch, nach 22 Tagen 48 cm hoch

e) 4000 im Jahr 2010 und 500 im Jahr 2019

f) 1 Bakterie um 12 Uhr, Verdopplungszeit 3 Stunden

g) Zu Beginn sind es 200 mg, alle zwei Tage halbiert sich die Menge.

Wachstumsgeschwindigkeit

Betrachtet wird die exponentielle Ausbreitung einer Bakterienkultur, welche durch f mit $f(t) = 100\,e^{0,2t}$ beschrieben wird (t: Zeit in Wochen, f(t): Bestand in Mio.).

Die **Wachstumsgeschwindigkeit** gibt an, wie sich zu einem bestimmten Zeitpunkt die Bakterienzahl pro Zeit verändert. Sie entspricht der Änderungsrate f'.
Es ergibt sich: $f'(t) = 100 \cdot 0{,}2 \cdot e^{0,2t} = 20\,e^{0,2t}$

Zeit t in Wochen	0	1	2	3
Bestand f(t) in Mio.	100	122,1	149,2	182,2
Wachstumsgeschw. f'(t) in Mio./Woche	20	24,4	29,8	36,4

Hinweis

Bei exponentieller Abnahme ($k < 0$) ist die Wachstumsgeschwindigkeit negativ. Ihr Betrag nimmt ebenfalls exponentiell ab.

Wissen **Wachstumsgeschwindigkeit**

Beschreibt die Funktion f mit $f(t) = a \cdot e^{k \cdot t}$ das exponentielle Wachstum eines Bestands, so gibt f'(t) die **Wachstumsgeschwindigkeit** zum Zeitpunkt t an.
Es gilt $f'(t) = a \cdot k \cdot e^{k \cdot t} = k \cdot f(t)$. Die Wachstumsgeschwindigkeit ist proportional zum Bestand und verhält sich somit auch exponentiell.

Beispiel 3 Die Vermehrung einer Bakterienkultur lässt sich durch die Funktion f mit $f(t) = 50e^{0,15t}$ beschreiben (t: Zeit in Stunden, f(t): Anzahl der Bakterien in Tausend).
a) Bestimmen Sie die Wachstumsgeschwindigkeit nach 4 Stunden.
b) Ermitteln Sie, wann der Bestand um 15 000 Bakterien pro Stunde wächst.
c) Bestimmen Sie die durchschnittliche Wachstumsgeschwindigkeit in den ersten 4 Stunden.

Lösung:

a) Bestimmen Sie die erste Ableitung f'(t) und setzen Sie den Zeitpunkt t = 4 ein. Beachten Sie, dass f(t) die Anzahl in Tausend angibt.

$f'(t) = 50 \cdot 0{,}15 \cdot e^{0,15t} = 7{,}5e^{0,15t}$
$f'(4) = 7{,}5 \cdot e^{0,15 \cdot 4} \approx 13{,}666$
Die Wachstumsgeschwindigkeit beträgt nach 4 Stunden etwa 13 666 Bakterien pro Stunde.

b) Setzen Sie die erste Ableitung f'(t) mit 15 gleich und lösen Sie die Gleichung nach t auf.

$15 = 7{,}5e^{0,15t} \quad |:7{,}5 \quad |\ln$
$\ln(2) = 0{,}15t \quad |:0{,}15$
$t = \frac{\ln(2)}{0{,}15} \approx 4{,}62$
Der Zeitpunkt ist nach etwa 4,62 Stunden.

c) Teilen Sie die Änderung der Bakterienanzahl durch den zugehörigen Zeitraum.

$\frac{f(4) - f(0)}{4 - 0} \approx \frac{91{,}106 - 50}{4} \approx 10{,}276$
Das Wachstum beträgt durchschnittlich etwa 10 276 Bakterien pro Stunde.

Basisaufgaben

Lösungen zu 7

47,23 88 211,42 0,7 1,39 68,60

7 Die Funktion f beschreibt einen Wachstumsprozess. Bestimmen Sie die Wachstumsgeschwindigkeit zum Zeitpunkt t.
a) $f(t) = 12\,e^{0,7 \cdot t}$ $t = 3$
b) $f(t) = 100\,e^{1,2 \cdot t}$ $t = 5{,}5$
c) $f(t) = 0{,}2\,e^{1,8 \cdot t}$ $t = 0{,}75$
d) $f(t) = e^{0,7 \cdot t}$ $t = 0$

8 Der Bestand einer Pilzkultur in Millionen lässt sich durch die Funktion f mit $f(t) = 7{,}5\,e^{0,3t}$ beschreiben. Dabei gibt t die Zeit in Wochen an.
a) Bestimmen Sie die Wachstumsgeschwindigkeit nach fünf Wochen und nach drei Tagen.
b) Bestimmen Sie den Zeitpunkt, zu dem sich die Pilzkultur mit einer Geschwindigkeit von 10 Millionen Pilzen pro Woche ausbreitet.
c) Ermitteln Sie die durchschnittliche Wachstumsgeschwindigkeit in der ersten Woche.

Weiterführende Aufgaben

9 Beschreiben Sie Ihrem Nachbarn eine passende Sachsituation, in der die Funktion f einen exponentiellen Wachstumsprozess modelliert. Verwenden Sie dabei die Begriffe „prozentuale Wachstumsrate" und „Halbwerts- oder Verdopplungszeit".

a) $f(x) = 350 \cdot e^{-0,2x}$ b) $f(x) = 3,5 \cdot e^{0,2x}$

10 Die Verdopplungszeit T_V bei einem exponentiellen Wachstumsprozess gilt unabhängig vom Zeitpunkt.

a) Begründen Sie in diesem Zusammenhang die Gleichung $f(t + T_V) = 2 \cdot f(t)$.

b) Formulieren Sie eine analoge Gleichung für die Halbwertszeit T_H.

c) Begründen oder widerlegen Sie: Bei exponentiellem Wachstum haben der Wachstumsprozess und die zugehörige Wachstumsgeschwindigkeit die gleiche Verdopplungszeit.

11 **Stolperstelle:** Eine Pflanze ist zu Beginn 21 cm hoch. Sie wächst nach Zugabe eines besonderen Düngers um 10 % pro Tag. Hakim bestimmt die Verdopplungszeit und meint: *„In 5 Tagen beträgt die Zunahme 5 · 10 % = 50 %, also sind 5 Tage die Verdopplungszeit".* Erläutern Sie, welche Fehler Hakim macht.

Hinweis zu 12

Mit einem digitalen Hilfsmittel kann das System mit nichtlinearen Gleichungen ① direkt gelöst werden.

12 Zu einem exponentiellen Wachstum sind Bestände $f(2) = 4,1$ und $f(6) = 30,1$ gegeben. Die Karten zeigen Tims Weg zur Bestimmung einer passenden Funktionsgleichung.

① $a \cdot e^{k \cdot 6} = 30,1$
$a \cdot e^{k \cdot 2} = 4,1$

② $e^{k \cdot 4} = \frac{30,1}{4,1} = 7,341$

③ $k = \frac{\ln(7,341)}{4} = 0,498$

④ $30,1 = a \cdot e^{0,498 \cdot 6}$
$a = 1,517$

⑤ $f(t) = 1,517 \cdot e^{0,498t}$

a) Bringen Sie Tims Rechenschritte in eine sinnvolle Reihenfolge und begründen Sie diese.

b) Zeynep geht anders vor: *„Als Ansatz wähle ich $f(t) = 4,1 \cdot e^{k \cdot (t-2)}$. Dann setze ich $t = 6$ und $f(t) = 30,1$ ein und löse nach k auf."* Zeigen Sie, dass auch Zeynep $k \approx 0,498$ erhält.

c) Zeigen Sie, dass die Funktionsgleichungen aus a) und b) äquivalent sind.

d) Bestimmen Sie mit der Methode von Zeynep und Tim jeweils eine exponentielle Wachstumsfunktion zu den Beständen $f(3) = 23,7$ und $f(6) = 225$ bzw. $f(1) = 4,9$ und $f(10) = 29,5$. Vergleichen Sie den Aufwand beider Methoden.

13 In lebenden Organismen ist der Anteil am radioaktiven Isotop C14 nahezu konstant. In toten Organismen wird der C14-Anteil mit einer Halbwertszeit von 5730 Jahren abgebaut.

a) Beim Fund der berühmten Alpen-Mumie Ötzi 1991 betrug der C14-Anteil 53,35 %. Bestimmen Sie näherungsweise das Jahr, in dem Ötzi starb.

b) Ermitteln Sie den Anteil an C14 in einem 1 Mio. Jahre alten Dinosaurierknochen.

14 In einem Tank mit 5000 Liter Wasser ist am Boden ein kleines Loch, sodass sich der Wassertank langsam leert.

t in Stunden	0	1	2	3	4
f(t) in Liter	5000	4748	4512	4291	4073

Die Tabelle zeigt das Volumen f im Wassertank innerhalb der ersten vier Stunden.

a) Bilden Sie Quotienten $\frac{f(t)}{f(t-1)}$ und zeigen Sie damit, dass das Volumen im Tank näherungsweise exponentiell abnimmt.

b) Bilden Sie den Durchschnitt aller Quotienten und erklären Sie seine Bedeutung im Sachzusammenhang. Bestimmen Sie mithilfe des Durchschnitts eine Wachstumsfunktion der Form $f(t) = a \cdot e^{k \cdot t}$. Runden Sie dabei k auf zwei Nachkommastellen.

c) Untersuchen Sie mithilfe von f, wie viel Wasser nach 10 Stunden noch im Tank ist, ab wann weniger als 1000 Liter im Tank sind und wann die Abnahmegeschwindigkeit des Wasservolumens im Tank unter 100 Liter/Stunde fällt.

15 Im „Internet der Dinge" gab es 2009 etwa 6,5 Milliarden mit dem Internet verbundene Geräte weltweit. Die Tabelle zeigt die Entwicklung in den folgenden Jahren bis zum Jahr 2020.

Jahr	2012	2014	2016	2018	2020
Geräte in Milliarden	8,7	14,2	22,9	34,8	50,1

a) Zeigen Sie, dass näherungsweise ein exponentielles Wachstum vorliegt, und stellen Sie eine passende Wachstumsfunktion auf.

b) Führen Sie mithilfe einer geeigneten Mathematiksoftware eine exponentielle Regression durch und vergleichen Sie das Ergebnis mit a).

16 In Smartphones sind oft Lithium-Ionen-Akkus verbaut. Die Akkus verlieren im Durchschnitt nach 2 Jahren die Hälfte ihrer Kapazität, wenn sie stets zu 100 % aufgeladen werden.

a) Ermitteln Sie eine Funktionsgleichung, die die zeitliche Veränderung der Kapazität eines Akkus beschreibt, wenn dieser stets voll aufgeladen wird.

b) Händler empfehlen, den Akku zu wechseln, wenn das Smartphone nur noch zu 30 % geladen werden kann. Bestimmen Sie, wann der Akku ausgetauscht werden sollte.

c) Um die Lebensdauer von Akkus zu verlängern, empfehlen einige Hersteller ein sogenanntes optimiertes Laden. Dabei wird das Handy bei jedem Ladevorgang nur teilweise aufgeladen. Dafür soll der Akku erst nach 3 Jahren die Hälfte seiner Kapazität eingebüßt haben. Der Akku eines gebrauchten Handys weist nur noch 80 % seiner ursprünglichen Kapazität auf und soll von nun an nur noch optimiert geladen werden. Entscheiden Sie begründet, welche der Funktionsgleichungen den Sachverhalt beschreibt.

① $g(t) = 80 \cdot e^{\frac{\ln(0,5)}{1095} \cdot t}$ ② $g(t) = 100 \cdot e^{\frac{\ln(0,5)}{1095} \cdot t}$ ③ $g(t) = 80 \cdot e^{-0,000633 \cdot t}$

d) Berechnen Sie, wann ein Akku, der immer vollständig aufgeladen wird, und der gebrauchte Akku aus c), der stets optimiert geladen wird, die gleiche Kapazität haben.

Hinweis zu 17
Einheit des Luftdrucks: hPa (Hektopascal)

17 Der Luftdruck nimmt mit der Höhe ab. Die Änderungsrate wird durch die Funktion f mit $f(x) = -124,6 \cdot e^{-0,123x}$ beschrieben (x: Höhe über dem Meeresspiegel in km, f(x): Luftdruck in hPa/km).

a) Bestimmen Sie, um wie viel hPa der Luftdruck abnimmt, wenn man sich vom Meeresspiegel aus in 3000 m Höhe begibt.

b) Der Luftdruck in 100 m Höhe über dem Meeresspiegel beträgt 1000,62 hPa. Ermitteln Sie eine Funktion, die den Luftdruck in Abhängigkeit von der Höhe angibt.

c) Prüfen Sie, ob der Luftdruck exponentiell mit der Höhe abnimmt.

18 **Ausblick:** Zwei Läusepopulationen mit 1000 Läusen verändern sich unterschiedlich. Pro Tag wächst die eine um 500 Läuse und die andere um 5 % ihres aktuellen Bestands.

a) Stellen Sie für beide Wachstumsprozesse eine passende Funktionsgleichung auf.

b) Prüfen Sie, welche der Funktionsgleichungen aus a) die Gleichung $f'(t) = k \cdot f(t)$ mit einer Konstanten k erfüllt. Geben Sie den passenden Wert für k an.

c) Untersuchen Sie, welcher Funktionstyp allgemein die Gleichung aus b) erfüllt.

Begrenztes Wachstum

Die Grafik zeigt den Absatz an Smartphones in Deutschland in den Jahren seit 2009.

a) Beschreiben Sie den Verlauf in eigenen Worten. Gehen Sie dabei insbesondere auf Unterschiede zu bisherigen Wachstumsmodellen ein.

b) Nennen Sie inhaltliche Gründe, warum sich der Absatz scheinbar einer Grenze annähert.

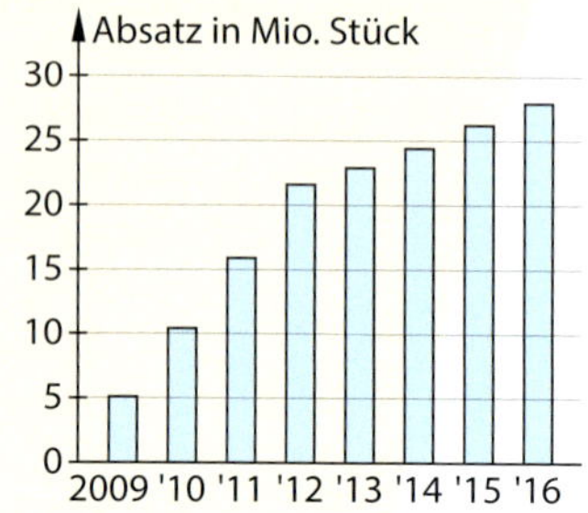

Viele Wachstumsprozesse sind nicht unbegrenzt. Vielmehr gibt es eine natürliche Grenze, welche nicht über- oder unterschritten werden kann. In solchen Fällen spricht man von einem **begrenzten Wachstum.**

Beispielsweise erwärmt sich 2 °C kalter Orangensaft bei einer Raumtemperatur von 21 °C zwar immer weiter, kann aber nicht wärmer als 21 °C werden.

Zeit t in min	0	1	2	3	4
Temperatur f(t) in °C	2	4,5	6,7	8,5	10,1
Differenz in °C d(t) = 21 − f(t)	19	16,5	14,3	12,5	10,9
		·0,87	·0,87	·0,87	·0,87

Die Tabelle zeigt, dass die Differenz d(t) zwischen der Raumtemperatur 21 °C und der Safttemperatur f(t) zu Beginn 19 °C beträgt und sich dann in jeder Minute um den Faktor 0,87 ändert. Die Temperaturdifferenz nimmt also exponentiell ab.

Für die Temperaturdifferenz gilt:
$d(t) = 19 \cdot 0{,}87^t = 19 \cdot e^{\ln(0{,}87) \cdot t} \approx 19e^{-0{,}139t}$

Für die Safttemperatur folgt:
$f(t) = 21 - d(t) \approx 21 - 19e^{-0{,}139t}$

Die Safttemperatur nähert sich der **Grenze** von 21 °C beliebig dicht von unten an, ohne sie zu erreichen. Man sagt, sie nähert sich der Grenze **asymptotisch.**
Dabei wird die Wachstumsgeschwindigkeit immer geringer, sie strebt gegen 0.

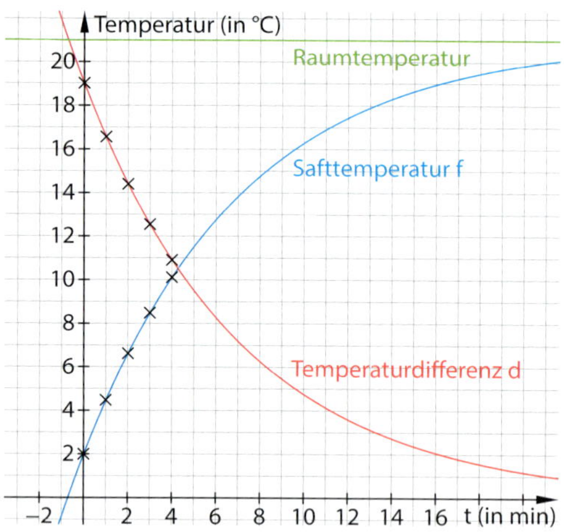

Beim begrenzten Wachstum nimmt die Differenz d(t) zwischen der Grenze S und dem Bestand f(t) exponentiell ab, sodass $d(t) = (S - f(0)) \cdot e^{-k \cdot t}$ mit $k > 0$ gilt.
Aus $d(t) = S - f(t)$ folgt für den Bestand $f(t) = S - d(t) = S - (S - f(0)) \cdot e^{-k \cdot t}$.

Wissen **Begrenztes Wachstum**

Die Funktion f mit $f(t) = S - (S - a) \cdot e^{-k \cdot t}$ und $k > 0$ beschreibt einen begrenzten Wachstumsprozess eines Bestands.
$a = f(0)$ ist der **Anfangsbestand** zum Zeitpunkt $t = 0$. Der Graph von f nähert sich **asymptotisch** einer **Grenze** S an.
a > S: **begrenzte Abnahme** (Annäherung von oben)
a < S: **begrenzte Zunahme** (Annäherung von unten)

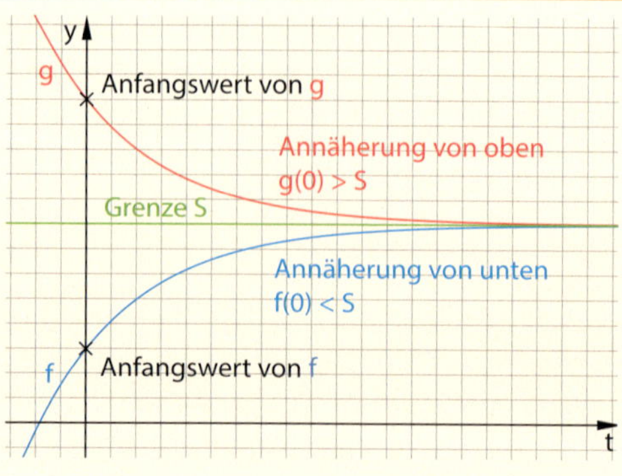

Beispiel 1 **Werte bei Funktion zu begrenztem Wachstum bestimmen**

Die Temperatur von Wasser in einem Glas in Abhängigkeit der Zeit t in Minuten lässt sich durch die Funktion f mit $f(t) = 35 - 20\,e^{-0{,}15\,t}$ beschreiben.

a) Geben Sie die Grenze und die Anfangstemperatur an.
b) Begründen Sie anhand des Funktionsterms, dass die Temperatur stets kleiner ist als die Grenze, sich aber asymptotisch der Grenze nähert.
c) Bestimmen Sie den Zeitpunkt, zu dem die Wassertemperatur 20 °C erreicht.
d) Bestimmen Sie den Zeitpunkt, an dem die Wachstumsgeschwindigkeit $0{,}75\,\frac{°C}{min}$ ist.

Lösung:

a) Die Grenze S und die Anfangstemperatur a ergeben sich durch einen Vergleich der allgemeinen mit der hier konkret vorgegebenen Funktionsgleichung.

$f(t) = S - (S - a) \cdot e^{-k \cdot t}$
$f(t) = 35 - 20 \cdot e^{-0{,}15 \cdot t}$ $\quad S = 35$
$20 = S - a = 35 - a$, also $a = 15$
Grenze der Temperatur: 35 °C
Anfangstemperatur: 15 °C

b) Der Ausdruck $d(t) = 20 \cdot e^{-0{,}15 \cdot t}$ beschreibt die Differenz zwischen der Grenze S und der Temperatur f(t). Die Differenz d(t) ist immer positiv und sie nimmt exponentiell ab.

$f(t) = \underbrace{35}_{\text{Grenze}} - \underbrace{20 \cdot e^{-0{,}15t}}_{\text{exponentiell abnehmende Diferenz zur Grenze}}$

Da die Differenz d(t) von der Grenze S subtrahiert wird, ist die Temperatur f(t) stets kleiner als die Grenze. d(t) strebt für $t \to \infty$ gegen 0 und f(t) gegen S.

c) Setzen Sie in der Funktionsgleichung 20 für f(t) ein und lösen Sie die Gleichung nach t auf.

$20 = 35 - 20\,e^{-0{,}15t} \quad | -35 \quad | : (-20)$
$0{,}75 = e^{-0{,}15t} \quad | \ln \quad | : (-0{,}15)$
$t = \frac{\ln(0{,}75)}{-0{,}15} \approx 1{,}92$

Der Zeitpunkt ist etwa 1,92 min (1 min 55 s).

d) Bestimmen Sie für die Wachstumsgeschwindigkeit die erste Ableitung f′(t) und setzen Sie sie gleich 0,75. Lösen Sie die Gleichung nach t auf.

$f'(t) = -20 \cdot (-0{,}15) \cdot e^{-0{,}15t} = 3e^{-0{,}15t}$
$0{,}75 = 3e^{-0{,}15t} \quad | : 3$
$0{,}25 = e^{-0{,}15t} \quad | \ln \quad | : (-0{,}15)$
$t = \frac{\ln(0{,}25)}{-0{,}15} \approx 9{,}24$

Der Zeitpunkt ist etwa 9,24 min (9 min 14 s).

Beispiel 2 **Funktion zu begrenztem Wachstum aufstellen**

Ein heißes Mikrowellenessen kommt mit 85 °C aus der Mikrowelle. Im Raum herrschen 23 °C. Nach 5 Minuten ist das Essen noch 65 °C warm.
Stellen Sie eine Funktion auf, welche den Wachstumsprozess beschreibt.

Lösung:

Die Raumtemperatur liefert die Grenze S = 23 und die Anfangstemperatur a = 85. Wenn Sie die Werte S = 23 und a = 85 in die allgemeine Funktionsgleichung einsetzen, erhalten Sie $f(t) = 23 + 62 \cdot e^{-k \cdot t}$.

allgemein: $f(t) = S - (S - a) \cdot e^{-k \cdot t}$
t: Zeit in Minuten $\quad$ f(t): Temperatur in °C
$f(t) = 23 - (23 - 85) \cdot e^{-k \cdot t} = 23 + 62e^{-k \cdot t}$

Setzen Sie in diese Gleichung die Angaben t = 5 und f(t) = 65 ein und lösen Sie die Gleichung nach k auf.

$65 = 23 + 62\,e^{-k \cdot 5} \quad | -23 \quad | : 62$
$\frac{21}{32} = e^{-k \cdot 5} \quad | \ln$
$\ln\left(\frac{21}{32}\right) = -k \cdot 5 \quad | : (-5)$
$k = \frac{\ln\left(\frac{21}{32}\right)}{-5} \approx 0{,}078$
$f(t) = 23 + 62\,e^{-0{,}078t}$

Aufgaben

1 Entscheiden Sie, ob die Gleichung eine begrenzte Zu- oder Abnahme beschreibt. Geben Sie die Grenze und den Anfangsbestand an. Berechnen Sie den Bestand zum angegebenen Zeitpunkt t.

a) $f(t) = 10 - 4 \cdot e^{-0,5t}$; $t = 6$ b) $f(t) = 5 + 30\,e^{-0,06t}$; $t = 8$ c) $f(t) = 7 - (7 - 2)\,e^{-0,1t}$; $t = 1$

2 Ordnen Sie den Wachstumsfunktionen f, g, h und i die Graphen ①–④ zu.

$f(t) = 20 + 10\,e^{-0,05t}$ $g(t) = 20 - 20\,e^{-0,05t}$

$h(t) = 20 - 10\,e^{-0,05t}$ $i(t) = 20 + 20\,e^{-0,05t}$

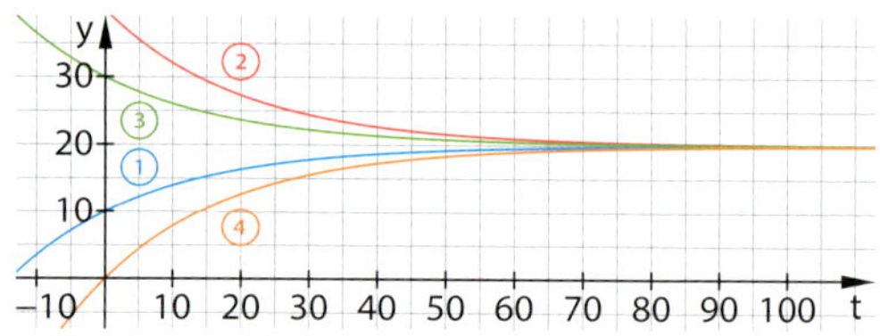

3 Die Funktion f mit $f(t) = 2000 - 1100\,e^{-0,1t}$ beschreibt den Tierbestand in einem Gebiet in Abhängigkeit von der Zeit t in Wochen.

a) Geben Sie die Grenze und den Anfangsbestand dieses Wachstumsprozesses an und deuten Sie diese im Sachzusammenhang.

b) Begründen Sie anhand des Funktionsterms, dass der Tierbestand stetig zunimmt und sich asymptotisch der Grenze nähert.

c) Bestimmen Sie den Zeitpunkt t, an dem der Tierbestand
① über 1500 Tiere steigt, ② um 50 Tiere/Monat zunimmt.

4 Flüssigkeiten mit unterschiedlichen Anfangstemperaturen werden in einem Raum mit einer Temperatur von 25 °C gestellt. Bestimmen Sie eine Funktionsgleichung für die Flüssigkeitstemperatur in Abhängigkeit von der Zeit t in Minuten.

① Kaffee: Anfangstemperatur 85 °C, nach 3 Minuten 65 °C
② Milch: Anfangstemperatur 8 °C, nach 5 Minuten 19 °C
③ Saft: Anfangstemperatur 13 °C, nach 2 Minuten 22 °C

5 Eine Herde Wildpferde hat sich innerhalb von 5 Jahren von 200 auf 250 Tiere vergrößert. Da in der Natur kein unbegrenztes Wachstum möglich ist, soll angenommen werden, dass eine Anzahl von 1000 Tieren nie überschritten wird. Bestimmen Sie die Bestandsfunktion für die Anzahl der Tiere in der Herde.

a) Geben Sie an, wie viele Tiere nach 10 (15) Jahren in der Herde zu erwarten sind.

b) Geben Sie an, wann 95 % der Maximalanzahl erreicht sind.

c) Berechnen Sie, wie schnell die Anzahl der Tiere nach 8 Jahren anwächst.

6 Eine Tasse Tee mit einer Temperatur von 95 °C kühlt bei einer Zimmertemperatur von 20 °C innerhalb einer Viertelstunde auf 45 °C ab.

a) Bestimmen Sie eine Funktionsgleichung für eine Funktion f, die die Temperatur in Abhängigkeit von der Zeit t in Minuten beschreibt. Skizzieren Sie den Graphen von f.

b) Berechnen Sie die Temperatur nach 5 Minuten, nach 10 Minuten, nach einer halben und nach einer Stunde.

c) Untersuchen Sie, wie schnell die Temperatur nach 20 Minuten sinkt.

d) Bestimmen Sie den Zeitpunkt, an dem die Temperatur sich um 1 °C/min verändert.

7 Tim und Maike sprechen über einen begrenzten Wachstumsprozess, der durch die Gleichung $f(t) = 20 + 7e^{-0{,}04t}$ beschrieben wird. Beschreiben und korrigieren Sie die Fehler von Tim und Maike.

Tim:
„Die Grenze ist bei $S = 20$ und wird von unten angenähert, da der Anfangsbestand bei $a = 7$ ist."

Maike:
„Es handelt sich um eine begrenzte Abnahme. Für die Halbwertszeit ergibt sich $T_H = \frac{\ln(0{,}5)}{-0{,}04} \approx 17{,}33$."

8 Ein Onlineshop bietet drei Bonussysteme für die Anzahl an Bestellungen an.

① 5 Punkte für jeden Einkauf

② 1 Punkt für den ersten Einkauf, 2 Punkte für den zweiten Einkauf, 3 Punkte für den dritten Einkauf, …

③ 0,1 Punkte für den ersten Einkauf, Verdopplung der Gesamtpunktzahl bei jedem weiteren Einkauf.

a) Begründen Sie, bei welchem Bonussystem für die Punktzahl P in Abhängigkeit von n Einkäufen $P(n) = \frac{n \cdot (n+1)}{2}$ gilt. Bestimmen Sie entsprechende Funktionsgleichungen für die anderen beiden Bonussysteme.

b) Bei einem alternativen Bonussystem berechnet sich die Gesamtpunktzahl nach n Einkäufen mit $P(n) = 64 \cdot \left(1 - \frac{1}{2^n}\right)$. Beschreiben Sie die Veränderung der Punktzahl in Abhängigkeit von der Anzahl der Einkäufe.

c) Begründen Sie, bei welchem der vier Bonussysteme lineares, exponentielles bzw. begrenztes Wachstum vorliegt. Geben Sie im letzten Fall auch die Grenze an.

d) Die Kunden müssen sich bei der Registrierung für eines der Bonussysteme entscheiden. Untersuchen Sie, ab wie vielen Einkäufen sich welches Bonussystem für die Kunden rechnet. Skizzieren Sie hierfür die Graphen der in a) ermittelten Funktionen.

Hinweis zu 8d

Dieser Aufgabenteil kann auch mithilfe eines Funktionenplotters oder einer Tabellenkalkulation gelöst werden.

9 In einem gut klimatisierten Raum mit konstant 18 °C Umgebungstemperatur wird am Morgen eine Leiche entdeckt. Der Gerichtsmediziner misst eine Körperkerntemperatur von 23,5 °C. Eine Stunde später misst er wieder, dann sind es 20,8 °C. Ein gesunder Mensch hat eine Körperkerntemperatur von 36,8 °C. Ermitteln Sie, wann die Person gestorben ist.

10 Ein Wasserbehälter mit einem Fassungsvermögen von 3000 Litern ist randvoll gefüllt. Durch ein Leck auf der Höhe der 1000-Liter-Markierung nimmt das Volumen im Behälter ab. Die Abnahmegeschwindigkeit in Abhängigkeit von der Zeit t in Minuten kann dabei durch die Funktion f mit $f(t) = -60\,e^{-0{,}03t}$ beschrieben werden ($f(t)$ in Liter/min).

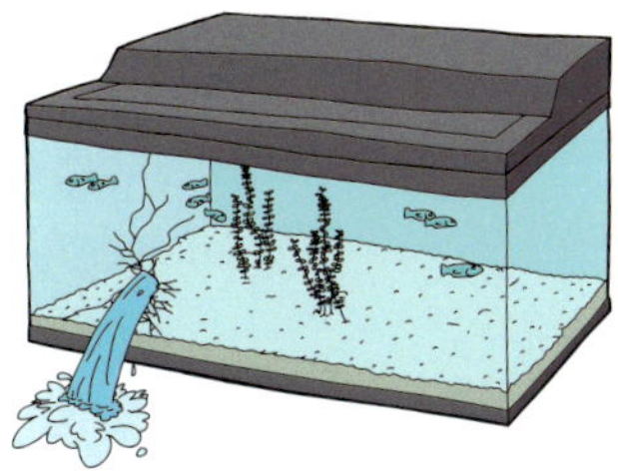

a) Deuten Sie den Ausdruck $\int_0^5 f(t)\,dt = -278{,}6$ im Sachzusammenhang.

b) Berechnen Sie die Wassermenge, die zwischen der 2. und 10. Minute ausläuft.

c) Ermitteln Sie eine Funktion, die das Wasservolumen zur Zeit t beschreibt.

d) Bestimmen Sie den Zeitpunkt, zu dem sich das Volumen halbiert hat.

e) Erläutern Sie das asymptotische Verhalten der Abnahmegeschwindigkeit und der Volumenfunktion anhand der Funktionsgleichungen. Prüfen Sie für jede der beiden Funktionsgleichungen, ob sie begrenztes Wachstum beschreiben und geben Sie gegebenenfalls die Grenze und den Anfangswert bei $t = 0$ an.

7.4 Produktregel

Die Funktion f mit $f(x) = x^2$ lässt sich auch als Produkt darstellen: $f(x) = x \cdot x$

a) Leiten Sie die Faktoren einzeln ab und bilden Sie das Produkt. Überprüfen Sie, ob das Ergebnis mit der Ableitung von f übereinstimmt.

b) Prüfen Sie – wie oben – auch die Funktion g mit $g(x) = 12x^3$.

Um die Ableitung der Summe zweier Funktionen zu bilden, leitet man summandenweise ab. Die Ableitung zu $g(x) = u(x) + v(x)$ ist also $g'(x) = u'(x) + v'(x)$.
Gilt dies auch für Produkte von Funktionen?

Bei zwei ganzrationalen Funktionen lässt sich das Produkt ausmultiplizieren und man kann die Ableitung bestimmen.

$f(x) = u(x) \cdot v(x) \qquad u(x) = x^2 \qquad v(x) = 3x + 5$
$f(x) = x^2 \cdot (3x + 5) = 3x^3 + 5x^2$
$f'(x) = 9x^2 + 10x$

Das Beispiel rechts zeigt, dass man nicht einfach faktorweise ableiten kann.

dagegen Ableitung faktorweise:
$u'(x) \cdot v'(x) = 2x \cdot 3 = 6x \neq f'(x)$

Mit dem Grenzwert des Differenzenquotienten lässt sich eine allgemeine Regel für die Ableitung von Produkten von Funktionen finden. Für eine Funktion f mit $f(x) = u(x) \cdot v(x)$ gilt:

$$
\begin{aligned}
f'(x) &= \lim_{h \to 0} \frac{f(x+h) - f(x)}{h} \\
&= \lim_{h \to 0} \frac{u(x+h) \cdot v(x+h) - u(x) \cdot v(x)}{h} \\
&= \lim_{h \to 0} \frac{u(x+h) \cdot v(x+h) - u(x) \cdot v(x+h) + u(x) \cdot v(x+h) - u(x) \cdot v(x)}{h} \\
&= \lim_{h \to 0} \left(\frac{u(x+h) - u(x)}{h} \cdot v(x+h) + u(x) \cdot \frac{v(x+h) - v(x)}{h} \right) \\
&\qquad\quad \downarrow \qquad\qquad\quad \downarrow \qquad\quad \downarrow \qquad\qquad \downarrow \\
f'(x) &= \quad u'(x) \quad \cdot \quad v(x) \quad + u(x) \cdot \quad v'(x)
\end{aligned}
$$

Diese Ergänzung ermöglicht es, die Differenzenquotienten von u und v zu bilden, ohne den Wert des Differenzenquotienten von f zu ändern.

Merkhilfe

$(u \cdot v)' = u' \cdot v + u \cdot v'$

Satz Produktregel

Haben die Funktionen u und v die Ableitungen u' und v', so hat die Funktion f mit $f(x) = u(x) \cdot v(x)$ die Ableitung $f'(x) = u'(x) \cdot v(x) + u(x) \cdot v'(x)$.

Beispiel 1 Berechnen Sie die Ableitung der Funktion f.

a) $f(x) = x^2 \cdot (3x + 5)$

b) $f(x) = x^2 \cdot e^{4x-3}$

Lösung:

a) Der Term $x^2 \cdot (3x + 5)$ ist ein Produkt. Schreiben Sie die Faktoren u(x) und v(x) auf und bestimmen Sie ihre Ableitungen. Wenden Sie die Formel der Produktregel an. Vereinfachen Sie den Term so weit wie möglich.

$u(x) = x^2 \qquad v(x) = (3x + 5)$
$u'(x) = 2x \qquad v'(x) = 3$

$$
\begin{aligned}
f'(x) &= u'(x) \cdot v(x) + u(x) \cdot v'(x) \\
&= 2x \cdot (3x + 5) + x^2 \cdot 3 \\
&= 6x^2 + 10x + 3x^2 \\
&= 9x^2 + 10x
\end{aligned}
$$

b) Leiten Sie beide Faktoren ab. Beim Ableiten des zweiten Faktors muss die Kettenregel angewendet werden. Wenden Sie die Produktregel an und vereinfachen Sie so weit wie möglich.

$u(x) = x^2 \qquad v(x) = e^{4x-3}$
$u'(x) = 2x \qquad v'(x) = 4e^{4x-3}$

$$
\begin{aligned}
f'(x) &= 2x \cdot e^{4x-3} + x^2 \cdot 4e^{4x-3} \\
&= (2x + 4x^2) \cdot e^{4x-3}
\end{aligned}
$$

Basisaufgaben

1 Vervollständigen Sie die Ableitung der Funktion f im Heft.

a) $f(x) = x^3 \cdot (4x + 3)$
$f'(x) = \blacksquare \cdot (4x + 3) + x^3 \cdot \blacksquare$

b) $f(x) = 2x \cdot e^x$
$f'(x) = \blacksquare \cdot e^x + 2x \cdot \blacksquare$

c) $f(x) = (x^2 + 1) \cdot \sqrt{x}$
$f'(x) = \blacksquare \cdot \sqrt{x} + (x^2 + 1) \cdot \blacksquare$

d) $f(x) = \frac{1}{x} \cdot e^x$
$f'(x) = \blacksquare \cdot e^x + \frac{1}{x} \cdot \blacksquare$

e) $f(x) = \frac{1}{x^2} \cdot (x^2 - 2x)$
$f'(x) = \blacksquare \cdot (x^2 - 2x) + \frac{1}{x^2} \cdot \blacksquare$

f) $f(x) = (2x^3 - 4x^2) \cdot x^{-1}$
$f'(x) = \blacksquare \cdot x^{-1} + (2x^3 - 4x^2) \cdot \blacksquare$

2 Bestimmen Sie die erste Ableitung der Funktion mit der Produktregel.

a) $f(x) = (2x^3 + 5) \cdot x^2$
b) $f(x) = (x^2 - 5) \cdot (2x + 1)$
c) $f(x) = (x^2 - 1) \cdot (x^2 + 1)$
d) $f(x) = (2x^3 - 3x^2 + x) \cdot (3x + 5)$
e) $f(x) = (x^2 + 3) \cdot \sqrt{x}$
f) $f(x) = 3x^5 \cdot e^x$
g) $f(x) = \frac{1}{x} \cdot e^x$
h) $f(x) = x \cdot e^x - e^x$
i) $f(x) = \frac{1}{x^2} \cdot \sqrt{x}$
j) $f(x) = e^x \cdot \sqrt{x}$
k) $f(t) = (3t^3 + t^2) \cdot e^t$
l) $f(t) = e^t \cdot (2t + 1) + e^t$

3 Bestimmen Sie die Ableitung der Funktion mit der Produktregel. Bei der Ableitung einzelner Faktoren muss die Kettenregel angewendet werden.

a) $f(x) = 4x \cdot e^{7x}$
b) $f(x) = -2xe^{-x}$
c) $f(x) = e^{2x+3} \cdot (x^2 + 1)$
d) $f(x) = \frac{1}{2x} \cdot e^{1-x}$
e) $f(t) = -7e^{-t}(4t^3 - 0{,}5t^2)$
f) $f(x) = \sqrt{x} \cdot e^{2x}$
g) $f(t) = e^{1+t} \cdot e^{1-t}$
h) $f(x) = \frac{1}{e^x} \cdot e^{5+2x}$

4 In einigen Fällen können Produkte auch ohne die Produktregel abgeleitet werden.

a) Bestimmen Sie die erste Ableitung zuerst mit der Produktregel und anschließend ohne die Produktregel. Fassen Sie für den zweiten Weg den Funktionsterm zusammen. Entscheiden Sie jeweils, welcher Weg günstiger ist.

① $f(x) = x \cdot (x + 2)$
② $f(x) = x^2 \cdot x^8$
③ $f(x) = (1 - x^4) \cdot (x - 3x^4)$
④ $f(x) = (\sqrt{x} + 1) \cdot (\sqrt{x} - 1)$
⑤ $f(x) = (x^3 - 4) \cdot \frac{1}{x}$
⑥ $f(x) = \left(\frac{1}{x} + \sqrt{x}\right) \cdot \left(\sqrt{x} - \frac{1}{x}\right)$

b) Geben Sie drei möglichst vielfältige Funktionsterme mit Produkten an, bei denen eine Vereinfachung des Terms die Anwendung der Produktregel umgeht.

c) Entwerfen Sie drei Funktionsterme, bei denen die Produktregel zur Bestimmung der Ableitungsfunktion notwendig ist.

Hinweis zu 5

ür die Produktfunktion · g gilt die Definition: f · g) (x) = f(x) · g(x)

5 Die Abbildung zeigt die Graphen der Funktionen f und g sowie zwei ihrer Tangenten.

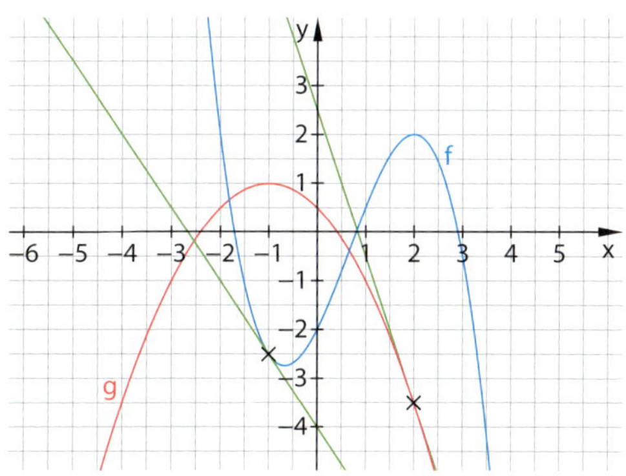

a) Maria behauptet, dass sie mithilfe der Zeichnung die Steigung von f · g an der Stelle $x_0 = 2$ angeben kann.
Sie berechnet:
$(f \cdot g)'(2) = 0 \cdot (-3{,}5) + 2 \cdot (-3) = -6$
Erklären Sie Marias Rechnung.

b) Ermitteln Sie auf dieselbe Weise die Steigung von f · g an der Stelle $x_0 = -1$.

Weiterführende Aufgaben

6 Gegeben sei eine Funktion f und $a \in \mathbb{R}$. Zeigen Sie, dass die Faktorregel $(a \cdot f(x))' = a \cdot f'(x)$ ein Spezialfall der Produktregel ist.

7 **Stolperstelle:** Die Funktion f mit $f(x) = x^2 \cdot \sqrt{x}$ wurde mithilfe der Produktregel abgeleitet. Finden Sie die Fehler und korrigieren Sie diese.

① $f'(x) = 2x \cdot \frac{1}{2\sqrt{x}}$

② $f'(x) = 2x \cdot \sqrt{x} - x^2 \cdot \frac{1}{2\sqrt{x}}$

③ $f'(x) = 2x \cdot x^2 + \sqrt{x} \cdot \frac{1}{2\sqrt{x}}$

8 Leiten Sie die Funktion f ab ($a, b, c \in \mathbb{R}$).

a) $f(x) = x^3 \cdot (ax + b)$
b) $f(x) = \frac{a}{x^2} \cdot (bx + c)$
c) $f(x) = (ax + b) \cdot e^{cx}$
d) $f(x) = (ax + b) \cdot \sqrt{x}$

9 Bestimmen Sie die Gleichung der Tangente an den Graphen der Funktion f an der Stelle x_0.

a) $f(x) = 3xe^{-x}$; $x_0 = 0$
b) $f(x) = \sqrt{x} \cdot (2x - 2)$; $x_0 = 1$
c) $f(x) = (1 - x) \cdot e^{2x-1}$; $x_0 = 1$
d) $f(x) = \frac{1}{x} \cdot (x^2 + 1) + x$; $x_0 = -1$

10 Beurteilen Sie folgende Aussage:
„Haben die Graphen der Funktionen g und h an der Stelle x_0 eine waagerechte Tangente, dann gilt dies auch für die Funktion f mit $f(x) = g(x) \cdot h(x)$."
Formulieren Sie die Umkehrung dieser Aussage und entscheiden Sie, ob diese gilt.

11 Gegeben ist die Funktion f mit $f(x) = (x - 1) \cdot \sqrt{x}$.

a) Bestimmen Sie den maximalen Definitionsbereich von f sowie alle Nullstellen.
b) Untersuchen Sie das Verhalten der Funktionswerte von f an den Rändern des Definitionsbereichs.
c) Ermitteln Sie die Koordinaten und die Art des Extrempunkts des Graphen von f. Verwenden Sie hierzu das Vorzeichenwechselkriterium.
d) Die zweite Ableitung von f ist gegeben durch $f''(x) = \frac{3x+1}{\sqrt{x}}$. Weisen Sie nach, dass der Graph von f keine Wendepunkte hat.
e) Skizzieren Sie den Graphen von f.

12 Schreiben Sie den Funktionsterm zunächst als Produkt und leiten Sie f anschließend ab.

a) $f(x) = \frac{x}{e^x}$
b) $f(x) = \frac{x+1}{2\sqrt{x}}$
c) $f(x) = (\sqrt{x} + 1)^2$
d) $f(x) = \frac{x^2 - 9}{x(x-3)}$
e) $f(x) = \frac{x^3 - \sqrt{x}}{x}$
f) $f(x) = \frac{x^2 - 4}{x + 2}$
g) $f(x) = \frac{e^x}{x}$
h) $f(x) = \frac{e^{2x+1}}{\sqrt{2x}}$

13 **Quotientenregel:** Gegeben seien die Funktionen u und v mit den Ableitungen u' und v'. Dann gelten die folgenden Regeln.

① Für eine Funktion f mit $f(x) = \frac{1}{v(x)}$ gilt: $f'(x) = -\frac{v'(x)}{(v(x))^2}$

② Für eine Funktion f mit $f(x) = \frac{u(x)}{v(x)}$ gilt: $f'(x) = \frac{u'(x) \cdot v(x) - u(x) \cdot v'(x)}{(v(x))^2}$

a) Zeigen Sie, dass die Regel ① für $v(x) = e^{ax+b}$ mit $a, b \in \mathbb{R}$ gilt.

b) Leiten Sie mithilfe der Regel ① die Regel ② her.

14 Bestimmen Sie die Ableitung der Funktion mit den Regeln aus Aufgabe 13.

a) $f(x) = \frac{3x}{2x - 5}$
b) $f(x) = \frac{e^x}{x - 1}$
c) $f(x) = \frac{1}{5x - x^2}$
d) $f(x) = \frac{e^{4x}}{x^2 + 1}$
e) $f(x) = \frac{8(4 + 3x)^2}{3(2x - 1)}$
f) $f(x) = \frac{x^2 + 1}{x^2 - 1}$
g) $f(x) = \frac{e^x + x}{x^2}$
h) $f(x) = \frac{\sqrt{x}}{1 - 2x^2}$

15 Gegeben ist die Funktion f mit $f(x) = \frac{4x}{x^2+1}$.

a) Bestimmen Sie den maximalen Definitionsbereich sowie alle Nullstellen der Funktion.

b) Untersuchen Sie das Verhalten der Funktionswerte von f an den Rändern des Definitionsbereichs.

c) Untersuchen Sie das Symmetrieverhalten und das Monotonieverhalten des Graphen von f.

d) Bestimmen Sie die Hoch-, Tief- und Wendepunkte des Graphen von f.

e) Geben Sie die Gleichungen der Wendetangente und der Normalen bei der mittleren der drei Wendestellen an.

Hinweis zu 15b

Für $x \neq 0$ gilt: $\frac{4x}{x^2+1} = \frac{4}{x+\frac{1}{x}}$.

16 Gegeben ist die Funktion f mit $f(x) = (x^2 - 4x + 3) \cdot \sqrt{x}$.

a) Bestimmen Sie die Nullstellen und Extrempunkte des Graphen von f.

b) Für die zweite Ableitung von f gilt $f''(x) = (15x^2 - 12x - 3) \cdot \frac{1}{4}x^{-\frac{3}{2}}$. Bestimmen Sie den Wendepunkt sowie die Gleichung der zugehörigen Wendetangente.

17 Mit einer Baggerschaufel entsteht auf einer horizontalen Fläche ein Loch, dessen Querschnittsfläche durch den Graphen der Funktion f mit $f(x) = \sqrt{x} \cdot \left(\frac{1}{2}x - 1\right)$ beschrieben wird.

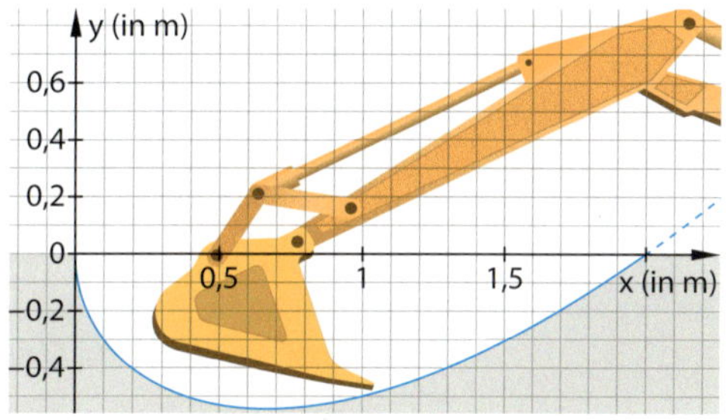

a) Bestimmen Sie die maximale Tiefe des Lochs.

b) An der Stelle x = 0 sticht die Baggerschaufel lotrecht in die Erde. Berechnen Sie den Winkel, unter dem die Baggerschaufel das Loch wieder verlässt.

Erinnerung

$\alpha = \tan^{-1}(f'(x_0))$

18 Gegeben ist eine differenzierbare Funktion f.

a) Zeigen Sie, dass der Graph der Funktion g mit $g(x) = x^2 \cdot f(x)$ im Ursprung eine waagerechte Tangente hat.

b) Bestimmen Sie ohne ausführliche Rechnung eine Stelle x_0, an der der Graph der Funktion g mit $g(x) = x^2 \cdot e^x \cdot f(x)$ eine waagerechte Tangente hat.

19 a) Die Funktion f mit $f(x) = (x-4)^2 \cdot x^3$ hat eine doppelte Nullstelle bei x = 4. Zeigen Sie durch Ableiten, dass x = 4 auch Nullstelle von f′ ist.

b) Hat eine ganzrationale Funktion f eine doppelte Nullstelle bei x = a, lässt sie sich in der Form $f(x) = (x-a)^2 \cdot g(x)$ schreiben, wobei g auch eine ganzrationale Funktion ist. Zeigen Sie durch Ableiten, dass x = a auch Nullstelle von f′ ist.

Erinnerung

$(b^x)' = \ln(b) \cdot b^x$

20 Gegeben ist die Funktion f mit $f(x) = x \cdot 2^x$. Die n-te Ableitung von f ist gegeben durch $f^{(n)}(x) = 2^x \cdot (\ln(2))^{n-1} \cdot (n + \ln(2) \cdot x)$ für $n \in \mathbb{N}, n \geq 1$.

a) Weisen Sie die Richtigkeit der Formel für n = 1, 2 und 3 nach.

b) Die „nullte Ableitung" entspricht der Ursprungsfunktion. Zeigen Sie, dass die oben angegebene Formel auch für n = 0 gilt.

c) Bestimmen Sie die Extrem- und Wendestellen des Graphen von f.

21 **Ausblick:** Durch zweifaches Anwenden der Produktregel lässt sich auch eine Ableitungsregel für Produkte mit drei Faktoren finden.

a) Bestimmen Sie die erste Ableitung der Funktion f.

① $f(x) = x^2 \cdot (3x - 4) \cdot \sqrt{x}$ ② $f(x) = e^{3x} \cdot x^5 \cdot (2x - x^2)$

b) Formulieren Sie eine Ableitungsregel für die Funktion f mit $f(x) = u(x) \cdot v(x) \cdot w(x)$.

7.5 Untersuchung zusammengesetzter Funktionen

g und h seien zwei beliebige Funktionen und f das Produkt, also $f(x) = g(x) \cdot h(x)$.

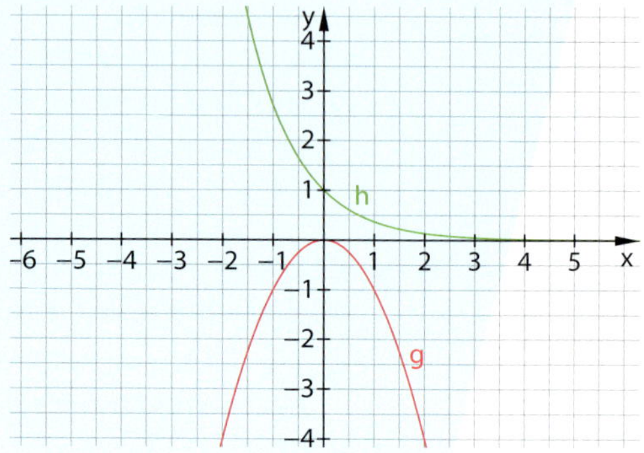

a) Skizzieren Sie im Heft zu den abgebildeten Graphen von g und h den Graphen von f im Intervall $-1{,}5 \le x \le 1{,}5$.

b) Geben Sie an, was man für f folgern kann,
  ① wenn x eine Nullstelle von h ist,
  ② wenn $g(x) = 1$ gilt,
  ③ wenn $g(x)$ positiv und $h(x)$ negativ ist,
  ④ wenn für $x \to -\infty$ gilt: $g(x) \to \infty$ und $h(x) \to -\infty$.

c) Bilden Sie die Ableitungsfunktion f' und zeigen Sie: Haben g und h an der Stelle $x = a$ eine waagerechte Tangente, so auch f.

Die Graphen von Exponentialfunktionen mit Gleichungen der Form $f(x) = a \cdot e^{bx+c} - d$ haben weder Extrem- noch Wendepunkte. Die Graphen von ganzrationalen Funktionen haben wiederum keine Asymptoten. Verknüpft man diese Funktionstypen, so ergeben sich Funktionen, bei denen beide Eigenschaften vorkommen können.

f mit $f(x) = x^2$

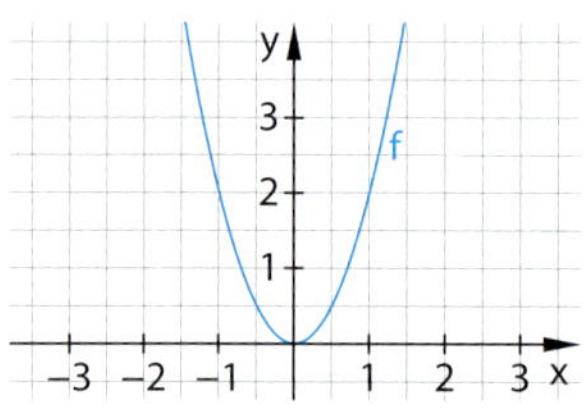

g mit $g(x) = e^x$

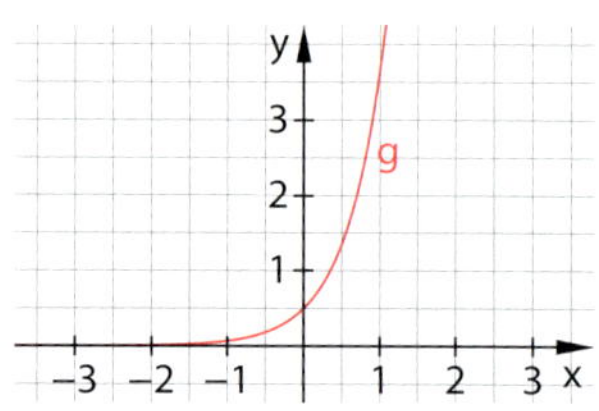

h mit $h(x) = x^2 \cdot e^x$

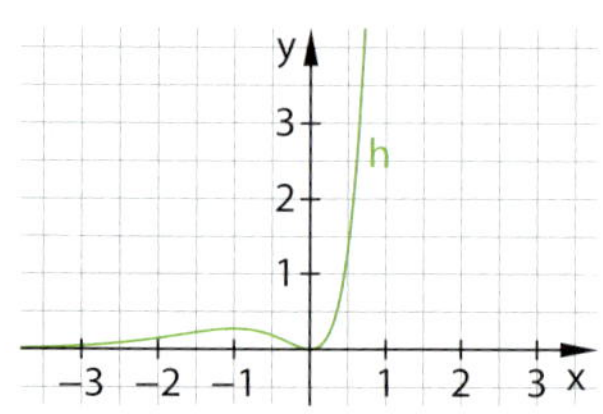

Ist eine Funktion das Produkt einer ganzrationalen Funktion und einer Exponentialfunktion, so sind auch alle ihre Ableitungen von dieser Form. Somit muss beim Bestimmen von charakteristischen Punkten stets eine Gleichung der Form $g(x) \cdot e^{\blacksquare} = 0$ gelöst werden.
Es gilt: $g(x) \cdot e^{\blacksquare} = 0 \Leftrightarrow g(x) = 0$, da stets $e^{\blacksquare} \neq 0$.
Daher ist es oft hilfreich, Exponentialterme auszuklammern, wenn man die Nullstellen von Funktionen oder ihren Ableitungen bestimmt.

Beispiel 1

Berechnen Sie die Nullstellen, Extrempunkte und Wendepunkte der Funktion f mit $f(x) = 3xe^{-2x}$.

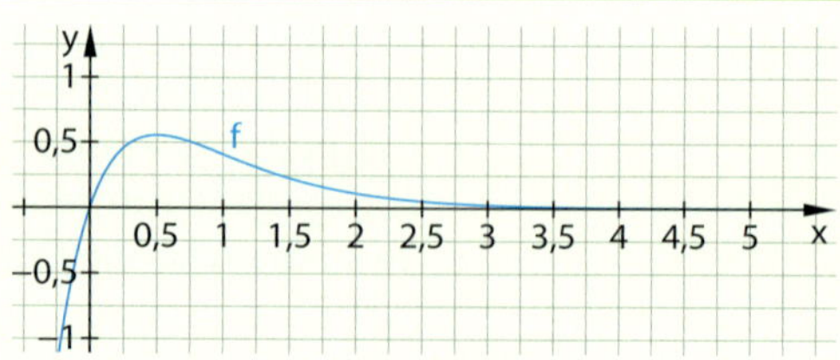

Lösung:

Nullstellen: Setzen Sie $f(x) = 0$.
Prüfen Sie, für welche x die einzelnen Faktoren 0 werden. Da die e-Funktion keine Nullstelle hat, gilt $e^{-2x} \neq 0$.

$3xe^{-2x} = 0 \quad | \; e^{-2x} \neq 0$
$3x = 0 \quad | : 3$
$x = 0$
Nullstelle: $x = 0$

Erinnerung

Regel vom Nullprodukt: Ein Produkt ist genau dann 0, wenn einer der beiden Faktoren 0 ist.

Extrempunkte: Leiten Sie die Funktion zweimal ab.	$f(x) = 3x \cdot e^{-2x}$ $f'(x) = 3 \cdot e^{-2x} + 3x \cdot (-2e^{-2x}) = e^{-2x}(3 - 6x)$ $f''(x) = -2e^{-2x} \cdot (3 - 6x) + e^{-2x} \cdot (-6)$ $= e^{-2x}(-2 \cdot (3 - 6x) - 6) = e^{-2x}(12x - 12)$
Setzen Sie $f'(x) = 0$.	$e^{-2x}(3 - 6x) = 0 \quad \vert\, e^{-2x} \neq 0$ $3 - 6x = 0 \quad \vert -3 \quad \vert : (-6)$ $x = 0{,}5$
Bestimmen Sie den y-Wert durch Einsetzen in f(x) und die Art des Extrempunkts durch Einsetzen in f″(x).	$f(0{,}5) \approx 0{,}55$ $f''(0{,}5) \approx -2{,}21 < 0$, also Hochpunkt bei $H(0{,}5 \vert 0{,}55)$
Wendepunkte: Setzen Sie $f''(x) = 0$.	$e^{-2x}(12x - 12) = 0 \quad \vert\, e^{-2x} \neq 0$ $12x - 12 = 0 \quad \vert +12 \quad \vert : 12$ $x = 1$
Bestimmen Sie den y-Wert durch Einsetzen in f(x).	$f(1) \approx 0{,}41$
Bestimmen Sie die dritte Ableitung von f und setzen Sie zur Kontrolle den x-Wert in f‴(x) ein.	$f'''(x) = -2e^{-2x} \cdot (12x - 12) + e^{-2x} \cdot 12$ $= e^{-2x}(-2 \cdot (12x - 12) + 12)$ $= e^{-2x}(-24x + 36)$ $f'''(1) \approx 1{,}62 \neq 0$, also Wendepunkt bei $W(1 \vert 0{,}41)$

Basisaufgaben

1 Bestimmen Sie die erste und zweite Ableitung.
a) $f(x) = e^x + x$ b) $f(x) = 8x^4 - e^x$ c) $f(x) = -e^{-6x} + 10x$
d) $f(x) = 3e^{3x} - e^x$ e) $f(x) = e^{2x} - 2e^{-x}$ f) $f(x) = 3e^{\left(\frac{8}{3} - \frac{2}{3}x\right)} - \frac{3}{5}e^{\left(\frac{5}{3}x - \frac{2}{3}\right)}$

2 Bestimmen Sie die erste und zweite Ableitung. Klammern Sie im Ergebnis jeweils den Exponentialterm aus.
a) $f(x) = x \cdot e^x$ b) $f(x) = e^x \cdot (1 - x)$ c) $f(x) = (4x + 5) \cdot e^x$
d) $f(x) = x \cdot e^{6x}$ e) $f(x) = -4x \cdot e^{1+x}$ f) $f(x) = -2x^4 \cdot e^{3x+2}$
g) $f(t) = -t^2e^{-t}$ h) $f(x) = (x^3 + 1)\,e^{2+10x}$ i) $f(x) = 3(x^2 - 1)e^{-\frac{1}{2}x + 7}$

Erinnerung
p-q-Formel:
Die Gleichung
$x^2 + px + q = 0$
hat die Lösungen
$x_{1,2} = -\frac{p}{2} \pm \sqrt{\left(\frac{p}{2}\right)^2 - q}$.

3 Bestimmen Sie die Nullstellen der Funktion f.
a) $f(x) = 2xe^{11x-22}$ b) $f(x) = (x + 2)e^{-\frac{1}{3}x}$ c) $f(x) = -\frac{1}{2}(3x + 7)e^{8x-8}$
d) $f(x) = xe^x - 4e^x$ e) $f(x) = 2xe^{8x} + e^{8x}$ f) $f(t) = (t^3 - 27)\,e^{-t-1}$
g) $f(x) = x^2e^{2x+1} - 9e^{2x+1}$ h) $f(x) = (2x^2 + 10x + 8)\,e^{-2x}$ i) $f(x) = x^2e^x - 8xe^x + 12e^x$

Lösungen zu 4
-1 2 0 -2 0 $-0{,}5$ 2 $-\frac{\ln(4)}{3}$ 1

4 Berechnen Sie die Extremstellen der Funktion f.
a) $f(x) = xe^x$ b) $f(x) = -xe^{2x}$ c) $f(x) = 2x^2e^x$
d) $f(x) = x^2e^{-x} - 2$ e) $f(x) = -e^{-3x} - 12x$ f) $f(x) = (x^2 - 5x + 7) \cdot e^x$

5 Bestimmen Sie die Wendestellen der Funktion f.
a) $f(x) = xe^x$ b) $f(x) = e^x - 8x^2 + 11x - 9$ c) $f(x) = xe^{-x} - e^{-x}$

6 Bestimmen Sie eine Stammfunktion zur Funktion f.
a) $f(x) = 4x^2 - x - 2e^{3x-4}$ b) $f(t) = \frac{1}{3}t^3 - 5 + e^{\frac{2}{5}t - 3}$ c) $f(x) = 2x^3 - 4e^{\frac{2}{3} - \frac{4}{5}x}$

Erinnerung

Zu f mit $f(x) = e^{ax+b}$ ist F mit $F(x) = \frac{1}{a}e^{ax+b}$ eine Stammfunktion.

7 Bestimmen Sie den Inhalt der Fläche, die der rechts abgebildete Graph von f mit $f(x) = 2e^{0,5x} - 6$ mit den Koordinatenachsen einschließt.

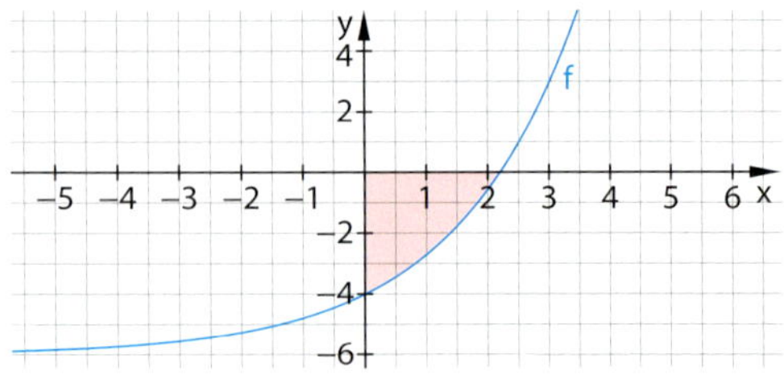

8 Zeigen Sie, dass die Funktion F mit $F(x) = x^2 e^{5x} - 9$ eine Stammfunktion zur Funktion f mit $f(x) = (5x^2 + 2x)e^{5x}$ ist. Bestimmen Sie anschließend den Inhalt der Fläche, die der Graph von f im Intervall [0; 1] mit der x-Achse einschließt.

9 Die Graphen der Funktionen f und g mit $f(x) = x^2 - 6x - e^{0,5x}$ und $g(x) = 6 - e^{0,5x} - x$ schließen ein Flächenstück ein. Berechnen Sie seinen Inhalt.

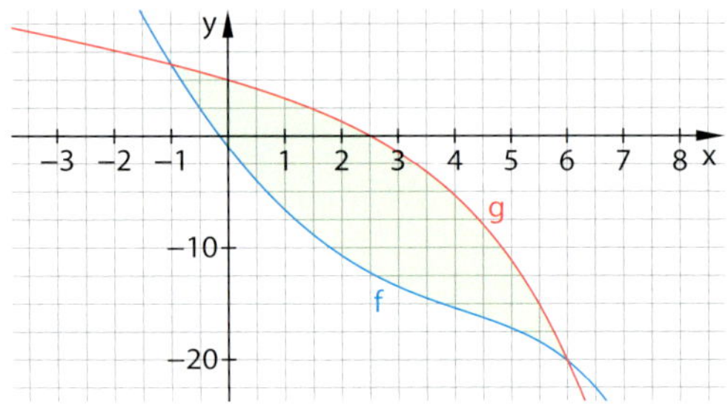

10 Bestimmen Sie mit einem digitalen Hilfsmittel die Nullstellen sowie die Koordinaten der Extrem- und Wendepunkte des Graphen von f.

a) $f(x) = -15x^2e^{x-3}$ b) $f(x) = 0{,}1x^3 - e^{-0{,}1x}$ c) $f(x) = 0{,}3xe^{-x} + 5x^2$

11 Ermitteln Sie mit einem digitalen Hilfsmittel das Integral $\int_{-1}^{3} (-5xe^{0,5x} + 20x)\,dx$.

12 Bilden Sie mit einem digitalen Hilfsmittel zu f die erste und zweite Ableitung sowie eine Stammfunktion.

a) $f(x) = -xe^{3x-1}$ b) $f(x) = 2(x-3)e^{1-x}$ c) $f(x) = e^{0,2x}(x^2 + 8x - 2)$

Weiterführende Aufgaben

13 Untersuchen Sie den Graphen der Funktion f auf Nullstellen, lokale Extrempunkte und Wendepunkte.

a) $f(x) = 4xe^{-x}$ b) $f(x) = (2x-1)e^{x+3}$ c) $f(x) = -xe^{-x+2}$

14 **Stolperstelle:** Sven untersucht die Funktion f mit $f(x) = -5x \cdot e^{-2x}$ und findet eine Wendestelle bei x = 1. Er folgert, dass der Graph an dieser Stelle am stärksten abfällt Prüfen Sie, ob Sven recht hat.

15 Gegeben ist die Funktion f mit $f(x) = (x-1)e^x$.

a) Gegeben Sie die Nullstellen von f an.
b) Gegeben Sie das Monotonieverhalten von f durch Ermitteln der Extrempunkte an.
c) Ermitteln Sie die Gleichung der Wendetangente von f.
d) Untersuchen Sie das Symmetrieverhalten des Graphen von f.
e) Zeigen Sie, dass durch $F(x) = (x-2)e^x$ eine Stammfunktion zu f gegeben ist, und bestimmen Sie den Inhalt der Fläche, die vom Graphen von f und den Koordinatenachsen eingeschlossen wird.

16 Gegeben ist die Funktion f mit $f(x) = (x-a) \cdot e^x$ und $a \in \mathbb{R}$.

a) Bestimmen Sie die Ableitungen f', f'' und f'''.
b) Ermitteln Sie den Wert des Parameters a so, dass der Graph von f an der Stelle x = 3
① eine Nullstelle, ② einen Tiefpunkt, ③ einen Wendepunkt hat.

17 Gegeben ist die Funktion f mit $f(x) = (x + 2)e^{-x}$.
a) Bestimmen Sie die Nullstelle von f.
Begründen Sie, für welche x der Funktionswert f(x) positiv bzw. negativ ist.
b) Untersuchen Sie f auf Extrem- und Wendestellen. Geben Sie auch die zugehörigen Punkte des Graphen an.
c) Zeigen Sie, dass F mit $F(x) = (-x - 3) \cdot e^{-x}$ eine Stammfunktion zu f ist.
d) Der Graph von f schließt mit den Koordinatenachsen ein abgeschlossenes Flächenstück ein. Berechnen Sie den Flächeninhalt.
e) Der Graph von f und die Wendetangente schließen mit der x-Achse ein abgeschlossenes Flächenstück ein. Berechnen Sie den Flächeninhalt.

18 Durch den Graphen der Funktion f mit der Gleichung $f(x) = -0{,}5xe^{0{,}1x+2} + 2$ kann eine Sprungschanze für Motorräder dargestellt werden. Dabei gibt x die horizontale Länge und f(x) die Höhe der Schanze an (beide Angaben in Meter).

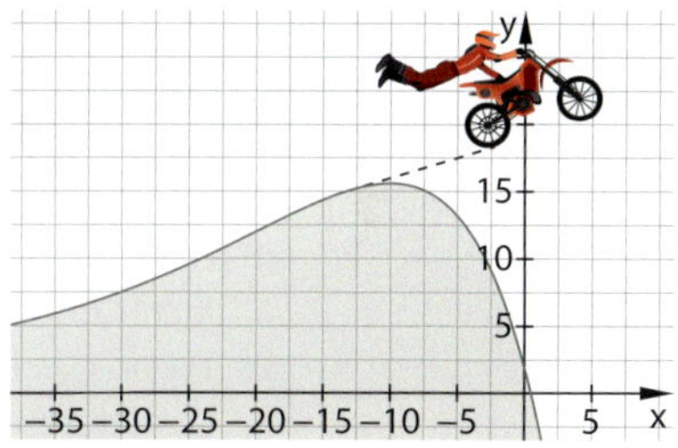

a) Berechnen Sie die maximale Höhe der Schanze.
b) Berechnen Sie die Koordinaten des Punkts, an dem die Steigung der Schanze am größten ist.
c) An der Stelle $x = -13$ springt der Motorradfahrer ab und bewegt sich für eine Weile näherungsweise auf einer Bahn, die durch die Tangente an der Absprungstelle beschrieben werden kann. Geben Sie die Gleichung dieser Tangente an.

19 Gegeben ist die Funktion f durch $f(x) = x^2e^{-x+2}$.
a) Untersuchen Sie f in Bezug auf Nullstellen und Extrempunkte. Zeigen Sie, dass der Graph von f zwei Wendepunkte hat. Skizzieren Sie den Graphen von f.
b) Weisen Sie nach, dass die Funktion F mit $F(x) = (-x^2 - 2x - 2)e^{-x+2}$ eine Stammfunktion von f ist.
c) Die Gerade g verläuft durch den Hochpunkt des Graphen von f und hat die Steigung $m = -2$. Der Graph von f und die Gerade g schließen mit der x-Achse zwischen ihren Nullstellen eine Fläche ein. Berechnen Sie den Inhalt dieser Fläche.
d) Untersuchen Sie ohne erneute Rechnung die Funktion F auf Monotonie, Extrem- und Wendestellen.

20 **Globalverhalten zusammengesetzter Funktionen:** Gegeben sind die Funktionen f mit $f(x) = x^2 \cdot e^{-x}$ und g mit $g(x) = x^2 \cdot e^{x}$.
a) Erläutern Sie, warum sich das Verhalten der Funktionswerte von f für $x \to \infty$ und der Funktionswerte von g für $x \to -\infty$ nicht direkt bestimmen lässt.
b) Untersuchen Sie mithilfe einer Näherungstabelle das Verhalten von f(x) für $x \to \infty$ und g(x) für $x \to -\infty$.
c) Begründen Sie die folgende Aussage für $n \in \mathbb{N}$:
Für $x \to \infty$ gilt $x^n \cdot e^{-x} \to 0$ und für $x \to -\infty$ gilt $x^n \cdot e^{x} \to 0$.

21 **Waagerechte Asymptote:** Streben die Funktionswerte einer Funktion für $x \to \infty$ oder $x \to -\infty$ gegen eine reelle Zahl a, so hat der Graph der Funktion dort eine waagerechte Asymptote mit der Gleichung $y = a$.
a) Bestimmen Sie die Gleichung der waagerechten Asymptote von f mit $f(x) = x \cdot e^{-x^2}$.
b) Untersuchen Sie f auf Nullstellen, Extrem- und Wendepunkte.
c) Skizzieren Sie den Verlauf des Graphen von f sowie die waagerechte Asymptote.
d) Erläutern Sie, durch welche Eigenschaft sich die Asymptote der Funktion auszeichnet.

Hinweis zu 21b
$'(x) = (1-2x^2)e^{-x^2}$
$''(x) = (4x^3-6x)e^{-x^2}$
$'''(x) = (24x^2-8x^4-6)e^{-x^2}$

22 Das Querschnittsprofil eines Geländes kann im Intervall $0 \leq x \leq 6000$ durch die Funktion f mit $f(x) = 300 + 4xe^{-0{,}001x}$ dargestellt werden. Dabei gibt x die horizontale Länge und f(x) die Höhe des Querschnittsprofils jeweils in Meter an.

a) Bestimmen Sie die maximale Höhe des Geländes.

b) Ermitteln Sie die Stelle mit der größten Steigung sowie die Stelle mit dem maximalen Gefälle. Untersuchen Sie auch die Randbereiche des Graphen.

c) Zeigen Sie, dass F mit $F(x) = 300x + (-4000x - 4 \cdot 10^6)\,e^{-0{,}001x}$ eine Stammfunktion zu f ist, und geben Sie die Querschnittsfläche des Geländes im Intervall [0; 6000] an.

23 In einem Freizeitpark soll eine Achterbahn gebaut werden. Der Verlauf des Endabschnitts der Achterbahn kann im Intervall [0; 40] durch den Graphen der Funktion f mit $f(x) = (4x + 8)\,e^{-0{,}125x}$ dargestellt werden. Dabei gibt x die horizontale Länge und f(x) die Höhe des Endabschnittes der Achterbahn jeweils in m an.

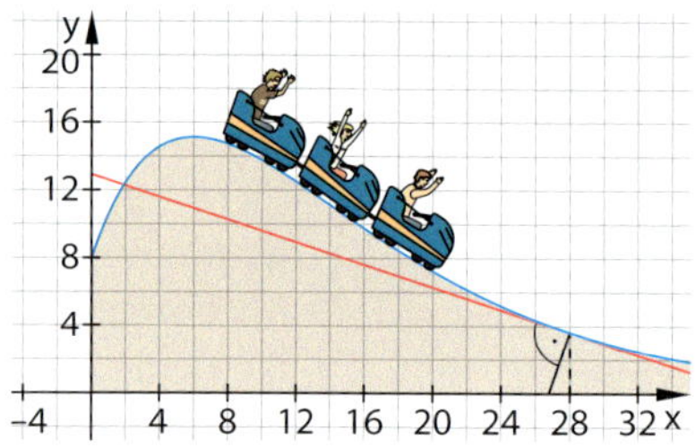

a) Ermitteln Sie die Gesamthöhe des Endabschnitts.

b) Wenn das maximale Gefälle größer als 40° ist, wird Kindern, die kleiner als 100 cm sind, das Fahren der Achterbahn ohne Eltern nicht gestattet. Prüfen Sie, ob diese Bedingung im Endabschnitt erfüllt ist.

c) Die Seitenfläche des Endabschnitts wird beidseitig gestrichen. Berechnen Sie die Gesamtfläche, die gestrichen werden muss.
Hinweis: $F(x) = (-32x - 320)\,e^{-0{,}125x}$ ist eine Stammfunktion von f.

d) Aufgrund der Statik der Bahn muss eine Stütze aufgestellt werden, die an der Stelle x = 28 senkrecht zur Bahnkurve steht und am Boden verankert wird. Bestimmen Sie die Koordinaten des Punktes, an dem sich der Bodenpunkt der Stütze befindet, und geben Sie die Länge der Stütze an.

Erinnerung

Für den Abstand zwischen zwei Punkten $P(x_1|y_1)$ und $Q(x_2|y_2)$ gilt:
$d = \sqrt{(x_2 - x_1)^2 + (y_2 - y_1)^2}$

24 Der Vogelschutzverein VoSchu möchte als Vereinslogo das stilisierte Seitenbild eines Wiedehopfs benutzen. Dabei soll im Intervall [−6; −0,2] der Graph von f mit $f(x) = (-15x - 10)\,e^{3x}$ die obere und der Graph von g mit $g(x) = -10e^x$ die untere Kurve des Bildes darstellen (Längeneinheit cm). Die Federhaube soll bei Berechnungen nicht berücksichtigt werden.

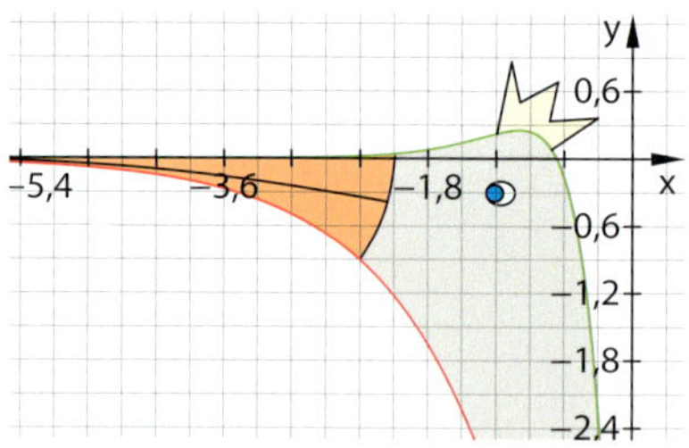

a) Berechnen Sie die waagerechte Länge auf der Höhe y = 0 von der Schnabelspitze bis zum Hinterkopf des Wiedehopfs.

b) Das Auge des Wiedehopfs soll genau 0,3 cm senkrecht unterhalb der Stelle angesetzt werden, an der die Steigung der oberen Kurve am höchsten ist. Berechnen Sie die Koordinaten dieses Punktes.

c) Zeigen Sie, dass F mit $F(x) = -\frac{5}{3}(3x + 1)\,e^{3x}$ eine Stammfunktion von f ist.

d) Bestimmen Sie den Flächeninhalt des Vereinslogos, wenn das Logo unten durch die Gerade $y = f(-0{,}2)$ begrenzt wird.

25 **Ausblick:** Gegeben ist die Funktion f mit $f(x) = \frac{e^x}{x}$.

a) Bestimmen Sie den Definitionsbereich von f.

b) Untersuchen Sie das Grenzwertverhalten von f(x) für $x \to \pm\infty$ und in der Umgebung von x = 0 mithilfe einer Näherungstabelle.

c) Berechnen Sie die Nullstellen, Extrempunkte und Wendepunkte.

d) Skizzieren Sie den Graphen von f.

7.6 Bestände und Änderungsraten bei zusammengesetzten Funktionen

Der abgebildete Graph von f mit $f(t) = 2{,}64te^{-0{,}091t}$ gibt für eine Dauer von 60 Sekunden den Geschwindigkeitsverlauf eines Läufers in m/s an; Zeit t in s. Erläutern Sie den Geschwindigkeitsverlauf. Berechnen Sie, nach wie vielen Sekunden der Läufer seine maximale Geschwindigkeit erreicht, und geben Sie diese an.

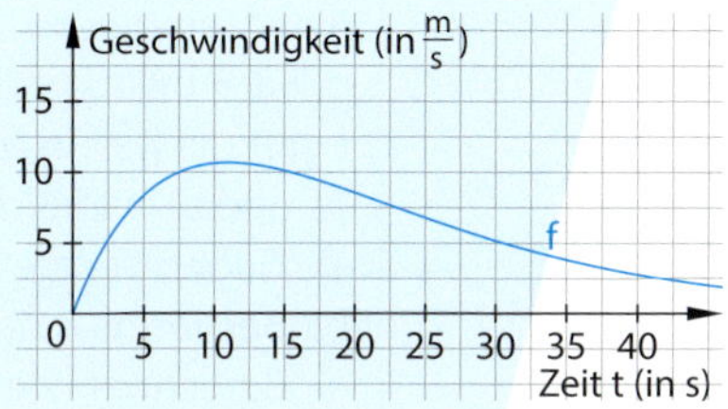

Bestandsfunktionen

Die zeitliche Entwicklung einer Größe lässt sich häufig durch eine Bestandsfunktion beschreiben, deren Funktionsterm eine Exponentialfunktion enthält. Dies ist beispielsweise bei vielen Wachstumsvorgängen der Fall. Durch die Darstellung des Graphen einer Bestandsfunktion kann man wie im folgenden Beispiel den Sachverhalt veranschaulichen und den mathematischen Eigenschaften der Funktion die Bedeutung im konkreten Sachverhalt gegenüberstellen.

Hinweis

ɜei einem Rechts-Links-Vendepunkt Übergang von Rechts-u Linkskurve) ist die Änderungsrate lokal minimal ($f'' = 0$; $f''' > 0$). ɜei einem Links-Rechts-Vendepunkt Übergang von Links-u Rechtskurve) ist die Änderungsrate lokal maximal ($f'' = 0$; $f''' < 0$).

Hinweis

ɪst Y die Einheit einer Bestandsfunktion f und X die Einheit der Zeit t, so gilt: Einheit der Änderungsrate f′: Y/X Einheit von f″: Y/X^2

Zeitliche Entwicklung eines Hasenbestands

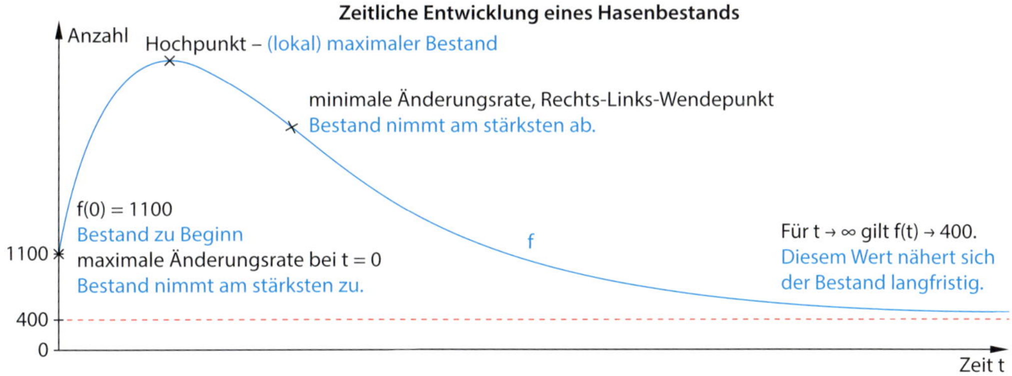

Allgemein gilt:

Eigenschaft Funktion/Graph	Bedeutung für den Bestand
y-Achsenabschnitt	Anfangsbestand zum Zeitpunkt $t = 0$
f(t)	Bestand zum Zeitpunkt t
Nullstelle	Bestand gleich null
f′(t) positiv/negativ	Zunahme/Abnahme des Bestands
f″(t) positiv/negativ	Zunahme/Abnahme der Änderungsrate
f(t) maximal, z. B. Hochpunkt	maximaler Bestand
f(t) minimal, z. B. Tiefpunkt	minimaler Bestand
f′(t) maximal, z. B. Links-Rechts-Wendepunkt	maximale Änderungsrate, Bestand nimmt am stärksten zu (falls $f'(t) > 0$) oder am geringsten ab (falls $f'(t) < 0$)
f′(t) minimal, z. B. Rechts-Links-Wendepunkt	minimale Änderungsrate, Bestand nimmt am geringsten zu (falls $f'(t) > 0$) oder am stärksten ab (falls $f'(t) < 0$)
Grenzwert von f(t) für $t \to \infty$	Langfristige Entwicklung des Bestands

Mathematische Funktionen können Sachverhalte nur in einem bestimmten Intervall realistisch beschreiben. Deshalb sollten die Ergebnisse stets auf den Sachzusammenhang übertragen und interpretiert werden.

Beispiel 1 Die Funktion f mit $f(t) = 0{,}5te^{-0{,}05t+2} - 1$ beschreibt den Temperaturverlauf eines Getränks im Zeitraum $0 \le t \le 300$, das sich in einer Umgebung mit einer Temperatur von −1 °C befindet, kurz erwärmt wird und danach wieder abkühlt. t gibt die Zeit in Minuten und f(t) die Temperatur in °C an.

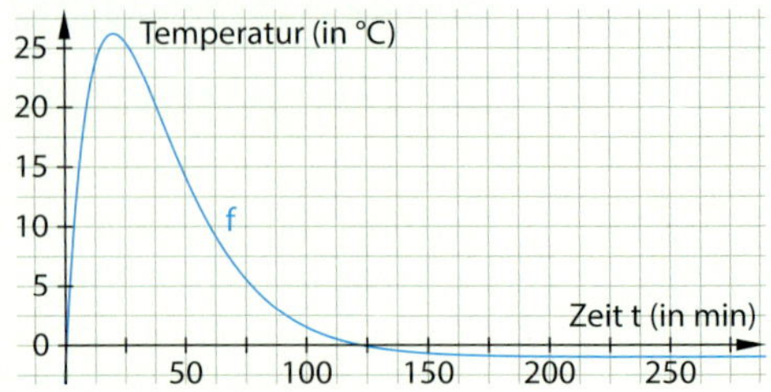

a) Geben Sie die Temperatur des Getränks nach einer Stunde an.
b) Bestimmen Sie den Zeitraum, in dem die Temperatur über 20 °C liegt.
c) Berechnen Sie die maximale Temperatur des Getränks.
d) Ermitteln Sie die Zeitpunkte, an denen die Temperatur am stärksten zu- bzw. abnimmt.

Lösung:

a) Wandeln Sie die Stunden in Minuten um. Berechnen Sie den Funktionswert.

$f(60) = 30 \cdot e^{-1} - 1 \approx 10{,}04$
Das Getränk hat nach einer Stunde eine Temperatur von 10,04 °C.

b) Setzen Sie $f(t) = 20$. Bestimmen Sie die Lösungen der Gleichung mit einem digitalen Hilfsmittel.

$20 = 0{,}5te^{-0{,}05t+2} - 1$
$t_1 \approx 8{,}85; \quad t_2 \approx 38$

Berechnen Sie den Funktionswert an einer Teststelle im Intervall [8,85; 38], um zu zeigen, dass die Temperatur über 20 °C liegt.

$f(10) \approx 21{,}4 > 20$
Zwischen 8,85 und 38 Minuten liegt die Temperatur über 20 °C.

c) Leiten Sie die Funktion f zweimal ab.

$f'(t) = \frac{1}{40}e^{-0{,}05t+2}(-t+20)$
$f''(t) = \frac{1}{800}e^{-0{,}05t+2}(t-40)$

Setzen Sie $f'(t) = 0$, um die Extremstellen zu bestimmen.
Bestimmen Sie die Art des Extrempunkts durch Einsetzen in f″(t) und den y-Wert durch Einsetzen in f(t).

$\frac{1}{40}e^{-0{,}05t+2}(-t+20) = 0 \mid : e^{-0{,}05t+2} \neq 0$
$-t + 20 = 0$, also $t = 20$
$f''(20) < 0$, also Hochpunkt bei $t = 20$
$f(20) \approx 26{,}2$

Untersuchen Sie, ob es an den Rändern des Definitionsbereichs größere Funktionswerte gibt.

Randwerte: $f(0) = -1 \quad f(300) \approx -1$
Die größte Temperatur beträgt etwa 26,2 °C.

d) Setzen Sie $f''(t) = 0$, um die Wendestellen zu bestimmen.
Ermitteln Sie f‴ und damit die Art des Wendepunkts.
Die Temperatur nimmt am stärksten ab, wenn die Änderungsrate f′ minimal und negativ ist.

$\frac{1}{800}e^{-0{,}05t+2}(t-40) = 0 \mid : e^{-0{,}05t+2} \neq 0$
$t - 40 = 0$, also $t = 40$
$f'''(t) = \frac{1}{16000}e^{-0{,}05t+2}(-t+60)$
$f'''(40) > 0$
Bei t = 40 liegt ein Rechts-Links-Wendepunkt, dort ist die Änderungsrate lokal minimal und wegen $f'(40) = -0{,}5$ negativ.

Bestimmen Sie zum Vergleich auch die Änderungsrate an den Rändern des Definitionsbereichs. Da es keinen Links-Rechts-Wendepunkt gibt, ist die Änderungsrate an einem der Ränder maximal.

Randwerte: $f'(0) \approx 3{,}7 \quad f'(300) \approx 0$
Zu Beginn bei t = 0 ist die Änderungsrate maximal und positiv, d. h. die Temperatur nimmt am stärksten zu, nach 40 Minuten nimmt sie am stärksten ab.

Basisaufgaben

1 Eine Blume wird 24 Stunden lang von einer Lichtquelle bestrahlt. Der Graph von f gibt im Intervall [0; 24] die Beleuchtungsstärke in Lux in Abhängigkeit von der Uhrzeit t an.

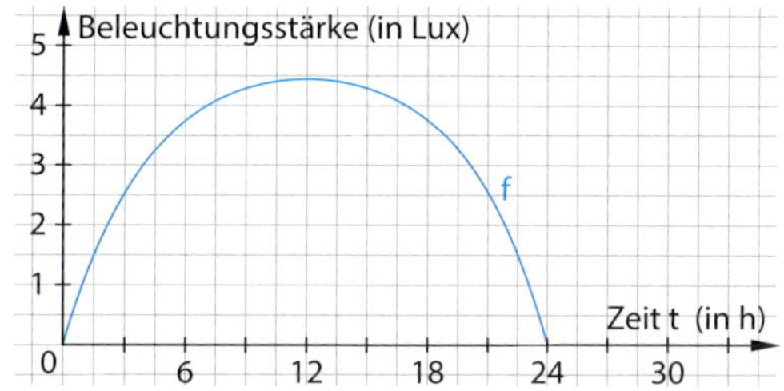

a) Erklären Sie, welche Bedeutung die Nullstellen vom Graphen von f im Sachzusammenhang haben.
b) Geben Sie an, wie viele Stunden nach Beobachtungsbeginn die Beleuchtungsstärke maximal wird.
c) Ermitteln Sie mithilfe des Graphen, zu welchem Zeitpunkt die Zunahme der Beleuchtungsstärke am höchsten ist und wann sie am stärksten abnimmt.

2 Die Funktion f mit $f(t) = -2te^{-0,5t} + 5$ beschreibt vereinfacht den Höhenverlauf einer Drohne. $t \geq 0$ gibt die Zeit in s nach Beobachtungsbeginn und f(t) die Höhe in m an.
a) Bestimmen Sie die Anfangshöhe der Drohne.
b) Die Drohne verliert nach einer kurzzeitigen Störung an Höhe und steigt anschließend wieder. Berechnen Sie den Zeitpunkt der minimalen Höhe.
c) Die Funktion f hat eine Wendestelle. Bestimmen Sie diese. Entscheiden Sie, ob es sich um einen Rechts-Links-Wendepunkt oder um einen Links-Rechts-Wendepunkt handelt. Beschreiben Sie die Bedeutung der Wendestelle im Sachzusammenhang.

3 Die Funktion f mit $f(t) = -0,025\,(t-4)^3 \cdot e^{-0,3t+1,2} + 20$ beschreibt für $0 \leq t \leq 60$ den Temperaturverlauf eines Zimmers innerhalb einer Stunde (t Zeit in min, f(t) Temperatur in °C).
a) Ermitteln Sie die Zimmertemperatur für $t = 0$.
b) Geben Sie die maximale und die minimale Temperatur des Zimmers an.
c) Bestimmen Sie den Zeitpunkt, an dem die Temperatur am schnellsten steigt.
d) Ermitteln Sie mithilfe einer Näherungstabelle den Wert, dem sich die Temperatur langfristig nähert, wenn die Funktion f die Temperatur für alle $t \geq 0$ beschreibt.

4 Die normale Körpertemperatur eines gesunden Menschen liegt bei 36,5 °C.
Die Funktion f mit $f(t) = te^{-0,1t} + 36,5$ beschreibt modellhaft den Verlauf einer Fieberkurve bei einem Erkrankten. Dabei ist t die Zeit in Stunden nach Ausbruch der Krankheit und f(t) die Körpertemperatur in Grad Celsius. Der Graph von f ist in der Abbildung dargestellt.

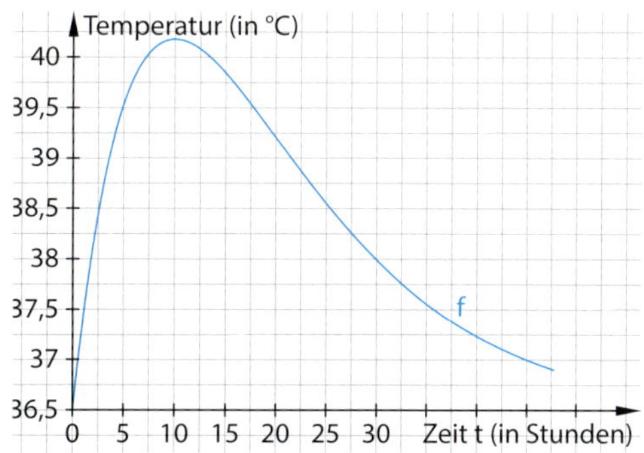

a) Beschreiben Sie die Entwicklung der Körpertemperatur innerhalb der ersten 48 Stunden nach Ausbruch der Krankheit.
b) Berechnen Sie den Zeitpunkt innerhalb der ersten 48 Stunden, an dem die Temperatur am höchsten ist. Geben Sie diese Temperatur an.
c) Bestimmen Sie den Zeitpunkt innerhalb der ersten 48 Stunden, an dem die Körpertemperatur am stärksten abnimmt, und berechnen Sie, um wie viel Grad pro Stunde die Temperatur zu diesem Zeitpunkt abnimmt.
d) Ermitteln Sie, wann die Körpertemperatur in den ersten 48 Stunden am stärksten zunimmt.

Rekonstruktion aus Änderungsraten

Hinweis

Änderungsraten erkennt man daran, dass zu ihnen Einheiten pro Zeitraum gehören (z. B. Liter pro Minute, Anzahl pro Tag, km/h).

Durch die Funktion der Änderungsrate einer Bestandsfunktion kann man Informationen über das Verhalten der Funktionswerte und den Verlauf der Bestandsfunktion gewinnen. Auch im Sachkontext können Rückschlüsse von der Änderungsrate auf den Bestand nützlich sein.

Mithilfe des Graphen einer Änderungsrate f kann man wie im folgenden Beispiel den mathematischen Eigenschaften der Änderungsrate die Bedeutung für den Bestand im konkreten Sachkontext gegenüberstellen.

Änderungsrate eines Hasenbestands

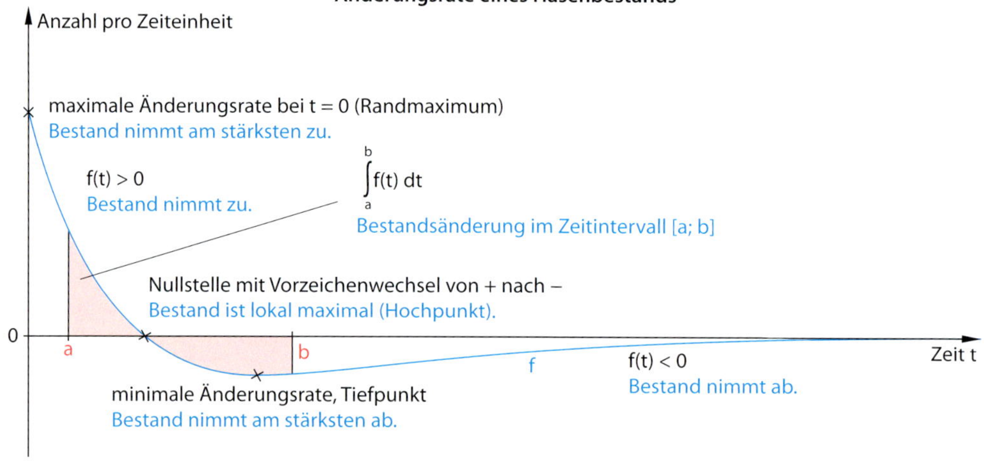

Hinweis

Bei einer Nullstelle der Änderungsrate mit VZW von + nach – hat der Bestand einen Hochpunkt, bei einer Nullstelle mit VZW von – nach + hat der Bestand einen Tiefpunkt.

Beispiel 2 Aus einem Schwimmbecken wird Wasser abgelassen, bevor es wieder gefüllt wird. Die Zuflussrate des Wassers wird in den ersten 60 Minuten durch $f(t) = (t-5)e^{-0,1t}$ mit der Zeit t in min und f(t) in m^3/min beschrieben.

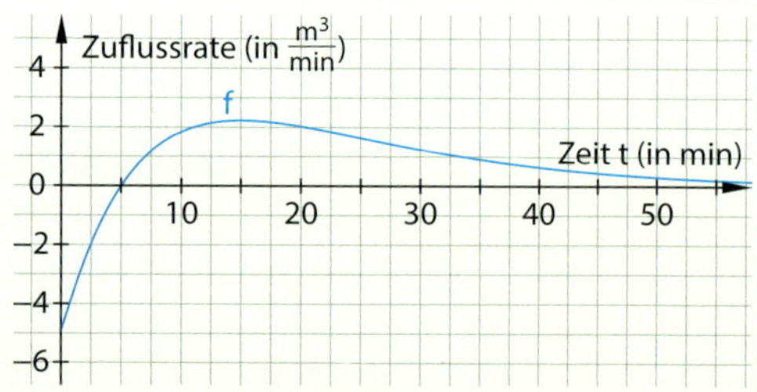

a) Bestimmen Sie den Zeitpunkt, an dem die Wassermenge im Becken minimal ist.

b) Berechnen Sie, nach wie vielen Minuten die Wassermenge am stärksten zunimmt.

c) Erläutern Sie, welche Bedeutung $\int_0^5 f(t)dt \approx -10,65$ im Sachkontext hat, und geben Sie die Einheit von –10,65 an.

d) Zu Beginn befinden sich 11 m^3 Wasser im Becken. Bestimmen Sie eine Funktionsgleichung für die Wassermenge V(t) im Becken.
Hinweis: $F(t) = (-10t - 50)e^{-0,1t}$ beschreibt eine Stammfunktion von f.

Lösung:

a) Berechnen Sie die Nullstelle von f.

$(t-5) \cdot e^{-0,1t} = 0 \mid : e^{-0,1t} \neq 0$
$t - 5 = 0$, also $t = 5$

Zeigen Sie, dass die Wassermenge bei der Nullstelle t = 5 minimal ist, indem Sie das Vorzeichen der Änderungsrate f(t) für t < 5 und t > 5 untersuchen.

Für t < 5 nimmt die Wassermenge wegen f(t) < 0 ab, für t > 5 nimmt sie wegen f(t) > 0 zu.
Nach 5 min ist die Wassermenge minimal.

b) Leiten Sie die Funktion f zweimal ab.

$f'(t) = e^{-0,1t}(-0,1t + 1,5)$
$f''(t) = e^{-0,1t}(0,01t - 0,25)$

Setzen Sie $f'(t) = 0$, um die Extremstellen der Änderungsrate zu bestimmen. Bestimmen Sie die Art der Extremstelle durch Einsetzen in $f''(t)$.

$e^{-0,1t}(-0,1t + 1,5) = 0 \quad | \; e^{-0,1t} \neq 0$

$-0,1t + 1,5 = 0 \quad | -1,5 \quad | : (-0,1)$

$t = 15$

$f''(15) < 0$, also Hochpunkt bei $t = 15$

Die Wassermenge nimmt am stärksten zu, wenn die Änderungsrate f maximal und positiv ist. Untersuchen Sie, ob es an den Rändern des Definitionsbereichs größere Funktionswerte gibt.

$f(15) \approx 2,23$
Randwerte: $f(0) = -5$; $\quad f(60) \approx 0,14$
Nach 15 min nimmt die Wassermenge im Becken am stärksten zu.

c) Da f die Änderungsrate des Bestands ist, gibt das Integral die Bestandsänderung innerhalb der Integrationsgrenzen an. Die Einheit ergibt sich aus denen von f und der Zeit: $m^3/min \cdot min = m^3$

Der Term $\int_0^5 f(t)\,dt \approx -10,65$ gibt an, dass die Wassermenge im Becken in den ersten 5 min um $10,65\,m^3$ abnimmt.

d) Die Funktion V der Wassermenge in m^3 ist eine Stammfunktion von f. Alle Stammfunktionen sind durch $F(t) + C$ gegeben. Bestimmen Sie C so, dass die Anfangsmenge $11\,m^3$ berücksichtigt wird, also $V(0) = 11$ gilt.

$V(t) = F(t) + C = (-10t - 50)\,e^{-0,1t} + C$

$V(0) = 11$

$(-10 \cdot 0 - 50)\,e^{-0,1 \cdot 0} + C = 11$

$-50 \cdot 1 + C = 11 \quad | +50$

$C = 61$

$V(t) = (-10t - 50)\,e^{-0,1t} + 61$

Basisaufgaben

5 Der abgebildete Graph zeigt die Wachstumsgeschwindigkeit der Fuchspopulation in einem Naturpark im Intervall [0; 24]. t gibt die Zeit in Jahren nach Beobachtungsbeginn an und f(t) die Anzahl der Füchse pro Jahr.

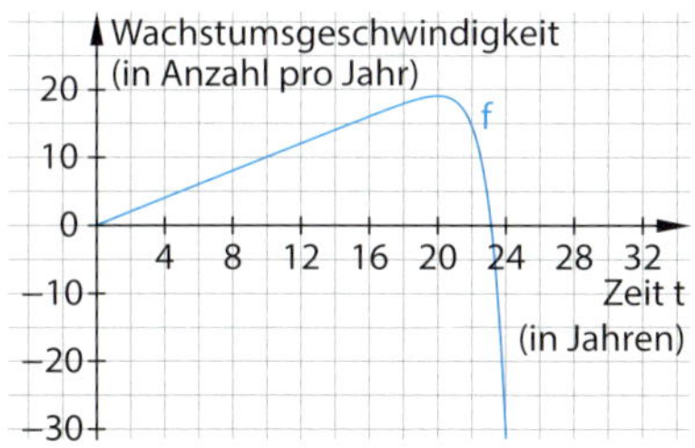

a) Geben Sie anhand des Graphen an, wie viele Jahre nach Beobachtungsbeginn die Fuchspopulation am stärksten zunimmt.

b) Lesen Sie aus dem Graphen den Zeitraum ab, in dem die Anzahl der Füchse abnimmt.

c) Geben Sie die Bedeutung der Nullstelle bei $t \approx 23$ für den Sachkontext an.

d) Es gilt $\int_0^{24} f(t)\,dt \approx 233$. Erläutern Sie, welche Bedeutung dies für die Fuchspopulation hat.

6 Die Funktion k mit $k(t) = (t^2 - 7t)\,e^{-0,25t}$ beschreibt die Änderungsrate des Kontostands eines Unternehmens in 1000 Euro/Monat in Abhängigkeit von der Zeit in Monaten in einem Zeitraum von vier Jahren. Zu Beginn beträgt der Kontostand −11 000 Euro.

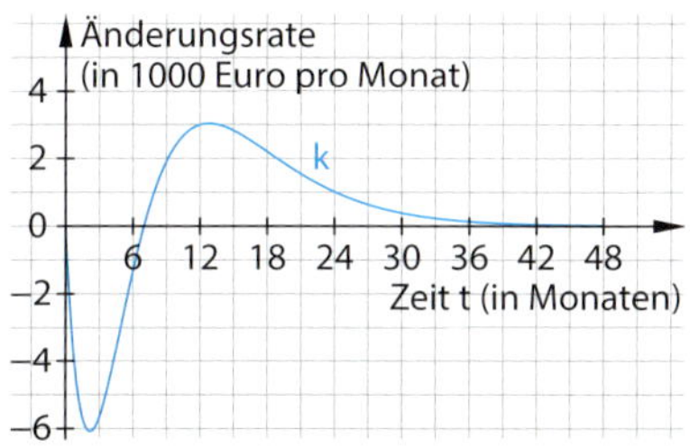

a) Berechnen Sie, in welchem Zeitraum der Kontostand niedriger wird und zu welchem Zeitpunkt er am niedrigsten ist.

b) Lesen Sie am Graphen näherungsweise ab, zu welchen Zeitpunkten der Kontostand am stärksten abnimmt bzw. zunimmt und wie hoch die Änderungsraten zu diesen Zeitpunkten sind.

c) Bestimmen Sie eine Funktionsgleichung für den Kontostand K(t) des Unternehmens. Zeigen Sie hierzu, dass $F(t) = (-4t^2 - 4t - 16)\,e^{-0,25t}$ eine Stammfunktion von k beschreibt.

7 Die Wasserzuflussrate in einem See wird in den ersten 13 Monaten nach Beobachtungsbeginn annähernd durch die Funktion f mit $f(t) = (t^2 - 1) \cdot e^{-t}$ dargestellt (t in Monaten nach Beobachtungsbeginn, f(t) in 1000 m^3/Monat).

a) Berechnen Sie die Wasserzuflussrate 4 Monate nach Beobachtungsbeginn.
b) Ermitteln Sie die Zeiträume, in denen die Wassermenge im See geringer wird. Geben Sie die Zeitpunkte an, an denen die Wassermenge lokal minimal bzw. maximal ist.
c) Bestimmen Sie, nach wie vielen Monaten die Wassermenge im See am stärksten zunimmt bzw. abnimmt.
d) Berechnen Sie $\int_0^{13} f(t)\,dt$ und geben Sie in Worten die Bedeutung dieser Zahl im Sachzusammenhang wieder. (Hinweis: $F(t) = -(t + 1)^2e^{-t}$ ist eine Stammfunktion von f.)

Weiterführende Aufgaben

8 Eine unerwünschte Gewichtszunahme direkt nach einer Diät bezeichnet man als Jojo-Effekt. Die Funktion f mit $f(t) = -0{,}125\,t^2\,e^{-0{,}1t} + 60$ beschreibt für t in Tagen und f(t) in kg den Gewichtsverlauf einer Person nach Diätbeginn bei $t = 0$.

a) Ermitteln Sie das Anfangsgewicht der Person.
b) Bestimmen Sie, wie viel Gewicht die Person nach 23 Tagen verloren hat.
c) Berechnen Sie den Zeitpunkt, an dem die Person das niedrigste Gewicht erreicht, und geben Sie dieses Gewicht an.
d) Beurteilen Sie die Aussage: *„Das Integral $\int_0^{10} f(t)\,dt$ gibt die gesamte Gewichtsabnahme in den ersten 10 Tagen an."*

9 Ein Medikament, das in Tablettenform verabreicht wird, wird in unterschiedlichen Wirkstoffdosierungen produziert. In den ersten 24 Stunden nach Einnahme einer Tablette kann die Wirkstoffkonzentration des Medikaments im Blut eines Patienten näherungsweise durch $f(t) = 2{,}5te^{-0{,}2t}$ beschrieben werden. Dabei gibt t die Zeit seit der Einnahme in Stunden und f(t) die Wirkstoffkonzentration im Blut in Milligramm pro Liter an.

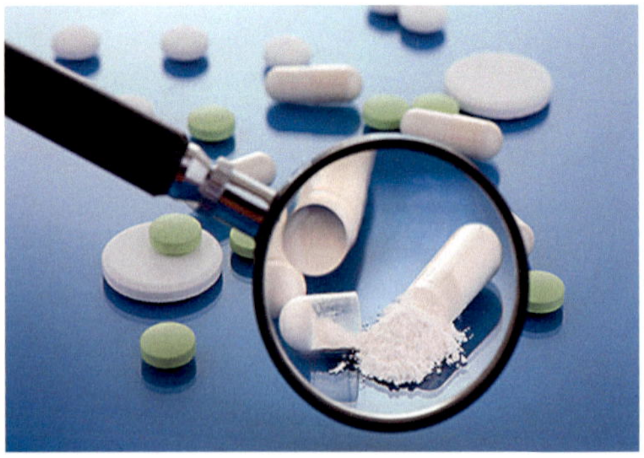

a) Berechnen Sie die Wirkstoffkonzentration im Blut des Patienten nach 3 Stunden.
b) Bestimmen Sie die maximale Wirkstoffkonzentration im Blut des Patienten.
c) Das Medikament ist nur wirksam, wenn die Konzentration im Blut mindestens 1,5 mg pro Liter beträgt. Zeigen Sie, dass für eine durchgehende Wirksamkeit spätestens nach 16 Stunden und 36 Minuten eine neue Verabreichung erfolgen muss.
d) Berechnen Sie den Zeitpunkt, an dem die Konzentration am stärksten abnimmt.
e) Eine neuere Untersuchung hat gezeigt, dass im Gegensatz zum oben angegebenen Modell die Konzentration ab dem in d) berechneten Zeitpunkt weiter konstant abnimmt. Berechnen Sie den Zeitpunkt, zu dem nach diesem neuen Modell kein Wirkstoff mehr im Blut vorhanden ist.

10 Stolperstelle: Die Funktion f beschreibt die momentane Änderungsrate einer Menge in kg/Tag in Abhängigkeit von der Zeit t in Tagen. F ist eine Stammfunktion von f und F(0) gibt die Anfangsmenge an. Ordnen Sie jeder Beschreibung A bis C einen passenden Term der Terme ① bis ⑤ zu.

A: Gewicht nach 2 Tagen

B: momentane Änderungsrate nach 2 Tagen

C: Differenz zwischen dem Gewicht nach 2 Tagen und dem Anfangsgewicht

① $f(2)$

② $\int_0^2 F(t)\,dt$

③ $f(2) - f(0)$

④ $\int_0^2 f(t)\,dt$

⑤ $F(2)$

11 Die Funktion f mit $f(t) = 1{,}25e^{0{,}5t} + 1{,}25t^2 - 10t + 20$ beschreibt die Datenübertragungsrate in MB/s (Megabyte pro Sekunde) in Abhängigkeit von der Zeit t in Sekunden, die beim Herunterladen einer Datei gemessen wird. Die Übertragung dauert 14 Sekunden.

a) Geben Sie die Übertragungsrate am Anfang sowie nach 4 Sekunden an.

b) Zeigen Sie, dass die Datenübertragungsrate in den ersten 2,92 Sekunden ab- und danach wieder zunimmt. Geben Sie die minimale Datenübertragungsrate an.

c) Überprüfen Sie, ob ein USB-Stick mit einem freien Speicherplatz von 4 GB (Gigabyte) ausreicht, um die gesamte Datei zu speichern.

d) Ermitteln Sie die durchschnittliche Übertragungsrate in den ersten 10 Sekunden.

12 Die Änderungsrate einer Bakterienpopulation kann mittels einer Funktion vom Typ $f(t) = at^2e^{bt}$ mit $a, b \in \mathbb{R}$ modelliert werden (t: Zeit in Tagen nach Beobachtungsbeginn, f(t): Anzahl der Bakterien pro Tag). Dabei wurde nach 8 Tagen eine Änderungsrate von 16 Bakterien pro Tag und nach 12 Tagen eine Änderungsrate von 6 Bakterien pro Tag festgestellt.

a) Stellen Sie ein Gleichungssystem auf und ermitteln Sie damit die Parameter a und b.

b) Zeigen Sie, dass F mit $F(t) = 9e^{-\frac{\ln(6)}{4}t} \cdot \left(-\frac{4}{\ln(6)}t^2 - \frac{32}{\ln(6)^2}t - \frac{128}{\ln(6)^3}\right)$ eine Stammfunktion von f ist.

c) Bestimmen Sie die Funktion, die die Bakterienpopulation in Abhängigkeit von t beschreibt, wenn zu Beginn der Beobachtung 11 Bakterien zu sehen waren.

Erinnerung

$\ln\left(\frac{u}{v}\right) = \ln(u) - \ln(v)$.

13 Ausblick: Die Große Hungersnot in Irland war die Folge mehrerer Missernten von Kartoffeln, dem damaligen Hauptnahrungsmittel der Iren. Die Bevölkerung, die 1845 etwa 8 Millionen Einwohner betrug, sank in Folge der Hungersnöte so stark, dass sich das Land bis heute nicht davon erholen konnte.

Die Bevölkerungsentwicklung Irlands seit 1845 kann annähernd durch die Funktion f mit $f(t) = 8 - \frac{1}{10000}t^2 e^{-0{,}02t + 3{,}5}$ modelliert werden. t gibt die Zeit in Jahren nach 1845 und f(t) die Bevölkerungszahl in Millionen an.

a) Bestimmen Sie die Bevölkerungszahl Irlands im Jahr 2019. Geben Sie das Ergebnis auch als Anteil an der ursprünglichen Bevölkerungszahl im Jahr 1845 an.

b) Ermitteln Sie die niedrigste Bevölkerungszahl Irlands seit 1845.

c) Ermitteln Sie die mittlere Bevölkerungsänderung in der Abnahmephase von 1845 bis 1945 sowie in der Anstiegsphase von 1945 bis 2019.

d) Aufgrund des Bevölkerungsschubs der letzten Jahre ist anzunehmen, dass sich ab 2019 die Einwohnerzahl so entwickelt, dass schon im Jahr 2020 die 5-Millionen-Marke erreicht wird. Bestimmen Sie eine Funktion vom Typ $g(t) = ae^{kt}$, die den weiteren Verlauf ab 2019 beschreibt.

7.7 Klausur- und Abiturtraining

Aufgaben ohne Hilfsmittel

1 Die Abbildung zeigt fünf Funktionsgraphen.

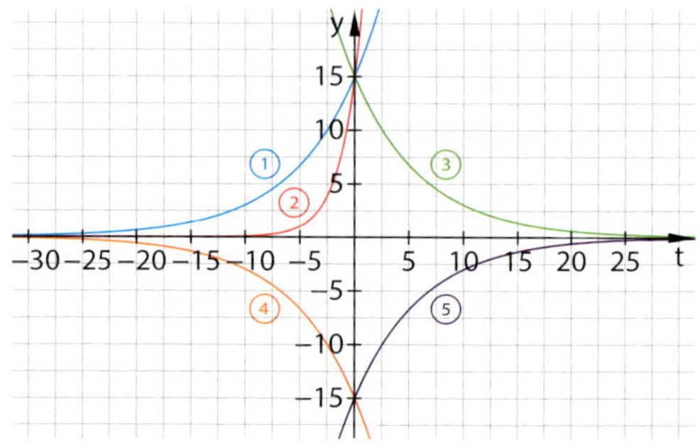

a) Ordnen Sie den Funktionsgraphen den passenden Funktionsterm zu.
(A) $15 \cdot e^{-0{,}16t}$ (B) $-15 \cdot e^{-0{,}16t}$
(C) $15 \cdot e^{0{,}16t}$ (D) $-15 \cdot e^{0{,}16t}$
(E) $15 \cdot e^{0{,}54t}$

b) Ein Liter Wasser mit einer Temperatur von 15 °C wird im Winter auf das Fensterbrett gestellt. Die Temperatur des Wassers sinkt dabei um 15 % pro Stunde. Entscheiden Sie, welcher der abgebildeten Graphen sich für die Modellierung des Abkühlungsprozesses eignet. Begründen Sie, warum die anderen Graphen dafür nicht infrage kommen.

c) Die Funktion f beschreibt den Temperaturverlauf des Wassers aus b). Erläutern Sie die Bedeutung der folgenden Ausdrücke im Sachzusammenhang.
① $f(0)$ ② $f'(10)$ ③ $\frac{f(15) - f(5)}{10}$ ④ t mit $f'(t) = 0{,}5$

2 Das radioaktive Isotop Iod131 zerfällt exponentiell mit einer Halbwertszeit von 8 Tagen.

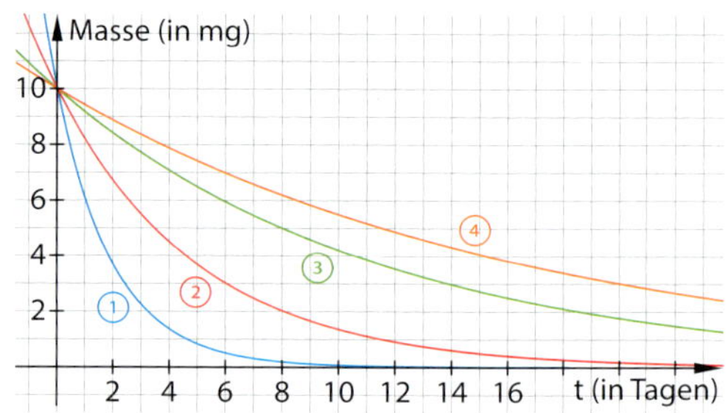

a) Entscheiden Sie begründet, welcher der rechts abgebildeten Graphen den Zerfallsprozess von Iod131 darstellt. Geben Sie die zu Beobachtungsbeginn vorhandene Masse an.

b) Bestimmen Sie, wie viel Milligramm Iod131 nach 24 Tagen noch vorhanden sind.

c) Ermitteln Sie, wie lange es dauert, bis nur noch $\frac{1}{32}$ der Anfangsmasse vorhanden sind.

3 Gegeben ist die Funktion f mit $f(x) = 2e^{-x+3}$.

a) Bestimmen Sie die Gleichung der Tangente an den Graphen von f im Punkt $P(3 \mid f(3))$.

b) Berechnen Sie den Flächeninhalt des Dreiecks, das von der Tangente aus a) und den Koordinatenachsen eingeschlossen wird.

4 Gegeben sind die Funktion f und ihre Ableitungsfunktion f':
$f(x) = x^2 \cdot e^{-x}$ und $f'(x) = (2x - x^2) \cdot e^{-x}$

a) Bestimmen Sie die zweite Ableitung von f und leiten Sie die Koordinaten der Extrempunkte des Graphen von f her.

b) Zeigen Sie, dass F mit $F(x) = -(x^2 + 2x + 2) \cdot e^{-x}$ eine Stammfunktion von f ist.

c) Begründen Sie mithilfe der bisherigen Ergebnisse, dass der Graph jeder Stammfunktion F zu f den Sattelpunkt $S(0 \mid F(0))$ hat.

d) Die Ableitungsfunktion f' schließt zwischen ihren Nullstellen ein Flächenstück mit der x-Achse ein. Berechnen Sie den Inhalt dieser Fläche.

e) Bestimmen Sie alle Stellen x, bei denen die Steigung des Graphen von f gleich dem Funktionswert f(x) ist.

Aufgaben mit Hilfsmitteln

5 Die Funktion f mit $f(t) = 15t \cdot e^{-0,2t}$ beschreibt die Entwicklung des Wirkstoffgehalts im Blut eines Patienten nach der Einnahme eines Medikaments. Dabei ist t die Zeit in Stunden und f(t) die Wirkstoffmenge in mg pro Liter Blut.

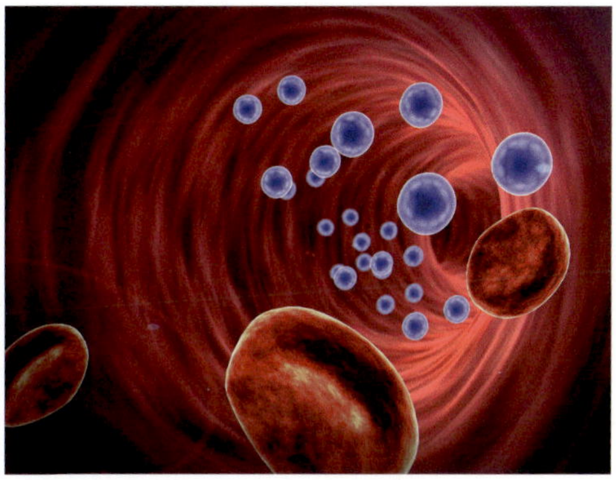

a) Das Medikament beginnt ab einer Konzentration von 7,5 mg pro Liter Blut zu wirken.
   ① Berechnen Sie die Menge des Wirkstoffs, die sich nach 150 Minuten im Blut befindet.
   ② Weisen Sie nach, dass das Medikament etwa 33,6 Minuten nach Einnahme des Medikaments Wirkung zeigt.
   ③ Bestimmen Sie den Zeitpunkt, zu dem der Wirkstoffgehalt maximal ist, und geben Sie den maximalen Wirkstoffgehalt an.

b) Die mittlere Wirkstoffmenge in einem Zeitintervall [a; b] lässt sich berechnen als $\frac{1}{b-a} \cdot \int_a^b f(t)\,dt$.
   ① Zeigen Sie, dass die Funktion F mit $F(t) = -75(t+5) \cdot e^{-0,2t}$ eine Stammfunktion von f ist.
   ② Berechnen Sie die mittlere Wirkstoffmenge in den ersten 20 Stunden.

c) Bestimmen Sie den Zeitpunkt, zu dem die Wirkstoffmenge am stärksten abnimmt, und geben Sie an, mit welcher Geschwindigkeit die Wirkstoffmenge zu diesem Zeitpunkt abnimmt.

d) In einem abgewandelten Modell wird angenommen, dass ab der Wendestelle die Wendetangente den linearen Abbau der Wirkstoffmenge beschreibt. Berechnen Sie, wann nach diesem Modell der Wirkstoff vollständig abgebaut ist.

6 Herr Lebhaft unternimmt während einer Klassenfahrt mit seinen Schülern einen Ausflug. Sein Schüler Hamza verletzt sich während des Ausflugs am Bein und muss zurück zur Jugendherberge gebracht werden, die sich auf dem Gipfel eines Hügels befindet. Dazu wird er von Herrn Lebhaft in einem Einkaufswagen den Hügel hochgeschoben, dessen Querschnitt für $0 \le x \le 160$ durch die Funktion f mit $f(x) = 0,001(-x + 160)e^{0,05x}$ beschrieben wird. Dabei gibt x die horizontale Länge des Profils in Meter und f(x) die Höhe in Meter über NN an.

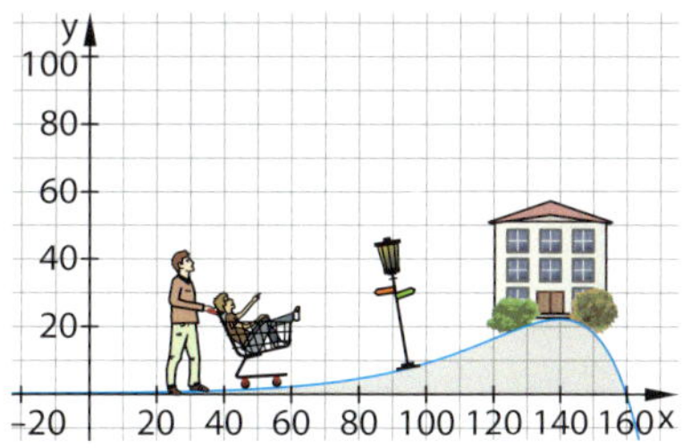

a) Bestimmen Sie die Koordinaten der Jugendherberge.
   [Kontrollergebnis: H(140 | 21,93)]

b) Berechnen Sie die durchschnittliche Steigung des Hügels bis zur Herberge.

c) Herr Lebhaft kann mit dem Einkaufswagen einen Anstieg von bis zu 20° überwinden. Prüfen Sie, ob er es schafft den Einkaufswagen bis zur Herberge hochzuschieben. Geben Sie die Stelle an, an der der Hügel den steilsten Anstieg hat.

d) An der Stelle mit der maximalen Steigung steht eine Straßenlaterne senkrecht zur Straße. Geben Sie die Gleichung der Geraden an, in der die Straßenlaterne enthalten ist.

Lösungen → S.275

1 Bestimmen Sie die erste und zweite Ableitung der Funktion f.

a) $f(x) = -3e^x$ b) $f(x) = -\frac{1}{2}e^{2x}$ c) $f(t) = 4e^{-t+1}$ d) $f(x) = 8 + 5e^x$

e) $f(x) = 4e^{\frac{1}{2}x}$ f) $f(x) = -5e^{5x+3}$ g) $f(t) = -4e^{-2t}$ h) $f(x) = e^x - e^{-2x}$

2 Bestimmen Sie eine Stammfunktion zur Funktion f.

a) $f(x) = 3e^x$ b) $f(x) = 3e^x + 5$ c) $f(t) = -5e^t$ d) $f(x) = 6 - \frac{2}{3}e^x$

e) $f(x) = -e^{-x+2}$ f) $f(x) = -e^{3x} + 5$ g) $f(t) = 3e^{2t+5}$ h) $f(x) = \frac{1}{2e} \cdot (e^x - e^{-x})$

3 Schreiben Sie die Exponentialfunktion als Funktion mit der Basis e und leiten Sie sie anschließend mit der Kettenregel ab.

a) $f(x) = 3^x$ b) $f(x) = -3 \cdot 5^x$ c) $f(t) = -4 \cdot \left(\frac{1}{2}\right)^t$ d) $f(x) = 3 \cdot 2^{5x+1}$

4 Bestimmen Sie die Lösungsmenge der Gleichung.

a) $e^{2x+3} = e^{x-1}$ b) $-3e^{3x} + 5e^{3x} = 12$

c) $-3e^{-3x} + 9 = 6e^{-3x}$ d) $(e^{2x} - 2) \cdot (x^4 + 1) = 0$

e) $e^{2x+3} - 2 = 0$ f) $5e^{4x+1} = -5e^{4x+1}$

5 Gegeben ist die Funktion f mit $f(x) = 2e^x$.

a) Ermitteln Sie die fehlende Koordinate des Punktes $P(x\,|\,4)$ auf dem Graphen von f.

b) Überprüfen Sie, an welcher Stelle der Graph von f den Graphen von g mit $g(x) = 2$ schneidet.

c) Bestimmen Sie rechnerisch den Schnittpunkt des Graphen von f mit dem Graphen von h mit $h(x) = 3e^{2x}$.

6 Gegeben ist die Funktion f mit $f(x) = 4e^{3x} - 5x$.

a) Untersuchen Sie die Funktion f auf Extrem- und Wendepunkte.

b) Begründen Sie, dass der Graph einer Funktion der Form $f(x) = a \cdot e^{b \cdot x} + c \cdot x$ mit $a, b \neq 0$ keine Wendepunkte besitzt.

7 Beschreiben Sie den exponentiellen Wachstumsprozess durch eine Funktion mit der Basis e.

a) Herr G. Bauer legt 10 000 € zu einem Zinssatz von 5 % pro Jahr an.

b) Ein Ball fällt aus einer Höhe von 3 m auf den Boden und springt nach jedem Aufprall auf 80 % der letzten Höhe zurück.

c) Radioaktives Actinium 225 zerfällt täglich um 6,7 %. Zu Beginn der Beobachtung sind 200 g vorhanden.

8 Die Beleuchtungsstärke in einem See nimmt mit zunehmender Tiefe x nach der Funktionsgleichung $f(x) = 4000 \cdot 0{,}8^x$ ab (x in Meter, f(x) in Lux). An der Oberfläche werden 4000 Lux gemessen.

a) Erklären Sie, warum die Änderungsrate in jeder Tiefe negativ ist.

b) Bestimmen Sie die Änderungsrate in einer Tiefe von x = 5 m und x = 20 m.

c) Bestimmen Sie die mittlere Änderungsrate im Intervall [5; 20].

d) Bestimmen Sie die Tiefe, in der die Beleuchtungsstärke mit einer Änderungsrate von 5 Lux/Meter abnimmt.

Lösungen → S. 275/276

9 Die Tabelle zeigt die Vermehrung einer Bakterienkultur in Tagen.

Tage	0	1	2	3	4	5
Bakterien in Tausend	10	13,5	18,2	24,6	33,2	44,8

a) Weisen Sie nach, dass näherungsweise exponentielles Wachstum vorliegt.
b) Stellen Sie eine passende Wachstumsfunktion f mit $f(t) = a \cdot e^{k \cdot t}$ auf, die die Vermehrung der Bakterien beschreibt (t in Tagen; f(t) Anzahl der Bakterien in Tausend).
c) Untersuchen Sie, wie viele Bakterien es nach 2 Wochen gibt.
d) Bestimmen Sie, wie lange es dauert, bis sich die Anzahl der Bakterien verdoppelt hat.
e) Ermitteln Sie den Zeitpunkt, an dem es 100 000 Bakterien gibt.

10 Ein Patient bekommt 100 mg eines Medikaments verabreicht. Der Abbau des Medikaments im Körper kann näherungsweise durch die Funktion f mit $f(t) = 100 \cdot e^{-0{,}15 \cdot t}$ beschrieben werden (t: Zeit in Stunden, f(t): Menge des Medikaments im Körper in mg).
a) Berechnen Sie die Halbwertszeit und deuten Sie diesen Wert im Sachzusammenhang.
b) Ermitteln Sie, wie viel Prozent des Medikaments pro Stunde abgebaut werden.
c) Untersuchen Sie, mit welcher Geschwindigkeit das Medikament 4 Stunden nach Einnahme abgebaut wird.
d) Bestimmen Sie den Zeitpunkt t, an dem die Menge des Medikaments
① 25 mg beträgt, ② um 7 mg pro Stunde abnimmt.

11 Bestimmen Sie erste und zweite Ableitung.
a) $f(x) = 2x \cdot e^x$ b) $f(x) = (1 - x^2) \cdot e^{2x}$ c) $f(t) = (t^2 - t) \cdot e^{-0{,}5t}$
d) $f(x) = \frac{x}{e^x}$ e) $f(x) = ax^2 \cdot e^{-2ax}$ f) $g(x) = \sqrt{x} \cdot e^x$

12 Ermitteln Sie die Nullstellen sowie die Extrem- und Wendepunkte der Funktion f.
a) $f(x) = (x^2 - 1) \cdot e^{x-1}$ b) $f(x) = (x - 1)^2 \cdot e^x$ c) $f(t) = (t + 1) \cdot (t - 2) \cdot e^{2t}$
d) $f(t) = 4t \cdot e^{-2t}$ e) $f(x) = x^3 \cdot e^{-x}$ f) $f(x) = 8x^2 \cdot \sqrt{x}$

13 Gegeben ist die Funktion f mit $f(x) = 4(x - 1) \cdot e^{-(x-1)}$
a) Geben Sie die Nullstellen von f und den Schnittpunkt des Graphen mit der y-Achse an.
b) Geben Sie das Monotonieverhalten von f durch Ermitteln der Extrempunkte an.
c) Bestimmen Sie die Gleichung der Wendetangente von f.
d) Prüfen Sie den Graphen von f auf Achsensymmetrie zur y-Achse und Punktsymmetrie zum Ursprung.
e) Skizzieren Sie den Graphen von f.
f) Zeigen Sie, dass durch F mit $F(x) = -4 \cdot x \cdot e^{1-x}$ eine Stammfunktion zu f gegeben ist Bestimmen Sie den Inhalt der Fläche, die vom Graphen von f und der x-Achse im Intervall [1; 5] eingeschlossen wird.

14 Die Funktion f mit $f(t) = (t - 3)^2 \cdot e^{-\frac{t}{4}}$ sei für $0 \le t \le 15$ ein Modell für die Wachstumsgeschwindigkeit einer Bakterienkultur. Dabei beschreibt t die Zeit in Stunden. Die Wachstumsgeschwindigkeit wird in Tausend pro Stunde angegeben. Zum Beobachtungsbeginn (Zeitpunkt t = 0) waren 2000 Bakterien vorhanden.
a) Ermitteln Sie die Extrem- und Wendepunkte des Graphen von f im Intervall $0 \le t \le 15$.
b) Zeichnen Sie den Graphen von f im angegebenen Intervall.
c) Untersuchen Sie den Wahrheitsgehalt folgender Aussagen.
A: Im Zeitraum $0 \le t \le 3$ nimmt die Anzahl der Bakterien ab.
B: Für t = 3 ist die Bakterienanzahl gleich null.
C: Zum Zeitpunkt t = 11 ist die Bakterienanzahl am größten.
d) Weisen Sie nach, dass F mit $F(t) = (-4t^2 - 8t - 68)e^{-\frac{t}{4}}$ eine Stammfunktion von f ist.
e) Ermitteln Sie näherungsweise die Bakterienanzahl fünf Stunden nach Beobachtungsbeginn.

Lösungen
→ S. 276/277

15 Nach Betriebsunfällen in einer Chemiefabrik kommt es immer wieder zu einer erhöhten Schadstoffkonzentration in einem nahegelegenen See. Diese kann in den ersten Wochen nach einem Unfall durch die Funktion $f(t) = 5te^{-0{,}5t}$ modelliert werden (t: Anzahl der Wochen nach dem Unfall, f(t): Schadstoffkonzentration in $\frac{mg}{\ell}$).

a) Ermitteln Sie die Schadstoffkonzentration im See 10 Tage nach einem Unfall.

b) Bestimmen Sie, wann die höchste Schadstoffkonzentration erreicht wird, und geben Sie diese an.

c) Zeigen Sie, dass F mit $F(t) = (-10t - 20) \cdot e^{-0{,}5t}$ eine Stammfunktion von f ist.

d) Die mittlere Schadstoffkonzentration über einem Zeitintervall [c; d] lässt sich mit $\frac{1}{d-c} \cdot \int_c^d f(t)$ ermitteln. Berechnen Sie die mittlere Schadstoffkonzentration für die ersten 5 Wochen nach einem Unfall.

e) Berechnen Sie den Zeitpunkt, zu dem die Schadstoffkonzentration am stärksten abnimmt.

f) Es wird angenommen, dass ab dem Zeitpunkt der stärksten Abnahme die Schadstoffkonzentration mit gleicher Geschwindigkeit linear abnimmt. Berechnen Sie, wann die Schadstoffkonzentration nach diesem Modell auf null zurückgegangen ist.

Wo stehe ich?

	Ich kann …	Aufgabe	Nachschlagen
7.1	… Eigenschaften von Exponentialfunktionen zur Basis e beschreiben. … zu Funktionen vom Typ $f(x) = e^{ax+b}$ Ableitungen und Stammfunktionen bestimmen.	1, 2	S. 206 Beispiel 1
7.2	… mit dem natürlichen Logarithmus rechnen. … Exponentialfunktionen in eine Darstellung mit der Basis e überführen. … Exponentialgleichungen lösen.	3, 4, 5	S. 213 Beispiel 1 S. 214 Beispiel 2 S. 215 Beispiel 3
7.3	… exponentielles Wachstum mithilfe von Exponentialfunktionen beschreiben und untersuchen. … die Wachstumsgeschwindigkeit als Änderungsrate einer Wachstumsfunktion deuten und mit ihr umgehen.	7, 8, 9, 10	S. 219 Beispiel 1 S. 219 Beispiel 2 S. 221 Beispiel 3
7.4	… die Produktregel zum Ableiten von Funktionen verwenden.	11	S. 228 Beispiel 1
7.5	… Eigenschaften von Funktionen, die sich aus Exponential- und ganzrationalen Funktionen zusammensetzen, untersuchen.	6, 12, 13	S. 232 Beispiel 1
7.6	… mithilfe von zusammengesetzten Funktionen Sachsituationen beschreiben und modellieren. … aus Änderungsraten zusammengesetzter Funktionen Informationen über die Bestandsfunktion gewinnen.	14, 15	S. 238 Beispiel 1 S. 240 Beispiel 2

Natürliche Exponentialfunktion

Die Exponentialfunktion f mit $f(x) = e^x$ mit der Basis $e \approx 2{,}71828$ (**eulersche Zahl**) heißt **natürliche Exponentialfunktion.** Für ihre Ableitung gilt $f'(x) = e^x$.

f mit $f(x) = e^x$
$D_f = \mathbb{R}; f(0) = 1$
$\lim\limits_{x \to \infty} f(x) = \infty$
$\lim\limits_{x \to -\infty} f(x) = 0$

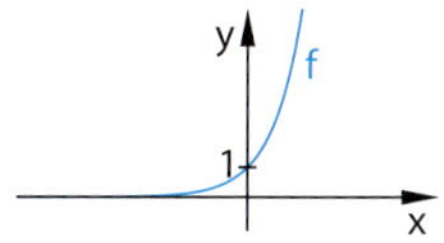

Die Funktion f mit $f(x) = e^{ax+b}$ hat die Ableitung $f'(x) = a \cdot e^{ax+b}$.

$f(x) = 5e^{-2x+7}$
$f'(x) = (-2) \cdot 5e^{-2x+7} = -10e^{-2x+7}$

Die Funktion F mit $F(x) = \frac{1}{a} e^{ax+b}$ ist eine Stammfunktion zur Funktion f mit $f(x) = e^{ax+b}$.

$f(x) = 5e^{-2x+7}$
$F(x) = 5 \cdot \frac{1}{-2} e^{-2x+7} = -2{,}5e^{-2x+7}$

Natürlicher Logarithmus

Der **natürliche Logarithmus** ist der Logarithmus zur Basis e. Für $\log_e(b)$ mit $b \in \mathbb{R}, b > 0$ schreibt man $\ln(b)$.

$e^x = 4$ hat die Lösung $x = \ln(4) \approx 1{,}39$.

Für alle $x > 0$ gilt: $\ln(e^x) = e^{\ln(x)} = x$

$\ln(e^4) = e^{\ln(4)} = 4$

Für alle $b > 0$ gilt: $b^x = e^{\ln(b) \cdot x}$
Die Funktion f mit $f(x) = b^x$ und $b \in \mathbb{R}, b > 0$ hat die Ableitung $f'(x) = \ln(b) \cdot b^x$.

$f(x) = 3 \cdot 5^x = 3 \cdot e^{\ln(5) \cdot x}$
$f'(x) = 3 \cdot \ln(5) \cdot e^{\ln(5) \cdot x} = 3 \cdot \ln(5) \cdot 5^x$

Exponentialgleichungen

Das Anwenden von ln macht das Potenzieren mit e rückgängig. Das kann man nutzen, um Exponentialgleichungen zu lösen.

Gleichung: $e^x = a$ Lösung: $x = \ln(a)$

$2e^{3x-2} - 4 = 6 \quad | +4 \quad | :2$
$e^{3x-2} = 5 \quad | \ln$
$3x - 2 = \ln(5) \quad | +2 \quad | :3$

Lösung: $x = \frac{\ln(5)+2}{3} \approx 1{,}2$

Exponentielles Wachstum

Die Funktion f mit $f(t) = a \cdot e^{k \cdot t}$ und $k \neq 0$ beschreibt einen exponentiellen Wachstumsprozess eines Bestands.
$a = f(0)$ ist der **Anfangsbestand** zum Zeitpunkt $t = 0$ und k die **Wachstumskonstante.**

$k > 0$: **exponentielle Zunahme** mit
Verdopplungszeit $T_V = \frac{\ln(2)}{k}$
$k < 0$: **exponentielle Abnahme** mit
Halbwertszeit $T_H = \frac{\ln\left(\frac{1}{2}\right)}{k}$

f mit $f(t) = 1000\,e^{0{,}14t}$ beschreibt eine Tierpopulation in Abhängigkeit von der Zeit t in Jahren.
Bestand nach drei Jahren:
$f(3) = 1000 \cdot e^{0{,}14 \cdot 3} \approx 1522$

Zeitpunkt, zu dem es 5000 Tiere gibt:
$5000 = 1000e^{0{,}14t}$
$t = \frac{\ln(5)}{0{,}14} \approx 11{,}5$
Verdopplungszeit: $T_V = \frac{\ln(2)}{k} = \frac{\ln(2)}{0{,}14} \approx 4{,}95$

Produktregel

Haben die Funktionen u und v die Ableitungen u′ und v′, so hat die Funktion f mit $f(x) = u(x) \cdot v(x)$ die Ableitung $f'(x) = u'(x) \cdot v(x) + u(x) \cdot v'(x)$.

$f(x) = x^2 \cdot (3x + 5)$

$u(x) = x^2$ $\quad$ $v(x) = 3x + 5$

$u'(x) = 2x$ $\quad$ $v'(x) = 3$

$f'(x) = 2x \cdot (3x + 5) + x^2 \cdot 3 = 9x^2 + 10x$

Bestandsfunktionen

Durch die Darstellung des Graphen einer Bestandsfunktion kann man wie im folgenden Beispiel den Sachverhalt veranschaulichen und den mathematischen Eigenschaften der Funktion die Bedeutung im konkreten Sachverhalt gegenüberstellen.

Zeitliche Entwicklung eines Hasenbestands

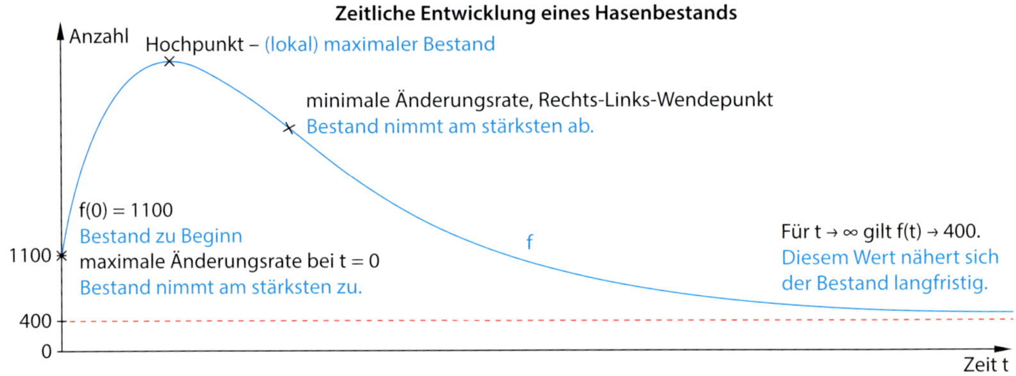

Mathematische Funktionen können Sachverhalte nur in einem bestimmten Intervall realistisch beschreiben. Deshalb sollten die Ergebnisse stets auf den Sachzusammenhang übertragen und interpretiert werden.

Änderungsraten

Durch die Funktion der Änderungsrate einer Bestandsfunktion kann man Informationen über das Verhalten der Funktionswerte und den Verlauf der Bestandsfunktion gewinnen. Auch im Sachkontext können Rückschlüsse von der Änderungsrate auf den Bestand nützlich sein.

Mithilfe des Graphen einer Änderungsrate f kann man wie im folgenden Beispiel den mathematischen Eigenschaften der Änderungsrate die Bedeutung für den Bestand im konkreten Sachkontext gegenüberstellen.

Änderungsrate eines Hasenbestands

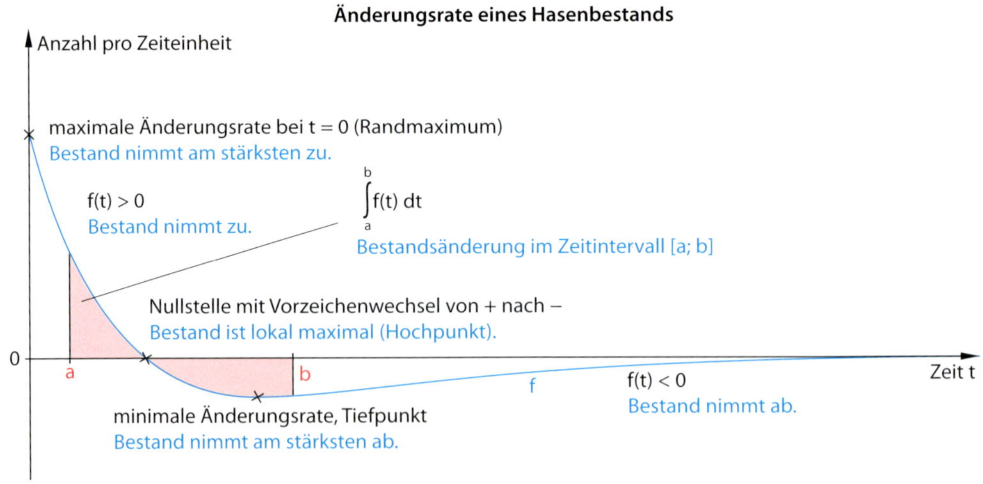

8

Vorbereitung auf die mündliche Prüfung

In diesem Kapitel finden Sie Hinweise und Aufgaben zur Vorbereitung auf die Abiturprüfung.

8.1 Hinweise zur mündlichen Prüfung

Ablauf der Prüfung

Die Abiturprüfung im Grundfach Mathematik wird als mündliche Prüfung durchgeführt. Den Schwerpunkt der Prüfung bilden dabei zwei Aufgaben, die aus zwei der drei Sachgebiete Analysis, Lineare Algebra/Analytische Geometrie und Stochastik stammen. Der Prüfling und die Fachlehrkraft wählen jeweils ein Sachgebiet (mit Wahlbereich) im Vorfeld der Prüfung aus.

Sachgebiete/Wahlbereiche			enthalten in
1	Analysis		Band 1
2	Lineare Algebra (A1)		Band 2, Kapitel 1 + 2
	Analytische Geometrie (A2)		Band 2, Kapitel 3 + 4
3	Stochastik +	Schätzen von Wahrscheinlichkeiten (B1)	Band 2, Kapitel 5 + 6 + 7
		Testen von Hypothesen (B2)	Band 2, Kapitel 5 + 6 + 8

Die beiden Prüfungsaufgaben werden dem Prüfling vor Beginn der Prüfung ausgehändigt. Die Vorbereitungszeit unter Aufsicht beträgt 20 Minuten, während derer sich Notizen zur Lösung der Aufgaben gemacht werden sollten. Die eigentliche Prüfung besteht aus dem selbstständigen Vortragen der Lösungen vor der Prüfungskommission sowie aus einem anschließenden freien Prüfungsgespräch. Bei diesem können sowohl vertiefende Fragen zu den Prüfungsaufgaben als auch allgemeine Fragen zu allen Sachgebieten gestellt werden.
Prüfungsrelevant sind somit alle drei Sachgebiete.

Hinweis

Die prüfungsähnlichen und grundlegenden Aufgaben zu den Sachgebieten Lineare Algebra/Analytische Geometrie und Stochastik finden Sie in Band 2 im Kapitel 9.

Vorbereitung auf die Prüfung

Zur Vorbereitung empfiehlt es sich die **prüfungsähnlichen Aufgaben (8.2)** zu den entsprechenden Wahlbereichen ausführlich zu bearbeiten. Die **grundlegenden Aufgaben (8.3)** dienen dazu, sich auf das anschließende Prüfungsgespräch vorzubereiten. Zudem können zur Prüfungsvorbereitung insbesondere die folgenden Bestandteile jedes Kapitels genutzt werden:

Üben: Prüfen Sie Ihr neues Fundament

Vertiefendes Üben: Klausur- und Abiturtraining

Selbsteinschätzung: „Wo stehe ich?“ (auf der letzten Seite von „Prüfen Sie Ihr neues Fundament“)

Nachschlagen: Zusammenfassung

Neben den fachlichen Kompetenzen sollte auch die eigenständige und zusammenhängende Präsentation der Lösungen sowie das freie Prüfungsgespräch eingeübt werden. Eine gute Möglichkeit hierzu bietet eine Lerngruppe, mit der die Prüfungssituation anhand der Aufgaben aus 8.2 gemeinsam durchgespielt werden sollte. Neben der korrekten Lösung der Aufgaben sollte bei der Bewertung berücksichtigt werden, inwieweit der Prüfling gezeigt hat, dass er
- einen Überblick über grundlegende Begriffe und Sätze der Mathematik hat,
- ein Verständnis für mathematische Arbeits- und Denkweisen erkennen lässt,
- einen Einblick in mathematische Problemstellungen und Zusammenhänge besitzt,
- die mathematische Fachsprache zur Argumentation einsetzen kann.

8.2 Prüfungsähnliche Aufgaben

Analysis

1 Download

Der Graph der Funktion f mit $f(t) = -\frac{1}{8}t^3 + \frac{3}{4}t^2$ beschreibt zwischen seinen Nullstellen die Übertragungsrate während des Downloads einer App.
Dabei gibt t die Zeit in Sekunden an und f(t) die Downloadgeschwindigkeit in Megabyte pro Sekunde $\left(\frac{\text{MB}}{\text{s}}\right)$.

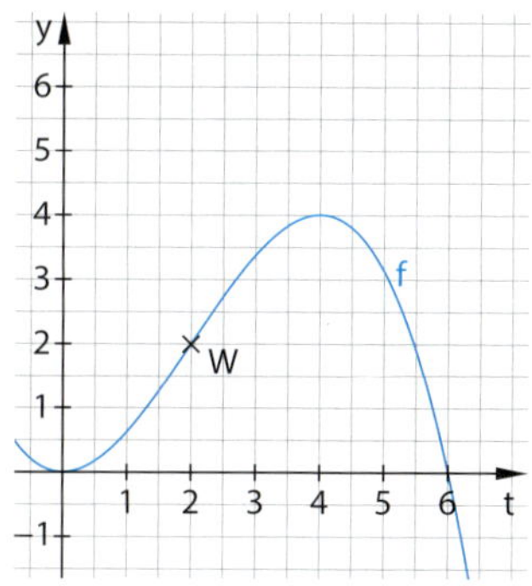

a) Bestimmen Sie die Gesamtdauer des Downloads und berechnen Sie den Zeitpunkt mit der höchsten Übertragungsrate.

b) Berechnen Sie, wie viele Megabyte insgesamt heruntergeladen werden.

c) Für $0 \leq t \leq 6$ gebe F(t) die bis zum Zeitpunkt t heruntergeladenen Megabyte an. Skizzieren Sie den Graphen von F mithilfe des abgebildeten Graphen der Übertragungsrate f. Erläutern Sie die Bedeutung des Hochpunktes von f im Sachzusammenhang.

d) Es soll bestimmt werden, wann 50 % der Daten heruntergeladen sind. Schreiben Sie dazu einen Ansatz auf und erläutern Sie den weiteren Rechenweg.

2 Integrale zur Flächenbestimmung

Die Abbildung zeigt die Graphen der beiden Funktionen f und g mit $f(x) = x^3 - \frac{11}{2}x^2 + 8x$ und $g(x) = -\frac{1}{2}x^2 + 2x$.

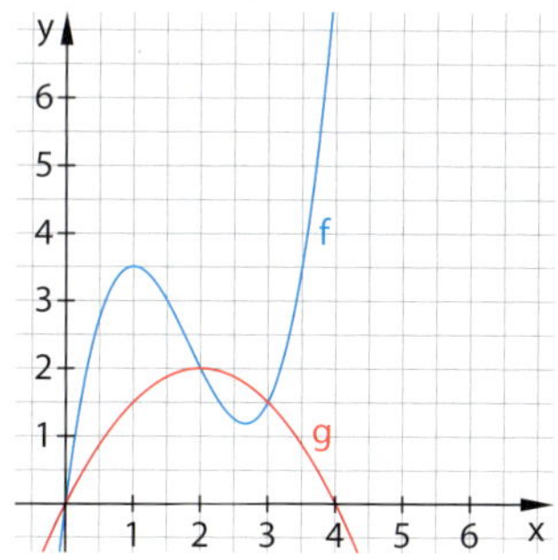

a) Ordnen Sie den beiden Funktionen begründet den passenden Graphen zu. Erläutern Sie an der Abbildung, weshalb g nicht die Ableitung von f sein kann.

b) Bestimmen Sie den Inhalt der Fläche, die von den beiden Graphen von f und g im ersten Quadranten eingeschlossen wird.
Skizzieren und erläutern Sie Ihr Vorgehen.

c) Erläutern Sie, weshalb bei der Flächenberechnung mithilfe des Integrals Betragsstriche gesetzt werden müssen.

d) Zeigen Sie, dass F_1 mit $F_1(x) = \frac{1}{4}x^4 - \frac{11}{6}x^3 + 4x^2 + 1$ eine Stammfunktion von f ist.
Beschreiben Sie die Form aller Stammfunktionen von f. Erläutern Sie, welche dieser Stammfunktionen für die Berechnung des bestimmten Integrals geeignet ist.

3 Rutschbahn

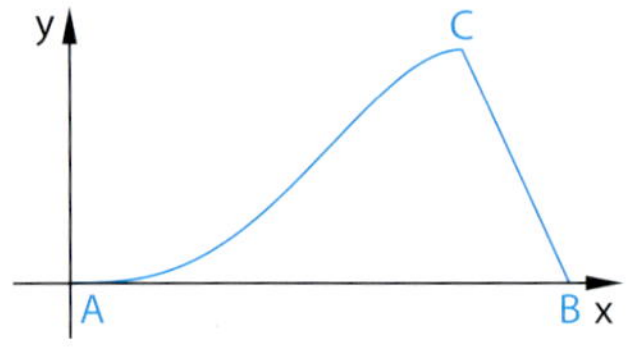

Die abgebildete Rutsche soll dem Graphen einer Funktion f der Form $f(x) = ax^4 + bx^3 + cx^2 + dx + e$ zwischen dem Ursprung und dem Hochpunkt entsprechen (1 LE = 1 m). Dabei soll gelten $f(0) = 0$, $f'(0) = 0$, $f''(0) = 0$, $f(8) = 0$.

a) Stellen Sie die sich ergebenden Bedingungen für a, b, c, d, e auf und erläutern Sie, was für eine Lösungsmenge zu erwarten ist. Zeigen Sie, dass aus den Bedingungen folgt: $b = -8a$.

b) Jetzt sei $f(x) = \frac{1}{120}(-x^4 + 8x^3)$. Berechnen Sie die Extrempunkte und die Wendestellen des Graphen von f. Erläutern Sie dabei, was es bedeutet, wenn die hinreichende Bedingung für Extremstellen nicht erfüllt ist.

c) Berechnen Sie die Steigung der Geraden durch den Hochpunkt C und den Schnittpunkt B des Graphen von f mit der x-Achse.

d) Geben Sie ohne weitere Rechnung mit Begründung die Koordinaten des Hochpunktes des Graphen zu $h(x) = \frac{1}{120}(-(x-2)^4 + 8(x-2)^3) + 1$ an.

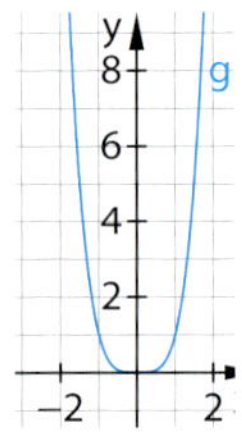

e) Erläutern Sie am Beispiel von f an der Stelle $x = 0$ den Satz: „Die notwendige Bedingung ist nicht hinreichend."
Erläutern Sie am Beispiel von $g(x) = x^4$ (Skizze) an der Stelle $x = 0$ den Satz: „Die hinreichende Bedingung ist nicht notwendig."

4 Exponentialfunktion und Logarithmus

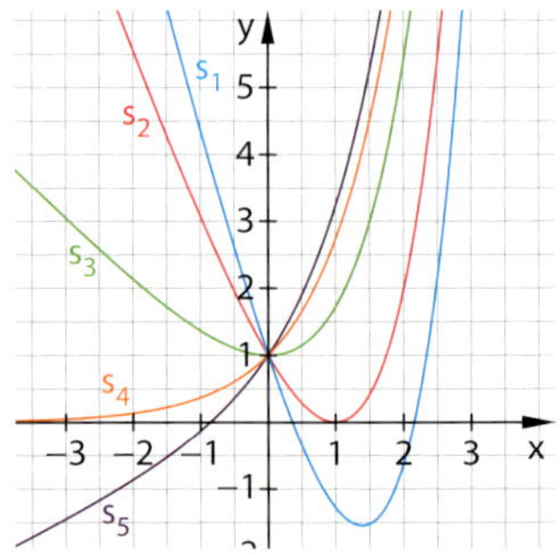

Die abgebildeten Graphen gehören zur Funktion f mit $f(x) = e^x - ax$ für verschiedene Werte des Parameters a $(a \in \mathbb{R})$.

a) Zeigen Sie rechnerisch, dass der Graph von f für jeden Wert von a durch $P(0|1)$ verläuft. Begründen Sie, dass f für $a \leq 0$ streng monoton steigend ist.

b) Berechnen Sie den Tiefpunkt des Graphen von f für $a = 1$. Zeigen Sie, dass für alle $a > 0$ der Graph von f einen Tiefpunkt hat und dass der Graph von f für keinen Wert von a einen Wendepunkt hat.

c) Bestimmen Sie das $a > 0$, für welches der Tiefpunkt auf der x-Achse liegt, und geben Sie an, für welche a der Tiefpunkt unterhalb der x-Achse liegt.

d) Ordnen Sie nun den abgebildeten Graphen die zutreffenden Werte für a zu. Dabei kommen die Werte $a = 4$ und $a = -0{,}5$ vor.

e) $g(x) = \ln(x)$ ist die Umkehrfunktion zu $f(x) = e^x$. Nutzen Sie dies, um zu begründen, dass $\ln(x)$ nur für $x > 0$ definiert ist.

5 Staudenwachstum

Das Wachstum einer Staude in den ersten 15 Tagen nach Einpflanzen kann durch $f_1(t) = 1{,}5 \cdot e^{0{,}2t - 0{,}7}$ (t in Tagen, die Höhe $f_1(t)$ in Dezimetern) beschrieben werden.

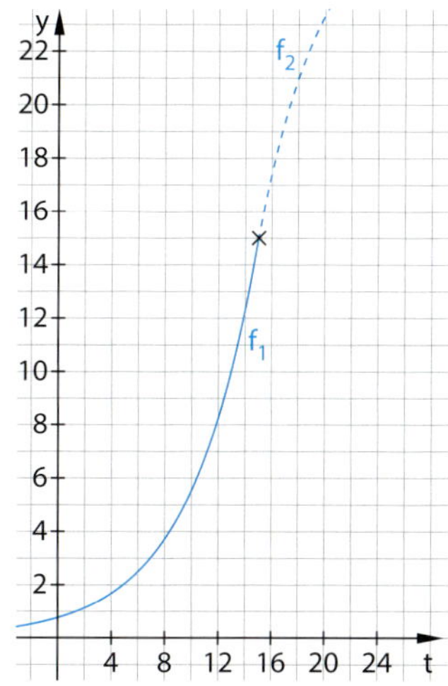

a) Berechnen Sie die Höhe der Staude beim Einpflanzen und nach 15 Tagen. Begründen Sie, dass die Funktion f_1 ihre Höhe nur für einen begrenzten Zeitraum modellieren kann.

b) Berechnen Sie für den Zeitraum $0 \le t \le 15$ die höchste Wachstumsgeschwindigkeit. Ab $t = 15$ soll das Wachstum durch eine Funktion f_2 mit der Ableitung $f_2'(t) = 3e^{-0{,}3t + 4{,}5}$ beschrieben werden. Zeigen Sie, dass gilt $f_1'(15) = f_2'(15)$. Geben Sie an, was diese Gleichung über das Fortsetzen von f_1 durch f_2 aussagt.

c) Bestimmen Sie den Funktionsterm von f_2 so, dass gilt: $f_2(15) = f_1(15)$. Ermitteln Sie mithilfe von f_2, wie hoch die Staude maximal wachsen wird.

6 Sprengung

Bei einem Gebäudeabbruch wurde die durch die Sprengung in der Luft verursachte Feinstaubkonzentration gemessen. Die Messwerte konnten in den 120 Minuten nach Zündung gut durch die Funktion f mit $f(t) = 10t \cdot e^{-0{,}05t}$ und $0 \le t \le 120$ (t in Minuten) modelliert werden. f(t) gibt die Feinstaubkonzentration in Mikrogramm pro Kubikmeter Luft $\left(\frac{\mu g}{m^3}\right)$ an. Sie können nutzen: $f'(t) = e^{-0.05t}(-0{,}5t + 10)$

a) Berechnen Sie die Feinstaubkonzentration 10 Minuten nach der Sprengung. Berechnen Sie $f'(10)$ und interpretieren Sie das Ergebnis im Sachzusammenhang. Berechnen Sie, um wie viel $\left(\frac{\mu g}{m^3}\right)$ die Feinstaubkonzentration in den ersten 10 Minuten nach der Sprengung durchschnittlich pro Minute ansteigt. Erläutern Sie den Unterschied zwischen durchschnittlicher und momentaner Änderungsrate.

b) Berechnen Sie den Zeitpunkt, zu dem die Feinstaubkonzentration am höchsten ist, und geben Sie diesen maximalen Wert an. Von der Europäischen Union wird ein Grenzwert von 50 $\left(\frac{\mu g}{m^3}\right)$ vorgeschrieben, der nicht überschritten werden soll. Geben Sie an, ob dieser Grenzwert eingehalten wurde.

c) Berechnen Sie den Zeitpunkt, zu dem der Feinstaub am stärksten reduziert wird und den Zeitpunkt, an dem er am stärksten zunimmt.

d) Deuten Sie den Term $\frac{1}{120}\int_0^{120} f(t)\,dt$ im Sachzusammenhang.

8.3 Grundlegende Aufgaben

Aufgaben zur Analysis

1 Gegeben ist die **Ableitungs**funktion f′ mit
$f'(x) = -x^2 + 12x - 32, x \in \mathbb{R}$.

a) Berechnen Sie die Nullstellen der Funktion f′.

b) Die Abbildung zeigt den Graphen von f′. Skizzieren Sie in Ihrem Heft den Graphen einer möglichen **Ausgangs**funktion f.

c) Gegeben ist die Ableitungsfunktion g′ mit $g'(x) = f'(x) - 5$. Entscheiden Sie begründet, ob der Graph einer möglichen Ausgangsfunktion mindestens einen lokalen Extrempunkt besitzt.

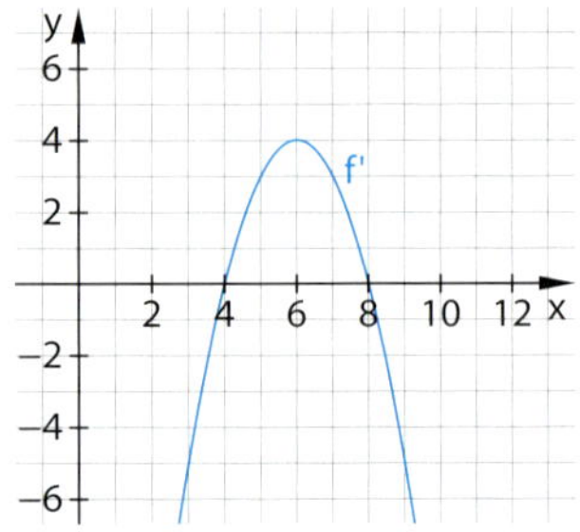

2 Gegeben ist die Funktion f mit $f(x) = -2 \cdot e^x, x \in \mathbb{R}$.

a) Bestimmen Sie die Ableitungsfunktion f′ und treffen Sie mit ihrer Hilfe eine Aussage über das Monotonieverhalten von f.

b) Die Tangente an den Graphen von f im Schnittpunkt mit der y-Achse begrenzt mit den Koordinatenachsen ein Dreieck.
Weisen Sie nach, dass dieses Dreieck einen Flächeninhalt von 1 FE hat.

3 Gegeben ist die Funktion f mit $f(x) = (x^2 - 17) \cdot e^x$.

a) Zeigen Sie, dass die Funktion F mit $F(x) = (x^2 - 2x - 15) \cdot e^x$ eine Stammfunktion der Funktion f ist.

b) Bestimmen Sie einen Wert für u, sodass gilt: $\int_0^u f(x)\,dx = 15$

4 Die Abbildung zeigt den Graphen der Funktion f mit
$f(x) = \frac{1}{6}x^3 + \frac{1}{2}x^2 - \frac{3}{2}x$.

a) Weisen Sie rechnerisch nach, dass der Graph von f in $H\left(-3\,\middle|\,\frac{9}{2}\right)$ einen Hochpunkt und in $T\left(1\,\middle|\,-\frac{5}{6}\right)$ einen Tiefpunkt hat.

b) Begründen Sie, dass der Graph einer ganzrationalen Funktion dritten Grades stets genau einen Wendepunkt hat.

c) Entscheiden Sie begründet, bei welchem der abgebildeten Graphen es sich nicht um den Graphen einer Stammfunktion von f handeln kann.

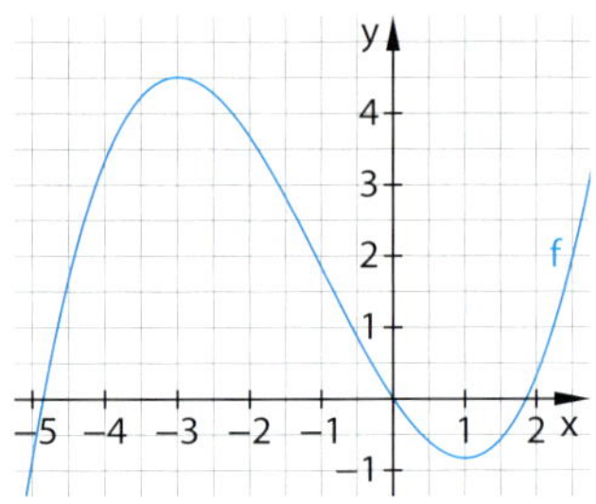

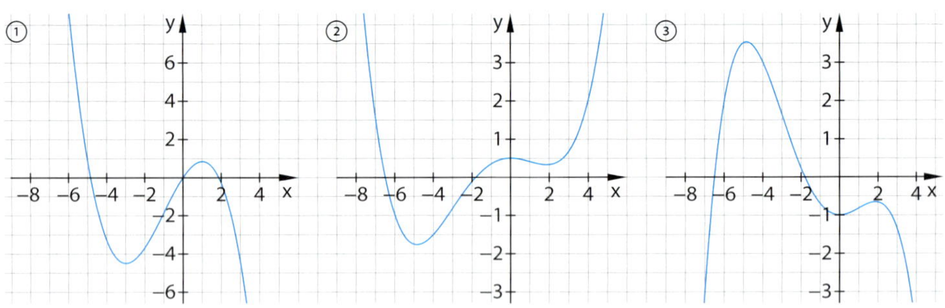

5 Ein Tank enthält zu Beginn der Beobachtung $20\,m^3$ Wasser. Für die anschließenden 6 Stunden gibt die Funktion f mit $f(t) = -(t-2)(t-4)$ die Zu-/Abflussrate in m^3/h an.

a) Begründen Sie anhand des Funktionsterms von f, dass im Zeitraum $[2; 4]$ ein Zufluss von Wasser stattfindet.

b) Begründen Sie anhand der Abbildung des Graphen von f, dass in den ersten 2 Stunden weniger als $8\,m^3$ abfließen.

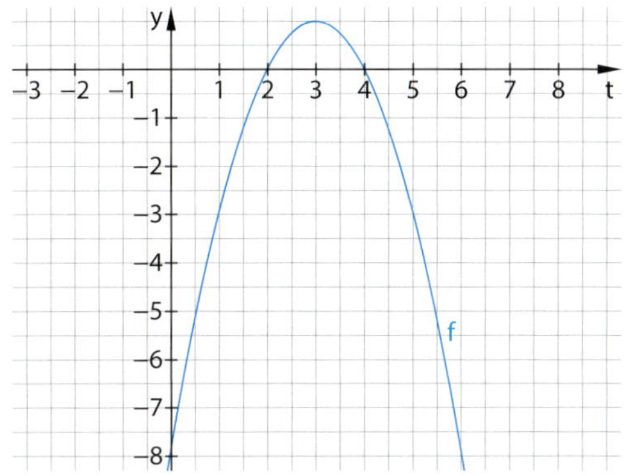

c) Geben Sie an, welche der Aussagen wahr ist:

① Bei $t = 3$ hat der Wasserstand im Tank ein Maximum.

② Bei $t = 2$ hat der Wasserstand im Tank ein lokales Minimum.

d) Geben Sie einen Term an, mit dem das Wasservolumen im Tank nach 3 Stunden berechnet werden kann.

6 Die ganzrationale Funktion f dritten Grades ist punktsymmetrisch zum Ursprung. Die Tangente t an den Graphen von f im Punkt $B(1\,|\,0)$ hat die Gleichung $t(x) = 2x - 2$.

a) Bestimmen Sie eine Funktionsgleichung von f.

b) Bestimmen Sie die Gleichung der Wendetangente des Graphen von f.

7 Die Abbildung zeigt den Graphen der Funktion f mit $f(x) = 3x - x^3$.

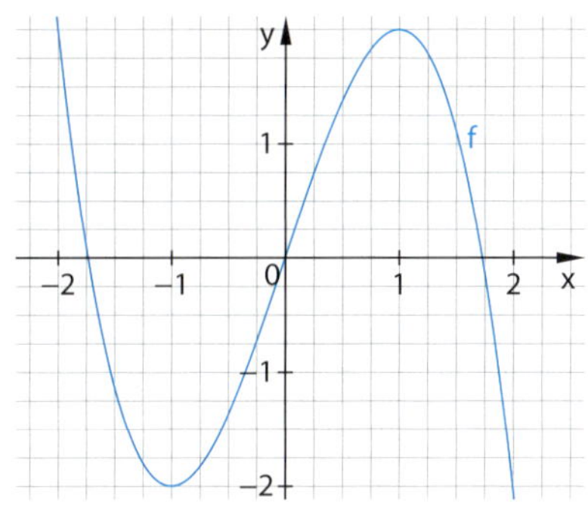

a) Leiten Sie her, dass die Funktion f die Nullstellen $x_1 = -\sqrt{3}$, $x_2 = 0$ und $x_3 = \sqrt{3}$ hat.

b) Berechnen Sie $A = \int_0^{\sqrt{3}} f(x)\,dx$ und erläutern Sie die geometrische Bedeutung der Zahl A.

c) Erläutern Sie, dass der Inhalt der Fläche, die vom Graphen von f mit der x-Achse eingeschlossen wird, $2 \cdot A$ beträgt.

8 Gegeben ist die Funktion f mit $f(x) = (x - x^2) \cdot e^{-x}$. Die Abbildung zeigt den Graphen von f.

a) Zeigen Sie, dass die Funktion F mit $F(x) = (x^2 + x + 1) \cdot e^{-x}$ eine Stammfunktion zu f ist.

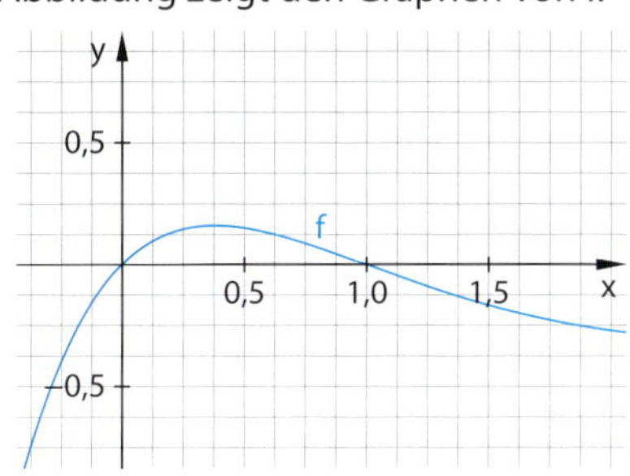

b) Berechnen Sie den Inhalt der Fläche, die der Graph von f zwischen seinen Nullstellen mit der x-Achse einschließt.

c) Geben Sie die Extremstellen von F an und erläutern Sie ohne weitere Berechnungen, um was für eine Art von Extremum es sich handelt.

9 Gegeben ist die Funktion f mit $f(x) = 5 \cdot e^{\frac{x}{5}} - 2$.

a) Berechnen Sie die Nullstelle der Funktion f.
Ermitteln Sie die Steigung der Tangente an den Graphen von f im Punkt $P(0\,|\,3)$.

b) Zeigen Sie, dass diese Tangente mit den Koordinatenachsen ein gleichschenkliges Dreieck einschließt.

c) Zeigen Sie, dass der Graph von f weder Extrempunkte noch Wendepunkte hat.

10 Gegeben ist die Funktion f mit $f(x) = (3x - 15) \cdot e^x$.

a) Zeigen Sie, dass die Funktion F mit $f(x) = (3x - 18) \cdot e^x$ eine Stammfunktion von f ist.

b) Berechnen Sie die Lösung der Gleichung $\int_0^u f(x)\,dx = 18$.

c) Begründen Sie, dass das Integral aus b) nicht den Inhalt der Fläche angibt, die der Graph von f und die x-Achse im Intervall [0; u] einschließen, wobei u die Lösung aus b) ist. Geben Sie einen Term an, mit dem dieser Flächeninhalt berechnet werden kann.

11 Gegeben ist die Funktion f mit $f(x) = (2x - 4) \cdot e^{-x}$.

a) Bestimmen Sie das Verhalten der Funktion f für $x \to \pm\infty$.

b) Zeigen Sie, dass f bei $x = 3$ ein globales Maximum annimmt.

c) Bestimmen Sie die Gleichung der Tangente an den Graphen von f im Punkt $P(4\,|\,4e^{-4})$.

d) Zeigen Sie, dass F mit $F(x) = -f(x) - 2e^{-x}$ eine Stammfunktion von f ist.

12 Gegeben ist die in $\mathbb{R}$ definierte Funktion f mit $f(x) = (3x - 1) \cdot e^{-x}$.

a) Zeigen Sie, dass $x = \frac{1}{3}$ die einzige Nullstelle von f ist, und geben Sie das Vorzeichenverhalten von f(x) an.

b) Bestimmen Sie das Verhalten des Graphen von f für $x \to \infty$.

c) Begründen Sie anhand der bisherigen Resultate, dass der Graph von f einen Hochpunkt hat, und geben Sie an, ob sich dieser rechts oder links der Nullstelle befindet.

13 Gegeben sind die Funktionen f und g mit $f(x) = -2 \cdot e^x$, $g(x) = -\frac{1}{2} \cdot e^{-x} - \frac{3}{2}$, $x \in \mathbb{R}$.

a) Bestimmen Sie die Ableitungsfunktionen f' und g' und treffen Sie mit ihrer Hilfe eine Aussage über das Monotonieverhalten von f und g.

b) Die Tangente an den Graphen von f im Schnittpunkt mit der y-Achse begrenzt mit den Koordinatenachsen ein Dreieck.
Weisen Sie nach, dass dieses Dreieck einen Flächeninhalt von 1 FE hat.

c) Zeigen Sie, dass sich die Graphen von f und g auf der y-Achse rechtwinklig schneiden.

14 Der Graph der Funktion f mit $f(x) = x \cdot e^{1-x}$ verläuft durch den Ursprung. Betrachtet werden Dreiecke OAB mit $O(0\,|\,0)$, $A(a\,|\,0)$ und $B(a\,|\,f(a))$ mit $a > 0$.

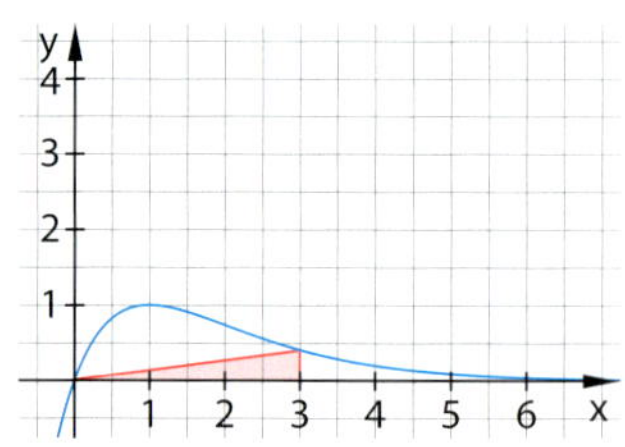

a) Zeigen Sie, dass für den Flächeninhalt dieser Dreiecke gilt: $A(a) = \frac{1}{2}a^2 \cdot e^{1-a}$

b) Bestimmen Sie das a, für das dieser Flächeninhalt maximal ist.

15 Die Abbildung zeigt die Graphen von f' und f'' einer Funktion f.
Entscheiden Sie, welcher Graph zu f' gehört.
Begründen Sie anhand der Verläufe der Graphen von f' und f'', dass f den Hochpunkt $H(-2\,|\,f(-2))$ und den Wendepunkt $W(-1\,|\,f(-1))$ hat.

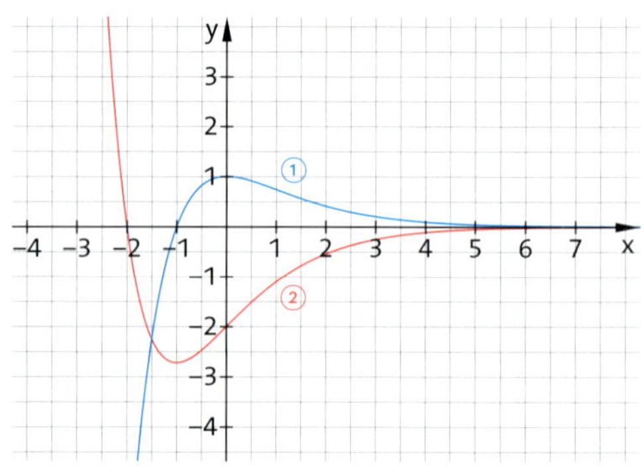

9

Anhang

Lösungen zu

→ Ihr Fundament
→ Prüfen Sie Ihr neues Fundament
Bildnachweis
Stichwortverzeichnis

Lösungen zu Kapitel 1: Folgen und Grenzwerte

Ihr Fundament (S. 6/7)

S. 6, 1.

a) $3^5 \cdot 3^2 = 3^7$
b) $11^2 \cdot 2^2 = (11 \cdot 2)^2 = 22^2$
c) 5^{-12}
d) $(3^3)^3 : 3^2 = 3^9 : 3^2 = 3^7$
e) $\frac{3}{2^2}$
f) 5^{-2}
g) $1\ (x \neq 0)$
h) $1\ (a \neq 0)$

S. 6, 2.

a) 20^{3s} b) $(xy)^{2t}$ c) $(a^2 - b^2)^x$ d) $(zu)^{4t}$
e) x^{3+b} f) z^{2n+1} g) b^{2x-1} h) x^{4k}
i) $a^{k(k+1)}$ j) $b^{(s^2)}$

S. 6, 3.

a) b^2 b) x^4 c) $\frac{1}{y} = y^{-1}$ d) b^2
e) a f) $\frac{1}{a^2}$ g) $\frac{v^4}{u^2}$ h) 2

S. 6, 4.

a) 8 b) 243 c) $\approx 7{,}73$ d) $\approx 2{,}31$ e) $\approx 1{,}04$

S. 6, 5.

a) $17^2 = 289$ b) $3^3 = 27$ c) $6^2 = 36$
d) $10^2 \cdot 2^2 = 20^2 = 400$ e) 6

S. 6, 6.

a) $B(n) = 200 \cdot 1{,}3^n$; $B(4) = 571{,}22 \approx 571$
b) $B(n) = 100 \cdot 0{,}85^n$; $B(4) = 52{,}20$

S. 6, 7.

a)

n	0	1	2	3	6
B(n)	30	54	97,2	174,96	1020

b)

n	0	1	2	3	6
B(n)	140	70	35	17,5	2,1875

S. 6, 8.

a) rekursiv: $B(n+1) = B(n) \cdot 1{,}05$ mit $B(0) = 171{,}4$
explizit: $B(n) = 171{,}4 \cdot 1{,}05^n$
b) rekursiv: $B(n+1) = B(n) - 5$ mit $B(0) = 25$
explizit: $B(n) = -5n + 25$

S. 6, 9.

a) ja, $B(n) = B(0) \cdot 1{,}035^n$ b) nein, linear
c) ja, $B(n) = B(0) \cdot 1{,}04^n$ d) nein
e) ja, $B(n) = B(0) \cdot 1{,}008^n$ f) nein, linear

S. 7, 10.

a) $B(1) = 304{,}05$ € b) $B(3) \approx 312{,}31$ €
c) $B(7) \approx 329{,}52$ € d) $B(19) \approx 387{,}05$ €
e) $B(35) \approx 479{,}68$ €

S. 7, 11.

a) rund 3 % b) rund 4,5 % c) rund 1,5 %

S. 7, 12.

a) 2091,36 €
b) K_{alt} steht für das Ausgangskapital, K_{neu} für das neue Kapital nach n Jahren, p für den Zinssatz. In jedem Jahr wird das bis dahin vorhandene Kapital mit dem Faktor $1 + \frac{p}{100}$ multipliziert.
c) 1912,48 €.

S. 7, 13.

S. 190, 1.
a) Im fünften Schritt sind es 32 Rechtecke, im siebenten Schritt sind es 128 Rechtecke.
b) $f(x) = 2^x$ ist die Formel, für $f(100) = 2^{100}$ ergibt sich $\approx 126\,765\,060 \cdot 10^{22}$.

S. 7, 14.

a) $1^2 = 1$; $10^2 = 100$; $100^2 = 10\,000$
Der Term kann beliebig groß werden, da für $n > 1$ gilt $n^2 > n$. Der Term kann nicht beliebig klein werden, da ein Quadrat nie negativ wird.
b) $\sin(1) \approx 0{,}02$; $\sin(10) \approx 0{,}17$; $\sin(100) \approx 0{,}98$
Der Term kann weder beliebig groß noch beliebig klein werden, da der Sinus nur Werte von −1 bis 1 annimmt.
c) $\frac{3}{1-2} = -3$; $\frac{3}{10-2} = 0{,}375$; $\frac{3}{100-2} = \frac{3}{98} \approx 0{,}03$
Der Term kann beliebig groß und beliebig klein werden, da der Betrag des Nenners beliebig klein wird, wenn n nahe genug an 2 liegt, und man für $n > 2$ einen positiven und für $n < 2$ einen negativen Nenner erhält.
d) $1^3 - 1 = 0$; $10^3 - 10 = 990$; $100^3 - 100 = 999\,900$
Für $n > 2$ gilt $n^3 > 2n$, also $n^3 - n > n$, also kann der Term beliebig groß werden, wenn n groß genug gewählt wird. Analog kann der Term beliebig klein werden, da für $n < -2$ gilt: $n^3 < 2n$, also $n^3 - n < n$
e) $\left(\frac{1}{4}\right)^1 = \frac{1}{4}$; $\left(\frac{1}{4}\right)^{10} = \frac{1}{1\,048\,576} \approx 9{,}5 \cdot 10^{-7}$;
$\left(\frac{1}{4}\right)^{100} \approx 6{,}2 \cdot 10^{-61}$
Der Term kann beliebig groß werden, wenn $n < 0$ beliebig klein gewählt wird, denn dann wird der Nenner in $\left(\frac{1}{4}\right)^n = \frac{1}{4^n}$ beliebig klein. Der Term kann nicht beliebig klein werden, da die Potenz einer positiven Zahl nie negativ wird.

S. 7, 15.

a) lineare Funktion
b) Sinusfunktion

Prüfen Sie Ihr neues Fundament (S. 20/21)

S. 20, 1.

a) $a_1 = 1; a_2 = 4; a_3 = 9; a_4 = 16; a_5 = 25$

b) $a_n = n^2$

S. 20, 2.

a) $a_0 = 1; a_1 = 3; a_2 = 5; a_3 = 7; a_4 = 9$

b) $a_0 = 1; a_{n+1} = a_n + 2$

S. 20, 3.

a) $a_n = 1 - \frac{1}{n}$;
Monotonie:
$a_{n+1} - a_n = 1 - \frac{1}{n+1} - 1 + \frac{1}{n} = -\frac{1}{n+1} + \frac{1}{n} > 0$. Somit folgt $a_{n+1} \geq a_n$, die Folge ist monoton steigend.

Beschränktheit: $S_0 = 1$; $S_u = 0$, die Folge ist also nach oben und unten beschränkt.

b) $a_n = -2 - \frac{3}{4n}$;
Monotonie:
$a_{n+1} - a_n = -2 - \frac{3}{4(n+1)} + 2 + \frac{3}{4n} = -\frac{3}{4(n+1)} + \frac{3}{4n} > 0$.
Somit folgt $a_{n+1} \geq a_n$, die Folge ist monoton steigend.

Beschränktheit: $S_0 = -2$; $S_u = -2{,}75$, die Folge ist also nach oben und unten beschränkt.

c) $a_n = 1 + \frac{3}{n^3}$; -
Monotonie:
$a_{n+1} - a_n = 1 + \frac{3}{(n+1)^3} - 1 - \frac{3}{n^3} = \frac{3}{(n+1)^3} - \frac{3}{n^3} < 0$. Somit folgt $a_{n+1} \leq a_n$, die Folge ist monoton fallend.

Beschränktheit: $S_0 = 4$; $S_U = 1$, die Folge ist also nach oben und unten beschränkt.

d) $a_n = \frac{1}{2^n} - \frac{1}{8^n}$;
Monotonie:
$a_{n+1} - a_n = \frac{1}{2^{n+1}} - \frac{1}{8^{n+1}} - \frac{1}{2^n} + \frac{1}{8^n} = -\frac{1}{2^{n+1}} + \frac{7}{8} \cdot \frac{1}{8^n}$
$= \frac{-4^{n+1}+7}{8^{n+1}} < 0$ für $n \geq 1$.
Somit folgt $a_{n+1} \leq a_n$, die Folge ist monoton fallend.

Beschränktheit: $S_0 = \frac{3}{8}$; $S_u = 0$, die Folge ist also nach oben und unten beschränkt.

S. 20, 4.

a) $a_1 = 4; a_2 = \frac{8}{3}; a_3 = \frac{12}{5}; a_4 = \frac{16}{7}; a_5 = \frac{20}{9};$
$a_6 = \frac{24}{11}; a_7 = \frac{28}{13}; a_8 = \frac{32}{15}$

b)

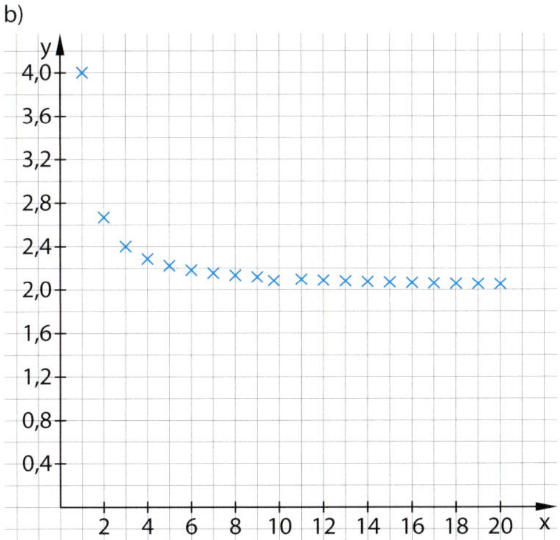

c) Vermutlich beträgt der Grenzwert 2

S. 20, 5.

a) Es handelt sich um eine Nullfolge.

b) $\left|\frac{(-1)^n - 1}{n^2}\right| < 0{,}01$; für jedes gerade n ist die Ungleichung erfüllt. Wenn n ungerade, so folgt $\left|\frac{(-1)^n - 1}{n^2}\right| = \frac{2}{n^2} < 0{,}01$; $\frac{2}{0{,}01} < n$; somit muss $n > 200$ sein, also mindestens 201, da es ungerade sein muss.

S. 20, 6.

a) Konvergent, da beschränkt und monoton fallend. Grenzwert ist 2

b) Divergent, monoton steigend und unbeschränkt.

c) Divergent, da monoton steigend und unbeschränkt.

S. 20, 7.

a) (a_n) mit $a_n = 1 + \frac{1}{n}$

b) (b_n) mit $b_n = -20 - \frac{1}{n}$

c) (c_n) mit $c_n = n$

d) (d_n) mit $d_n = (-1)^n \cdot \frac{1}{n} + g_d$

S. 20, 8.

a) Nutzen Sie den ersten Grenzwertsatz. Man erhält 1 als Grenzwert.

b) Nutzen Sie den vierten und zweiten Grenzwertsatz. Man erhält $-\frac{1}{2}$ als Grenzwert.

c) Nutzen Sie auch hier den vierten und ersten Grenzwertsatz. Man erhält $\frac{1}{100}$ als Grenzwert.

S. 20, 9.

a) Ja, in der rekursiven Darstellung sind die Informationen zur Berechnung eines Folgenglieds versteckt, in der expliziten Darstellung sind sie direkt sichtbar.

b) Nein, als Gegenbeispiel betrachte man die Folge (a_n) mit $a_n = -\frac{1}{n}$.

c) Die Folge (a_n) mit $a_n = 1 + \frac{1}{n}$ ist nach oben und unten beschränkt.

d) Nein, die geometrische Folge (a_n) mit $a_n = 2^n$ ist nur nach unten beschränkt.

e) Stimmt. Die arithmetische Folge (a_n) mit $a_n = 1 + 2n$ ist nach oben nicht beschränkt.

S. 21, 10.

a) Explizite Darstellung: $a_n = N_0 \cdot 2^n$, wobei n die Wochenanzahl und N_0 der Anfangsbestand der Seerosen ist. Rekursive Darstellung: $a_{n+1} = 2 \cdot a_n$ mit $a_0 = N_0$.

b) $a_0 = N_0; a_1 = 2 \cdot N_0; a_2 = 4 \cdot N_0; a_3 = 8 \cdot N_0; a_4 = 16 \cdot N_0$

c) $a_{21} = N_0 \cdot 2^{21}; a_{22} = N_0 \cdot 2^{22}$

d) Die Ergebnisse zeigen, dass unbeschränktes Wachstum vorliegt, der Teich ist jedoch ein beschränktes Gebiet, sodass die Seerosenanzahl nach oben beschränkt sein müsste. Die Modellierung ist an dieser Stelle naiv.

S. 21, 11.

a) ① (I), $\lim\limits_{n\to\infty}\left(-1-\frac{1}{n}\right)=-1$; ② – (III), $\lim\limits_{n\to\infty}\left(5-\frac{1}{n}\right)=5$;
③ – (II), $\lim\limits_{n\to\infty}\left(\frac{n+1}{n}\right)=1$

b) ① Der Term $\frac{1}{n}$ wird für große n immer kleiner, übrig bleibt -1
② Der Term $\frac{1}{n}$ wird für große n immer kleiner, übrig bleibt 5.
③ Es ist $\frac{n+1}{n}=\frac{n}{n}+\frac{1}{n}=1+\frac{1}{n}$. Der Term wird für große n immer kleiner, übrig bleibt 1.

S. 21, 12.

a) Falsch, die Folge (a_n) mit $a_n=(-1)^n$ ist divergent, aber weder monoton steigend noch monoton fallend.

b) Falsch, die Folge (a_n) mit $a_n=(-1)^n$ ist nach oben und unten beschränkt, aber nicht konvergent.

c) Falsch, das Produkt der Folgen (a_n) mit $a_n=(-1)^n$ und (b_n) mit $b_n=(-1)^n$ ist konvergent, denn es gilt
$a_n\cdot b_n=(-1)^n\cdot(-1)^n=(-1)^{2n}=((-1)^2)^n=1^n=1$
Und diese konstante Folge ist konvergent.

d) Wahr. Wäre die Summenfolge (s_n) einer konvergenten Folge (a_n) und einer divergenten Folge (b_n) konvergent, dann müsste die Differenzfolge von (s_n) und (a_n) nach dem zweiten Grenzwertsatz konvergent sein. Diese Differenzfolge entspricht aber (b_n), sodass sich ein Widerspruch ergibt.

e) Falsch, das stimmt nicht, wenn die Folge im Nenner gegen 0 konvergiert. Die Folge (a_n) mit $a_n=1$ konvergiert gegen 1 und die Folge (b_n) mit $b_n=\frac{1}{n}$ konvergiert gegen 0. Der Quotient ist divergent, denn es gilt: $\frac{a_n}{b_n}=\frac{1}{\frac{1}{n}}=n$.

f) Falsch, die Folgen (a_n) mit $a_n=n$ und (b_n) mit $b_n=n$ sind divergent, aber der Quotient ist konvergent, denn es gilt: $\frac{a_n}{b_n}=\frac{n}{n}=1$.

Lösungen zu Kapitel 2: Ganzrationale Funktionen

Ihr Fundament (S. 24/25)

S. 24, 1.

a)
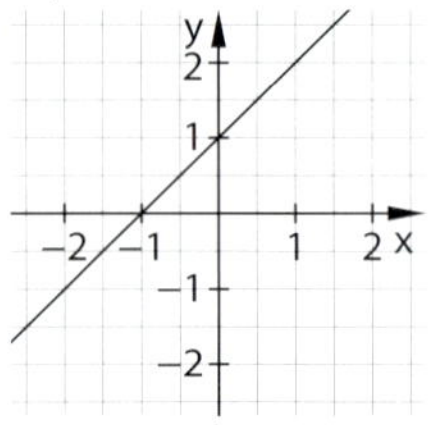

b)
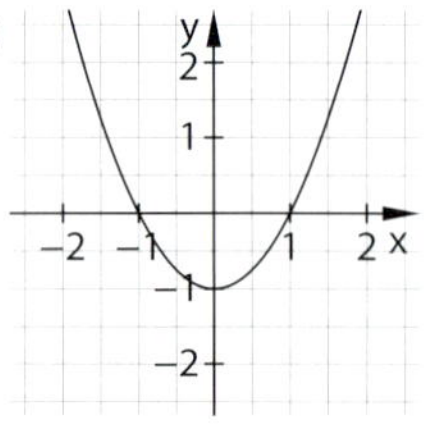

c)
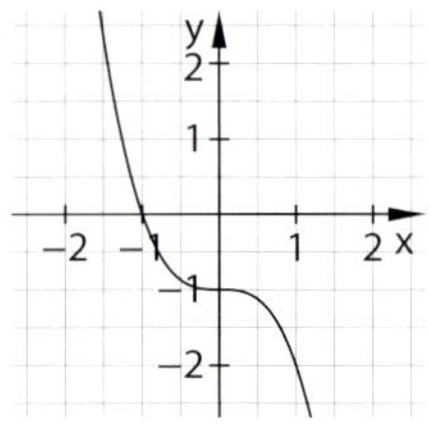

d)
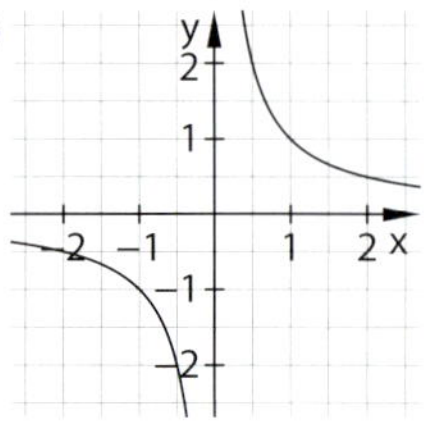

e)
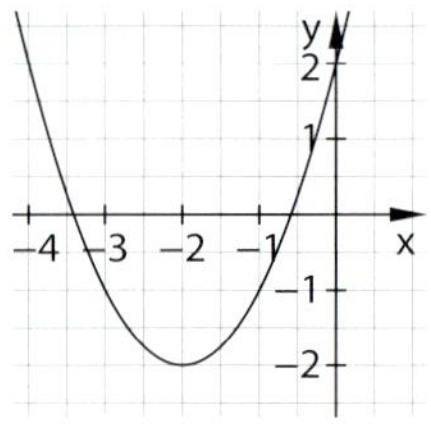

f)
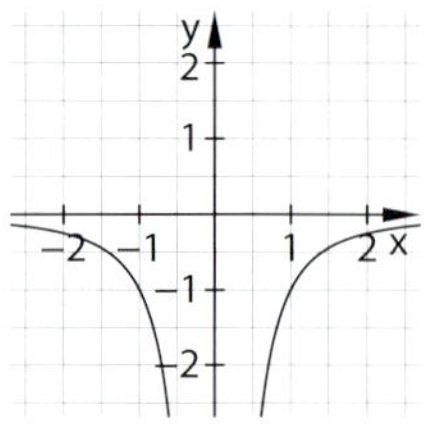

g)
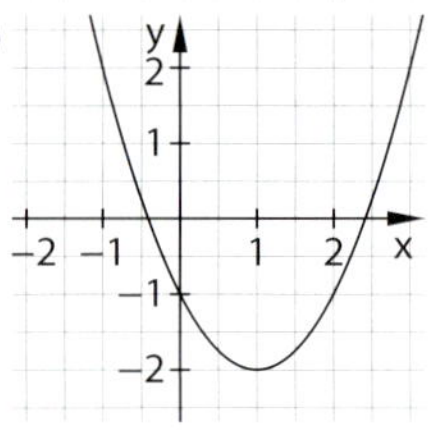

h)
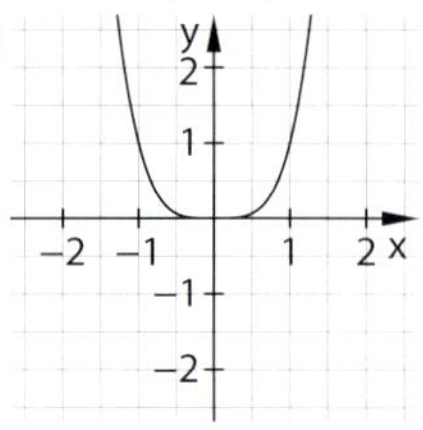

S. 24, 2.

① Gehört zu h(x). ② Gehört zu i(x).
③ Gehört zu f(x). ④ Gehört zu g(x).

S. 24, 3.

a) DB: $x\in\mathbb{R}$ WB: $y\in\mathbb{R}$
Wenn $x\to-\infty$, so $y\to+\infty$.
Wenn $x\to+\infty$, so $y\to-\infty$.
Der Graph fällt für alle $x\in\mathbb{R}$.
Der Graph ist weder achsensymmetrisch zur y-Achse noch punktsymmetrisch zum Ursprung.

b) DB: $x\in\mathbb{R}$ WB: $y\in\mathbb{R}$ mit $y\le 0$
Wenn $x\to\pm\infty$, so $y\to-\infty$.
Der Graph steigt für alle $x<0$, er fällt für alle $x>0$.
Der Graph ist achsensymmetrisch zur y-Achse.

c) DB: $x\in\mathbb{R}$ WB: $y\in\mathbb{R}$
Wenn $x\to-\infty$, so $y\to-\infty$.
Wenn $x\to+\infty$, so $y\to+\infty$.
Der Graph steigt für alle $x\in\mathbb{R}$.
Der Graph ist punktsymmetrisch zum Ursprung.

d) DB: $x\in\mathbb{R}$ WB: $y\in\mathbb{R}$
Wenn $x\to-\infty$, so $y\to+\infty$.
Wenn $x\to+\infty$, so $y\to-\infty$.
Der Graph fällt für alle $x\in\mathbb{R}$.

Der Graph ist weder achsensymmetrisch zur y-Achse noch punktsymmetrisch zum Ursprung.

e) DB: $x \in \mathbb{R}$ WB: $y \in \mathbb{R}$ mit $y \geq 2$
Wenn $x \to \pm\infty$, so $y \to +\infty$.
Der Graph fällt für alle $x < 4$, er steigt für alle $x > 4$.
Der Graph ist weder achsensymmetrisch zur y-Achse noch punktsymmetrisch zum Ursprung.

f) DB: $x \in \mathbb{R}$ WB: $y \in \mathbb{R}$ mit $y \geq \pi$
Wenn $x \to \pm\infty$, so $y \to +\infty$.
Der Graph fällt für alle $x < 0$, er steigt für alle $x > 0$.
Der Graph ist achsensymmetrisch zur y-Achse.

g) DB: $x \in \mathbb{R}$ mit $x \neq 0$ WB: $y \in \mathbb{R}$ mit $y > 0$
Wenn $x \to \pm\infty$, so $y \to 0$.
Der Graph steigt für alle $x < 0$ und für alle $x > 0$.
Der Graph ist achsensymmetrisch zur y-Achse.

h) DB: $x \in \mathbb{R}$ mit $x \geq 1$ WB: $y \in \mathbb{R}$ mit $y \geq 0$
Wenn $x \to +\infty$, so $y \to +\infty$.
Der Graph steigt für alle $x \geq 1$.
Der Graph ist weder achsensymmetrisch zur y-Achse noch punktsymmetrisch zum Ursprung.

S. 24, 4.
Beispiele:
a) $f(x) = x^3$; $f(x) = x^7$
b) $f(x) = x^2 + 2$; $f(x) = (x + 1)^2 + 2$

S. 24, 5.
a) $g(x) = -2x - 3$ b) $g(x) = (x + 3)^2$
c) $g(x) = -\frac{1}{(x+7)^2}$ d) $g(x) = \sqrt{-x} - 2$

S. 24, 6.
a) $g(x) = (x + 2)^3$

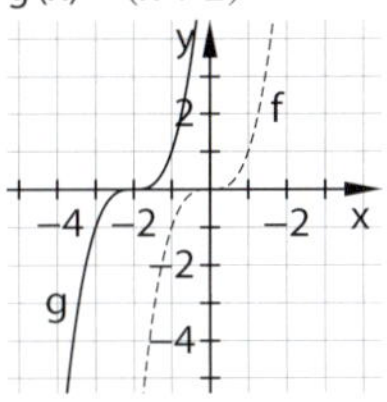

Der Graph von f wird um 2 Einheiten nach links verschoben.

$g(x) = (x - 2)^3$

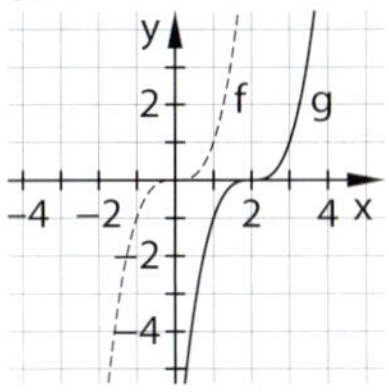

Der Graph von f wird um 2 Einheiten nach rechts verschoben.

b) $g(x) = 2(x + 2)^3 + 2$

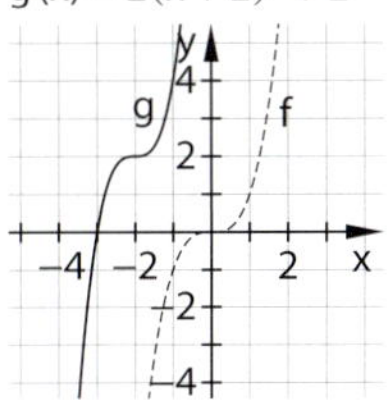

Der Graph von f wird mit dem Faktor 2 gestreckt, um 2 Einheiten nach oben und um 2 Einheiten nach links verschoben.

$g(x) = -2(x - 2)^3 - 2$

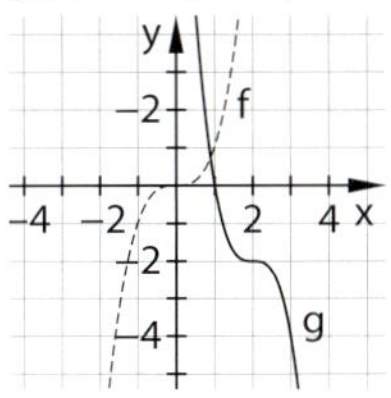

Der Graph von f wird mit dem Faktor $|-2|$ gestreckt, an der x-Achse gespiegelt, um 2 Einheiten nach unten und um 2 Einheiten nach nach rechts verschoben.

S. 25, 7.
a) $x = 5$ b) $x_1 = 0$; $x_2 = -4{,}2$
c) $x_1 = 0{,}3$; $x_2 = -0{,}3$ d) $x_1 = 0$; $x_2 = 1$; $x_3 = -1$
e) $a_1 = 0$; $a_2 = 3$; $a_3 = -3$ f) keine Lösung
g) $k = -4$ h) alle reellen Zahlen
i) $x_1 = -1$; $x_2 = 3$

S. 25, 8.
a) $x_0 = \frac{1}{3}$ b) $x_0 = 0$
c) keine Nullstelle d) $x_1 = 0$; $x_2 = -4$
e) $x_1 = -5$; $x_2 = 2$ f) keine Nullstelle
g) $x_0 = 2$ h) $x_1 = \frac{1}{2}$; $x_2 = -\frac{1}{2}$
i) $x_0 = -\frac{1}{2}$

S. 25, 9.
Beispiele:
a) $0 = x^2 - 25$ b) $0 = x^2 - 5x$
c) $0 = (x + 6)(x - 2)$ d) $0 = (x - 8)^2$
e) $x^2 = -1$ f) $0 = \left(x - \sqrt{2}\right)^2$

S. 25, 10.
a) $x_1 = -1$; $x_2 = 2$ b) $x_0 = -1$ c) $x_0 = 1$

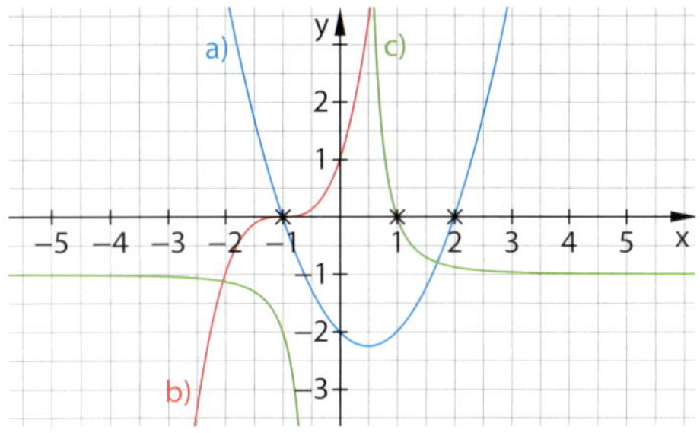

S. 25, 11.
a) $b > 0$ b) $b = 0$ c) $b < 0$

S. 25, 12.
Jeweils von links nach rechts:
a) x b) 2x; 3y
c) 16; d; 4 d) 3b; 3b; 2a
e) $9b^2$; 8a; 3b f) $(9x - 7y)$; $(9x + 7y)$

S. 25, 13.
a) $x(x - 2)$ b) $(y - 2x)(y - 2x)$
c) $\left(2z - \frac{1}{2}x\right)\left(2z + \frac{1}{2}x\right)$ d) $2n^2(n + 2)$

S. 25, 14.

	a)	b)	c)	d)
x = 2	4	−4	−8	−8
x = −2	4	−4	8	8

S. 25, 15.
$f(x) = 0$:
$-x^2 - 4x - 2 = 0$
$x_1 = -2 + \sqrt{2} \approx -0{,}59$
$x_2 = -2 - \sqrt{2} \approx -3{,}41$
x_1 und x_2 sind die Nullstellen der Funktion f, also die Stellen, an denen der Graph von f die x-Achse schneidet.
$f(0) = y$:
$y = -2$
Der Graph der Funktion f schneidet die y-Achse im Punkt $S_y(0|-2)$.

$f(x) = -2$:

$-x^2 - 4x - 2 = -2$

$x_1 = 0; x_2 = -4$

Der Graph von f wird an den Stellen $x_1 = 0$ und $x_2 = -4$ von der Geraden mit der Gleichung $y = -2$ geschnitten.

S. 25, 16.

$$\left|\begin{matrix} a+b=3 \\ c=0 \\ a-b=5 \end{matrix}\right| \Rightarrow \left|\begin{matrix} a= & 1 \\ c= & 0 \\ b= & -4 \end{matrix}\right|; f(x) = x^2 - 4x$$

S. 25, 17.

a) $f(x) = -3(x-2)(x+1) = -3x^2 + 3x + 6$

b) $f(x) = 2x(x-4) = 2x^2 - 8x$

c) $f(x) = -\frac{1}{2}(x+3)(x+5) = -\frac{1}{2}x^2 - 4x - \frac{15}{2}$

Prüfen Sie Ihr neues Fundament (S. 56/57)

S. 56, 1.

a) Für $x \to +\infty$ gilt $f(x) \to +\infty$.
Für $x \to -\infty$ gilt $f(x) \to -\infty$.

b) Für $x \to +\infty$ gilt $f(x) \to -\infty$.
Für $x \to -\infty$ gilt $f(x) \to -\infty$.

c) Für $x \to +\infty$ gilt $f(x) \to -\infty$.
Für $x \to -\infty$ gilt $f(x) \to +\infty$.

d) Für $a \to +\infty$ gilt $f(a) \to +\infty$.
Für $a \to -\infty$ gilt $f(a) \to +\infty$.

e) Für $x \to +\infty$ gilt $f(x) \to +\infty$.
Für $x \to -\infty$ gilt $f(x) \to -\infty$.

f) Für $x \to +\infty$ gilt $f(x) \to -\infty$.
Für $x \to -\infty$ gilt $f(x) \to +\infty$.

S. 56, 2.

a) punktsymmetrisch zum Ursprung
b) achsensymmetrisch zur y-Achse
c) achsensymmetrisch zur y-Achse
d) punktsymmetrisch zum Ursprung
e) punktsymmetrisch zum Ursprung
f) achsensymmetrisch zur y-Achse

S. 56, 3.

① gehört zu i(x).

a) Für $x \to -\infty$ gilt $i(x) - \infty$.
Für $x \to +\infty$ gilt $i(x) + \infty$.

b) Es liegt keine Symmetrie vor, also nur ① oder ② möglich. Die Nullstellen von ① passen nur zu i(x), daher kommt ② nicht infrage.

② gehört zu h(x).

a) für $x \to \pm\infty$ gilt $h(x) \to -\infty$.

b) Es liegt keine Symmetrie h(x) vor, also nur ① oder ② möglich. Die Nullstellen von ① passen nur zu i(x), daher kommt nur ② infrage.

③ gehört zu f(x).

a) Für $x \to \pm\infty$ gilt $f(x) \to +\infty$.

b) Die Funktion ist gerade und der Graph ist achsensymmetrisch zur y-Achse.

④ gehört zu g(x).

a) Für $x \to -\infty$ gilt $g(x) \to +\infty$.
Für $x \to +\infty$ gilt $g(x) \to -\infty$.

b) Die Funktion ist ungerade und der Graph ist punktsymmetrisch zum Ursprung.

S. 56, 4.

a) $-\sqrt{5}; 0; \sqrt{5}$ b) 0 c) $0; -1$
d) 0; 1; 2 e) $-2; -1; 1; 2$ f) $-1; 0; 1$

S. 56, 5.

Wegen $f(0) = 0$ ist $S(0|0)$ sowohl ein Schnittpunkt mit der y-Achse als auch mit der x-Achse.

$x^3 - 3x^2 + 3x = x(x^2 - 3x + 3)$

Da $x^2 - 3x + 3 = 0$ keine Lösung hat, gibt es keine weiteren Schnittpunkte mit der x-Achse.

Für $x \to -\infty$ gilt $f(x) \to -\infty$. Für $x \to +\infty$ gilt $f(x) \to +\infty$.

Der Graph von f ist weder punktsymmetrisch zum Ursprung, noch achsensymmetrisch zur y-Achse.

S. 56, 6.

a) streng monoton steigend für $-2 < x < 0$ und $x > 1$, streng monoton fallend für $x < -2$ und $0 < x < 1$.

b) $H(0|0), T_1(-2|-2{,}7), T_2(1|-0{,}4)$
lokales Maximum: 0, lokale Minima: −2,7 und −0,4

c) Das globale Minimum ist das kleinere lokale Minimum: −2,7. Ein globales Maximum existiert nicht, da $f(x) \to \infty$ für $x \to \pm\infty$.

S. 56, 7.

a) anfänglicher Wasserstand in m: $h(0) = 2{,}5$
Wasserstand nach 6 Stunden in m: $h(6) = 3{,}65$

b) $h(t) = 2{,}5 \Rightarrow t_1 = 0; t_{2/3} = \pm 10$
Nach 10 Stunden ist die Wasserhöhe wieder normal. $D_h = [0; 10]$

c) $h(t) = 4$ hat keine Lösung. Es kommt zu keiner Überschwemmung.

S. 57, 8.

a) Die Aussage ist falsch, denn der Graph von f mit $f(x) = (x-2)^2 + 1$ ist weder achsensymmetrisch zur y-Achse noch punktsymmetrisch zum Ursprung.

b) Die Aussage ist wahr, denn aufgrund des Globalverhaltens muss der Graph mindestens einmal die x-Achse schneiden.

c) Die Aussage ist wahr, denn f mit $f(x) = (x-2)^3$ hat an der Stelle $x = 2$ eine dreifache Nullstelle.

S. 57, 9.

Beispiele:

a) $f(x) = (x-2)(x+5)$
b) $f(x) = (x-2)(x+5)(x^2+1)$
c) $f(x) = (x-2)^2(x+5)$
d) $f(x) = x^2(x+5)^2(x^2+1)$
e) $f(x) = (x+2)^3(x-\pi)^2(x^2+1)$
f) nicht möglich

S. 57, 10.

$f(x) = 2x^4 - 8x^2 + 8$

Lösungen zu Kapitel 3: Steigung und Ableitung

Ihr Fundament (S. 60/61)

S. 60, 1.

a) $\frac{1}{2}$ b) $-\frac{7}{6}$ c) 0,1 d) $\frac{4}{15}$ e) $-\frac{5}{12}$
f) 10 g) 5 h) −9 i) −3 j) 7

S. 60, 2.

a) $\frac{1+2a}{2a}$ für $a \neq 0$ b) nicht möglich
c) nicht möglich d) $\frac{2x^2-1}{2-x}$ für $x \neq 0$

S. 60, 3.

a) $\frac{(x-y)(x+y)}{(x-y)} = x + y$

b) $\frac{(u^2+6u+9)-9}{u} = \frac{u^2+6u}{u} = \frac{u(u+6)}{u} = u + 6$

c) $\frac{y(2x+y)}{y} = 2x + y$

S. 60, 4.

a) Die Umformung ist für $x \neq 0$ richtig, denn es gilt:
$\frac{(2+x)^2-4}{x} = \frac{4+4x+x^2-4}{x} = \frac{4x+x^2}{x} = \frac{x(4+x)}{x} = x + 4$

b) Die Umformung ist falsch. Richtig ist:
$\frac{(1+x)^2-1}{1+x} = \frac{1+2x+x^2-1}{1+x} = \frac{2x+x^2}{1+x} = \frac{x(x+2)}{x+1}$

c) Die Umformung ist für $a \neq -2$ richtig, denn es gilt:
$\frac{-4a^2-(-4\cdot 2^2)}{a-2} = \frac{(-4)(a^2-2^2)}{a-2} = -4\frac{(a+2)(a-2)}{a-2} = -4(a+2)$

S. 60, 5.

a) $\frac{x+1}{x+3}$ b) $\frac{3}{x-2}$ c) $\frac{5}{6y}$ d) $\frac{10a-6}{3a^2}$
e) $\frac{4xy-3y^2+5x^2}{x^2y^2}$ f) $\frac{1}{x(x-3)}$ g) $\frac{4-x}{x-3}$ h) $\frac{3xy-x^2}{y(x-y)}$

S. 60, 6.

a) $x = -3$ b) $x_1 = 1; x_2 = -4$
c) $x_1 = 3; x_2 = -3$ d) $x_1 = 2; x_2 = -1$
e) $x = 2$ f) $x_1 = 1; x_2 = -0{,}5$
g) $x_1 = \frac{1}{2}; x_2 = -\frac{3}{2}$ h) $x_1 = 2; x_2 = -2$

S. 60, 7.

a) $x = 1$ b) $x = 0$ c) $x_1 = 0; x_2 = 1$
d) $x_1 = 0; x_2 = 1; x_3 = -1$

S. 60, 8.

$f(x) = x + 1$ Nullstelle: $x = -1$
$g(x) = -x + 0{,}5$ Nullstelle: $x = 0{,}5$
$h(x) = 0{,}5x + 1{,}5$ Nullstelle: $x = -3$

S. 60, 9.

a) $f(x) = 0{,}5x - 2$ b) $f(x) = -x - 2$
c) $f(x) = 0{,}25x - 2$ d) $f(x) = 2x + 0{,}5$

S. 60, 10.

a) $f(x) = x - 1$ b) $f(x) = -x$ c) $f(x) = 2x - 1$
d) $f(x) = x + 3$ e) $f(x) = \frac{1}{2}x - 5$ f) $f(x) = -\frac{1}{3}x + -\frac{7}{3}$

S. 61, 11.

$f(x) = x^2 - 2$ Nullstellen: $x_1 = \sqrt{2}; x_2 = -\sqrt{2}$
$g(x) = -x^2$ Nullstelle: $x = 0$
$h(x) = 2x^2$ Nullstelle: $x = 0$
$i(x) = (x+1)^2 + 1$ keine Nullstelle

S. 61, 12.

a) Schnittpunkt mit der y-Achse: $S_y(0|-3)$
Schnittpunkte mit der x-Achse: $S_{x1}(3|0); S_{x2}(-1|0)$
b) $S_1(1|-4), S_2(-2|5)$

S. 61, 13.

	im Vergleich zur Normalparabel	Wertebereich	Nullstellen	
a)	gestaucht	$y \geq 0$	$x_0 = 0$	Kleinster Funktionswert: 0
b)	an der x-Achse gespiegelt und gestreckt	$y \leq 0$	$x_0 = 0$	Größter Funktionswert: 0
c)	an der x-Achse gespiegelt und um 1 LE nach unten verschoben	$y \leq -1$	keine	Größter Funktionswert: −1
d)	um 2 LE nach rechts verschoben	$y \geq 0$	$x_0 = 2$	Kleinster Funktionswert: 0
e)	um 2 LE nach links und um 9 LE nach unten verschoben	$y \geq -9$	$x_1 = -5$ $x_2 = 1$	Kleinster Funktionswert: −9
f)	um 2 LE nach rechts und um 1 LE nach unten verschoben	$y \geq -1$	$x_1 = 1$ $x_2 = 3$	Kleinster Funktionswert: −1

S. 61, 14.

a) $\frac{\text{Höhenunterschied}}{\text{Entfernung}} = \frac{80\,\text{m}}{4000\,\text{m}} = 0{,}02$
b) −0,02, da Weg bergab führt

S. 61, 15.

$m = \frac{200}{400} = 0{,}5 = 50\,\%$ $\alpha = \tan^{-1}(0{,}5) \approx 26{,}57°$

S. 61, 16.

a) $g(x) = 2x$
b) $\alpha = \tan^{-1}(2) \approx 63{,}43°$ $m = 200\,\%$

S. 61, 17.

$v = \frac{24\,\text{km}}{\frac{5}{4}\text{h}} = \frac{24 \cdot 4}{5}\frac{\text{km}}{\text{h}} = 19{,}2\,\frac{\text{km}}{\text{h}}$

S. 61, 18.

a)
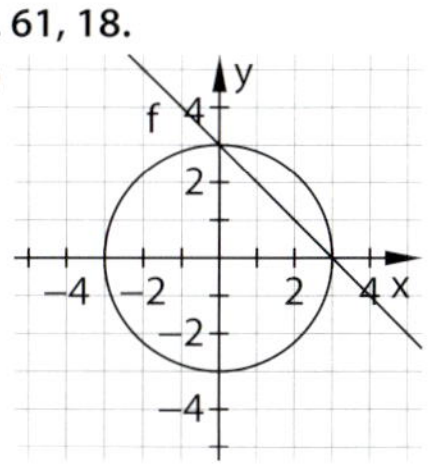

$f(x) = -x + 3$

b)
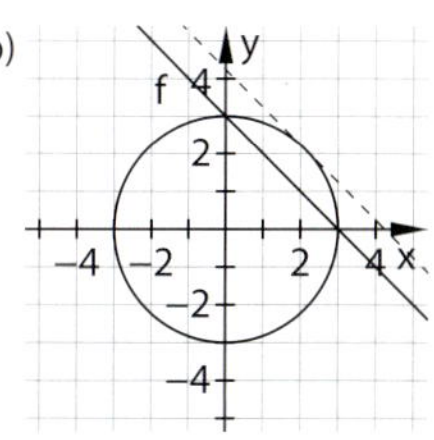

$m = -1$

S. 61, 19.

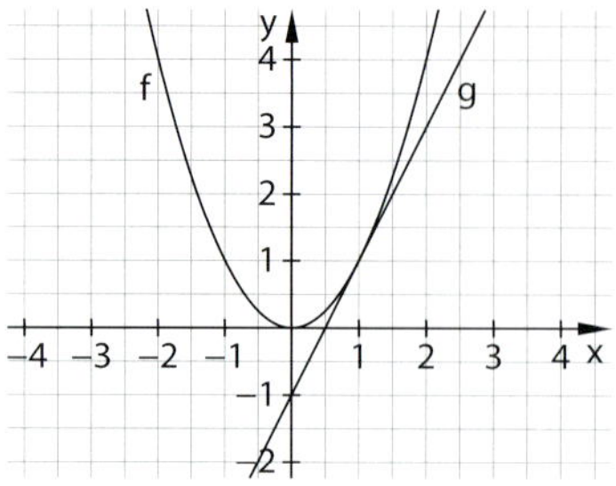

Die Gerade ist eine Tangente an die Parabel, da sie sich im Berührpunkt (1 | 1) an die Parabel anschmiegt.

S. 61, 20.

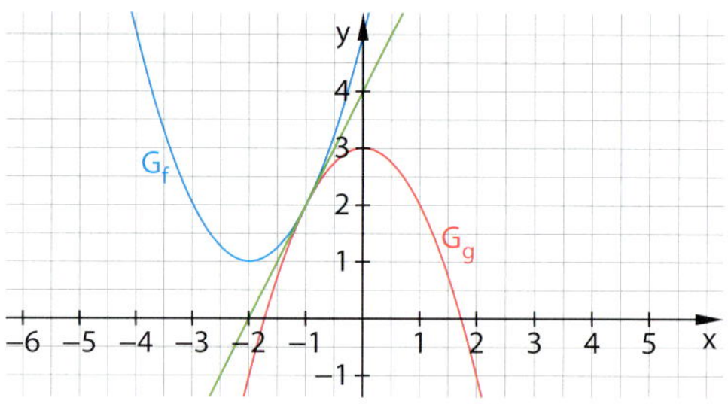

Die Gerade ist eine Tangente an die Graphen von f und g im Punkt (−1 | 2).

Prüfen Sie Ihr neues Fundament (S. 96/97)

S. 96, 1.

a) Der Graph zeigt, wie der Fahrschüler vorwärts- und rückwärtsfährt: Zunächst fährt er vorwärts, legt dann den Rückwärtsgang ein, fährt rückwärts, es wird scharf gebremst, er fährt wieder vorwärts, es wird wieder scharf gebremst und er fährt erneut rückwärts.

b) t = 6,5 s und t = 10,5 s

S. 96, 2.

a) Durchschnittlicher jährlicher Zuwachs:

$\frac{10\,\text{Mrd.} - 600\,\text{Mio.}}{2100 - 1700} = \frac{9{,}4\,\text{Mrd.}}{400} = 23{,}5\,\text{Mio.}$

b) Im Intervall [1900; 2000] wuchs die Erdbevölkerung am stärksten (um 4,4 Milliarden/im Durchschnitt um 44 Millionen pro Jahr).
Im Intervall [1700; 1800] wuchs die Erdbevölkerung am wenigsten (um 300 Millionen/im Durchschnitt um 3 Millionen pro Jahr).

S. 96, 3.

a) und b)
Gleichung der Sekante:
$y = mx + n$
$m = \frac{f(1) - f(-1)}{1 - (-1)} = \frac{0 - (-2)}{2} = 1$
$y = 1 \cdot x + n$ mit P (1 | 0)
$\Rightarrow\ n = -1\ \Rightarrow\ s(x) = x - 1$

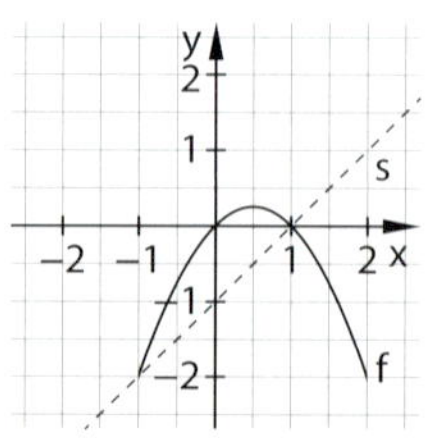

c)

x	$\frac{f(x) - f(1)}{x - 1}$
0,9	−0,9
0,99	−0,99
0,999	−0,999

Steigung an der Stelle $x_0 = 1$: $f'(1) = -1$

d) $t(x) = -x + 1$

S. 96, 4.

a) $\frac{f(1) - f(0)}{1 - 0} = \frac{\frac{1}{4} - 0}{1} = \frac{1}{4}$

b) Grenzwert des Differenzenquotienten:

$$\lim_{h \to 0} \frac{f(x+h) - f(x)}{h} = \lim_{h \to 0} \frac{\frac{1}{4}(x+h)^2 - \frac{1}{4}x^2}{h}$$
$$= \lim_{h \to 0} \frac{1}{4} \cdot \frac{x^2 + 2xh + h^2 - x^2}{h}$$
$$= \lim_{h \to 0} \frac{1}{4} \cdot \frac{2xh + h^2}{h}$$
$$= \lim_{h \to 0} \frac{1}{4}(2x + h)$$
$$= \frac{1}{2}x$$

S. 96, 5.

a) $f'(x) = 2x$ $\quad f'(5) = 10$
b) $f'(x) = 3x^2$ $\quad f'(\sqrt{2}) = 6$
c) $f'(x) = 16x^3$ $\quad f'(-0{,}5) = -2$
d) $f'(x) = 0$ $\quad f'(\pi) = 0$

S. 96, 6.

a) $f'(x) = 3x^2$ $\quad$ b) $f'(x) = 2$
c) $f'(t) = 6t$ $\quad$ d) $f'(x) = x^2$
e) $f'(x) = \frac{n}{3}x^{n-1}$ $\quad$ f) $f'(u) = 0$
g) $f'(a) = 3ax^2$ $\quad$ h) $f'(x) = 0$
i) $f'(x) = (n+2)x^{n+1}$ $\quad$ j) $f'(p) = (n-1)p^{n-2}$
k) $f'(t) = nt^{2n-1}$ $\quad$ l) $f'(v) = a^n(n+1)v^n$

S. 96, 7.

Beispiele:
$f(x) = 5x$
$f(x) = 5x - 6$

S. 96, 8.

a) Momentangeschwindigkeit $v\left(\text{in } \frac{m}{s}\right)$ nach t Sekunden:
$v = s'(t) = 10t$ $\quad s'(0{,}5) = 5$ $\quad s'(1) = 10$
Die Momentangeschwindigkeit des Turmspringers beträgt nach einer halben Sekunde $5\,\frac{m}{s}$ und nach einer Sekunde $10\,\frac{m}{s}$.

b) $10 = s(t) = 5t^2 \Rightarrow t_0 = \sqrt{2} \Rightarrow v(t_0) = s'(t_0) = 10 \cdot \sqrt{2}$
Der Turmspringer taucht mit einer Geschwindigkeit von ca. $14{,}1\,\frac{m}{s}$ in das Wasser ein.

S. 97, 9.

Zu ① gehört Ⓒ. Zu ② gehört Ⓑ. Zu ③ gehört Ⓐ.

S. 97, 10

a) $f'(x) = 9x^2 + 4x$ $\quad$ b) $f'(t) = 4t^3 - 1$
c) $f'(x) = -2x$ $\quad$ d) $f'(x) = -2x$
e) $f'(x) = 6x$ $\quad$ f) $f'(a) = -8a$
g) $f'(x) = 4x - 4a$ $\quad$ h) $f'(t) = 4t - 4$

S. 97, 11.

Zur x-Achse parallele Tangenten haben die Steigung null und es gilt an diesen Stellen $f'(x) = 0$.

$f'(x) = 0{,}6x^2 - 0{,}6x - 3{,}6 = 0{,}6(x^2 - x - 6)$
$= 0{,}6(x + 2)(x - 3)$

Die Tangenten an den Graphen der Funktion f verlaufen an den Stellen $x = -2$ und $x = 3$ parallel zur x-Achse.

S. 97, 12.

Nullstellen von f: $x_1 = -0{,}5$; $x_2 = 1{,}5$

$f'(x) = 2x - 1$; $f'(-0{,}5) = -2$; $f'(1{,}5) = 2$

Tangenten: $g_1(x) = -2x - 1$; $g_2(x) = 2x - 3$

$\tan(\alpha_1) = -2$, also $\alpha_1 \approx -63{,}43°$

$\tan(\alpha_2) = 2$, also $\alpha_2 \approx 63{,}43°$

S. 97, 13.

a) Steigung: $\frac{f(4) - f(0)}{4 - 0} = \frac{0 - 3{,}2}{4} = -0{,}8$
Das durchschnittliche Gefälle beträgt 0,8.

b) $f'(x) = 0{,}3x^2 - 1{,}2x = 0{,}3x(x - 4)$
Der Graph von f′ ist eine Parabel, die im betrachteten Intervall den Scheitelpunkt $S(2|f'(2))$ hat. Da die Parabel nach oben geöffnet ist, ist es die Stelle der geringsten Steigung, also ist $x = 2$ die Stelle des größten Gefälles.
Neigungswinkel:
$\alpha = \tan^{-1}(f'(2)) = \tan^{-1}(-1{,}2) \approx -50{,}19°$

Lösungen zu Kapitel 4: Untersuchung ganzrationaler Funktionen

Ihr Fundament (S. 100/101)

S. 100, 1.

a) Der Graph fällt für $x < 1$ und steigt für $x > 1$.
b) Der Graph fällt für $x < -1$ sowie für $x > 1$ und steigt für $-1 < x < 1$.
c) Der Graph steigt für $x < 0$ und fällt für $x > 0$.

S. 100, 2.

a) Der Graph fällt für alle $x \in \mathbb{R}$.
b) Der Graph fällt für $x < -3$. Er steigt für $x > -3$.
c) Der Graph fällt für $x < 0$ und steigt für $x > 0$.
d) Der Graph steigt für $x < 1$ und fällt für $x > 1$.
e) Der Graph fällt für $x < 0$ und für $x > 0$.
f) Der Graph steigt für $x < -3$ und für $x > -3$.

S. 100, 3.

Beispiel: $f(x) = -x + 1$

S. 100, 4.

Beispiele:

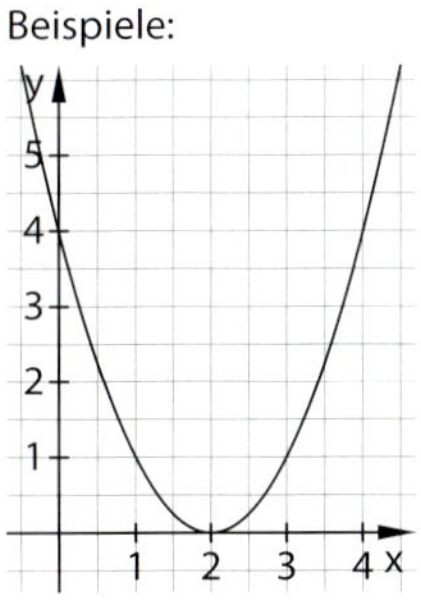

$f(x) = (x - 2)^2$

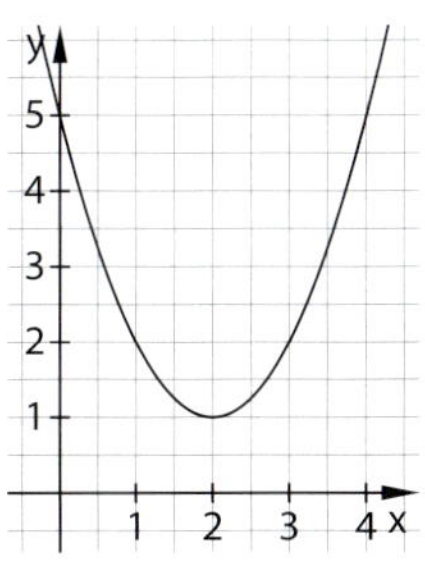

$f(x) = (x - 2)^2 + 1$

S. 100, 5.

a) Kleinster Funktionswert: −2
Einen größten Funktionswert gibt es nicht.
b) Einen kleinsten Funktionswert gibt es nicht.
Größter Funktionswert: −3
c) Es gibt weder einen kleinsten noch einen größten Funktionswert.
d) Kleinster Funktionswert: −2
Einen größten Funktionswert gibt es nicht.

S. 100, 6.

	größter Funktionswert		kleinster Funktionswert	
a)	① 1 ② 1	(für $x = 1$) (für $x = 1$)	① 0 ② 0	(für $x = 0$) (für $x = 0$ und für $x = 2$)
b)	① 1,25 ② 0	(für $x = -0{,}5$) (für $x = 0$)	① −1 ② −1	(für $x = 1$) (für $x = 1$)
c)	① 2 ② 2	(für $x = -1$) (für $x = -1$)	① −2 ② 1	(für $x = -3$) (für $x = 0{,}5$)

S. 100, 7.

	größter Funktionswert		kleinster Funktionswert	
a)	−5	(für $x = 0$)	−11	(für $x = 2$)
b)	4	(für $x = 0$)	0	(für $x = -2$)
c)	0	(für $x = -2$)	−3	(für $x = -1$)

S. 100, 8.

a) Beispiel:

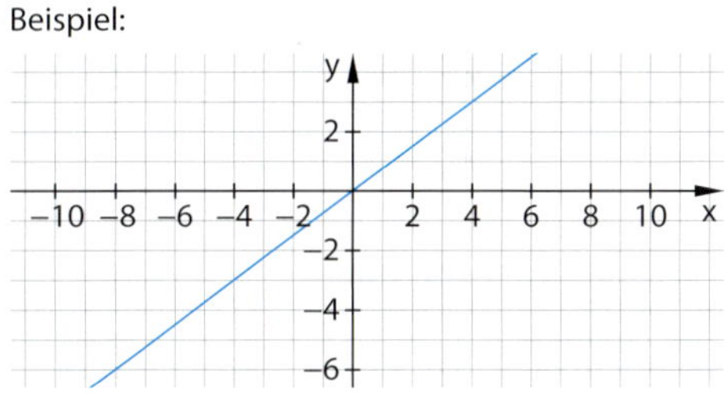

b) Beispiel:

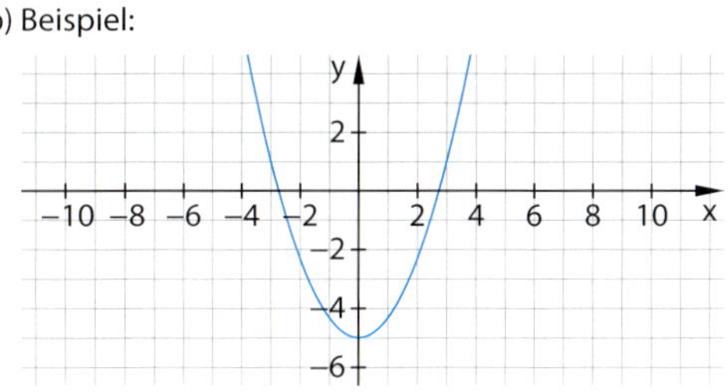

S. 101, 9.

a) $x = -3$
b) $x_1 = 0$; $x_2 = -5$
c) $x_1 = 4$; $x_2 = -4$
d) $x_1 = 0$; $x_2 = -2$; $x_3 = 4$
e) $t_1 = 9$; $t_2 = -9$
f) keine Lösung

S. 101, 10.

a) $x = -1{,}5$
b) $x_1 = -1$; $x_2 = 1$
c) keine Nullstelle
d) $x = 0$
e) $x_1 = -3$; $x_2 = 4$
f) $x_1 = 3$; $x_2 = 5$
g) $x_1 = -7$; $x_2 = -11$
h) keine Nullstelle
i) $x = k\pi$ für $k \in \mathbb{Z}$

S. 101, 11.

Beispiellösungen:

a) $x^2 - 4 = 0$ b) $x(x - 3) = 0$

c) $(x + 5)(x - 1) = 0$ d) $x^2 + 2 = 0$

e) $(x - 4)^2 = 0$ f) $x^2 = 0$

S. 101, 12.

a) $b > 0$ b) $b = 0$ c) $b < 0$

S. 101, 13.

	positiv	negativ	null
a)	$x > 2{,}5$	$x < 2{,}5$	$x = 2{,}5$
b)	$x > -0{,}5$	$x < -0{,}5$	$x = -0{,}5$
c)	$x < -1$ oder $x > 1$	$-1 < x < 1$	$x = -1$ oder $x = 1$
d)	$x > -1$	$x < -1$	$x = -1$

S. 101, 14.

	positiv	negativ
a)	$x > 0{,}75$	$x < 0{,}75$
b)	$x < -1{,}5$	$x > -1{,}5$
c)	$-2 < x < 2$	$x < -2$ oder $x > 2$

S. 101, 15.

a) $x < -6$ b) $-4 < x < 4$ c) $x > 1$

S. 101, 16.

a) $S_x\left(\frac{3}{7}\middle|0\right)$; $S_y(0|3)$

b) Kein Schnittpunkt mit der x-Achse; $S_y(0|4)$

c) $S_x(0|0) = S_y(0|0)$

S. 101, 17.

a) $f'(x) = 5x^4 - 9x^2 + 2$ b) $f'(x) = 14x^6 + 4x^3$

c) $f'(x) = -6x^5 + 8x - 1$ d) $f'(x) = 2x + 2$

e) $f'(x) = -4x^3 + 8x$ f) $f'(x) = 12x$

S. 101, 18.

a) $f(x) = x(x^2 + 3)$
Da $x^2 + 3$ nie null wird, gilt $f(x) = 0$ nur für $x = 0$ (Satz vom Nullprodukt).

b) $f(x) = x\left(\frac{1}{3}x^2 + x + 1\right)$
Da $\frac{1}{3}x^2 + x + 1$ nie null wird, gilt $f(x) = 0$ nur für $x = 0$ (Satz vom Nullprodukt).

c) $f(x) = -x^3(3x^2 + 5)$
Da $3x^2 + 5$ nie null wird, gilt $f(x) = 0$ nur für $x = 0$ (Satz vom Nullprodukt).

S. 101, 19.

a) $g(x) = -3x - 1$; Nullstelle: $x_0 = -\frac{1}{3}$

b) $g(x) = -4x + 8$; Nullstelle: $x_0 = 2$

c) $g(x) = 4x - 6$; Nullstelle: $x_0 = 1{,}5$

S. 101, 20.

Ansatz über Nullstellen: $f(x) = a(x - 2)(x + 1)$

$f(0) = -2a = 6$, also $a = -3$

$f(x) = -3(x - 2)(x + 1)$

Prüfen Sie Ihr neues Fundament (S. 134/135)

S. 134, 1.

a) streng monoton steigend für $-2 < x < 0$ und $x > 1$, streng monoton fallend für $x < -2$ und $0 < x < 1$.

b) $H(0|0)$, $T_1(-2|-2{,}7)$, $T_2(1|-0{,}4)$

c) Das globale Minimum ist das kleinere lokale Minimum: $-2{,}7$. Ein globales Maximum existiert nicht, da $f(x) \to \infty$ für $x \to \pm\infty$.

S. 134, 2.

a) $f'(x) = 4 - x$
f' hat bei $x = 4$ eine Nullstelle, daher gibt es zwei Monotonieintervalle.
Für $x < 4$ ist z. B. $f'(3) = 1 > 0$, also ist f streng monoton steigend.
Für $x > 4$ ist z. B. $f'(5) = -1 < 0$, also ist f streng monoton fallend.

b) $f'(x) = 3x^2 - 6x$
f' hat bei $x_1 = 0$ und $x_2 = 2$ Nullstellen, daher gibt es drei Monotonieintervalle.
Für $x < 0$ ist z. B. $f'(-1) = 9 > 0$, also ist f streng monoton steigend.
Für $0 < x < 2$ ist z. B. $f'(1) = -3 < 0$, also ist f streng monoton fallend.
Für $x > 2$ ist z. B. $f'(3) = 9 > 0$, also ist f streng monoton steigend.

c) $f'(x) = 8x^3 + 8x$
f' hat bei $x = 0$ eine Nullstelle, daher gibt es zwei Monotonieintervalle.
Für $x < 0$ ist z. B. $f'(-1) = -16 < 0$, also ist f streng monoton fallend.
Für $x > 0$ ist z. B. $f'(1) = 16 > 0$, also ist f streng monoton steigend.

S. 134, 3.

Beispiel:

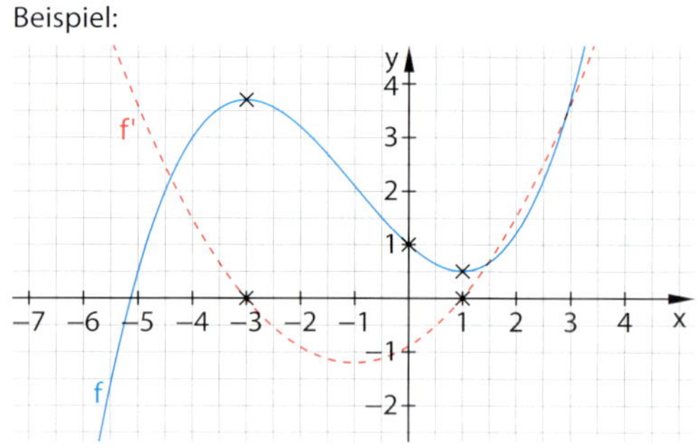

S. 134, 4.

a) $f'(x) = 3x^2 + 8x - 3$

lokale Extremstellen: $x_1 = \frac{1}{3}$; $x_2 = -3$

lokale Extrema: $y_{min} = -\frac{230}{27} \approx -8{,}52$; $y_{max} = 10$

globale Extrempunkte:

- auf I_1: $T\left(\frac{1}{3}\middle|-\frac{230}{27}\right)$; $H(-3|10)$
- auf I_2: $T(0|-8)$; $H(-2|6)$
- auf I_3: $T\left(\frac{1}{3}\middle|-\frac{230}{27}\right)$; $H(3|46)$

b) $f'(x) = -\frac{3}{10}x^2 + \frac{3}{2}x$

lokale Extremstellen: $x_1 = 0$; $x_2 = 5$

lokale Extrema: $y_{min} = 0$; $y_{max} = 6{,}25$

globale Extrempunkte:

- auf I_1: $T(8|-3{,}2)$; $H(5|6{,}25)$
- auf I_2: $T(0|0)$; $H(-3|9{,}45)$
- auf I_3: $T(0|0)$; $H(3|4{,}05)$

S. 134, 5.

a) Eine notwendige Bedingung an eine Stelle ist eine Voraussetzung, die erfüllt sein muss, damit an dieser Stelle ein lokales Minimum vorliegen kann. Wenn eine hinreichende Bedingung an eine Stelle erfüllt ist, genügt das, um zu entscheiden, dass an dieser Stelle ein lokales Minimum vorliegt. Die Bedingung „$f'(x_m) = 0$ und $f''(x_m) > 0$" ist eine hinreichende Bedingung.

b) Umkehrung: „Wenn die Funktion an einer Stelle x_m ein lokales Minimum hat, dann gilt $f'(x_m) = 0$ und $f''(x_m) > 0$." Diese Aussage ist falsch, Gegenbeispiel: f mit $f(x) = x^4$ hat bei $x = 0$ ein lokales Minimum, aber es gilt $f''(0) = 0$.

S. 134, 6.

a) Der Graph ist für $x < -1$ streng monoton fallend und für $x > -1$ streng monoton steigend.
Tiefpunkt: bei $x = -1$; Sattelpunkt: bei $x = 2$
Der Graph von f hat keinen Hochpunkt.

b) Der Graph von f ist für $x < -2$ und für $1 < x < 3$ streng monoton fallend, für $-2 < x < 1$ und für $x > 3$ ist er streng monoton steigend.
Tiefpunkte: bei $x = -2$ und $x = 3$; Hochpunkt: bei $x = 1$
Der Graph von f hat keinen Sattelpunkt.

c) Der Graph ist auf ganz $\mathbb{R}$ streng monoton steigend. Er hat keine Hoch- oder Tiefpunkte.
Terrassenpunkte: bei $x = -1$ und $x = 2$

S. 134, 7.

a) Für alle reellen Zahlen x gilt $f(x) > 0$ und $g(x) = -(x-3)^2 < 0$. Also gilt $f(x) > g(x)$ für alle x. Daher kann die geringste Distanz als Minimum der Funktion d mit $d(x) = f(x) - g(x) = 2x^2 - 6x + 11$ ermittelt werden. $d'(x) = 4x - 6$; $d''(x) = 4$
$d'(x) = 0 \Rightarrow x = 1{,}5$
Wegen $d''(1{,}5) = 4 > 0$ liegt an der Stelle $x = 1{,}5$ ein lokales Minimum vor.
An der Stelle $x = 1{,}5$ unterscheiden sich die Funktionswerte am wenigsten.

b) Die Graphen von f und g haben keinen Schnittpunkt und es gilt $f(0) > g(0)$, außerdem sind f und g ganzrational. Also gilt für alle reellen Zahlen x: $f(x) > g(x)$. Daher kann die geringste Distanz mit der Funktion d mit
$d(x) = f(x) - g(x) = 2x^2 + 2x + 2$ ermittelt werden.
$d'(x) = 4x + 2$; $d''(x) = 4$
$d'(x) = 0$ für $x = -0{,}5$
Wegen $d''(-0{,}5) = 4 > 0$ liegt an der Stelle $x = -0{,}5$ ein lokales Minimum vor. An dieser Stelle unterscheiden sich die Funktionswerte von f und g am wenigsten.

S. 134, 8.

a) $H(0|0)$ $T(2|-4)$ $W(1|-2)$
$w(x) = -3x + 1$

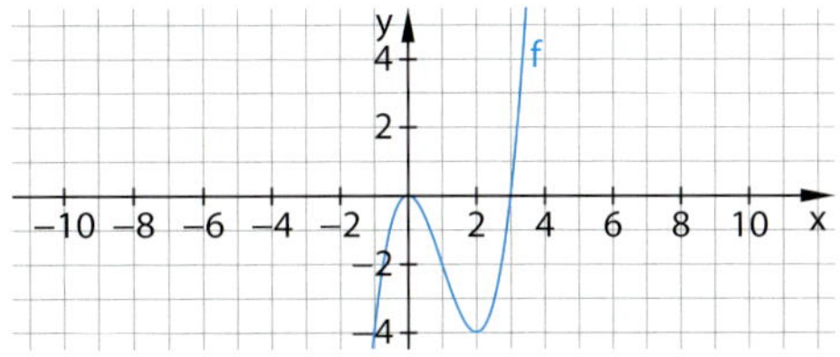

b) $T(3|-3{,}75)$ $W(2|-1)$ $S(0|3)$
$w_W(x) = -4x + 7$; $w_S(x) = 3$

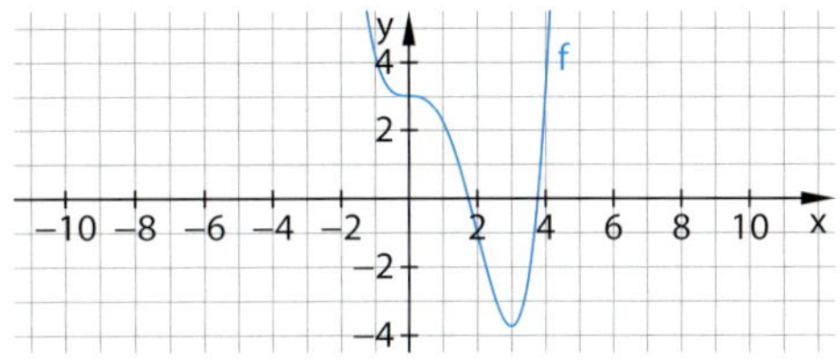

c) $H\left(1\middle|\frac{4}{3}\right)$ $T(3|0)$ $W\left(2\middle|\frac{2}{3}\right)$
$w(x) = -x + \frac{8}{3}$

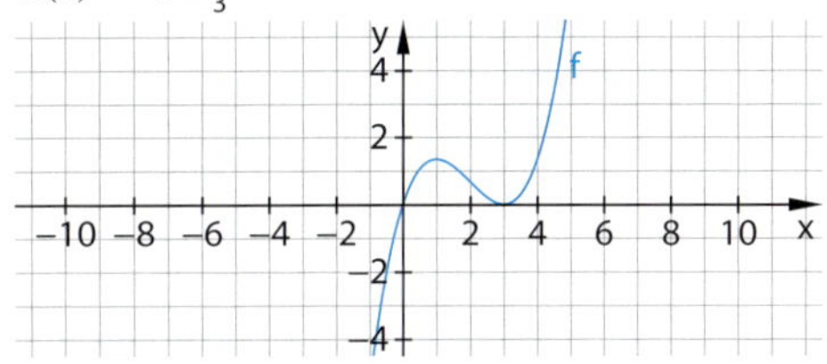

d) $\approx H(-\sqrt{3}|-3{,}92)$ $\approx T(\sqrt{3}|-8{,}08)$
$\approx W_1\left(-\frac{\sqrt{6}}{2}\middle|-4{,}71\right)$ $\approx W_2\left(\frac{\sqrt{6}}{2}\middle|-7{,}29\right)$ $S(0|-6)$
$w_1(x) \approx -2{,}25x - 7{,}47$ $w_2(x) \approx -2{,}25x - 4{,}53$
$w_S(x) = -6$

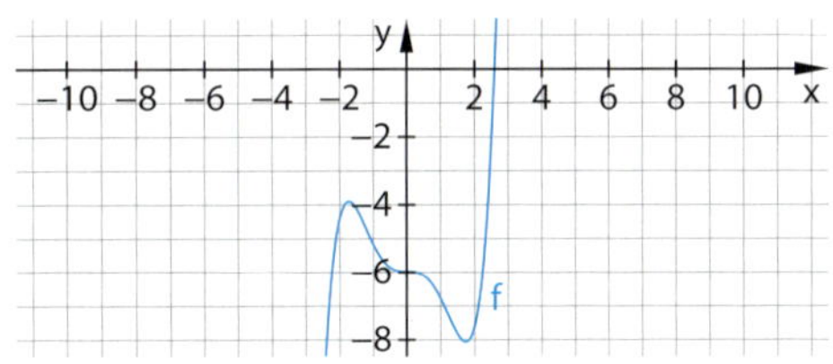

e) $S(-4|0)$ $w(x) = 0$

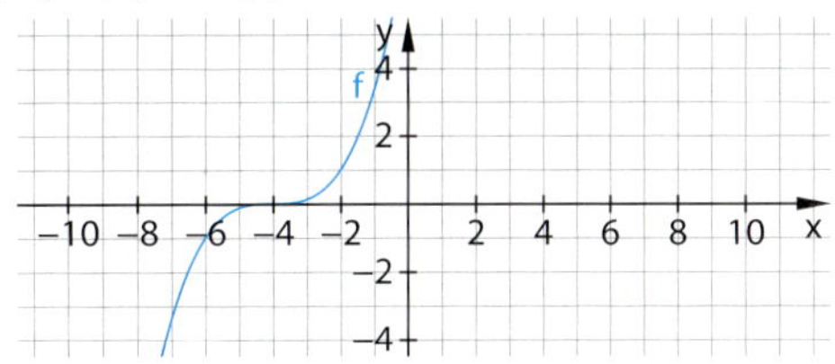

f) $\approx T(0{,}61|6{,}75)$

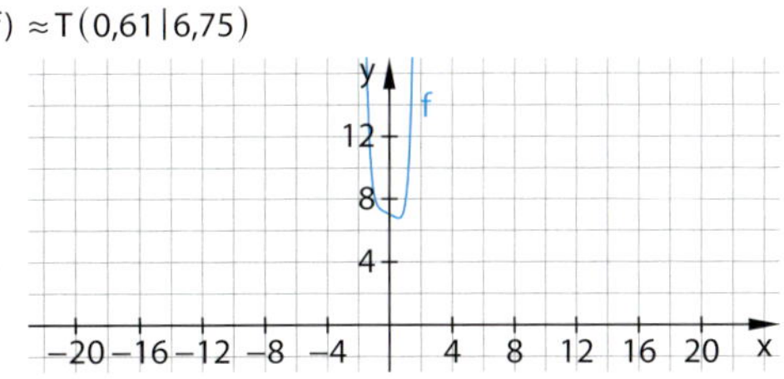

S. 135, 9.

a) $f''(x) = -12x^2 + 12$
$f''(x) = 0$ für $x_{1/2} = \pm 1$
Teststellen: $f''(-2) = -36$; $f''(0) = 12$; $f''(2) = -36$
$f''(x) < 0$ für $x < -1$ bzw. $x > 1$: Der Graph von f ist in diesen Intervallen rechtsgekrümmt.
$f''(x) > 0$ für $-1 < x < 1$: Der Graph von f ist in diesem Intervall linksgekrümmt.

b) $f''(x) = 12x^2 - 48x + 48$
$f''(x) = 0$ für $x = 2$
Teststellen: $f''(1) = 12$; $f''(3) = 12$
$f''(x) > 0$ für $x < 2$ bzw. $x > 2$: Der Graph von f ist linksgekrümmt.

c) $f''(x) = -30x^4$
$f''(x) = 0$ für $x = 0$
Teststellen: $f''(-1) = -30$; $f''(1) = -30$
$f''(x) < 0$ für $x < 0$ bzw. $x > 0$: Der Graph von f ist rechtsgekrümmt.

S. 135, 10.

a) Die 1. Ableitungsfunktion hat an der Stelle $x = -4$ ein lokales Minimum, da das Vorzeichen von f'' an dieser Stelle von + zu − wechselt.

b) Die Funktion f hat an der Stelle $x = -4$ eine Wendestelle.

c) Da die 1. Ableitungsfunktion an der Stelle $x = -4$ ein lokales Minimum hat und $f'(-4) = 1$ gilt, hat f' nur positive Funktionswerte, d.h., die Funktion f ist streng monoton steigend.

S. 135, 11.

a) anfänglicher Wasserstand: $h(0) = 2{,}5$, also 2,5 m
Wasserstand nach 6 h 15 min: $h(6{,}25) \approx 3{,}69$, also rund 3,69 m

b) $h(t) = 2{,}5 \Rightarrow t_1 = 0$; $t_{2/3} = \pm 10$
Im Sachkontext ist nur die positive Lösung für die Zeit sinnvoll: Die Wasserhöhe ist nach 10 Stunden wieder normal. $D = [0; 10]$

c) $h(t) = 4$ hat keine Lösung. Es kommt zu keiner Überschwemmung.

d) $h'(t) = -0{,}002t^3 + 0{,}1t$
$h'(t) = 0 \Rightarrow t_1 = 0$; $t_{2/3} = \pm\sqrt{50}$
Die negative Lösung liegt nicht im Definitionsbereich.
$h''(t) = -0{,}006t^2 + 0{,}1$
$h''(0) > 0$, also Tiefpunkt bei $t_1 = 0$
$h''(\sqrt{50}) < 0$, also Hochpunkt bei $t_2 = \sqrt{50} \approx 7{,}07$; $h(\sqrt{50}) = 3{,}75$
Das Wasser erreicht nach ca. 7,07 Stunden seinen Höchststand mit 3,75 Metern.

e) Der stärkste Anstieg von h ist das lokale Maximum von h'. $h''(t) = 0 \Rightarrow t_{1/2} = \pm\sqrt{\frac{50}{3}}$
Die negative Lösung liegt nicht im Definitionsbereich.
$h'''(t) = -0{,}012t$
$h'''\left(\sqrt{\frac{50}{3}}\right) < 0$, also Hochpunkt von h' bei
$t = \sqrt{\frac{50}{3}} \approx 4{,}08$ (Zeitpunkt des stärksten Anstiegs); $h'(4{,}08) \approx 0{,}27$
Der stärkste Anstieg des Wassers beträgt ca. 0,27 m/h = 0,45 cm/min.

S. 135, 12

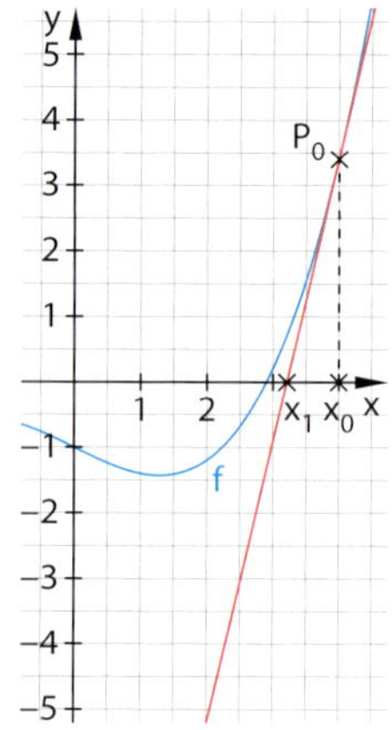

a) An der Stelle $x = 4$ wird die Tangente an den Graphen von f angelegt. Sie schneidet die x-Achse in x_1. x_1 ist ein besserer Näherungswert für die Nullstelle von f als $x = 4$. Es gilt $f'(x_0) = \frac{f(x_0) - 0}{x_0 - x_1}$, also
$x_1 = x_0 - \frac{f(x_0)}{f'(x_0)}$.
In x_1 legt man dann wieder die Tangente an den Graphen von f an usw.

b) $f'(x) = 0{,}3x^2 - 0{,}5$
$x_0 = 4$; $x_1 \approx 3{,}21$;
$x_2 \approx 2{,}94$; $x_3 \approx 2{,}91$

Lösungen zu Kapitel 5: Anwendungen der Differenzialrechnung

Ihr Fundament (S. 138/139)

S. 138, 1.

a) $L = \{(1|0)\}$
b) $L = \{(2{,}5|4{,}5)\}$
c) $L = \{(-7|16)\}$
d) $L = \{(2{,}5|-0{,}5)\}$

S. 138, 2.

a) $L = \{(5|5)\}$
b) $L = \left\{\left(\frac{1}{8}\middle|\frac{1}{2}\right)\right\}$
c) $L = \{(3|16)\}$
d) $L = \{\ \}$

S. 138, 3.

a) $L = \{(10|-5)\}$
b) $L = \left\{\left(-\frac{11}{3}\middle|-\frac{41}{6}\right)\right\}$
c) $L = \{(3|16)\}$
d) $L = \left\{\left(-\frac{2}{3}\middle|4\right)\right\}$

S. 138, 4.

a) $L = \{(-12|-18)\}$
b) $L = \left\{\left(\frac{9}{2}\middle|-2\right)\right\}$
c) $L = \{(5|0)\}$
d) $L = \{(4|2)\}$

S. 138, 5.

a) unendlich viele Lösungen
b) unendlich viele Lösungen
c) genau eine Lösung
d) keine Lösung

S. 138, 6.

a) Die beiden Zahlen lauten 46 und 4.
b) Die beiden Zahlen lauten 8 und 17.
c) Alle Zahlen x und y, deren Summe 23 ist.
Also $L = \{(x|y) \mid x + y = 23\}$.

S. 138, 7.

x: Preis pro kWh in €; y: Grundgebühr in €
$x \cdot 203 + y = 39{,}16$
$x \cdot 267 + y = 49{,}40$
Lösen des linearen Gleichungssystems ergibt eine Grundgebühr von 6,68 € und einen Preis pro kWh von 0,16 €.

S. 138, 8.

a) Grad: 3; Koeffizienten: $a_3 = -1$; $a_2 = 5$; $a_1 = 4$; $a_0 = 1$
$f(1) = 9$, $f(-1) = 3$
P und Q liegen auf dem Graphen von f.

b) Grad: 5; Koeffizienten: $a_5 = 2$; $a_4 = 0$; $a_3 = 0$; $a_2 = -1$; $a_1 = 7$; $a_0 = -5$
$f(1) = 3$, $f(-1) = -15$
P und Q liegen nicht auf dem Graphen von f.

c) Grad: 3; Koeffizienten: $a_3 = 6$; $a_2 = -4a$; $a_1 = 1$; $a_0 = 4a$
$f(1) = 7$, $f(-1) = -7$
P liegt nicht auf dem Graphen von f, Q schon.

S. 138, 9.

a) Für $x \to \infty$ gilt $f(x) \to \infty$, für $x \to -\infty$ gilt $f(x) \to -\infty$.
Der Graph ist punktsymmetrisch zum Ursprung.

b) Für $x \to \infty$ gilt $f(x) \to -\infty$, für $x \to -\infty$ gilt $f(x) \to \infty$.
Der Graph ist weder punktsymmetrisch zum Ursprung noch achsensymmetrisch zur y-Achse.

c) Für $x \to \infty$ und für $x \to -\infty$ gilt $f(x) \to \infty$.
Der Graph ist achsensymmetrisch zur y-Achse.

S. 138, 10.

a) $x_1 = 4$; $x_2 = -5$
b) $x_1 = 0$; $x_2 = -1$; $x_3 = 0{,}5$
c) $x_1 = 0$; $x_2 = 0{,}5$
d) $x_1 = 0$; $x_2 = 4$
e) $x_1 = 0$; $x_2 = 2$; $x_3 = -3$
f) $x_1 = 0$; $x_2 = -\frac{4}{3}$
g) $x_1 = 2$; $x_2 = -2$; $x_3 = 1$; $x_4 = -1$
h) $x_1 = 3$; $x_2 = -3$; $x_3 = 1$; $x_4 = -1$
i) $x_1 = \sqrt{5}$; $x_2 = -\sqrt{5}$

S. 139, 11.

a) ① $f(x) = (x + 7)^2 - 4$
② $f(x) = (x + 1{,}5)^2 + 3{,}5$
③ $f(x) = (x + 1)^2 - 6{,}25$

b) ① $x_1 = -5$; $x_2 = -9$
② keine Nullstellen
③ $x_1 = 1{,}5$; $x_2 = -3{,}5$

S. 139, 12.

a) $x_1 = 2$; $x_2 = -2$ b) $x_1 = 7$; $x_2 = -1$ c) $x_1 = 0$; $x_2 = 4$

S. 139, 13.

a) ① $f(x) = -\frac{69}{79^2}x^2$ ② $f(x) = -\frac{69}{79^2}(x - 79)^2 + 69$
b) rund 9,30 m

S. 139, 14.

a) Scheitelpunktform gegeben
allgemeine Form: $f(x) = 2x^2 - 4x - 16$
faktorisierte Form: $f(x) = 2(x - 4)(x + 2)$

b) allgemeine Form gegeben
Scheitelpunktform: $g(x) = (x - 7)^2 - 4$
faktorisierte Form: $g(x) = (x - 9)(x - 5)$

c) faktorisierte Form gegeben
allgemeine Form: $h(x) = -3x^2 - 6x + 24$
Scheitelpunktform: $h(x) = -3(x + 1)^2 + 27$

S. 139, 15.

a) Nullstellen: $x_1 = 0$; $x_2 = 300$
Der Ball fliegt 300 m weit.

b) Scheitelpunkt: $S(150\,|\,45)$
Der Ball fliegt 45 m hoch.

S. 139, 16.

a) $u = 10\,\text{cm}$; $A \approx 3{,}9\,\text{cm}^2$
b) $u = 24\,\text{cm}$; $A = 24\,\text{cm}^2$
c) $b \approx 2{,}9\,\text{cm}$; $u \approx 17{,}8\,\text{cm}$; $A = 15\,\text{cm}^2$
d) $u \approx 15{,}1\,\text{cm}$; $A \approx 18{,}1\,\text{cm}^2$

S. 139, 17.

a) $V = 320\,\text{cm}^3$
b) 512 g

S. 139, 18.

a) $V \approx 569{,}7\,\text{cm}^3$; $O \approx 351{,}9\,\text{cm}^2$
b) $V \approx 466{,}5\,\text{cm}^3$; $O \approx 40181\,\text{cm}^2$
c) $V \approx 16{,}94\,\text{cm}^3$; $O \approx 55{,}05\,\text{cm}^2$
d) $V \approx 143{,}5\,\text{cm}^3$; $O \approx 267{,}1\,\text{cm}^2$

Prüfen Sie Ihr neues Fundament (S. 160/161)

S. 160, 1.

Es gilt stets $x + y = 10$ bzw. $y = 10 - x$.

a) $p(x) = x \cdot y = 10x - x^2$
$p'(x) = 10 - 2x$
$p'(x) = 0 \Rightarrow x = 5$
$p''(x) = -2 < 0$
Das Produkt ist für die Summanden 5 und 5 am größten.

b) $s(x) = x^2 + (10 - x)^2 = 2x^2 - 20x + 100$
$s'(x) = 4x - 20$
$s'(x) = 0 \Rightarrow x = 5$
$s''(x) = 4 > 0$
Die Summe der Quadrate ist für die Summanden 5 und 5 am kleinsten.

c) $d(x) = x^2 - (10 - x)^2 = 20x - 100$
$d'(x) = 20 > 0$
Es gibt keinen Extremwert.

d) $d(x) = x^3 - (10 - x)^3 = 2x^3 - 30x^2 + 300x - 1000$
$d'(x) = 6x^2 - 60x + 300$
$d'(x) = 0$ hat keine Lösung.
Es gibt keinen Extremwert.

S. 160, 2.

a)

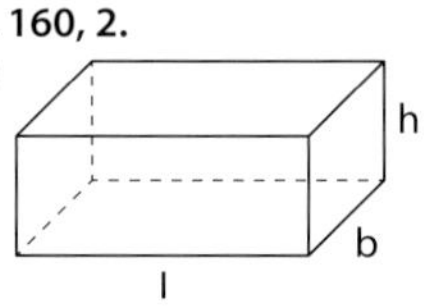

b: Länge der kürzeren Grundseite (in m)
l: Länge der längeren Grundseite (in m); $l = 2b$
h: Höhe des Bassins (in m)
Nebenbedingung:
$V = b \cdot l \cdot h = 32 \Rightarrow 32 = 2b^2 \cdot h \Rightarrow h = \frac{16}{b^2}$
Zielfunktion:
$A = 2b^2 + 6bh$
$A(b) = 2b^2 + \frac{96}{b}$ $(b > 0)$

b) $A'(b) = 4b - \frac{96}{b^2}$
Aus $A'(b) = 0$ folgt $b^3 = 24$ und damit $b = \sqrt[3]{24} \approx 2{,}88$.
$A''(b) = 4 + \frac{192}{b^3}$
$A''(\sqrt[3]{24}) = 12 > 0 \Rightarrow b = \sqrt[3]{24}$ ist lokale Minimumstelle.
Da $A(b) \to \infty$ für $b \to 0$ mit $b > 0$ und für $b \to \infty$ gilt, ist das einzige lokale Minimum an der Stelle $b = \sqrt[3]{24}$ auch das globale Minimum.

Das Bassin ist ca. 2,88 m breit, 5,77 m lang und 1,92 m hoch.

S. 160, 3.

a) Flächeninhalt: $A = \frac{1}{2} g \cdot h$

Nebenbedingungen: $g = a - 0 = a$ und $h = f(a)$

Zielfunktion: $A(a) = \frac{1}{2} a \cdot f(a) = -\frac{1}{16} a^4 + a^2$

a liegt zwischen der y-Achse und der positiven Nullstelle von f.

$f(x) = -\frac{1}{8} x(x^2 - 16) = 0$ ergibt $x_1 = 0$; $x_2 = 4$ und $x_3 = -4$.

Definitionsbereich von A: $0 < a < 4$

b) $A'(a) = -\frac{1}{4} a^3 + 2a$

$A'(a) = -\frac{1}{4} a(a^2 - 8) = 0$ ergibt $a_1 = 0$; $a_2 = \sqrt{8} \approx 2{,}83$ und $a_3 = -\sqrt{8}$.

$A''(a) = -\frac{3}{4} a^2 + 2$

$A''(0) = 2 > 0$, also lokales Minimum bei 0

$A''(\sqrt{8}) = -4 < 0$, also lokales Maximum bei $\sqrt{8}$;

$A(\sqrt{8}) = 4$

Das lokale Maximum 4 bei $a = \sqrt{8}$ ist auch globales Maximum.

Der Flächeninhalt wird für $a = \sqrt{8} \approx 2{,}83$ mit 4 FE maximal.

S. 160, 4.

zu a), b) und d) $f(x) = ax^3 + bx^2 + cx + d$

a) $f(5) = 18 \quad a \cdot 5^3 + b \cdot 5^2 + c \cdot 5 + d = 18$

b) $f(0) = 3 \quad a \cdot 0^3 + b \cdot 0^2 + c \cdot 0 + d = 3$

c) $f(x) = ax^4 + bx^3 + cx^2 + dx + e$

$f(5) = 0$ und $f'(5) = 0$

$a \cdot 5^4 + b \cdot 5^3 + c \cdot 5^2 + d \cdot 5 + e = 0$

$4 \cdot a \cdot 5^3 + 3 \cdot b \cdot 5^2 + 2 \cdot c \cdot 5 + d = 0$

d) $f(3) = -1$ und $f'(3) = 4$

$a \cdot 3^3 + b \cdot 3^2 + c \cdot 3 + d = -1$

$3 \cdot a \cdot 3^2 + 2 \cdot b \cdot 3 + c = 4$

e) $f(x) = ax^4 + bx^3 + cx^2 + dx + e$

$f(2) = 1$ und $f'(2) = 0$

$a \cdot 2^4 + b \cdot 2^3 + c \cdot 2^2 + d \cdot 2 + e = 1$

$4a \cdot 2^3 + 3b \cdot 2^2 + 2c \cdot 2 + d = 0$

S. 160, 5.

① $f(x) = x^3 - x$

② $f(x) = \frac{5}{9} x^3 - \frac{5}{3} x^2$

③ $f(x) = -\frac{3}{125} x^4 + \frac{4}{25} x^3$

④ $f(x) = \frac{1}{27} x^4 - \frac{2}{3} x^2 + 3$

S. 161, 6.

Die Flugbahn lässt sich modellieren mithilfe der Funktion f mit $f(x) = -0{,}054x^2 + x + 2{,}2$. Der Graph von f hat den Hochpunkt $H(9{,}26 \mid 6{,}83)$. Die Halle muss für den Wurf mindestens 6,83 m hoch sein.

S. 161, 7.

a) $f_a(x) = ax^3 - 3ax + 4$ mit $a \in \mathbb{R}$; $a \neq 0$

b) Individuelle Lösungen; z. B. ergibt die Eigenschaft, dass der Graph den Punkt $P(2 \mid 6)$ enthält, $a = 1$ und $f_1(x) = x^3 - 3x + 4$.

c) $f_a'(x) = 3ax^2 - 3a \qquad f_a'(-2) = 9a \neq 0$, da $a \neq 0$

Es gibt keine Lösung mit einem weiteren Extrempunkt bei $x = -2$.

S. 161, 8.

$f(x) = -2x^3 + 6x^2 + 2x + 5$

$f'(x) = -6x^2 + 12x + 2 \quad f''(x) = -12x + 12$

$f'(x) = 0$ für $x = 2{,}15$ und $x = -0{,}15$

$f''(2{,}15) < 0$: Hochpunkt $(2{,}15 \mid 17{,}16)$

$f''(-0{,}15) > 0$: Tiefpunkt $(-0{,}15 \mid 4{,}84)$.

$f''(x) = 0$ für $x = 1$: einziger Wendepunkt ist $Q(1 \mid 11)$.

S. 161, 9.

a) $f(x) = -\frac{1}{60} x^3 + 3{,}25x^2 - 110x + \frac{3601}{3}$

b) $f'(x) = -\frac{1}{20} x^2 + 6{,}5x - 110 = 0 \quad f''(x) = -\frac{1}{10} x + 6{,}5$

$f'(x) = 0$ für $x_1 = 110$ und $x_2 = 20$

$f''(110) < 0$: Hochpunkt; $f''(20) > 0$: Tiefpunkt

Lokales Maximum: $f(110) = 6242$

Randwerte: $f(20) = 167$; $f(150) \approx 1575 < f(110)$

Das globale Maximum sind 62424 Bestellungen bei einem Preis von 110 €.

S. 161, 10.

a) $f(x) = \frac{3}{6250} x^3 - 0{,}9x$

b) Der Ansatz für den oberen Graphen ist nicht zielführend, da so nicht die Breite des Gebäudes, sondern nur der Abstand in y-Richtung modelliert wird.

Lösungen zu Kapitel 6: Integralrechnung

Ihr Fundament (S. 164/165)

S. 164, 1.

a) $x_1 = -\frac{1}{2}$; $x_2 = \frac{5}{2}$

b) $x_1 = -\frac{\pi}{4}$; $x_2 = 2$

c) $a_1 = -\frac{4}{3}$; $a_2 = 0$

d) $x = 0$

e) $x_1 = -2$; $x_2 = -1$; $x_3 = 1$; $x_4 = 2$

f) $c_1 = -1$; $c_2 = 1$

S. 164, 2.

a) $f(x) = -x^2 + 4x + 4 = -x + 4 = g(x)$

$x_1 = 0$; $x_2 = 5$; $g(0) = 4$; $g(5) = -1$

Die Schnittpunkte sind $P(0 \mid 4)$ und $Q(5 \mid -1)$.

b)

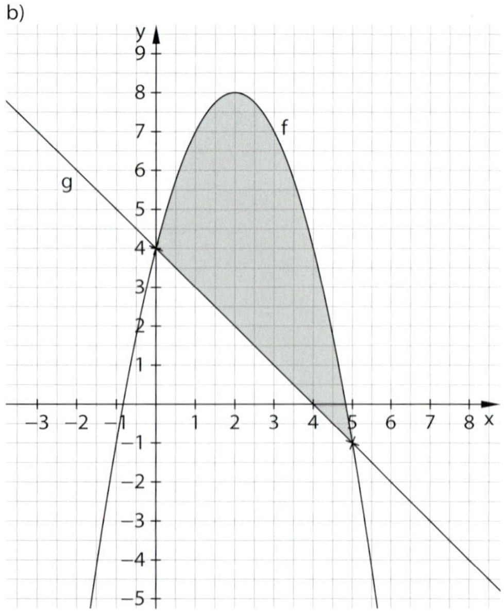

S. 164, 3.

a) $f'(x) = 2x + 2$
b) $f'(x) = 4x - 16$
c) $f'(x) = 50x$
d) $f'(x) = 2 + x^{-2} = 2 + \frac{1}{x^2}$
e) $f'(x) = \frac{1}{2}x^{-\frac{1}{2}} = \frac{1}{2\sqrt{x}}$
f) $f'(x) = \frac{1}{3}x^{-\frac{2}{3}}$
g) $f'(u) = 2 + \frac{1}{3}u^{-\frac{2}{3}}$
h) $f'(x) = 5ax^4 + 3ax^2$
i) $f'(a) = x^5 + x^3$

S. 164, 4.

Die Funktion g_1 ist die Ableitung zur Funktion f_3, da f_3 auf dem gesamten Intervall eine negative Steigung hat und um die Polstelle $x = 1$ die Steigung gegen $-\infty$ geht.
Die Funktion g_2 ist die Ableitung zur Funktion f_5, da die Steigung von f_5 links von $x = 2$ positiv, bei $x = 2$ null und rechts von $x = 2$ negativ ist.
Die Funktion g_3 ist die Ableitung zur Funktion f_4, da die Steigung links vom Tiefpunkt (z. B. bei $x = 2$) negativ, im Tiefpunkt null und rechts davon positiv ist.
Die Funktion g_4 ist die Ableitung zur Funktion f_2, da f_2 eine lineare Funktion ist und ihre Ableitung damit eine konstante Funktion.
Die Funktion g_5 ist die Ableitung zur Funktion f_1, da die Steigung von f_1 bei $x = 1$ null und sonst für alle x positiv ist.

S. 164, 5.

a) $f'(x)$ gibt die Geschwindigkeit in m/s an.
b) $f'(x)$ gibt die Beschleunigung in m/s^2 an.
c) $f'(x)$ gibt die Änderung der Bevölkerung in Personen pro Jahr an.
d) $f'(x)$ gibt den Kraftstoffverbrauch in l/km an.

S. 164, 6.

a)

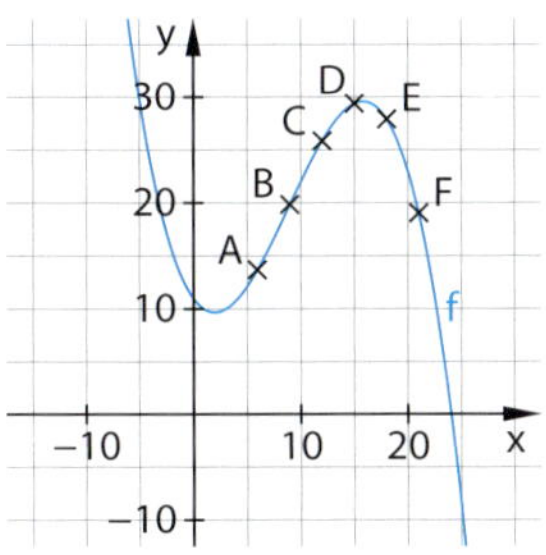

10 Uhr: 22 °C; 20 Uhr: 23 °C

b) 6 Uhr bis 9 Uhr: $\frac{20\,°C - 14\,°C}{3\,h} = 2\,\frac{°C}{h}$
9 Uhr bis 12 Uhr: $\frac{26\,°C - 20\,°C}{3\,h} = 2\,\frac{°C}{h}$
12 Uhr bis 15 Uhr: $\frac{30\,°C - 26\,°C}{3\,h} = \frac{4}{3}\,\frac{°C}{h}$
15 Uhr bis 18 Uhr: $\frac{28\,°C - 30\,°C}{3\,h} = -\frac{2}{3}\,\frac{°C}{h}$
18 Uhr bis 21 Uhr: $\frac{19\,°C - 28\,°C}{3\,h} = -3\,\frac{°C}{h}$

c) Am Graphen erkennt man, dass die Höchsttemperatur ungefähr bei 29,6 °C (kurz vor 16 Uhr) liegt. Beim Betrachten der Tabelle kann man nur vermuten, dass der Wert von 30 °C um 15 Uhr in etwa der Höchsttemperatur entspricht.

S. 165, 7.

a) $30 \cdot g(5) = 30(-20 \cdot 5^3 + 240 \cdot 5^2 - 420 \cdot 5 - 760)$
$= 30 \cdot 640 = 19\,200$
$30 \cdot g(10) = 30 \cdot (-960) = -28\,800$
In einem Monat, in dem täglich 5 Stück produziert werden, macht das Unternehmen einen Gewinn von 19 200 €. Produziert das Unternehmen aber täglich 10 Stück, macht es einen Verlust von 28 800 € pro Monat.

b) $g'(x) = -60x^2 + 480x - 420$
$g''(x) = -120x + 480$
Gesucht ist eine Stelle, an der die Steigung von g am stärksten ist, also eine Maximalstelle von g' und damit eine Wendestelle von g.
$g''(x) = -120x + 480 = 0; x = 4$
Da der Graph von g' eine nach unten geöffnete Parabel ist, ist g' bei $x = 4$ maximal.
Bei einer Stückzahl von 4 hat eine Erhöhung der Produktionsmenge die größte positive Auswirkung auf den Gewinn.

c) Gesucht ist eine Stelle, an der die Funktion ihr Maximum annimmt.
$g'(x) = -60x^2 + 480x - 420 = 0; x_1 = 1; x_2 = 7$
$g''(1) = 360 > 0$, also lokales Minimum
$g''(7) = -360 < 0$, also lokales Maximum;
$g(7) = 1200$
Randwerte: $g(0) = -760$, für $x \to \infty$ gilt $g(x) \to -\infty$.
Bei einer täglichen Stückzahl von 7 erreicht das Unternehmen den maximalen Gewinn.

S. 165, 8.

a) $A = (1 + 2 + 3 + 4 + 5)(15\,cm \cdot 25\,cm)$
b) $A = 15 \cdot 375\,cm^2 = 5625\,cm^2 = 0{,}5625\,m^2$

S.165, 9.

① $A_1 = \frac{1}{2}\pi\left(\frac{\pi}{2}\right)^2 = \frac{\pi^3}{8} \approx 3{,}88$

② $A_2 = 2 \cdot \left(\frac{1}{2} \cdot \frac{\pi}{2} \cdot f\left(\frac{\pi}{2}\right)\right) = \frac{\pi^2}{4} \approx 2{,}47$

③ $A_3 = 2 \cdot \left(\frac{1}{2} \cdot \frac{\pi}{4} \cdot f\left(\frac{\pi}{4}\right)\right) + 2 \cdot \left(\frac{1}{2}\left(f\left(\frac{\pi}{4}\right) + f\left(\frac{\pi}{2}\right)\right) \cdot \frac{\pi}{4}\right)$
$= \frac{\pi}{4} \cdot \left(2 \cdot f\left(\frac{\pi}{4}\right) + f\left(\frac{\pi}{2}\right)\right)$
$= \frac{\pi}{4} \cdot \left(\frac{1}{\sqrt{2}}\pi + \frac{1}{2}\pi\right) \approx 2{,}98$

Hinweis: $f\left(\frac{\pi}{4}\right) = f\left(\frac{3\pi}{4}\right)$

S. 165, 10.

a) z. B. $1 + 2 = 3 = \frac{2 \cdot 3}{2}$
$1 + 2 + 3 + 4 + 5 = 15 = \frac{5 \cdot 6}{2}$
$1 + 2 + 3 + 4 + 5 + 6 = 21 = \frac{6 \cdot 7}{2}$

b) z. B. $1^2 + 2^2 = 5 = \frac{2 \cdot 3 \cdot 5}{6}$
$1^2 + 2^2 + 3^2 = 14 = \frac{3 \cdot 4 \cdot 7}{6}$
$1^2 + 2^2 + 3^2 + 4^2 + 5^2 = 55 = \frac{5 \cdot 6 \cdot 11}{6}$

S. 165, 11.

a) 3
b) $\frac{4}{5}$
c) 0
d) $\to \infty$
e) $\frac{1}{2}$, da $\frac{x^2 - x + 6}{2x^2} = \frac{1}{2} - \frac{1}{2x} + \frac{3}{x^2}$
f) $\frac{1}{2}$
g) $\to \infty$
h) 0

S.165, 12.

$V = V_{Halbzylinder} - V_{Quader}$
$V = \frac{1}{2} \cdot \pi \cdot 3{,}5^2 \cdot 20 - 1 \cdot 1 \cdot 20 \approx 364{,}8$
Das Bauteil hat ein Volumen von etwa $364{,}8\,cm^3$.

S. 149, 13.

a) ein Zylinder mit Radius 4 und Höhe 3
b) ein Kegel mit Radius 1 und Höhe 2

Prüfen Sie Ihr neues Fundament (S. 198/199)

S. 198, 1.

a) Zu Beginn der Beobachtung fließt das Wasser mit einer Zuflussrate von 3 l/min in das Gefäß. Die Zuflussrate nimmt gleichmäßig ab, das heißt, es wird weiterhin Wasser in das Gefäß gefüllt, nur die Menge an Wasser, die hinzugefüllt wird, nimmt stetig ab. Bei 3 Minuten liegt der Schnittpunkt mit der x-Achse, also stoppt der Zufluss zu diesem Zeitpunkt. Danach ist die Zuflussrate negativ; es wird also Wasser aus dem Gefäß abgelassen, und zwar mit zunehmender Zeit mehr.

b) Flächenbilanz unter dem Graphen im Intervall [0; 4]:

$$\int_0^4 (-x+3)\,dx = \left[-\tfrac{1}{2}x^2 + 3x\right]_0^4 = 4 - 0 = 4$$

4 l Wasser sind nach 4 Minuten in das Gefäß geflossen. Da zu Beginn der Beobachtungen bereits die Hälfte des Gefäßes gefüllt war (5 l), befinden sich nach 4 Minuten 9 l Wasser in dem Gefäß.

S. 198, 2.

a) Der Graph B gehört zur Stammfunktion F und der Graph A zur Funktion f, da A eine lineare und B eine quadratische Funktion darstellt.

b) Der Graph A gehört zur Stammfunktion F und der Graph B zur Funktion f, da die Extremstellen von A Nullstellen von B sind.

S. 198, 3.

a) $O_5 = \frac{5}{5}((1+1)+(2+1)+(3+1)+(4+1)+(5+1))$
$= 2+3+4+5+6 = 20$ FE

b) $O_n = \frac{5}{n}\left(\left(1\cdot\frac{5}{n}+1\right)+\ldots+\left(n\cdot\frac{5}{n}+1\right)\right)$
$= \frac{5}{n}\cdot\frac{5}{n}(1+\ldots+n) + \frac{5}{n}\cdot n = \frac{25}{n^2}\,\frac{n(n+1)}{2} + 5$
$= \frac{25(n+1)}{2n} + 5$ FE

c) $\lim\limits_{n\to\infty}\left(\frac{25(n+1)}{2n}+5\right) = \lim\limits_{n\to\infty}\left(\frac{25}{2}+\frac{25}{2n}+5\right) = \frac{35}{2} = 17{,}5$ FE

Trapezfläche: $A = (f(0)+f(5))\cdot\frac{5}{2} = (1+6)\cdot\frac{5}{2} = \frac{35}{2}$ FE

S. 198, 4.

a) $F(x) = x^2 + x$
b) $F(x) = \frac{1}{16}x^4 - 2x$
c) $F(x) = \frac{4}{3}\sqrt{x^3}$
d) $F(x) = -3x^{-1} = -\frac{3}{x}$
e) $F(t) = \frac{a}{3}t^3$
f) $F(x) = -2\sqrt{x}$
g) $F(x) = \frac{2}{3}x^3 - \frac{3}{2}x^2$
h) $F(x) = \frac{1}{8x^2}$
i) $F(a) = a^2bc$

S. 198, 5.

a) $\left[2x - x^2\right]_{-1}^{5} = -12$
b) $\left[2x^3 - 2x\right]_{-3}^{0} = 48$
c) $\left[\frac{1}{2}x^4 - x^2\right]_1^2 = \frac{9}{2}$
d) $\left[2\sqrt{x} - \frac{1}{x}\right]_1^4 = 2{,}75$

S. 198, 6.

a) Es gilt: $f(0) = f(10) = 0$

$$A_1 = \int_0^{10}\left(\tfrac{1}{50}x^3 - \tfrac{2}{5}x^2 + 2x\right)dx = \left[\tfrac{1}{200}x^4 - \tfrac{2}{15}x^3 + x^2\right]_0^{10} = \tfrac{50}{3}$$

b) Es gilt: $f(0) = g(0) = 0$; $f(5) = g(5) = 2{,}5$; $f(10) = g(10) = 0$

$$A_2 = \left|\int_0^5 (f(x)-g(x))\,dx\right| + \left|\int_5^{10} (f(x)-g(x))\,dx\right|$$

$h(x) = f(x) - g(x) = \frac{1}{50}x^3 - \frac{3}{10}x^2 + x$

$H(x) = \frac{1}{200}x^4 - \frac{1}{10}x^3 + \frac{1}{2}x^2$

$A_2 = \left|[H(x)]_0^5\right| + \left|[H(x)]_5^{10}\right| = \left|\frac{25}{8}\right| + \left|\frac{-25}{8}\right| = \frac{50}{8}$

S. 199, 7.

$$A = \int_0^5 (f(x)-g(x))\,dx = \int_0^5 (-0{,}2x^3 + 0{,}4x^2 + 3x)\,dx$$
$$= \left[-0{,}05x^4 + \tfrac{0{,}4}{3}x^3 + 1{,}5x^2\right]_0^5 \approx 22{,}917$$

Wassermenge im Teich:
$V \approx 22{,}917\,m^2 \cdot 0{,}8\,m \approx 18{,}33\,m^3$

S. 199, 8.

a) $5\,W \cdot 24\,h \cdot 7 = 840\,Wh$

b) $\left[-\frac{3}{256\,000}t^5 + \frac{11}{12\,800}t^4 - \frac{53}{2400}t^3 + \frac{21}{100}t^2 + \frac{1}{10}t\right]_0^{24}$
$= 9{,}888$. Während eines Tages (24 Stunden) werden 9,888 kWh Energie entnommen.

c) Ein Stromzähler addiert die in einem Zeitraum entnommene Leistung. Er gibt also die Fläche unterhalb des Graphen von P (und damit das Integral) an.

Lösungen zu Kapitel 7: Exponentialfunktionen und Wachstum

Ihr Fundament (S.202/203)

S. 202, 1.

a) Faktor 3, also $B(3) = 3\cdot B(2) = 54$, $B(5) = 9\cdot B(3) = 486$

b) Faktor 0,5, also $B(3) = 0{,}5^2\cdot B(1) = 100$, $B(5) = 0{,}5^2\cdot B(3) = 25$ und $B(7) = 0{,}5^2\cdot B(5) = 6{,}25$

S. 202, 2.

a) lineares Wachstum, denn $B(2) - B(1) = B(3) - B(2) = 2$ und $B(5) - B(3) = B(7) - B(5) = 4 = 2\cdot 2$

b) exponentielles Wachstum, denn
$\frac{B(2)}{B(1)} = \frac{B(3)}{B(2)} = \frac{B(4)}{B(3)} = \frac{1}{2}$ und
$B(6) = \frac{1}{64} = \frac{1}{16}\cdot\frac{1}{4} = B(4)\cdot\left(\frac{1}{2}\right)^2$

S. 202, 3.

a) exponentielles Wachstum mit Wachstumsfaktor 0,8

b) kein exponentielles Wachstum, sondern lineares Wachstum, da Zunahme konstant 50 €/Monat

c) exponentielles Wachstum mit Wachstumsfaktor 7

d) exponentielles Wachstum mit Wachstumsfaktor $\sqrt{2}$

S. 202, 4.

a) $B(0) = 4{,}4$ (in Mrd.),
Wachstumsfaktor $1 + 1{,}7\,\% = 1{,}017$
$B(n) = 4{,}4\cdot 1{,}017^n$ (n in Jahren)
im Jahr 2000: $B(20) \approx 6{,}2$ Mrd.
im Jahr 2017: $B(37) \approx 8{,}2$ Mrd.
im Jahr 2018: $B(38) \approx 8{,}3$ Mrd.

b) Der Wert im Jahr 2000 entspricht ungefähr der Prognose. Die Bevölkerungszahlen in den Jahren 2017 und 2018 sind jeweils etwa 700 Mio. geringer als in der Prognose.

c) $\frac{7,6}{7,5} = 1,01\overline{3}$

Die Bevölkerung ist um etwa 1,3 % gewachsen.

S.202, 5.

① $l(x) = \left(\frac{3}{4}\right)^x$ ② $k(x) = \left(\frac{1}{2}\right)^x$ ③ $j(x) = 0,2^x$

④ $g(x) = 3,1^x$ ⑤ $f(x) = 2^x$ ⑥ $h(x) = 1,3^x$

S.202, 6.

a) steigend; $S_y(0|2)$ b) fallend; $S_y(0|4)$

c) fallend; $S_y(0|-3)$ d) steigend; $S_y(0|-0,2)$

S.202, 7.

a) 5, denn $2^5 = 32$ b) 3, denn $10^3 = 1000$

c) 0, denn $7^0 = 1$ d) −2, denn $4^{-2} = \frac{1}{16}$

S.202, 8.

a) $x = \log_2(128) = 7$ b) $x = \lg(350) \approx 2,54$

c) $x = \log_{1,1}(220) \approx 56,59$ d) $x = \log_{0,9}(21) \approx -28,90$

e) $x = \log_{1,2}(90) \approx 24,68$ f) $x = \log_2(3) \approx 1,58$

g) $x = \log_{2,2}(5) \approx 2,04$ h) keine Lösung

S.202, 9.

a)

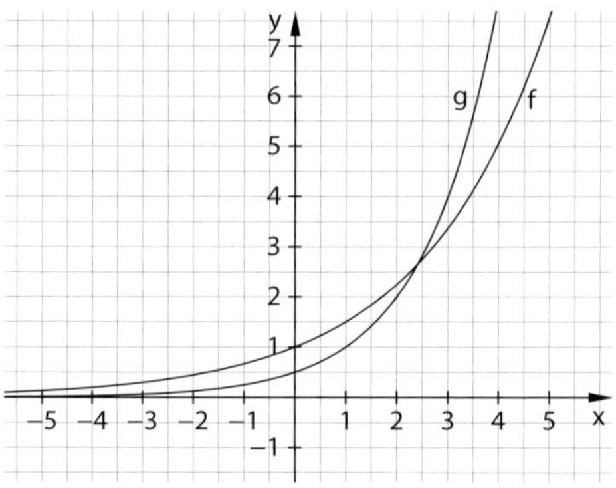

abgelesen z. B. $S(2,4|2,7)$

b) $\left(\frac{1,5}{2}\right)^x = 0,5 \Rightarrow x = \log_{0,75}(0,5) \approx 2,41$ $S(2,41|2,66)$

S.203, 10.

a) $g(x) = \left(\frac{1}{3}\right)^x$ b) $g(x) = 5^x$ c) $g(x) = 4^x$ d) $g(x) = \left(\frac{2}{3}\right)^x$

S.203, 11.

$f(x) = a \cdot b^x$

a) $b = \frac{750}{1500} = 0,5$ $f(x) = 1500 \cdot 0,5^x$

b) $b = \sqrt[5]{\frac{4,8}{1,6}} = \sqrt[5]{3} \approx 1,246$ $f(x) = 1,6 \cdot 1,246^x$

c) $b = \sqrt[3]{\frac{4}{32}} = 0,5$ $f(x) = 32 \cdot 0,5^x$

d) $b = \left(\frac{3,6}{2,4}\right)^2 = 2,25$ $f(x) = 2,4 \cdot 2,25^x$

S. 117, 12.

a) Aus $a = 5$ und $5 \cdot b^1 = 7,5$ folgt $b = 1,5$, also $f(x) = 5 \cdot 1,5^x$.

b) Aus $a \cdot b^2 = 75$ und $a \cdot b^6 = 46875$ folgt $b^4 = \frac{46875}{75}$ und $b = 5$ sowie $a = 3$, also $f(x) = 3 \cdot 5^x$.

c) Aus $a \cdot b^{-3} = 16$ und $a \cdot b^2 = 0,5$ folgt $b^5 = \frac{0,5}{16}$ und $b = 0,5$ sowie $a = 2$, also $f(x) = 2 \cdot 0,5^x$.

S. 203, 13.

① $f(x) = 2 \cdot 1,5^x$ ② $f(x) = -1 \cdot 2^x$ ③ $f(x) = -3 \cdot 0,5^x$

S. 203, 14.

a) $f(x) = 4 \cdot 2^x$ b) nicht exponentiell

c) $f(x) = 10 \cdot 0,2^x$

S. 203, 15.

Es gilt 60 mm = 4 · 15 mm. Also verändert sich die Intensität auf das $\left(\frac{1}{2}\right)^4 = \frac{1}{16}$-fache. Sie sinkt auf 6,25 % des Ausgangswerts.

S. 203, 16.

a) $f(t) = 150 \cdot 1,2^t$

b) $f(t) = 150 \cdot 1,2^{\frac{t}{60}} \approx 150 \cdot 1,00304^t$

c) $f(t) = 150 \cdot 1,2^{24t} \approx 150 \cdot 79,5^t$

S. 203, 17.

a) $x^2 + 6x - 7 = 0$, also $x = 1$ oder $x = -7$

b) $3x + 9 = 4x - 8$, also $x = 17$

c) $x \cdot (x^2 + 6x + 9) = 0$, also $x = 0$ oder $x = -3$

d) $x + 1 = \frac{1}{4}$ oder $x + 1 = -\frac{1}{4}$, also $x = -\frac{3}{4}$ oder $x = -\frac{5}{4}$

S. 203, 18.

a) $s = v \cdot t$ und $t = \frac{s}{v}$ b) $\mathbf{r} = \sqrt{\frac{V}{\pi h}}$

c) $B = G \cdot \frac{b-f}{f}$ und $b = \frac{Bf}{G} + f$

d) $a = \frac{2A}{h} - c$ und $h = \frac{2A}{a+c}$

S. 203, 19.

Nebenbedingung: $x + y = 8$

① $x \cdot y$ maximal/minimal $f(x) = x(8 - x) = 8x - x^2$

$f'(x) = 8 - 2x$ $f''(x) = -2$

Maximum bei $x = 4$ ($f'(4) = 0$ und $f''(4) < 0$) und $y = 4$

② $x^2 + y^2$ maximal/minimal $f(x) = x^2 + (8 - x)^2$

$f'(x) = 4x - 16$ $f''(x) = 4$

Minimum bei $x = 4$ ($f'(4) = 0$ und $f''(4) > 0$) und $y = 4$

Prüfen Sie Ihr neues Fundament (S. 246/247/248)

S. 246, 1.

a) $f'(x) = -3e^x$ $f''(x) = -3e^x$

b) $f'(x) = -e^{2x}$ $f''(x) = -2e^{2x}$

c) $f'(t) = -4e^{-t+1}$ $f''(t) = 4e^{-t+1}$

d) $f'(x) = 5e^x$ $f''(x) = 5e^x$

e) $f'(x) = 2e^{\frac{1}{2}x}$ $f''(x) = e^{\frac{1}{2}x}$

f) $f'(x) = -25e^{5x+3}$ $f''(x) = -125e^{5x+3}$

g) $f'(t) = 8e^{-2t}$ $f''(t) = -16e^{-2t}$

h) $f'(x) = e^x + 2e^{-2x}$ $f''(x) = e^x - 4e^{-2x}$

S. 246, 2.

a) $F(x) = 3e^x$ b) $F(x) = 3e^x + 5x$

c) $F(t) = -5e^t$ d) $F(x) = 6x - \frac{2}{3}e^x$

e) $F(x) = e^{-x+2}$ f) $F(x) = -e^{3x} + 5x$

g) $F(t) = \frac{3}{2}e^{2t+5}$ h) $F(x) = \frac{1}{2e}(e^x + e^{-x})$

S. 246, 3.

a) $f(x) = e^{\ln(3) \cdot x}$; $f'(x) = \ln(3)\, e^{\ln(3) \cdot x} = \ln(3) \cdot 3^x$

b) $f(x) = -3e^{\ln(5) \cdot x}$; $f'(x) = -3\ln(5) \cdot 5^x$

c) $f(t) = -4e^{\ln(0,5) \cdot t}$; $f'(t) = -4\ln(0,5) \cdot 0,5^t$

d) $f(x) = 3 \cdot e^{\ln(2) \cdot (5x+1)}$; $f'(x) = 15\ln(2) \cdot 2^{5x+1}$

S. 246, 4.

a) $L = \{-4\}$ b) $L = \left\{\frac{\ln(6)}{3}\right\}$

c) $L = \{0\}$ d) $L = \left\{\frac{\ln(2)}{2}\right\}$

e) $L = \left\{\frac{\ln(2)-3}{2}\right\}$ f) $L = \{\ \}$

S. 246, 5.

a) $2e^x = 4$, also $x = \ln(2) \approx 0{,}69$
b) $2e^x = 2$, also $x = 0$
c) $2e^x = 3e^{2x} \Rightarrow \ln(2) + x = \ln(3) + 2x$,
also $x = \ln\left(\frac{2}{3}\right) \approx 0{,}41$
Schnittpunkt: $S\left(\ln\left(\frac{2}{3}\right) \middle| \frac{4}{3}\right)$

S. 246, 6.

a) $f'(x) = 12e^{3x} - 5$; $f''(x) = 36e^{3x}$
$f'(x) = 0 \Rightarrow e^{3x} = \frac{5}{12}$, also $x = \frac{1}{3}\ln\left(\frac{5}{12}\right) \approx -0{,}29$
$f''\left(\frac{1}{2}\ln\left(\frac{5}{12}\right)\right) = 15 > 0$, also lokales Minimum
$f\left(\frac{1}{3}\ln\left(\frac{5}{12}\right)\right) = \frac{5}{3} - \frac{5}{3}\ln\left(\frac{5}{12}\right) \approx 3{,}13$;
Tiefpunkt $T(-0{,}29 \mid 3{,}13)$
$f''(x) \neq 0$, also keine Wendepunkte
b) $f'(x) = abe^{bx} + c$; $f''(x) = ab^2e^{bx}$
Wegen $f''(x) \neq 0$ kann es keine Wendepunkte geben.

S. 246, 7.

a) Wachstumsfaktor: 1,05 $f(t) = 10\,000e^{\ln(1{,}05)\cdot t}$
b) Wachstumsfaktor: 0,8 $f(x) = 3e^{\ln(0{,}8)\cdot x}$
c) Wachstumsfaktor: 0,933 $f(t) = 200e^{\ln(0{,}933)\cdot t}$

S. 246, 8.

a) $f(x) = 4000e^{\ln(0{,}8)\cdot x}$; $f'(x) = \ln(0{,}8)\cdot 4000e^{\ln(0{,}8)\cdot x}$
Da $\ln(0{,}8) \approx -0{,}22$, gilt $f'(x) < 0$ für alle x.
b) $f'(5) \approx -292{,}5$ $f'(20) \approx -10{,}3$
c) $\frac{f(20)-f(5)}{20-5} = \frac{4000(0{,}8^{20} - 0{,}8^5)}{15} \approx -84{,}3$
d) $f'(x) = -5$, also $x = \ln\left(\frac{-5}{4000\ln(0{,}8)}\right) : \ln(0{,}8) \approx 23{,}235$
In etwa 23 m Tiefe nimmt die Beleuchtungsstärke mit 5 Lux/m ab.

S. 247, 9.

a) Es gilt näherungsweise:
$\frac{13{,}5}{10} = \frac{18{,}2}{13{,}5} = \frac{24{,}6}{18{,}2} = \frac{33{,}2}{24{,}6} = \frac{44{,}8}{33{,}2} = 1{,}35$
b) $k = \ln(1{,}35) \approx 0{,}3$; $f(t) = 10 \cdot e^{0{,}3t}$
c) $f(14) = 666{,}86331$. Also etwa 666 863 Bakterien.
d) $T_V = \frac{\ln(2)}{0{,}3} = 2{,}31$ Tage
e) $f(t) = 100 \Rightarrow t = 7{,}68$ Tage

S. 145, 10.

a) $T_H = \frac{\ln(0{,}5)}{-0{,}15} = 4{,}62$ Stunden
b) $1 + \frac{r}{100} = b = e^{-0{,}15}$ $\Rightarrow r = -13{,}93\,\%$
Pro Stunde werden 13,93 % des Medikaments abgebaut.
c) $f'(t) = -15 \cdot e^{-0{,}15t}$; $f'(4) = -8{,}23$
Nach 4 Stunden wird das Medikament mit einer Geschwindigkeit von 8,23 mg/h abgebaut.
d) ① $f(t) = 25 \Rightarrow t = 9{,}24$ h
② $f'(t) = 7 \Rightarrow t = 5{,}08$ h

S. 247, 11.

a) $f'(x) = (2x+2)e^x$; $f''(x) = (2x+4)e^x$
b) $f'(x) = (-2x^2 - 2x + 2)e^{2x}$; $f''(x) = (-4x^2 - 8x + 2)e^{2x}$
c) $f'(x) = \left(-\frac{1}{2}t^2 + \frac{5}{2}t - 1\right)e^{-0{,}5t}$; $f''(t) = \left(\frac{1}{4}t^2 - \frac{9}{4}t + 3\right)$
$e^{-0{,}5t}$
d) $f'(x) = \frac{1-x}{e^x}$; $f''(x) = \frac{x-2}{e^x}$; $f(x) = \frac{-x-1}{e^x}$
e) $f'(x) = (x - ax^2)\cdot 2ae^{-2ax}$
$f''(x) = (2a^2x^2 - 4ax + 1)\cdot 2ae^{-2ax}$
f) $g'(x) = \left(\sqrt{x} + \frac{1}{2\sqrt{x}}\right)e^x$; $g''(x) = \left(\sqrt{x} + \frac{1}{\sqrt{x}} - \frac{1}{4\sqrt{x^3}}\right)e^x$

S. 247, 12.

a) Nullstellen: $x_1 = 1$ und $x_2 = -1$
$f'(x) = e^{x-1}(x^2 + 2x - 1)$
$T(-1-\sqrt{2} \mid (2+2\sqrt{2})\cdot e^{-2-\sqrt{2}})$
$H(-1+\sqrt{2} \mid (2-2\sqrt{2})\cdot e^{-2+\sqrt{2}})$
$f''(x) = e^{x-1}(x^2 + 4x + 1)$
$W_1(-2-\sqrt{3} \mid (4\sqrt{3}+6)\cdot e^{-3-\sqrt{3}})$
$W_2(-2+\sqrt{3} \mid (-4\sqrt{3}+6)\cdot e^{-3+\sqrt{3}})$
b) Nullstelle: $x = 1$, $f'(x) = e^x(x^2 - 1)$
$H(-1 \mid 4e^{-1})$, $T(1 \mid 0)$
$f''(x) = e^{x-1}(x^2 + 2x - 1)$
$W_1\left(-1-\sqrt{2} \middle| (6+4\sqrt{2})\cdot e^{-1-\sqrt{2}}\right)$
$W_2\left(-1+\sqrt{2} \middle| (6-4\sqrt{2})\cdot e^{-1+\sqrt{2}}\right)$
c) Nullstellen: $t_1 = -1$ und $t_2 = 2$
$f'(t) = e^{2t}(2t^2 - 5)$
$H\left(-\frac{\sqrt{10}}{2} \middle| \left(\frac{\sqrt{10}}{2} + \frac{1}{2}\right)\cdot e^{-\sqrt{10}}\right)$
$T\left(\frac{\sqrt{10}}{2} \middle| \left(-\frac{\sqrt{10}}{2} + \frac{1}{2}\right)\cdot e^{\sqrt{10}}\right)$
$f''(t) = e^{2t}(4t^2 + 4t - 10)$
$W_1\left(-\frac{1}{2} + \frac{\sqrt{11}}{2} \middle| -18{,}42\right)$, $W_2\left(-\frac{1}{2} - \frac{\sqrt{11}}{2} \middle| 0{,}06\right)$
d) Nullstelle: $t = 0$
$f'(t) = e^{-2t}(-8t + 4)$, $H\left(\frac{1}{2} \middle| 2e^{-1}\right)$
$f''(t) = e^{-2t}(16t - 16)$, $W(1 \mid 4e^{-2})$
e) Nullstelle: $x = 0$
$f'(x) = e^{-x}(3x^2 - x^3)$, $H(3 \mid 27e^{-3})$
$f''(x) = e^{-x}(x^3 - 6x^2 + 6x)$, $S(0 \mid 0)$,
$W_1(3+\sqrt{3} \mid 0{,}93)$, $W_2(3-\sqrt{3} \mid 0{,}57)$
f) Nullstellen: $x = 0$
$f(x) = 8x^{\frac{5}{2}}$; $f'(x) = 20x^{\frac{3}{2}}$; $f''(x) = 30x^{\frac{1}{2}}$
keine lokalen Extrempunkte (aber globales Minimum am definitionsrand bei $(0 \mid 0)$) und keine wendepunkte

S. 247, 13.

a) $f(x) = 0$, wenn $x - 1 = 0$, also $x = 1$
$f(0) = -4e$, also $S_y(0 \mid -4e)$
b) $f'(x) = -4(x-2)e^{1-x}$, also $f'(x) = 0$ für $x = 2$
$f''(x) = 4(x-3)e^{1-x}$, also $f''(2) = -4e^{-1} < 0$
$H\left(2 \middle| \frac{4}{e}\right)$ ist ein Hochpunkt, also steigt der Graph für $x < 2$ und fällt für $x > 2$.
c) $f'''(x) = -4(x-4)e^{1-x}$
$f''(3) = 0$ und $f'''(3) \neq 0$, also Wendepunkt $W\left(3 \middle| \frac{8}{e^2}\right)$
Tangente $t(x) = mx + b$; $m = f'(3) = \frac{-4}{e^2}$
$t(3) = \frac{8}{e^2} = \frac{-12}{e^2} + b$, also $b = \frac{20}{e^2}$
$t(x) = -\frac{4}{e^2}x + \frac{20}{e^2}$

d) $f(-x) = 4(-x-1)\,e^{-(-x-1)} = -4(x+1)\,e^{(x+1)} \neq f(x)$,
$-f(x) = -4(x-1)\,e^{-(x-1)} \neq f(x)$
Also liegt weder Achsensymmetrie zur y-Achse noch Punktsymmetrie zum Ursprung vor.

e) 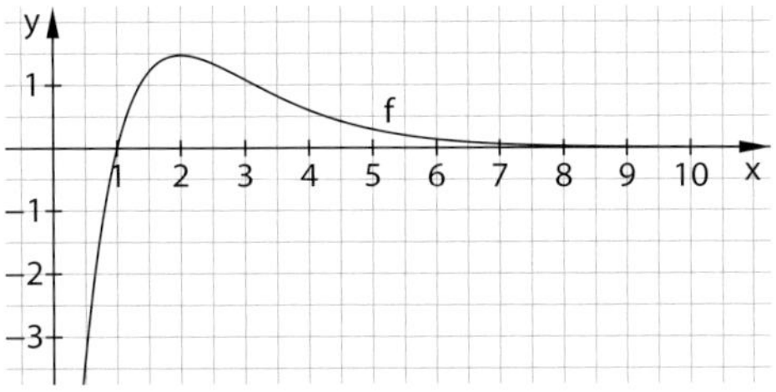

f) $F'(x) = -4e^{1-x} + 4x \cdot e^{1-x} = (-4+4x) \cdot e^{1-x} = f(x)$
$\int_1^5 f(x)\,dx = F(5) - F(1) = -20e^{-4} + 4 \approx 3{,}63$ FE

S. 247, 14.

a) $f'(t) = \left(-\frac{1}{4}t^2 + \frac{7}{2}t - \frac{33}{4}\right) e^{-\frac{t}{4}}$;
$f''(t) = \left(\frac{1}{16}t^2 - \frac{11}{8}t + \frac{89}{16}\right) e^{-\frac{t}{4}}$
Tiefpunkt $T\,(3\,|\,0)$; Hochpunkt $H\,(11\,|\,4{,}09)$;
Wendepunkt im Intervall [0; 15]: $W\,(5{,}34\,|\,1{,}44)$

b) 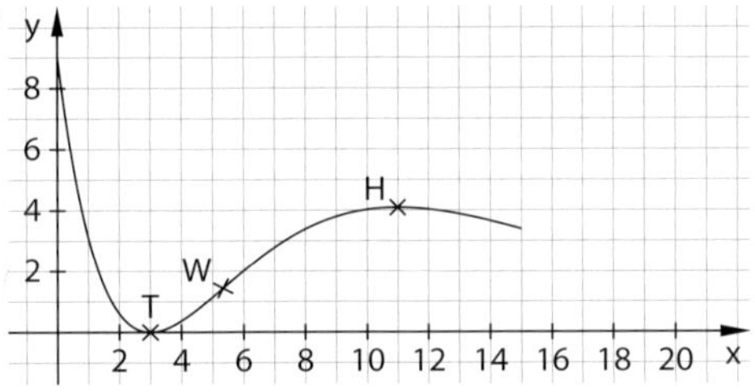

c) f beschreibt die Wachstumsgeschwindigkeit und nicht den Bestand. Alle Aussagen sind falsch.
A: Für $0 \leq t \leq 3$ ist $f(t) \geq 0$, und damit nimmt die Bakterienzahl nicht ab.
B: Für $t = 3$ ist die Wachstumsgeschwindigkeit gleich null, aber nicht die Bakterienzahl. Die Bakterienanzahl ist größer als zu Beginn.
C: Die Wachstumsgeschwindigkeit ist für $t > 3$ immer größer als null. Damit nimmt die Zahl der Bakterien stets zu.

d) $F'(t) = e^{-\frac{t}{4}}(t^2 - 6t + 9) = f(t)$

e) Zunahme der Bakterienanzahl in den ersten 5 Stunden in 1000:
$\int_0^5 f(t)\,dt = F(5) - F(0) \approx 8{,}407$
Fünf Stunden nach Beobachtungsbeginn sind es etwa 2000 + 8400 = 10 400 Bakterien.

S. 248, 15.

a) $f\left(\frac{10}{7}\right) \approx 3{,}5$ mg/l

b) $f'(t) = \left(5 - \frac{5}{2}t\right) \cdot e^{-0{,}5t}$; $f''(t) = \left(-5 + \frac{5}{4}t\right) \cdot e^{-0{,}5t}$
Hochpunkt $(2\,|\,3{,}68)$
Die höchste Schadstoffkonzentration ist nach 2 Wochen mit 3,68 mg/l erreicht.

c) $F'(t) = (-10 + 10t + 10) \cdot e^{-0{,}5t} = f(t)$

d) $\frac{1}{5-0} \cdot \int_0^5 f(t)dt = \frac{1}{5}(F(5) - F(0))$
$= \frac{1}{5}(-70\,e^{-25} + 20) \approx 4$ mg/l

e) $f''(t) = 0$ für $t = 4$
$f'''(t) = \left(\frac{15}{4} - \frac{5}{8}t\right) \cdot e^{-0{,}5t}$; $f'''(4) > 0$
Nach 4 Wochen nimmt die Konzentration am stärksten ab.

f) $t(x) = -\frac{5}{e^2}t + \frac{40}{e^2} = 0$ für $x = 8$.
Nach 8 Wochen liegt die Konzentration bei null.

A
ableiten 72
Ableitung 67, 72, 98
– Ableitung an einer Stelle 67
– Ableitungsfunktion 72, 98
– grafisches Ableiten 74
– höhere Ableitungen 84
– zweite Ableitung 84, 117
Ableitungsfunktion 72, 98
– der allgemeinen Exponentialfunktion 216
– der natürlichen Exponentialfunktion 205
– der Sinus- und Kosinusfunktion 85
– der Wurzelfunktion 79
Ableitungsregeln
– allgemeine Kettenregel 210
– Faktorregel 81, 98
– lineare Kettenregel 212
– Potenzregel 78, 79, 98
– Produktregel 228, 250
– quadratische Kettenregel 212
– Quotientenregel 230
– Summenregel 82, 98
Abnahme
– begrenzte 224
– exponentielle 218, 249
Absolutglied 51
achsensymmetrisch 42
Additivität des Integrals 175
Änderungsrate
– lokale 67
– mittlere 64
– eines Bestandes 166, 240, 250
Anfangsbestand 218, 224, 250
arithmetische Folge 12
Asymptote 30
asymptotisch 224
äußere Funktion 209

B
Basiswechsel 214
Bedingung
– für Extrempunkte 105, 116
– für Sattelpunkte 107
– für Wendepunkte 119,120
begrenztes Wachstum 224
Beschränktheit von Folgen 11, 22
– nach oben/unten beschränkt 11, 22
– unbeschränkt 11
Bestand 166, 237
– Änderungsrate 166, 240
– Bestandsfunktion 166, 237, 250
– Zu- und Abnahme 166
bestimmtes Integral 172, 200
– als Flächenbilanz 173, 200
– Rechenregeln 183
biquadratische Gleichung 46
Bogenmaß 85

D
Definitionsbereich einer Zielfunktion 140
Differenzenquotient 64, 98
Differenzialquotient 69
Differenzfunktion 190, 200
differenzierbar 69
divergent 14

E
e-Funktion 205
Eulersche Zahl 204, 205, 249
explizite Folgendarstellung 8, 9
Exponentialfunktion
– mit allgemeiner Basis 214
– natürliche 205, 249
Exponentialgleichung 215, 249
– mit allgemeiner Basis 216
exponentielles Wachstum 218, 249
Extrema
– global 38, 58, 111
– lokal 38, 58, 105, 116, 136
Extremalproblem 140, 162
Extrempunkt 38
– hinreichende Bedingung 105, 116
– notwendige Bedingung 105
Extremstelle 38

F
faktorisierte Form 31, 47
Faktorregel
– zur Ableitung 81, 98
– zur Stammfunktion 179, 200
Flächenberechnung zwischen
– Graph und x-Achse 188, 200
– zwei Graphen 190, 200
Flächenbilanz 166, 173
Folge 9, 22
– arithmetische Folge 12
– explizite Darstellung 9, 22
– geometrische Folge 13, 18
– rekursive Darstellung 9, 22
Funktion
– Exponentialfunktion 205, 214
– ganzrationale 32, 58
– gebrochen-rationale 44
– gerade 42
– lineare 26
– Potenzfunktion 29

– quadratische 27
– Sinus- und Kosinusfunktion 85
– ungerade 42
– zusammengesetzte 232, 235

G
ganzrationale Funktion 32, 58
– bestimmen 146, 162
– modellieren 151
gebrochen-rationale Funktion 44
geometrische Folge 13, 18
gerade Funktion 42
Gerade 26
Gesamtheit aller Stammfunktionen 176
Gleichungssystem 35
globale Extrema 38, 58, 111
globales Maximum und Minimum 38, 58, 111
Globalverhalten 36, 58
Grad einer Funktion 32, 58
Grenze eines Wachstums 224
Grenzwert einer Folge 14, 22
Grenzwertsätze für Folgen 16, 22
Grenzwert des Differenzenquotienten 69, 98
Größe im Extremalproblem 140

H
Halbwertszeit 218, 249
Hauptsatz der Differenzial- und Integralrechnung 181, 200
hinreichende Bedingung
– für lokale Extrempunkte 105
– VZW 105, 136
– mit zweiter Ableitung 118
– für Sattelpunkte 107
– für Wendepunkte 120
– mit VZW der zweiten Ableitung 120
– mit dritter Ableitung 120
h-Methode 69
Hochpunkt 38, 58, 105, 116

I
innere Funktion 209
Integral
– bestimmtes 172
– mit Parametern 183
– Rechenregeln 183
– unbestimmtes 178
Integrand 172
Integrationsgrenze 172
Integrationsvariable 184

K
Kettenregel
– allgemeine 210
– lineare 212
– quadratische 212
knickfrei 77, 156
Koeffizient 32
konvergent 14
Kosinusfunktion 85
Kosten 34
Krümmung 114, 136

L
lineare Funktion 26
lineare Kettenregel 212
Linearfaktor 45, 58
– zugehöriger 47
Linearfaktorzerlegung 47
Linearfaktordarstellung 47, 52
linksgekrümmt 114, 136
Linkskurve 114
Logarithmus
– natürlicher 213, 249
– Rechenregeln 213
lokale Änderungsrate 67, 98
lokaler Extrempunkt 38, 58, 105, 116, 136
– notwendige Bedingung 105
– hinreichende Bedingung 105, 116
lokale Extremstelle 38, 106
lokales Extremum 38, 106
lokales Maximum und Minimum 38, 58, 106
Lösungsstrategie für Extremalprobleme 140

M
maximale/minimale Größe 140
Maximum und Minimum
– globales 38, 58, 111
– lokales 38, 58, 105, 116, 136
– der Zielfunktion 140
Mittelwert der Funktionswerte 184
mittlere Änderungsrate 64, 98
Modellierung mit ganzrationalen Funktionen 151
Momentangeschwindigkeit 67
Monotonie 11, 22, 38, 102, 136
– Monotonie von Folgen 11, 22
– monoton fallend und steigend 11
– streng monoton fallend und steigend 38, 58, 102, 136
Monotonieintervalle 102
Monotoniekriterium 102
Monotonietabelle 102

N

Näherungstabelle 67
natürliche Exponentialfunktion 205, 249
natürlicher Logarithmus 213, 249
– Rechenregeln 213
Nebenbedingung 140
Newton-Verfahren 128
Normale 89
Normalengleichung 89
Normalparabel 27
– spiegeln 27
– stauchen 27
– strecken 27
– verschieben 27
notwendige Bedingung
– für lokale Extrempunkte 105
– für Wendepunkte 119
Nullstellen 47
– Anzahl 47, 58
– Linearfaktordarstellung 47
– Vielfachheit 49, 58

O

obere Schranke 11, 22
Obersumme 170
orientierter Flächeninhalt 166

P

Parabel 27
Polynom 32
Polynomdivision 52
Potenzfunktion 29
Potenzgesetze 79
Potenzregel
– zur Ableitung 78, 79, 98
– zur Stammfunktion 181, 200
Produktregel 228, 250
Produktsumme 171, 172
prozentuale Wachstumsrate 219
punktsymmetrisch 42, 43

Q

Quotientenregel 230
quadratische Funktion 27
quadratische Kettenregel 212

R

Randextremum 111
Randkurve 153
Rechenregeln für Integrale 183
– Additivität 175
Rechenregeln für den natürlichen Logarithmus 213
rechtsgekrümmt 114, 136
Rechtskurve 114
Regeln für Stammfunktionen 179, 200
Regel vom Nullprodukt 45
Rekonstruktion
– aus Änderungsraten 240
– von Funktionen 146, 162
rekursive Folgendarstellung 8, 9
Resubstitution 46
Rotationskörper 194
ruckfrei 156

S

Sachzusammenhang 140
Sattelpunkt 107, 136
Scheitelpunkt 27
Schnittwinkel 90
Schranke 11
Sekante 64
Sinusfunktion 85
sprungfrei 156
Stammfunktion 176, 200
– elementare 178
– Gesamtheit aller Stammfunktionen 176
– grafisch bestimmen 176
– Regeln 179
Steigung
– der linearen Funktion 26
– der Sekante 64, 98
– der Tangente 67, 98
– maximale und minimale 119
Steigungswinkel 87, 98
Streckfaktor 27
streng monoton fallend und steigend
– Funktion 38, 58, 102
Substitution 46
Summenregel
– zur Ableitung 82, 98
– zur Stammfunktion 179, 200
Symmetrie 42, 58

T
Tangente 67, 98
Tangentengleichung 86, 98
– Formel 89
Tiefpunkt 38, 58, 105, 116
Trassierung 156

U
Umsatz 34
unbeschränkt 11
unbestimmtes Integral 176
ungerade Funktion 42
untere Schranke 11, 22
Untersumme 170

V
Verdopplungszeit 218, 249
Verkettung von Funktionen 209
Vielfachheit von Nullstellen 49, 58
vollständig zerlegbar 47
Vorzeichenwechselkriterium (VZW)
– für lokale Extrempunkte 105, 136
– für Wendepunkte 120

W
Wachstum
– begrenztes 224
– exponentielles 218, 251
Wachstums-
– faktor 218
– funktion 218
– geschwindigkeit 221
– grenze 224
– konstante 218, 249
– rate 219
Wendepunkt 119, 136
– notwendige Bedingung 119
– hinreichende Bedingung 120
Wendestelle 119
Wendetangente 124

Y
y-Achsenabschnitt 26

Z
Zielfunktion 140
Zunahme
– begrenzte 224
– exponentielle 218, 249
zusammengesetzte Funktionen 232

Technische Zeichnungen:
Cornelsen/Christian Böhning

Screenshots:
Cornelsen/Inhouse/© Microsoft® Office. Nutzung mit Genehmigung von Microsoft: 105, 128, 130
Cornelsen/Felix Arndt/© Texas Instruments. Nutzung mit Genehmigung von Texas Instruments: 35, 44

Illustrationen:
Cornelsen/Stefan Bachmann

Abbildungen:
Cover stock.adobe.com/darkfoxelixir; **2 li.o.** Shutterstock.com/feiyuezhangjie; **li.m.** Shutterstock.com/nejdeh_ivan_photography; **li.u.** Shutterstock.com/Monkey Business Images; **3 li.o.** Shutterstock.com/Lee Yiu Tung; **li.m.** Shutterstock.com/Pyty; **li.u.** Shutterstock.com/nikkytok; **4 li.o.** imago images/Shotshop; **li.m.** Shutterstock.com/Rawpixel.com; **li. u.** Shutterstock.com/Whytock; **5** Shutterstock.com/feiyuezhangjie; **7** Shutterstock.com/a_v_d; **8** Shutterstock.com/WD Stock Photos; **13** Shutterstock.com/William Booth; **14** Shutterstock/Stocked House Studio **18** Shutterstock/fitzkes; **19** Shutterstock.com/BigKhem; **21** Shutterstock/Stefano Benanti; **23** Shutterstock.com/nejdeh_ivan_photography; **26** mauritius images/STELLA; **35** stock.adobe.com/anetlanda; **35** stock.adobe.com/adempercem **41** Shutterstock.com/Monkey Business Images; **44** Shutterstock.com/sirtravelalot; **45** stock.adobe.com/aldorado **51** Shutterstock.com/milanzeremski; **50** Shutterstock.com/Dmitrijs Dmitrijevs; **53** stock.adobe.com/AA+W; **55** Sstock.adobe/SE Viera Photo; **55** Shutterstock.com/Emine Kamaci; **57** stock.adobe.com/Heiner Witthake; **59** Shutterstock.com/Monkey Business Images; **66** stock.adobe.com/ARochau; **68** Shutterstock.com/Air Images; **73** Shutterstock.com/aapsky; **73** Shutterstock.com/svetok30; **93** Shutterstock.com/kan_khampanya; **99** Shutterstock.com/Lee Yiu Tung; **105** stock.adobe.com/M.E.A.; **106** Shutterstock.com/wavebreakmedia; **114** stock.adobe.com/Production Perig; **119** Shutterstock.com/MAEWJPHO; **122** Shutterstock.com/Andrey Armyagov; **123** Shutterstock.com/Aleksei Ignatov; **125** Shutterstock.com/YanLev; **128** Shutterstock.com/Morphart Creation; **131** Shutterstock.com/Bildagentur Zoonar GmbH; **137** Shutterstock.com/Pyty **139** Fotolia/schlichteasy; **141** Shutterstock.com/YuriyZhuravov; **143** Shutterstock.com/Asier Romero; **145** Shutterstock.com/Pixel-Shot; **145** Shutterstock.com/W. Scott McGill; **152** Shutterstock.com/Foto-Ruhrgebiet; **153** Shutterstock.com/Thorben Ecke; **154** Cornelsen/ Christian Böhning, Berlin/shutterstock/bump23; **155** Shutterstock.com/Dudarev Mikhail; **160** © Eleonore Horiot; **161** Shutterstock.com/ESB Professional; **163** Shutterstock.com/nikkytok; **165** Shutterstock.com/FLUKY FLUKY; **168** Shutterstock.com/Alaettin YILDIRIM; **175** stock.adobe.com/animaflora; **176** stock.adobe.com/jokatoons; **177** Shutterstock.com/Antonio Guillem; **180** Shutterstock.com/Evgeny Atamanenko; **186** stock.adobe.com/storm; **186** Shutterstock.com/Mark Medcalf; **192** stock.adobe.com/dietwalther; **195** Shutterstock.com/Kodda; **199** Fotolia/euthymia; **201** imago images/Shotshop; **220** Shutterstock.com/effective stock photos; **223** Shutterstock.com/a-image; **223** Shutterstock.com/Tappasan Phurisamrit; **226** Shutterstock.com/Scott E Read; **227** Shutterstock.com/Digital Storm; **227** Shutterstock.com/TheBlackRhino; **242** stock.adobe.com/Petra Steinkuehler-Nitschke; **242** Shutterstock.com/unpict; **243** stock.adobe.com/tauav; **245** Shutterstock.com/UGREEN 3S; **246** Shutterstock.com/Rich Carey; **248** Shutterstock.com/FrameStockFootages; **251** Shutterstock.com/Rawpixel.com; **252** stock.adobe.com/Elnur; **259** Shutterstock.com/Whytock; **284** PEFC Deutschland e.V.

Fundamente der Mathematik

Autoren: Jan Block, Carola Buddensiek, Brigitte Distel, Dr. Lothar Flade, Alexander Heinz, Sabine Fischer, Carina Freytag, Jan Füller, Daniel Geukes, Marco Grees, Bernhard Hummel, Katharina Hammer-Schneider, Gerhard Hillers, Fritz Kammermeyer, Martin Klauer, Gerold Kiesslich, Roman Knost, Markus Krysmalski, Dr. Hubert Langlotz, Renatus Lütticken, Christian Marticke, Arne Mentzendorff, Thorsten Niemann, Reinhard Oselies, Dr. habil. Manfred Pruzina, Sabine Sand-Heidinger, Sebastian Schweitzer, Volker Seibt, Dr. Annalisa Steinecke, Ugur Yasar, Dr. Wilfried Zappe

Berater: Jochen Dörr
Redaktion: Maik Böhm, Torsten Gebauer
Rechteprüfung: Kai Mehnert
Gesamtgestaltung: Golnar Mehboubi Nejati, Berlin
Illustration: Stefan Bachmann
Grafik: Christian Böhning
Umschlaggestaltung: Studio SYBERG, Berlin
Layoutkonzept: klein & halm GbR
Technische Umsetzung: Straive

Begleitmaterialien zum Lehrwerk

für Schülerinnen und Schüler

Schulbuch als E-Book mit Medien	978-3-06-040621-0
Arbeitsheft mit Erklärvideos	978-3-06-040640-1

für Lehrerinnen und Lehrer

Unterrichtsmanager Plus	978-3-06-040619-7
Lösungen zum Schulbuch	978-3-06-040620-3

www.cornelsen.de

2. Auflage, 2. Druck 2026

Alle Drucke dieser Auflage sind inhaltlich unverändert und können im Unterricht nebeneinander verwendet werden.

Druck: Livonia Print, Riga

ISBN 978-3-06-040618-0 (Schulbuch)
ISBN 978-3-06-040621-0 (E-Book)

PEFC
PEFC/12-31-006

PEFC zertifiziert
Dieses Produkt stammt aus nachhaltig bewirtschafteten Wäldern und kontrollierten Quellen.
www.pefc.de